湘西主要特色
药用植物栽培与利用

主　编◎田启建　陈继富

副主编◎田春莲　崔丽红　蒋拥东

编　委◎赵东亮　刘　冰　向世军　罗来和
　　　　刘　举　周　毅　石进校　袁带秀
　　　　黄　蔚　雷红松

西南交通大学出版社

·成　都·

图书在版编目（CIP）数据

湘西主要特色药用植物栽培与利用／田启建，陈继富主编．—成都：西南交通大学出版社，2015.5
ISBN 978-7-5643-3911-1

Ⅰ．①湘… Ⅱ．①田… ②陈… Ⅲ．①药用植物－栽培技术 Ⅳ．①S567

中国版本图书馆 CIP 数据核字（2015）第 107973 号

湘西主要特色药用植物栽培与利用
主编　田启建　陈继富

责任编辑	牛　君
特邀编辑	邹　悦
封面设计	墨创文化
出版发行	西南交通大学出版社 （四川省成都市金牛区交大路 146 号）
发行部电话	028-87600564　028-87600533
邮政编码	610031
网　　址	http://www.xnjdcbs.com
印　　刷	四川煤田地质制图印刷厂
成品尺寸	185 mm × 260 mm
印　　张	29.75
插　　页	4
字　　数	755 千
版　　次	2015 年 5 月第 1 版
印　　次	2015 年 5 月第 1 次
书　　号	ISBN 978-7-5643-3911-1
定　　价	88.00 元

前　言

药用植物是指医学上用于防病、治病的一大类植物的统称，其植株的全部或一部分供药用或作为制药工业原料。广之而言，其还可包括用作营养剂、嗜好品、调味品、色素添加剂以及农药和兽医用药等的植物资源。

我国是世界上应用药用植物历史最悠久的国家之一，也是药用植物资源最丰富的国家之一。我国古代药物中，植物类占绝大多数，所以把记载药物的书籍称为“本草”，把药学称为“本草学”。在现存最早的《神农本草经》中，所载药物365种，植物药就有237种。资源调查表明，我国共有各类药用资源12 807种，其中植物为11 146种，占总数的87%。随着人民生活水平的不断提高，人们对天然医疗保健药物的需求与日俱增，而中药材作为我国传统的出口产品，在国际市场上更是久负盛名。因此，市场上常常出现供不应求的现象，发展我国中药材生产已成为当务之急。

湘西地处云贵高原东部的武陵山区，属中亚热带季风湿润气候，境内自然条件优越，植物种类丰富，计有药用植物（含真菌）273科、1020属、2461种，约占湖南省药用植物总数的2/3。为进一步深入研究和开发湘西药用植物资源，笔者在多年进行药用植物产区调查、驯化栽培和综合利用等研究的基础上，总结并收集了大量的先进生产技术，编写了本书。本书选择在湘西分布广、药用品质优且具有一定产业基础的24种特色药用植物，按拼音字母顺序编排，对每个种类的分布、生态习性、生物学特性、田间管理、病虫害防治以及采收与初加工等方面作了详细介绍；并对各种药材的主要化学成分、药理作用及开发利用情况作了概括性的描述。力求内容丰富，技术可靠、实用，使之对湘西中药材生产具有指导作用。

本书是吉首大学和湘西民族职业技术学院相关人员及全体作者共同劳动的结晶，全书编写构想和出版意图由吉首大学陈功锡教授提出，纳入编写范畴的药用植物种类和编写体例由陈功锡教授和田启建研究员共同确定。编写分工为：百合、杜仲、红豆杉、厚朴、黄柏、黄花蒿、黄连、绞股蓝和金银花共9种由陈继富负责编写，崔丽红、向世军、罗来和、刘举、周毅分别参与百合，黄花蒿、黄柏，黄连、红豆杉，厚朴、绞股蓝，金银花利用部分的编写，袁带秀参与杜仲化学成分、药理作用及利用部分的编写；半夏、重楼、葛根、黄精、吴茱萸、银杏和玉竹共7种由田启建负责编写，其中化学成分部分由赵东亮参与编写，利用部分由刘冰参与编写；虎杖、木瓜、商陆、乌头、淫羊藿、鱼腥草和紫花地丁共7种由田春莲负责编写，石进校参与了淫羊藿化学成分、药理作用及利用部分的编写，黄蔚参与了鱼腥草栽培技术部分的编写，雷红松参与紫花地丁栽培技术部分的编写；盾叶薯蓣由蒋拥东负责编写；书中所有彩图由张代贵提供。全书由崔丽红、雷红松和黄蔚协助统稿，田启建、陈继富最后审定。

作为植物资源保护与利用的湖南省高校重点实验室“湘西药用植物资源研究”系列著作之一，本书的编写得到了吉首大学领导和湘西民族职业技术学院领导的关心和大力支持，“湖南中药与天然药物”产学研合作示范基地和吉首大学“生态学”湖南省重点学科资助经费出版。书中部分插图及内容参考了相关的文献，在此一并表示感谢。

本书既可作为中药材种植企业或专业户的生产指导书，也可供从事药用植物资源开发利用的科技人员、医务人员、政府及有关企业的管理和技术人员参考。

由于编者的水平和经验有限，不妥之处在所难免，恳请读者批评指正。

编者

2014 年 10 月

目　录

1 百 合

百合（*Lilium spp.*）是百合科（Liliaceae）百合属（*Lilium*）植物的总称，俗称百合蒜、白百合、山百合、药百合。中药百合最早记载于《神农本草经》，为百合科植物卷丹、百合或细叶百合的肉质鳞茎的鳞片，具有镇咳、化痰、平喘、抗疲劳、提高免疫力等作用。我国主产于江苏、浙江、湖南、甘肃等省，湖北、四川、贵州、广东、安徽、河南、山东、河北、山西、内蒙古、江西、陕西、宁夏、云南、广西等地也有生产。江苏宜兴、浙江湖州、湖南邵阳、甘肃兰州为全国百合四大产区，产量最大。

1.1 种质资源及分布

全世界百合种类约 94 种，我国约 47 种、18 个变种，占世界百合总数的一半以上，其中有 36 种、15 个变种为我国特有种。

我国学者根据百合的形态特征将其分为 4 组，共计 40 种。

1.1.1 百合的分类

（1）百合组：叶散生，花喇叭形，花被片先端外弯，雄蕊上部向上弯。

（2）钟花组：叶散生，花钟形，花被片先端不反卷或稍弯，雄蕊向中心靠拢。

（3）卷瓣组：叶散生，花不为喇叭形或钟形，花被片反卷或不反卷，雄蕊上端常向外张开。

（4）轮叶组：叶轮生，花不为喇叭形或钟形，花被片反卷或不反卷，有斑点。

根据百合的用途又将其分为以下三种类型：

（1）药用百合有百合科植物卷丹（*Lilium lancifolium Thunb.*）、百合（*L. brownii F. E. Brown var. viridulum Baker*）、细叶百合（*L. pumilum D C.*）的干燥肉质鳞叶。

（2）观赏百合在商业花卉栽培学上主要分为以下三大类型：①东方百合（*Oriental hybrids*）种群类型；②亚洲百合（*Asiatic hybrids*）种群类型；③麝香百合（*L. longiflorum*）种群类型。至今在切花栽培中仍负盛名的“康涅锹格王子”就是卷丹、毛百合（*L. dauricum Ker. Gawl*）与荷兰百合（*L. enchantment*）杂交所获得的中世纪百合杂交种中的优良品种；王百合（*L. regale*）、麝香百合也为名贵切花。

（3）食用百合主要有百合、卷丹、川百合（*L. davidii Duch.*）、山丹（*L. pumilum DC.*）、毛百合及沙紫百合（*L. sargentiae Wils.*）。

黄胜白等指出，我国目前南方各省产的百合是卷丹而不是百合，并区分了野百合（农吉利）和大百合（洋百合），豆科野百合属植物野百合与百合的野生种是同名异物，不可以作为百合入药；百合科大百合属、假百合属、豹子花属与百合属虽亲缘关系很近，但成分是否相同未经确认，同时未经药理、临床证实，也不宜作为百合入药。目前我国不少省区栽培和收购的百合属植物不是百合而是卷丹，从药理结果看，卷丹的药效优于百合，卷丹应作为百合的首选药。

1.1.2 百合的分布

目前我国大部分百合原种仍处于野生状态，自然分布区跨越亚热带、暖温带、温带和寒温带等气候带，垂直分布多在海拔100～4300 m之间阴坡和半阴半阳的山坡、林缘、林下、岩石缝及草甸中。我国野生百合主要分布在下列5个区域。

1）第一集中区

中国西南高海拔山区，包括西藏东南部喜马拉雅山地区，云南、贵州、四川横断山脉区。该区低温，低湿和日照短。百合不耐炎热，很难引种到低海拔地区。

（1）西藏：西藏是我国药用植物的一大宝库，其东南部地区素有“西藏江南”之美称，由于这里森林繁茂，气候宜人，雨量充足，土壤肥沃（主要是沙质壤土和林土）且排水良好，因而非常适宜百合属植物的生长。这里独特的地理环境使百合属植物的分布较为零散，如在海拔3500～4800 m的高山灌丛林带，主要分布有尖被百合、囊被百合、卓巴百合，海拔2700～3500 m的针阔混交林带，分布有宝心百合、卓巴百合、藏百合，短花柱百合，而在海拔2000～2700 m的阔叶林带，主要生长有卷丹、大理百合等。

（2）云南：据统计，云南的野生百合达25个种和9个变种，资源丰富程度居全国第一。云南许多野生百合种都分布在高海拔地区，而且海拔分布范围很广，最高海拔和最低海拔之差在1000 m以下的有13个种（变种），在1000～1500 m的有12个种（变种），在1500～2000 m的有6个种（变种），在2000～3000 m的有3个种（变种）。其中紫花百合(*L. souliei*)的海拔分布范围最广，最低海拔和最高海拔相差2800 m。在这些野生百合中，玫红百合、紫红花滇百合、哈巴百合、甫金百合、丽江百合、线叶百合、松叶百合、文山百合8个种（变种）为云南特有。从地理环境来看，绝大部分云南野生百合种分布于沙质土壤和石灰岩地貌，少部分种分布于低洼湿润的红壤土中。

（3）贵州：野生百合科植物主要分布在贵州省内的边缘地带。四面毗邻湘、桂、滇，以8条江河流域32个区县（市）为主。其气候属南亚热带－中亚热带湿润季风气候类型，海拔130～1000 m，年均温16.8～23 ℃，≥10 ℃年活动积温4800～7 000 ℃，年均降水1000～1500 mm，年日照时数1100 h的热河谷是该省的“天然温室”，冬无严寒、夏无酷暑。由于受河流深切，暴雨冲刷，境内地形复杂、地貌多变，气候类型多样，具有亚热带、温带型野百合科植物适生条件，在海拔50～1700 m、年均温13～23 ℃、年降水1000～1700 mm、无霜期240～360 d的亚热带－温带区域的山坡、林下、灌丛、溪畔、草地、路旁、沟谷、石缝等处都有野生百合科植物的分布。如遵义务川县，地处大娄山山脉与五夷山山脉之间的中山峡谷区，属亚热带季风性湿润气候，年降水量1280 mm，年平均温度15.6 ℃，其自然环境极其适宜野生百合的生长繁殖。为此，务川野生百合的种类较多，其品种有川百合、宣兴百合、湖南百合、卷丹百合、王百合、淡黄花百合等。务川县百合不仅种类多，而且各品种的种群数量也极为丰富，在路边、草丛、林下溪沟草丛、崖石缝隙等都有大量生长，且鳞片肥嫩，富含蛋白质、蔗糖、还原糖、果胶、淀粉、脂肪、百合苷、植物碱及维生素等多种营养物质。

2）第2集中区

陕西秦岭、巴山地区，甘肃岷山，湖北神农架，河南伏牛山等山区。该区空气湿度大，土壤排水良好，凉爽和半阴。

该地区蕴藏着丰富的野生百合资源，如秦岭野百合主要分布于陕西蓝田、长安、太白、汉中等地，生长于海拔800~1500 m的山坡灌丛及溪谷边，花被乳白色，外被带淡紫色，花径11~15 cm，花单数至数朵，有芳香，植株高达1.0~1.5 m。主要有：①野百合，包括贵州野百合、蓝田野百合、太白野百合、柞水野百合、汉中野百合、安康野百合、江西野百合；②卷丹，包括太白卷丹、柞水卷丹、汉中卷丹、安康卷丹；③宜昌百合，包括柞水宜昌百合、太白宜昌百合、汉中宜昌百合、安康宜昌百合、重庆宜昌百合；④湖北百合，贵州湖北百合；⑤渥丹，太白渥丹；⑥细叶百合，太白细叶百合；⑦川百合，柞水川百合等。这些野生百合的物候期和生长发育特征均有较大差异，同种不同生态型的生物学特性也有一定差异。

3）第3集中区

我国东北部山区，主要指辽宁、吉林和黑龙江南部的长白山和小兴安岭地区。该区寒冷。野生百合花朵大，花期长，色彩鲜艳，主要品种有毛百合、有斑百合、大花百合、卷丹、大花卷丹、山丹、垂花百合、东北百合等。

4）第4集中区

我国华北山区和西北黄土高原，华中、华南浅山，主要包括秦岭、淮河以北地区。该区光照强，干旱，土坡微碱性。代表种有山丹、渥丹、有斑百合、野百合、湖北百合等。

5）第5集中区

东南沿海各省区，该区气候炎热。如江苏云台山区的野生百合，多分布在海拔300~500 m高度的山坡、草丛、溪沟等处，其中尤以卷丹为多，有7个变种：卷丹、虎皮百合（云台山地区分布广泛、数量最多的一种）、花橙红（因花瓣强烈反卷而得名，鳞茎卵圆状）、白花百合（云台山区有少量野生）、山丹、条叶百合（俗称药百合，鳞茎小，扁球形，花白色）、猫耳合（为当地山区野生品种，云台山区附近农家有少量栽培。鳞茎高5 cm，鳞片短宽肥厚，叶片短棱形，形似猫耳，花浅黄白色，6月中旬开放，6月下旬枯落）。宁波野生百合生长在海拔600 m的余姚境内四明山区，花朵硕大，洁白美丽，是不可多得的切花种质资源。由于野生采食和山林资源的过度开发，该区野生百合现已濒临灭绝边缘。为更好地对其开发利用，陈蕙云等对该区野生百合的小鳞茎进行了诱导和快速繁殖的研究。

此外，豫南山区是百合原产地之一。

食用野生百合分布广泛，但因其生长周期长、产量低、品质差，几近灭绝，从而被列为濒危植物。

1.2 生物学特性

1.2.1 形态特征

百合是多年生草本，株高70～150 cm。鳞茎球状，白色，先端常开放如莲座状，由多数肉质肥厚、卵匙形的鳞片聚合而成。茎直立，圆柱形，常有紫色斑点。叶互生，披针形，无柄，全缘，叶脉弧形。花大，色泽多样，单生于茎顶；花药“T”字形着生，花柱长，柱头盾状。蒴果长卵圆形。种子多数（彩图1.1、1.2、1.3）。作为药用植物栽培的主要有以下几种。

（1）卷丹。又称山百合、虎皮百合。多年生草本植物，株高100～150 cm，鳞茎近扁球形，纵径3.5 cm，横径4～8 cm，淡白色，其暴露部分略带紫红色。地上茎淡紫色，被白色茸毛，叶互生，无柄，叶片披针形或长圆披针形，上部叶腋常有紫色珠芽。花3～4朵或更多，下垂，橘红色，花蕾被白色茸毛，花被片披针形，向外反卷，内面密生紫黑色斑点，蜜腺两侧有乳头状突起，花药紫色，子房紫红色。蒴果长圆形至倒卵形。种子多数。

（2）百合。又称白花百合、夜百合。多年生草本植物，株高70～150 cm。鳞茎球形，纵径3.5～5.0 cm，横径约5 cm，鳞瓣扩展，白色，地上茎有紫色条纹，无毛。叶散生，叶片倒披针形至倒卵形，全缘，无毛，有3～5条脉。花1～4朵，多为白色，有香味，花被6片，倒卵形，背部带紫褐色，无斑点，顶部向外张开不卷。蒴果长圆形，有棱。多数有种子。

（3）细叶百合。又称山丹、卷莲花、灯伞花。多年生草本植物，株高20～60 cm。鳞茎圆锥形或长卵形，纵径2.5～4.5 cm，横径2～3 cm，具薄膜，鳞瓣长圆形或长卵形，白色。叶散生于地上茎中部，无柄，叶片条形，有1条明显中脉。花1朵至数朵，鲜红色或紫红色，花被片稍宽，反卷，无斑点或有少数斑点，蜜腺两侧有乳头突起。蒴果长圆形。

1.2.2 生态习性

百合原野生于林地下、山沟边、溪旁，性喜冷凉、湿润的环境和小气候，忌涝、忌酷热，以生长在排灌良好、富含腐殖质的微酸性沙质壤土中为好。其对空气相对湿度反应不太敏感，无论在空气相对湿度很高的南方还是在天气十分干燥、空气相对湿度很低的西北地区，植株均能正常生长发育。百合耐阴性较强，但在生长前期和中期喜欢较强的光照，尤其是在现蕾开花期需要较强的光照条件才能正常发育；如果光照过弱，花蕾往往容易脱落。在开花过后要有一定的荫蔽条件，才有利于鳞茎的生长。

1.2.3 生长习性

1.2.3.1 根系的生长

百合有两种根，一种为网状根，另一种是纤维根。网状根是从鳞茎盘底长出的，成丛状着生在鳞茎盘下面，而且根大小基本一致，比较粗壮，主根和侧根差别不大，根毛少，也称为下盘根。网状根是鳞茎在越冬期间，新植株未出土时发生的。一般每株抽生 5 ~ 10 条，分布在表土下 40 ~ 50 cm 处，有很强的吸收养分的能力，而且隔年不会枯死。纤维根则是生长在鳞茎之上的地上茎基部入土部位，纤细而密集，数目之多可达 180 条左右，也称为上盘根或不定根。纤维根发生时间较晚，一般在地上茎出土后 15 ~ 30 d、株高 20 ~ 30 cm 时发生，具有吸收水分和养分的功能，并有固定和支持地上茎稳定直立的作用。其通常分布在表土层，每年与地上茎一同枯死。

1.2.3.2 茎的生长发育

百合茎分为鳞茎（药用和食用部分）和地上茎两部分。

（1）鳞茎。百合的地下储藏器官从形态起源上属于鳞茎，其地下茎短缩形成鳞茎盘，鳞茎盘上着生肉质肥大的变态叶，称为鳞片，是主要的营养储存部位。成年鳞茎顶芽发育成地上茎、叶后开花，而幼龄鳞茎的顶芽为营养芽，不能抽生地上茎，只能形成基生叶。鳞茎盘上鳞片的腋内分生组织形成仔鳞茎。百合鳞茎属于无皮鳞茎，鳞片沿鳞茎中轴呈覆瓦状叠生。外层鳞茎在一个生长季内不完全消耗。生长点每年形成新鳞茎，使球体逐年增大，外层鳞茎的鳞片在新形成球体的外围，并依次营养消耗殆尽而衰亡。

百合鳞茎作为“库”和“源”的复合体，在不同时期承担着不同的作用。根据百合鳞茎的发育过程，大致可分为母鳞茎失重[①]期、营养生长期、鳞茎膨大期和鳞茎充实期。前两个时期百合鳞茎是作为“源”提供营养供植株生长，后两个时期鳞茎是作为“库”积累养分，为来年的生长做准备。刘建常等讨论兰州百合鳞茎增长规律时把鳞茎发育期分为：发芽出苗期、鳞茎失重期、鳞茎补偿期、鳞茎缓慢增重期、鳞茎迅速膨大期、鳞茎充实期和休眠期。赵祥云等研究了百合组织培养苗鳞茎的发生发育规律，结果表明，鳞茎的生长期一般分为生长初期、迅速生长期、缓慢生长期 3 个阶段，这 3 个阶段株高、叶片的生长均有不同的表现。

鳞茎的发生有下列几种方式：①由种子的胚发芽而来；②由茎顶端叶腋形成珠芽；③由鳞茎基部和茎基部以不定芽形式形成鳞茎；④由母鳞茎鳞片的腋芽形成鳞茎；⑤由鳞片扦插形成的不定芽形成鳞茎。

一般每株百合的鳞茎由 2 ~ 10 个仔鳞茎聚合在一起而成，总称母鳞茎，而把侧生鳞茎称为仔鳞茎。鳞茎有宿根越冬、越夏的习性，能够连续生长 2 年以上。

（2）地上茎是由鳞茎盘的顶芽伸出地面后而成的，通常在每年 3 月出苗，5 月中旬前停止生长，直立不分枝，株高因品种而异。入秋后，随着温度的降低，地上茎逐渐枯死。有些百合种类在地上茎的叶腋处能产生小鳞茎，叫珠芽。有的百合在温度和湿度适宜时，在地下茎入土处能长出白色小鳞茎，称为籽球，属于地上的一种变态茎，可供繁殖用。

1.2.3.3 叶的生长发育

百合的叶分为变态叶和地上叶两种。

---

① 实为质量，包括后文出现的增重、鲜重、干重、千粒重、体重等。但在植物学、农学等领域的实践中一直沿用，为使读者了解、熟悉相关行业的实际生产情况，本书予以保留。——编者注

（1）变态叶。即为鳞片，是植物的储藏器官，并具有繁殖能力，一般能连续生长2～3年。

（2）地上叶。又分为基生叶和茎生叶。基生叶是由小鳞茎中心的1～2个鳞片的尖端向上生长，破土长出柳叶状的叶子，冬生基生叶有1～2个月的寿命，春生基生叶寿命略长，可达3个月左右。茎生叶是由地下鳞茎盘中央顶芽生长点分化出众多的叶片幼体，这些幼体同时进行加长、加宽生长，形成幼叶，并在顶芽生长点周围呈锥状排列。冬天进入休眠状态，次春随着顶芽的出土伸长，幼叶便迅速生长。茎生叶的形状有披针形和条形，披针形叶片较宽大，而条形叶片较狭窄。

1.2.3.4 花的生长发育

百合通常在6月现蕾，7月上旬开花，7月中旬进入盛花期，7月下旬为终花期。单生花或总状排列，花朵有喇叭形和钟形，花开放后花被向外反卷。

1.2.3.5 果实的生长发育

百合的果期在7～10月。蒴果近圆形或长椭圆形，内有种子200粒以上。有的百合因雌花柱头退化，结实率低，种子小，而且用于繁殖容易变异，生产上均不用于种子繁殖。

1.2.4 生长周期

百合主要用种鳞茎进行繁殖，其生长周期只有1年，可分为5个生长阶段。以卷丹百合为例进行说明。

（1）播种越冬期。从8月下旬至10月下旬播下种鳞茎到次年3月中旬出苗前，此期为越冬期。百合鳞茎必须在土中越冬，经过低温阶段才能使处于休眠状态的种鳞茎顶芽生长。这个时期种鳞茎的底盘便生出肉质状的下盘根，同时地上茎芽尖生长点开始生长，分化出叶片。

（2）幼苗期。从3月中下旬至5月上中旬，植株出苗到珠芽分化阶段，称为幼苗期。这个时期地上茎开始出土，茎叶陆续生出，当苗高10 cm以上时，地上茎入土部分长出纤维根，地下茎开始在鳞茎盘地上茎芽外围周边分化，形成众多新的幼小鳞瓣（仔鳞茎芽）。当地上茎长至35 cm左右时，珠芽开始在下部叶腋内出现。

（3）珠芽期。从5月上中旬至6月中下旬，珠芽开始分化到成熟阶段，称为珠芽期。一般植株高35 cm左右时，珠芽在40～50片叶腋间长出。在珠芽生长期，若摘去顶芽，可使珠芽生长加快，约30 d成熟，成熟后的珠芽会自然脱落。在珠芽期，地下新的幼鳞茎迅速膨大，使种鳞茎的鳞片分裂、突出，形成由多个新仔鳞茎聚合而成的新母鳞茎体。

（4）现蕾开花期。6月上旬现蕾，7月上旬始花，7月中旬进入盛花期，此时地下鳞茎迅速膨大。

（5）成熟期。7月中旬地上茎进入枯萎期，7月下旬至8月初地上茎全部枯萎。这时鳞茎已经成熟，可以收获。

百合生长周期的5个阶段因品种和各地气候不同，出现的时间会提早或推迟，时间的长短也有所差异。

1.3 栽培技术

1.3.1 精心选种

选择色泽为白色，圆形或长圆形，形态端正，鳞片抱合紧密，根系部平圆微凹，种子根健壮发达、须根繁茂，未腐烂、无病虫、无损伤，大小适中且较一致，净重为25～100 g的种球为宜。

1.3.2 栽植地选择

百合是一种喜生长在凉爽气候条件下的植物，在我国分布广，由于各产区所处地理位置不同，气候条件有很大的差异，在选择百合种植地时，根据百合生长发育对环境条件的要求和当地气候情况选好地，是百合栽培获得高产稳产和优质的重要条件之一。我国西北、东北等地区的北部，年平均气温较低，宜选择低海拔的平原地种植；华北地区、东北和西北地区的南部，属于暖温带气候，年平均气温为9～14 ℃，适宜在平原地种植；华东、西南、中南等地区的北部，年平均气温为14～16 ℃，属于北亚热带气候，7～9月气温较高，对百合生长有一定影响，宜选择丘陵地种植；西南地区大部分、广东和广西的北部，属于中亚热带气候，年平均气温为16～21 ℃，夏季时间长，7～9月气温高，对百合生长极为不利，应选择海拔600 m以上、冬暖夏凉的高丘和低山地种植；台湾中部和北部、广东和福建南部、广西中部、云南中南部，属于南亚热带气候，年平均气温为20～22 ℃，夏季时间很长，一年中几乎没有冬天，夏季出现连续高温多雨，极不利于百合生长，宜选择海拔800 m以上、夏季较凉爽的中山和高山地种植。

百合栽植地以土壤肥沃、地势高爽、排水良好、土质疏松、向阳地段的沙壤土或夹沙土或腐殖质土壤为宜。在山区，也可选半阴半阳的疏林下或缓坡地种植，稻田或土质疏松、富含腐殖质的山坡地均适宜种植。百合喜欢略偏酸性的环境，一般土壤pH 6.0～7.0较好。前作一般应选择豆科、瓜类等，以减少病菌源。忌前作是辣椒、茄子等作物的地块。

1.3.3 整地，施基肥

选好地后，先撒施优质腐熟厩肥1.3～2 t/亩（1亩=667 m^2），然后耕翻25～30 cm，耕细整平。在栽培中，地下水位低、排水良好的地块可做成平畦，畦面宽100～120 cm，畦长由大田的地势确定，以便于作业、利于排水为度，畦间距离30～35 cm；地下水位高、排水不通畅的地块可做成高畦，畦面应窄，以利于排水，一般畦宽100 cm，高15～20 cm，长度以利于排水和便于作业为度，畦间距 30 ~ 40 cm，既是作业道，又是排水沟，畦的方向也应利于排水。畦做好后，将畦刮平，待用。

1.3.4 消毒处理

土壤消毒：土壤是传播百合病害的主要途径。因此，种前要对土壤进行消毒。常用方法有蒸气消毒和化学消毒。一般常用福尔马林、敌克松、速心灭、溴甲烷或五氯硝基苯等其中一种杀菌剂同敌百虫等杀虫剂配成溶液或毒沙先在地表洒（撒）1 遍，然后深翻土壤，待土壤翻过后，再在表面洒（撒）1 次，洒（撒）完后用废旧棚膜严实覆盖 7 ~ 10 d，再揭开晾晒 10 ~ 15 d 后即可种植。也可用 50% 敌克松 1. 5 kg/亩，再加入多菌灵 0. 1 kg/亩混合细土施入，防治地下害虫和病原微生物。

种球消毒：种球在播种前用 50% 多菌灵 600 倍或 50% 代森锰锌可湿性粉剂 800 倍液浸种 30 s，或用甲基托布津 1000 倍与三氯杀螨醇 500 倍混合液浸种 5 ~ 10 s，或用 20% 生石灰水浸泡 15 ~ 20 min，杀死种球表面的病菌，取出后阴干待种。

1.3.5 栽 植

1.3.5.1 栽植时期

百合每年 8 月至次年 4 月都可随时下种，具体时间应根据气候变化因地制宜，栽种过早，会导致发芽过早，易受冻害；栽种过迟，影响新根的形成，不利于翌春出苗。一般在我国北方严寒地区，为了防止冻害，宜在春季解冻后尽早种植。较温暖的地区一般以 9 ~ 10 月份栽植为宜，这时气温、土温均较高，可以促使地下部分充分长根，在越冬期间形成发达的根系，有利于次年出苗。

1.3.5.2 栽植密度

根据种球的大小宜在 0. 8 ~ 1. 1 万株/亩范围内选择优质、高产、高效的适宜密度。种球大，适当稀栽。一般百合种植株行距为（15 ~ 20 cm）×（30 ~ 33 cm）。

1.3.5.3 栽植深度

百合栽植深度以覆土 5 ~ 10 cm 为宜，开沟深度 15 cm 左右，种球位置处于 10 cm 深的土层中。栽植深度要适宜，过浅，鳞茎易分瓣；过深，出苗迟，生长细弱，缺苗率较高。用种量为 350 ~ 450 kg/亩。

1.3.5.4 栽植方法

栽植百合种球，一定要扶正种球的位置，将仔鳞茎一一分开播种，鳞茎顶朝上，盖一层火土灰后，再盖约5 cm厚的细土。播后浇5%的稀粪水或沼液，增加土壤湿度，栽好后进行覆盖。覆盖物：稻草、麦秆、薄膜等。但湖南隆回等地农民认为不覆盖较利于病虫害的防治。

1.3.6 日常管理

1.3.6.1 苗期管理

出苗前，若干旱过久，应洒水保持土壤湿润，松土保墒，防除杂草。出苗后，注意及时排水防渍。

1.3.6.2 肥水管理

结合松土、除草及时补肥，以促使百合出苗。出齐苗后，追施壮苗肥，每亩施三元复合肥（≥45%）25～30 kg，或腐熟的人粪尿液1000 kg（或沼液1000 kg），深施于行间或培于蔸旁，并壅土蔸，防倒伏。此后视百合长势进行多次追肥，以磷、钾肥为主，每次每亩淋施生物钾肥3～4 kg。另外，也可叶面喷施0.2%磷酸二氢钾，以满足后期百合对磷钾肥的需要。采收前40 d应停止追肥。

1.3.6.3 中耕除草与培土

在出苗前及苗高10 cm时各进行1次中耕除草，浅锄3 cm，防止伤及种球。苗高20 cm时，结合开沟排水，进行1次培土养蔸，厚度7～8 cm为宜。苗高20 cm以上则不宜中耕。

1.3.6.4 疏苗定苗

百合苗高10 cm时，应当进行疏苗定苗，去掉弱苗、病苗，每蔸只留壮苗1株，力求使百合植株整齐健壮。

1.3.6.5 摘蕾打顶和除珠芽

百合现蕾后，选晴天露水干后，视长势及时摘蕾打顶，长势旺的重打，长势差的迟打并只摘除花蕾，以减少养分消耗，有利于地下鳞茎生长发育。摘除花蕾后，应施复合肥，以促使种球膨大。一些种类的百合，地上茎的叶腋间产生珠芽，若任其成熟自行落地，则会影响百合鳞茎的产量，而适时提前摘除可减少养分消耗，提高百合产量。一般在6月中旬的晴天进行摘除较为合适，摘下的珠芽可作为繁殖用。

1.3.7 种苗繁育

1.3.7.1 鳞片繁殖

（1）鳞片繁殖机理。鳞片繁殖是百合种球繁育的重要方式，Matsuo等对铁炮百合

（*L. longiflorum*）鳞片扦插成球的研究表明，扦插的鳞片一般在近轴面基部伤口处分化出分生组织，分生组织产生后形成愈伤组织，然后由愈伤组织分化发育成膨大的小鳞茎。后来又研究发现，由维管束所在处形成新生鳞茎，先生根，继而由内层鳞片先端向外伸长形成1～3片细长的绿叶，靠自身光合作用促进鳞茎生长发育。这可能是由于维管束负责碳水化合物的运输，其周围营养较多。宁云芬等采用解剖学方法研究新铁炮百合鳞片扦插繁殖中小鳞茎的组织发生过程指出，小鳞茎起源于鳞片基部内层薄壁细胞而非愈伤组织。

（2）鳞片繁殖方法。①整地和原料的选择。栽植百合鳞片应选择地势平坦、土层深厚、土壤肥沃、墒情良好的地块。在种植前15 d深翻1次，每亩施入厩肥、堆肥、草木灰、饼肥等混合肥3000 kg，施后进行1次耙地，把地耙平、耙碎并拌匀肥土。选择未受热、不发红、无霉烂斑点、鳞片抱合紧密的大百合鳞茎，从鳞茎盘上将鳞片逐个剥下，选用肉质肥厚、横径2 cm以上的鳞片作为繁殖材料。②繁殖及管理。晚春10 cm地温稳定达到8 ℃以上时进行栽植。按行距35 cm开栽植沟，沟深10 cm、宽15～17 cm，将沟内土捣碎，做到土面平整，土粒细碎。将百合鳞片凹面向上，以3～4 cm的间距将鳞片在沟内摆成3～4行，避免重叠，然后覆土耱平，用地膜覆盖，以保温保湿，促使小鳞茎尽快形成。5月下旬，鳞片凹面基部形成小鳞茎，并开始生出1～2条细小的肉质根；6月下旬，小鳞茎的1～2个鳞片生出柳叶状叶片，并开始伸出土面，揭去地膜，加强除草、松土等田间管理；9月下旬，小鳞茎地上部分枯死，就地休眠过冬；翌年开春出苗，萌发茎叶，按母籽田的管理方法进行管理。当年，一般小鳞茎质量为2～4 g，3年后可达18 g，最大的达50 g左右。

土温、土壤含水量是百合生长的关键因素。土壤温度过低，愈伤组织形成慢，易引起鳞片腐烂，所以栽植不宜过早，以谷雨到小满期间为好；土壤水分最好控制在20%左右，最低不低于15%，否则会使空片率（不生小鳞茎的比率）增加，长期土壤干旱也会引起鳞片干腐败坏。为提高繁殖成活率，用作繁殖材料的大百合鳞茎一定要按标准严格挑选，最好选用刚从地里收挖的新鲜、生命力强的大百合鳞茎，边挖，边剥鳞片，边栽植。在生产上，一般每亩用大百合300～400 kg，剥取繁殖用鳞片250～280 kg，培育3年后，收获的小鳞茎可栽植大田0.33～0.47 hm^2，栽植母籽田667～1 334 m^2。另外，剥取鳞片后的百合芯带根栽植，培育2～3年，又可收获约1000 kg的成品百合。

1.3.7.2 小鳞茎繁殖

把不能用于商品加工的小鳞茎用作繁殖材料。即在每年采收时，将不能作为商品加工的小鳞茎收集起来，从中选择无病虫害的小鳞茎，用多菌灵或克菌丹1∶500倍稀释液浸种30 min，取出放在通风阴凉处晾干表面水分，在苗床上按株行距6 cm×15 cm点播，覆土2～3 cm厚。播后加强管理，经1年时间培育，把直径3 cm以上的鳞茎挖出作为大田种植用种，直径不足3 cm的小鳞茎则继续留在苗床内培育1～2年后再做种用。

另外，由母鳞茎发生新生小鳞茎是商品种球生产的常见方式。高彦仪等报道，当位于种鳞茎内部中央的幼芽生长伸出鳞茎顶2～3 cm时，剥去外部所有的鳞片，可以看到鳞茎盘上幼芽基部两侧新生出1～3个生长点。随着幼芽出土，茎叶生长，新生的生长点也以自身为中心，不断分化新的鳞片，形成1～3个侧生小鳞茎，侧生鳞茎内不断分生鳞片，鳞片本身也不断增大增厚，从而使整个侧生鳞茎膨大增重。将侧生小鳞茎从母鳞茎上分离继续培育。

1.3.7.3 珠芽繁殖

珠芽是部分百合品种叶腋长出的小鳞茎，用这种小鳞茎进行繁殖，称为珠芽繁殖。每年夏季当珠芽成熟时及时采收，将收后的珠芽与湿润的河沙混合均匀，置室内阴凉处储藏。储藏期间要勤检查，发现有腐烂的珠芽要及时捡出。如腐烂的株芽较多，则用筛子把河沙筛出，选出腐烂珠芽，其他的摊放在室内通风处晾 1 ~ 2 d，再与干净的湿河沙混合均匀储藏。当年 9 ~ 10 月，在苗床内按行距 12 ~ 15 cm 开深 3 ~ 4 cm 的浅沟，在沟内每隔 4 ~ 6 cm 点播珠芽 1 粒，播后盖土 3 cm，并盖上稻草，保持苗床疏松湿润，以利来年珠芽出苗生长。待珠芽长出苗后及时把盖草揭除，并施用稀薄人畜粪水。以后注意中耕除草。秋季地上茎叶枯萎后，把鳞茎挖出，按小鳞茎繁殖法继续培育。

1.3.7.4 种子繁殖

（1）种子采集：百合果实一般在 8 ~ 10 月成熟，当蒴果呈黄色时采收，将采收的果实摊晾数天后待其开裂，取出种子，放阴凉处储藏。

（2）整理苗床：将选好的苗床进行翻耕，整碎整平，每亩施腐熟的厩肥、草木灰等混合肥 1500 ~ 2000 kg。起畦宽 100 cm、高 15 cm 的苗床，整平土面，畦面用 4 份细碎肥土、4 份充分腐熟的堆肥与 2 份河沙混合均匀，盖于畦面，厚 5 ~ 10 cm，以待播种。

（3）播种育苗：春播或秋播均可。播种前用 50% 多菌灵 1∶500 倍稀释液浸种 20 min。按行距 10 cm 开 2 ~ 3 cm 深的浅沟进行条播，播后盖土 2 ~ 3 cm，盖草保持苗床湿润疏松，以利种子发芽和幼苗出土。幼苗出土后及时将盖草揭除，待苗高 3 ~ 4 cm 时，按株距 5 ~ 6 cm 进行间苗，以后加强管护，到秋天幼苗地下部长出小鳞茎。小鳞茎经过 3 ~ 4 年精心培育，可以采挖，大鳞茎可加工成商品，小的鳞茎可做种用。

用种子繁殖，虽然可获得大量的繁殖材料，但培育成商品百合需要的时间长，而且变异类型较多，在生产上很少使用，通常仅在培育新品种时用。

1.3.7.5 组培育苗

1）外植体的准备

（1）外植体的选择。百合的许多器官、组织都可作为外植体，如鳞片、根尖、叶片、子房、种子、花梗、花瓣、珠芽、花柱、花丝、花药、胚、腋芽、芽尖等。用百合鳞片作为外植体比较常见，但不同部位的鳞片对分化有差异。王刚等认为兰州百合鳞片产生芽的能力从强到弱依次为外层、中层、内层。外植体在培养基上的不同放置方式对百合鳞片的诱导也有影响，其诱导出芽能力从强到弱依次为：鳞片内侧向上平放 > 鳞片竖直插入 > 鳞片内侧向下平放。不同外植体诱导分化的能力也不同。罗凤霞等研究认为，新铁炮百合诱导分化的能力依次为种子 > 鳞片 > 花丝 > 花瓣 > 叶片。

（2）外植体灭菌。常用的药剂有乙醇、升汞、次氯酸钠及漂白粉等。通常都是用乙醇对材料进行预灭菌，使用浓度一般为 70% ~ 75%，灭菌时间为 10 ~ 60 s；升汞的使用浓度为

0.1% ~0.2%，灭菌时间为10 min左右；次氯酸钠溶液用浓度为20.0 g/L的浸泡10 min，灭菌时要不断摇动；漂白粉的使用浓度为饱和溶液，灭菌时间为10 ~20 min。材料灭菌后再用无菌水冲洗5次左右。另外也有将2种灭菌剂同时使用的，如先用1%次氯酸钠溶液浸泡6 min，取出后放入0.1%升汞溶液中浸泡8 min，无菌水冲洗6 ~7次。

2）接　种

将消毒灭菌后的外植体放在在超净工作台上，严格按照无菌操作程序，切成一定大小的小切块，接种在MS小鳞茎诱导培养基上培养。

3）小鳞茎诱导及培养

将接种有接种材料的NAA 0.1 mg/L、BA 0.5 mg/L的MS小鳞茎培养基放置在温度25 ℃、相对湿度60% ~80%，光照小于2000 lx的组培室进行小鳞茎诱导。40天后可诱导出一定数量的小鳞茎。将培养出的小鳞茎分开，接种于NAA 0.5 mg/L、BA 0.1 mg/L的MS生根培养基上，在温度25 ℃，相对湿度60% ~80%、光照小于2000 lx的条件下培养40 d，可诱导出大量小鳞茎。

一般用于百合组织培养的培养基类型为MS培养基。罗凤霞等认为，MS培养基优于SH培养基。杨柏云等用3种培养基，即MS、改良MS（将MS中的NH_4NO_3去掉，KNO_3加倍）、B_5，以鳞片研究切花百合的液体振荡增殖培养，发现MS与改良MS培养基对小鳞茎增殖的作用比B_5培养基好，但二者的作用差别不大，说明MS培养基中的NH_4^+态氮改变为NO_3^-态氮对切花百合小鳞茎的增殖影响不大。Arzate等用MS、N_6、B_5、1/4 MS、White、White+鳞茎提取液共6种培养基研究麝香百合带花药的花丝外植体的诱导和再生，发现N_6培养基结合光培养或暗培养和B_5培养基结合暗培养的效果很好。卢其能等以龙牙百合的鳞片切块，通过比较MS、B_5、White 3种培养基分化出小鳞茎或芽的效果发现，分化最好的是MS培养基，其次是B_5，最差的为White。

4）生　根

将诱导出的小鳞茎接种于BA 0.1 mg/L、NAA 0.5 mg/L的MS生根培养基上，置于温度25 ℃、相对湿度60% ~80%、光照小于2000 lx条件下培养40 d，可生根3 ~5条。

5）地　栽

（1）土地准备。试管苗在日光温室、塑料大棚和露底均可地栽。将准备地栽的土地深翻，做畦，畦宽1.5 ~1.8 m、长10 ~15 m（日光温室以自身宽度为宜）、深20 cm。将腐叶土或细的草炭土填入畦中，厚约10 cm，浇透水后待用。

（2）洗瓶苗。当试管苗长到鲜重大于0.5 g，根3条以上，就可以用于地栽。取出试管苗，用清水清洗3 ~5遍，在阴凉通风处晾3 ~5 h后地栽。

（3）地栽。当气温在20 ~25 ℃，地温15 ~18 ℃，百合试管苗就可以地栽。地栽时行距15 ~18 cm，株距10 ~12 cm，深度为鳞茎顶尖距地表0.5 ~1 cm为宜。地栽后地表及时喷水。

（4）保护地条件下地栽技术。①设施要求。百合试管苗最适栽培设施为日光温室和塑料大棚。②地栽时间。一般每年3 ~5月为最适宜栽培时间。③地栽要求。地栽要求温度，白天

25～30 ℃，夜间15～20 ℃，光照5000～10 000 lx。从地栽到出苗大约15 d时间，④喷水。地栽试管苗要求每天喷水2～3次，阴天减少喷水次数，雨天不喷水。喷水量以喷透地表土为宜。⑤苗期管理。试管苗一般地栽15～20 d后开始出苗，当苗出齐后，可根据墒情确定每天的喷水次数，以保持土壤湿润为宜，温度白天控制在23～27 ℃，夜间15～20 ℃，光照10 000～20 000 lx。当苗长出3片叶后，每1～2周喷洒一次营养液，一般以磷酸二氢钾0.05% ＋尿素0.05%为好，也可加入一些微量元素。⑥后期管理。9月份以后减少尿素施用量，10月份后停止浇灌营养液。地冻前和解冻后，要根据土壤墒情，在地表适量喷水，以免小鳞茎失水。地栽后第2年和第3年，进入正常管理，不遮阴，及时中耕锄草，适时灌水施肥，摘除花蕾。10月下旬，对地下鳞茎长到20 g以上的地块进行挖掘采收，对挖出的百合鳞茎及时分级整理，消毒装筐，进入大田生产。

1.3.8 病虫害及其防治

1.3.8.1 病害及其防治

百合主要的病害有病毒病、立枯病、根腐病等。百合病害以预防为主，每天观察大田生长情况，及时准确进行预测预报，结合综合防治、农业防治，选用抗病虫品种，严格实行轮作制度。化学防治所用药剂以高效、低毒、无残留的生物农药为主，主要药物有波尔多液、甲基托布津可湿性粉剂、菌毒清等。

（1）百合叶枯病。此病为百合病害中最普遍、最严重的一种病害。叶片上产生圆形或椭圆形病斑，大小不一，长2～10 mm，浅黄色到浅褐色，在潮湿条件下，斑点被灰色的霉层覆盖，病斑干时变薄，易碎裂，透明，灰白色。严重时，整叶枯死。

防治方法：①秋季清除地上部分植株并烧毁，发病时及时去除病叶，减少侵染源。②温室应通风透光，浇水于茎基部，防止浇叶片。③发病初期可用75%百菌清500倍液或50%多菌灵500倍液或70%甲基硫菌可湿性粉剂500倍液交替喷雾，重点喷洒新生叶片及周围土壤表面，每隔7 d喷1次，连喷2～4次。必要时可用50%速克灵或50%扑海因及50%农利灵可湿性粉剂1000～1500倍液加80%多菌灵粉剂600倍液等防治。

（2）百合灰霉病。灰霉病为害百合花蕾、花朵，在花蕾和花朵上布满淡黄色灰霉状物后，使花蕾皱缩脱落，花朵腐烂凋萎。在潮湿的环境中很容易发病。

防治方法：①选用健康无病鳞茎进行繁殖，温室注意通风透光，田间或温室注意避免栽植过密，促使植株健壮，增强抗病力。②冬季或收获后及时清除病残株并烧毁，及时摘除病叶，清除病花，以减少菌源。③药剂防治：发病初期即花蕾、花朵上出现淡黄色灰霉状物时开始用药，可用30%碱式硫酸铜悬浮剂400倍液、36%甲基硫菌灵悬浮剂500倍液、50%速克灵可湿性粉剂2000倍液或50%扑海因可湿性粉剂1500倍液交替喷雾。一般每7～10 d喷1次，连续喷2～3次。注意喷洒到花蕾和花朵上，喷至有水珠往下滴为度。

（3）百合软腐病。软腐病为细菌性病害。病菌在土壤中及鳞茎上越冬，翌年侵染鳞茎、茎及叶，引起初侵染和再侵染，使鳞茎发病，引起腐烂，并散发出难闻的恶臭气味。在温度高、湿度大时发病严重，为害猖狂，蔓延迅速。

防治方法：①对百合软腐病要在选择无损伤的鳞茎，并用0.1%的高锰酸钾水溶液浸泡

8～10 min进行消毒的基础上加强药剂防治。②选择排水良好的地块种植百合。③生长季节避免造成伤口，挖掘鳞茎时要小心不要造成碰伤，以减少侵染。④药剂防治：发病初期用30%绿得保悬浮剂400倍液、47%加瑞农可湿性粉剂800倍液或72%农用硫酸链霉素可溶性粉剂4000倍液交替喷雾。也可用5000倍新植霉素水溶液灌根，每7～10 d灌1次，连续灌2～3次。灌根每次每株2～3 kg，叶面喷雾以叶面滴水为度。

（4）百合炭疽病。炭疽病主要侵害叶片，严重时也侵害茎秆。叶片染病，发病初期出现水浸状暗绿色小点，后期在病斑上产生黑色小点，严重时病斑相互连接致病叶黄化坏死。温暖潮湿的环境条件下发病严重。

防治方法：①重病地区实行非百合科蔬菜2年以上轮作。②收获后及时彻底清理病残组织，减少田间菌源。③药剂防治：发病初期进行药剂防治。可用25%炭特灵可湿性粉剂600～800倍液、25%施保克乳油600～800倍液、6%乐必耕可湿性粉剂1500倍液、40%百科乳油2000倍液、30%倍生引乳油2000倍液或25%敌力脱乳油1000倍液交替喷雾。

（5）百合疫病。百合疫病俗称脚腐病。植株近地面茎部受害，病部出现水渍状病斑，变褐缢缩，植株上部枯死，常常倒伏死亡。鳞茎发芽时受害，嫩茎尖端枯死。鳞茎感病，初生油渍状小斑点，逐渐扩大为灰褐色软腐状。叶和花受侵染，其上生油渍状小点，逐渐扩大，变成灰绿色。潮湿时病斑上生白色霉层。施用未腐熟的有机肥，低洼积水，天气潮湿多雨，害虫为害鳞茎造成伤口后均有利于发病。连作发病严重。

防治方法：①选健康鳞茎，实行轮作栽培。②设置防雨设施，注意排水，雨季来临前喷药剂保护。③发病初期可用25%甲霜灵800倍液、58%甲霜灵锰锌500倍液、40%乙膦铝200倍液、64%杀毒矾可湿粉剂500倍液或77%可杀得可湿性微粒粉剂500倍液交替喷雾，每隔7～10 d喷1次，连续喷2～3次。也可在发病始期及时喷洒72%霜脲锰锌（克抗灵）可湿性粉剂800倍液、72%杜邦克露或72%克霜氰可湿性粉剂800～1000倍液等防治。

（6）百合病毒病。病毒病为害百合整个植株，造成新根不发，新叶不长甚至越长越小，叶片短束丛状，并逐渐黄化、枯萎，最后死亡。其病毒一般通过汁液接触传播，蚜虫也可传播。因此，对百合病毒病重在预防。

防治方法：①实行无病种植。选用无病健株球茎繁殖或采用组培脱毒苗种植。②加强田间管理，发现病株及时拔除，并适时防治蚜虫，可用10%吡虫啉可湿性粉剂1500倍液或50%抗蚜威超微可湿性粉剂2000倍液喷杀，以减少传毒。③药剂防治：发病初期施用抗毒增抗剂抑制病害发展。可选用20%毒克星可湿性粉剂500倍液、5%菌毒清可湿性粉剂500倍液、20%病毒A水溶性粉剂500倍液或1%抗毒剂1号300倍水溶液交替喷雾，7～10 d喷1次，连喷3次，喷至叶片见滴水为度。

（7）百合立枯病。在鳞茎上部与根尖端呈淡褐色腐烂状，鳞片由淡褐色变成暗褐色。茎部发病多从摘心部开始，变暗褐色，干枯状。叶部受侵染，初期淡黄绿色，后变为暗褐色、不规则形斑点，边缘呈淡黑色，干枯状。

防治方法：①立枯病为土壤传播，连作可使病情加重，故应与非百合科作物实行2～3年以上的轮作，栽植地应排水良好，不偏施氮肥。②选抗病品种，用无病种茎留种，收获时剔除病鳞茎。③在无病土或灭菌土中栽植，播种前2周用40%甲醛40倍液土壤消毒，鳞茎用40%甲醛50倍液浸15 min（消毒前先去除外部鳞茎）。④发病初期可用65%代森锌500倍液或农用链霉素1000倍液等交替喷雾，每隔7 d喷1次，连喷2～3次。

（8）百合青霉病。主要为害储藏期的鳞茎。鳞茎发病初期出现腐烂斑点，并在斑点上长出白色长茸毛，以后又长出长茸毛状青绿色的霉层，为孢子团。内部鳞片逐渐腐烂，最后引起鳞茎干腐。经过2~3个月后鳞茎完全腐烂。

防治方法：①在采挖及运输过程中尽量减少鳞茎损伤，可减轻发病。②储藏前鳞茎用50%朴海因可湿性粉剂500倍稀释液浸泡10 min，或将鳞茎储藏在有漂白粉的土中（50 kg土拌和0.35 kg漂白粉），储藏期保持-2~6 ℃。

1.3.8.2 虫害及其防治

种植百合要加强地下害虫防治，主要害虫有蛴螬、金针虫、蝼蛄、蝇蛆等。它们啮食百合鳞片和须根，影响百合植株生长，降低百合鳞球的产量和品质。可结合耕地每亩用3%甲基异硫磷颗粒剂2000 g或20%甲基异硫磷乳剂400~500 g等药剂，加入细土或厩肥，制成毒土或毒饵撒入土壤中。出苗后，主要害虫有蚜虫、螨类、叶蝉、蛴螬、根蛆等，主要杀灭药物有吡虫啉、50%溴螨酯等，防治药物选用鱼藤酮、烟碱、植物油乳剂等生物性药剂。

1.4 采收与初加工

1.4.1 采 收

百合于播种当年秋季定植，经过1年的生长，到翌年秋季植株地上部完全干枯后即可采收。我国长江以南地区气温较高，鳞茎成熟较早，宜在8月初采收；长江以北可根据各地实际情况，于8月下旬至9月初采收。选择晴天或阴天挖掘，剔除附带的须根及泥土即可。

1.4.2 初加工

百合多以百合干的形式储藏和上市。因鲜百合挖出来后，如较长时间暴露在空气中，很容易发生氧化褐变，颜色由白变褐，进而腐烂。同时鲜百合含水量高，不便于储藏和长途运输。产地加工对百合的质量影响很大，如果说鲜百合的质量是基础的话，加工则是关键。即使鲜百合质量再好，如果加工不当，生产出来的百合也可能是劣质百合。

百合干加工方法如下：

1.4.2.1 烫片法

《中华人民共和国药典》（简称《中国药典》）（1977年版）及以后各版药典的百合来源中都规定为“……洗净，剥取鳞片，置沸水中略烫，干燥”。但具体如何操作并未有详细记载。根据现代实验观察，百合不同部位中百合多糖含量不同，高低顺序为中片 > 外片 > 混片 > 心片，以中片含量最高，心片含量最低；百合总磷脂含量高低顺序为心片 > 混片 > 中片 > 外片。因此百合产地加工剥片处理时，应将外片、中片、心片分开盛放，便于烫片加工时能准确地把握烫片的时间。烫片时间的长短对百合多糖和总磷脂的含量也有一定的影响，烫片时间越长，百合中多糖的含量相应越高；烫片时间为 11 min 时百合中总磷脂含量最高，烫片时间延长或缩短，含量均相应降低，但变化不大。具体操作如下。

（1）剥片。选用鳞茎肥大、新鲜、无虫蛀、无破伤、品质优良的百合为原料，将鳞茎剪去须根，用手从外向内剥下鳞片，或在鳞茎基部横切一刀使鳞片分开，按外层鳞片、中层鳞片和心片分开盛装，然后分别倒入清水中洗净，捞起，沥干水滴，待用。

（2）泡片。在干净铁锅中加入清水煮沸，将鳞片分类下锅，鳞片数量以不露出水面为宜，用铁勺上下翻动 1～2 次，以旺火煮沸 3～7 min（外层鳞片 6～7 min、心片约 3 min），勤观察鳞片颜色的变化，当鳞片边缘柔软，由白色变为米黄色、再变为白色时，迅速捞出，放入清水中冷却并漂洗去黏液再捞起沥干明水待晒，或装入滤水的筐内置流水中漂洗去黏液。每锅沸水可连续泡片 2～3 次，如沸水浑浊，应换水再泡，以免影响成品色泽。

（3）晒片。将鳞片均匀薄摊在晒席上，置于阳光下晾晒 2～3 d，当鳞片达 6 成干时再进行翻晒（否则鳞片易被翻烂断碎），直至全干。若遇阴雨天，应摊放在室内通风处，切忌堆积，以防霉变；也可采用烘烤法烘干。要求保存期较长的百合干，应在九成干时进行熏硫处理。

（4）包装。干制后的百合片先进行分级，以鳞片洁白完整、大而肥厚者为上品。然后用食品塑膜袋分别包装，每袋质量 500 g，再装入纸箱或纤维袋，置于干燥通风的室内储藏，防止受潮霉变和虫蛀鼠咬。

1.4.2.2 蜜炙法

蜜炙法加工百合作为法定方法，为各版药典收载（1953 年版除外）。蜜炙百合有不同制法：一是百合拌炼蜜后，闷润而后炒，《中国药典》（2000 年版）收载这种方法：二是将炼蜜加热至沸，倒入百合炒，甘肃等省市炮制规范收载有此法，另有先炒百合至一定程度，再加入炼蜜，天津等省市炮制规范收载有此法。近年来出版的《中国药典》都规定，每 100 kg 百合用炼蜜 5 kg。百合蜜炙的作用，已有明确的论述，蜜炙能增强百合润肺止咳的功效。

1.5 百合的化学成分及药理作用

1.5.1 主要化学成分

1.5.1.1 一般成分

有学者研究百合的普通干燥细粉后报道，百合中含水 8.4%、蛋白质 22.8%、脂肪 1.9%、碳水化合物 52.6%、灰分 7.7%，粗纤维 6.6%。钟海雁等测得卷丹干片含水 12.1%、粗蛋白 11.4%、粗灰分 3.9%、淀粉 71.9%。李明河等在研究百合药膳的同时测得在每 100 g 中药材百合含有蛋白质 4 g、脂肪 0.1 g、糖 29 g，以及维生素 B、C、胡萝卜素等成分。卢美娇等测定百合冷水浸出物含量高于18%。还有报道表明卷丹花药中含有蛋白质21.29%、脂肪12.43%、淀粉3.61%、还原糖11.47%。封士兰等报道百合干花中含有维生素B_1、B_2、C，泛酸，β－胡萝卜素，豆甾醇，大黄素等。

1.5.1.2 微量元素

李明河等的测定结果表明，每100 g百合含有钙9 mg、磷91 mg、铁0.9 mg。吴汉斌等对卷丹珠芽、江苏野生和家种卷丹、百合、兰州百合、麝香百合等的鳞叶进行了化学分析后报道，其中钙、镁、铁、铝、钾、磷含量较高，锌、钛、镍、锰等含量也较高。

1.5.1.3 氨基酸

钟海雁等测定了卷丹干片的氨基酸含量，其中天冬氨酸1.05%、苏氨酸0.47%、丝氨酸0.63%、谷氨酸1.34%、甘氨酸0.53%、丙氨酸0.63%、缬氨酸0.60%、蛋氨酸0.15%、异亮氨酸0.44%、亮氨酸0.85%、酪氨酸0.39%、苯丙氨酸0.49%、赖氨酸0.71%、组氨酸0.22%、精氨酸1.90%。也有学者研究百合的普通干燥细粉，测得天冬氨酸含量10.8 mg/g、苏氨酸3.8 mg/g、丝氨酸6.4 mg/g、谷氨酸11.2 mg/g、甘氨酸5.6 mg/g、丙氨酸5.5 mg/g、缬氨酸5.6 mg/g、蛋氨酸1.2 mg/g、异亮氨酸3.6 mg/g、亮氨酸8.6 mg/g、酪氨酸4.0 mg/g、苯丙氨酸5.1 mg/g、赖氨酸7.5 mg/g、组氨酸2.0 mg/g、精氨酸38.5 mg/g、脯氨酸4.1 mg/g。

1.5.1.4 皂苷类

近几年来，百合皂苷的研究主要集中于甾体皂苷。侯秀云等已经从百合中分离得到β－谷甾醇、胡萝卜素苷、正丁基－β－D－吡喃果糖苷3种已知化学成分。杨秀伟等分离鉴定卷丹中两种甾体皂苷，麦冬皂苷D，其结构为薯蓣皂苷元－3－*O*－｛*O*－α－L－鼠李糖基（1→2）－*O*－［β－D－木糖基（1→3）］－β－D－葡萄糖苷｝，另一种为薯蓣皂苷元－3－*O*－｛*O*－α－L－鼠李糖基（1→2）－*O*－［β－D－阿拉伯糖基（1→3）］－β－D－葡萄糖苷｝，经鉴定，它是一种新的化合物，定名为卷丹皂苷A。

1.5.1.5 磷脂类

吴杲等对卷丹、百合、药百合、麝香百合、兰州百合（即川百合）5种百合采用紫外光度法测定总磷脂的含量后报道，卷丹、百合的总磷脂含量分别含量为272.04 mg/100 g和369.73 mg/100 g，其次是川百合，总磷脂含量达98.23 mg/100 g，另外两种百合的总磷脂含量甚微。郭戎等选择卷丹、百合、药百合、兰州百合、麝香百合等5种百合鳞叶进行测试分析，发现卷丹、百合的磷脂酰胆碱（PC）含量高达70%和83%，双磷脂酰甘油（DPG）和磷脂酸（PA）总含量也可达10%～15%，同时还含有少量的溶血磷脂酰胆碱（LPC）、磷脂酰肌醇（PI）、磷脂酰乙醇胺（PE）、神经鞘磷脂（SM）等脂类化合物，药百合、兰州百合、麝香百合的双磷脂酰甘油（DPG）和磷脂酸（PA）含量相加达54%～64%，磷脂酰胆碱（PC）、磷脂酰肌醇（PI）、溶血磷脂酰胆碱（LPC）含量三者相加达33%，药百合的磷脂酰乙醇胺（PE）含量明显高于其他百合。

1.5.1.6 多糖类

刘成梅等从四川产新鲜龙牙百合的鳞叶中，分离得到LP1、LP2两种多糖，分别占鲜重的0.55%、0.25%。在多糖的组分分析中，LP1由葡萄糖、甘露糖组成，比例为1：2.46，相对分子质量为79 400，LP2由葡萄糖、甘露糖、阿拉伯糖、半乳糖醛酸组成，比例为1：0.73：2.61：1.8：0.84，相对分子质量为181500。该多糖作用于机体免疫系统，对小鼠免疫功能有明显的调理作用。这两种多糖单体对四氧嘧啶引起的高血糖症小白鼠有明显的降血糖功能，并且与浓度呈正相关。姜茹等采用热水提乙醇沉淀法从百合饮片中首次分离出一种水溶性多糖BHP，相对分子质量为75000，酸水解，薄层展开进行多糖组分分析，苯胺邻苯二甲酸显色，呈现D－半乳糖、L－阿拉伯糖、D－甘露糖、D－葡萄糖、L－鼠李糖等斑点。Manalm Shehata等从无锡市售百合中分离得到百合水溶性非淀粉多糖，实验表明该多糖很可能与蛋白质相结合，相对分子质量为20 018.6。赵国华等从重庆市售百合中分离得到LBPS－Ⅰ多糖，该多糖仅由葡萄糖连接而成，相对分子质量为30 200，特性黏度为14.06×10^{-3} mL/g。该多糖单体对移植性的黑色素B16和Lerris肺癌有较强的抑制作用。

1.5.1.7 生物碱类

对百合中生物碱的研究早在20世纪60年代就有报道。贺世洪等利用极谱法测得百合中秋水仙碱含量达0.0064%。何纯莲等采用超临界萃取法和高效液相色谱测得湖南湘西龙山产卷丹鳞片中秋水仙碱含量达0.0485%。

1.5.2 药理作用

1.5.2.1 止咳作用

用小鼠SO_2引咳法给小鼠灌服百合水提液20 g/kg，可明显延长SO_2引咳潜伏期，并减少2 min内动物咳嗽次数。百合水煎剂对氨水引起的小鼠咳嗽也有止咳作用。

1.5.2.2 祛痰与平喘作用

以20 g/kg百合水提液给小鼠灌胃，可明显增强气管酚红排出量，表明百合可以通过增加气管分泌起到祛痰作用。近年来研究表明，百合固金汤有显著的抗炎、镇咳、化痰作用。另外，百合可对抗组胺引起的蟾蜍哮喘。

1.5.2.3 强壮作用

百合水提液、水煎醇沉液均可延长正常小鼠常压耐缺氧和异丙肾上腺素所致耗氧增加的缺氧小鼠存活时间。水提液还可明显延长甲状腺素所致“甲亢阴虚”动物的常压耐缺氧存活时间。百合水提液可以明显延长动物负荷游泳时间，也可使肾上腺素皮质激素所致的“阴虚”小鼠及烟熏所致“肺气虚”小鼠游泳时间延长。曾明等人研究发现，兰州百合粗多糖具有抗疲劳作用。实验证明：小剂量、中剂量、大剂量均能延长小鼠游泳时间，增强小鼠抗疲劳能力。与生理盐水组相比，其中大剂量组、中剂量组具有显著性差异；对于增强小鼠的抗疲劳能力，大剂量组和中剂量组没有显著性差异。

1.5.2.4 镇静作用

给小鼠灌服百合水提液，可明显延长戊巴比妥钠睡眠时间，并使阈下量戊巴比妥钠睡眠率显著提高。

1.5.2.5 抗癌作用

百合含秋水仙碱，能抑制癌细胞的增殖，其作用机理是抑制肿瘤细胞的纺锤体，使其停留在分裂中期，不能进行有效的有丝分裂，尤其对乳腺癌的抑制效果比较好。赵国华等人分离出百合均一多糖（LSP－1，重均相对分子质量为30 200），在机体内具有明显的抗肿瘤作用，等于或高于50 mg/kg剂量的LSP－1对移植性黑色素B16和Lewis肺癌的抑制，效果都达到了显著以上水平，抑瘤活性呈量效相关性。

1.5.2.6 促进免疫作用

百合的水溶性多糖（BHP）对小鼠免疫功能有明显的调理作用。苗明三发现百合多糖具有免疫兴奋作用，可显著提高免疫低下小鼠腹腔巨噬细胞的吞噬率和吞噬指数，促进溶血素及溶血空斑形成，促进淋巴细胞转化。另据报道，姜茹等人分离出具有免疫活性的非均一百合多糖（重均相对分子质量为75000）。

1.5.2.7 降血糖作用

用分离纯化的百合多糖单体对四氧嘧啶引起的高血糖症小鼠进行降血糖研究，发现其具有明显降血糖功能。刘成梅等人分离纯化出2种百合多糖（LP1，重均相对分子质量为79 400的葡萄甘露聚糖；LP2，重均相对分子质量为18 150的酸性多糖），将2种百合多糖灌胃给予四氧嘧啶引起的糖尿病小鼠。结果表明，200 mg/kg剂量LP1的降血糖效果接近150 mg/kg剂量的降糖灵，200 mg/kg剂量LP2的降血糖效果超过150 mg/kg剂量的降糖灵，即LP1和LP2对四氧嘧啶引起的糖尿病模型小鼠具有明显的降血糖作用。

1.5.2.8 抗过敏作用

给小鼠灌服百合水提液，可显著抑制二硝基氯苯（DNCB）所致的迟发型过敏反应。

1.5.2.9 抗氧化活性

通过测定百合多糖对羟自由基的清除率。结果发现，百合多糖抑制羟自由基所对应IC_{50}

的质量浓度是1.04 mg/mL，作用效果大于对照品苯甲酸钠。何纯莲等人发现百合提取液对羟自由基有较好的清除效果，其清除率高于苯甲酸、丙酮，与硫脲的作用效果接近，且清除率与百合提取液添加量呈正相关。佘世望用硫氰酸铁法比较了卫生部颁布的60种药食两用植物的抗氧化活性，其中百合的抗氧化吸光度值为0.033，位于前20名之中。苗明三认为百合粗多糖可使D－半乳糖引起的衰老小鼠血液中的SOD、CAT及GSH－Px活力升高，使血浆、脑匀浆和肝匀浆中的LP0水平下降。腾利荣等报道，酶法提取的百合多糖具有明显的抗氧化活性，在体外各种抗氧化实验中的活性均高于水提百合多糖。

1.6 百合的开发利用

1.6.1 提取百合多糖

1.6.1.1 回流提取

禹文峰等称取一定量的百合粉末，加入蒸馏水在沸水浴中回流提取3次，滤去百合渣，合并提取液，减压浓缩至原溶液的1/4，加入5倍量无水乙醇沉淀，得到多糖粗品。将多糖粗品溶解，采用Sevag法除去蛋白质，得到百合多糖。采用苯酚－硫酸法测定多糖含量和得率。

1.6.1.2 超声波协助提取

超声波破碎过程是一个物理过程，利用超声波产生的强烈振动、高的加速度、强烈的空化效应和搅拌作用等都可加速药物有效成分进入溶剂，从而提高了提取效率，缩短了提取时间，节约了溶剂。低温提取有利于有效成分的保护，是提取天然产物有效成分的较好的手段。任凤莲等以百合中总皂苷含量为考察指标，应用正交设计对百合总皂苷提取工艺中的温度、乙醇体积分数、固液比、回流时间和提取次数进行了研究，以薯蓣皂苷为标准，香草醛高氯酸为显色剂，冰醋酸为溶剂，用紫外可见分光光度计在波长为540 nm处对百合总皂苷的含量进行了测定。得出百合总皂苷的最佳提取工艺条件是：温度为70 ℃，乙醇体积分数为80%，固液比为1∶6，提取时间为3 h，提取次数为3次，百合中总皂苷的含量为3.48 mg/g。禹文峰等实验采用单因素试验和正交试验结合，确定了超声波提取百合多糖的优化工艺条件为料液比为1∶6，提取温度为90 ℃，提取3次，提取时间为40 min，多糖得率为1.37%。该工艺为进一步研究百合多糖提供了较有价值的参考。杨林莎等以多糖得率为指标成分，采用正交试验对百合多糖的提取、纯化工艺进行优选。提取工艺为：浸提温度65 ℃，溶剂体积15倍量，浸提3次，浸提时间4 h。多糖纯化最佳条件为：样品－氯仿正丁醇体积比5∶2，氯仿与正丁醇的体积比为3∶1，时间为10 min。认为该工艺合理，多糖成分提取完全，具有较好的经济效益。

1.6.2 中医临床应用

1.6.2.1 主要方剂及其应用

临床用百合及以百合为主药的方剂，报道很多，现归纳如下。

（1）百合固金汤。李亚涛等以百合固金汤治小儿秋季干咳，治愈率82.6%，有效率95.7%。陈萍也用百合固金汤加减治燥热咳嗽30例，有效率90%。张财富以百合固金汤配山药糊治疗秋燥，明显优于单用百合固金汤。李曙明等用百合固金汤加十灰散治疗肺结核出血20例，全部痊愈。王雄以百合固金汤加减治糖尿病46例，有效率82%。

（2）百合宁神汤。刘京凤等以百合宁神汤，重症加小剂量氯丙嗪等抗精神病药，中西结合治疗精神分裂症80例，显效率92.5%。

（3）百合地黄汤。白国生用百合地黄汤加味治更年期忧郁症20例，有效率85%。冯雷等用百合地黄汤加味随症加减，配合心理疏导，治妇女更年期综合征82例，治愈56例，显效21例。陶必贤以百合地黄汤及百合鸡子黄汤加味，治疗鼻出血56例，效果满意。

（4）其他。李智伟以舒胃百合饮治慢性胃炎效果良好。王希初等用百合荔楝乌药汤加减治疗胃窦炎92例，总有效率96.7%。郑祖国用百合丹参香芍散加减治慢性胃炎194例，总有效率94.33%。李锦春等用百合加味汤治萎缩性胃炎60例疗效显著。黄晓燕用百合健胃汤加减，治消化性溃疡55例，疗效显著。张广麒用丹参百合四逆汤治疗胆囊切除术后综合征34例，总有效率91.18%。苑松岩用百合口服液改善左室舒张功能，观察288例，中药组明显优于西药组。欧柏生用肝胃百合汤治带状疱疹38例，治愈36例，显效2例。肖孝葵用鲜百合汁治带状疱疹，有效率84%，疼痛消失时间及结痂时间均较涂龙胆紫组短。百合海绵填塞鼻腔可以治疗鼻息肉切除，中下鼻甲部分切除等术后鼻出血。

1.6.2.2 外敷用药

龙宽斌等用鲜百合洗净，捣烂后加少许冰片外敷，治骨结核引流口久不愈4例，脓肿溃口不收11例，乳房肿痛20例效果良好。苗明三也报告用野百合新鲜鳞茎捣烂外敷，治痈肿疮痛、溃后疮口红肿不消，久不收口的疗效颇佳。

1.6.3 保健食品

百合自古以来就是我国民间广泛流传的一种药食两用植物，古代就有以百合为主要原料制成的“百合粥”“百合地黄汤”等，用于治疗疾病。

百合不仅是高营养的蔬菜，也是药用价值极高的中药，被国家卫生部（1988）食监检字第23号文件列入《关于“既是食品又是药品的名单”》。目前，我国对百合基本上是以鲜片食用或晒干片食用为主，少量加工成百合粉。其缺点一是百合利用率很低，不到20%；二是百合中水溶性营养成分全部流失浪费；三是食用比较麻烦，需用开水冲泡调制。也有人开发出颇受欢迎的百合菜、百合宝、百合果茶和百合宝羹等营养保健食品。

傅桂明等以鲜百合为原料，采用超微粉碎技术、生物酶技术、微胶囊技术、附聚与流化床二次造粒技术等现代食品加工高新技术，有效地解决了百合功能因子的保存、口感和速溶性等问题，开发出速溶百合全粉。它不仅口感爽滑细腻、无颗粒感，而且百合香味浓郁，保存了百合的风味，更突出的是它基本保存了鲜百合的各种营养成分和保健功能因子。只需用65 ℃以上的开水冲调即可食用，具有保健与方便两大特点，紧跟保健食品的发展潮流，为合理开发利用百合资源提供了一条新途径。

在国际市场上，评定功能保健食品的依据是明确食品中的功能因子，要求产品注明功能因子的结构、含量、作用机理等。由于我国对百合功能因子的研究不完善，没有明确其中的功能因子，产品不能作为保健食品进入国际市场。因此，完善对百合各种功能因子的研究，是开发百合保健食品的理论依据，也是百合保健食品走向国际市场的通行证。运用百合功能因子研究成果，开发研制百合保健食品是百合深加工的方向和趋势。

1.6.4 提取生物碱

对百合中生物碱的研究早在20世纪60年代就有报道。百合中秋水仙碱含量为0.049%左右，可作为提取秋水仙碱的植物源。百合中的秋水仙碱具有很好的抗癌作用，其可抑制细胞有丝分裂和DNA合成，还可抑制癌细胞的生长。农业上，秋水仙碱广泛用于培育多倍体种子，作为多倍体诱导剂。

主要参考文献

[1] 中华人民共和国药典（第二部），1995.

[2] 李卫民，孟宪舒．中药百合的研究概况［J］．中草药，1991，22（6）：277－279.

[3] 吴祝华，施季森，池坚，等．观赏百合资源与育种研究进展［J］．南京林业大学学报：自然科学版，2006，30（2）：113－117.

[4] 鲍隆友，周杰，刘玉军．西藏野生百合属植物资源及其开发利用［J］．中国林副特产，2004，4（2）：54－55.

[5] 吴学尉，李树发，熊丽，等．云南野生百合资源分布现状及保护利用［J］．植物遗传资源学报，2006，7（3）：327－330.

[6] 周正邦，代正福．贵州亚热带地区的野生百合科植物资源［J］．种子，1999（2）：32－34.

[7] 李卫民，孟宪舒，宋学源．聚类分析方法在商品百合研究中的应用［J］．中国中药杂志，1990，15（6）：3－5.

[8] 李卫民，孟宪舒，高莫，等．中药百合的核型分析［J］．中国中药杂志，1991，16（5）：268－269.

[9] 任东涛，刘爱校，阎龙飞．萌发百合花粉中原肌球蛋白进行免疫鉴定及免疫荧光定位［J］．自然科学进展，1999，9（4）：358－360.

[10] 朱广廉，陈仲颖，曹宗撰．兰州百合生殖细胞和精细胞的大量制备及其蛋白组分的比较［J］．1995，28（3）：311－312.

[11] 蔡雪. 川百合生殖细胞及其分裂形成精细胞的观察 [J]. 生物学通报, 1997, 32 (3): 37 - 38.
[12] 傅桂明, 刘成海, 涂宗才. 百合的保健功能和产品开发进展 [J]. 食品研究与开发, 2001, 22 (2): 48 - 50.
[13] 李卫民. 百合的药理作用研究 [J]. 中草药, 2013 (6): 31 - 34.
[14] 侯秀云. 百合化学成分的分离和结构鉴定 [J]. 药学学报, 1998, 33 (12): 923 - 926.
[15] 杨天宝. 百合汁饮料的研制 [J]. 食品科技, 2007, 22 (1): 48 - 49.
[16] 郑建仙. 功能性食品 (第二卷) [M]. 北京: 中国轻工业出版社, 1999, 8.
[17] 曲伟红, 周日宝, 童巧珍, 等. 百合产地加工方法对百合质量影响的研究 [J]. 湖南中医杂志, 2004, 20 (4): 73.
[18] 徐楚江. 中药炮制学 [M]. 上海: 上海科技出版社, 1985: 125.

2 半 夏

半夏属于天南星科多年生宿根草本植物，别名三叶半夏、半月莲、旱半夏、三步跳、麻芋头、地八豆、守田、水玉、羊眼等。《中国药典》（2010 年版）规定半夏为天南星科植物半夏［*Pinellia ternata*（*Thunb.*）*Breit.*］的干燥块茎，是我国传统的常用治疗性中药，辛温有毒，多炮炙后入药，具燥湿化痰、降逆止呕、消痞散结之功，生用外治痈肿痰核、毒蛇咬伤等，具有十分重要的药用价值。半夏历史记载始见于《神农本草经》，并为历版《中国药典》收载，曾列入国家三类中药管理品种。近年来，又发现其具有抗肿瘤、抗早孕之功效。据统计，在 588 种中药处方中，半夏使用频率居第 22 位。

2.1 种质资源及分布

半夏属（*Pinellia*）为天南星科（Araceae）南星亚科的一个属，该属植物我国目前发现的共有 10 种，分别为滴水珠（*Pinellia cordata*）、石蜘蛛（*P. integrifolia*）、掌叶半夏（*P. pedatiseeta* 或 *P. tuberifera*）、盾叶半夏（*P. peltata*）、半夏（*P. ternate*）、大半夏（*P. polyphylla*）、鹞落坪半夏（*P. yaoluopingensis*）、姊归半夏（*P. ziguiensis*）、三裂叶半夏（*P. trpartita*）和五叶半夏（*P. ternata*）。《中国药典》（2010 年版）只收录了半夏作为药材。*Pinellia ternata* 为半夏的正品，而在中国民间作为半夏使用的半夏属植物有 5 种，分别是：掌叶半夏、滴水珠、盾叶半夏、大半夏、五叶半夏。除半夏属植物外，还有多达 12 种同科植物为半夏使用，如山珠南星（*Arisaema yunnanensis*）、银南星（*A. bathycoleum*）、河谷南星（*A.prazeri*）、高原南星（*A. intermedia*）、普陀南星（*A. ringens*）、象南星（*A. elephas*）、象头花（*A. franchetianum*）、犁头尖（*Typhonium divaricatum*）、三叶犁头尖（*T. trifoliatum*）、鞭檐犁头尖（*T. flagelliforme*，即水半夏）、马蹄犁头尖（*T. trilobatum*）、独脚莲（*T. giganteum*）等。因此，在实际应用中，半夏品种混乱问题比较严重。《中国药典》中收载的半夏，全国大部分地区均有生产，主产于四川、湖北、安徽、江苏、河南、浙江等地。

目前，半夏主要栽培品系有：昭通半夏（云南省昭通市野生半夏经多代人工种植而得）、鄂半夏一号（通过湖北省农作物审定委员会认定的湖北省建始县地方半夏品种）、来凤半夏（湖北省来凤县野生半夏的人工种植群体）、荆半夏（湖北省京山县人工种植基地的湖北传统品种）等。

2.2 生物学特性

2.2.1 形态特征

半夏为多年生草本植物，株高10～20 cm，块茎近球形，直径0.5～3 cm，基生叶1～3枚，叶出自块茎顶端，叶柄长5～15 cm，直径1～2 mm，叶柄下部有一白色或棕色珠芽，直径3～8 cm，偶见叶片基部亦具一白色或棕色小珠芽，直径2～4 mm。单叶卵状心形，长2～4 cm，宽1.5～3 cm；或3叶全裂，裂叶片卵状椭圆形，披针形至条形，中裂片长3～5 cm、宽1～2 cm，基部楔形，先端稍尖，全缘稍具浅波状、圆齿、两面光滑无毛，叶脉为羽状网脉。肉穗花序顶生，花序梗较叶柄长，佛焰苞绿色，边缘多紫绿色，上部常有紫色斑条纹，花单性，花序轴下着生雌花，无花被，有雌蕊20～50个，花柱短，雌雄同株，雄花位于花序轴上部，白色，无被，雄蕊密集成圆筒形，与雌花间隔3～7 mm，其间佛焰苞合围处有一直径为1 mm的小孔，连通上下，花序末端尾状，伸出佛焰苞，佛焰苞表现绿色或紫色，直立浆果卵状形，长4～5 cm，直径0.5～2 cm，内有种子20～30粒，椭圆形，灰白色，千粒重（鲜）9 g（彩图2.1、2.2）。

2.2.2 生态习性

半夏是耐阴而不是喜阴植物，在适度遮光条件下生长繁茂。若光照过强，半夏则难以生存。半阴环境有利于珠芽数增殖和块茎增重。半夏怕干旱，耐寒，块茎能自然越冬。一般对土壤要求不严，除盐碱土、砾土、过沙、过黏以及易积水之地不宜种植外，其他土壤均可种植，但以疏松肥沃沙质壤土为宜。

2.2.3 生长习性

半夏一般于气温升至8～10 ℃时萌动生长，13 ℃开始出苗，随着温度升高出苗加快，并出现珠芽，15～26 ℃最适宜半夏生长，30 ℃以上生长缓慢，超过35 ℃而又缺水时开始出现倒苗，秋后气温低于13 ℃出现枯叶。冬播或早春种植的块茎，当1～5 cm的表土地温达10～13 ℃时，发出叶柄，此时如遇地表气温又持续数天低于2 ℃以下，叶柄即在土中开始横生，横生一段并可长出一代珠芽。低温持续时间越长，叶柄在土中横生越长，地下珠芽越大。当气温升至10～13 ℃时，叶柄直立出土。用块茎繁殖，块茎越大，不仅叶柄粗，珠芽大，而且珠芽在叶柄上着生的位置也越高；块茎越小，叶柄越细，珠芽越小，珠芽在叶柄上着生的位置也越低。

半夏对水分要求较高，因其根系浅，吸水能力较弱，地上部分耐旱能力较差，土壤过于干旱或空气干燥，都影响其地上部分生长，甚至造成枯萎。在阳光直射或水分不足条件下，易发生倒苗。

2.3 栽培与管理

2.3.1 繁殖技术

生产上，半夏的繁殖方法以块茎和珠芽繁殖为主，也可用种子繁殖，但因生产周期长，一般不采用。

2.3.1.1 块茎繁殖

冬季或次年春季取出储藏的种茎栽种，其中以春栽为好。春栽宜早不宜迟，适时早播，可使半夏叶柄在土中横生长出较大的珠芽，并能很快生根发芽，形成新植株。栽前 20 d 可用温床或火炕进行种茎催芽，催芽温度保持在 20 ℃，当催芽种茎的芽鞘发白时即可栽种。在整细耙平的畦面上开横沟条播，沟距 12 ~ 15 cm，株距 5 ~ 10 cm，沟宽 10 cm，深 5 cm 左右，沟底要平，在每条沟内交错排列两行，芽眼向上摆入沟内。栽后，每公顷覆混合肥土 30 t 左右（由腐熟堆肥和厩肥加人畜肥、草土灰等混拌均匀而成）。然后，将沟土提上覆盖，厚 5 ~ 7 cm，耧平，稍加压实。秋季栽种，一般在 9 月下旬至 10 月上旬结合收获进行，方法同春播。栽种时，适当密植，生长均匀且产量高。但过密，幼苗生长纤弱，除草困难。过稀，苗少草多，产量低。一般每公顷需种茎 750 ~ 900 kg。覆土也要适中，过厚出苗困难，将来珠芽虽大，但往往在土内形成，不易采摘。过薄，种茎容易干缩而不能发芽。栽后遇干旱天气，要及时浇水，始终保持土壤湿润。也可进行地膜覆盖栽培，栽后立即盖上地膜。4 月上旬至下旬，当气温稳定在 15 ~ 18 ℃，出苗达 50% 左右时，应揭去地膜，以防膜内高温烤伤小苗。去膜前，应先炼苗。方法：中午从畦两头揭开膜通风散热，傍晚封上，连续几天后再全部揭去。

采用早春催芽和苗期地膜覆盖的半夏，比不采用这些栽培措施的半夏早出苗 20 d，而且还能保持土壤整地时的疏松状态，促进根系生长，可增产 30% 左右。

2.3.1.2 珠芽繁殖

半夏每个叶柄上至少长有一枚珠芽，珠芽遇土即可生根发芽成为新植株。夏秋间，当老叶即将枯萎时，珠芽已成熟，即可采取叶柄上成熟的珠芽进行条播。条播行株距为 10 cm × 5 cm，条沟深 5 cm。播后覆厚 2 ~ 3 cm 的细土及草木灰，稍加压实。也可按行株距 10 cm × 8 cm 挖穴点播，每穴播种 2 ~ 3 粒。还可在原地盖土繁殖，即每倒苗一批，盖土一次，以不露珠芽为度。同时施入适量的混合肥，既可促进珠芽萌发生长，又能为母块茎增施肥料，有利增产。

2.3.1.3 种子繁殖

在半夏开花后十余天，收集枯萎后的花茎，取出种子与湿沙混合堆藏，当年或次年早春即可按 10 cm 行距条播，复土少许。由于半夏种子小，收集时间不一，存在操作不便、影响产量等缺陷，一般不采用。

2.3.2 栽培管理

2.3.2.1 选用良种

选用优质的种源是高产的基础。应以质地坚实、矛头丰满、切开后断面有黏手的乳白色黏液的种块为种源。种皮霉变、质地松软及变质的种块播种后即使生根发芽，苗期也易发病，造成二次污染，不能作为种用。

2.3.2.2 选地与整地

选择质地疏松肥沃、保水保肥力较强、排灌良好的沙质壤土种植，也可选择半阴半阳的缓坡山地。黏重地、盐碱地、涝洼地不宜种植。前茬选豆科作物为宜，可与玉米地、油菜地、麦地、果木林进行间套种。

选好地后，于10～11月深翻土地20 cm左右，除去砾石及杂草，使其熟化。半夏喜肥且根系浅，生长期短，基肥对其有着重要的作用。结合整地，每公顷施农家肥75 t、饼肥1.5 t和过磷酸钙900 kg，翻入土中作为基肥。播前再耕翻一次，然后整细耙平。雨水较多的地方宜做成宽1.2～1.5m、高30 cm的高畦，畦沟宽40 cm，长度不宜超过20 m，以利灌排。坡地浅耕后可作成宽0.8～1.2 m的平畦，畦埂宽30 cm、高15 cm。

2.3.2.3 田间管理

1）中耕除草

半夏植株矮小，在生长期间要经常松土除草，避免草荒。因半夏的根生长在块茎周围，其根系集中分布于12～15 cm的表土层，故中耕宜浅不宜深。

2）摘花薹

为了使养分集中于地下块茎，促进块茎的生长，除留种外，应于5月开花抽薹后，分期分批摘除花薹。以免其因种子强劲的繁殖能力而成为后茬作物的强势杂草。

3）肥水管理

在生长期间经常泼浇稀薄人畜粪水，有利于保持土壤湿润，促进半夏生长，提高产量。每次可施用腐熟的人畜粪水和过磷酸钙。一般可追肥4次，第1次于4月上旬齐苗后，每公顷施入1∶3的人畜粪水15 t，第2次在5月下旬珠芽形成期，每公顷施用人畜粪水30 t，第3次于8月倒苗后，当子半夏露出新芽，母半夏脱壳重新长出新根时，用1∶10的粪水泼浇；第4次于9月上旬，半夏全苗齐苗时，每公顷施入腐熟饼肥375 kg、过磷酸钙300 kg、尿素150 kg，与沟泥混拌均匀，撒于土表。半夏生长中后期，每10 d根外喷施1次0.2%磷酸二氢钾，有一定的增产效果。

水分管理，是半夏增产的关键。若遇久晴不雨，应及时灌水；若雨水过多，田间积水，应及时排水，以免造成块茎腐烂。在生产上，无论采用哪种繁殖方法，在播前都应浇透水，以利出苗。出苗前后不宜再浇水，以免降低地温。立夏前后，天气渐热，半夏生长加快，干旱无雨时，可根据墒情适当浇水，浇后及时松土。夏至前后，气温逐渐升高，干旱时可7～

10 d浇水1次。处暑后，气温渐低，应逐渐减少浇水量。经常保持栽培环境的阴凉、湿润，可延长半夏生长期，推迟倒苗，促进增产。

4）培　土

珠芽在土中才能生根发芽，在6～8月间，有成熟的珠芽和种子陆续落于地上，此时要进行培土，从畦沟取细土均匀地撒在畦面上，厚1～2 cm。追肥培土后若无雨，应及时浇水。一般应在芒种至小暑时培土2次，促使萌发新株，并经常松土保墒。

5）遮　阳

生产上可于4月中下旬，在畦边间作玉米、辣椒及豆类作物，6月上中旬间作物长高，起到遮阳作用。也可搭架遮阳。

6）防倒苗

在生产中，采取措施延迟或减少半夏倒苗，是实现半夏高产、优质的重要条件。在栽培中除采取适当的荫蔽和喷灌水，以降低光照强度、气温外，还可喷施植物呼吸抑制剂——0.01%硫酸氢钠溶液，或喷施0.01%亚硫酸氢钠、0.2%尿素及2%过磷酸钙混合液，以抑制半夏呼吸，延迟半夏倒苗，进而达到提高产量的目的。

2.3.3　病虫害防治

2.3.3.1　根腐病

根腐病是半夏最常见的病害，多发生在高温多湿季节和越夏种茎储藏期间。一般在雨季和低洼渍水处发生，为害地下块茎，使其腐烂，随即地上部分枯黄、倒苗死亡。

防治方法：①雨季及大雨后及时疏沟排水。②选用无病种茎，并在播种前用5%的草木灰溶液浸种2 h；或用1份50%多菌灵加1份40%的乙膦铝300倍液浸种30 min。③发病初期，拔除病株后用5%石灰乳淋穴，防止蔓延。④及时防治地下害虫，可减轻为害。⑤发病后可用50%敌克松600～800倍液或20%绿亨二号600倍液灌根。

2.3.3.2　病毒性缩叶病

病毒性缩叶病是栽培半夏普遍发生的较为严重的一种病害，发病率随栽培年限的增加呈上升趋势。种茎带毒及蚜虫等昆虫传毒可能为其主要传播途径。该病多在夏季发生，为全株性病害。发病时，叶片上产生黄色不规则的斑，使叶片变为花叶症状，叶片变形、皱缩、卷曲，直至枯死；植株生长不良，地下块根畸形瘦小，质地变劣。当蚜虫大发生时，容易发病。该病可造成半夏在储藏期间及运输途中鲜种茎大量腐烂，加工成的商品质量差，品级低。

防治方法：①选无病植株留种，避免从发病地区引种及发病地留种，控制人为传播，并进行轮作。②施足有机肥料，适当追施磷、钾肥，增强抗病力。③发病初期和发病后用20%病毒A可湿性粉剂500倍液或83增抗剂100倍液进行叶面喷雾。④及时喷药消灭蚜虫等传毒昆虫。出苗后在苗地喷洒40%乐果乳油2000倍液。⑤发现病株，立即拔除，集中烧毁深埋，病穴用5%石灰乳浇灌，以防蔓延。⑥应用组织培养方法，培养无病毒种苗。

2.3.3.3 芋双线天蛾

芋双线天蛾是半夏生长期间为害极大的食叶性害虫，栽培半夏田为害率可达80%以上，每头高龄幼虫每天可为害半夏苗10株以上。

防治方法：①结合中耕除草捕杀幼虫。②利用黑光灯诱杀成虫。③5月中旬至11月中旬幼虫发生时，用50%的辛硫磷乳油1000～1500倍液喷雾或90%晶体敌百虫800～1000倍液喷洒，可杀死80%～100%的幼虫。

2.3.3.4 蚜 虫

蚜虫的成虫和幼虫吮吸嫩叶、嫩芽的汁液，使叶片变黄，植株生长受阻。

防治方法：①在蚜虫发生期，用40%乐果乳油1500～2000倍稀释液喷洒。②用灭蚜松（灭蚜灵）1000～1500倍稀释液喷杀。

2.3.3.5 菜青虫

菜青虫的幼虫咬食叶片，造成孔洞和缺口，严重时，整片叶被吃光。

防治方法：可在发生期用90%敌百虫1500倍稀释液或敌敌畏1000倍稀释液喷杀。

2.4 采收、加工与留种

2.4.1 采收、加工时间

采收、加工时间对半夏药材的产量和质量影响很大。采收过早，鲜半夏块茎小，粉性不足，产量和有效成分含量低。采收过晚，鲜半夏块茎难于脱皮、晒干慢，而且加工后的药材粉性差、颜色不白，容易产生“僵子”（角质化），影响质量。倒苗后采收，费工费时。适时采收、加工，鲜半夏不仅块茎大，产量和有效成分含量高，而且容易去皮，去皮后的半夏晒干快，药材颜色洁白，粉性足，出干率高。

在四川半夏主产地南充市，采收、加工半夏主要时间在夏季5～6月以及秋季9～10月，最佳采收、加工时间是每年夏季6月，即农历“芒种”至“夏至”以及秋季9月下旬，即农历“秋分”前后。实践证明，“芒种”至“夏至”以及“秋分”前后采收、加工的半夏水分少、粉性足、质坚实、颜色白，药材质量好，产量也高，3.5 kg左右的鲜半夏就可以加工1 kg干品，而且好去皮，3～5 d就可以晒干。“芒种”以前和“寒露”至“霜降”或者更晚些时间采收的鲜半夏，加工时很难去皮，4 kg左右才可以加工成1 kg干品，有时10 d还晒不干。“立冬”后半夏已倒苗，更难采收，采收的鲜半夏也更难去皮和晒干，加工的半夏药材粉性差、颜色不白、“僵子”多、质量差。

2.4.2 加工方法

2.4.2.1 人工去皮

将堆放至“发汗”后刚好去皮的鲜半夏装入麻袋，放入水池，工人穿统靴踩去外皮及须根，少数踩不干净的就用手搓，直至把皮和须根全部去掉。

2.4.2.2 机器去皮

用半夏去皮机去皮。先开机，然后加入约100 kg堆放至发酵后刚好去皮的鲜半夏，再加入约5 kg河沙，边搅拌、边去皮、边用水冲去除下的皮和须根，直至把皮和须根全部去掉，洗干净。用半夏去皮机加工鲜半夏很方便，功效是人工方法的40～50倍。

2.4.2.3 初加工

将半夏外皮去净、洗净后取出晾晒，并不断翻动，晚上收回，平摊于室内，不能遇露水，次日再取出，晒至全干。如遇阴雨天气，用火烘干，温度一般控制在35～60 ℃，要微火勤翻，力求干燥均匀。半夏采收后经洗净、晒干或烘干，即为生半夏。加工后商品半夏药材块茎除了《中国药典》（2010年版）一部规定的半夏块茎直径为1～1.5 cm外，还有相当一部分是直径超过1.5 cm或小于1 cm的，占总数的15%～25%。

2.4.3 留种技术

2.4.3.1 种茎的采收和储藏

每年秋季半夏倒苗后，在收获半夏块茎的同时，选横径粗0.5～1.5 cm、生长健壮、无病虫害的当年生中小块茎作种用。大块茎不宜作种，因为大块茎均由小块茎发育而来，生理年龄较长，组织已趋于老化，生命力弱，抽叶率低，个体质量增长缓慢或停止，收获时种茎大多皱缩腐烂。而中小种茎大多是由珠芽发育而来的新生组织，生命力强，出苗后生长势旺，其本身迅速膨大发育成大块茎，同时不断抽出新叶，形成新的珠芽，故无论在个体数量还是个体质量上都大大增加。半夏种茎选好后，在室内摊晾2～3 d，随后将其拌以干湿适中的细沙土，储藏于通风阴凉处，于当年冬季或次年春季取出栽种。

2.4.3.2 珠芽的采收

半夏每个茎叶上长有一珠芽，数量充足，且遇土即可生根发芽，是主要的繁殖材料。大的珠芽当年就可发育成种茎或商品块茎。待株芽成熟后即可采收。

2.5 半夏的主要化学成分及药理作用

半夏及其同属植物含有多种类型的化学成分，药理活性强且应用广泛，具有很好的开发前景。

2.5.1 主要化学成分

据报道，对半夏属植物化学成分的研究很早，中山太七郎（1924 年）从半夏中得到植物甾醇。汤腾汉（1934 年）从半夏乙醚提取液中检出生物碱、棕榈酸、硬脂酸、油酸、亚油酸、植物甾醇及半乳糖。尾关昭二用酸碱法从半夏甲醇提取物中得到几种脂肪酸，从碱化部分中得到β-谷甾醇，在酸化部分中加苦味酸沉淀剂得到胆碱，非碱化部分重结晶得到β-谷甾醇葡糖苷。村上孝夫从半夏中分离得到氨基酸。刘达米夫从半夏中得到尿黑酸、草酸钙。Haruji 等用离子交换树脂法分离半夏提取物得到L-麻黄碱。秦文娟等从掌叶半夏中得到一系列环二肽类生物碱以及吲哚类化合物。王锐等采用自制“同时蒸馏-萃取”装置提取半夏挥发油，运用毛细管气相色谱及质谱分离鉴定出65个化学成分。

2.5.1.1 挥发油

半夏中挥发油的主要成分为3-乙酰氨基-5-甲基异噁唑（44.4%）、丁基乙烯基醚（11.88%）、3-甲基-二十烷（9.78%）、十六碳烯二酸（6.92%）。

2.5.1.2 黄酮类

从半夏中分离得到6种黄酮，即黄芪苷（1）、黄芪苷元（2）、6C-β-D-吡喃木糖-8C-β-D-吡喃半乳糖-5，7，4′-三羟黄酮（3）、6C-β-D-吡喃半乳糖-8C-β-D-吡喃木糖-5，7，4′-三羟黄酮（4）、6C-β-半乳糖-8C-β-阿糖-5，7，4′-三羟黄酮（5）、6β-阿糖-8β-半乳糖-5，7，4′-三羟黄酮（6）。

2.5.1.3 生物碱

半夏中含有L-麻黄碱、胆碱、鸟苷、胸苷，掌叶半夏中含有尿苷、6-氧嘌呤、鸟尿嘧啶、腺苷、腺嘌呤（即掌叶半夏碱乙）、5-甲基尿嘧啶等。

2.5.1.4 芳香族类

半夏中含有尿黑酸、原儿茶醛、姜烯酚、姜酚、阿魏酸、咖啡酸、香草酸及对羟基桂皮酸。

2.5.1.5 甾醇类

从掌叶半夏和半夏中得到β-谷甾醇、胡萝卜苷，这是其非极性部分的主要成分。

2.5.1.6 鞣　质

从半夏中得到了1，2，3，4，6－五－*O*－没食子酰葡萄糖。

2.5.1.7 长链脂肪酸及酯类

半夏属植物的非极性部分含有大量的脂肪酸，已发现的脂肪酸有棕榈酸、硬脂酸、油酸、亚油酸、α－亚麻酸，β－亚麻酸等，其中含羟基的不饱和十八碳酸、不饱和脂肪酸甘油三酯及其半乳糖酯具有较强的生物活性，近年来被人们所关注。

2.5.1.8 脑苷类

该类化合物有较强的生物活性，为近年的研究热点。日本学者从半夏中分离得到一系列脑苷化合物，其中1－*O*－glucosyl－*N*－2′－acetoxypalmitoyl－4，8－sphingodienine（1）、1－*O*－glucosyl－*N*－2′－hydroxypalmitoyl－4，8－sphingodienine（2）为半夏的脂溶性止吐物质。我国学者最近分离到一个新的脑苷类化合物 pinelloside，具有抗微生物活性。

2.5.1.9 呋喃衍生物

从半夏的脂溶性部分中得到4种呋喃衍生物。

2.5.1.10 氨基酸

半夏属植物的极性部分含有多种氨基酸，从掌叶半夏及半夏中分离得到鸟氨酸、瓜氨酸、精氨酸、γ－氨基丁酸、谷氨酸、天冬氨酸、亮氨酸、赖氨酸、丝氨酸、甘氨酸、丙氨酸、脯氨酸、缬氨酸、色氨酸、β－氨基异丁酸等。

2.5.1.11 多　糖

从半夏水提物得到 PT－F2－I（MW＝850 000），结构由 α（1→4）连接，并附带有 α（1→2）边链连接的阿糖多聚体为主体部分，包括岩藻糖、葡萄糖、半乳糖、鼠李糖、核糖（0.12：0.1：0.09：0.05：0.05，阿拉伯糖为1.00），MW 为10 000 的杂多糖，MW 为11.8×10^4的酸性多糖PA，由L－阿拉伯糖、D－半乳糖、L－鼠李糖、D－半乳糖醛酸、D－葡萄糖醛酸（5：15：1：3：3）组成，部分糖单元上连有乙酰基及肽片段，主链由 β（1→3）连接的D－半乳糖单位组成，侧链是 β（1→6）连接的D－半乳糖。此外，还从半夏块茎中分离得到葡聚糖，由D－葡萄糖组成，部分糖单元连有乙酰基，含支链，主链为 α（1→4）连接的D－葡萄糖，部分 α（1→3）连接和 α（4→6）连接以及MW为4100的直链淀粉。

2.5.1.12 凝集素

从半夏及掌叶半夏中得到粗球蛋白6KDP、半夏凝集素、掌叶半夏总蛋白和掌叶半夏凝集素A 。由于凝集素有较强的生理活性，已成为研究热点。

2.5.2 药理作用

2.5.2.1 对呼吸系统的作用

主要为镇咳、祛痰作用，以半夏生品、新老法制品粉末混悬液灌胃，对小鼠氨熏所致咳嗽有不同程度的抑制作用。另有学者实验证明，大鼠腹腔注射半夏水煎剂 30 mL/kg，可明显抑制硝酸毛果芸香碱 5 mg/kg 对唾液的分泌作用。

2.5.2.2 对消化系统的作用

（1）镇吐作用。生半夏、制半夏的水提取物和醇提取物对去水吗啡、洋地黄、硫酸铜引起的呕吐，都有一定的镇吐作用。有学者报道，半夏镇吐作用的成分，有人认为是生物碱、植物固醇、甘氨酸、葡萄糖醛酸。

（2）镇痛作用。清半夏 75% 乙醇提取物 5 g/kg 和 15 g/kg 对小鼠热痛刺激甩尾反应潜伏期的影响和对乙酸引起小鼠扭体反应功效的影响分别表明，清半夏 75% 乙醇提取物能显著延长小鼠甩尾反应的潜伏期，显著抑制乙酸引起的小鼠扭体反应次数。

（3）抗腹泻作用。清半夏 75% 乙醇提取物 5 g/kg 和 15 g/kg，能拮抗蓖麻油和番泻叶引起的小鼠腹泻，显著抑制乙酸所致小鼠腹腔毛细血管通透性亢进，对小鼠胃肠的推动运动无明显影响。

（4）抗溃疡作用。清半夏 95% 乙醇提液能抑制胃窦分泌，降低胃液的游离酸度及总酸度，抑制胃蛋白酶活性和促进胃黏膜的修复。此外，还能显著抑制小鼠盐酸性溃疡及吲哚美辛－乙醇性溃疡的形成。

2.5.2.3 抗炎作用

清半夏 5 g/kg 和 15 g/kg 对小鼠腹腔毛细血管通透性的影响，表明半夏能显著抑制腹腔毛细血管通透性亢进和对角叉莱胶致小鼠足跖肿胀的影响，清半夏 5 g/kg 和 15 g/kg 在 1h 就有显著而持久的抑制小鼠足跖肿胀的作用。

2.5.2.4 对神经系统的抑制作用

小鼠腹腔注射对自主活动有明显影响，15 g/kg 或 30 g/kg 可显著增加阈下剂量戊巴比妥钠的睡眠率，并有延长戊巴比妥钠睡眠时间的趋势。

2.5.2.5 对心血管系统的作用

半夏对离体蛙心及兔心具有抑制作用，但对离体豚鼠心脏则不发生作用。犬室性心动过速及室性早搏的模型证实，半夏浸剂静脉注射有明显的抗心律失常作用。清半夏水煎液 200% 浓度 26. 5 mL/kg 预防给药，对氯化钡诱发的大鼠心律失常有明显的拮抗作用。半夏注射液静脉注射对大鼠、犬、猫均有一定的降压作用。半夏水煎醇沉液可增加离体心脏冠脉流量。半夏可阻止或延缓食饵性高脂血症的形成，对高脂血症有一定的治疗作用。

2.5.2.6　抗早孕作用

实验研究证明，半夏蛋白有抗早孕活性。早孕小鼠皮下注射1.25 mg/mL半夏蛋白0.2 mL，抑孕率为50%；兔子宫内注射500 μg，其抗胚胎泡着床率达100%，经半夏蛋白作用后的子宫内膜能使被移植的正常胚泡不着床，在子宫内经半夏蛋白孵育的胚泡移植到同步的假孕子宫，着床率随孵育时间延长而降低。

2.5.2.7　致突变的作用

半夏采用3个剂量（9 g/kg、15 g/kg、30 g/kg）给妊娠12～14 d的孕鼠灌服表明发现30 g/kg剂量可使SCE频率轻微升高。因此，半夏常被列为妊娠期忌药。

2.5.2.8　抗血栓形成的作用

灌服清半夏75%乙醇提取物能显著延长大鼠实验性体内血栓形成时间，并且有延长凝血时间的倾向。

2.5.2.9　抗肿瘤的作用

实验研究表明，半夏蛋白、多糖、生物碱均有抗肿瘤的作用。从半夏的新鲜磷茎中分离出的外源性凝集素（PTA，低分子蛋白），对慢性骨髓性白血症细胞K562肿瘤株的细胞生长有明显抑制作用。人肝癌细胞QGY7703－和7402、艾氏腹水癌和腹水中肝癌细胞均能被半夏蛋白凝集。实验研究发现，半夏的多糖组分PMN有活化抗肿瘤作用，用抗肿瘤多糖进行实验，抗肿瘤多糖对PMN活化中的特异性糖链结构起重要作用。PMN还具有镇吐作用，其关联性值得注意。

2.5.2.10　糖皮质激素作用

半夏有糖皮质激素的作用。半夏能使小鼠肝脏中氨酸转氨酶（TA）活性上升，使用半夏5 mg/kg以上剂量，TA活性与剂量呈依存性上升，20 mg/kg时为对照组的5倍。对摘除肾上腺的小鼠，同时给予半夏5～100 mg/kg、可的松0.5 mg/kg，能使肝脏TA活性上升，与半夏用量呈依存性。5 mg/kg以上用量的半夏，可使血中皮质酮含量上升，20 mg/kg时为正常水平的2.5倍。半夏500 mg/kg于前一天18：00与当日9：00二次投予，肝TA活性呈有意义上升。

2.5.2.11　毒副作用

实验表明，对怀孕大白鼠母体的影响，生半夏粉9 g/kg组、生半夏汤剂和制半夏汤剂30 g/kg组均会引起妊娠大白鼠阴道出血量非常显著地高于对照组，并且能够增高死胎率。生半夏粉9 g/kg组孕鼠母体体重较对照组非常显著降低，肾重指数增加。此外，生半夏粉还使肝重指数显著降低，而其他各组给药后对母体体重无显著影响。临床中毒主要表现为对口腔、咽喉、胃肠道黏膜及神经系统的毒性，如引起口干舌麻，胃部不适，口腔、咽喉及舌部烧灼疼痛、肿胀、流涎，恶心及胸前压迫感，音嘶或失音，呼吸困难，痉挛甚至窒息，使人最终因呼吸肌麻痹而死。

对半夏的毒性，许多研究都证实较长时间加热或与白矾共煮能消除其毒性，而其毒性成分不能单独被姜汁破坏。结果说明，生半夏混悬剂毒性最大，漂、姜浸及蒸制品毒性依次降低，矾浸及煎剂毒性最小。半夏每 100 kg，用白矾 20 kg 制取，可降低或消除其对黏膜的刺激作用，还能增强其祛痰之功。半夏虽是呕吐的首选良药，但炮制不好的半夏止呕效果差，且有小毒；又因其有抗早孕作用，故在妊娠呕吐症中，必须用炮制好的半夏，且用量不宜过大，并配合保胎药物使用。

2.6 半夏的开发利用

2.6.1 半夏总生物碱的制备和用途

2.6.1.1 半夏总生物碱的提取

总生物碱的提取方法主要有：溶剂法、离子交换树脂法和沉淀法，但常用的是溶剂法。这种方法与提取速率、溶剂用量（一般 7 ~ 10 倍）、原料粉碎度、操作条件（如温度、搅拌）等因素有关。如采用超声波工业规模提取生物碱时，提取时间可从原来的 100 多小时缩短为几小时。具体工艺如下：

（1）取半夏粉末 10 g，加入 10 倍量的 75% 乙醇液，加热回流提取 2 次，每次 3 h，过滤，滤液调至中性后减压回收至无乙醇味，移入分液漏斗中，以 6 mol/L NaOH 调碱性至 pH > 12，以氯仿萃取（40 mL × 5），合并氯仿液，用蒸馏水洗至中性，将氯仿液移入具塞锥形瓶中，各加入 4 g 无水硫酸钠振摇脱水，静置后过滤，滤液以旋转式薄膜浓缩仪于 60 ℃下回收氯仿至小体积，移入已干燥至质量恒定的小烧杯内，80 ℃水浴蒸干氯仿即得半夏总生物碱。

（2）取半夏粉末 1.25 g，加氨水 0.5 mL，氯仿 10 mL，冷浸 3 h 后超声提取 1 h，过滤，残渣以 10 mL 氯仿分三次洗涤，合并滤液，80 ℃下回收氯仿至干，以氯仿 10.00 mL 溶解，再加 pH 为 6.0 的缓冲液 10.00 mL，均移入 25 mL 分液漏斗中，分取氯仿层，80 ℃水浴蒸干氯仿即得总生物碱。

2.6.1.2 半夏总生物碱的用途

总生物碱具有止呕、镇咳、祛痰作用，降压、降脂作用，对体外肿瘤细胞的增殖，也具有较强的抑制作用。

2.6.2 半夏麻黄碱的制备和用途

2.6.2.1 半夏麻黄碱的提取

夏粉末（过 80 目筛）6 g，放入 100 mL 磨口三角烧瓶中，加入氯仿 50 mL，氨水 3 mL，浸泡24 h，浸泡时摇动3次，每次5 min，24 h后超声提取30 min，过滤，残渣用氯仿洗涤3次，每次10 mL。合并氯仿液，移入125 mL分液漏斗中，以0.3 mol/L硫酸分次萃取（30，25，20×4 mL），合并硫酸液，以6 mol/L NaOH溶液调至pH>12，以乙醚分次萃取（30，25，20×4 mL），合并乙醚液，加入2 g无水硫酸钠振摇脱水，静置后过滤，滤液低温回收至干即得半夏麻黄碱。

2.6.2.2 半夏麻黄碱的用途

止咳药理实验研究表明，半夏具有镇咳平喘作用，其止咳作用与麻黄碱的含量高低有关。麻黄碱具有兴奋肾上腺素α及β受体的作用，常用于治疗哮喘，滴鼻消除鼻黏膜充血，维持血压，兴奋中枢。还可用于吗啡、巴比妥中毒的救治。小鼠口服LD_{50}为0.4 g/kg。

2.6.3 半夏蛋白的制备及用途

2.6.3.1 半夏蛋白的制备

半夏块茎洗净，去皮，绞碎，榨汁，于负20 ℃冰箱保存。将冰冻半夏鲜汁融化后，去除不溶物，加固体硫酸铵至饱和度为0.8，室温静置。待盐析完全后，用布氏漏斗过滤。每5 g滤饼用50 mL离子交换水溶解，溶液以离子交换水透析，换水多次。待沉淀完全后取出离心（或过滤），上清液在10 ℃放置过夜。次日如有沉淀出现可离心除去。将清液在28～30 ℃放置，24 h后溶液中开始出现闪光物质，一星期后结晶完全。将所得结晶每克用饱和度为0.1的硫酸铵溶液25 mL溶解，以同浓度的硫酸铵溶液透析平衡，如有沉淀出现可弃去。清液以0.008 mol/L磷酸钠缓冲液（pH 6.8）透析，25～30 ℃放置，晶体自上而下沿透析袋壁析出。

2.6.3.2 半夏蛋白的用途

蛋白具有凝集素活性，能凝集兔红细胞、小鼠脾细胞、腹水型肝癌细胞等多种细胞，并与甘露聚糖专一结合。半夏蛋白还可抗早孕。

主要参考文献

[1] 王化东，吴发明．我国半夏资源调查研究［J］．安徽农业科学，2012，40（1）：150－151，200．
[2] 张瑾，谈献和．半夏资源研究进展［J］．中国中医药信息杂志，2010，17（5）：104－106．
[3] 李婷，李敏，贾君君，等．全国半夏资源及生产现状调查［J］．现代中药研究与实践，2009，23（2）：11－13．
[4] 赵明勇，阮培均，梅艳，等．喀斯特温凉气候区半夏高产栽培技术优化研究［J］．作物

杂志，2012，3：93－98.
[5] 冯瑞娟，陈文铎，董 淼，等. 半夏总蛋白提取及其动态变化研究 [J]. 中草药，2012，43（6）：1174－1177.
[6] 马华锋，王佩，刘景景. 半夏高产栽培技术 [J]. 河南农业，2012，5：51.
[7] 申 浩，吴 卫，侯 凯，等. 川半夏种茎大小对产量和质量的影响 [J]. 中草药，2011，42（4）：788－792.
[8] 胡瑞芬，李建设，霍国琴，等. 半夏 GAP 栽培管理技术研究 [J]. 中国现代中药，2006，11（8）：39－41.
[9] 白权，李敏，贾敏如，等. 半夏采收加工标准探讨 [J]. 中国药师，2006，5（9）：417－419.
[10] 李仪奎. 中药药理学 [M]. 北京：中国中医药出版社，1992：157.
[11] 段凯，唐瑛. 半夏总生物碱对帕金森病大鼠的学习记忆及氧化应激反应的影响 [J]. 中国实验动物学报，2012，20（2）：49－53.
[12] 郑虎占. 中药现代研究与应用（2 卷）[M]. 北京：学苑出版社，1997：1670.
[13] 段凯，唐瑛，刁波，等. 半夏总生物碱对 6－OHDA 诱导 PC12 细胞损伤的保护作用及机制 [J]. 中国临床神经外科杂志，2012，17（04）：222－224.
[14] 赵华，李新莉. 半夏与乌头配伍对小鼠毒性作用的实验研究 [J]. 长春中医药大学学报，2012，28（1）：17－18.
[15] 黄亮，王玉，杨锦，等. 半夏乙醇提取物体外抑菌实验的初步研究 [J]. 中国农学通报，2011，27（24）：103－107.
[16] 李桂玲，归绥琪，王 莉，等. 掌叶半夏有效提取物对 HeLa 细胞的作用及机制 [J]. 中国中西医结合杂志，2010，30（3）：303－307.
[17] 程再兴，严通萌，陈红，等. UPLC 测定半夏中胡芦巴碱的含量 [J]. 中国实验方剂学杂志，2012，18（4）：85－87.
[18] 徐剑锟，张天龙，易国卿，等. 半夏化学成分的分离与鉴定 [J]. 沈阳药科大学学报，2010，6.
[19] 范汉东，郭建军，杨一兵，等. 掌叶半夏胰蛋白酶抑制剂的分离纯化及其性质 [J]. 武汉大学学报：理学版，2010，56（5）：584－589.
[20] 杨仓良. 毒药本草 [M]. 北京：中国中医药出版社，1993：763－769.
[21] 施永蕾，梁子钧，步燕芳，等. 对 50 种中药体外抗凝血作用的观察 [J]. 中草药，1981，12（6）：26－27.
[22] 周金黄. 中药药理学 [M]. 上海：上海科技出版社，1986：125－126.
[23] OREN A，CRISTINA，LLOYD A. Cell death pathways in Parkinson's disease：proximal triggers，distal effectors，and final steps [J]. Apoptosis，2009，14（4）：478－500.
[24] ZHOU C，HUANG Y，PRZEDBORSKI S. Oxidative stress in Parkinson's disease：a mechanism of pathogenic and therapeutic significance [J]. Ann N Y Acad Sci，2008，1147：93－104.
[25] LOTHARIUS J，BRUNDIN P. Pathogenesis of Parkinson's disease：dopamine，vesicles and

α - synuclein [J]. Nat. Rev Neurosci, 2002, 3 (12): 932 - 942.

[26] CHINTA S J, ANDERSEN J K. Redox imbalance in Parkinson's disease [J]. Biochim Biophys Acta. 2008, 1780 (11): 1362 - 1367.

[27] BALLATORI N, KRANCE S M, NOTENBOOM S, et al. Glutathione dysregulation and the etiology and progression of human diseases [J]. Biol Chem, 2009, 390 (3): 191 - 214.

[28] TALENE A, DAVID G. Targets for neuroprotection in Parkinson's disease [J]. Biochim Biophys Acta, 2009, 1792 (7): 676 - 687.

[29] MARTIN H L, TEISMANN P. Glutathione — a review on its role and significance in Parkinson's disease [J]. The FASEB J, 2009, 23: 3263 - 3272.

3 重 楼

重楼又称重台、重楼金线、重楼一枝箭、虫蒌、三层草、蚤休、蚩休、螯休、铁灯台、七叶一枝花、紫河车、草河车、草甘遂、白甘遂等，是延龄草科（Trilliaceae）重楼属（*Paris*）中多种植物的统称。因这类植物植株一根茎、一轮叶、一枝花，且花萼叶状，看似两轮绿叶而得名。又因其多数植株叶为七片（一般为4～16片），在这一轮叶之上再长出一枝花，故称七叶一枝花。我国人民对重楼药用价值的认识已有几千年的历史，有关它的记载也较多，最早是在《神农本草经》中，有“蚤休，味苦微寒，主惊痫，摇头弄舌，热气在腹中，癫疾，痈疮，阴蚀，下三虫，去蛇毒，一名蚩休，生川谷”的叙述。据专家考证，此书中记载的蚤休即重楼属中的华重楼（*Paris polyphylla var. chinensis*）。《本草纲目》在蚤休条目中有“紫河车，足厥阴经药也。凡本经惊痫、疟疾、瘰疠、痈肿者宜之”的记载。在《植物名实图考》中，记载了滇南土医的用法，称其“为大苦大寒，入足太阴，治湿热、瘴、虐、下痢”，并说滇南多瘴，其为常用药。

重楼是一类极具药用价值的植物，《中国药典》（2010年版）（一部）收藏了延龄草科（*Trilliaceae*）植物云南重楼［*Paris polyphylla Smith var. yunnanensis*（Franch.）Hand. - Mazz］和七叶一枝花［*Paris polyphylla Smith var. yunnanensis*（Franch.）Hara］的干燥根茎为其原生药。作为中药，重楼有清热解毒、消肿止痛、凉肝定惊之功效，用于痈肿、咽喉肿痛、毒蛇咬伤、跌打伤痛、惊风抽搐等症。在湘西民间，七叶一枝花是治疗蛇伤应用最为广泛的草药之一。然而由于经济利益的驱动，野生重楼被过度采挖，其自然生长遭到严重破坏，资源在逐年减少。因此，通过不同生态型材料进行引种驯化和栽培研究，进而筛选出生长速度快、产量高的“品种”，总结出相对高产优质的驯化栽培技术，是促进重楼人工栽培、解决供需矛盾、保护野生资源的最佳途径。湖南西部与云、贵交界，是华重楼的适生区，野生资源丰富，因而拥有良好的发展栽培重楼和综合利用野生重楼的潜力。

3.1 种质资源及分布

重楼属（*Paris*）植物，世界上共有24种，主要分布于欧洲大陆热带及寒温带地区。我国有19种，种类最多，分布于江苏、安徽、浙江、江西、福建、台湾、湖北、湖南、广东、广西、陕西、四川、贵州、云南等地，尤以西南各省区为多，其中云南的重楼品种居全国之冠。

七叶一枝花（华重楼）主要分布在江苏、浙江、安徽、江西、福建、台湾、湖北、湖南、广东、广西、四川、贵州和云南等地。越南北部也有分布。湘西是七叶一枝花的适生地，如张家界的天门山、兔梁山，桑植县天平山、芭茅溪，湘西州的永顺小溪自然保护区、龙山县乌鸦乡等地，均有七叶一枝花生长。滇重楼则在云南、四川、贵州广布，生长于海拔1400～3100 m的常绿阔叶林，云南松林、竹林、灌丛或草坡中。其中在云南的分布最为广泛，从低热的滇南、滇东南到高寒的滇东北、滇西北均有滇重楼生长。

总的来说，滇重楼和七叶一枝花的许多性状都相互重叠和交叉，分布区也相互渗透。滇重楼分布中心在川、滇一带，而七叶一枝花主要分布在华中、华南地区。在七叶一枝花分布区的边缘地带也常有滇重楼的典型代表，它们之间还存在大量的过渡类型。

3.2 生物学特性

3.2.1 形态特征

重楼属植物形态特征：多年生草本。根状茎粗壮或细长，有节，粗壮者节密，细长者节间伸长，长10 mm以上，茎单出、直立，春季萌出，冬季枯萎。叶4～10片，在茎的顶端排成一轮，具柄或无柄，全缘，具三出脉或羽状脉。具花1朵，顶生于叶轮的中央；花梗伸长，为茎的延续，直立；花被片离生，2轮，宿存，明显分化，外轮为萼片，内轮为花瓣，两轮数目相等；萼片叶状，较宽；花瓣狭长，狭线形或丝状，与萼片互生，有时完全退化而没有花瓣。雄蕊2～5轮，其数目为萼片的2～5倍，花丝长或短，花药线形，2室，侧向纵裂，花粉黄色；药隔常突出于花药之上或不突出，突出部分为球形或线性。子房近球形，一室或多室，一室者具侧膜胎座，并在顶部具盘状增厚的花柱基，多室者具中轴胎座，不具花柱基；花柱明显，分裂为枝状柱头；柱头数与心皮数、胎座数或子房室数以及花萼数相等。胚珠多数，倒生，珠柄粗短。果常具棱，一室者在胎座间不规则开裂（室间开裂），多室者不开裂。种子多数，具红色或黄色的多汁外种皮；或种皮角质，部分为海绵质的白色或黄色假种皮所包围，或无假种皮；子叶一枚，心形（彩图3.1、3.2、3.3、3.4、3.5）。

七叶一枝花植物学形态特征：根状茎粗壮，节密；叶5～9枚，狭长圆形、倒披针形，叶基楔形。花瓣长不及萼片的1/2，长1.5～4 mm，反折，萼片和花瓣绿色。雄蕊2轮，极少数3轮，长1 cm以上。药隔凸出部分为球形或横的肾形，短于2.5 mm。子房1室，具4个以上的侧膜胎座；种子的外种皮肉质多汁；果开裂。

滇重楼植物学形态特征：叶6～12枚，厚纸质、披针形、卵状矩圆形或倒卵状披针形，叶柄长0.5～2 cm。外轮花被片披针形或狭披针形，长3～4.5 cm；内轮花被片6～（8～12）枚，条形，中部以上宽达3～6 mm，长为外轮的1/2或近等长；雄蕊（8－10）～12枚，除2轮外，有不少为3轮，罕有4轮的，花药长1～1.5 cm，花丝极短，药隔突出部分长1～（2～3）mm。子房球形，花柱粗短，上端具5～（6～10）分枝。花期4～6月，果9～10月开裂。滇重楼是重楼属侧膜亚属多叶重楼（8变种2变型）下的一个变种，因雄蕊除2轮的外，有不少为3轮，罕有4轮的，子房1室具侧膜胎座，果为茹果，种子外种皮增厚多汁，花粉外壁纹饰穴状，根壮茎粗厚二倍体，热带核型，因而被列在较为原始的系统位置。

3.2.2 生态习性

重楼喜温、喜湿、喜荫蔽，但也抗寒、耐旱，惧怕霜冻和阳光。适宜在海拔 1000 ~ 2000 m，年均气温 15 ℃左右，有机质、腐殖质含量较高的沙土和壤土种植，尤以河边、箐沟和背阴山地种植为宜。

3.2.3 生长习性

重楼为多年生草本，实为根茎多年生，茎叶一年倒苗。4 ~ 6 月根茎顶芽出土抽茎（出苗），随后展叶、展花、花粉囊开放；5 ~ 7 月花粉囊干枯，高生长随之停止；9 ~ 10 月果实开裂；入冬地上部分枯萎，倒苗。

3.3 栽培与管理

3.3.1 苗木的繁殖

3.3.1.1 种子繁殖

种子休眠是植物在长期的进化过程中形成的对外界环境的一种适应性，它有利于植物体应对不良环境，使其种族得以繁衍，但却给人类利用野生药用植物资源带来了困难。滇重楼种子繁育的难点，在于如何打破滇重楼种子的休眠期，使滇重楼出芽时间提前和提高出芽的整齐度。在滇重楼种子繁育的研究过程中，研究人员发现滇重楼种子二次发育时，以昼夜变温，白天 22 ~ 25 ℃、夜间 15 ~ 18 ℃时，滇重楼胚根发育最快，这与滇重楼的自然生境条件相似。

另外，有些学者在研究滇重楼种子繁育过程中，采用不同浓度的赤霉素浸泡种子，然后再进行低温层积，结果显示此方法欠妥。因为从干燥种子发育成新的植物，需要水的吸胀、酶系统的形成，然后种胚开始发育，此时生长才算开始，然后胚根生成和萌芽，最后生长成幼苗。滇重楼种子的胚极不发育，是一个很小、未完全分化的多细胞椭圆体，吸胀后产生生长所需的代谢系统及这些系统的酶。而酶成分中 α - 淀粉酶出现较晚，多个实验证明，α - 淀粉酶是在萌发之际重新合成的，使用赤霉素虽然可刺激 α - 淀粉酶、β - 淀粉酶，增加其活性，为滇重楼种子的萌发提供能量。但滇重楼低温层积早期 α - 淀粉酶、β - 淀粉酶还没有被合成，所以早期使用赤霉素对促进滇重楼种胚发育是无效的，反而会形成抑制作用。有研究证实，赤霉素浓度高时，反而对发根时间和发根速度有一定的抑制作用。根据滇重楼种子发育特点，赤霉素应在滇重楼种子形成能量代谢系统和这些系统的酶生成之后使用。

因此开展滇重楼种胚发育、分化、成熟过程中种子生理生化研究，根据滇重楼种子内源激素和酶活性的动态曲线，选择外源激素和使用时机，以促进滇重楼种子完成生理后熟而萌发，是非常重要的。

种子繁殖虽然技术复杂，生长周期长，但繁殖系数大，可提供大量种苗。而且研究得知：重楼种子属中温型胚后熟类型，具有形态后熟特性。

具体操作及技术关键：①种子采收及处理。进入9月份种子开始成熟，采收果实开裂。种皮变成酱红色者，洗去果肉，稍晾水分，用质量分数为1.5×10^{-4}的赤霉素水溶液处理12 h，捞出晾去水分，用3倍湿沙拌匀（湿度65%），装于托盘内，置于恒温箱内，温度控制在14.6～18.9 ℃，采用变温技术处理，冬季由高到低，1月份由低到高，每周调节1 ℃，不可变温太快。到1月份后调节到16.5 ℃时恒温固定培养。李运昌等采用二次变温的方法打破滇重楼种子的休眠期，经9～10个月，滇重楼种子可发育成心形单叶幼苗。用0.2%硫尿和1×10^{-5}吲哚乙酸浸泡，经过低温、潮湿处理的滇重楼种子，幼苗高生长表现突出，而1×10^{-4}的赤霉素则无促进滇重楼幼苗发育的作用。袁理春等设定了12、15、18、20、22、25 ℃ 6个不同温度，观察温度对滇重楼种子二次发育的影响，结果显示：温度在18～20 ℃时，滇重楼种子的发根率最高，胚根生长最快，发根时间最早。而采用不同浓度赤霉素处理对滇重楼种子二次发育没有规律性的影响，对发根率和发根速度也没有促进作用。

②播种。到80%的种子生长胚根后，播于做好的苗床上，苗床宽1.2 m，高20 cm，盖拌1∶1沙的腐殖土，浇透水，保湿，到下半年9月开始出苗。浇水不浇肥。③让苗在苗床内形成明显根茎后移栽，大约需2年时间，按10 cm×10 cm行株距移栽，遮阴。施肥以施足底肥、浇液肥及叶面喷肥为主。

3.3.1.2 块茎繁殖

选择生长健壮、无病害的植株，于10～11月上旬挖起地下块茎，选取完整无损的块茎，再切取有芽头、大小约3 cm的块茎做种，其余部分用于加工药材。在整好的畦面上按一定的行株距栽种后覆盖土杂肥和细土，如遇天旱要及时浇水。有研究认为，根茎切割无性繁殖是繁殖重楼的主要方式。此法便于进行，关键在于使伤口愈合及生根，生根后产生不定芽，一般繁殖系数为16～27。时间选择上宜在冬季进行，此时干旱少雨，便于伤口愈合及产生不定根，但不定芽愈伤组织的形成需一定温度。具体操作：冬季在滇重楼倒苗后，取其根茎，尽量不伤根，以节为基础切割，切口在相邻两节的中部。伤口用草木灰或生石灰处理，以沾满切口为度。按行株距7 cm×7 cm栽培，深度以离土表面3 cm为宜。3～5 d后浇水，保持土壤湿度65%，75 d左右伤口愈合。来年4月初用遮阴网遮阴，网高1.5m，到5月中旬开始在切口后端形成白色愈伤组织，8月初形成完整的不定芽，芽高1.3～1.5 cm，基部直径1.3 cm，每节一般形成2～5个芽。一般当年不形成植株，第二年形成多茎重楼，秋冬倒苗后采挖，切割处理后可做种苗，按20 cm×15 cm行株距移栽。

3.3.2 移栽技术

实生幼苗培育2～3年后方可移植，移植时间以春季3～4月芽萌动前为宜。移植时，要求随挖随栽，行株距均为20～25 cm，栽后浇透定根水，以利成活。栽时芽孢向上，根部在沟内舒展，复土厚4～5 cm，畦面覆盖杂草或加盖锯木屑，以防冻保墒。栽后需搭棚遮阴，或间植高秆作物和藤本作物遮阴。棚架高度因苗龄而异，1～3年生苗，棚高200 cm左右，3年生以上的苗，棚高250 cm左右。棚面以遮阴网覆盖。为便于管理也可搭高棚，棚高2.5 m以上，以利人工作业。荫蔽度：栽后第一年为80%，第2年为70%，3年以后保持60%。

3.3.3 田间管理

3.3.3.1 中耕除草

苗齐或移植后，应及时除草松土，做到勤锄、浅锄，避免伤根。平时畦面盖草保湿。

3.3.3.2 施 肥

基肥必须在移植前施入土中，以有机肥为主，施肥量占总肥量的70%～80%。在每年苗出土后追施人畜粪水1～2次，追肥量占总肥量的20%～30%，不用或少用化肥。

3.3.3.3 水分管理

重楼喜阴湿环境，畦面及土层要保持湿润，遇旱季要及时浇水，平时间隔喷水，雨季注意疏沟排水，以防田间积水，诱发病害。

3.3.3.4 打花薹

为减少养分消耗，使其集中供应地下块茎生长，在5～6月份出现花薹时，除留种外，应及时剪除全部花薹，以提高产量。

3.3.4 主要病害防治

3.3.4.1 立枯病

4～5月低温多雨时发病严重，发病初期，幼苗基部出现黄褐色水渍状病斑，并向基部周围扩展，致使幼苗枯萎，严重时成片枯死倒苗。

防治方法：加强田间管理，进行土壤消毒，发病后拔除病苗，苗床用药消毒，并喷代森锌药液进行防治。

3.3.4.2 菌核病

该病为害严重，每年5月份雨多高湿时发病，为害基部，先出现软腐状，后可见病部出现白色丝状物，之后病部周围出现黑褐色颗粒的病原菌菌核，最后植株全株枯死倒伏。

防治方法：①多雨季及时清沟排水，降低田间湿度，以减轻发病。②及时拔除病株，在发病中心撒施石灰。③用托布津或纹枯利连喷2~3次，严重时用百菌清喷雾。

3.4 采收与加工

重楼以块根入药，种子播种5年以后采收，根茎繁殖3~5年采收。一般在9月下旬至10月份地上部枯萎时挖掘。切下有芽苞的块茎做种用，其余的切片晒干或烘干。

3.5 重楼的化学成分及药理作用

3.5.1 化学成分

（1）甾体皂苷。目前已从该属植物中分离得到46种皂苷，其苷元主要为异螺甾烷醇类的薯蓣皂苷元（A）和偏诺皂苷元（B）。滇重楼的商品药材分为粉质和胶质，粉质重楼和胶质重楼不仅在色泽和质地上有差异，且具有生物活性的有效成分中，皂苷含量胶质重楼比粉质重楼高。但两类重楼的皂苷薄层色谱层析比较几乎无差异。胶质重楼比粉质重楼的皂苷含量高，可能与重楼的生长环境有关，但重楼是否因pH偏低或在加工储藏中引起胶质化，有待进一步探讨。

（2）植物蜕皮激素。现已从滇重楼、四叶重楼等15种和变种中分离得到或测得β-蜕皮激素（β-ecdysone）。

（3）植物甾醇。主要为β-谷甾醇、豆甾醇及其衍生的苷类。

（4）黄酮。主要为山柰酚-3-O-D-葡萄吡喃糖基（1→6）-D-葡萄吡喃苷和7-O-α-L-鼠李吡喃糖基-山柰酚-3-O-D-葡萄吡喃糖基（1→6）-D-葡萄糖苷。

（5）其他。七叶一枝花含18种氨基酸及肌酸酐，氨基酸的含量以质量计，以丙氨酸、天冬酰胺、γ-氨基丁酸、β-氨基异丁酸、天冬氨酸、丝氨酸和谷氨酸为最高。另外还有蚤休甾酮、鞣质、胡萝卜苷、蔗糖和微量元素等。

3.5.2 药理作用

3.5.2.1 止血作用

体内实验表明，用七叶一枝花等七种生药对小鼠灌胃，均呈现出较强的止血作用。偏诺皂苷C（偏诺皂苷元的三糖苷）在浓度很低时体内试验即呈现较强的止血作用。对其含量测定结果显示，滇重楼（胶质）、黑籽重楼及球药隔重楼均含有较多量的偏诺皂苷元的糖苷（其中胶质滇重楼为0.92%、黑籽重楼为0.85%、球药隔重楼为1.00%），与其止血作用较强有直接关系。含七叶一枝花（重楼）的中成药（如四川白药和宫血宁胶囊）临床应用均有显著的止血功效，偏诺皂苷较之薯蓣皂苷止血作用更强。止血过程是一个神经、神经体液因素，血管收缩、血小板凝集及凝血过程等参与的复杂过程。

3.5.2.2 免疫调节作用

重楼皂苷Ⅰ、Ⅱ、Ⅲ在小鼠成纤维细胞 L929 培养基中可引起 ConA 诱导的小鼠淋巴细胞增殖效应，并能促进小鼠粒/巨噬细胞克隆，形成细胞（GM-CFC）增殖。重楼皂苷Ⅱ还对 PHA 诱导的人外周血淋巴细胞有促有丝分裂作用，体内实验能增强 C_3H/HeN 小鼠的自然杀伤细胞活性；诱导干扰素产生，并可抑制 S-抗原诱导的豚鼠实验性自身免疫性眼色素层炎（EAu）的发生发展。重楼皂苷Ⅱ是一种作用较强的免疫调节剂，而其代谢产物则活性较弱。此外，益肺抗瘤饮（含七叶一枝花）治疗 B16 黑色素瘤肺转移患者后，T4 淋巴细胞在癌细胞周围明显增多（$P<0.01$），对鸭淋巴细胞无明显影响，相对提高了 T4/T8 比值，说明益肺抗瘤饮能通过提高免疫功能抑制癌细胞转移。

3.5.2.3 抗肿瘤作用

通过对 20 余种中药材和中成药进行抗肿瘤细胞的生物活性测定，结果显示中药重楼和云南白药的水、甲醇和乙醇提取物对 A-549（人肺癌）、MCF-7（人乳腺癌）、HT-29（人结肠腺癌）等 6 种人体肿瘤细胞均有明显的抑制作用，并证明其中成分 Gracillin 对肿瘤细胞有抑制作用。有报道认为重楼中的皂苷为其抗肿瘤有效成分。

3.5.2.4 细胞毒作用

七叶一枝花、滇重楼等 7 种植物根茎的甲醇提取物对小鼠成纤维细胞 L929 有很强的细胞毒活性，当浓度达到 10 mg/mL 时抑制率高达 95% 以上。水提物细胞毒活性相对较弱。

3.5.2.5 抗炎作用

舒哗等观察喉舒（主要成分为重楼）对实验动物炎症的影响，结果显示喉舒具有显著的抗炎作用，不仅能抑制二甲苯致小鼠耳郭肿胀和蛋清诱发的大鼠踝关节肿胀，而且能明显抑制棉球诱发的肉芽形成。

3.5.2.6 心血管作用

实验证明，七叶一枝花水提物可部分拮抗 ET 引起的小鼠猝死作用，并对 ET 引起的离体大鼠主动脉环收缩有内皮依赖的舒张作用，值得从其成分中进一步筛选 ET 拮抗剂，为心血管疾病的防治开辟新途径。

3.5.2.7 抑菌、抗菌作用

对七叶一枝花常用的 6 个种和变种进行抑菌实验。结果显示各药对宋内氏痢疾杆菌、黏

质沙雷氏杆菌、大肠杆菌、金黄色葡萄球菌（敏感和耐药）有一定的抑制作用，对绿脓杆菌有扩散色素作用；对其他菌作用不明显。南重楼、滇重楼（胶质）的抑菌作用较强；总皂苷中重楼皂苷A的作用较强。

抗白色念珠菌作用：由白色念珠菌引起的深部感染已成为医学界的一项重要课题。为探索中草药对白色念珠菌的抗菌作用，欧阳录明等采用菌基混合加药汁双倍稀释法，体外测定8种中草药抗白色念珠菌作用的效果。结果显示，七叶一枝花有很强的抗白色念珠菌作用，其MIC为1.5 mg/mL，抗菌效价为6.25 mg/mL，它作为抗深部真菌的新药源具有开发和应用价值。

3.5.2.8 抑制精子活性

曹霖采用七叶一枝花的较纯成分，进行抑制精子活性的研究，结果显示七叶一枝花对大鼠精子20 s内抑制的药物最低有效浓度为0.6%；对人精子20 s抑制的药物最低浓度为1.2%。家兔阴道给药抑制受精试验，七叶一枝花（Ⅱ）为100 mg/只，60%抑制受精。这说明七叶一枝花具有明显的杀精子作用。

3.5.2.9 镇痛、镇静作用

钟广玲等研究发现：云南重楼等6个种和变种的甲醇提取液均具有显著的镇痛和镇静作用，这说明我国历代使用中药重楼治疗惊风抽搐有一定的物质基础和科学道理。

3.6 重楼的开发利用

3.6.1 临床应用

3.6.1.1 用于各种血症、痛症

重楼为中药止血要药，以重楼为主要成分的云南白药多年来用于内科、外科、妇科各种血症、痛症，以重楼根粉制成的宫血宁胶囊用于妇科各型子宫出血症，疗效显著。

3.6.1.2 治疗肺系疾病

重楼苦寒降泄，既有清热解毒之功效，又有止咳平喘、活血散瘀之能力，中医在辨证方中加入重楼或单味研末吞服用于治疗咳嗽、喘证、肺胀、恶性胸水等肺系疾病，属热毒痰火引起者，多获奇效。临床应用时，常与野巴子相伍为用，以减轻用重楼后恶心欲呕等副作用。

3.6.1.3 治疗淋巴结结核溃疡

颈、腋窝淋巴结结核，中医称鼠疮，多发生于儿童和青年，治疗较为棘手。成兴华采用异烟肼、维生素B_6口服，外敷蚤休，淋巴结缩小，停止分泌脓液。结果显示，治疗组总有效

率为93.3%，临床疗效显著优于对照组。

3.6.1.4 治疗女性衣原体感染

以蚤休粉阴道给药治疗女性生殖器衣原体感染，蚤休含多种甾体皂苷。主要功能为清热解毒、消肿止痛。阴道给药后观察，局部无不良刺激，未发现有副作用，用药后隔日检查，药粉已溶化，不显余粉，宫颈糜烂得以较快修复，治愈率为68.5%，总有效率为100%。采用重楼粉宫颈上药治疗女性生殖道衣原体感染80例，总有效率在95%以上，衣原体DNA转阴率85%。

3.6.1.5 治疗癌症的常用重楼方剂

重楼常被组成方剂用于癌症的治疗，如食道癌、喉癌、直肠癌、肺癌、宫颈癌等。以重楼为主制成的止痛抗癌丸，对癌症晚期有较好的止痛效果；以重楼为主要成分的莲花片可用于治疗原发性肿瘤。

3.6.1.6 其 他

七叶一枝花根茎研末可治疗急性扁桃体炎。蚤休研末与米醋调成糊状敷于患处，可治疗带状疱疹。另外还可以治疗流行性腮腺炎和静脉炎。国内一些医院制备七叶一枝花酊用于治疗疔疮痈肿、毒蛇咬伤、跌打伤痛、毛虫皮炎、隐翅虫皮炎、蜂蛰、枕部多发性疖肿等均取得满意疗效。采用重楼复方治疗胃溃疡和十二指肠溃疡也有一定的疗效。

总之，重楼属植物化学成分复杂，药理活性强，临床应用范围广。近年来通过现代药理研究，为中药重楼的一些临床应用提供了理论依据。因此有必要进一步加强重楼化学成分的分离鉴定和对其有效成分的深入药理研究，以期开发出疗效好、毒性低的新型药物，更好地用于临床。

3.6.2 作为植物源农药

重楼有较好的杀虫活性。研究表明，用1%浓度的七叶一枝花甲醇提取物处理试虫后，对家蝇的24h致死率达到70.0%、48h致死率为82.76%；乙醇提取物对柑橘全爪螨有触杀活性，LC_{50}为1 588.537 μg/mL。因为乙醇是最常用的与水能混溶的有机溶剂，用乙醇提取的物质加上乳化剂后可以用水稀释成需要的浓度，在生产上具有实用性；而且乙醇毒性小，价格便宜，来源方便，其提取液不易发霉变质；加入极少量邻苯二酚对七叶一枝花提取物有良好的增效作用，可增效5.6倍。邻苯二酚与七叶一枝花乙醇提取物复配使其对柑橘全爪螨的触杀毒性大幅提高，从而使七叶一枝花乙醇提取物的田间应用成为可能。

3.6.3 重楼地上部分的开发利用

重楼的药用部位是根茎，其他部位常作为杂质丢弃，造成资源浪费。研究表明，重楼的地上部分含有与根茎相同或相似的皂苷成分，有的甚至是根茎中没有的皂苷成分。年四辉等通过实验用紫外分光光度法测定中重楼地上部分提取物总皂苷含量，其甚至可以达到生药的2.03%。可见开展对重楼其他部位的研究，对于寻找新药、综合利用生物资源具有一定意义。特别是重楼的根茎生长速度极其缓慢，而地上部分生长较快，目前尚未得到很好的开发利用。开发利用重楼的地上部分，可避免资源浪费，隐含着巨大的药用及经济价值。因此，对重楼地上部分茎、叶、花、籽等的研究、开发利用已不容忽视，这不仅是对资源的充实，也是对自然的保护，同时在药用价值方面可以替代其根块部分。

主要参考文献

[1] LI H. The plant of *Paris L.* (重楼属植物) [M]. lsted: Beijing: Science Press, 1998.
[2] Wu W H. Plant physiology (植物生理学) [M]. Beijing: Science Press, 2003.
[3] LI Y C. Vegetative propagation of *Paris poly phyllavar. yunna nensis* [J]. Acta Bot Yunnan (云南植物研究), 1986, 8 (4): 429-435.
[3] 韦建荣. 高效液相色谱法测定重楼提取物中偏诺皂苷类成分的研究 [J]. 药物分析杂志, 1997, 17 (3): 153.
[4] 王强, 等. 七叶一枝花类商品药材总皂苷含量测定 [J]. 中药材, 1989, 12 (7): 32.
[5] 陈昌祥. 滇重楼地上部分的甾体皂苷 [J]. 云南植物研究, 1990 (3): 323.
[6] 汤海峰, 等. 重楼属植物的研究概况 [J]. 中草药, 1998, 29 (12): 839.
[7] 易尚平, 等. 胶质重楼和糟质重楼总皂苷含量比较 [J]. 中药材, 1989, 12 (5): 34.
[8] 周安寰, 等. 云木香及七叶一枝花中氨基酸的鉴定和含量测定 [J]. 中草药, 1984, 15 (11): 16.
[9] 王强, 等. 中药七叶一枝花类的抑菌和止血作用研究 [J]. 中国药科大学学报, 1989, 20 (4): 251.
[10] 王强. 七叶一枝花类对逆转录酶的抑制作用 [J]. 中国药科大学学报, 1987 (3): 195.
[11] 季申, 等. 中药重楼和云南白药中抗肿瘤细胞毒活性物质Gracillin的测定 [J]. 中成药, 2001, 23 (2): 212.
[12] 许玲, 等. 益肺抗瘤饮对肺癌转移及免疫功能的影响 [J]. 中国中西医结合杂志, 1997, 17 (7): 401.
[13] 舒晔, 等. 喉舒的抗炎作用 [J]. 基层中药杂志, 1997, 11 (4): 15.
[14] 宋立人, 等. 现代中药学大辞典 (下册) [M]. 北京: 人民卫生出版社, 2001: 1621.
[15] 欧阳录明, 等. 中草药体外抗白色念珠菌的实验研究 [J]. 中国中医药信息杂志, 2000, 7 (3): 26.
[16] 曹霖. 七叶一枝花 (Ⅱ) 等4种化合物抑精子活性的研究 [J]. 中草药, 1987, 18 (10): 19.
[17] 钟广玲, 等. 去伤片的抗炎镇痛作用研究, 中药新药与临床药理, 2001, 12 (2): 103.

[18] 张雷霖，等. 重楼的研究与应用 [J]. 中国中医药科技，2000，7 (5)：346.
[19] 成兴华. 蚤休加抗痨药综合治疗淋巴结核溃疡30例 [J]. 中国中西医结合杂志，1998，18 (9)：559.
[20] 叶燕萍，等. 蚤休粉治疗女性生殖道衣原体感染的初步研究：附80例分析 [J]. 实用中西医结合杂志，1996，9 (4)：226.
[21] 叶燕萍，等. 蚤休粉明道给药治疗女性生殖道衣原体感染200例 [J]. 陕西中医，2000，21 (8)：352.
[22] 邵利平，等. 重楼治疗肺系疾病 [J]. 四川中医，2000，18 (7)：15.
[23] 周利娟，黄继光，安玉兴，等. 我国29种特有植物的杀虫活性初探 [J]. 植物保护学报，2006，33 (1)：87-93.
[24] 周顺玉，蒋春先，杨群芳，等. 3种物质对七叶一枝花防治柑桔全爪螨的增效作用 [J]. 安徽农业科学，2007，35 (17)：5199-5200.
[25] 周顺玉，李 庆，杨群芳. 七叶一枝花与增效剂复配对柑桔全爪螨的毒杀作用 [J]. 安徽农业科学，2007，35 (2)：458-459.
[26] 年四辉，刘丽敏. 重楼地上部分初步开发实验研究 [J]. 云南中医中药杂志，2007，28 (4)：35-37.

4 杜 仲

杜仲是我国特有的名贵经济树种，自古以皮入药。早在2000年前，我国第一部药学专著《神农本草经》就记载了杜仲皮的药效，称“杜仲味辛平”，主治“腰脊痛，补中，益精气，坚筋骨，强志，阴下痒湿，小便余沥。久服身轻耐老”。《本草纲目》和我国另一部著名药书《本草备要》对杜仲药理、药效都作了详细阐述：“杜仲色紫，味甘而辛，其性温平，甘温能补，微辛能润，故能入肝而补肾。盖肝主筋，肾主骨，肾充则骨强，肝充则筋健，能使筋骨相著。治腰脊酸痛，胎动不安等症”。现代药理研究和临床应用表明：杜仲除了传统的医疗保健作用外，对增强记忆功能、镇痛、抗疲劳、抗衰老、抗肿瘤、调节免疫功能等都具有明显效果，尤其是独特的双向调节免疫功能对维护人体的健康起到至关重要的作用。

杜仲全树除木质部外，其树皮、树叶、果皮中都含有杜仲胶，其中果皮中杜仲胶含量居各部位之首，达10% ~17%；杜仲皮内含胶量为6% ~12%；杜仲叶含胶量为1.5% ~4.2%。杜仲胶也是我国特有的资源，其品质优良，绝缘性能好，耐酸、碱，不易酸化，不易被海水腐蚀，是制造海底电缆绝缘层的上等材料。由于杜仲胶具有独特的性能，对杜仲胶及其系列产品的开发利用已进入一个新的时期，这对缓解我国橡胶供需矛盾具有十分重要的意义。

4.1 种质资源及分布

我国现存杜仲为地质史上残留下来的孑遗植物，已作为珍稀树种列入国家二级保护植物。杜仲在我国的自然分布区域，大体上在秦岭以北、黄海以西、云贵高原以东，其间基本上是长江中下游流域。从分布的区域看，北自陕西、山西、甘肃，南至福建、广东、广西，东达浙江，西抵四川、云南，中经安徽、湖北、湖南、江西、河南、贵州等15个省、自治区。这些省、自治区基本上为局部分布，多集中在山区和部分丘陵地区。整个地理分布位置在北纬25°~35°、东经104°~109°，南北横跨约10个纬度，东西横跨约15个经度。杜仲在自然分布区内的垂直分布范围约在海拔300~2500 m之间。杜仲中心产区大致在陕南、湘西北、川北、川东、滇东北、黔西、黔北、鄂西、鄂西北、豫西南地区。根据早期文献记载以及现在残存的次生天然混交林和半野生状态的散生树木判断，这些地区是我国杜仲的自然分布区。

杜仲在国内大规模引种始于1949年以后，先后有北京等10个省、直辖市、自治区的部分地区引种试种。其中引种最西部的为新疆阿克苏地区，1979年底引种，1993年底调查，平均树高10 m，未受冻害，植株能正常结实，并且已繁殖出一代苗木。1955年前后辽宁沈阳引种栽植获得成功。另外，旅顺、大连、营口等地也有保存的大树。1993—1994年，吉林部分地区从湖北神农架和北京引种成功。从温带引种情况看，甘肃、安徽、江苏北部、山东、河北、陕北、辽宁南部都获得了成功，亚热带地区如浙江、江苏等地均生长良好。

4.2 生物学特性

4.2.1 形态特征

杜仲为落叶乔木，株高可达20 m，树干挺直，胸径可达40 cm以上。树皮、枝、叶、果实折断时可见坚韧而细密的银白色胶丝；树皮灰色、粗糙；单叶互生，叶片卵状椭圆形，长7~15 cm、宽4~7 cm，边缘有锯齿，幼叶两面被棕色柔毛，老叶仅下面沿叶脉被疏毛；花单性，雌雄异株，无花被，通常先叶开放，雄蕊6~10，花丝极短，雌蕊1枚，心皮2，1室；翅果黄褐色或棕褐色，长椭圆形，果肩楔形，扁平而薄，先端下凹；种子1枚，长条形，略扁，黄褐色。(彩图4.1、4.2、4.3、4.4)

4.2.2 生态习性

4.2.2.1 温 度

杜仲对温度的适应范围较宽，能在年平均气温9~20 ℃，极端最高气温不高于44 ℃，极端最低气温不低于-33 ℃的条件下正常生长发育。我国杜仲主要产区一般平均气温在11~17 ℃，1月平均气温0~5.5 ℃，7月平均气温19~29 ℃，极端最低气温-20~-4 ℃。如贵州遵义、河南洛阳、湖南湘西、陕南、川东北、江苏江浦、皖南等地，这些地区属中、北亚热带和暖温带地区，杜仲在生长发育过程中所需的温度条件都能得到满足，成为我国杜仲的主要生产基地。在北方吉林、辽宁部分地区栽培杜仲，要经受-35 ℃以下低温的考验，其根部虽能存活，但地上部分往往遭受冻害，冬季抽条严重。在这些地区栽培杜仲时应慎重，但可以考虑营造以采叶为主的林区，每年平茬或截干采叶。我国南方南亚热带高温地区，如广东、广西等地的大部分地区，年平均气温在22 ℃以上，冬季极端最低气温在0 ℃以上，杜仲因冬季低温休眠的条件得不到满足，生长发育不良，病虫害严重，不适宜栽培杜仲。

4.2.2.2 生态习性

杜仲的正常生长发育与杜仲林内水分状况有密切关系，水分供应过多或过少，都会影响杜仲的生长。目前，我国杜仲产区大部分在丘陵、山区，缺乏灌溉条件，因此，天然降水成为杜仲水分供应的主要来源。全国杜仲主要产区年降水量450~1500 mm，其中4~10月份杜仲生长发育期间，降水量占全年的80%左右。在生长季节内，长江以南地区降水量分布比较均匀，而且总降水量较大，能满足杜仲生长的需要。黄河中下游及其以北地区，降水量主要集中在7、8月份，春、秋季干旱，在这种干旱的气候条件下，杜仲生长表现良好。引种到降水量只有88 mm的新疆阿克苏地区，杜仲仍能正常生长，说明杜仲具有较强的耐干旱能力。江西九连山年降水量达1800 mm以上，20年生杜仲胸径达到30 cm以上，说明杜仲有耐水湿的特性。但对南方降雨量较大地区的调查显示，生长季节长期阴雨连绵，易造成林内空气湿度过大，病虫害严重。而从外观上看，空气湿度过大的林区，树干上常生长许多绿色苔藓，故南方地区造林密度不宜过密。北方干旱地区，新栽培区一般需具有较好的水利条件，适当的灌溉能够促进杜仲的生长，一般每年灌溉2～4次即可满足植株生长需要。

4.2.2.3 光 照

杜仲为强喜光树种，对光照要求比较强烈，耐阴性差。生长环境的光照强弱和受光时间的长短，对杜仲的生长发育有明显的影响。据调查，杜仲生长在阳坡、半阳坡光照比较充足的地方，树势强壮，叶厚而呈浓绿色；而生长在光照较差的林下或长年光照差的阴坡，则长势弱，出现树冠小、自然整枝明显、叶色淡而薄的现象。据测定，光照条件好的树冠上部或外围叶片的单叶厚为0.22 mm，而树冠下部的叶片厚仅0.12 mm。初植密度较密的杜仲林，林木郁闭后，植株粗生长速度缓慢，林内大量侧枝枯死，产叶量锐减，而高生长速度比散生木和孤立木快，这是植物为了争夺光线的求生本能。光照不足是影响雌株产果量的主要原因之一。所以杜仲宜栽植在平原区及丘陵、山区的阳坡、半阳坡。林木郁闭后，应及时采取间伐等措施，以保证植株有充足的光照。

4.2.2.4 风

杜仲大树在生长季节和休眠期都具有较强的抗风能力。冬、春季多风的北方产区，如河南、山东、河北中南部、山西等，以杜仲营造农田防护林网，具有较好的防风护田效果。杜仲幼树在生长季节枝干一般较柔软，遇4～5级以上大风，树干易弯曲，故营造农田防护林网，每林带宜栽植4～6行，并注意选择抗弯曲的优良品种。风在南方各产区对杜仲的生长发育影响不大，而在北京以北地区，冬季气候寒冷，有风日数多且风力大，在北京西北部、辽宁沈阳及吉林长白山等地，冬季大风常是造成杜仲抽条的主要原因之一。因此，在寒冷地区发展杜仲，除了考虑温度条件外，还应注意选择无大风为害的地区。

4.2.2.5 土 壤

杜仲对土壤的适应性很强。据对各种类型的杜仲生长情况调查分析，杜仲在酸性土（红壤、黄红壤、黄壤、黄棕壤、酸性紫色土）和钙质土（石灰土、石灰性褐土、钙质紫色土）中都能成活生长。但不同土壤上杜仲的生长发育效果差别很大。影响杜仲生长的土壤条件主要是土壤质地、土层厚度、肥力以及土壤的酸碱度。土壤质地以沙质壤土、壤土和砾质壤土最好，过于黏重、透气性差的土壤不适宜杜仲生长。杜仲为垂直根系，喜土层深厚、肥沃的土壤，在过于贫瘠或土层较薄的土壤上杜仲生长不良。如在豫西黄土丘陵区，塬面土层深厚肥沃的壤土上，8年生杜仲胸径达16.2 cm，树高8.5 m；而在岩石裸露，过于贫瘠的黏土上，

10 年生杜仲胸径仅 5.3 cm，树高 3.7 m。因此，石质山区的土层厚度一般要求在 60 cm 以上。杜仲对土壤酸碱度的适应范围较广，微酸性到微碱性土壤（pH 5.0 ~ 8.4）范围内都能正常生长。pH 过小，杜仲会发生顶芽、主梢枯萎，叶片凋落，或虽成活但生长停滞，最后全株逐步死亡的现象。据调查，杜仲在 pH8.4 的盐碱地上生长发育良好，8 年生胸径达 20.4 cm，树高 9.6 m。因此，适宜杜仲生长的土壤是：平原区或土层较深厚的丘陵山区，土壤肥沃、湿润，排水良好，pH 在 5.0 ~ 8.4，土质松的沙质壤土、壤土或砾质壤土。

4.2.2.6 地 形

杜仲对地形有广泛的适应性，我国杜仲主要栽培区杜仲林或散生植株所处的地形特点，既有侵蚀、剥蚀地貌，也有以碳酸盐类岩石构成的喀斯特（岩溶）地貌，还有丘陵、台塬、平原、盆地地貌以及高原和各种地貌组成的山地。杜仲的老产区主要以低山、中山地貌为主，而新产区主要以丘陵区和平原区为主，从林木生长情况看，灌溉条件较好的平原和丘陵区表现最好。山地以较平缓的坡脚、沟坳，丘陵区以梯田、堰埂比山地的陡坡、岭脊生长好。我国杜仲垂直分布范围较广，从海拔 25 m 以下的平原区到海拔 2500 m 的山区都有分布。但集中产区的海拔多在 100 ~ 1500 m。低海拔对杜仲无不良影响，而海拔过高则影响树木的生长发育，使其长势减弱，果实成熟期推迟。

4.2.3 生长习性

4.2.3.1 根 系

杜仲根系发达，主根可长达 1.35 m，侧根、支根分布范围可达 9 m，但主要分布在地表层 5 ~ 30 cm 之间，并向着湿润和肥沃处生长。杜仲的根系生长时间比地上茎叶生长时间长。在黄河流域于 2 月上旬即开始生长，5 月中旬至 6 月中旬为第 1 生长高峰期，以后生长速度递减，到 8 月中旬至 9 月中旬出现第 2 生长高峰期，至 12 月中旬生长停止。全年根系休眠时间为 60 ~ 70 d。长江以南地区杜仲全年生长不停。

杜仲的主根、侧根及支根都具有极强的萌蘖能力。剪取任一小段根系埋在土内，其皮部和剪口处的愈伤组织能生出许多不定芽。成年杜仲树干基部组织稍受机械刺激，即可萌发大量萌生条，多的达 40 余条。据观测，一株 25 年生的杜仲树如在冬季砍伐后，次年春天保留 1 株根蘖苗，4 年以后的树高和胸径可相当于该立地条件下 12 年生的实生树。杜仲树根系这种极强的萌蘖能力，为杜仲的无性繁殖、进行灌木林及头状林经营提供了极有利的条件。

杜仲的根系在受到外部损伤后的再生能力，1 年生幼树根系最强，年龄越大，再生能力越弱。所以杜仲小苗移栽成活率高，缓苗期短；而大树移栽成活率低，且缓苗期长。

4.2.3.2 芽

杜仲芽的萌发力极强，枝干一旦遭受机械损伤，周围的隐芽（休眠芽）可迅速萌发新梢。一个主芽附近有多个副芽，这些副芽此时可同时萌发，从而形成丛生枝。据观察，越靠近基部，茎干和枝条萌芽能力越强。杜仲茎干的顶梢没有顶芽，由下方第 2 ~ 3 个芽萌发后向上生长，但这些芽较弱，萌发后生长不旺盛，不如顶梢中、下部的芽。

杜仲顶端优势明显，苗木或幼树主干生长发生弯曲时，在弯曲段的背上可很快萌生枝条，并生长直立而旺盛，从而取代已弯曲的顶枝，表现出较强的续干生长能力，故在苗木及幼树期间，人们常采取截干的方法来加强株高生长的长势。杜仲实生苗8年生以前高生长速度较快，每年高生长量0.5~1.2 m；8年生以后主干长出大量侧枝，高生长量明显减少，粗生长明显加快，年直径生长达1.5~2.2 cm，15~20年期间粗生长最快，20年后粗生长放慢。50年生时，杜仲高、径生长均基本停止。一年当中，新梢生长以4、5月份最快，生长量占新梢全年生长量的60%以上；7~8月份新梢出现第2次生长，但生长量不如第一次生长量大。

应该指出，苗木及幼树茎干生长的高径比和树株的栽植密度及人工对侧枝修剪量的大小有密切关系。植株密度及侧枝修剪量越大，主干的高径比越大。

4.2.3.3 树 皮

树皮的生长过程基本上与胸径生长过程一致，树皮产量随树龄变化而异，同时也受环境条件影响。

树木一般剥掉皮后，树皮不能再恢复生长，如对树木主干进行环剥，则树木很快就会死亡。而杜仲的树皮则有很强的再生能力，即使对主干某一区段树皮进行全部环剥，只要及时采取保护措施，短期内在剥掉皮的木质部上又可长出新的树皮，3~4年后即可赶上未剥皮部分树皮的厚度。通过环剥皮还可以促进树株直径的生长。杜仲树皮的这一再生特性，对杜仲树皮的永续利用及杜仲资源保护提供了有利的条件。杜仲不管幼树或老树都存在树皮再生能力，但其中以幼、壮龄树再生能力最强。

4.2.3.4 果 实

杜仲树开始结实的年龄，孤立木为6年，散生木为7~8年，林木为9~10年；树龄20~30年为结实盛期，一般株产果实10~15 kg。杜仲在温带地区于3月下旬至4月上旬上，10~11月果实成熟。50年生以后及环剥皮的雌株虽能结实，但种实极不充实，不能用来播种育苗。杜仲种子有一定的休眠特性，经8~10 ℃低温层积50~70 d，发芽率可达90%左右，种子寿命较短，一般不超过1年，干燥后更易失去发芽能力，故种子采收后宜立即播种。

4.3 栽培技术

4.3.1 育苗技术

4.3.1.1 实生育苗

选新鲜、饱满、黄褐色、有光泽的种子于冬季11~12月或春季2~3月月均温达10 ℃以上时播种。一般暖地宜冬播，寒地可秋播或春播，以满足种子萌发所需的低温条件。种子忌干燥，故宜趁鲜播种。如需春播，则采种后应将种子进行层积处理，种子与湿沙的比例为1∶10。或于播种前，用20 ℃温水浸种2～3 d，每天换水1～2次，待种子膨胀后取出，稍晒干后播种，可提高发芽率。生产上多用条播，条沟行距20～25 cm，每亩用种量7～8 kg，播种后盖草，保持土壤湿润，以利种子萌发。

种子出苗后，于阴天揭除盖草，注意中耕除草，浇水施肥。幼苗忌烈日暴晒，要适当遮阴；旱季要及时喷灌防旱，雨季要注意防涝；结合中耕除草追肥4～5次，每次每亩施尿素1～1.5 kg，或腐熟的稀粪肥3000～4000 kg。实生苗若树干弯曲，可于早春沿地表将地上部全部除去，促发新枝，从中选留1个壮旺挺直的新枝作新干，其余全部除去。

4.3.1.2 扦插育苗

（1）嫩枝扦插繁殖。春夏之交，剪取一年生嫩枝，剪成长5～6 cm的插条，插入苗床，入土深2～3 cm，经15～30天即可生根。如用0.05 mL/L α－萘乙酸处理插条24 h，插条成活率可达80%以上。

（2）根插繁殖。在苗木出圃时，修剪苗根，选取径粗1～2 cm的根，剪成10～15 cm长的根段，进行扦插，粗的一端微露地表，在断面下方可萌发新梢，成苗率可达95%以上。

（3）压条繁殖。春季选强壮枝条压入土中，深15 cm，待萌蘖抽生高达7～10 cm时，培土压实。经15～30 d，萌蘖基部可发生新根。深秋或翌年春挖起，将萌蘖分开即可定植。

4.3.1.3 嫁接繁殖

用2年生实生苗作为砧木，选优良母本树上一年生枝作为接穗，于早春切接于砧木上，成活率可达90%以上。

4.3.2 营造技术

4.3.2.1 采皮园营造技术

（1）细致整地。通过整地可有效的疏松土壤，加厚土层，增加土壤蓄水保墒能力，扩大地下根系营养面积，为根系生长创造一个良好的环境。

平地营造杜仲采皮丰产林，要全面深翻整地，以便间作。有灌溉条件的地方应结合整地修好灌水渠道，在地势低洼的地方要挖好排水沟，做到旱能浇，涝能排。栽植前确定栽植点，挖好栽植坑。栽植坑的大小视苗木大小而定，1～2年生苗木栽植坑长、宽、深各为50 cm，3～4年生苗木栽植坑长、宽、深各为80 cm。在挖栽植坑时，应将表土和底土分别放置在栽植坑的两侧。

山丘地区营造杜仲采皮丰产林，应提倡梯田内挖栽植坑的整地方法。具体方法是：在山坡上先修好宽度为1.5～3 m的反坡梯田（梯田坡向与山坡坡向相反），梯田长度依具体地形、地势而定。梯田修好后，在梯田内按株距3～3.5 m顺梯田中心线方向确定栽植点，以栽植点为中心挖栽植坑。栽植坑的大小同上。在修反坡梯田时，务必把表土留在梯田内，利用底层生土做地埂，梯田外沿要用石块和泥土修牢固，以防塌陷。

（2）施足底肥。施足底肥是提高丰产林树木初期生长量的重要措施。如采用1~2年生苗造林，每栽植坑应施有机厩肥10 kg，有条件时可每坑加施各种饼肥（经粉碎后的豆饼、菜籽饼或棉籽饼）2 kg。由于杜仲苗期喜磷，在施底肥时，最好每栽植坑配施过磷酸钙1 kg。多施有机肥料作为底肥，不仅可以增加养分，还可疏松土壤，改善土壤结构，提高土壤涵养水分的能力。

（3）选用良种壮苗。采皮用杜仲丰产林是以采皮为经营目的，树皮的产量及质量直接影响到丰产林的经济效益。据调查，我国目前杜仲资源可划分为光皮杜仲和糙皮杜仲两大类，其中光皮杜仲生长速度较快，树皮内皮较厚，且质量较好。故该丰产林应该选用光皮杜仲进行造林。据河南省洛阳林业科学研究所的研究报告，在该所培育的5个新品种中，华仲3号树皮含绿原酸最多，华仲4号含松脂醇二葡萄糖苷最多。目前认为，杜仲皮所含有效药物成分为绿原酸和松脂醇二葡萄糖苷。以上两种成分含量越高，则该杜仲皮品质越高。

（4）合理密植。营造采皮用杜仲丰产林，要选择合理的栽植密度。密度的大小直接影响到丰产林以后的群体结构及生产力的高低。密度过小会造成对土地的浪费；密度过大会造成树木个体之间对光照、水分及养分的激烈竞争，增加无效消耗，影响树木的生长，使树木高径比偏大，不仅不便于采皮作业，且影响树皮的质量。另外，密度过大使林内黑暗潮湿，也会导致各种病害的发生。

采皮用杜仲丰产林属乔化经营，经营密度的大小直接取决于杜仲在该立地条件下冠径的大小。如立地条件好，树木生长快，郁闭早，冠幅大，密度应小一些，可为4.5 m×5 m；如立地条件差，树木生长慢，郁闭迟，冠幅小，则密度可加大一些，株行距可缩小为3.5 m×4.0 m。如在山丘地区梯田内进行单行栽植，因立地条件较差，株距应缩小为2.5~3 m。

在丰产林树木未郁闭前，树下可以间作其他农作物。但应特别注意，间作农作物必须距苗木或幼树1m以上，否则间作农作物与幼树争肥争水，使树木长势衰弱，迟迟不能郁闭，甚至成为小老树。

（5）精心植苗。苗木栽植质量的好坏，直接影响到造林成活率的高低及缓苗时间的长短。一般在苗木栽植中应注意以下几点：

一是适时早栽。杜仲不管春栽或是秋栽，栽植时间均宜早不宜迟，务必赶在发芽前或落叶前栽植完毕。如发芽后再栽植，因地上茎叶失水严重，往往成活率很低。一般春季造林我国南方应在2月底前结束，北方应在3月底前栽完。秋季造林应在11月上中旬进行。据笔者多年观察，实际上北方也以秋季造林较好。由于北方春季干旱严重、风多、气温回升快，往往因栽植中及栽植后大量失水，苗木干枯而死，大大降低了成活率；即便成活，缓苗期也较长。而秋季造林，则可避开上述多方面不利因素，经过秋、冬季苗木根系与土壤的吻合及适应，甚至损伤的根系已能形成愈伤组织，待来年春季则能及时萌发新根，大大有利苗木的成活及恢复生长。但在栽植小苗且造林地土壤含水量高时，北方严寒地区往往发生苗木根系冻举现象，即由于土壤冬季每次结冻时体积增大而把土内根系抬高，但土壤每次化冻时仅土壤回落，而把苗木根系逐渐抬高，严重时能把苗木根系抬至地表或地上，致使苗木脱离土壤而死亡，大大降低苗木成活率。为避免这种现象，在秋季造林时可加高培土，一般可培高至30~45 cm，待春天将培土完全撤除，并浇透水，则可完全避免上述冻举现象。如北方秋季栽植大苗，栽植坑深度在80 cm以上，一般不会发生冻举现象。但栽植大苗采取高培土的办法，也同样具有保温、保湿的作用，有利于苗木的成活及恢复生长，培土高度也应在30 cm以上。

二是保护苗木。栽植前，在起苗、运苗及假植过程中，要切实保护好苗木，使苗木根系不受损伤，不大量失水。具体要做好以下几点：①起苗。起苗前浇一次透水，这样既能使苗木大量吸收水分，提高苗木含水量，又能使土壤疏松，便于起苗，减少根系断裂。起苗时间应选择无风的早晨、傍晚或阴天，边刨苗，边用湿草、湿草袋或编织袋进行包装，以减少苗木失水。②苗木运输。苗木如需从外地调运，务必防止苗木在运输途中大量失水。苗木装车时要将成捆苗木的根系用湿草、草袋或蒲草袋包装好，最后用篷布将车封好，严防苗木根系外露。如行程在2天以上，运输途中需对苗木洒水。用汽车调运苗木最好选择夜间行车。③假植。对2天内不能及时栽植的苗木，应用湿沙或土对苗木进行假植。假植时要把苗木根系全部埋入沙或土内，并及时洒水，保持苗木根系湿润。在晴天中午前后可用席片或草片遮盖苗木，以防苗木失水。

三是清水浸根。栽植前认真检查苗木根系和茎干是否失水。如苗木有失水现象，需用清水将苗木根系浸泡12～24 h，让其充分吸水，以提高苗木栽植后的抗旱能力。

四是用磷肥泥浆蘸根。将3 kg过磷酸钙及25 kg黄黏土（砸碎过筛最好）放入100 kg水中，反复搅拌，即为磷肥泥浆。将苗木根系蘸上磷肥泥浆再行栽植，可使根系尽快与土壤贴合，恢复吸收水分、养分的功能，促进苗木萌发新根，提高苗木栽植成活率。如在上述磷肥泥浆内加入1 g ABT 3号生根粉，则效果更好。

（6）栽植后的管理。①栽后平茬：栽植苗木不管是1年生还是2年生，栽后都需要平茬。平茬是促进杜仲苗木高生长和直立生长非常有效的措施。由于杜仲无顶芽，但萌芽力很强，故在自然状态下1～2年生实生苗呈“Z”形弯曲生长。如不进行平茬，不仅以后苗木直立性差、生长量小，而且所形成的弯曲主干不利于以后采皮。平茬后的苗木不仅茎干通直，且高生长量比不平茬者可提高1/4～1/3。平茬后往往在剪口以下萌生许多萌条，待萌条长至10～15 cm时，应及时选留其中1个生长旺盛、着生位置适宜（周围没有连生萌条）的萌条，将其余萌条全部清除。此后应每10 d除萌1次，除萌时应注意不要损伤所留用的主干。已在苗圃平茬过的2年生苗木，造林后可不再平茬。②覆膜或覆草。栽植后为了提高地温和减少地面水分蒸发，可在苗木周围覆盖地膜，覆膜面积根据苗木及栽植坑大小而定。在覆膜不方便或当地草多的地方，可以覆草。也可结合丰产园的中耕除草，将杂草集中在一起，覆盖在苗木周围。已经覆膜的地方可不再覆草，否则不利于地膜下土壤温度的提高。③整形修剪。采皮用杜仲丰产林要求树木具有高大、通直的树干，只有这样才能获得优质、高产的药用树皮。我国目前对杜仲树的栽培管理极为粗放，向来不进行整形修剪，结果导致树木主干扭曲，剥皮困难，皮张参差不齐，严重影响树皮的质量。故丰产林的经营要实施园艺化管理，正确整形与修剪。主要措施是对丰产林中1～3年生主干扭曲或生长衰弱的幼树，在春天树木发芽之前进行平茬，平茬高度以地面以上1～2 cm为宜。平茬后加强水肥管理，当年即可生长出直立而旺盛的主干。平茬后要及时在平茬处进行除萌，保留1个旺盛的萌条向上生长。为促进幼树加快高生长，并使主干能具有2.5 m以上的枝下高度，在幼树地上2.5 m范围内不留侧枝，及时抹除萌发的腋芽，以保证植株能形成高大而直立的树干。

4.3.2.2 采叶园营造技术

经营采叶园的目的可分为胶用、药用及胶药兼用3个类型。在营造采叶园前必须明确所建采叶园的经营目的，才能有针对性地选择良种。例如，要经营胶用采叶园，可选用华仲2号，其干叶含胶量为3%，比普通杜仲含胶量高出30.4%；营造药用采叶林，则可选用华仲5号，其干叶药用浸提物含量达9.6%，比普通杜仲高出26.3%。良种的采用方法：一是在建园时直接栽植良种苗木，二是先栽植普通杜仲苗木，待成活后再进行嫁接。

为了提高叶子产量及便于采叶作业，采叶园适于矮林作业，或称灌丛作业。其中又根据所留主干的高低划分为无干型、低干型及中干型3个类型。

（1）无干型：苗木栽植后随即在高于地面2~3 cm处平茬，春天在剪口以下可萌生若干萌条，在萌条长至10~15 cm高时，可选留生长旺盛且着生位置匀称的3根枝条作为一级支干进行培养。第2年春季在每个一级支干基部以上3~5 cm处剪截，剪口下萌发后选留位置匀称的2个壮条作为二级支干进行培养，共可长出6个二级支干条。第3年在每个二级支干条基部保留3~5 cm处剪截，每个剪口下再培养2条作为采叶条，这样栽植第3年可长出12根采叶条进行采叶。第4年以后每年春天萌芽前将上年12根采叶条从最基部剪截，当年再萌发出几根新条进行采叶。无干型采叶园一般产量较高，且采叶方便，但因采叶条距地面距离近，其基部的叶往往易沾染泥土，产生泥叶。另外，由于采叶条距地面较近，不便于浇水、施肥及中耕除草等。

（2）低干型：苗木栽植后，在苗干地上20 cm处进行截干，从而使植株保留了20 cm的主干。以后逐年的修剪管理同无干型修剪管理。优点是每年生成的采叶条距地面较远，不会产生泥叶，且方便各项田间管理作业。

（3）中干型：在苗木栽植后第1次定干时，保留了40 cm的主干。其他逐年修剪方法同上。优点是由于采叶条距地面较远，便于各项田间作业，并可在行间间作其他矮秆作物。

以上各类型行距一般为1.0~1.5 m，株距一般为0.5 m，每公顷可栽植1.32万~1.99万株。

采叶园其他栽培营造技术与采皮园基本相似。

4.3.3 田间管理

4.3.3.1 水分管理

杜仲树枝叶生长茂盛，叶面积大，整个树冠水分蒸腾量大，要求土壤能始终提供充足的水分，以满足树体对水分的需求。尤其我国北方地区春季干旱严重，土壤缺水往往是制约杜仲生长的关键因子。根据水源条件和灌溉条件可进行畦灌，也可进行沟灌或穴灌。浇水次数每年不应低于2次，即春天和秋天各灌1次。春天宜在最干旱的时期进行。秋季浇水宜晚不宜早，一般结合浇冬水在11月进行。生产上秋季浇水还往往和秋季施肥结合完成，先施肥随后浇水。

4.3.3.2 施　肥

（1）基肥。由于幼树对养分消耗较少，在丰产林营造时若施足了底肥，定植后2年暂不施基肥，从第3年开始应每年施基肥1次。施肥的时间宜在落叶终期进行。施基肥的种类以有机厩肥为主，施肥量应根据树体的大小而定，一般3~6年生幼树株施厩肥20~30 kg，7年生以后株施厩肥30~40 kg。施肥时每株加入过磷酸钙2~3 kg效果更好。如当地厩肥来源不足，可用高效饼肥代替（豆饼、棉籽饼、菜籽饼等），施用数量为上述厩肥数量的1/10，即小树每株施1.5~2 kg，大树每株施3~5 kg。施肥前需把饼肥粉碎成糁状（颗粒大小似麦粒状），过粗、过细均不适宜。

基肥的施肥方式包括以下几种：①全园施肥法。在丰产林树冠接近郁闭或已郁闭时，可结合秋季整地将所施肥料撒于树下地面，然后用铁锹将肥料翻入地下。有条件时应普遍浇水1次。翻土的深度在距树干较远的地方可为25~30 cm，在距树干近的地方可为15~20 cm，以不严重损伤树木根系为原则。翻土时遇到大的侧根，应注意避让，不可截断。②放射沟施肥法。以树干基部为中心，呈放射状挖施肥沟4~6条，沟的宽度可为30~40 cm，内窄外宽。长度大体与树冠半径相当。深度30~40 cm，内浅外深。沟的内端应离开树干基部20~30 cm，以防损伤主根。将肥料撒入沟后，和土混合均匀，其上覆以薄土。有条件时应在沟内浇透水1次。③间断环状施肥法。在树下树冠垂直投影边缘内侧，以树干基部为圆心，挖3~5条不相连接的弧形施肥沟，宽度30~40 cm，将肥料均匀施入沟内，覆土，浇水。④行间沟状施肥法。在每行树木的一侧挖施肥沟，沟距树干的距离以略小于树冠半径为宜，第2年再挖该行树的另一侧。如树冠已完全郁闭，则可在行间中心线挖施肥沟，施肥方法同上。⑤穴状施肥法。在树冠垂直投影边缘内侧挖5~6个施肥穴，穴的数量、大小因树的大小不同而异。一般穴的长、宽、高各为30~40 cm。具体施肥方法同上。

（2）追肥。丰产林除秋末落叶后施一次基肥外，如基肥数量不足，还应在春季追肥。追肥所用肥料应以氮素化肥为主，必要时可加施少量磷肥。3~6年生幼树每株可施尿素1~1.5 kg，7年生以上大树每株可施2 kg。如加施过磷酸钙，每株可施入1 kg左右。追肥时间在北方以4月中旬树木速生期之前施入最好，施肥后应及时浇透水1次。南方追肥的时间可适当提前10~15 d。追肥的方式及具体方法可参照上述施基肥方式、方法进行。

（3）根外施肥。为加速丰产林幼树生长，除进行土壤施肥外，还可进行根外施肥（叶面施肥）。根外施肥以叶面喷施0.5%的尿素较为适宜，从5月初，每10 d喷1次，至6月底结束。喷施叶面肥应选择上午10点以前，下午4点以后作业，如树叶上有露水，应在露水干后进行。喷施后如24 h内遇雨应重新补喷。为提高叶面肥在叶面上的存留数量，可加入0.1%的中性洗衣粉作为附着剂。叶面施肥对丰产林幼树效果明显，对7年生以上的大树效果不甚显著。这可能与大树已具有发达、完整的根系，能充分吸收土壤水分、养分有关。但对在土壤养分贫瘠的沙土及沙荒地上生长的杜仲来说，进行根外施肥同样有明显的效果。

4.3.3.3 中耕除草

中耕除草是丰产林经营当中一项非常重要的土壤管理措施。通过中耕除草可使表层土壤疏松，有效地提高土壤保水、蓄水能力，并减少杂草对土壤水分、养分的竞争吸收。在雨季土壤水分过多时，可通过中耕扩大土壤表面面积，有利于土壤水分的大量蒸发。农谚说“锄头有水又有火”，即是指中耕具有抗旱、抗涝的双重作用。丰产林每次浇过水或下过大雨之后，都应及时中耕。

4.3.3.4 林下间作与耕作

大面积栽植杜仲，在定植后的头4~5年内，由于植株较小，林间空地较多，为了充分利用土地，可在林间间作蔬菜、烟草及其他矮秆药材，也可以套种豆科绿肥苜蓿、紫云英等，以提高土壤肥力，增加经济效益。

南方栽培杜仲，在定植后的第2年与第4年各有1次冬季耕作的习惯。其方法是：深翻土壤20 cm以上，使深层土壤在阳光下充分曝晒，使土壤的物理性能得到改善，增加土壤的通透性，利于形成土壤的团粒结构，增强土壤保水、保肥能力。结合冬季耕作（也称冬耕），还可以施基肥，或者把种植的豆科绿肥深翻埋于土中，也可把田园生长的杂草埋于土中，以利防治病虫害。总之，南方栽培杜仲进行冬耕，有利于杜仲的苗期生长。

4.3.3.5 植株更新

老树砍伐之后，树桩上能很快萌发多个新梢，可以培育成带几个主枝的新树，还可以利用根的萌蘖力，进行伤根萌芽繁殖更新老树。无论利用哪种方法进行老树或杜仲园的更新，应该明确更新老树或重建杜仲园的目的。如果为了营林，收获杜仲树皮，要根据老杜仲园栽培植株的稀密情况、园内次生杜仲小树苗的多少及分布情况，在新长出的萌蘖中，选择若干株方位好、粗壮、生长旺盛的新树苗，作为老树更新的树苗加以养护，其余的萌蘖苗应全部砍掉，以促进所留新树苗的树干增粗，生长旺盛，早日代替老树，建成新的杜仲园。如果是散生的杜仲树，或以收获杜仲叶为目的建立新的杜仲园，则可酌情多留萌蘖苗加以养护，形成自然的圆头形树冠。主干多、枝多、叶片多，枝叶繁茂，可以增加杜仲叶的产量。

4.3.3.6 病虫害防治

（1）立枯病。该病多发生在低温高湿和土壤黏重、苗过密、揭草过晚的苗床内。

防治方法：①整地时每亩撒7~10 kg的硫酸亚铁粉或喷洒40%甲醛溶液3 kg，然后盖草，进行土壤消毒；播种时，每亩用50%多菌灵2.5 kg与细土混合后撒在苗床上或播种沟内。③发病期间，用50%多菌灵1000倍液浇灌。

（2）根腐病。该病一般于6~8月多雨时易发生。

防治方法：①选择地势高、排水良好、土壤疏松的地块建园或作苗圃。②发病初期用50%托布津1000倍液浇灌。

（3）叶枯病。该病主要为害叶片，严重时可使叶片枯死。

防治方法：①清洁田园。②生长期喷1∶1∶100波尔多液。

（4）豹纹木蚕蛾。主要以幼虫蛀害枝干，使树势衰退。

防治方法：①冬季清园。6月初，在成虫产卵前，用涂白剂涂刷树干。幼虫孵化期，在树干上喷洒40%乐果乳剂400~800倍液。

4.4 采收和加工

4.4.1 采 收

剥皮年限以树龄15~25年较为适宜，剥皮时期以4~6月为宜，此时树木生长旺盛时期，树皮容易剥落，也易于愈合再生。具体采收方法主要有：

（1）部分剥皮。即在树干离地面10 cm以上部位，交错地剥落树干周围面积1/3~1/4的树皮，每年可更换部位，如此陆续局部剥皮。

（2）砍树剥皮。多在老树砍伐时采用，于齐地面处绕树干锯一环状切口，按商品规格向上再锯第二道切口，在两切口之间，纵割环剥树皮，然后把树砍下，如法剥取，不合长度的和较粗树枝的皮剥下后作碎皮供药用。茎干的萌芽和再生能力强，砍伐后在树桩上能很快萌发新梢，育成新树。

（3）大面积环状剥皮。于6~7月高温湿润季节（气温25~30 ℃，相对湿度80%以上），在树干分枝处以下离地面10 cm以上，大面积环状剥取树皮。只要善于掌握剥皮的适宜时期和剥皮技术，环剥部位的维管形成层及木质部薄壁细胞可重新分裂，使新皮再生。所以，剥皮时，不要损伤木质部，并尽量少损伤形成层，2~3年后，树皮可以长成正常厚度，能继续依法剥皮。此外，采叶入药时，可选5年生以上树，在10~11月间叶将落前采摘，去叶柄后，晒干即成，折干率约3：1。

4.4.2 加 工

树皮采收后用沸水烫泡，展平，将皮的内面双双相对，层层重叠压紧，上下四周围草，使其“发汗”，约经1周，内皮呈暗紫色时可取出晒干，刮去表面粗皮，修切整齐即可。折干率（1.5~2）：1。

4.5 杜仲的主要化学成分及药理作用

4.5.1 主要化学成分

从目前对杜仲所含有效成分的研究来看，已知的主要成分有环烯醚萜类、杜仲胶、木脂素类及苯丙素类等40多种化合物。其中木脂素类及环烯醚萜类所占的比例较大，其次是黄酮类及其他类化合物。研究表明杜仲皮、叶及枝条所含的有效成分基本相同。

4.5.1.1 环烯醚萜类

从杜仲的皮和叶内分离出15种环烯醚萜类化合物，包括杜仲醇、杜仲醇苷、脱氧杜仲醇、京尼平苷、京尼平苷酸、桃叶珊瑚苷、哈帕苷丁酸酯、筋骨草苷、雷扑妥苷、车叶草酸、去乙酰车叶草酸、地芰普内酯等。

4.5.1.2 杜仲胶

杜仲胶广泛存在于杜仲皮、叶、果皮内，杜仲皮一般含有6% ~10%，叶含有2% ~3%，果实含有10% ~12%。杜仲胶习称古塔波胶或巴拉塔胶，为天然高分子化合物，它与天然橡胶的化学组成完全一样，只是两者分子链的构型不同，天然橡胶是顺式－聚异戊二烯，杜仲胶为反式－聚异戊二烯，两者互为异构体。杜仲胶链结构具有双键、柔性、反式结构，这种特征可在工业上充分利用。

4.5.1.3 木脂素及甾体类

从杜仲中已分离出木脂素化合物共27种，包括双环氧木酯素类、松脂酚类、丁香树脂醇类、橄榄树脂素类、松柏醇类、吉尼波西狄克酸甲脂等。

4.5.1.4 苯丙素类

主要有绿原酸、松柏酸、咖啡酸、酒石酸、白桦脂酸、熊果酸、香草酸、癸酸、半己酸。

4.5.1.5 其他成分

氨基酸及微量元素，包括丝氨酸、谷氨酸、甘氨酸、丙氨酸、精氨酸等17种游离氨基酸和锗、硒等15种微量元素。还含有黄酮类、槲皮素、金丝桃苷、紫云英苷、抗真菌蛋白、正二十九烷、正三十烷、生物碱、多糖、半乳糖醇、杜仲烯醇及挥发油等成分。

4.5.2 药理作用

4.5.2.1 降血压

杜仲的皮和叶所含的糖类、生物碱、绿原酸、桃叶珊瑚苷均有不同程度的降压作用，其水煎液的降压作用比醇提液强，杜仲叶比皮具有更好的降压效果。从杜仲皮及叶中分离出的含环烯醚萜苷类和木脂素类的提取物口服后能降低大鼠血压。杜仲中的微量元素锌含量较高，可以纠正阴虚症型高血压病人的锌含量而起到降压作用。杜仲皮煎剂4.2 g/kg和杜仲叶浸提物制剂6.3 g/kg均可使正常大鼠的血压降低，杜仲叶浸提物制剂6.3 g/kg可使大鼠的心率减慢。杜仲中所含的松酯醇二葡萄糖是杜仲的主要降压成分。

4.5.2.2 抗衰老及抗肿瘤

杜仲枝叶的水提物有抗脂质过氧化作用，能抑制 Fe^{2+} 所致的丙二醛生成，对大鼠肝脏、肌肉的脂质过氧化有明显的保护作用。用杜仲制作的保健品抗氧化效果比维生素E好得多，另外杜仲愈伤组织也有很好的抗氧化作用。生杜仲水煎液灌肠给药，可使醋酸可的松造成的类阳虚小鼠红细胞 SOD 活力增加。杜仲可促进人体皮肤、骨骼、肌肉中蛋白质胶原的合成和分解，促进代谢，预防衰老。杜仲皮及叶中所含的京尼平苷、枫叶珊瑚苷有抗肿瘤活性。杜仲皮、叶所含的木脂类丁香脂素双糖苷在抑制淋巴细胞白血病中有较好的活性，浓度 12.5 mg/kg 可控制 T/C 值 > 126。杜仲的抗癌作用也可能与 β－胡萝卜素有关。

4.5.2.3 抗炎抗病毒

杜仲中所含的氯原酸有较强的抗菌作用，能兴奋中枢神经，促进胆碱和胃液分泌，止血，提高白细胞数量和抗病毒。所含的桃叶珊瑚苷具有明显的抗菌、抗病毒及保肝活性，能明显抑制乙型肝炎病毒 DNA 的复制。杜仲煎剂能使小鼠血中淋巴细胞百分率降低，幼年小鼠胸腺萎缩，并可使大鼠肾上腺中维生素 C 含量降低，血中皮质醇含量明显增加。大鼠灌服杜仲煎剂 6 g/kg，对蛋白性足肿有明显抑制作用；大鼠灌服杜仲皮、叶、再生皮、枝煎剂的醇沉物 10 g/kg，对血清性脚肿也有抑制作用。

4.5.2.4 免疫功能

杜仲的皮、叶、枝、再生皮及杜仲煎剂灌服，对氢化可的松作用下小鼠巨噬细胞吞噬红细胞功能有明显影响，吞噬活力增加。从杜仲叶的氯仿提取物中分离得到的黄普内酯是一种主要干扰 T 淋巴细胞功能的免疫抑制物质。皮下注射从杜仲皮中分离出来含环烯醚萜类和木脂素类的提取物，能提高小鼠血中碳粒廓清率，增强网状内皮系统的吞噬能力。杜仲茶提取的碱性物质有抗破坏人体免疫系统病毒的功能，给小白鼠注射杜仲叶的 20% 和 50% 乙醇提取物，可明显增强小白鼠脾淋巴细胞转化功能及腹腔巨噬细胞的吞噬功能，而对正常小鼠脾抗体形成细胞无明显影响。

4.5.2.5 其 他

杜仲叶醇提物具有类似性激素作用，能增进实验动物骨髓生成和增加其骨髓的强度。杜仲叶的水煎剂对离体大鼠子宫有抑制作用，对实验性关节炎有防治作用，且有明显的镇痛作用。杜仲所含的京尼平苷酸、丁香脂素双糖苷、绿原酸均有抗应激作用。桃叶珊瑚苷能刺激副交感神经中枢，加快尿酸转移和排出，利尿作用明显，是杜仲利尿作用的有效成分。杜仲叶可致大鼠肉芽肿成熟和胶原在肉芽肿的沉积，促进伤口愈合进程。

4.6 杜仲的开发利用

我国对杜仲的利用历史悠久。在我国最早的药物学著作《神农本草经》中，就记述了杜仲的产地和药效。在漫长的岁月里，人们对杜仲的开发利用主要局限于树皮的药用，使该树种的发展受到很大的局限。从 20 世纪 30 ~ 50 年代，苏联科学家对杜仲作为胶源植物进行过多方面的研究，但由于杜仲胶的加工问题没有解决，杜仲的开发仍无大的进展。80 年代，我国科学家将杜仲胶加工成硫化高弹性橡胶，使杜仲开发获得重大突破。与此同时，各种新药效、新用途的发现，将杜仲的开发和研究推进到一个新的阶段。利用范围也从单纯利用树皮、木材，扩展到树叶、种子、果实、枝条、根等部分，特别是对树叶的开发利用，使农民栽植杜仲能获益早而丰，因而形成了空前的“杜仲热”。据不完全统计，我国80年代初杜仲保存面积约30 000 hm^2，而到1995年底已达300 000 hm^2以上。与此同时，贵州、陕西、四川、湖南、福建、湖北等地纷纷建立了各类用途的杜仲加工企业。

4.6.1 药用产品

现代研究证明，杜仲具有补肝肾、强筋骨、安胎、降血压和抗菌等多方面的功能，尤其是对血压具有双向调节作用，可保护血压平稳。美国哈佛大学胡秀英教授认为“杜仲是世界上目前所知质量最高的天然降压药物”，且具有保健作用。近十几年来，国内外学者在杜仲的有效成分、提取物分析、药理及应用方面做了大量的研究，并开发出了大量的药用产品。比较著名的中成药主要有：①壮腰健肾丸（片）。用于肾亏腰痛，风湿骨痛，膝软无力，神经衰弱，小便频数，遗精梦泄。②天麻片。专治风湿、类风湿关节炎。③人参鹿茸丸（酒）。用于肾精不足，气血两亏，目暗耳聋，腰腿酸软。④金不换膏。用于风寒湿邪，闭阻经络引起的肢体麻木，腰腿疼痛，寒疝偏坠，跌打损伤，闪腰岔气。⑤强力天麻杜仲胶囊．用于中风引起的筋脉掣痛，肢体麻木，行走不便，腰腿酸痛，头痛头昏等。⑥杜仲颗粒剂。对防治原发性骨质疏松性，腰背疼痛有明显作用。杜仲均是这些药品的主要原料。

4.6.2 胶用产品

杜仲是重要胶源植物，除木质部外，它的各种组织和器官都含有杜仲胶（又名硬橡胶），但不同器官、不同种源的杜仲含胶量是不同的，一般干皮含胶8%～10%，落叶为3%～5%，根皮是8%～12%，果实是10%～17%。杜仲胶国际上习称古塔波胶（Gutta－Percha）或巴拉塔胶（Balata），室温下质硬，熔点低，绝缘性能好，早期主要用于制作海底电缆、高尔夫球等。但杜仲胶没有弹性，只能作为塑料使用，用量有限。其实杜仲胶与三叶橡胶（天然橡胶）化学成分相同，但互为异构体（三叶橡胶为顺式－聚异戊二烯，杜仲胶则为反式－聚异戊二烯），故造成性能上的差异。20世纪80年代中国科学院化学所的严瑞芳先生发明了反式－聚异戊二烯硫化橡胶的制法，解决了杜仲胶改性为弹性体的一系列理论和技术问题，使之可以代替天然橡胶，并且其加工性、黏合性、硬度、动态疲劳程度等优于天然橡胶。随着对杜仲胶硫化过程规律的认识深入，发现了杜仲胶硫化过程临界转变及受交联度控制的三阶段，从而开发出3大类不同用途的材料：热塑性材料、热弹性材料和橡胶弹性材料。作为热塑性材料，杜仲胶具有低温可塑加工性，可开发具有医疗、保健、康复等多种用途的人体医用功能材料；作为热弹性材料，其具有形状记忆功能，并具有储能、吸能、换能等特性，可开发许多新功能材料；作为橡胶弹性材料，其具有寿命长、防湿滑、滚动阻力小等优点，是开发高性能绿色轮胎的极好材料。这些发现赋予了杜仲胶独有的“橡－塑二重性”，谱写了高分子材料科学在橡胶、塑料领域的新篇章，并把对杜仲胶材料的认识提高到材料工程学的理论高度。总之，杜仲胶可广泛应用于工业、电力、通信、交通、水利、航空和医学等各个领域，前途广阔，用量将越来越大，从而有可能改变国际天然橡胶的格局。

由于杜仲胶是一种天然高分子化合物，杜仲胶含量的测定以及提取工艺都比较特殊。主要方法有离心分离法、溶剂法、碱液浸提法和综合法等。严瑞芳的方法是：①采用碾磨法将树叶表面非杜仲胶组分磨碎，使树叶中含胶组织暴露出来（达到含胶富集的目的），然后筛去废渣，用有机溶剂甲苯、苯、二氯乙烷、石油醚提取粗胶，再用普通有机溶剂醇、酮、醚、醛、酯净化完成提取杜仲胶的全过程。②将杜仲树叶或皮用0.5%的NaOH进行熬煮、浓缩，经过发酵破坏纤维素、胶黏素等，胶线壁被部分浸解，再经清洗、滚压，部分杂质被冲走，胶线壁被完全破坏，胶体完全暴露在外，然后用有机溶剂提取粗胶和净化粗胶。陈增波的发明是：将杜仲叶或皮清洗后送入发酵池中发酵，破坏其细胞壁，再用2% NaOH水溶液于80～120 ℃蒸煮锅中蒸煮120～135 min，漂洗后再置于水力打碎机内打碎3 min，以游离出杜仲胶丝，经过筛漂洗，从中除去杂质，得杜仲胶。杨振堂采用从杜仲愈伤组织中提取杜仲胶的方法。利用培养得到的愈伤组织，将其烘干后的粉末在苯或三氯甲烷中浸提24～48 h，用甲醇沉淀2 h，再用4～5倍的乙醚溶解，回收乙醚得到精制杜仲胶，其纯度可达98.2%。李学锋的方法是：将原料预先打碎，游离出胶丝部分，加入酒精作为沉淀剂，利用溶剂将杜仲胶沉淀出来，这样可得较纯的杜仲胶。马柏林的杜仲胶实验室提取方法比较试验表明，以碱浸法用10% NaOH在90 ℃连续提取2次，每次3 h，浸提物在40 ℃用浓盐酸处理2 h，分解去除粗胶中的非胶部分，效果较好。其工艺流程如图4.1所示。

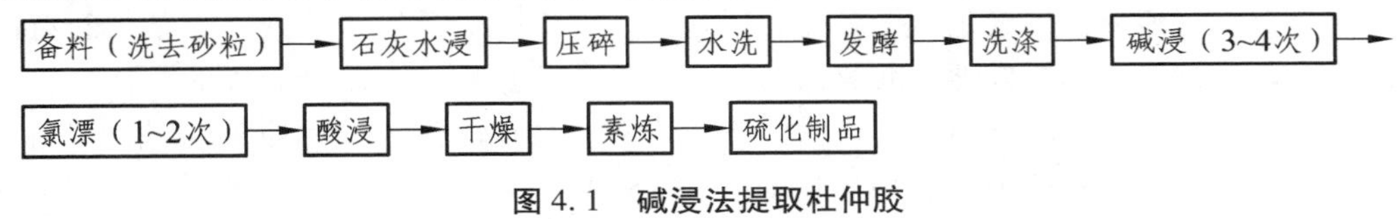

图4.1 碱浸法提取杜仲胶

4.6.3 保健产品

杜仲皮、叶、花、果中含有丰富的维生素E、维生素B_2、维生素C和胡萝卜素及少量维生素B_1，以及人体所需的Cu、Fe、Ca、Zn等10多种矿物质元素，具有抗衰老、抗疲劳、增强免疫功能、降低血压乃至抗肿瘤、抗菌、减肥等多方面的保健作用，而且久服无副作用。因此，近年杜仲保健品发展很快。饮料类以杜仲茶为主，还有杜仲晶、杜仲可乐、杜仲咖啡、杜仲口服液、杜仲酒等；食品类有杜仲酱、杜仲醋、杜仲面包、杜仲方便面、杜仲糖果、杜仲药膳等。此外，杜仲牙膏、杜仲烟、杜仲保健枕、杜仲保健腰垫等均已问世。现就几种主要保健产品制作工艺介绍如下。

4.6.3.1 杜仲茶

杜仲茶是采摘杜仲树的嫩叶，经传统的茶叶加工方法制作而成的健康饮品，品味微苦而回甜上口，常饮有益健康，睡前喝一杯特好，无任何副作用，保健价值极高，饮用方便。饮用时把2～3 g杜仲茶放入杯中，倒入开水，闷盖3 min，打开盖，即成清香的饮品。此外，杜仲雄花经精选、摊晾、杀青等可制成杜仲雄花茶，具有迅速解除人体疲劳、抗衰老、提高人体免疫力等作用。

操作要点：

（1）采叶。杜仲鲜叶的含水量，嫩叶为76%～80%；成熟叶为72%～75%。最适采摘期为7月初至10月底。若采摘过早，嫩叶水分高，制率低且影响树的生长；成熟叶制茶品质优，内含物丰富，杜仲风味浓，制率高，约为4∶1；10月后的老叶有效成分损失，制成茶叶色枯而杂。

（2）杀青。杜仲绿茶的技术关键是采用高温杀青保绿（锅温220～240 ℃）；同时投叶宜少（90型杀青机10 kg/锅、110型20 kg/锅）；及时排汽，投叶3～4 min后，叶温达85 ℃左右时，立即排汽，出锅后及时摊凉。

（3）精制破碎。杜仲鲜叶脆性强、韧性差。除5～6月的嫩叶可揉捻成粗条外，成熟叶成条率低，如揉捻便成为由胶丝相连的网状碎片，这样制成的干茶，如直接冲泡，则茶片上浮，浸出缓慢。因此，应以破碎后制成袋泡茶饮用为佳。工序重点是控制破碎粒度、减少碎末、提高工效。破碎、复炒、筛分相结合，反复操作。控制炒干温度，可熔断胶丝，提高茶香，转化风味，消除药味，提高品质。

4.6.3.2 杜仲叶茶饮料

杜仲含有多种生物活性物质，目前报道较多的有黄酮类化合物、绿原酸、桃叶珊瑚苷等。这些成分具有抗菌消炎、抗衰老、助消化、降血脂、降血压、美容等功效。绿茶中含有的茶多酚物质有防癌抗癌、利尿排毒、助消化、抗衰老等功效。将二者结合制成的茶饮料具有很好的保健功能。张玲等人的研究认为，杜仲叶茶饮料的最佳配方为：杜仲黄酮提取液与绿茶汁体积比为1∶2、柠檬酸0.03%、白砂糖5%、蜂蜜0.1 g/L。杜仲茶饮料的最佳杀菌条件为2450 MHz微波处理1.5 min。

工艺流程如图4.2所示。

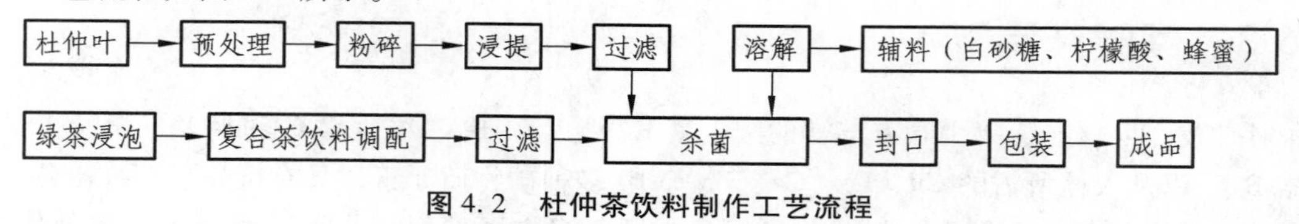

图4.2　杜仲茶饮料制作工艺流程

操作要点：

（1）原料处理。将杜仲叶清水漂洗后烘干，用粉碎机粉碎，过40目筛备用。

（2）杜仲叶黄酮的提取。将杜仲叶粉按一定料液比加水，置于提取瓶中，在一定温度下超声处理一定时间，然后过滤，滤液按1∶1的比例用水稀释。

（3）绿茶浸泡。取一定量的绿茶放入烧杯中，按质量比为1∶100量取一定量的水。将水烧开，先倒入1/3体积的水，浸泡一定时间，然后倒入剩下的水再浸泡5 min后取汁。

（4）饮料调配。按配方将各种辅料加入生产用水中，加热至沸腾，倒入绿茶汁中，按一定比例加入杜仲提取液。

（5）杀菌。将调配好的饮料在一定条件下杀菌后封口，冷却至室温，包装。

另外，用7～9份杜仲叶、1～3份茉莉花茶加麦饭石矿泉水制成杜仲矿泉速溶茶；或以三尖杉、杜仲叶为主料，加茶叶、菊花、栀子、甜菊叶等制成三尖杉、杜仲系列饮料。

4.6.3.3 杜仲红枣复合饮料

随着人们生活水平的提高，消费观念发生了转变，当今人们崇尚回归自然，天然营养性的保健食品越来越受到消费者的青睐。将枣汁与杜仲液复合，经糖酸调配等工序制成杜仲红枣复合饮料，它既具红枣的香味和色味，又有杜仲清爽淡泊的苦味，既克服了杜仲的药味和苦味，又保留了其有效成分，集营养与保健于一体。其操作要点如下。

枣汁加工操作要点：

（1）红枣应选色泽美观，肉质肥厚，丰满完整，无霉烂及病虫害的鲜枣。

（2）经验收合格，清洗后放入烘箱中，于 90 ℃下烘 1h，至有焦香味为止，取出晾凉。

（3）于 50 ℃水浴中，用水量为枣、之比水 =1∶8，浸提 2.5 h。

复合饮料的加工工艺如图 4.3 所示。

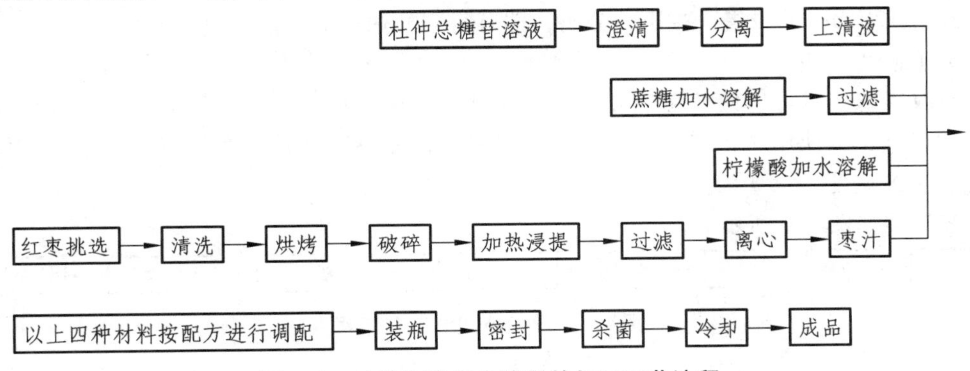

图 4.3 杜仲红枣复合饮料的加工工艺流程

枣汁浸提最佳条件为 50 ℃，2.5 h，1∶8 用水量。饮料最佳配方为：枣汁 50%，杜仲总糖苷 0.24%，蔗糖 6%、柠檬酸 0.2%。杜仲总糖苷溶液的澄清用 10% 的海藻酸钠溶液，用量为 4 mL/100 mL 杜仲溶液。杜仲复合饮料的杀菌条件为 90 ℃、5 min 为宜。

4.6.3.4 食用油

据测定，杜仲籽油的不饱和脂肪酸含量为 91.18%；人体必需脂肪酸即亚油酸和 α－亚麻酸的含量高达 73.68%（表 4.1），具有极高的营养保健价值。

表 4.1 杜仲籽油的脂肪酸组成及含量

脂肪酸	豆蔻酸	棕榈酸	硬脂酸	油酸	亚油酸	α－亚麻酸
含量/%	0.40	0.40	2.13	17.50	12.64	61.04

杜仲籽油的提取方法有以下 4 种。

（1）压榨法提油

工艺流程如图 4.4 所示。

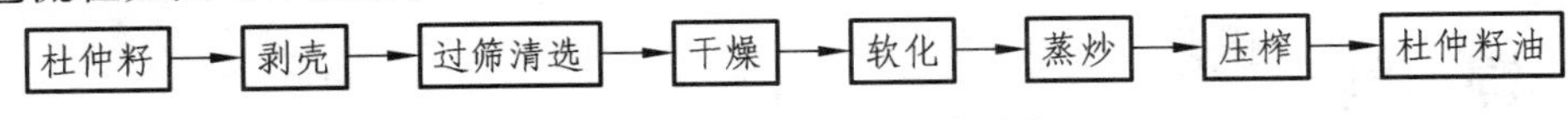

图 4.4 压榨法提油工艺流程

采用压榨法取油，劳动强度大，出油率较低，为 21% ~25%，油品色泽发暗，油质较差；优点是不使用易燃易爆的溶剂，不会有溶剂残留，产品安全、卫生、无污染。据文献报道，只有以压榨法制备的杜仲籽油中才能检测到具有保肝作用的桃叶珊瑚苷。

（2）有机溶剂浸出法提油

将杜仲籽仁粉碎成粉状，然后装入索氏提取器中，用石油醚（30～60 ℃）提取35 h，回收石油醚，减压除去残留溶剂，即可得淡黄色杜仲籽粗油，再经精制，得到浅黄色透明杜仲籽油。

工艺流程如力4.5所示。

杜仲籽仁 → 粉碎 → 称量 → 装料 → 回流萃取 → 减压去残留溶剂 → 杜仲籽油

4.5 有机溶剂浸出法提油工艺流程

（3）CO_2超临界萃取法

超临界CO_2萃取技术也可以用于提取杜仲籽油。将去除种壳的杜仲籽仁粉碎后投入浸提罐中，经过120 min的浸提，减压，分离，即可得到杜仲籽油。油的色泽明亮清澈。

（4）超声波提油

超声波提取技术可以使细胞中可溶性成分更好更快地释放出来。目前从植物或种子中提取植物油，基本上使用压榨和浸出方法，出油率低，提取时间长，而超声波的空化作用可有效地提高浸出速度2～10倍。

工艺流程如图4.6所示。

杜仲籽仁 → 粉碎 → 过筛 → 称量 → 超声回流萃取 → 抽滤分离 → 真空蒸馏 → 杜仲籽油

图4.6 超声波提油工艺流程

4.6.4 建材产品

4.6.4.1 木 材

杜仲木材为散孔材，白色或黄褐色微红，有光泽；纹理直，结构细致；干缩小，不挠不裂；不遭虫蛀；易切削，切面光滑，车旋性能良好。可用于制造桌、椅、箱、柜、床等家具，或者作为造船材样，用于制造船架（龙骨、龙筋、肋骨）、船壳或甲板，也可作为建筑镶嵌装饰用材、雕刻用材（木刻、印章等），还可用来制造农具、器具、楼梯、走廊扶手、门窗等。边角料加工成筷子、烟嘴等，很受消费者欢迎，远销港澳等地。

4.6.4.2 胶渣装饰板

杜仲叶提取杜仲胶后的胶渣是很好的建材原料，目前主要是利用胶渣制装饰板和家具（代替胶合板），美观耐用，而且隔音。

4.6.5 饲 料

杜仲叶作为饲料添加剂，有着十分奇特的作用。由于人工饲养的畜、禽和鱼类活动空间太小，活动量少，导致蛋白胶原不足，蛋白质积存成硬块，肉质较粗。日本研究发现，杜仲作为饲料添加剂喂养的鱼类，由于增强了鱼自身的新陈代谢，其肉质特别鲜美，好似天然生长的鱼群；用加有杜仲叶饲料喂养的蛋鸡，产蛋率提高10%，蛋内胆固醇含量降低24%，日本生产的“杜仲蛋”已出口美国。杜仲混合饲料的配方根据各个不同生育阶段而定，一般加入杜仲粉的比例为2.5%～10%。据报道，日本从我国大量进口杜仲叶，除生产杜仲茶外，还主要用作饲料添加剂。

4.6.6 其他产品

4.6.6.1 黏合剂

杜仲胶与松脂、木焦油制成的黏合剂，能黏合金属、岩石、瓷器、角制物和木片，是橡胶和其他黏合剂无法相比的。

4.6.6.2 制鞋业

用杜仲叶制成皮鞋后帮，被认为是目前最好的鞋后帮材料。此外，还可用杜仲胶渣制作鞋垫，这种鞋垫具有弹性，而且耐穿。

4.6.6.3 杜仲抗真菌蛋白（EAFP）

从杜仲皮中分离到一种能抑制真菌生长的蛋白，称为杜仲抗真菌蛋白（EueommiaAntifungalprotein，EAFP）。杜仲抗真菌蛋白与其他抗真菌蛋白相比，有以下特点：①相对分子质量小；②是不含糖的单链蛋白；③抗菌谱宽；④具有很高的热稳定性。寻找和研究多种类型的抗真菌蛋白，对认识其在植物中抗真菌病的作用和将其基因用于作物抗真菌病的研究均有十分重要的意义。

4.6.7 环保生态作用

杜仲的树干通直，树冠圆头形至圆锥形，树形优美，叶片密集，叶色浓绿，遮荫面积大，抗性强，病虫害少，是城市园林绿化的优良树种。在北京、杭州等城市一些街道、单位庭院以及公园，采用杜仲作为行道树均取得良好的绿化美化效果。用杜仲营造农田防护林网，可以获得生态和经济双重效益。杜仲的根系发达，固土能力强，耐干旱、瘠薄，具有良好的水土保持效果。因此，在丘陵、山区成片栽植杜仲，既起到保持水土、绿化荒山的作用，又可获得可观的经济效益。

4.6.8 杜仲叶的“三级开发”

杜仲具有广泛的、多层次的开发利用价值，其综合利用是大有可为的。特别是对杜仲落叶进行“三级开发”，使人们对杜仲的认识和利用发展到一个新的水平。其优点之一，利用的仅是树叶而不与中药材争杜仲皮这种珍贵的原料；优点之二，对杜仲落叶进行了非常充分、完善的利用，而其他任何树种都还没有达到这样的利用程度。

第一级，先用叶提取药物、保健品后得到叶渣，或直接用叶制成杜仲茶、饲料添加剂、皮鞋后帮材料等。

第二级，用叶渣提取杜仲胶，并得到胶渣。如西北林学院利用先进的工艺技术从杜仲叶中提取药用成分后，叶渣仍呈原叶片状，胶丝完整，完全可以提取杜仲胶。

第三级，用胶渣制装饰板等。

根据中试结果，“三级开发”的经济效益显著。以500 t落叶为原料建一个综合加工厂，可年产40 t以上药物、保健品或饲料添加剂的原料产20 ~ 40 t粗胶，产400 t左右的装饰板等。

主要参考文献

[1] 江苏新医学院．中药大辞典［M］．上海：上海科技出版杜，1996：1032.

[2] 王文明，庞晓萍，成军，等．杜仲化学成分研究概况［J］．西北药学杂志，1998，13（2）：60.

[3] 杜仲叶中环烯醚萜类成分的研究［J］．徐诺，摘译．国外医学：中医中药分册，1998，20（5）：49.

[4] 成军，白焱晶，赵玉英，等．杜仲叶苯丙素类成分的研究［J］．中国中药杂志，2002，27（1）：38.

[5] 严瑞芳．杜仲胶研究新进展［J］．化学通报，1991（1）：1.

[6] 阴键，郭力弓．中药现代研究与临床应用［M］．北京：学苑出版社，1993：39.

[7] 马清钧，王淑玲．常用中药现代研究与临床［M］．天津：天津科技翻译出版公司，1995：596.

[8] 李稳宏，李多伟，张阿鹏，等．杜仲叶中有效成分提取工艺的研究［J］．西北大学学报，1996，26（2）：372.

[9] 成军，白焱晶，赵玉英，等．杜仲叶苯丙素成分研究［J］．中国中药杂志，2002，27（10）：38.

[10] 王俊丽，陈丕玲，朱宝成，等．杜仲氨基酸成分的研究［J］．河北大学学报：自然科学版，1994，14（2）：80.

[11] 刘小烛，胡忠，李英，等．杜仲皮中抗真菌蛋白的分离和特征研究［J］．云南植物研究，1994，16（4）：385.

[12] 曾黎琼，谢金伦，胡志浩．杜仲树皮，新鲜叶片和杜仲愈伤组织块有效成分的含量测定［J］．云南大学学报，1995，17（4）：390.

[13] 王军宪，郝秀华，雷海民，等．杜仲叶化学成分研究［J］．西北药学杂志，1996（S1）：11.

[14] 赵玉英，耿全，程铁明，等．杜仲叶化学成分研究概况［J］．天然产物研究与开发，1995，7（3）：46.

[15] 彭密军，周春山，董朝青，等. 杜仲中环烯醚萜类化合物的提取工艺研究 [J]. 天然产物研究与开发，2003，15 (6)：56.
[16] 彭密军，周春山，雷启福，等. 杜仲中京尼平苷酸的提取工艺研究及应用 [J]. 中国中药杂志，2004，29 (3)：229.
[17] 成军，赵玉英，崔育新，等. 杜仲叶黄酮类化合物研究 [J]. 中国中药杂志，2000，25 (5)：284.
[18] 刘辉琳，唐明林，安莲英，等. 杜仲药用有效成分提取方法研究 [J]. 天然产物研究与开发，2002，14 (6)：47.
[19] 马希汉，王冬梅，苏印泉，等. 大孔吸附树脂对杜仲叶中绿原酸、总黄酮的分离研究 [J]. 林产化学与工业，2004，24 (3)：47.
[20] 郭孝武. 超声提取杜仲叶中黄酮类物质工艺研究 [J]. 陕西师范大学学报：自然科学版，2005，33 (4)：59.
[21] 郭永成，葛文娜. 杜仲药用部位的实验研究 [J]. 实用医技杂志，2005，12 (3)：734.
[22] 董娟娥. 杜仲原生皮与再生皮次生代谢物含量分析 [J]. 中草药，2004，35 (2)：199.
[23] 臧友维. 杜仲皮和叶中氨基酸成分 [J]. 中国中药杂志，1991，15 (1)：43.
[24] 于学玲，朱荣誉，孙小明. 杜仲皮和营养成分分析 [J]. 中草药，1992，23 (8)：161.
[25] 王彩兰，孙瑞霞，吕文英. 杜仲叶中无机元素动态含量测定 [J]. 微量元素与健康研究，1997，14 (4)：33.
[26] 张丽萍，许国，赵红杰，等. 杜仲叶降压成分鉴别及其含量分析 [J]. 山地农业生物学报，2000，19 (3)：191.
[27] 刘传瑜. 老年高血压头发 4 种元素测定及杜仲醋浸液治疗观察 [J]. 微量元素与健康研究，1996，13 (1)：14.
[28] 张瑛朝，张延敏，郭代云，等. 复方杜仲叶合剂对人体降压作用的实验研究 [J]. 中成药，2001，23 (6)：418.
[29] 翟文俊. 杜仲叶浸提物制剂对大鼠血压及心率的影响 [J]. 陕西教育学院学报，2004，20 (4)：106.
[30] 张兆云，薛庆海. 运用中医药调节器治几种癌症的体会 [J]. 中国中医药信息，1997，4 (8)：15.
[31] 胡世林. 国外杜仲研究的某些进展与动向 [J]. 国外医学：中医中药分册，1994，6 (5)：13.
[32] 华讯. 从杜仲茶提取碱性物质有抗 HIV 作用 [J]. 医学信息，1996，9 (6)：10.
[33] 王俊丽. 杜仲氨基酸成分研究 [J]. 河北大学学报：自然科学版，1994，14 (2)：80.
[34] 赵军太，张诚，等. 杜仲不同部位化学成分研究与应用 [J]. 实用医技杂志，2003，10 (9)：1025.
[35] 晏媛，郭丹. 杜仲叶的化学成分及药理活性研究 [J]. 中成药，2003，25 (6)：491.
[36] 赵晖，李宗友. 杜仲叶药理作用研究（Ⅱ）抗疲劳及愈伤作用 [J]. 国外医学：中医

中药分册，2000，22（4）：211.
[37] 冉懋雄，周厚琼．对杜仲叶深度开发的思考与建议［J］．中国药房，1998，9（5）：203.
[38] 孙凌峰．杜仲叶资源的开发利用［J］．经济林研究，1998，16（4）：43.
[39] 卫生部药典委员会．中国药品标准（中成药成方制剂）．第11册，1996：81.
[40] 卫生部药典委员会．中国药品标准（中药成方制剂）．第10册，1995：68.
[41] 焦百乐，窦群立，杨锋．杜仲汤治疗腰椎间盘突出症30例［J］．陕西中医，2005，26（10）：1055.
[42] 黄友谊，李林，宁祖林．杜仲复合袋泡茶配比研究［J］．湖北农业科学，2004，18（3）：86.
[43] 宗留香，毛薇，肖青苗．杜仲茶果冻的研究［J］．食品工业科技，2005，24（4）：140.
[44] 陆志科，谢碧霞，杜红岩．杜仲胶的提取方法研究［J］．福建林学院学报，2004，24（4）：353.
[45] 周莉英，刘晓利．杜仲胶研究现状［J］．陕西中医学院学报，2004，27（7）：554.
[46] 杜红岩．杜仲优质高产栽培［M］．北京：中国林业出版社，1996.
[47] 王蓝，马柏林，张康健，等．杜仲籽油提取工艺［J］．西北林学院学报，2003，18（4）：123－125.
[48] 张康健，王蓝，马柏林，等．中国杜仲次生代谢物［M］．北京：科学出版社，2002.
[49] 陶国琴，李晨．α－亚麻酸的保健功能与应用［J］．食品科学，2000，21（12）：140－143.
[50] 梁淑芳，马柏林．杜仲果实资源及其利用［J］．陕西林业科技，1998，（1）：21－23.
[51] 李发荣，杨建雄，沈小婷，等．桃叶珊瑚甙的体外抗氧化研究［J］．陕西师范大学学报：自然科学版，2004，32（3）：65－69.
[52] 刘军海，裘爱泳．杜仲叶绿原酸的提取及精制［J］．山东医药，2004，44（32）：21－23.
[53] 董娟娥，张靖．植物中环烯醚萜类化合物研究进展［J］．西北林学院学报，2004，19（3）：131－135.
[54] 王铮敏．超声波在植物有效成分提取中的应用［J］．三明高等专科学校学报，2002，19（4）：45－53.

5 盾叶薯蓣

盾叶薯蓣（*Dioscorea zingiberensis* C. H. Wright）俗称黄姜，火头根，是薯蓣科薯蓣属植物，多年生草质缠绕藤本。现代医药研究表明：盾叶薯蓣根状茎不但含有丰富的淀粉、蛋白质、无机盐、多种维生素和纤维素，还含有胆碱、皂苷、黏液质、糖蛋白、自由氨基酸、多酚氧化酶等成分，具有健脾、补肺、固肾、益精等功效。其根茎入药，可治疗各种急性化脓性感染、软组织损伤、蜂蜇和阑尾炎，并有抗肿痛和降血糖的作用，对冠心病有特效，可减少心绞痛、调节新陈代谢。从根茎中提取的薯蓣皂苷元是合成甾体类激素药物和避孕药的重要原料。目前，激素类药物年产值在1000亿美元左右，并且每年以6%～10%的速度增长。因此，盾叶薯蓣产业开发潜力巨大，市场前景看好，在医药界有“药用黄金”的美称。

盾叶薯蓣经济价值高，市场需求量大，加上野生盾叶薯蓣资源采挖过度，自然存量急剧减少，人工种植盾叶薯蓣的效益十分可观。据测算，每公顷2年生盾叶薯蓣植物可产盾叶薯蓣37 500 kg，产值70 000元，纯收益可达31500元。

5.1 种质资源及分布

盾叶薯蓣是被子植物门单子叶植物纲薯蓣科薯蓣属（*Dioscrea L.*）草质缠绕性藤本植物。世界上薯蓣科共有10属650种，薯蓣属种类最为丰富，约600种，广泛分布于热带地区，也有少数种类分布于亚热带和温带地区。其中含有薯蓣皂苷元的植物有136种，含量在1%以上的有41种，我国有薯蓣属植物80余种，其中富含薯蓣皂苷元的有17种，如盾叶薯蓣、穿龙薯蓣、黄山药、粉背薯蓣、叉蕊薯蓣及细柄薯蓣等，其中以盾叶薯蓣含量最高，达2.15%以上。

盾叶薯蓣是我国特有植物。近20年来，随着对薯蓣皂苷元需求量的增加，野生盾叶薯蓣被大量采挖，资源破坏严重，造成了许多优良性状的丧失（遗传衰退），薯蓣皂苷元含量逐年下降。中国薯蓣资源蕴藏量较为集中的湖南、陕西、湖北及四川的蕴藏量大致分别为5.0万吨、5.0万吨、1.0万吨、1.0万吨，但这些年因过度采集，上述省区的薯蓣资源蕴藏量已近枯竭。同样，作为薯蓣原产地之一的云南，薯蓣资源的蕴藏量大致在0.5万吨左右，特别是滇东北、滇西北分布有大量的具有特异性状的优良薯蓣资源，由于近些年来的大量采挖，有限的薯蓣资源蕴藏量已濒临枯竭。盾叶薯蓣作为我国的一个特有种，同时还是一个狭域种，其分布范围为东经104°53′～112°50′，北纬23°42′～34°10′，即秦岭以南、南岭以北的米仓山、大巴山、武陵山、雪峰山和衡山等山区以及长江中上游及其支流的低中山丘陵，垂直分布在海拔 100 ~ 1500 m 的河谷、山地，落叶阔叶与常绿落叶阔叶混交林的边缘或稀疏的常绿灌木林内。一般低山河谷具有显著的冬暖特点，是其主要分布地带，而在 1500 m 以上的寒冷高山则很少有分布。朱延钧等将盾叶薯蓣的垂直分布区分为 3 个段研究，发现在海拔 450 m 以上区域薯蓣皂苷元含量最高。李朝阳等研究认为，盾叶薯蓣皂苷元含量与居群环境条件存在一定的相关性，其中最主要因素的可能是海拔，且位于 500 ~ 700 m 海拔范围居群的皂苷元含量相对较高，而高于或低于该海拔范围的居群皂苷元含量都不高。与徐成基分析的结果——皂苷元含量高的样品都在海拔 400 ~ 700 m 之间基本相同。

特殊的分布范围和生长环境使得这种植物在自然界处于一种弱势状态，其资源量恢复非常缓慢。因此，应通过大量的人工引种栽培、培育和选育优良品种，以及利用细胞全能性进行组织培养来恢复和缓解盾叶薯蓣资源枯竭的局面。

5.2 生物学特性

5.2.1 形态特征

盾叶薯蓣根状茎长圆柱形，指状或不规则分枝，形似“姜”，长 6 ~ 10 cm，直径 1 ~ 2 cm，表面褐色，粗糙，有明显纵皱纹和白色圆点状根痕，鲜时内面黄色，干后变白色。茎平滑，有棱角及细沟纹。茎左旋，在分枝或叶柄的基部有时具短刺。单叶互生，盾形，革质；叶柄短于叶片；叶片卵状三角形，长 5 ~ 7 cm、宽 4 ~ 5 cm，常三浅裂，叶面常有不规则块状的黄白斑纹，边缘浅波状，基部心形或近于截形，叶脉常 7 条，上面深绿，下面灰绿色带白粉，干后变黑色，少有变灰色。花雌雄异株或同株：雄花序穗状，雄花 2 ~ 3 朵簇生，花被紫红色，雄蕊 6；雌花序总状穗状，蒴果。花期 5 ~ 8 月，果期 9 ~ 10 月（彩图 5.1、5.2、5.3）。

5.2.2 生态习性

盾叶薯蓣喜温暖环境，不耐严寒，最适宜生长气温为 20 ~ 25 ℃。盾叶薯蓣对土壤要求不严，在各种类型土壤中均能生长，但主要生长在山地棕壤和山地黄壤等腐殖质深厚的土壤中。水分状况对盾叶薯蓣的分布和生长发育有重要影响，其分布区全年降水量在 750 ~ 1500 mm，在湿润土壤环境中生长旺盛，分布较多，盾叶薯蓣皂苷元合成与积累的最适宜水分条件为年降水量 800 ~ 900 mm，以 850 mm 为最佳。盾叶薯蓣为喜光植物，主要分布在光照充足的向阳坡面，而在阴坡或光照条件差的地方分布较少。要求年日照时数为 1 750 ~ 2000 h。

由于盾叶薯蓣分布范围较广，不同地区、居群的植株形态、性状发生了变异，植物体内的皂苷元含量也随环境条件的变化而高低各异。生态环境对盾叶薯蓣种内基因型变异影响较大，且在形态性状与活性成分积累等方面影响显著。因此，为了提高盾叶薯蓣开发效益，需进一步研究生态环境对皂苷元形成的影响机理。

5.2.3 盾叶薯蓣的生长发育

5.2.3.1 苗 期

温度的高低影响盾叶薯蓣体内酶的活性，决定一系列生物化学反应的速度。因此，盾叶薯蓣的萌动、生长速度与温度关系密切。盾叶薯蓣的根状茎可在土壤中越冬，当土温在 10 ℃左右时，萌动出土，并快速生长，日生长量为 0. 12 ~6. 50 cm。一般植株高度在 20 cm 以上，出现 3 ~5 片叶子时，开始卷缠攀援，攀援方式较特殊，均左旋。

5.2.3.2 开花结实期

盾叶薯蓣多雌雄异株，也有极少数雌雄同株。盾叶薯蓣的雌雄花序均着生于叶腋，为无限花序，当地上部分长到约 18 片叶子时，开始现蕾开花，直至 10 月上旬结束。雌雄花序上的花朵从基部依次向顶端开放，1 朵雄花从开花到花全萎需要 3 d 左右，1 个雄花序从开花到花序全萎需要 20 d 左右，1 朵雌花从开花到花萎需 5 d 左右，1 个雌花序从开花到花序全萎需 10 d 左右。同一天播种的盾叶薯蓣，雄花要比雌花早 10 d 左右开放，并且开雄花的株数明显多于开雌花的株数。雌花在开花授粉后，子房即膨大发育成幼果。

5.2.3.3 根状茎生长发育期

盾叶薯蓣茎蔓现蕾开花时，根状茎开始生长。8 月份生长明显增快，11 月中旬生长逐渐停止。幼嫩根状茎呈乳白色或乳黄色，渐变棕色，膨大后呈棒状，有的呈生姜状，故称“黄姜”。1 年生盾叶薯蓣根状茎单株平均鲜重为 25 ~189 g，最大单株产量可达 285 g。

5.2.3.4 物候期

据观察，盾叶薯蓣的生育期为 210 d 左右。当年栽盾叶薯蓣于 4 月上中旬根状茎上的潜伏芽萌动出土，栽植 2 ~3 年的盾叶薯蓣于 3 月中旬萌动出土。5 月中旬到 7 月初地上部分迅速生长，6 月中旬至 10 月中旬开花结实，10 月下旬地上部分开始枯萎，10 月中旬果实开始成熟，11 月下旬进入休眠期。

5.3 栽培技术

5.3.1 盾叶薯蓣种苗培育技术

盾叶薯蓣的栽培种由种子实生繁殖和根茎无性繁殖方法获得，经过采种、育苗、小种茎繁育等过程完成。

5.3.1.1 采种园建园技术

种子园就是以生产种子为主的盾叶薯蓣园。它是在天然野生资源被过度采挖，优质种源濒临枯竭的情况下应运而生的。建立优质种子园不仅能使种质资源得到很好的保护，而且可以在解决大面积人工栽培的种源问题同时，获得商品盾叶薯蓣，地上、地下双收，一举两得。当然，对种子园经营管理的要求相当严格，必须按要求管理，否则，难以获得高效益。现将建园技术要点介绍如下。

（1）地块选择。种子园应选在光照充足、地势平坦、有灌溉条件且排水良好的地块。以疏松肥沃的轻质沙壤土为最佳。

（2）选种。建种子园的用种要求很高，总的要求有以下 4 点：一是丰产性能好，栽种当年最低产量是种量的 5 倍以上；二是抗病虫害能力强；三是皂苷元含量不低于 3 %；四是选用多个不同品种。具体要求是：选生长健壮，有须根，有 1 年生新生部分的地下茎做种茎；每个种茎必须有 2 个以上指头状生长点和 1 ~ 2 个健壮芽，没有压伤、摩擦伤和纵向伤口。种茎选定后，进行人工分种，分种时只能从姜体分叉基部掰开，要保持种茎的质量、生长点数量、粗壮程度基本一致，以每个掰开后的种茎质量 20 g 左右为宜。

（3）整地。要求深翻土地，打碎土块，拣净草根、石块等，使地面平整。结合整地施足底肥。底肥以腐熟的农家肥或腐殖质肥为主，每公顷用量为 60 000 ~ 75 000 kg。同时，还应施用尿素 750 kg、磷酸二铵 300 kg、硫酸钾 750 kg。施用方法有两种，一是将化肥开沟后均匀施入，覆土；另一种是将化肥按上述类别和用量拌匀，在播前穴施，然后覆土使种茎与肥料分开，下种后用农家肥或腐殖质肥覆盖种茎。

（4）播种。下种时间最好在 1 ~ 2 月份，每公顷用种量 1 950 ~ 2100 kg。下种方法有双行窝栽法和双行垄作法。坡地用双行窝栽法较好，平地可采用任意一种方法，但以双行垄作法为好。双行窝栽法行距 50 cm，株距 30 cm，每公顷栽植 66 660 株。栽植穴直径 20 cm，穴深 10 cm。双行垄作法可以防止平地积水，垄高 20 ~ 25 cm，垄面宽 60 cm，垄间距 40 cm，每垄面挖两行栽植穴，行距 35 cm，株距 30 cm，穴直径 25 cm，深 10 cm。每公顷栽植 66 660 株。用上述方法挖好栽植穴后将备好的种茎放入穴内，盖上细土。盖土厚度不超过 10 cm，否则影响出苗。

（5）田间管理。除草要勤，保持园内干净无草。及时搭架，使园内通风透光，增强光合作用，促进种子发育，这是种子园管理的关键环节，不可轻视。搭架的基本要求是：当地上茎（藤子）长到 10 ~ 20 cm 时应插杆搭架，杆子长度要求在 1. 5 m 左右，坚固耐用。插杆的方法是：1 ~ 2 株插 1 根，把相邻两行 3 ~ 4 根杆子绑扎在一起结为 1 棚，双行垄作的可在垄中间插一排杆子，相邻两垄 3 ~ 4 根杆子结为 1 棚。结棚的目的是防止架杆倒伏，便于除草和采种。

（6）种子的采收与处理。10 月下旬至 11 月上旬（霜降前后），当三棱形的蒴果由青变黄，最后变蓝，其内带翅种仁呈现棕黄色时采收。采收时，尽量少带叶片，采回的蒴果拣净叶片后摊放在室内通风阴凉处晾 1 周，为防止蒴果发烧和霉烂变质，摊放厚度不超过 20 cm。待蒴果完全变蓝时再进行曝晒，蒴果开裂后，轻轻翻动，让种子自然脱落。反复曝晒和脱粒才能将种子脱净。为保证种子的纯净度和质量，脱粒时切忌用手揉搓或用重物敲击，脱粒后的干净种子装入布袋、麻袋或塑料编织袋，置于干燥处。保管时要注意防潮、防鼠。

（7）地下种茎的采收与储藏。在次年1~2月份即可采挖地下种茎。采挖出的种茎可用上述方法扩建或续建种子园，最好随挖随建园。如采挖后不能及时建园或出售，按种茎保管方法精心保管。

5.3.1.2 小种茎繁育技术

用种子育苗具有投资少、繁殖速度快、见效快的特点，可以快速繁育大面积人工栽培的种源。但由于幼苗十分细弱，抗逆性差，易受伤害，不能用于直播种植，必须经苗圃地培育成健壮的小种茎后，才能用于大面积栽培。其技术要点如下：

（1）苗圃地选择。苗圃地应在育苗前一年秋天选定，要求背风，稍向阳，地势平坦，土壤疏松肥沃，水源充足且排水良好。对于地下害虫，则应结合整地施用西维因灭杀。

（2）选种。育苗用种必须是当年新种，要求饱满，无霉变，隔年陈种不能使用。每公顷需种37.5 kg。

（3）整地作床。在前一年冬季深翻，借助冰冻使土壤疏松，并可将害虫冻死。开春后打碎土块，拣净石块、草根，按比例和要求用量施入备好的底肥，再浅翻平整，使肥料与表土充分混匀。疏松的活土层不低于25 cm。平地或水田育苗必须开好排水沟。苗床采用高床，床面宽1.2m，比人行步道高15 cm，长度依地形而定，床间留出30 cm宽的人行步道，以便管理。床作好后每公顷撒施或喷施15 kg硫酸亚铁，以防止发生立枯病。

（4）施肥。播种前要备足底肥、盖种肥。底肥以有机肥为主，每公顷约需45 000 kg，并兼施少量化肥，其中尿素450 kg，磷酸二铵20 kg，硫酸钾40 kg。盖种肥每公顷用细农家肥或腐殖肥30 000 kg。

（5）播种。时间在3~4月。播种前应先将种子进行杀菌处理，用50 g高锰酸钾加水10 kg浸泡0.5 h，然后用清水洗净。杀菌后的种子可用20~25 ℃的温热水浸泡10~12 h催芽，同时除去空秕、虫粒，捞出晾干，拌入少量干燥的细肥土以便撒播。注意在无灌溉条件或干旱期播种，则不能催芽，以免缺苗断垄。用硫酸亚铁杀菌处理过的地块，必须在施药10 d以后才能播种。播种方式有条播和撒播。条播方法是：在做好的苗床上横向开深10 cm、宽15~20 cm的播种沟，将种子撒在沟内，撒种要求尽量布满沟底，播种沟间距25 cm，播后盖上1 cm厚的盖种肥，然后遮阴保湿，防止大雨冲击使表土板结，影响出苗。撒播方法是：将种子均匀撒在做好的苗床上，再盖上1 cm厚的盖种肥，然后遮阴保湿。

盾叶薯蓣种子在自然环境条件下萌发时间长，出苗率极低，目前直接在生产上应用较困难。因此，为使种子萌发并大面积应用于生产，必须掌握盾叶薯蓣种子萌发的条件，提高种子活力及发芽出苗率，这是合理利用实生种子的关键。种子萌发是受多种内、外因素影响的复杂过程。不同药剂、不同浓度水平预处理在不同温度条件下，对盾叶薯蓣实生种子萌发有不同的影响，或促进或抑制。据研究，盾叶薯蓣种子在25 ℃时，发芽势、发芽率、发芽指数都较高，可视为最适温度；在35 ℃条件下，其发芽率仅为1%~5%，可视为最高温度；在30 ℃时，虽能发芽，但发芽率不高，只能达到20%~50%，发芽时间也推迟。在18 ℃以下，盾叶薯蓣种子发芽率虽未有明显改变，但萌发时间延长，发芽势和活力指数明显下降。这就表明，盾叶薯蓣种子适应的萌发温度范围很窄，在生产中应该加以注意。不论是激素类药剂还是PEG渗透，对种子萌发均有一定影响，但在不同的萌发条件下，这些处理的表现不一致，在最适条件下（25 ℃、黑暗），以BA（6－苄氨基嘌呤）100 mg/L、PEG6000（聚乙二醇6000）35%、2，4－D（0.5 mg/L）和GA（赤霉素）1 mg/L的促进效果最明显，均能显著提高发芽率和发芽指数。

（6）苗圃管理。播种后应注意保持床面潮湿，发现水分不足或遇干旱应在早晚用洒壶适量洒水，切忌泼浇，以免床面板结，浇水也不能过多，否则容易积水，影响出苗，浇水时不必揭掉遮盖物。一般播种后15～30 d开始发芽出土，40～50 d齐苗。待出苗达到80%，苗高达到3～4 cm，子叶散开有指头大时，分2～3次于阴天或晴天的早或晚将覆盖物揭除。在苗子生长过程中，要及时除草、追肥，草要除小、勤除，保持圃地无杂草，以免草长大时除草损害幼苗。追肥应在5～7月进行，应按少量多次的原则施用，两次追肥间隔10～15 d。可以施用的肥料有：尿素、人粪尿、磷酸二氢钾。尿素每公顷每次的施入量不超过15 kg，浓度低于0.5%（即500 g尿素最少兑水100 kg)，喷或洒施，切忌干撒，否则易烧坏苗子。纯人粪尿也应兑5倍以上水使用。如发现有叶甲、蝗虫等虫害，可以用拟除虫菊酯类杀虫剂喷布，用药量参照说明书即可。如发现有病害发生，则用质量分数0.5%的硫酸亚铁水溶液或0.5%的波尔多液喷布叶面。

（7）幼薯的采收及保管。育成的实生小盾叶薯蓣不要过早采挖。一般在12月至次年2月采挖。每公顷产量可达7 500～12000 kg。采挖时要尽量减少机械损伤，尤其不能损伤指头状的芽头生长点，要适当保留一些泥土以保持根须和幼薯湿润。采挖后的幼薯用以下方法培植种源。

5.3.1.3 实生小种茎培植优质种茎

用种子培育出的1年生盾叶薯蓣小种茎具有生长点多、生长快、增长潜力大的特点。但它的体积小，有的甚至只有绿豆大小，不能用作大面积丰产栽培的种茎，也不能出售给皂素苷元生产厂家，但用它生产大面积丰产栽培的盾叶薯蓣种茎却是一条十分有效而快捷的途径。技术要点如下。

（1）选地、整地、施肥与栽植时间，这几项作业的技术要点与小种茎繁育技术相同。

（2）分种。1年生的实生小种茎大多数具有多个分枝，即生长点。种植时，每株只要求有1～2个健壮生长点。因此，应将小种茎按要求分种，分种时只能从分枝基部用手掰开，不能用刀切或剪子剪。一般情况下，每千克小种茎可分种600～700个。

（3）栽种方法。采用四行带状沟栽法，即在1 m宽的带面上，沿带长方向开1条深10～15 cm、宽20 cm的沟，然后将分好的小种茎按株距7 cm排于沟底中间，排完后再在相隔25 cm的地方开第2条沟，开第2条沟时挖出的细土覆盖在第1行小种茎上，以此类推。盖土厚度不超过5 cm。每4行为1带，带与带之间留30 cm的人行步道，以便田间管理和通风透气。按这种方法每公顷可以栽植439 500株。

（4）搭架。当地上茎长到10～20 cm时就要搭架，方法是用1.5m左右的小山竹或细树枝做架竿，在带内每两行中间插一行架竿，架竿间距40 cm左右，每一带插两行架竿，相邻4～6根架竿绑成一棚，依次绑完。其他管理方法及种子采挖、保管与培育小种茎方法相同。

5.3.2 常规栽培技术

5.3.2.1 选地整地

栽培地以土壤疏松、海拔700~800 m的山坡为好。头年10月深翻清地，第二年2月开始整地，然后按1.2 m宽分厢，厢与厢之间开宽30 cm、深25 cm的沟。

5.3.2.2 根茎种植

盾叶薯蓣根茎上的芽眼在一般栽培条件下不做任何处理，可以任意分切，晾干切口后栽种，均能形成不定芽。栽种时，每厢开两条播种沟，沟内施足人畜粪作为底肥，将种茎按株距10 cm排于沟底中间，覆土厚10~15 cm，耙平表面即可。另外，切块大小对不定芽的生长影响较大。若切块较大，可长不定芽1~3个，且长出的藤茎健壮，便于管理，切块过小（小于1 g），虽能长出藤茎，但细弱，苗期难于管理，只可以作为扩大繁殖的材料。

5.3.2.3 锄草和间苗

当苗长到2 cm左右时，应小心锄草一次。酌情间苗，即将叶片小、藤茎细的苗拔除。以后再根据植株生长状况及时锄草，一般在4~8月每月各锄草一次。

5.3.2.4 插杆搭架

当盾叶薯蓣藤茎长到10 cm时，在每一株藤茎附近立一木杆。木杆要求坚硬，不易折断，高1.8 m以上，直径2 cm左右。在木杆上端的1/4处每4根捆绑在一起，以增加稳固性。木杆插好后，让藤茎按照它本身缠绕的方向缠到木杆上，使其沿着木杆向上爬，以增加受光面积。

5.3.2.5 施 肥

4~5月浅锄草后，重施一次追肥，以人畜粪水为宜，每亩用2000 kg以上。此次追肥可以大幅度提高产量。如果藤茎封畦不严密，也可再施一次追肥。

5.3.2.6 排水和通风

在藤茎茂盛生长时，注意保持土壤湿润，但又不能滞水，否则易烂根。当藤茎过长过多时，可割去一部分，以利通风透光，促进地下部分生长。若不留籽，在开花前将花序摘除，可提高地下部分产量。

5.3.3 病虫草害防治

近年来，盾叶薯蓣栽培面积逐年扩大。但病、虫、草害严重影响植株生长发育，以致其枯萎死亡，对盾叶薯蓣的生产栽培构成严重威胁。

5.3.3.1 病虫草害种类

1）病　害

（1）白绢病

①病原。白绢病原菌（*Sclerotium rolfsii* Sace）为半知菌亚门真菌，无孢群，小菌核属，其有性世代为 *Pelliculariarolfsii*（Sacc），菌丝白色，密绒毛状，在基物表面形成菌丝束。很多菌丝聚集成紧密的球形菌核。菌核初为白色，后变淡褐色，最后成深褐色，大小如油菜籽，不和菌丝相连，直径 1～2 mm。

②主要症状。该病在盾叶薯蓣成株期发生，起初侵染藤蔓基部，后期主要侵染根状茎，受害部位变褐色，软腐，整株叶片变黄，病部有波纹状病斑，表面覆盖一层白色绢丝状菌丝，直至植株中下部全被覆盖，待营养被全部消耗掉后，受害部位呈纤维状，整株枯死。土壤湿润时，病株周围地表也布满一层白色菌丝体，在菌丝体当中形成大小如油菜籽的近圆形菌核。受害的根状茎根毛全部脱落，呈水渍状开始腐烂。

③侵染循环。病菌以菌核或菌丝体在土壤中及病残体中越冬，一般菌核均分布在 3～7 cm的土层中越冬。春季气温回升，菌核及菌丝萌发的芽管从盾叶薯蓣根茎部的表皮直接侵入，或从伤口侵入，使病部组织腐烂。病菌主要借土壤、流水、昆虫等传播，种子也能带菌传播。

④发病原因。白绢病大发生主要是种源带菌、土壤带菌、气候适宜和忽视防治等原因引起的。田间湿度95% 左右，平均温度在14～22 ℃之间，是菌丝体萌发、生长和侵染的有利气候条件。而农户随挖随种的自留种，未经消毒处理直接种植，则是种源带菌。实行连作，在历年发病区域种植盾叶薯蓣，土壤菌源层积较多，遇到适宜气候条件便导致该病大发生，为害加重。

（2）盾叶薯蓣灰霉病

①病原。该菌无性世代是葡萄孢属灰葡萄孢菌（*B. cinerea Pers. ex Fr.*），有性时期为富氏葡萄孢菌（*Botryotinia fuckeriana*）。

②症状。该病在 4～6 月和 9 月下旬至 10 月雨季发生、流行，为害盾叶薯蓣叶片、叶柄和藤蔓。叶片受害一般从叶尖或叶缘开始发病，病斑初呈暗绿色至暗黑色水渍状块状斑，逐渐扩展至全叶。发病过程中如遇天气转晴，病斑逐渐停止扩展，中间呈棕褐色，边缘深褐色斑。发病期间若时雨时晴，则形成薄纸状色和褐色相间的轮纹斑。叶柄受害则变黑软腐，整叶下垂脱落。茎尖受害变黑软腐、干枯。藤蔓受害出现黑色条斑，病斑环绕藤蔓扩展，上部枯萎。湿度高时在病部产生灰褐色棉毛状霉层。

③侵染循环。灰葡萄孢菌（*B. cinerea*）以菌核越冬，春季菌核上形成分生孢子侵染寄主。由于盾叶薯蓣灰霉病在 4 月开始发生前，田间已有许多植物发生了灰霉病，因此，田间其他植物的病株也是盾叶薯蓣灰霉病重要的侵染源。该菌可直接从盾叶薯蓣表皮或伤口侵入，造成为害。该菌生长温度为 0～30 ℃，35 ℃以上不能生长，最适生长温度为 10～25 ℃。灰霉病发生需要高湿环境，在春季、夏初和秋末多雨时，要做好该病的防治工作。

（3）盾叶薯蓣茎腐病

①病原。病原菌是尖孢镰孢菌（*Fusarium oxysporum* Schlecht）。大型分生孢子多产生在白色短瓶梗上。大型分生孢子纺锤形、镰刀形，具有逐渐窄细、稍尖的顶细胞，基部有呈椭圆

状弯曲的脚胞，孢壁薄，在苗丛中形成的子座上大量产生。子座直径1~4 mm，高2~3 mm，底部平，褐色，上部馒头状，污白至淡褐色。小型分生孢子多产自较长、菌丝状、偶有分隔的产孢梗上。小型分生孢子容易产生，数目很多，多生于气生菌丝中，假头状着生，长矩圆形或卵圆形，无色，0~1隔。厚垣孢子顶生或间生，单生或两个相连，偶有簇生或串生。单细胞或双细胞，壁光滑，圆形或矩圆形，直径5~17 μm（平均11.7 μm）。菌丝初期为白色，后期呈浅灰色。菌丝无集结成绳状的趋势，有隔，分枝，透明，直径2~5 μm（平均3.5 μm）。菌落棉絮状，菌丛高4~6 mm，白色，无黏孢子，能形成直径0.5~0.6 mm的白色菌核。

②症状。发病初期在茎基出现红褐色条斑，继而病斑扩大，病部腐烂，当病斑环割寄主茎部一周，就导致幼芽或植株失水萎蔫，最后枯死。在湿度较高时，病部上常可见大量白色霉层。

③侵染循环。以菌核越冬，春季菌核上形成分生孢子侵染寄主。该菌生长适宜温度为22~28 ℃，相对湿度为90%。以伤口为主要的侵入途径。因此，防治地下害虫，以减少有利于病菌侵入的伤口的形成对该病的防治十分重要。

（4）盾叶薯蓣枯萎病

①病原。该病原菌为镰刀菌（*Fusarium* sp.），属半知菌亚门真菌。有镰刀形和卵圆形两种大小分生孢子。

②田间症状。盾叶薯蓣枯萎病主要为害薯蓣根状茎幼芽及薯蔓基部。出土以前侵害，可致幼芽变褐腐烂，出苗后主要为害薯蔓茎基部。病菌侵入后，在茎基部出现不规则的铁锈色褐点和条斑，稍内陷，以后病斑扩展环绕整个茎基部，湿度大时，扒开土壤在病部和土中可见白色棉絮状物，即为病菌的菌丝体和分生孢子；后期薯蔓茎基部维管束腐烂，表皮完整，内部中空，呈枯黄色，地上部出现萎蔫，叶片逐渐由下而上变紫、发黄、脱落至全株变黑枯死。也有部分发病较轻和感染较迟的植株，生长衰弱，叶小蔓细，分枝增多，节间缩短，出现矮化现象。

③侵染途径。病菌以菌丝体潜伏在病薯及病残体上越冬，也能以菌丝体及厚垣孢子在土壤内越冬。带病薯块和病土是苗期发病的重要来源。人工接种表明，病菌能从伤口侵入，也可直接侵入生长不良的植株幼茎。

④影响发病的因素。此病的发生、发展受温度、湿度制约颇为突出。病菌以菌丝和厚垣孢子在病薯内或附着在土中病残体上越冬，成为翌年初侵染源。该菌在土壤中可存活0.5~3年，病菌多从伤口侵入，也可直接侵入生长不良的植株幼茎内，在导管中产生分生孢子，向上扩展到茎、枝、叶柄，造成叶片或叶脉变色、组织坏死、植株萎蔫。病薯、病苗能进行远距离传播，近距离传播主要靠流水和农具。地温20 ℃左右开始出现症状，25~28 ℃出现发病高峰，高温和干旱有利于病害的发生。土壤含水量过低或过高都有利于镰刀菌枯萎综合征严重发生，干旱后长期高温或枯草层温度过高时发病尤其严重。进入秋季，地温降至25 ℃左右时，又会出现第2次发病高峰。另外，在春季或夏季过多施用氮肥，也有利于镰刀菌的发生；pH高于7.0或低于5.0也有利于根腐病的发生。盾叶薯蓣栽植在黏性较重的土壤中比在沙性土壤中的发病严重，连作会加重此病的发生。

（5）盾叶薯蓣炭疽病

①病原。属半知菌亚门黑盘孢目黑盘孢科。分生孢子呈长筒形，两端钝圆，无色，单胞，

两端各含有一个油球。

②症状。炭疽病主要为害盾叶薯蓣叶片，一般先自叶尖或叶缘出现病斑，初为水渍状褐色小斑，后向下、向内扩展成椭圆形或梭形、不定形褐斑，斑面云纹明显或不明显，数个病斑连接成斑块，叶片变褐干枯。

③侵染循环。该病病菌以菌丝和分生孢子在病茎或遗落土中的病残体上越冬。翌年盾叶薯蓣出苗后，侵害幼苗茎蔓及叶片。病菌在病斑上产生分生孢子，借风、雨传播，再次侵染植株。病菌发育适宜温度 20 ~ 30 ℃。气温偏高、多雨天气是该病发生的主要因素；干旱少雨，病菌受到抑制，发病轻。

④影响发病的因素。温度高，相对湿度大，进入 7、8 月份为发病高峰期。连作比轮作发病严重。田间管理粗放，棚架过矮，通风透光不良，沟厢不配套，田间排水不畅，土壤湿度过大，以及施肥不当等都会导致发病明显偏重。

(6) 盾叶薯蓣斑点病

①病原。该病原菌为薯蓣叶点霉（*Phy Uosticta dioscoreae* Cooke）。分生孢子器球形，黑褐色、有孔口，散生于寄生组织内，成熟后仅孔口外露，形成球形，黑色小凸起。分生孢子梗短如胞壁的突起，无色。分生孢子长椭圆形，单胞无色。

②症状。该病原菌主要为害盾叶薯蓣叶片。最初在叶的正面出现黄褐色的小斑点，周围有较明显的褪绿晕圈，随后病斑向叶片周围扩展，后期在叶片上形成圆形或椭圆形的病斑，直径 1.5 ~ 3 mm，灰褐色，上密生许多小黑点，稍凸起，病健组织交界明显。发病严重时，部分叶片甚至整个叶片呈黑褐色，造成叶片枯焦，提前落叶，导致植株枯死。

(7) 盾叶薯蓣矮花叶病毒病

①病原。该病毒为盾叶薯蓣矮花叶病毒（*Dioscorea zingiberensis* dwarfmosaic virus），是马铃薯 Y 病毒科的一个成员。病毒粒子为线形，大小为（700 ~ 900）nm × 13 nm。

②症状。在春季出苗展叶时开始显现，初时叶上出现褪绿斑、明脉，随后绿色斑块隆起，叶片斑驳花叶，凸凹卷曲畸形，病叶明显小于健康叶，重病株叶上出现褐色坏死斑或网状纹。植株严重矮化，根状茎变小，果穗和蒴果畸形。

2) 虫　害

(1) 白斑弄蝶莫氏亚种

白斑弄蝶莫氏亚种又名薯蓣黑弄蝶，属鳞翅目弄蝶科，在我国南北各省均有分布，以幼虫吐丝卷叶结巢取食为害植株，重者将盾叶薯蓣整株叶片吃光，仅留叶脉和薯藤，严重威胁盾叶薯蓣的生长及产量。

①形态特征。成虫：体长 12 ~ 15 mm，翅展 36 ~ 38 mm。体背及翅面黑色，斑纹和缘毛白色。前翅中部由大小不等、形态各异的 5 个白斑组成近弧形横带，最前 1 个斑圆形，最小；第二个位于中室端，最大；第 3 个较小，明显外离；第 4、5 两个向内斜列。顶角内侧有 5 个小白斑，第 3 个向外斜列，较大，后 2 个向内斜列，明显小。后翅中部具 1 条边缘不整齐的白色宽横带，其边缘波状，白色中带与端半部黑褐色，宽缘带间嵌有一横列黑褐色斑，十分清晰。前后翅反面暗褐色，斑纹与翅正面相似。但后翅基部白色，具黑褐色斑。卵顶面观圆形、侧面观鼓形，直径 1 mm，淡黄色。幼虫：初孵幼虫体淡黄色，取食后为青绿色。老熟幼虫体长 22 mm，青绿色，头红褐色，背浅绿色，腹面淡灰白色，体密布细小短毛，气门灰白

色。蛹体长15～17 mm。黄褐色，上颚前端红褐色，复眼黑色，单眼黑褐色，中胸背板前端有一对近三角形白色斑点，中后端有倒“品”字形白色小斑点。

②生活习性。成虫：成虫羽化时间多在9～15时，占羽化总数的85%，夜间不羽化。成虫羽化率平均为75%，羽化期温度若低于12 ℃时不羽化。成虫羽化后即交尾，多在9～15时，雌成虫只交尾一次，雄成虫可多次。8时后成虫多在盾叶薯蓣处飞翔，寻找配偶或产卵，一般在温度16 ℃以上无风天气更为活跃。成虫寿命1～8 d，平均4 d。雌成虫交尾后即可产卵，时间多在9～14时，产卵时用足贴住薯叶，产卵器在叶面上来回移动刺破表皮，将卵产于其内，产卵部位叶片发黄并隆起。卵散产，每片叶产卵1粒，少数2～4粒。雌雄性比近1∶1。卵期：卵孵化前卵壳亮，呈透明状，并略有膨胀。孵化多在清晨，幼虫先将卵的顶端咬破后，虫体爬出。卵期5～12 d，平均7.5 d，孵化率100%。幼虫期：幼虫孵化后一般在薯叶中栖息不动，经1～2 h后开始取食叶片表皮和叶肉，1～2龄幼虫仅将叶片边缘处咬成铁褐色斑点和缺刻状，达叶面宽度的1/3～1/2。3～4龄后食量增加，取食整株叶片，仅留下叶柄。当食料不足时，吐丝随风飘迁它处，另卷叶取食。如前期防治不及时，常在短期内将薯叶全部吃光。脱皮幼虫5龄，脱皮前数小时停止取食，排空体内粪便，脱皮持续0.5～2 d。初孵幼虫爬行较慢，3龄后较快，幼虫在叶面较少活动，仅在转移取食时飘迁。蛹期：老熟幼虫在薯叶原加害处叶内栖息化蛹，初化蛹体幼嫩，个体肥大，预蛹期2～3 d，蛹期5～10 d，平均7.5 d（越冬代除外）。

（2）蚜虫

蚜虫属同翅目蚜虫科，是植物叶片上的一种常见的重要害虫。在南方一年发生10多代，世代重叠，能进行孤殖生殖和卵胎生，在薯蓣上发生普遍，特别是在人工栽培的薯蓣叶片上发生严重。其为害主要是以成虫和若虫吸食植株汁液，群集为害嫩梢及叶片，造成叶片呈灰暗、黄色，叶面常出现白点，心叶卷缩，生长势变弱。

（3）红蜘蛛

红蜘蛛属蛛形纲（Crustacea）蜱螨目（Acarina）叶螨科（Tetranychidae）叶螨属（*Tetranychus*），在南方一年发生17代左右，世代重叠，能进行孤殖生殖和两性生殖，在薯蓣上发生普遍，特别是在人工栽培的薯蓣叶片上发生严重。其为害主要是以成虫和若虫吸食植株汁液，导致落叶，严重影响植株的发育，造成落花落果，甚至死亡，致使其产量和品质明显降低。

（4）蛴螬

蛴螬属鞘翅目鳃叶金龟科，是一种常见的地下害虫。成虫为金龟子，一般把它的幼虫称为蛴螬。在薯蓣上发生普遍，特别是在人工栽培的薯蓣上发生严重。其为害主要是以幼虫在地下咬食根茎，造成整株死亡。

（5）小地老虎

小地老虎属鳞翅目夜蛾科，是一种常见的地下害虫，老百姓一般称之为“地蚕”。在薯蓣上发生普遍，特别是在人工栽培的薯蓣上发生严重。其为害主要是以幼虫在地下咬食根茎，造成整株死亡。严重时可导致毁种，绝收。

3）草 害

由于盾叶薯蓣是一种弱质性草本植物，生长期长，生长期间又难以实施中耕除草，加之气候温暖、湿润，所以草害问题十分严重，是盾叶薯蓣原材料基地建设中一项迫切需要解决的技术问题。

在盾叶薯蓣栽培中，杂草的种类随季节变化而变化。

春季杂草主要种类：看麦娘、早熟禾、猪殃殃、婆婆纳、直立婆婆纳、簇生卷耳、青蒿、荠菜、天胡荽，其中以看麦娘、猪殃殃、婆婆纳为优势种。

夏季杂草主要种类：马唐、长花马唐、止血马庙、牛筋草、狗尾草、葶草、碎米莎草、香附子、刺苋、反枝苋、凹头苋、铁苋菜、空心莲子草、旱莲草、地锦、粟米草、辣蓼、田旋花、半夏，其中以马唐、碎米莎草为优势种。

秋冬季杂草的主要种类：飞蓬、小飞蓬、黄鹌菜、飞廉、猪殃殃、梨头草、看麦娘等，以小飞蓬为优势种。

5.3.3.2 病虫草害综合防治

（1）选用抗性强的优良品种。对大面积人工栽培的盾叶薯蓣，应选育抗病虫优良品种。海拔1600 m以下的地区主推1号（L）盾叶薯蓣，搭配2号（y）小花盾叶薯蓣和1号叉蕊薯蓣。海拔1600~2000 m的地区主栽1号叉蕊薯蓣和2号小花盾叶薯蓣，搭配3号（b）小花盾叶薯蓣。海拔2000 m左右的地区主栽1号叉蕊薯蓣。在自然条件下，选择感染病虫少的植株，作为抗病虫的品种。

（2）改善栽培条件。盾叶薯蓣喜温、怕涝，根茎膨大，需良好的土壤环境。栽培应具备的立地条件是向阳、排水通畅、高亢的台地、缓坡地和梯田，疏松较肥沃的轻质壤土，土壤pH 6.5~8.0。

（3）改变耕作制度。实行轮作，最好与水稻、玉米、小麦轮作，不要与十字花科植物轮作。这样可以在很大程度上减少初始菌源。

（4）精选种茎。播前选择粗壮、均匀、芽苞健壮、须根多的一年生根茎作为种茎，每个种茎有2个左右芽头。芽头多的种茎可切成带有2个左右芽头的小段，切好后的种茎需摊开放置1~2 d，伤口愈合后播种或用草木灰或生石灰涂抹断口消毒后播种。

（5）合理密植。以亩播1万个左右的种茎，每亩有2万个左右健壮芽头为宜。并根据栽培采收年限和不同品种适当调整。盾叶薯蓣和小花盾叶薯蓣以亩播1.0万~1.2万个种茎比较稳妥经济，叉蕊薯蓣以亩播0.8万~1.0万个种茎比较经济。其经验播量一般是盾叶薯蓣亩播140~160 kg，2号小花盾叶薯蓣亩播200 kg左右，3号小花盾叶薯蓣亩播250 kg左右，叉蕊薯蓣亩播450~550 kg。

（6）适期春播。盾叶薯蓣、小花盾叶薯蓣休眠期多为1~3月份，萌发出苗多为4月份，5月下旬才进入快速出苗阶段，特别是小花盾叶薯蓣6月下旬才达快速出苗阶段。因此春播不宜过早，一般以冬春早熟作物收获后于3月下旬至4月播种，以提高土地、光、热资源利用率，提高单位面积周年产量产值。

（7）药剂防治。对于叶片病害，在发病初期适当摘除下部叶片，带出田外。同时也可以用1∶1∶120的波尔多液、50%多菌灵可湿性粉剂800倍或65%代森锌可湿性粉剂500倍液喷洒，每7~10 d喷一次，连续2~3次。对于根茎病害，应注意排水，在发病初期，可以用50%退菌特可湿性粉剂800倍液灌根。发病较重，则应挖出根茎，带出田外，同时在窝内撒上石灰。对于地上虫害，可以在发生初期用40% 乐果乳油1000 倍液喷杀；而对于地下害虫，则可用40% 辛硫磷乳油800 mL/亩兑水1000 倍液灌根。同时积极开展生物防治和引进微生物治虫，限制使用农药，为害虫的天敌营造良好的生态环境，保护天敌。

（8）草害的化控技术。①播后土壤处理。播后每亩用都阿合剂或33% 除草通浮油100 ~150 mL，兑水50 kg均匀喷洒于土壤表面，可控草10 个月以上，对盾叶薯蓣安全。②苗前杂草的化控。关键是掌握在盾叶薯蓣出苗前施药。每亩用41% 的农达水剂或20% 克芜踪水剂100 mL加禾耐斯60 mL兑水50 kg喷雾，该配方除草效果理想，并可抑制部分杂草种子的萌发。③生长期间杂草的化控。此期只宜选用选择性除草剂，每亩用12. 5% 高效盖草能浮剂或5% 威霸水剂50 mL兑水30 kg进行茎叶处理。可以有效防除禾本科杂草，如马唐、狗尾草、莠狗尾草、看麦娘、早熟禾、茼草等。此期发生的阔叶杂草和莎草科杂草只能人工拔除。

总之，对于盾叶薯蓣病虫草害的防治，应从生态角度出发，结合农业技术，采取综合防治措施。尽量营造一个有利于盾叶薯蓣生长发育，而不利于病虫害发生的环境，以达到既可保证盾叶薯蓣高产优质，又可较长时间控制病虫害的目的。

5. 4 采收与初加工

盾叶薯蓣收获、储藏比较简单。栽种3 ~4 年后，在秋冬季节，当地上部分枯死时，采挖根茎。块小的可以留作繁殖材料，块大质好的洗净泥土，晒干，即可出售。

5. 5 盾叶薯蓣的化学成分及药理作用

5.5.1 化学成分

盾叶薯蓣的根状茎含1. 1% ~16. 15% 的薯蓣皂苷元、45% 左右的淀粉、40% 的纤维素以及一些水溶性苷类、生物碱类、黄酮苷类、强心苷类、单宁、色素等化学成分。

刘承来等用薄层层析法（不同展开剂）、纸层析法对盾叶薯蓣进行了分离提取，结果在根状茎中分离出两种水不溶性三糖皂苷和两种水溶性四糖皂苷，用乙酰化、酸水解、酶解、克分子旋光差计算以及红外光谱、质谱、氢谱、碳谱等方法进行分析鉴定，分别为①表－拔葜皂苷元（epismilagenin）；②延龄草次苷（trillin），结构为3 －*O*－（β－D－葡萄吡喃糖）薯蓣皂苷元［3 －*O*－（β－D－glucopyromosyl）－diosgenin］；③薯蓣皂苷元－双葡萄糖苷（diosgenin－diglucoside），结构为3 －0－［β－D－葡萄吡喃糖（1→4）－β－D－葡萄吡喃糖］－薯蓣皂苷元｛3 －*O*－［β－D－glucopyranosyl（1→4）－β－D－glucopyranosyl］－diosgenin｝；④纤细皂苷（gracillin），结构为3 －*O*－｛β－D－葡萄吡喃糖（1→3）－［α－L－鼠李吡喃糖（1→2）］－β－D－葡萄吡喃糖｝－薯蓣皂苷元（3 －*O*－｛β－D－glucopyranosyl（1→3）－［α－L－rhamnopynosyl（1→2）］－β－D－glucopyranosyl｝－

diosgenin）4个甾体化合物，据其化学结构推测为次级皂苷。为了研究盾叶薯蓣的原始皂苷，探索其活性，1985年他们又对鲜根茎的甲醇提取物用干柱法分离，得到⑤薯蓣皂苷元棕榈酸酯（diosgenin palmitate）、⑥β－谷甾醇（β－sitosterol）、⑦纤细皂苷（gracillin）、⑧原纤细皂苷（protogracillin）和⑨原盾叶皂苷（protozingiberensissaponin）5种甾体类物质，其中原盾叶皂苷为一新发现的化合物，鉴定2种原皂苷的结构分别为⑦3－*O*－｛β－D－葡萄吡喃糖（1→3）－［α－L－鼠李吡喃糖（1→2）］－β－D－葡萄吡喃糖｝－26－*O*－｛β－D－葡萄吡喃糖｝－薯蓣皂苷元与⑧3－*O*－｛α－L－鼠李吡喃糖（1→3）－［β－D－葡萄吡喃糖（1→2）］－β－D－葡萄吡喃糖｝－26－*O*－｛β－D－葡萄吡喃｝－薯蓣皂苷元｛3－*O*－｛α－L－rhamnopynosyl（1→3）－［β－D－glucopyranosyl（1→2）］－D－β－glucopyranosyl｝－26－*O*－｛β－D－glucopyranosyl｝－diosgenin｝。唐世蓉等从盾叶薯蓣根中分离得2种水不溶性三糖皂苷（A和B）以及2种水溶性四糖皂苷（C和D）。⑨A为新皂苷，暂定名盾叶皂苷A（zingiberenin A），结构为薯蓣皂苷元－3－*O*－［β－D－葡萄吡喃糖（1→2）］－*O*－［α－L－鼠李吡喃糖（1→3）］－*O*－β－D－葡萄吡喃糖苷、⑩B为纤细皂苷异构物、⑪C为原盾叶皂苷A（protozingiberenin A）、⑫D为原盾叶皂苷B（protozingiberenin B）。唐世蓉、姜志东用盾叶薯蓣地上部分经提取、脱色、硅胶柱层析及反向柱层析分离得到盾叶皂苷A1、A2、A3（zingiberoside A1，A2，A3）和叉蕊皂苷Ⅳ4种主要含雅姆皂苷元的皂苷，前三种为新化合物，分别为⑬雅姆皂苷元－3－*O*－［α－L－鼠李吡喃糖（1→2）］－β－D－葡萄吡喃糖苷、⑭羟基雅姆皂苷元－3－*O*－［α－L－鼠李吡喃糖（1→2）］－β－D－葡萄吡喃糖苷、⑮雅姆皂苷元－3－*O*－｛α－L－鼠李吡喃糖（1→2）－［β－D－葡萄吡喃糖（1→4）］｝－β－D－葡萄吡喃糖苷，其中盾叶皂苷A2的苷元为一新甾体皂苷元，命名为盾叶皂苷元（zingiberogenin）。第四种为⑯雅姆皂苷元－3－*O*－｛α－L－鼠李吡喃糖（1→2）－［β－D－葡萄吡喃糖（1→3）］｝－β－D－葡萄吡喃糖苷。这与地下部分主要含有薯蓣皂苷元的情况不同。

5.5.2 盾叶薯蓣的药理作用

5.5.2.1 溶血作用

薯蓣皂苷属于甾体皂苷，甾体皂苷水溶液与血液接触后会不同程度地破坏红细胞，产生溶血现象，因此皂苷及含有皂苷的生药不能用于静脉注射。甾体皂苷的溶血作用较弱，薯蓣皂苷的溶血指数为1∶400 000。但F环开裂的皂苷往往不具有溶血作用，而且表面活性降低。

5.5.2.2 抗衰老作用

林刚等比较了山药和盾叶薯蓣对家蚕寿命及小鼠LPO、LF的影响，研究证明适当剂量的山药稀醇提取物和盾叶薯蓣皂苷可明显降低老龄小鼠血浆LPO和肝脏LF的含量。因为目前对自由基与衰老之间的关系的研究常以机体老化的代谢产物——血浆LPO和组织LF的含量作为衰老的指标，试验结果表明山药及盾叶薯蓣具有一定的抗衰老作用。

5.5.2.3 抗肿瘤作用

蔡晶等通过对体外培养的人宫颈癌细胞应用薯蓣皂苷，发现它能显著抑制 Hela 细胞的生长，而且将 Hela 细胞的生长抑制在 S 期，参与了细胞的周期调控。王丽娟等研究证明薯蓣皂苷元在 200，100，50 mg/kg ig 或 100，50，25 mg/kg ig 对三种小鼠移植肿瘤肉瘤 - 180（S - 180）、肝癌腹水型（HepA）、小鼠宫颈癌 - 14（U14）均有明显的抑制作用，其抑瘤率为 30% ~50%。而在离体条件下，薯蓣皂苷元浓度在 0.1 ~ 100 μg/mL 时，对小鼠肺上皮癌细胞（L129）、人宫颈癌细胞（Hela）、人乳腺癌细胞（MCF）3 种肿瘤细胞具有明显的抑制作用，在浓度为 100 μg/mL 时，肿瘤生长抑制率分别达到 85.4%、98.7% 和 83.2%。霍锐等通过实验发现在离体条件下薯蓣皂苷元诱导人黑素瘤细胞 A375 - S2 凋亡和周期阻滞在 G_0/G_1 期，并且 p38 MAPK 抑制剂 SB203580 可部分抑制细胞凋亡，抑制作用在 5 μmol/L 最强，当浓度升高时，抑制作用降低甚至消失。Moalic 等研究发现，薯蓣皂苷元能抑制人骨肉瘤 1547 细胞系的生长，使细胞分裂周期停止在 G_1 期，诱导细胞凋亡。

5.5.2.4 杀灭钉螺的作用

刘汉成等进行盾叶薯蓣杀湖北钉螺卵的实验研究，采用药液浸泡法对不同发育阶段的螺卵细胞进行孵化阻滞实验。结果表明，10 mg/L 药液浸泡 48 h 对 1 d 和 5 d 卵龄螺卵具有良好的杀灭作用，杀灭 1 d 卵龄螺卵的有效率可达 80%，其 LD_{50} 为 10.28 mg/L（斜率 b = 1.9767）。杀灭 20 d 卵龄螺卵的有效率 <5%；测定的生物效应与螺卵的卵龄呈负相关。糜留西等应用盾叶薯蓣植物根粉进行小规模的现场灭螺试验，结果表明，浸杀和喷洒分别采用 100 g/m^3 和 50 g/m^3 的药浓度，施药后 7 d 活螺平均密度下降率均在 90% 以上，且有效地抑制了钉螺上爬。崔天义等发现盾叶薯蓣根茎具有显著的灭螺活性，而且该植物根茎正丁醇提取物在浓度为 30 mg/L 时，浸泡钉螺 48 h，100% 死亡，且被浸泡钉螺不伸厣、不上爬。

5.5.2.5 防治心血管疾病的作用

（1）薯蓣皂苷元。血小板聚集和血栓形成是缺血性心脑损伤的重要原因。实验证实薯蓣皂苷元和黄山药总皂苷在体外均有明显的抗血小板聚集活性，薯蓣皂苷元的加入量只有黄山药总皂苷的 1/8 时仍有与黄山药总皂苷相同的抗血小板聚集作用，薯蓣皂苷元的抑制率高于黄山药总皂苷。

在降血脂方面，马海英等实验证明，给大鼠灌胃薯蓣皂苷元和黄山药总皂苷，均能明显降低血中胆固醇含量，而薯蓣皂苷元的绝对剂量仅为黄山药总皂苷的 1/2，说明薯蓣皂苷元的抗高胆固醇血症的作用优于黄山药总皂苷。薯蓣皂苷元预防和治疗高胆固醇血症的作用机制为：薯蓣皂苷元的极性和空间结构与胆固醇极为相似，因此在肠道中可以同胆固醇一样在胆汁酸作用下分散成薯蓣皂苷元胶粒，直接被肠黏膜吸收。但薯蓣皂苷元与胆固醇同时存在时，薯蓣皂苷元竞争性与胆汁酸作用，从而抑制胆固醇的吸收。临床证明，薯蓣皂苷片具有调节脂质代谢，改善血液流变学作用，明显降低血清总胆固醇、甘油三酯、低密度脂蛋白和氧化修饰低密度脂蛋白含量，降低高、低切变率下的全血黏度以及血浆黏度，因此可以减轻动脉壁脂质浸润及斑块形成，从而防治动脉粥样硬化。

（2）甾体皂苷。地奥心血康胶囊就是从黄山药（*Dioscorea panthaica Prain et Buckill*）植物中提取的甾体皂苷精制而成的纯中药制剂。经药效学实验证明，该药治疗冠心病的有效部分是8种甾体皂苷，含量在90%以上，其中3种呋甾皂苷含量较高，另外5种为薯蓣皂苷元的衍生苷。地奥心血康对冠心病心绞痛发作疗效显著，经713例临床观察6个月，总有效率为91.0%，心电图改善总有效率为53.5%。同时还发现，地奥心血康胶囊对血脂的作用和对二磷腺苷（ADP）与肾上腺素诱导的血小板聚集功能的影响。其中血胆固醇含量由治疗前（6.8±1.1）mmol/L降至治疗后（6.3±1.1）mmol/L，血甘油三酯含量由治疗前（2.4±0.8）mmol/L降至治疗后（1.9±0.7）mmol/L；ADP使聚集率由治前（68±15)%降至治疗后（60±15)%，肾上腺素使聚集率由治疗前（73±15)%降至治疗后（64±12)%，经t检验分析，差别均有非常显著的意义（$P<0.01$）。另外，地奥心血康胶囊还有减少心肌耗氧量、增加冠状动脉血流量，改善末梢微循环等作用，对减轻心肌损伤、保护心脏有明显效果。盾叶冠心宁为盾叶薯蓣根茎水溶性皂苷制剂，临床治疗冠心病、心绞痛效果较好，现已投入生产。

5.5.2.6 其他作用

薯蓣皂苷广泛存在于薯蓣属植物中，它本身有保护肝脏、治疗骨质疏松、抗糖尿病和消炎等功能。朱广慧等通过试验发现薯蓣皂苷元对油菜生长具有一定的促进作用，得出结论薯蓣皂苷元可能具有与甾体激素相似的作用。江洪等通过抑菌活性测定试验发现，从盾叶薯蓣中分离出的甾体皂苷对大多数植物病原真菌有广谱高效的抑制作用，而其根茎的粗提物抑菌效果最好，说明该粗提物中含有其他有待进一步分离提纯的活性很高的皂苷成分。

5.6 盾叶薯蓣的开发利用

5.6.1 作为工业原料

薯蓣皂苷元是薯蓣属植物中薯蓣皂苷的配基，甾体激素生产60%的原料为薯蓣皂苷元。目前发现含薯蓣皂苷元的薯蓣属植物多达138种，其中有利用价值的不到10%。当前，工业上甾体激素生产原料主要来源于穿龙薯蓣、黄山药和盾叶薯蓣等，其中，以盾叶薯蓣的薯蓣皂苷元含量最高，平均为2.15%以上。从其根状茎中提取的最初产品为皂苷元，以皂苷元为原料可以合成双烯醇酮醋酸酯、黄体酮、去氢表雄酮、醋酸黄体酮、强的松、可的松系列以及催产素等中间体或药物数千种。其皂素是生产治疗心脑血管疾病的药物和多糖症类药品的重要原料。生物界称其为“生命的钥匙”，医药界称其为“药物黄金，激素之母”。

薯蓣皂苷元是薯蓣属植物中薯蓣皂苷的配基，为异螺旋甾烷的衍生物，主要以薯蓣皂苷的形式与纤维素结合，存在于细胞壁中，即在C_3位通过皂苷键与糖链相连进而与植物细胞壁紧密连接。盾叶薯蓣皂苷元的结构特征和它在植物体内的存在形式，决定了提取它的步骤：首先必须使薯蓣皂苷元与植物细胞壁分开，再断开薯蓣皂苷元与糖连接的苷键，使薯蓣皂苷元游离出来，利用它的亲脂性，用丙酮或石油醚把它提取出来。主要提取方法有如下几种。

（1）酸水解法。酸水解是使苷键断裂生成苷元和糖。传统的提取薯蓣皂苷元的方法是采用 Rothrock 法，即直接将盾叶薯蓣根茎用硫酸水解成苷元，然后用有机溶剂提取薯蓣皂苷元。郭文松等报道，用盐酸作为水解酸比硫酸好，工艺简单，效果差异不大，同时以盐酸为水解液时，加压法比常压法水解苷元收率高；缺点是盐酸对不锈钢设备有严重腐蚀。薯蓣皂苷元在植物体内存在形式的复杂性，使直接酸水解法仅能提取 1/4 的皂苷元，且此法费时很多，薯蓣皂苷元收率较低，由于使用溶剂汽油，易发生危险；另外，盾叶薯蓣中的淀粉和纤维素等其他成分也在酸水解过程中被破坏而不能利用，因此该工艺不够理想。

（2）发酵法。一般认为预发酵法可提高薯蓣皂苷元的收率。预发酵法有自然发酵法、酶解法、微生物发酵法。王元兰报道用蒸馏水浸泡药材干粉，置于 39 ℃的恒温箱中发酵。并筛选出提取条件，即：发酵 48 h，水解 4 h，抽提物 pH 7，回流速度 25 min/次，皂苷元的提取率达到最佳值，为 3. 358% 。另有报道，在发酵过程中加入果胶酶、苦杏仁酶和植物生长激素 2，4，5－三氯苯氧乙酸、吲哚－3－乙酸，均可提高产率。还有用黑曲霉菌株对盾叶薯蓣发酵也可提高产率。这样的工艺既提高了皂苷收率，反应条件也比较温和，保持了有效成分的本来理化性质。但自然发酵法影响因素较多，产品质量不稳定。

从盾叶薯蓣中首先分离出植物纤维和淀粉，剩余部分再经自然发酵提取薯蓣皂苷元。该法比不分离出植物纤维和淀粉而直接进行自然发酵的常规方法能将薯蓣皂苷元的收率提高 5% 。

（3）CO_2超临界萃取法。葛发欢等用 CO_2超临界萃取法从盾叶薯蓣中提取薯蓣皂苷元，其萃取薯蓣皂苷元的条件为：萃取压力 29 MPa，温度 55 ℃；分离方法一为压力 10 MPa，温度 60 ℃；分离方法二为压力 5. 6 MPa，温度 45 ℃；分离柱压力 18 MPa，温度为 70 ℃，CO_2流量为每千克原料每小时 12 kg；萃取时间 3 h；夹带剂为药用酒精。和传统的汽油法比较，收率提高了 1. 5 倍，生产周期大大缩短，避免了使用汽油引起易燃易爆的危险，且成本相差不大。但存在设备一次投资过大的缺点。此外，利用超声波破碎细胞壁也可提高薯蓣皂苷元的收率。用盐酸－丙酮/乙醇混合液直接加热提取薯蓣皂苷元的工艺虽可节约物料，缩短工艺过程，但对资源的综合利用不足，在实际生产中该工艺应用极少。

甾体皂苷由于连有糖残基，是一类极性较强的大分子化合物，易溶于水、甲醇、乙醇等极性溶剂，不易溶于氯仿、乙醚等非极性溶剂。甾体皂苷不易形成结晶，而且在同一植物中往往有很多结构相近的皂苷共存，给提取分离带来一定的困难。甾体皂苷的结构比较复杂，但苷元母核基本为螺甾烷型Ⅰ或呋甾烷型Ⅱ。

甾体皂苷提取分离的基本步骤为粗提、除杂、分离。目前实验室和工业生产中多采用溶剂法提取甾体皂苷，主要是用甲醇或稀乙醇做溶剂，提取液回收溶剂后，用水稀释，经正丁醇萃取或大孔吸附树脂纯化，得粗皂苷，最后用硅胶柱色谱或 HPLC 进行分离，得到单体。常用的洗脱剂有不同比例的氯仿－甲醇－水混合溶剂和水饱和的正丁醇。

5.6.2 副产品白酒

利用盾叶薯蓣中的淀粉发酵蒸酒，然后用剩余部分制备皂苷元。具体步骤为：清洗、粉碎薯蓣块茎后，加入酶制剂进行一次和二次糖化，糖化后的浆液加入酵母菌进行发酵、蒸馏后得到白酒，糖化渣水解、水洗、烘干后提取皂苷元。利用盾叶薯蓣中的淀粉制酒，提高了原料利用率，成本较低，生产条件温和，是资源化利用的有效途径之一。

主要参考文献

[1] 齐迎春，胡诚，谭远友，等．盾叶薯蓣的栽培技术研究［J］．氨基酸和生物资源，2003，2（1）：42－43.

[2] 江苏新医学院．中药大辞典（下册）［M］．上海：上海科学技术出版社，1990.

[3] 中国医学科学院药用植物资源开发研究所．中国药用植物栽培学［M］．北京：农业出版社，1992.

[4] 四川省中医药研究所，南川药物种植研究所．四川中药栽培技术［M］．重庆：重庆出版社，1986.

[5] 谢碧霞．野生植物开发利用［M］．北京：中国林业出版社，1995：263.

[6] 丁志遵，唐世蓉，秦慧贞，等．甾体激素药源植物［M］．北京：科学出版社，1983.

[7] 李军超，李向民，郭晓思，等．盾叶薯蓣研究进展［J］．西北植物学报，2003，23（10）：1842－1848.

[8] FILELLA D，PENUELAS J. The red edge Pksition and shape as indictors of plant chlorophyll content，bimnass and hydriestatue［J］．Int J Remote Sens，1934，15（7）：1459－1470.

[9] Minoita Co. Ltd. Chlorophyll SPAD－520 instruvtion manual［M］．Radiometric Instruments Operations，1998：17－21.

[10] 邹琦．植物生理生化实验指导［M］．北京：中国农业出版社，1995.

[11] 黄春洪，杭悦宇，周义锋，等．我国盾叶薯蓣居群遗传结构分析［J］．云南植物研究，2003，25（6）：641－647.

[12] 张学荣，李向民，曹英凤，等．盾叶薯蓣种苗培育技术［J］．陕西林业科技，2001（4）：73－76.

[13] 任健伟．盾叶薯蓣培养细胞的生长及薯蓣皂甙元产生的变化规律［J］．中草药，1994，25（2）：93－94.

[14] 张学荣，李向民，曹英凤，等．盾叶薯蓣高产栽培技术［J］．陕西林业科技，2001，（2）：29－32.

[15] 周宗瑞，黄晏明，周旗．白斑弄蝶莫氏亚种生物学特性及防治［J］．林业科学研究，1994，7（4）：464－468

[16] 曾宪忠，彭玉琴．盾叶薯蓣白绢病发生及防治［J］．广西农业科学，2004，35（6）：465－466.

[17] 梁艳丽，赵庆云，杨燕，等．盾叶薯蓣细胞工程技术研究进展［J］．Chinese Agricultural Science Bulletin，2004，20（4）：30－32.

[18] 四川生物研究所一室体细胞组．盾叶薯蓣组织培养研究初报［J］．植物学报，1978，20（3）：279－280.

[19] 徐向丽．薯蓣植物组织培养研究进展［J］．湖南林业科技，2000，27（1）：5－9.

[20] 任建伟，等．盾叶薯蓣愈伤组织的诱导及培养［J］．中药及天然药物，1993，28（9）：532－534．
[21] 王巧兰，等．药源植物盾叶薯蓣基础研究及其产业化开发利用［J］．军事经济学院学报，2002，9（3）：92－95．
[22] 刘鹏，等．中国薯蓣属植物的研究综述［J］．浙江师大学报：自然科学版，1993，16（4）：100－106．
[23] 谢碧霞，何业华，易志军．盾叶薯蓣愈伤组织培养及其高产系的筛选［J］．中南林学院学报，1999，19（4）：17－21．
[24] 任建伟，白云，郭秋月．盾叶薯蓣培养细胞的生长及薯蓣皂甙元产生的变化规律［J］．中草药，1994，25（2）：93－94．
[25] 黄昌武，等．黄姜组织培养快速繁殖技术研究［J］．湖北农业科学，2002（2）：70－71．
[26] 孟玲，等．盾叶薯蓣的快速繁殖［J］．天然产物研究与开发，2002，12（6）：17－21．
[27] 江天生，李献军．盾叶薯蓣组织培养及废液利用初探［J］．吉首大学学报：自然科学版，1999，20（1）：85－87．
[28] 唐俊，葛海涛，张云霞，等．纤维素酶辅助提取盾叶薯蓣中薯蓣皂苷的工艺优化研究［J］．药物研究，2012，2（1）：27－29．
[29] 黄贤兰，郭华春．4种薯蓣属植物的核型分析［J］．云南农业大学学报，2012，27（1）：7－13，28．
[30] 张晓丽，郭婧，龚玉佳，等．盾叶薯蓣顶芽快繁技术研究［J］．河南农业科学，2012，41（4）：128－131．
[31] 魏夺，董悦生，韩松，等．纤维素酶催化与三液相萃取偶联制备盾叶薯蓣皂苷元［J］．化工学报，2012，63（6）：1877－1882．
[32] 马生堂，寇俊萍，余伯阳．植物中皂苷类成分的毒性研究近况［J］．药学进展，2012，36（3）：110－115．
[33] 覃兰芳，刘智生，屈信成，等．盾叶薯蓣测土配方施肥试验［J］．中国民族民间医药，2012：32－33．
[34] 黄贤兰，郭华春．不同倍性盾叶薯蓣的核型分析［J］．热带亚热带植物学报，2012，20（3）：256－262．
[35] 李祥，张青，赵倩，等．表面活性剂在盾叶薯蓣中萃取皂苷的应用研究［J］．中国酿造，2012，31（2）：68－71．

6 葛 根

葛根（*Pueraria lobata*）又名葛，俗称野葛、葛麻藤、鹿藿、黄斤、鸡齐等，是豆科葛属的蔓生性多年生落叶藤本植物。《神农本草经》中对葛根有较详细的记载，将其列为中品，为历代医家常用药物之一。《中国药典》（2005 年版）规定葛根为野葛或粉葛的干燥根，而 2010 年版则将野葛和粉葛分开收录。葛根味甘、辛、凉，归脾、胃经，具有解肌退热、生津、透疹、升阳止泻之功效，是常用的传统中药。可用于外感发热头痛、高血压颈项强痛、口渴、消渴、麻疹不透、热痢、泄泻等。现代研究表明，葛根总黄酮能扩张冠状动脉和脑血管，改善心脑血液循环，降低心肌耗氧量，并具有抗氧化、增强机体免疫力及降低血糖等功能。在我国除西藏和新疆外，全国各省区均有生产，主产于湖南、浙江、河南、广东、四川、广西、云南、陕西等地。

6.1 种质资源及分布

葛属（*Pueraria D C*）植物全世界约 20 种，主要分布于温带和亚热带地区，海拔在 100 ~ 2000 m 之间，喜生长于森林边缘或河溪边的灌木丛中，是阳生植物，常成片生长于向阳坡面上。我国为葛属植物的分布中心，约有 9 种和 2 变种，集中分布在云南及其邻近省区，分别是野葛、粉葛、食用葛、峨眉葛、云南葛、越南葛、三裂叶葛、萼花葛、狐尾葛、思茅葛和掸邦葛（表 6.1）。《中国药典》收载了野葛和粉葛两种葛属原植物。野葛在我国是分布最广、产量最高和资源最多的品种。11 种葛属植物除粉葛以人工栽培为主外，其余均以野生为主。据统计，现有粉葛品种 50 多个，主要栽培品种有木生葛根、宋氏葛根、春桂葛根、太白葛及赣葛 5 号等，其中湘葛 1 号、广西 85 - 1、赣葛 3 号、赣葛 5 号等属于高淀粉、高异黄酮的品种，也是主要的药用、食用品种。从成分分析结果看，野葛的葛根素（puerarin）及总黄酮含量显著高于本属其他植物，粉葛次之。研究者认为，除野葛和粉葛外，其他种均不宜作为葛根药用。孙恩玲分析结果表明，除野葛的总黄酮成分明显高于粉葛外，其水溶性、醇溶性成分的含量也明显高于粉葛。曾明采用紫外光谱法对国产 9 种葛根进行鉴定，分析结果可将葛根大致分为 4 类，其 λ（249 ± 1）nm 吸收的为第Ⅰ类，3 个种，野葛和粉葛为第Ⅰ类，其黄酮类有效成分与其他种有较大差别，采自全国 10 个产地的野葛紫外光谱几乎完全一致；峨眉葛（*P. omeiensis*）为第Ⅰ和第Ⅱ类的过渡型；第Ⅱ类具有 λ（259 ± 1）nm 吸收峰，有 3 个种；第Ⅲ类具有 λ330 nm 吸收峰；第Ⅳ类原阶光谱无明显的吸收峰，各 1 种。研究指出，第Ⅱ、Ⅲ、Ⅳ类的总黄酮及葛根素等异黄酮类有效成分均比第Ⅰ类低很多，不宜作为葛根使用。通过紫外光谱可将不同品种的葛根，根据其峰形、峰位、导数光谱的振幅高度比的不同来加以区分鉴别。

表 6.1 国产葛属植物的种类与分布表

中 名	拉丁名	分 布	资源情况	利用状况
野 葛	*Pueraria lobata*（*Willd.*）*Ohwi*	全国大部分省、市	丰富，有少量栽培	根药用，偶食用
粉 葛	*P. thomsonii Benth.*	广西、广东、四川、云南	丰富，有栽培	根药用，食用
食用葛	*P. edulis Pamp.*	云南、四川、广西	较丰富	根药用，食用
峨眉葛	*P. omeiensis Wang & Tang*	四川、贵州、云南	较丰富	偶药用及食用
云南葛	*P. peduncularis Grah. ex Benth.*	云南、四川、西藏	丰富	根杀虫或洗衣
越南葛	*P. montana*（*Lour.*）*Merr.*	广西、广东、福建、云南、台湾较丰富	较丰富	
三裂叶葛	*P. phaseoloides*（*Roxb.*）*Benth.*	浙江、台湾、广东、海南	较丰富	偶药用
萼花葛	*P. calycine Frarchet*	云南	区域性分布	
狐尾葛	*P. alopercuroides Craib*		区域性分布	偶食用
思茅葛	*P. wallichii DC.*	云南	区域性分布	
掸邦葛	*P. stricta Kurz*	云南	区域性分布	

6.2 生物学特性

6.2.1 形态特征

粉葛块根直立肥大，切面黄白色，富含淀粉，根茎可深入地下 3 m 以下；藤蔓缠绕细长，可生长达 10 ~ 15 m，铺于地面或缠绕于它物上，全株各部分密生黄棕色粗毛；枝蔓分枝多，生长势强，茎粗，老茎褐绿色，光滑，嫩枝绿色，茎上有褐色茸毛，右旋；叶片大，互生，三出复叶，叶柄较长，基部膨大，有 2 个对称盾状托叶，卵状椭圆形，中央小叶菱状或宽卵形，有 2 个刺状托叶，顶生小叶菱状宽卵形，侧生 2 小叶，斜椭圆形，各有 1 裂，叶片两面被糙毛，背面较紧；花为总状花序，腋生，蝶形花冠，紫红色，花密集，小苞片卵形或披针形，花萼钟状，有萼齿 5 个，上面 2 齿合生，下面 1 齿较长，内外均披黄色柔毛；荚果线形，长 10 ~ 15 cm，扁平，密生黄褐色长硬毛。花期 8 ~ 9 月，果期 9 ~ 10 月。植株整体枝叶稠密、根系发达（彩图6.1、6.2、6.3）。

6.2.2 生态习性

葛根喜温暖湿润的气候，耐寒耐旱能力较强，年平均气温大于15 ℃有利于葛根的生长发育；葛根比较耐旱，对水分的要求不严，空气相对湿度为50% ~70% 即可。葛根喜光，年需日照1600 ~ 1700 h。

葛根对土壤的适应性强，土层深厚的荒山荒坡、森林采伐基地、河边堤岸、大田、田头地角，瘠薄的沙石地都能生长，但以土层深厚、肥沃、松沙的土壤最佳。因此选择土层深厚、沙质土、排水性好的山地或旱地栽植为好，不宜选择低洼积水的田地栽植。

6.2.3 生长习性

在大田自然条件下，葛根3月中下旬萌芽生长，5 ~ 6月藤蔓生长旺盛，8 ~ 9月块根迅速膨大，花期5 ~ 9月，荚果成熟期9 ~ 10月，12月霜冻后倒苗。

6.3 栽培技术

6.3.1 育苗技术

葛根的育苗技术可分为实生、扦插与压条育苗三种，其中以扦插育苗为主。

6.3.1.1 实生育苗

（1）种子催芽。由于葛藤种子种皮的角质层使种子不透气和不透水，限制了种子的发芽。采用以下几种方法可以提高种子发芽率：①用浓硫酸浸种60 min，发芽率可达80% 以上；②以75 ℃热水浸种，发芽率达35% 左右；③用纯甘油浸种1 h后，反复冲洗，发芽率可达50% 以上；④刻伤种皮，用小刀将种脐背部划破，其发芽率可达50% 左右。在生产中结合实际，也可以用沙和种子混合后放入袋中，锤打或用石碾来碾并随时观察种皮的情况，其失去光泽即可。此方法简单，成本低，效果好。经催芽处理过的种子，发芽出土容易，出苗整齐，出苗率高。

（2）播种。①大田育苗。将处理后的种子穴播。株行距为50 cm × 60 cm，每穴播种4 ~ 5粒，覆土3 ~ 4 cm。②营养袋育苗。配制营养土：把农家肥与土按1∶3的比例拌成营养土，土内加入5% 多菌灵可湿性粉剂（每100 kg营养土加入20 g）及3% 呋喃丹颗粒剂（每100 kg营养土加入60 g），拌匀备用。装袋排床：将制备好的营养土装入规格13 cm × 17 cm的营养袋内，育苗袋按苗床方式排列好。苗床通常宽1.0 ~ 1.2 m，长度可依据地形而定。将处理后的种子每袋播 2 ~ 3 粒，播后覆 1 ~ 2 cm 厚的土，并用松针或干草覆盖，浇透水。种子发芽出土后应及时除去覆盖物。育苗期间适时浇水，及时除草，播种后 50 ~ 60 d，苗高约 10 cm 时，在阴雨天间苗。间苗时，去弱留强，每袋保留 1 ~ 2 株。在苗木生长期间，若发生病虫害，应及时防治。通常苗龄在 80 d 左右即可出圃。

6. 3. 1. 2 扦插育苗

扦插繁殖方法：①苗床准备。选择地势较高、排水方便、背风向阳、沙质土壤作为苗床。首先深翻床土，使土壤松散，每平方米施入充分腐熟的有机肥 3 kg，与床土掺匀，耙平作垄高 15 ~ 20 cm，垄宽 80 cm，长度不限，垄面中间稍凸起的高畦。②种藤选择与处理。选取中下段（距根部 1. 5 m 以内）节间较密、较粗（0. 5 cm 以上）、无病、芽眼饱满的葛藤作插穗。在芽节下端 4 ~ 7 cm 及芽节上端 2 ~ 3 cm 处，用锋利的枝剪切断，刀口要平滑。用 70% 甲基托布津或 50% 多菌灵 1000 倍液浸泡葛藤芽节 5 min 进行消毒处理，捞起晾干备用。③扦插。扦插前苗床要充分湿润，按 3 cm × 3 cm 的规格斜插入苗床土中，压紧周围土壤。插苗时务必分清上下芽节点，扦插深度以上端节位腋芽刚出土面为宜。插后浇透水，苗床上面撒厚 2 ~ 3 mm 的细土与腐熟有机肥混合的肥土，再盖一层稻草以保温保湿，然后搭建小拱棚。④苗床管理。育苗期要保持苗床湿润，若垄面干燥可适当浇水，发现有腐烂的扦条要立即剔除。插穗萌芽时，将覆盖的稻草揭开。当温度达到 30 ℃以上时，应揭膜通风或喷水调节，使温度均衡。同时注意遮阳，避免晴天中午光照直射灼伤嫩芽。待芽长 5 cm 时，或茎苗有 4 ~ 5 片叶时，可带土起苗定植。

6. 3. 1. 3 压条育苗

压条繁殖方法：7 ~ 8 月，将藤下土壤挖松，清除杂草，选生长良好、无病虫害、木质化程度较高的长蔓，自叶节处每隔 1 ~ 2 节，呈波状弯曲，压入土中，生根前保持湿润。20 d 以后，从节位的下部长出根，节位的上部长出芽。翌年萌发前，自生根节间切断，连根挖起，然后移栽。

6.3.2 种植技术

6. 3. 2. 1 选择良种

应选择高产葛根种苗，绝不可选种野葛及粗纤维的地方品种，否则种植效益低下。

6. 3. 2. 2 选地整地

由于葛根分布的地域较广，各地的土壤差异较大，葛根对土壤的要求不是很严格，多数土壤都能生长。但要获得较高的栽培效益，则要选择土质肥沃疏松，土层度深达 80 cm 以上，排水良好的腐殖质土或沙质壤土。

选定种植地后，按南北向开挖种植沟，沟深50～60 cm，沟宽50～60 cm，沟间距1.0～1.1m，并清除石块、树根等杂物。葛根种植后大多2～3年才收获，要求一次性施足底肥。一般中等肥力的耕地每亩施入基肥：①优质腐熟农家肥2000 kg；②三元复合肥50 kg；③磷肥50 kg；④适量的农作物秸秆。开挖种植沟时从一个方向一沟一沟顺序开挖，将表土回填沟底厚20～30 cm，再施入基肥，最后回填10 cm厚的土壤，将底肥与土壤拌匀。注意，施基肥的深度为地面下20～60 cm，不能把基肥施在沟底。最后，将种植沟整成高垄形，垄高30 cm，以确保葛根生长有70 cm以上松土耕作层。

6.3.2.3 合理密植

一般2～3月，新芽未萌发前或待芽苗抽出3～6 cm后，选阴天或雨天后带土移栽，种植株行距为1.0 m×1.0 m。栽时苗株与地面成30°角斜栽入土，下部土壤压紧，上覆松土盖过根头，栽后浇透水。

6.3.3 田间管理

6.3.3.1 查缺补苗

在葛苗移栽以后，要及时检查是否成活及补栽，确保获得高产。有时葛根在生长发育过程中，会遭受严重的根部病虫为害而死亡，要及时挖除死亡植株，进行土壤杀虫和消毒，补栽葛根袋苗。

6.3.3.2 看苗追肥

葛根生长速度快，需肥量大，属喜肥植物。苗期要及时追肥，促使苗快长。一般在葛苗移栽成活后，及时追施一次提苗肥。每亩可选用尿素3 kg、氯化钾5 kg、复合肥3 kg兑水浇施，也可选用沼液肥，或浇施清粪水。在第一次追施提苗肥以后，可以根据葛苗生长情况，再追施1～2次提苗肥。当葛藤长至1.5 m时，不再进行根部追肥。

6.3.3.3 抗旱保苗

在2～3月移栽葛苗，此时正是旱情最为严重的时期。因此，要注重抗旱保苗，确保葛苗移栽成活。若无水源，可以采取地膜覆盖栽培方法，既能保湿，又能提高地温，促进葛苗正常生长。进入雨季后，及时除去地膜，保证土壤有足够的水分供葛苗生长。

6.3.3.4 搭架引蔓

葛根是藤本攀缘植物，需要搭架给葛藤攀缘生长，才能促进块根膨大，获得高产。当葛藤长50 cm时，要及时搭架引蔓。一般在两株葛苗中间斜插一根长2m的竹竿或木杆，相邻两行的竹竿交叉为“人”字形，在上面放一根长竿，用绳索捆绑固定，再把葛藤引上架。

6.3.5.5 修剪整蔓与摘花序

在葛藤生长过程中要注意修剪整蔓，以促进块根膨大。一是每株葛苗留1~2条葛藤培养形成主蔓。在主蔓上，1 m以内不留分枝，以促进主蔓生长，1 m以上所萌发的侧蔓全部保留，维持足够的光合叶面积。二是当所有的侧蔓生长点距根部的距离达到3 m时，摘心，抑制疯长，促进藤蔓长粗和腋芽发育，确保根部膨大所需营养。次年开春后，要及早修剪，每株保留2~3条侧蔓。

5~7月，应及时分期分批摘除花序，减少养分消耗，以利块根膨大。

6.3.3.6 中耕锄草与排水

除草要坚持“除早、除小、除净”的原则。一般进入雨季后，杂草生长很快，要适时中耕除草。葛根为旱地作物，根系发达，耐旱不耐涝，雨季要及时排出积水。

6.3.3.7 修根留葛

在6月中下旬至7月上旬，当地下块根长至筷条大时，选择晴天早上或傍晚进行修根。修根时小心扒开根部表土，选留2条形状好的葛根，其余的用锋利洁净的小刀割除，同时将留下的两条葛根的侧根除去，然后覆土。覆土以根头部露出地面1~2 cm为宜，以免块根暴晒阳光下返青变黑，影响品质。

6.3.4 病虫害和鼠害防治

病虫、鼠害防治要积极贯彻执行“预防为主，综合防治”，积极采取相对应的预防控制措施。首先是通过病虫检疫，确保种苗无虫无病。其次是采取农业综合防治措施：轮作、深翻晒伐、土壤消毒、中耕除草、抗旱排涝、修剪整蔓、增施肥料，促进葛根健壮生长，增强抗逆性，减少病虫为害。在选用化学农药时，要注意按GPA规范和无公害农产品的要求，选用高效、低毒、低残留或少（或无）毒副作用的农药。蟋蟀可用80%敌敌畏乳油2000倍液喷杀；金龟子用90%晶体敌百虫1000倍液于5~6月喷于叶面；在幼苗生长期主要有小地老虎等为害幼苗，可用90%敌百虫或辛硫磷1000倍液喷雾防治；生长中期有尺蠖类和夜蛾类为害叶片，可用5%抑太保乳油1500倍液或2.5%功夫乳油2000倍液，或20%杀灭菊酯乳油3000倍液喷雾防治。病害主要有锈病、叶斑病、立枯病、炭疽病、霜霉病等。锈病可用15%粉锈宁可湿性粉剂1500倍液喷雾防治；叶斑病、立枯病、炭疽病可用70%代森锰锌1000倍液，或50%多菌灵600倍液喷雾防治；霜霉病可用58%甲霜灵锰锌500倍液，或75%百菌清600倍液防治。

另外，老鼠喜食葛根，注意防治鼠害。

6.4 采收与加工

一般2~4年生葛根即可采挖。采收时先把植株周围的土挖开，待块根出现后，小心挖出块根，去净泥沙和须根，小心轻放，不要弄破块根表皮。挖出的根，经清洗刮皮、粉浆过滤、沉淀、干燥，即可得银白色的纯天然葛粉。采后未能及时销售和加工的鲜葛，可用沙埋储藏，每层葛根盖一层沙堆放。

6.5 葛根的主要化学成分及药理作用

6.5.1 葛根的主要化学成分

6.5.1.1 异黄酮类

本类包括：大豆苷元（又名大豆素、大豆黄素、黄豆苷元）、大豆苷（又名黄豆苷）、葛根素（又名葛根黄素）、大豆素4′，7′-二葡萄糖苷、金雀异黄素8-c芹糖基-葡萄糖苷、金雀异黄素、大豆黄素8-c芹糖基-葡萄糖苷、金雀异黄素苷、拟雌内酯、异甘草素、芒柄黄花素、PG-1、PG-3、葛根黄素木糖苷、葛根素7-木糖苷、4′，6-二乙酰基葛根素、尿囊素、6-牡牛儿基、7，12-二羟基香豆素、7-甲基、4-羟基异黄酮、紫檀烷等。

6.5.1.2 葛根苷类

本类包括：葛根苷A、葛根苷B、葛根苷C，这些被认为是二氢查耳酮的衍生物。

6.5.1.3 三萜皂苷

从葛根中得到12个三萜类皂苷：Soyasaponin A3、葛根皂苷（SA1~SA4）、葛根皂苷SB1、葛根皂苷（A1~A5）和葛根皂苷C1。实验表明该类成分具有保肝作用。

6.5.1.4 生物碱及其他

葛根含有氯化胆碱、二氯化乙酰胆碱、长塞因、鞣质、乙酰胆碱、胡萝卜苷等。

6.5.1.5 新发现的化学成分

葛根苷D：白色无定型粉末，可溶于甲醇、乙醇，难溶于氯仿、丙酮。

4′，8-二甲氧基-7-O-β-D-葡糖基异黄酮：白色无定型粉末，可溶于甲醇、乙醇，难溶于氯仿、丙酮。紫外灯（254 nm）下显浅蓝色荧光，5%三氯化铁-铁氰化钾反应显蓝色。

二十烷酸：白色片状结晶，易溶于石油醚、氯仿。

十六烷酸：白色片状结晶，易溶于石油醚、氯仿。

二十四烷酸－α－甘油酯：白色无定型粉末。

6.5.2 药理作用

6.5.2.1 对心脑血管系统的影响

（1）降低血压、减慢心率、降低心肌耗氧量。①葛根对正常和高血压动物均有一定的降压作用，静脉注射葛根浸膏、总黄酮、葛根素及其脂溶性部分PA和水溶性部分PM，均能使正常麻醉狗的血压短暂而明显地降低，口服葛根水煎剂（2 g/2 kg）或酒浸膏（2 g/2 kg）或总黄酮和葛根素对高血压狗也有一定的降压作用。PM2引起正常狗血压升高，说明葛根除含有降压物质外，还含有升高血压的物质，葛根醇浸膏、总黄酮、PA3、PA5的降压作用不受阿托品的影响。而PM5的降压作用为阿托品所阻断，葛根浸膏能对抗异丙肾上腺素引起的升高。实验表明，葛根素能完全抑制肾上腺素对腺苷酸环化酶的激活作用。有人据此认为，葛根是β－受体阻滞剂，降压作用是β－受体阻滞的结果。②葛根还具有减慢心率的作用。葛根黄酮和葛根素使正常和心肌缺血狗心率明显减慢。③葛根总黄酮和葛根素引起血压降低，心率减慢，总外围阻力减少，左心室压力和右心室压力上升，最大速率降低，从而降低了心肌的耗氧量；同时又使冠脉血管扩张，冠脉血流量增加，阻力降低而增加氧的供给，氧的供求平衡得到改善。葛根及其制剂在临床上用于心绞痛，有一定效力。

（2）扩张冠状血管，改善正常和缺血心肌的代谢。①葛根总黄酮和葛根素明显扩张冠状血管，可使正常和痉挛的冠状血管扩张，且其作用随着剂量的增加而加强。葛根素的使用要强于总黄酮，利血平给药后，总黄酮和葛根素对冠脉循环的作用仍保持，表明其作用是通过直接松弛血管平滑肌而实现的。此外，总黄酮和葛根素能对抗垂体后叶素引起的大鼠急性心肌缺血；②给正常狗静脉注射葛根黄酮可使缺血心肌氧含量增加，乳酸含量减少，表明葛根能改善正常和缺血心肌的代谢。此外，葛根素还能明显减少缺血引起的心肌乳酸的产生，降低缺血与再灌流时心肌的氧消耗量与心肌水含量。

（3）对脑循环、周围血管及微循环的影响。①葛根素能明显改善正常金黄地鼠脑微循环，对局部滴加去甲肾上腺素引起的微循环障碍都有明显的改善作用。葛根总黄酮对脑血管扩张作用比冠状血管明显，能温和地改善脑循环和外周循环，这种改善作用并非单项扩张血管，增加血流量所致，而是使低幅波升高，高幅波降低，异常波趋向正常。②静脉注射葛根总黄酮和葛根素对股动脉血流量和血管阻力无明显影响，但股动脉注射可使血流量增加，股动脉血管阻力降低，预先局部滴注0.5%葛根素能对抗肾上腺素所致的微动脉收缩、流速减慢和血流量减少，而局部先滴注肾上腺素造成微循环障碍后再局部滴注1%葛根素，也获得同样结果。③葛根素注射液肌肉注射或静脉注射对视网膜动脉、静脉阻塞有明显疗效，能改善视网膜血管末梢单位的阻滞状态。

（4）抗心律失常。葛根黄酮、黄豆苷元和葛根醇提取物对乌头碱、氯化钠、氯化钙、氯仿以及肾上腺素所导致的心律失常有明显的对抗作用，说明葛根成分可能影响细胞膜对钾、钙、钠离子通道的通透性，而降低心肌兴奋性，预防心律失常。

6.5.2.2 降血糖降血脂

口服葛根素能使四氧嘧啶性高血糖小鼠血糖含量明显下降，血清胆固醇含量减少，当选用最低有效剂量的葛根素与小剂量（无效量）阿司匹林组成复方后，降血糖作用加强，且可维持 24 h 以上，并能明显改善四氧嘧啶性小鼠的糖耐量，明显对抗肾上腺素的升血糖作用，且认为葛根素可能是葛根治疗糖尿病的主要成分。口服葛根煎液能对抗饮酒大鼠因乙醇所致的血中 APOA－1 含量降低及胆固醇、甘油三酯含量升高的现象。

6.5.2.3 抗氧化

体内实验表明，葛根异黄酮明显抑制小鼠肝、肾组织及大白兔血、脑组织的脂质过氧化产物丙二醛含量的升高，且对提高血、脑组织中超氧化物歧化酶活性有极显著作用。本品能通过清除氧自由基和抗脂质过氧化而使酒精所致的血液黏度异常变化恢复正常状态。

6.5.2.4 抗肿瘤

大豆苷元可抑制白血细胞 HL－60 的增殖，大豆苷元在 10～20 mg/mL 浓度范围内明显抑制黑色素瘤 B16 细胞的增殖。另外，葛根提取物对 ESC 癌、S180 肉瘤及 Lewis 的肺癌均有一定的抑制作用。

6.5.2.5 抑制血小板聚集

葛根素浓度为 0.25、0.5 及 1.0 mg/mL 时，在试管内均能不同程度地抑制 ADP 诱导的鼠血小板聚集；静脉注射葛根素也有抑制作用，葛根素浓度为 0.25～3.0 mg/mL 在试管内对 ADP 和 5－HT 诱导的家兔、绵羊和正常人的血小板聚集也有抑制作用。葛根素 0.5 mg/kg 还能抑制 5－HT 从血小板中释放，这对于治疗心绞痛和心肌梗塞很有意义。

6.5.2.6 对免疫作用的影响

葛根使巨噬细胞（M4）的异物吞噬功能活化，从而使初期感染状态下的异物排除功能增强；同时通过活化的 M4 对细胞性免疫施以影响。

6.5.2.7 解热作用

葛根煎剂和乙醇浸剂能使过期伤寒菌所致发热家兔体温降至正常水平。葛根素对正常体温家兔没有解热作用，但对发热家兔有明显的解热作用，且随剂量增加其作用增强。

6.5.2.8 对平滑肌的作用

葛根提取物的脂溶部分及水溶部分均可使豚鼠离体回肠松弛，能非竞争性地对抗 Ach 和组胺引起的回肠收缩。葛根酒浸膏和总黄酮可抑制由 Ach 引起的大鼠离体回肠的收缩，对处于正常状态下的大鼠离体回肠也有明显的松弛作用。表明葛根中含有收缩和松弛平滑肌的两种成分。现已研究表明，松弛成分为黄豆苷和黄豆苷元，并证实前者是葛根的主要解痉成分，其效力约为罂粟碱的1/3。

6.6 葛根的开发利用

国内外已将葛根开发成葛根口服液、葛根面包、葛根面条、葛根粉丝、葛根冰淇淋、葛根饮料、葛冰、葛冰罐头、葛根混合精、葛粉红肠等系列保健食品。葛根具有毒性低、安全范围广、药源丰富的优点。加强对葛根的研究，开发各种药用制剂和保健食品将有良好前景。

6.6.1 食品开发

在食品方面的利用，主要是从葛根中提取淀粉，作为食品原料或加工成各类食品。葛粉具有清香可口、洁白细腻、淀粉糊透明度高、黏度稳定性强等良好加工性能，适于食品加工。这类食品主要可分为两类：一类是从葛根中提取淀粉，加工成普通食品（黄酮类物质很少或几乎没有）；另一类是在从葛根提取淀粉时采用物理化学方法，使葛根中黄酮类活性物质尽可能多地保留在淀粉中（或在加工食品时将葛根中提取的黄酮类物质添加到食品中），然后加工成功能性食品。现在，富含黄酮类物质的葛粉是社会上流行的一种天然保健食品原料，常被誉为“长寿粉”。因此，食品开发应更多考虑黄酮类物质的功能性，将其开发成功能性食品，以提高葛根的附加值。现已开发的葛根食品有：普通葛淀粉（生葛淀粉）、速溶葛根淀粉、葛粉果冻、葛粉食糖、葛根汁饮料、葛果晶、葛根黄酮酒、速溶葛奶粉、葛根挂面、葛根粉丝、葛根冰淇淋、葛根红肠、葛根罐头、葛根饼干等系列产品。

6.6.1.1 普通葛淀粉（生葛淀粉）

（1）手工作坊式生产流程（图6.1）。

图6.1 手工作坊生产草根粉流程

此类方法提取淀粉基本全是手工操作，技术落后，造成产品收率低、质量差，特别是黄酮有效成分含量低，使葛根淀粉失去原有营养保健功能，淀粉价格也大大降低。但此法不需复杂设备，很多农户家庭少量生产时至今仍在应用。

（2）工业化生产流程（图6.2）。

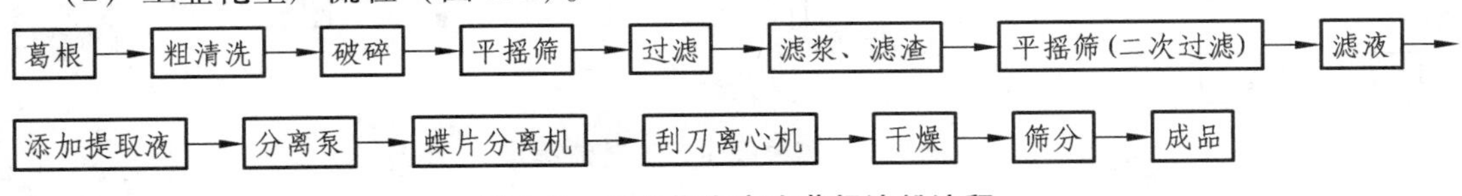

图6.2 工业化生产生葛根淀粉流程

以上两种方法得到的是普通淀粉（生葛淀粉），一般作为食品加工原料使用，也可直接冲调后食用。

6.6.1.2 速溶葛根淀粉

在葛根淀粉中配以适量磷脂、单甘油酯、白砂糖等辅料，通过预糊化处理，生成速溶葛根淀粉，工艺流程如图6.3所示。

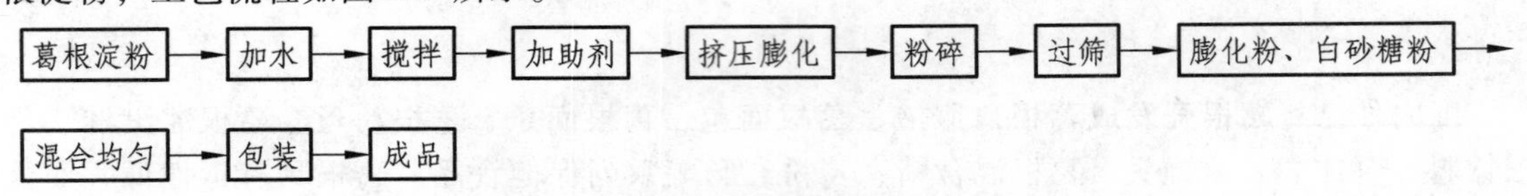

图6.3 速溶葛根淀粉生产工艺流程

该产品食用时简单方便，只需用温开水冲调即可，很适于现代人出游携带食用。

6.6.1.3 葛粉糖果

以葛根淀粉、蔗糖、果葡糖浆、琼脂等为配料，按如图6.4所示工艺路线生产葛粉糖果：

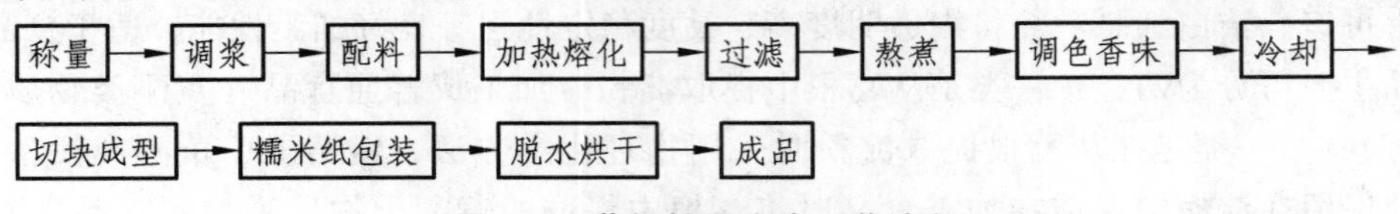

图6.4 葛根糖果生产工艺流程

6.6.1.4 葛根功能性饮料

以葛根为主要原料，将其中葛根素等活性成分浸提出，并配伍其他功能成分，如低聚果糖、山梨醇等，生产功能性饮料。其工艺路线如图6.5所示：

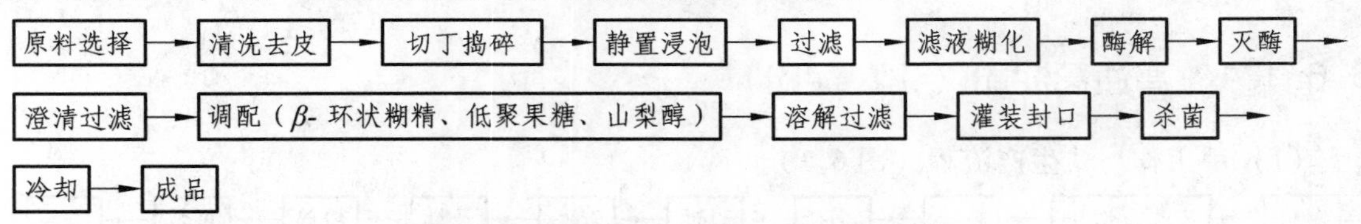

图6.5 葛根功能性饮料生产工艺流程

6.6.1.5 葛果晶

以葛根淀粉、果蔬汁、蔗糖、磷脂等为配料，按图6.6所示工艺路线生产：

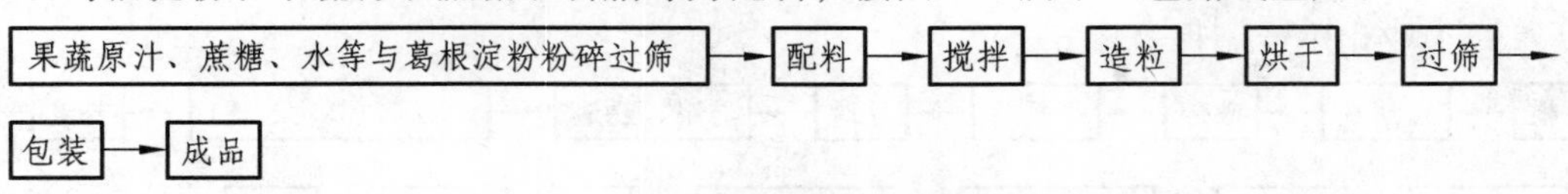

图6.6 葛果晶生产工艺流程

值得注意的是，在以上葛根食品加工过程中，为防止有效成分黄酮类被破坏，应尽量避免高温长时间处理，使葛根食品保健功能得以充分发挥，提高葛根食品的附加值。

6.6.1.6 葛根醒酒保肝饮料

以葛根、葛花、枳椇子、扯根菜等中草药为主要原料，最佳配方为葛根 1 g、葛花 8 g、枳椇子 12 g、扯根菜 6 g、山楂 4 g、甘草 2 g，开发研制出的一种天然解酒护肝保健饮料，可为饮酒者保护身体健康，饮料的最佳配方为中草药提取液 100mL/L、蔗糖浓度 60 g/L、柠檬酸浓度 1 g/L、蜂蜜用量 4 g/L。

工艺流程如图 6.7 所示。

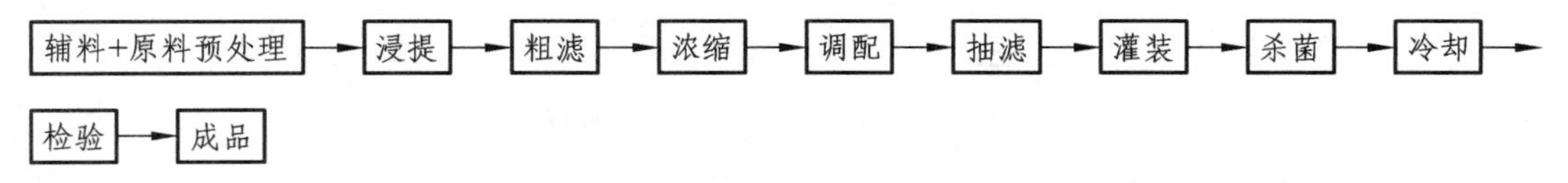

图 6.7 葛根醒酒保肝饮料生产工艺流程

操作要点：

原料预处理：选择干净、无霉变的中草药为原料，拣除杂质，粉碎成 20 ~ 30 目颗粒备用。

浸提：称取一定量经处理的药材，加入 10 倍量的蒸馏水，70 ℃水浴中浸提 2 h，过滤，滤渣中再加入 8 倍量的蒸馏水，70 ℃下浸提 1.5 h，过滤后合并滤液。

过滤：浸提液先用纱布粗滤，然后用抽滤装置进行硅藻土过滤，得红褐色滤液，其中可溶性固形物含量控制在 5° ~ 6° Bx 之间。滤液用旋转蒸发仪浓缩至相当于含生药 0.5 g/mL 的量。

调配：将蔗糖、蜂蜜加蒸馏水溶解，过滤，柠檬酸、维生素C、维生素B_1、维生素B_6加蒸馏水溶解，并按产品配方要求加入中草药提取液，搅拌均匀。

抽滤：用抽滤装置对调配好的溶液进行硅藻土过滤，得到浅红褐色透明滤液。

灌装和杀菌：将滤液灌装到饮料瓶中，灌装后真空封罐。然后采用超高温瞬时灭菌方法杀菌，杀菌温度 135 ℃，时间为 4 ~ 5 s。杀菌后用自来水迅速冷却到 40 ℃左右，进行保温检验。

6.6.1.7 葛粉保健糊

在葛根淀粉中适量配以其他谷物淀粉，即可生产葛根粉保健糊，工艺路线如图 6.8 所示。

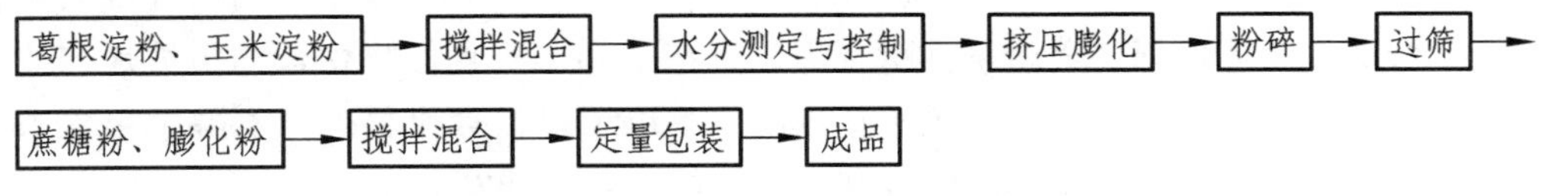

图 6.8 葛根保健糊生产工艺流程

该产品食用时，以温开水即冲即饮，既可充饥，又有保健作用。

6.6.1.8 葛粉果冻

可采用葛根淀粉、蔗糖、琼脂、柠檬酸为配料，按图 6.9 所示的工艺路线生产葛粉果冻：

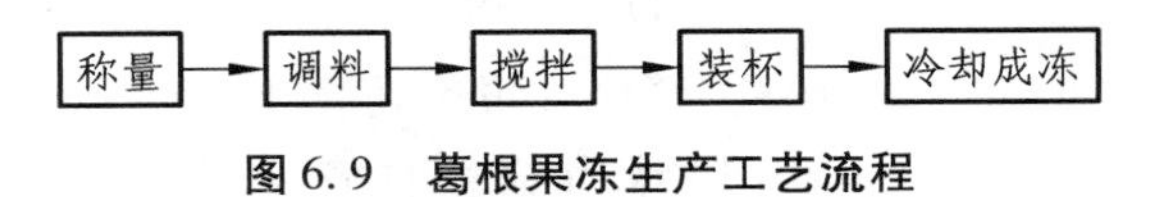

图 6.9 葛根果冻生产工艺流程

葛粉果冻口感细腻、营养丰富，如在配料中加入天然浓缩果汁则风味、营养更佳。

6.6.1.9 葛粉软糖

采用葛根淀粉、蔗糖、果葡糖浆、琼脂为配料，按如图6.10工艺路线生产葛粉软糖：

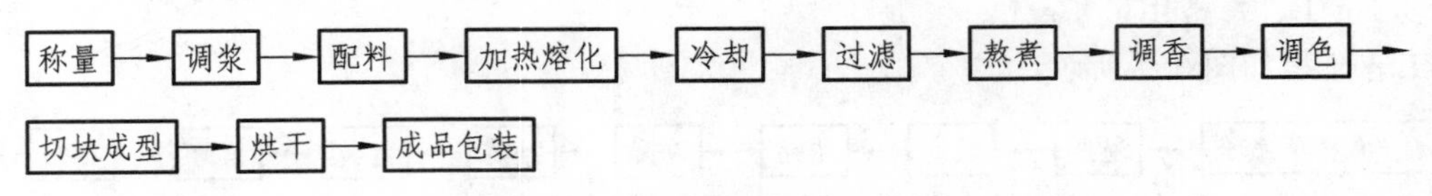

图6.10 葛根软糖生产工艺流程

葛粉软糖柔软耐嚼，独具特色。

6.6.1.10 葛根营养曲奇饼干

葛根营养曲奇饼干的最佳配方（质量分数）为：葛根全粉30%、低筋面粉30%、糖粉10%、起酥油20%、奶粉3%、鸡蛋2.5%、卵磷脂0.55%、膨松剂0.45%、水3.5%。用该配方生产的葛根营养饼干色泽美观，口感酥脆，风味独特并富含营养。

葛根饼干的加工工艺流程如图6.11所示。

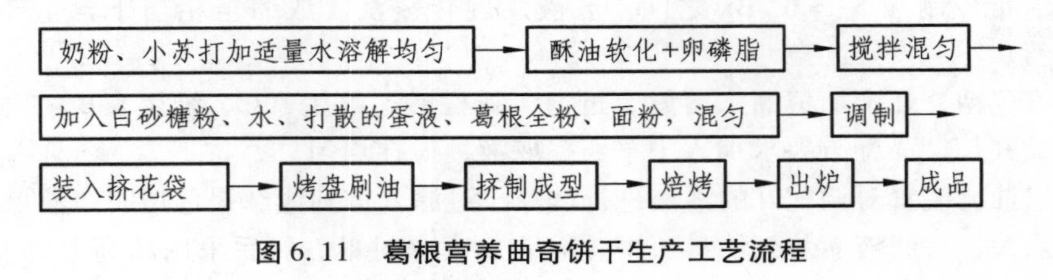

图6.11 葛根营养曲奇饼干生产工艺流程

6.6.2 燃料乙醇

随着人类能源及资源危机日益显现，利用生物质原料转化燃料乙醇是世界高技术研究和产业化竞争激烈的热点之一。作为生物质原料植物，葛根的主要组成是淀粉、纤维素等，可作为生产乙醇的淀粉质原料。葛耐旱、耐贫瘠，可在不利于粮食作物生长的山坡地、沙荒地生长，葛根为燃料乙醇的生产原料提供了新方向，解决了以粮食原料生产乙醇中粮食来源有限、价格昂贵的难题，有利于葛根的综合利用，拓展了葛的开发空间。

6.6.3 优质高产饲料

葛藤的根、茎、枝、叶富含蛋白质、碳水化合物等易消化吸收的营养物质，其中含粗蛋白质21.21%、粗脂肪4.80%、粗纤维24.39%、粗灰分10.00%、无氮浸出物39.60%、钙2.63%、磷0.40%和水78.38%。此外，葛根可防治动物疾病，是理想的优质牧草和饲料。葛藤可直接放牧，其根、茎、枝、叶也可粉碎饲喂或打成浆汁后，拌入糠麸饲喂，还可以干燥粉碎后作为主要的配合饲料掺入饲料中。葛根捣碎洗粉后的葛渣是牲畜喜食的饲料，可鲜食，也可晒干储存。葛叶除富含一般营养物质外，还含腺素、天门冬氨酸、谷氨酸和刺槐苷、山柰酚和鼠李糖苷等，是兔、牛、羊等牲畜安全喜食的饲料。

6.6.4 水土保持

葛藤是优良的覆盖植物，有“大地医生”的美称，其根深叶茂，覆盖面大，具有防止水土流失的作用。早在17世纪80年代，就有人认识到葛藤在水土保持方面的作用，大约在1876年，葛藤作为一种园林绿化植物由日本传入美国。当时美国西部土壤流失严重，特别是科罗拉河含沙量很大，流出的泥沙使河床剧烈上升，经常造成泛滥。将葛藤作为一种水土保持植物进行栽植试验，结果证明葛藤不苛求土壤，繁殖力很强，收到了极好的保持水土效果。此外，国内也对葛藤在林地的水土保持作用进行了研究。采用人工降雨法，研究葛藤对不同降雨截留量和吸收调节地表径流的作用，结果表明，当降雨量为10 mm时，水土保持效果较好，基本达到饱和；雨量再大时，截留量无明显差异。范淑英等针对红壤坡地水土流失严重的状况，选用横峰野葛、百喜草为材料对红壤坡地水土保持和土壤改良进行了研究。结果表明，它们的水土保持和土壤改良效果良好，野葛的综合效果优于百喜草。

6.6.5 园林绿化

葛属植物既能缠绕攀援向上生长，又能匍匐地面生长。根系发达，茎、枝萌发力强，枝长而柔软，多而密集，生长快，既可防止水土流失，又可遮掩残石陋壁，起到绿化、美化环境和提高观赏性的作用。可用于地面绿化、墙体绿化、构架绿化和综合绿化等。

6.6.6 葛菇食用菌

利用葛渣进行葛菇食用菌栽培。所产食用菌中的有效功能性成分物质含量较高，进行适当加工可成为全新的食用菌新产品。

6.6.7 其　他

葛根中含有大量长纤维，即葛麻，葛麻纤维是传统的织物，可造纸或织布，制作装饰品，且在造船、造纸以及地毯制作方面具有很高的利用价值。早在尧、舜、禹时期，我国就已经开始利用葛藤制麻织布。葛同时也是很好的纺织和手工业原料，可制作藤器，编织家具及农具等。此外，由于葛根的抗氧化功能及提高人体免疫力等作用，可将其作为功能性化妆品添加剂，制得葛根祛皱营养霜和葛根祛斑美白霜，通过临床应用结果表明，它们具有一定的抗衰老及美白作用。

主要参考文献

[1] 康林峰，梁植荣，等. 娄底市葛类资源调查分析与开发建议 [J]. 湖南农业科学，2011，(1)：66-67.

[2] 刘东吉，等. 葛根种质资源的分子地理标识研究 [J]. 中国中药杂志，2011，36 (3)：299-301.

[3] 朱校奇，周佳民，黄艳宁，等. 中国葛资源及其利用 [J]. 亚热带农业研究，2011，7 (4)：230-234.

[4] 陶娟，许慕农，等. 中国葛属植物资源和利用情况 [J]. 中国野生植物资源，2007，26 (3)：38-41.

[5] 余智奎，南博，刘春生，等. 晋陕豫三省葛根资源调查 [J]. 中草药，2009，32 (4)：491-492.

[6] 陈元生，柳雪芳. 我国葛种质资源的研究和利用 [J]. 长江蔬菜，2008 (5)：6-9.

[7] 熊力夫，熊劲雅，刘益群. 葛根规范化栽培技术研究 [J]. 湖南农业科学，2010 (11)：31-33.

[8] 刘计权，等. 葛根扦插育苗规范化种植研究 [J]. 山西中医学院学报，2012，13 (1)：65-66.

[9] 王爱梅，等. 葛根异黄酮对衰老模型大鼠学习记忆功能及海马酶学的影响 [J]. 重庆医学，2011，40 (22)：2251-2252.

[10] 李伟平，张喜平. 葛根素制剂的药理和临床应用及存在问题分析 [J]. 医学研究杂志，2012，41 (1)：16-18.

[11] 覃红斌，魏蕾. 葛根异黄酮对AD模型大鼠抗衰老作用研究 [J]. 湖北民族学院学报，2011，28 (4)：17-19.

[12] 潘洪平，等. 葛根素对脑缺血损伤的影响 [J]. 中国药师，2009，12 (6)：704-706.

[13] 杨华，等. 野葛异黄酮糖苷的分离纯化及体外清除自由基活性的研究 [J]. 安徽农业大学学报，2011，38 (2)：151-155.

[14] 黄诚，等. 葛根酸乳加工工艺优化 [J]. 食品科学，2010，31 (12)：297-300.

[15] 孙术国，姚茂君，麻成金，等. 微波辅助制备葛根酒 [J]. 食品与发酵工业，2010，36 (10)：101-106.

[16] 邵兰兰，等. 葛根异黄酮、淀粉的提取及葛产品开发研究进展 [J]. 食品工业科技，2012，33 (6)：452-455.

[17] 常虹，周家华，兰彦平，等. 葛根淀粉提取工艺研究 [J]. 现代食品科技，2009，25 (5)：523-526.

[18] 田启建. 湘西州葛根资源利用现状及产业发展策略 [J]. 湖南农业科学，2010 (5)：111-114.

[19] 唐迪，等. 葛根多糖提取工艺研究 [J]. 安徽农业科学，2012，40 (5)：2654-2655，2658.

[20] 刘云，张瑶，和润喜. 葛根及葛根食品的研究与开发现状 [J]. 中国林副特产，2010 (1)：94 -96.

[21] HONG P P, GAO L. Protecting mechanism of puerarin on the brain neurocyte of rat in acute local ischemia brain injury and local cerebral ischemia reperfusion injury [J]. Yakugaku zasshi, 2008, 128 (11): 1689 -1699.

[22] LATIPORN U, KANOKPORN C, WARAPORN P, et al. Impact of pueraria candollei root cultures on cytochrome P450 2B9 enzyme and lipid peroxidation in mice [J]. Journal of Health Science, 2010, 56 (2): 182 -187.

[23] WICHAI C, WANDEE S, KADE P, et al. Mutagenic and antimutagenic effects of the traditional herb used for treating erectile dysfunction, butea superba roxb [J]. Bioscience Biotechnology and Biochemistry, 2010, 74 (5): 923 -927.

[24] PENG F Y, HAI LY, et al. The study to reduce the hemolysis side effect of puerarin by a submicron emulsion delivery system [J]. Biological&Pharmaceutical Bulletin, 2008, 31 (1): 45 -51.

[25] GUO R, ZHANG Y, LIU Y J, et al. Isoflavone content and antioxidant activity of ethanol extract from flowers of Pueraria lobata [J]. Acta Botanica Boreali - Occidentalia Sinica, 2009, 6: 1259 -1263.

[26] HAN R M, TIAN Y X, BECKER E M, et al. Puerarin and conjugate bases as radical scavengers and antioxidants: molecular mechanism and synergism with β - carotene [J]. JAgric Food Chem, 2007, 55 (6): 2384 -2391.

7 红豆杉

红豆杉是红豆杉科（Taxaceae）红豆杉属（*Taxus*）植物的总称，是第四纪冰川遗留下来的古老树种，在地球上已有250万年的历史，是世界珍稀濒危植物，列为国家一级重点保护植物。该属植物木材纹理均匀，结构致密，韧性强，坚硬，弹性大，具光泽，防腐性好，是著名的上等工业用材。兼用于雕刻、乐器、箱板、车旋、文具、船桨等细加工制品。尤其是其特有的药用价值使其成为继长春碱、秋水仙碱、美登木素、三尖杉脂等一系列具代表性的抗癌药物的新宠。从红豆杉中提取得到的紫杉醇（Tasol）通过国内外临床实验证实：对卵巢癌、乳腺癌、肺癌、胃癌等有特殊的疗效。自1992年美国食品和药物管理局（FDA）批准紫杉醇用于治疗晚期卵巢癌以来，至今已有英国、法国、日本、意大利、加拿大、瑞典、德国、挪威、瑞士、巴西、中国等40多个国家获准紫杉醇用于临床治疗。

7.1 种质资源及分布

红豆杉根据生长地域和生物学特性可分为11个种，除澳洲的*Austrotaxus Spicata*产于南半球外其余分布在北半球的温带至亚热带地区。我国红豆杉有4种1变种，即东北红豆杉（*T. cuspidata*）、南方红豆杉（*T. chinensis var. mairei*）、中国红豆杉（*T. chinensis*）、云南红豆杉（*T. yunnanensis*）和西藏红豆杉（*T. wallichiana*）。

（1）东北红豆杉。该种仅在东北地区存在。多生于红松、鱼鳞云杉、白桦、紫椴和山杨等为主的针阔混交林内，分布海拔600～1200 m，主产于吉林省长白山区，即吉林安图、汪清、和龙、抚松、浑江、长白及通化地区。向南延伸至辽宁省东部山区的宽甸、恒仁、凤城和岫岩等地。向北延伸至黑龙江省张广才岭东南部，老爷岭山区，小兴安岭南部的宁安、东宁、鸡西、绥棱等地。自然分布地域很窄，零星，年净生长量很低。资源储量很有限，估计该区总蕴藏量（鲜重）不足300 t。其枝叶、树皮采量极有限，采收量稍多即可造成植株第二年死亡。因此，除可进行少量枝叶采收外，年允收量几乎为零。

（2）南方红豆杉。又称美丽红豆杉，为红豆杉属植物在中国分布最广泛的一种。主要分布于长江流域、南岭山脉山区及河南、陕西（秦岭）、甘肃、台湾等省的山地或溪谷。是亚热带常绿阔叶林、常绿与落叶阔叶混交林的特征种，常与其他阔叶树、竹类以及针叶树混生。分布海拔800～1600 m，在广东阳山、乳源、连县海拔400～500 m的山地也产。资源储量相对较其他各种大。由于其材质坚硬，水湿不腐，是水工程等的优良用材，长期以来都是被砍伐对象。加之20世纪60年代以来原始森林的过度砍伐和利用，资源锐减。80年代末90年代初以来，很多商家曾通过各种途径在资源相对集中的南岭山地高价收购其树皮，初步估计约有50 t树皮被收购，再加上本区盲目性发掘，还有上万株遭毁灭。南方红豆杉现存资源已很少，处于濒危状态，促使中国林业部在1992年将其列为一级珍贵保护树种。

（3）中国红豆杉。该种分布也较为广泛，主要分布于华中区1000 m或1200 m以上的山地上部未干扰环境中，华南、西南区1500～3000 m的山地落叶阔叶林中。相对集中分布于地形较为复杂的横断山区和四川盆地周边山地约40余县，现存资源蕴藏量较大，保存相对较好。

（4）云南红豆杉。该种集中分布于云南西北部的五州16个县、西藏东南部和四川西南部的七个县（木里、盐源、九龙、冕宁、西昌、德昌、普格）等地。在滇东、滇东南、滇西南也有间断分布。常生于海拔2000～3500 m的针阔叶混交林、沟边阔叶林内，资源蕴藏量大。据调查估计，仅滇西横断山区的五地州16个县约9×10^4 km^2，就约有1.35×10^6株；小枝叶蕴藏量约为4050×10^4 kg。但近两年，云南省已有数以万计的云南红豆杉被剥皮，砍掉枝叶，仅志奔山一地就损失9.2万株，初步测算被盗剥红豆杉树皮132.1×10^4 kg，使这一地区的资源濒临灭绝。

（5）西藏红豆杉。该种主要分布于西藏自治区南部吉隆等地和邻近的云南部分地区。生于海拔2500～3400 m的云南铁杉、乔松、高山栎类林中。西藏红豆杉是中国分布区最小，也是资源蕴藏量最小的种类，也基本未遭破坏。

7.2 生物学特性

7.2.1 形态特征

红豆杉为常绿乔木或灌木，高可达20 m，胸径可达1 m。树皮开裂，成片脱落，呈灰色或红褐色；木材心边材区别明显，心材桔红色，边材淡黄褐色，纹理直、均匀，结构细致，硬度大，韧性强，干后少开裂；大枝开展而稠密，形成卵状树冠；1年生枝绿色或浅黄绿色，秋季逐渐变为黄绿色或浅褐色，2、3年生枝黄褐色、浅红褐色或灰褐色；小枝交互呈水平方向伸展；冬芽具覆瓦状排列的鳞片，圆柱形，淡黄绿色，长1.5～2 mm，直径约1 mm，基部鳞片背部纵脊明显或不明显。叶线形、直或近镰形，螺旋状排列，基部扭转通常呈两列状，表面有明显的中脉，背面中脉两侧各有一条淡绿色或浅黄色的气孔带，叶内无树脂道。雌雄异株，花小、色淡，球花单生于叶腋；雄花圆球形，有梗，基部具覆瓦状排列的苞片，雄蕊6～14枚，盾状，各具3～9个花药，辐射状排列；雌球花几无梗，基部有多数覆瓦状排列的苞片，上端2～3对苞片交互对生，胚珠1枚、顶生，基部托以圆盘状球托，受精后球托发育成肉质、杯状假种皮，色绿，秋季果实成熟后变为鲜红色，内含种子1粒，坚果状、当年成熟，种脐明显，胚小，胚乳白色多脂肪，子叶两枚，发芽时出土（彩图7.1、7.2、7.3）。

7.2.2 生态习性

红豆杉属植物全球约有11种，主要分布于北半球，我国有4种及1变种，该属植物由于分布范围广，因而各种之间所适宜的生态环境差异很大，如西藏红豆杉产于我国西藏南部海拔2500～3000 m地带；云南红豆杉生于海拔2000～3500 m的高山地带；东北红豆杉则产于海拔500～1300 m气候冷湿、小气候静风而潮湿、地形比较闭塞的阴坡和半阳坡、空气相对湿度大于85%的酸性土壤带；红豆杉一般生长在海拔1400～2000 m的高度，在石灰质土壤中生长最佳，为钙质土的指示植物；南方红豆杉分布一般较红豆杉低，通常生于海拔1000～1400 m的地方。红豆杉耐荫性强，阴坡分布量大于阳坡。在天然林中分布零散，一般情况下分布为小群体，或单株散生在优势种植物树冠林下，适应弱光照，表现为灌木或小乔木，在有些地区为优势种，表现为高大乔木。红豆杉适宜气候凉爽多雨，年雨量700～2000 mm较好。

7.2.3 生长习性

7.2.3.1 根系生长

红豆杉为浅根性树种，主根不发达，侧根水平展开，扩展面较广，易倒伏；要求土壤不宜过干，但排水必须良好，一旦遭受淹没，即有枯死的可能。

7.2.3.2 枝条生长

该树生长缓慢，40年生胸径仅10 cm，寿命长，约为500～600年。河南省济源县天台山下紫柏庄海拔760 m处，有一株南方红豆杉古树，胸径5.6 m；陕西山阳县十里铺乡海拔900 m处有一株红豆杉胸径1.2 m；东北红豆杉63年生的植株高仅7.6 m，胸径13 cm，年高生长12 cm，年胸径生长2 mm。在10～30年树龄期间生长最快，年高生长可达25 cm，年胸径生长5～6 mm。

7.2.3.3 结实习性

红豆杉为雌雄异株、异花授粉植物，在自然条件下雄株多，雌株少。根据西北植物研究所标本室馆藏标本统计，102份红豆杉标本中，雌株占总标本数的11.8%；86份南方红豆杉标本中，雌株占9.3%。由此可以证明，在自然条件下雌雄比例约为1：9左右。只有在雌雄株混生的地方才能采集到种子。红豆杉花期3～5月，果期6～9月，种子10月成熟；大多数雌树每年都生产一些种子，但丰年出现的频率不多。据报道，每6～7年才有一个丰年。红豆杉大约树龄为30年时才开始结实。其种子有休眠特性，萌发缓慢，自然条件下一般要经过两个冬季和一个夏季，到第三年才能发芽。在漫长的休眠期内，有些种子已腐烂，有些遭受鸟类和鼠类动物的吞食，因此常有相当数量的种子不能萌发成新植株。

7.3 栽培与管理

7.3.1 育 苗

7.3.1.1 实生育苗

（1）采种。红豆杉果实10月中下旬成熟。果实成熟时肉质假种皮呈鲜红色，即可采收。红豆杉杯状的假种皮肉质厚、多黏汁，采集后需要进行处理。用竹篓或袋子盛装果实，伴以2倍锯木粉或粗米糠，混合后机械搓擦，然后流水漂洗，锯木粉或粗米糠及瘪粒浮于水面，优质种子沉于竹篓或袋内，取出晾干进行储藏。

（2）种子消毒与储藏。红豆杉种子休眠很深，长达2～3年，直接播种育苗效果差，须经层积催芽处理。催芽前，种子消毒用0.5%硫酸铜溶液浸泡5 h，或用2%高锰酸钾溶液浸泡0.5 h。层积催芽的方法：首先将消毒过的种子同湿润的河沙按1∶3比例混合均匀，包于窗纱网包内或存于陶瓷盆中；其次，在室外选择地势高、干燥，排水良好，土质疏松且背风的山坡地。然后挖储藏坑，在坑底部挖一小孔，以利排水通气；最后在坑底铺10～15 cm厚的河沙，放入装有种子的窗纱包或陶瓷盆，用河沙覆盖，其上堆土盖实，防水进入坑内，坑四周挖排水沟，6～9月每月检查1次。催芽到第3年2～3月播种。

（3）圃地的选择与整理。红豆杉是山地树种，有一定的耐寒、耐旱、耐瘠薄的特性，不耐积水。种子发芽时，幼芽呈弓字形，生长缓慢，破土能力很弱，幼苗不耐强光。因此，圃地选择的具体要求：地形上选有利于排水的缓坡地块，阴坡最好，土壤肥沃疏松、土层厚的壤土或沙壤土为宜，以微酸性土壤为好，碱性土壤不宜，从水源上选有清洁水质浇灌的地块。红豆杉作为针叶树，为预防苗期病虫害发生，忌选种植过烟草、棉花、玉米、薯类的地块。

在11～12月间，对育苗地进行深翻，清除石块、杂草。苗床每畦规格为15 m×1.2 m×0.2 m，畦距0.5 m，并施以腐熟人畜肥1500 kg/亩和复合肥50 kg/亩作底肥。畦面要求平整、细碎。地块不平整易造成局部低洼处积水。苗床作好后，播种前1～2 d，用75%五氯硝基苯粉剂4～5 g/m与200倍细沙混合均匀撒施于床面，中耕使药土与表土混合均匀。

（4）播种。播种时间以2～3月为宜，按株行距10 cm×15 cm点播，用细土盖种1cm厚，浇透水，弓棚盖农膜，农膜四周用泥土压实，做到保温保湿，促使提早出苗。因红豆杉种子较香极易发生鼠害，可用磷化锌1%～3%制成毒饵诱杀。

（5）苗期管理。红豆杉苗的培育管理与一般林木苗大体相同，主要抓住以下几个环节。①揭膜搭棚：苗木出齐后应揭去薄膜，及时覆盖遮阳网，以保护苗木避免强光直射，使幼苗不受日灼伤害。②除草施肥：苗木出土后，杂草也随之而生，要及时拔草，做到除早除小除干净，结合除草进行施肥，开始用0.2%尿素浇施，以后每隔10～15 d结合中耕除草薄肥勤施，以促进幼苗生长。病虫防治：苗期要及时做好病害的预防，红豆杉幼苗的立枯病、菌核性根腐病，可用50%托布津可湿性粉剂800倍或用50%多菌灵可湿性粉剂300～400倍液喷雾防治，10～15 d防治一次，连喷2～3次。如有蚜虫发生，可用敌百虫、敌敌畏1000～1500倍液喷雾防治。地下害虫，在傍晚用辛硫磷800～1000倍液喷雾表土或用地氯磷1000倍浇灌土壤杀虫。

7.3.1.2 扦插育苗

1）扦插时间

在一定的设施条件下，红豆杉扦插繁殖可全年进行，但在不同的季节扦插，插条的生根时间和生根率相差很大。通常在4月中旬至9月中旬取1～2年生枝条进行扦插。春插时宜在母树尚未萌动时进行；夏插时在当年新梢已充分半木质化后进行。但也有秋、冬季节扦插的生根率高于春、夏季节扦插生根率的报道。

2）扦插方法

采条：不同来源的插条，如采穗的母树、插条年龄和插条处在树冠上的部位等，均对扦插生根产生不同的影响。通常在小于10年树龄或胸径为20～40 cm的中上部冠层上选取插条，而以健康幼年树的1年生枝条或母株基部的萌蘖条等作插条为宜。因1年生插条的木质化程度优于未木质化的幼嫩枝，含水量和营养物质也优于完全木质化的硬枝，使得1年生插条扦插生根时间变短，生根率提高。据研究报道，树冠外围抽生的1年生枝扦插后所形成的苗木与老茎上的萌蘖枝或截顶后所抽生的萌蘖枝扦插后所形成的苗木相比，没有出现具有明显顶端优势的直立顶梢，其表型效果为灌木状，更适合于药用采叶的需要。5年生灌木型扦插苗的生物总量大于5年生乔木型扦插苗的生物总量，产叶量灌木型扦插苗显著高于乔木型扦插苗。因此灌木型扦插苗是营建规模化紫杉醇采叶园的良好株型。

剪条与处理：插条要随采随用，没有用完的应保湿储藏。插条采集后应立即截成10～15 cm长的插穗，除去下部小枝和叶片；也可将成捆插穗的下切口数厘米浸泡在已配制好的药液中进行激素处理。生根粉对红豆杉的生根有促进作用，可以提高扦插繁殖的效果，但不同的处理组合或浓度，其生根的效果不同。周敦强的ABT1号生根粉的浓度、插穗长度和插穗浸泡时间3因素正交试验结果显示，对南方红豆杉成活率的影响大小顺序依次为浓度>长度>时间，较优的插穗处理组合是浓度为150 mg/kg的ABT1号生根粉，浸泡插穗长度为10 cm的短枝4～6 h。同样，各浓度的ABT1号生根粉处理对南方红豆杉生根率的影响大小依次为200 mg/kg处理2 h>50 mg/kg处理8 h>1000 mg/kg处理10 s>对照，分别为89.3%、81.2%、74.6%和67%。也可用浓度为200 mg/kg ABT2号生根粉溶液浸泡8～10 h。在与对照的对比试验中，用ABT2号生根粉处理的插穗，发根时间比对照缩短一半，生根数和生根长度显著高于对照，尤其是浸泡插穗30 min浓度为500 mg/kg的处理，生根率为81%，比对照高61.7%。

研究表明，用生根剂处理有利于插穗提早生根及增加生根数量，以冬季（12月份）及早春（2月份）应用的效果较为明显，在扦插3～5个月后的生根率和生根数量与对照比有显著差异。这可能是因为处于休眠期枝条内的生长物质含量较少，使用生根剂可以促使淀粉和脂肪的水解，增加新陈代谢作用，促进可溶性化合物向插穗下部运输和积累，从而促进插穗生根。

扦插环境及插后管理：不同的扦插环境特别是生境对红豆杉的插条生根和扦插苗的生长有不同的影响。研究表明，拌种小麦对插条生根生长有利，因为在正常生长的扦插苗白色肉质初生根上通常附着大量白色绒毛状的菌丝，而生长不良的扦插苗，不定根往往呈黄褐色，少或者没有菌根形成。另外，拌种小麦除能改善扦插苗根际环境外，同时也能为扦插苗生长初期营造一个良好的小生境，小麦自然死亡后，根系的缓慢分解对改善苗木根际环境有利。

插条在不同的扦插基质环境中，其生长的效果明显不同。王月生认为在4种不同配比基质处理中，以泥炭占配比基质39%～49%（泥炭、焦泥灰、黄心土、钙镁磷肥之比=49：30：20：1或39：40：20：1）的基质容器苗比泥炭占配比基质20%～25%（另加沤制后的锯屑20%～25%）的基质容器苗生长量大，出圃质量高，主要原因可能是前者的全氮和碱解氮比后者均高20%左右。在另外的9种不同育苗基质对南方红豆杉小苗木（6月龄）生长的影响处理中，用草炭+蛭石（1：1）作育苗基质与对照红壤土相比较，其结果前者苗高、须根数、地上和地下部分鲜重等指标的生长表现均较对照要好。同样含草炭约30%，即草炭+锯末+土+牛粪（2：2：2：1）的混合基质，也能促使南方红豆杉苗木的地径、全株鲜重、地下部分鲜重等指标的生长。可见无论是含泥炭还是含草炭的扦插基质，因其质地疏松，保水、保肥、透气性能好，都适合于作南方红豆杉扦插育苗的基质。

傅瑞树等认为不同的苗床基质其扦插后所获得的南方红豆杉生根率和成苗率亦不同，以河沙和珍珠岩按8：2混配作苗床基质的最佳，其生根率和成苗率均在80%以上，显著高于其他3种苗床基质即河沙和火烧土（5：5）、黄土和单一河沙。这也说明含珍珠岩石基质的透气性和保水保肥性对扦插生根的影响亦很大。

红豆杉是喜阴植物，在苗期要加强遮阴管理。孙佳音等对1～5年生南方红豆杉进行89%遮阴、46.4%遮阴和自然光（不遮阴）处理，测得的光补偿点分别为18.88、30.52和65.34 μmol/(m^2·s)，光饱和点分别为287.01、258.25和358.92 μmol/(m^2·s)，结果表明：遮阴可以降低南方红豆杉的光补偿点和光饱和点，从而能够更好地利用弱光，同时提高光合速率，增强了南方红豆杉的光合能力。由于扦插苗在对空间的利用上要优于实生苗，能更有效地利用光能，在盆栽和管护良好的前提下，其光需求强于对营养的需求，而且随着光照强度的升高还能够引起空气温度的上升和空气相对湿度的下降，尤其是在南方红豆杉3～5月份的换叶期间。因此，适时适度的苗期遮阴尤为重要。

目前南方红豆杉大多采用温室育苗，这既有利于其生长发育，也为病虫害的发生创造了条件。因此，首先必须采取非化学农药防治技术即生态防治、生物防治，特别是以消毒技术为主要手段的综合防治。对常见的“两病一虫”，即茎腐病、白绢病和蚜虫，也可及时采取化学防治方法进行补救。茎腐病可采用70%五氯硝基苯粉剂+70%敌克松粉剂（1：1）以5 g/kg浓度混合兑水浇灌，其防治效果最佳，达89%，其次为采用50%多菌灵+50%甲基托布津可湿性粉剂（1：1）以4 g/kg浓度混合兑水浇灌，其防治效果达83%。白绢病可采用70%五氯硝基苯粉剂拌黄心土撒施苗床，浓度为150 g/kg防效可达95%以上，其次为生石灰苗床撒施，浓度为225 g/kg，防效可达80%。温室蚜虫可采用10%吡虫啉乳剂喷施苗床，浓度为0.3 g/kg，可使防效达95%以上，其次为1%杀虫素乳剂喷雾，浓度为0.2 g/kg，防效为91%。

7.3.1.3 组织培养

人们通过植物组织培养方法以快速繁殖红豆杉属植物的研究迄今已有30年以上的历史。培养方法主要分为4大类：离体胚培养法、嫩芽增殖法、愈伤组织再生植株法以及体细胞胚发生法。

（1）离体胚培养法。最早见于1968年Le Page－Degivry的报道，即将休眠的欧洲红豆杉未成熟胚接种于培养基中，使其吸收营养并滤去胚中内源脱落酸（ABA），经过30 d培养，胚萌发率可达28%。1970年至1973年，Le Page－Degivry通过实验表明：接种于Heller（1953）培养基中的欧洲红豆杉离体胚中内源ABA一旦被滤去，胚萌发即可开始。欧洲红豆杉休眠种子中未成熟胚在培养基上的萌发，可以通过在培养基中添加赤霉素以解除内源ABA对红豆杉离体胚萌发的抑制作用。1991年，Flores等将从杂种紫杉、短叶红豆杉绿色种子中剥取的未成熟胚接种在White或MS培养基上，其萌发率最高可达70%，而种子越成熟，其培养胚萌发率则越低。1993年实验表明有30%的萌发胚能够完全成苗。1992年，Hu C－Y等对4种红豆杉离体胚在不同培养基上的生长与萌发作了试验，结果表明：B_5（Gamborg，et al，1968）培养基上14 d欧洲红豆杉与东北红豆杉未成熟胚生长最好，短叶红豆杉未成熟胚在MS培养基上生长较快；短叶红豆杉与东北红豆杉成熟种子中的离体胚生长时出现轻度休眠现象，而杂种紫杉成熟种子离体胚则由于深度休眠始终未见胚生长。将生长型离体胚转至$1/2B_5$培养基上，胚不断发育，萌发成试管苗，如在原始培养基中加入30 μm GA^3，短叶红豆杉离体胚萌发试管苗的生根率可达63.6%，最后，获得了数百株温室生长的欧洲红豆杉、短叶红豆杉和东北红豆杉离体胚幼苗。可见，不同基因型红豆杉离体胚，不论其成熟度是否相同，其休眠程度不一，因而导致它们的萌发率也互不相同。可喜的是，这一时期的离体胚培养较之前有较大进展，均不同程度地培养出了离体胚幼苗。1994年，Zhiri等报道了一种简便易行的方法，可以打破欧洲红豆杉某一栽培种T. baccata ‘Stricta’种子的休眠，使其离体胚快速萌发。具体方法是：9～10月采下带红色假种皮的种子，去掉假种皮后，用自来水冲洗7次，消毒处理后去除种皮，用无菌水冲洗3次，在无菌条件下切取种胚，接种于改良MS或改良Heller培养基上，培养基中含1 g/L的水解酪蛋白（CH）、1 g/L的酵母膏（YE）、0.1 g/L抗坏血酸（AA）以及5 g/L的活性炭（AC）。在一定的培养条件下，7 d后离体胚萌发率可达100%，并且均可完全发育成苗。同年，Chee研究表明：在B_5培养基上接种短叶红豆杉与欧洲红豆杉较为成熟种子中的离体胚，经过28 d的暗培养，继以56～70 d 16 h光周期培养，有36%的离体胚会发育成幼苗。很明显，无论从打破休眠，还是从离体胚萌发率以及成苗率来看，这一时期红豆杉胚培养效率有所提高。

红豆杉属植物离体胚的萌发效果与培养基的种类关系很大。即使是同一种红豆杉，由于培养基的不同有时会得到不同的结果。如Flores等在White培养基上培养短叶红豆杉离体胚时，发现胚萌发率随着成熟度的增加而显著降低，而Chee在B_5培养基上培养短叶红豆杉离体胚的结果正好相反。这可能是成熟胚与未成熟胚有各自不同的适宜培养基所致。另外，光照条件也是影响红豆杉属植物离体胚萌发的一个重要因素，但结果不一致。陈永勤等试验结果表明，黑暗比光照有利，这与Chee在欧洲红豆杉上得到的结果一致，而与Flores等见到红豆杉属植物离体胚在光下萌发得到更好的结果不一样。

（2）嫩芽增殖法。1981年，Amos和Mc Cown报道了用红豆杉属植物的茎尖进行微繁殖的试验：将培养物接种于含有不同质量浓度BA的WPM培养基上，低质量浓度BA有利于嫩芽产生；高质量浓度BA则抑制嫩芽伸长。1983年，Barnes对加拿大红豆杉的茎尖进行微繁殖试验，在含1 mg/L BA的WPM培养基上，其腋芽生长良好。1995年，Chee将短叶红豆杉的离体胚接种于1/2 B_5培养基上，培养基含BA 10 μm，培养14 d后离体胚上诱导出了不定芽原基，经过处理，在有效芽苗中有58%产生了根，90 d后得到了生长良好的幼小植株。

1997 年，杨振国等利用东北红豆杉幼枝顶芽作外植体，以 MS 为基本培养基，通过芽体组织培养诱导出丛生芽。之后，又发现东北红豆杉茎尖能诱导出不定芽与不定根，不定芽的形成与 BA/IBA 比值和母树龄有关，不定根的形成主要取决于 IBA 的质量浓度与母树树龄。嫩芽增殖法相对于离体胚培养法报道较少，而且由于红豆杉基因型不同，导致此种培养方法可行程度不一致，最后似乎很难培养得到完整小植株。这表明：对红豆杉属植物剪切外植体时，供体植株的适宜生理状况还有待进一步研究与确定。

（3）愈伤组织再生植株法。有关利用红豆杉属植物外植体脱分化诱导愈伤组织，通过愈伤组织再分化出芽，进而诱导生根，再生出幼小植株的报道很少。1997 年，王水等用云南红豆杉嫩枝外植体作了这方面的研究。结果显示，其外植体在含有 2，4 - D、NAA 和 KT 的 6，7 - V 培养基上产生了愈伤组织，进一步分化出芽，芽长成嫩枝后转移到含 IBA 或 IBA 和 6 - BA 的 White 培养基上分化出根，形成再生小植株。作者在文中介绍，虽然再生植株的分化与移栽成活都比较容易，然而从愈伤组织分化出芽以及腋芽的萌发较慢，这很大程度上影响了快速繁殖的速度。不过，本研究为云南红豆杉的无性快速繁殖提供了一种方法，为云南红豆杉的工厂化育苗奠定了基础。

（4）体细胞胚发生法。1993 年，Salandy 等将佛罗里达红豆杉针叶外植体诱导出的愈伤组织在含 2，4 - D 1 mg/L 和谷氨酰胺 1 g/L 的 MS 培养基中进行细胞悬浮培养，结果愈伤组织细胞群中出现了胚性结构细胞。1994 年，Wann 和 Goldner 申请了红豆杉属植物体细胞胚发生法的专利，且以未成熟胚为外植体，结合 2，4 - D 与 BA，经过 180 d 2 个阶段的培养，诱导出了体细胞胚。1995 年，Lee 和 Son 也申请了体细胞胚发生专利。

7.3.2 建　园

7.3.2.1 园地选择

红豆杉种植地以土层深厚、阴坡和半阳坡较好，房前屋后、溪边沟坎、坡度小于 35°的荒山荒坡均可种植，郁闭度小于 0.4 的人工幼林地亦可栽植，低洼积水之处不能栽植。

7.3.2.2 定植穴准备

荒山种植多采用全垦或带状整地，垦荒时间可放在秋、冬季农闲时进行。定植穴标准：长 × 宽 × 深 = 50 cm × 50 cm × 40 cm。于等高线上呈“品”字排列，穴状整地，穴距 1.5 m × 2.0 m，挖穴时表土、心土分别堆放，便于将表土填入穴内，提高土壤肥力。在人工幼林中栽植，其密度应根据幼林实际郁闭状况而定，原则是以栽植于幼树冠外光照条件好的空地中为宜。

7.3.2.3 栽　植

栽植时间以冬末早春为好。栽植前一个月回填表土，将表土打碎，捡净，填入穴内至一半时施复合肥 200 g 与表土搅拌填入。起苗前浇湿幼苗，以便幼苗根部土球完整。在起苗、运苗、栽植等过程中保护好苗根，以防失水。栽植时压实覆土，在穴面上填一层 2 ~ 3 cm 的松土保墒，提高造林成活率。

7.3.3　红豆杉的管理

7.3.3.1　抚　育

定植后每年应抚育2~3次。5~6月和8~9月锄抚两次，7月刀抚。栽植后从第二年开始每年5月结合锄抚追肥。从第四年起，每年可通过修剪枝叶方式采收原料，或整株挖除(包括根系)，用于提取紫杉醇。用于绿化则视形状需要修剪。

7.3.3.2　病虫害防治

红豆杉病虫害发生率较低，属抗病虫害植物，目前未发现灾害性病虫。在整个生育期中，苗期和幼年期病虫害相对较多，主要以茎腐病、白绢病、蚜虫的为害最重。

茎腐病：主要在苗期发生，首先在苗茎基部发生茎腐，开始是个别株致病，随后扩展成整簇染病。主要发生在夏秋季高温季节。病害发生和流行主要取决于7~8月的气温，如果发病较早，苗木抗热能力弱，故发病较重。防治措施：在夏秋之间降低苗床土壤表层的温度，防止灼伤苗木茎基部，以免造成伤口导致病菌侵入；增施肥料，促进苗木生长，增强抗病能力。采用五氯硝基苯+敌克松粉剂以0.5%的浓度混合兑水浇灌，多菌灵+甲基托布津可湿性粉剂以0.4%浓度混合兑水浇灌，防治效果较好。

苗白绢病：该病病害一般在6月上旬开始发生，7~8月温度上升至30℃左右时为病害始盛期，温度高达35℃时，为病害的高峰期，9月末病害基本停止。防治措施：加强管理，筑高床，疏沟排水；及时松土，除草；增施氨肥和有机肥料，以促使苗木生长健壮，增强抗病能力；扦插苗发病后，应及时清理病株、落叶和感染基质。采用五氯硝基苯拌心土进行洒施苗床可有效地防治扦插苗白绢病，防治效果达95%以上。

蚜虫：蚜虫是温室南方红豆杉扦插苗的主要害虫之一，由于温室内的常年温度保持在18℃以上，在冬季，蚜虫不存在越冬问题，在夏季，如果外界温度不特别高（≤38℃），温室内的扦插苗又有一定的叶面积，蚜虫仍能继续繁殖、为害，因此，蚜虫在温室中发生的特点是以孤雌生殖的方式，在温室中周年发生繁殖，并且世代重叠。采用10%吡虫啉乳剂施洒苗床可有效地防治扦插苗的蚜虫，防治效果达95%以上。

7.4　采收与初加工

红豆杉可提取抗肿瘤药物成分——紫杉醇。而影响红豆杉紫杉醇含量的因素较多，包括植株的年龄、器官、种和变种，还包括采摘季节、生长环境等。虽然不同的研究结果存在一定差异，但都基本反映了红豆杉中紫杉醇含量的一般规律。

程广有等对树龄8~56年的6株东北红豆杉紫杉醇含量的测定表明，紫杉醇含量随着树龄的增长而增加，8 年生红豆杉树皮中紫杉醇含量仅为 0.000 68%，而 56 年生的树皮中紫杉醇含量为 0.004 65%，增加了 6.8 倍。而且紫杉醇在各年龄段的增加量明显不同，树龄 23 年以下的植株平均每年的增长量可达 0.000 07%，而 23 ~ 34 年含量增长有所趋缓，34 年以后增长量又开始加快，平均每年高达 0.000 13%。但苏建荣等对 13 ~ 223 年生的 10 株云南红豆杉针叶中紫杉醇含量的测定发现，紫杉醇含量并不是随着树龄的增长而持续地增加，即增加到一定程度后会出现下降趋势，树龄对紫杉醇含量的影响主要体现在较年轻的植株，而对成熟植株的影响不大。

赵春芳等对 30 年生的中国红豆杉研究表明，当年生针叶春季紫杉醇含量为 0.003 58%，而秋季含量为 0.002 04%，春季高于秋季。而对于多年生针叶，紫杉醇含量从春季到秋季变化不显著。由于特定的生长环境，东北红豆杉生长季和非生长季紫杉醇含量差异显著，在生长旺季（4 ~ 8 月）紫杉醇含量较低，平均为 0.0012%；进入 8 月，东北红豆杉生长开始减缓，紫杉醇含量逐渐增加，至 10 月完全停止生长时紫杉醇含量较高，到 2 月达到最大值（0.0048%）。紫杉醇及其前体 10 - DAB 在不同季节含量处于动态变化之中，春季当年生针叶紫杉醇含量高时，10 - DAB 含量相对较低，秋季则相反。

从树龄看，紫杉醇含量随着植株年龄的增长而增加，而不同部位含量并未随年龄增长呈现规律性变化。同一植株不同部位之间紫杉醇含量同样存在差异，一般认为树皮 > 树叶 > 木质部。国内不同种红豆杉紫杉醇含量存在一定差异，目前研究结果表明，云南红豆杉紫杉醇含量最高，南方红豆杉次之，东北红豆杉最低。

采摘季节也影响了紫杉醇含量，植株非生长季的紫杉醇含量一般会高于生长季。

综合来看，红豆杉可在第 3 年后适当采收枝叶。10 月份为其最佳采收期。采收后如不作鲜加工用，应及时摊开通风阴干或晒干。

7.5 红豆杉的化学成分及药理作用

7.5.1 化学成分

1966 年美国天然产物化学家 Wall 和 Wani 首次从短叶红豆杉树皮中分离出一种微量（0.014%）抗癌成分，1971 年通过 X 衍射和核磁共振两种技术的联合应用，确定其为一个带有特殊的环氧丙烷和含氮酯侧链的复杂二萜类化合物，并将其命名为紫杉醇（taxol）。1979 年，Horwitz 等研究发现紫杉醇独特的作用机制在于促进微管蛋白的不可逆聚合，从而阻断有丝分裂，此发现成为对紫杉醇及其紫杉烷类化合物研究的一个新的转折点。特别是 1992 年和 1994 年美国 FDA 正式批准紫杉醇作为治疗晚期卵巢癌和乳腺癌的新药以后，极大地激起了人们对红豆杉属植物中化学成分的研究兴趣。紫杉醇从开始应用至今，其临床应用范围已扩展到肺癌、头颈癌、前列腺癌、宫颈癌及艾滋病引发的 Kaposi's 恶性肿瘤等。紫杉醇及其红豆杉属植物引起全世界的广泛关注。目前已经从红豆杉属植物中分离鉴定了约 550 种紫杉烷类化合物。紫杉烷类二萜化合物按其基本骨架可分为 6/8/6（Ⅰ）、6/5/5/6（Ⅱ）、6/10/6（Ⅲ）、5/7/6（Ⅳ）、5/6/6（Ⅴ）、6/12（Ⅵ）、6/8/6/6（Ⅶ）、6/5/5/5/6（Ⅷ）和

21C－6/8/等9种不同的稠和方式，包括五元环、六元环、七元环、八元环、十元环和十二元环等。9种基本骨架按其被发现的时间顺序排列如下，即Ⅰ型C_4～C_{20}位有环外双键的紫杉烷；Ⅱ型C－3，11环化的紫杉烷；Ⅲ型2（3→20）重排的紫杉烷；Ⅳ型11（15→1）重排的紫杉烷；Ⅴ型11（15→1），9（10→11）双重排的紫杉烷；Ⅵ型C－3，8开环的二环紫杉烷；Ⅶ型C－14，20环化的四环紫杉烷；Ⅷ型C－3，11－C－20，12双环化的五环紫杉烷；Ⅸ型C_4～C_{20}位有环外双键的C－21紫杉烷，其中最后3种骨架是近年才从自然界中被发现，它们都是由骨架Ⅰ和骨架Ⅱ衍生而来，目前发现骨架Ⅶ和Ⅸ都仅有一个化合物。

南方红豆杉又称美丽红豆杉，是我国的特有品种，在我国分布最广泛，主要分布在长江流域、岭南山脉及河南、陕西（秦陵）、甘肃、中国台湾等地的山域或溪谷。对南方红豆杉化学成分的研究起始于20世纪80年代中期，最早是中国药科大学的闵知大教授于1984年首先对南方红豆杉的树皮进行了化学研究，随后台湾学者对南方红豆杉的各个部分进行了深入的化学研究。20年来从南方红豆杉的叶、茎、皮、种子中分离鉴定了约150种化合物，包括紫杉烷类化合物和少量的非紫杉烷类化合物，现分类总结如下。

7.5.1.1　紫杉烷类化合物

南方红豆杉中紫杉烷类化合物根据其碳骨架稠和方式仅有4种不同的基本类型：6/8/6（Ⅰ）、6/10/6（Ⅲ）、5/7/6（Ⅳ）和6/12（Ⅵ）。

1）含6/8/6骨架型紫杉烷类化合物

（1）含有C_4～C_{20}环外双键的紫杉烷类化合物：此类化合物在紫杉烷类化合物中最为普遍，目前从南方红豆杉中分得此类化合物27个。在氢谱中，C－9和C－10位的氢呈AB四重峰。由于H－9和H－10有较大二面夹角，偶合常数较大（$J \approx 10$ Hz）。H－3a一般出现在δ2.3～4.0左右，偶合常数为5～7 Hz，是含有C－4（20）环外双键6/8/6环系紫杉烷类化合物的一个特征峰（当C－2没有含氧取代基时例外，这时H－3仅为一宽的双重峰，偶合常数较小）。C－20位环外双键通常呈单峰或略宽的单峰。C－5位常有肉桂酰基取代，并且这类化合物可以增加抗癌药物对多药耐药细胞的活性。其中紫杉宁（taxinine，9）是紫杉中量最丰富的，也是结构鉴定最早的一个化合物，在针叶中可达0.1%，极易结晶，可作为合成紫杉醇的原料。化合物22～27是C－5位连有含氮侧链的紫杉烷类化合物，这类化合物是红豆杉的毒性成分，性质不稳定，容易转化成相应的肉桂酰基。至于侧链的氮上含一个甲基或两个甲基很容易从碳谱中N－Me的化学位移（失去一个甲基后剩下的甲基约向高场位移δ8）或质谱中的碎片峰进行判断（侧链往往是基峰）。

（2）含有C_4～C_{20}氧桥的紫杉烷类化合物：此类化合物是由C_4～C_{20}环外双键氧化而成，C－1位大多有含氧取代基。这类化合物的波谱特征是H－20a和H－20b作为一个非常特征的AB系统分别出现在δ2.3和3.6左右，偶合常数大约在5.2 Hz左右。H－5受C_4～C_{20}的三元含氧环各向异性效应的影响与相应的具有C_4～C_{20}环外双键的此类化合物相比明显向高场位移。化合物36是一个较为罕见的，同时在C－4，20和C－11，12含有氧桥的紫杉烷类化合物。

（3）C－14位上有取代基的紫杉烷类化合物：这类化合物的特点是C－14位全部为含氧

取代基，而13位则大多没有取代基。这类化合物大多存在于木质部或皮部，在其他红豆杉中发现的此类化合物C－9位大多没有取代基，而南方红豆杉中发现的此类化合物C－9位大多有取代基，因此，此类化合物有一定的化学分类学意义。

（4）C－4（20）含氧桥开环的紫杉烷类化合物：这类化合物可以看作是C_4～C_{20}环氧化合物加成或开环的产物，因此C－4位大多为羟基，少数为氢。氢谱上H－20a与H－20b虽然也呈宽的AB四重峰，但偶合常数比未开环时明显增大。

（5）含C_5～C_{20}氧桥的紫杉烷类化合物：这类化合物的特点是C_5与C_{20}形成氧桥（oxetane），是紫杉醇的生物活性所必需的一个基团。这类化合物常常作为合成紫杉醇（57）的前体物。H－20a与H－20b形成特征的AB四重峰。化合物56是自然界非常罕见的在C－13位含有肉桂酰基的巴卡亭类化合物。

（6）其他6/8/6骨架紫杉烷类化合物：包括C_{12}～C_{16}形成氧桥的紫杉宁M类（60～61）和C－4，5位含有双键的紫杉烷类化合物（62～64）。化合物61是62的C－5羟基乙酰化物，它们的特点都是C－11位含有羟基取代，C－19位含有苯甲酰基取代。在氢谱中H－16a、H－16b和H－19a、H－19b都呈AB四重峰，但H－19a、H－19b的偶合常数比H－16a、H－16b的大，与其他类型的紫杉烷类化合物相比H－9与H－10间的偶合常数非常小。C－4，5位含有双键的紫杉烷类化合物（62～64）被认为是合成紫杉烷类化合物的一个重要中间体。

2）含5/7/6骨架型紫杉烷类化合物

从南方红豆杉中提取分离得到了23个这类化合物。其中含有C_4～C_{20}环外双键的11（15→1）重排紫杉烷类化合物5个（65～69）；含有C_5～C_{20}氧桥的11（15→1）重排紫杉烷类化合物7个（70～76）；C_4（20）含氧桥开环的11（15→1）重排紫杉烷类化合物4个（77～80）；含有C_4（20）氧桥的11（15→1）重排紫杉烷类化合物仅1个（81）；含有C_2～C_{20}氧桥的11（15→1）重排紫杉烷类化合物，即含有C－2，20－四氧呋喃环的11（15→1）重排紫杉烷类化合物6个（82～87）。

（1）含有C_4～C_{20}环外双键的11（15→1）重排紫杉烷类化合物：此类化合物偶有肉桂酰基或苯甲酰基取代。

（2）含有C_5～C_{20}氧桥的11（15→1）重排紫杉烷类化合物：此类化合物常常含有苯甲酰基取代。

（3）C_4～C_{20}含氧桥开环的11（15→1）重排紫杉烷类化合物：此类化合物的特点是C_4～C_{20}环氧丙烷开环（77～80）。此类化合物在云南红豆杉的树皮中较常见，在其他红豆杉中较少见。

（4）含有C_4～C_{20}氧桥的11（15→1）重排紫杉烷类化合物：这类化合物在自然界较少，到目前为止仅发现2个，其中在南方红豆杉中发现了一个［2α，7β－二乙酰氧基－9α－苯甲酰氧基－4β，20－环氧－11（15→1）重排紫杉烷－11－烯－5α，10β，13α，15－四醇，81］。在室温下它的核磁共振氢谱峰形较宽，但低温测定时峰形变窄。

（5）含有C_2～C_{20}氧桥的11（15→1）重排紫杉烷类化合物：此类化合物的特点是在C－2和C－20间含有一个四氢呋喃环，在自然界中较少，特别是化合物84和85脱去C－15

位羟基形成了一个新的双键，目前主要发现于南方红豆杉的根中。

3）含6/10/6骨架型紫杉烷类化合物

这类化合物在自然界分布较少，但在南方红豆杉中相对较多，目前已分离出12个（90~101）。其中化合物98和99是目前仅有的两个含有 α，β-不饱和酮的2（3→20）重排紫杉烷类化合物。此类化合物C-9均为羰基取代，H-10在氢谱中呈一个尖的单峰，而C-9在碳谱中则呈现饱和酮羰基的特征信号。另外，H-3a和H-3b以及H-2、H-20在氢谱中都是非常特征信号。

4）含6/12骨架型紫杉烷类化合物

这类化合物主要是二环紫杉烷类化合物。到目前为止从各种红豆杉中分离得到的二环紫杉烷类化合物不足30个，但仅从南方红豆杉中就分离出14个（100~113），其中（110~113）是含有C-7，8，9-α，β-不饱和酮的二环紫杉烷类化合物。化合物106是紫杉烷类化合物中唯一的一个C-5位含有2′-乙酰氧基取代的肉桂酰基。这类化合物中H-10和H-20的信号比较特殊，分别作为一个尖的单峰和AB四重峰。

7.5.1.2 非紫杉烷类化合物

从南方红豆杉的心木、皮和枝叶中还分离得到了大量的非紫杉烷类化合物。南方红豆杉中的非紫杉烷类化合物包括二萜类化合物、木脂素、黄酮和酚类化合物。

1）三环二萜类化合物

南方红豆杉的三环二萜类化合物主要有松香烷型（114~120）、9（10→20）重排的松香烷型（121~127）和海松烷型（128）3类。

2）其他类化合物

我国台湾学者杨腾俊等从美丽红豆杉的枝叶中分离出大量的木脂素类化合物，其中有11种（129~131、138~145）化合物为首次从该植物中发现。另外，还有人从美丽红豆杉中首次分离到了 *cis*-*p*-coumarate ester，极大地丰富了美丽红豆杉的化学成分库。

7.5.2 药理作用

紫杉醇是一种广谱抗肿瘤药，它已用于治疗卵巢癌、乳腺癌、非小细胞肺癌、食管癌、胃癌、头颈部肿瘤、黑色素瘤、结肠癌等，新的研究成果还在不断延伸红豆杉和紫杉醇的治疗范围。

7.5.2.1 体外抗肿瘤作用

人癌细胞体外微量培养的四氮唑试验（MTT）证明，口腔上皮癌细胞（KB）、结肠癌细胞（HCT-8）、卵巢癌细胞（A2780）对紫杉醇最敏感，其 IC_{50} 分别为0.0019，0.0019及

0.0036 μg/mL。乳腺癌细胞（MCF－7）、胃癌细胞（MGC80－3）次之，肺腺癌细胞（A549）及肝癌细胞（Be17402）不够敏感。对长春新碱耐药的两种癌细胞 KB/VCR 及 HCT－8/VCR 对紫杉醇不够敏感（表 7.1）。小鼠白血病细胞 L－1210 及黑色素瘤 B－16 细胞的软琼脂集落形成试验表明紫杉醇对二者的集落形成能力皆有明显抑制作用并呈剂量依赖性。

表 7.1　紫杉醇对人癌细胞的杀伤作用

细胞株	IC_{50}（μg/mL）
人口腔上皮癌细胞 KB	
人结肠癌细胞 HCT－8	0.0019
人卵巢癌细胞 A2780	0.0019
人胃癌细胞 MGC80－3	0.0036
人乳腺癌细胞 MCF－7	0.005
人肺腺癌细胞 A549	0.01
人肝癌细胞 Be17402	0.05
人口腔上皮癌耐药细胞 KB/VCR	0.07
人结肠癌耐药细胞 HCT－8/VCR	0.2

7.5.2.2　对动物移植性肿瘤生长的抑制

动物移植性肿瘤实验证明，紫杉醇 10 mg/kg 连续腹腔给药 10 d 对小鼠黑色素瘤 B－16 有明显抑制作用，并使荷肉瘤 180 小鼠生命明显延长。Walke 癌肉瘤 256 对紫杉醇也很敏感，8 mg/kg 可明显抑制肿瘤的生长。

7.5.2.3　一般药理作用

（1）对小鼠外观行为及自由活动的影响。取 ICR 小鼠 40 只，每组 10 只，随机分组。腹腔给药观察动物的外观行为活动。结果表明，紫杉醇 20 mg/kg 1 次给药观察 1 周，未见明显毒性反应。30 mg/kg 1 次腹腔注射后 5 d，3 只动物死亡。死亡前动物行动蹒跚，腹卧状嗜睡，翻正反射消失。

另取 ICR 小鼠 128 只，每组 32 只，雌雄各半。皮下注射给药后将动物放入自由活动计数仪中，记录活动情况。结果表明，紫杉醇在 10、15、20 mg/kg 的剂量下对小鼠自主活动无明显影响。

（2）对麻醉狗呼吸、血压、心率及心电图的影响。取健康家犬 3 只（雌 1，雄 2），戊巴比妥麻醉后记录呼吸、血压、心率及心电图。给狗先后静脉注射等体积溶剂及紫杉醇 3、6、12、24 及 45 mg/kg。至 60 min，注射溶剂后引起血压短时间下降，呼吸加快，呼吸幅度变小。10 min 后逐渐恢复。紫杉醇在 3 mg/kg 的剂量下对上述指标无明显影响；6 mg/kg 注射后呼吸加快；12 及 24 mg/kg 引起相似效应，但血压、心率及心电图皆无明显改变。

7.6 红豆杉的开发利用

7.6.1 药用产品的开发

目前，紫杉醇主要从天然和栽培红豆杉的树皮直接提取获得。由于红豆杉生长十分缓慢，红豆杉资源极其匮乏，且采集树皮容易导致红豆杉死亡，从而阻碍了紫杉醇的广泛应用，而红豆杉的针叶中有较高含量的紫杉醇，且针叶量大，可再生性强，是提取紫杉醇的理想原料之一。

目前采用的常规溶剂萃取法浸提紫杉醇存在效率低、工艺复杂、易引起环境污染等问题。超临界CO_2有较大的扩散能力、很强的溶解能力和较高的选择性，且操作简便，生产周期短，无废渣溶剂残留，能最大程度保持各组分的原有特性等优点。彭清忠、石进校等以南方红豆杉针叶为原料，采用超临界CO_2萃取紫杉醇，结果表明：用含水10%～15%的乙醇为夹带剂，且夹带剂与CO_2流体的体积比为0.12时为最佳萃取溶剂；萃取压力30 MPa，萃取温度50 ℃，时间2 h为最佳萃取条件，最佳条件下萃取率可达93%以上。

目前紫杉醇的制剂主要有：达克素，是一种广谱抗癌药，用于治疗乳腺癌、卵巢癌和其他细小病毒炎症；红豆杉胶囊，是利用吸附提取和固体分散等技术研制的纯中药，用于中晚期癌症的治疗；普兰特，广谱抗癌药，促进微管蛋白的聚合，并使其不易解聚，从而抑制癌细胞的分裂，对宫颈癌、乳腺癌及小细胞肺癌、黑色素瘤有明显疗效。此外，还有紫杉醇静脉注射剂或输液、新复方紫杉醇制剂等。

有资料表明，全球每年死于癌症的病人在630万左右，仅美国、欧洲、日本每年就在400万人左右。治疗这些病人每年消耗1500～2500 kg紫杉醇。而全世界每年只能生产350～500 kg紫杉醇。其中美国可生产25～50 kg，中国只能生产50 kg左右。因此大规模的培植红豆杉，建设其用材林基地，蕴藏着巨大的市场商机。

7.6.2 红豆杉次生代谢产物紫杉醇的开发利用

近来研究还发现紫杉醇对类风湿性关节炎、老年性痴呆等疾病都有很好的疗效。随着对紫杉醇药理学研究的深入，其临床应用范围将会不断扩大。但由于紫杉醉在红豆杉植物细胞中含量极低，红豆杉物种资源匮乏，限制了紫杉醇的开发利用。为了克服这一问题，人们积极寻求解决紫杉醉来源不足的各种途径：①红豆杉组织培养法；②紫杉醉全合成法；③紫杉醉半合成法；④真菌发醉法；⑤基因工程法。

7.6.2.1 红豆杉细胞培养生产紫杉醇

自1902年德国植物学家G. Haberlandt提出植物细胞的全能性以来，植物细胞培养得到了长足的发展。细胞培养繁殖速度快，培养条件易于优化，培养过程易于人工控制，不受时间、地域等因素的限制，所以细胞培养受到了科学工作者的关注。目前，在红豆杉细胞培养过程中，国内外学者对红豆杉高产细胞株的筛选、培养条件优化等方面做了大量的工作，但是反应器的放大仍然是红豆杉细胞培养的技术瓶颈。

1989 年 Christen 等首次报道了细胞培养方法生产紫杉醇的研究情况，1991 年 Christen 等登记了有关红豆杉细胞培养的第一个专利。目前，国内外已有 10 几家实验室对 10 多种红豆杉属植物进行细胞培养研究，申请被批准的专利达 20 余个。主要通过细胞筛选、加入前体及诱导因子、改变培养基成分及培养方式和对代谢途径的调节来提高生物合成紫杉醇的产量。1993 年 Zamir 等首次报道了有关紫杉醇生物合成的研究情况。由美国农业部植物催化公司、豪色化学公司、康奈尔大学和科罗拉多州立大学组成的集团研究筛选的细胞可以产生 1 ~ 20 mg/L 紫杉醇。韩国山野厅林木育种研究所的孙圣镐博士从东北红豆杉截取芽眼，放入培养基中培养增殖后提取紫杉醇，从每公斤芽眼只能提取 0. 16 mg 提高到 3. 00 mg，产量提高了 19 倍。甘烦选等进行了中国红豆杉细胞的液体培养实验，生长速度达 0. 28 mg/(L · d)，紫杉醇含量为 0. 012% 。1998 年余龙江等通过对红豆杉茎尖和根尖离体培养细胞进行染色体数目观察分析，认为染色体数目变异可能是影响红豆杉离体培养紫杉醇产量的主要因子。1999 年又报道真菌诱导物能提高紫杉醇产量，促进紫杉醇的分泌。在红豆杉细胞悬浮培养的基础上，添加真菌诱导物 0. 4 g/L 及前体乙酸铵 14. 0 mg/L、苯甲酸钠 13. 0 g/L、α - 蒎烯 10. 0 mg/L 和苯丙氨酸 15. 4 mg/L，有利于固体化培养及紫杉醇的提高。在培养过程中，通过对代谢途径的调节，可促进紫杉醇的合成。培养第 15 d 加入 100 g/L 黄豆芽提取液、100 mg/L 苯二酸钠和 6. 2 mg/L 硼酸或加入 42. 7 mg/L CCC、25. 6 mg/L α - 蒎烯及 11. 5 mg/L EGTA 等的协同作用明显提高紫杉醇产量。2001 年，吴奇君等报道在果糖的协同作用下，加入前体可使紫杉醇产量提高 63. 9% 。陈永勤等通过对在固体和液体培养条件下云南红豆杉细胞系 TY6 生长和紫杉醇积累的动态及无机氮源对紫杉醇形成的影响研究，结果表明：培养基中硝态氮浓度高有利于细胞生长，铵态氮高有利于紫杉醇积累，在培养 12 d 时，将硝态氮培养基更换成铵态氮培养基，紫杉醇产量提高 1. 6 倍。研究表明：无论是细胞悬浮培养，还是诱导愈伤组织，细胞的生长及紫杉醇的含量在黑暗条件下是光照条件下的 3 倍。但未见大规模细胞培养提高紫杉醇产量的成功报道。

7. 6. 2. 2 紫杉醇的人工合成

许多国家（如美国、加拿大、韩国等）在开发植物资源的同时，还进行紫杉醇的化学全合成、化学半合成研究。其中化学全合成的方法已经在实验室水平取得了成功，但过程复杂，相应的费用较高，难以形成商业化生产；化学半合成的方法也已取得了成功，其过程较全合成法简单，成本较低，但必须依赖从天然资源中提取获得的紫杉醇前体如 baccatin Ⅲ. 10 - DAC - Baccatin Ⅲ 等。目前，已经获得了紫杉醇半合成的衍生物——泰索帝（Taxotere）。泰索帝在敏感细胞中抑制微管解聚作用为紫杉醇的 2 倍，在动物和人癌细胞株中的杀伤作用为紫杉醇的 1. 3 ~ 2 倍。初步观察，泰索帝对乳腺癌、卵果癌、肺癌均有效，被称为第二代紫杉醇类抗癌新药。

7. 6. 2. 3 真菌发酵法生产紫杉醇

1991 年 Andr Cstierle 博士从短叶红豆杉的韧皮部分离到一株产紫杉醇的真菌 Taxomyees adreanae。经培养后，培养物中存在紫杉醇及其类似物，其中紫杉醇的含量为 24 ~ 50 μg/L。

在以后的研究中发现，云南红豆杉、西藏红豆杉、南方红豆杉等都存在产紫杉醇的内生真菌。2001年周东坡等从东北红豆杉中分离，经纯化发酵培养得到的3株真菌HQ33、HQ48、HQ54，其紫杉醇产量达51.06~125.70 μg/L。后经几年的生物工程手段选育，使其产紫杉醇的水平提高了几倍。据周东坡教授最新报道，已分离、筛选出一株紫杉醇产量十分可观的菌种HQD33，利用诱变的方法优化其基因结构，最终培育出每升培养液可产紫杉醇448.52 μg的高产菌株。由于真菌生长速度快，繁殖周期短，来源广，通过发酵可大规模生产，提高紫杉醇产量。因此，其应用前景广阔。

7.6.2.4 基因工程

研究证实在紫杉醇生物合成过程中，由GGPP环化成紫杉二烯是一个慢的或限速的反应步骤，因此，增强环化反应对紫杉醇的积累有着积极的作用，所以环化酶是一个很好的目标基因。早在1992年，Lewis和Croteau等人从短叶红豆杉树皮中制备到一种粗酶提取物，对GGPP环化反应具有催化作用。目前，已分离和克隆了环化酶TDCI、c-DNA和羟化酶Tat等关键酶基因，以此直接向产生紫杉醇的真菌中导入，产生具有较高紫杉醇产量的转基因真菌，使紫杉醇实现工业化生产成为可能。

主要参考文献

[1] 梅兴国. 抗癌新药紫杉醇 [M]. 武汉：华中理工大学出版社，1999.

[2] 包维楷，陈庆恒. 中国的红豆杉资源及其开发研究现状与发展对策 [J]. 自然资源学报，1998，13 (4)：375-380.

[3] 杨利民，张荫桥，胡全德. 紫杉生物生态学特性及繁殖育苗初步研究 [J]. 中国野生植物资源，1993，(4)：41-43.

[4] 梁海珍，刘根林，徐锋. 红豆杉属植物组织培养及其快速繁殖研究综述 [J]. 江苏林业科技，2001，28 (3)：45-47.

[5] 梅兴国，温川蓉，刘凌. 红豆杉离体胚培养快速育苗研究 [J]. 华中理工大学学报，1998，26 (5)：5~7.

[6] 邱德有，李如玉，韩一凡. 东北红豆杉细胞克隆技术的研究 [J]. 中国中药杂志，1998，23 (5)：265~267.

[7] 王水，贾勇炯，魏峰，等. 云南红豆杉的组织培养及植株再生 [J]. 云南植物研究，1997，19 (4)：407~410.

[8] HU C Y，WANG L，WU B. In vitro culture of immature Taxusembryos [J]. Horst. Science，1992，(27)：698.

[9] 陈永勤，朱蔚华，吴蕴祺，等. 云南红豆杉细胞培养和紫粉醇生产 [J]. 湖北大学学报，2001，23 (4)：366-369.

[10] 殷殿书，葛志强，刘昌孝，等. 紫杉醇透明质酸冻干制剂的制备和药动学研究 [J]. 2005，36 (2)：192-195.

[11] 韩锐，李占荣，马建兴，等. 新抗癌药紫杉醇的药理学研究 [J]. //中国科协学术会务部. 全国肿瘤防治学术讨论会论文集. 北京：中国科技出版社，1989：939－46.
[12] 梅林，孙洪范，宋存先. 紫杉醇制剂研究进展 [J]. 中国药学杂志 C，2000，641 (18)：1366－1370.
[13] 孙燕，张湘茹，张和平. 紫杉醇治疗恶性肿瘤Ⅲ期临床研究报告 [J]. 中国临床药理学杂志，1995，15 (4)：241－245.
[14] 傅瞰，袁杰，黄雄伟等. 植物抗癌药紫杉醇的研究进展 [J]，现代中药研究与实践，2006，20 (3)：58－61.

8 厚 朴

厚朴（*Magnolia officinalis*）别名川朴、油朴、温朴等，为木兰科植物。以干燥的干皮、枝皮和根皮入药，有温中理气、散满消积、燥湿化痰等功能。主治脘腹胀满、呕恶不食、咳喘胸满、暑湿胸闷、食少、尿黄等症。据本草考证，厚朴始载于《神农本草经》，以后多有记载，古今产地变化较大。陶弘景日："厚朴出建平、宜都（四川东部、湖北西部），极厚，肉紫色为好，壳薄而白者不佳"。

8.1 种质资源及分布

厚朴为木兰科落叶乔木，高7～15m，最高可达20 m。从植物分类学上讲，药用厚朴包括厚朴（川朴、油朴）、凹叶厚朴（ 温朴）和长喙厚朴（缅甸厚朴、云朴、贡山厚朴、腾冲厚朴）。傅大立等近年发现了厚朴的新变种——无毛厚朴。厚朴主要分布在湖北恩施、五峰，湖南永州的道县、江华、双牌县，四川都江堰，浙江景宁的丽水县和广西桂林的资源县等地，其中湖南益阳的安化县被国家有关部门誉为"厚朴之乡"；凹叶厚朴主要分布在浙江西部及南部、江苏、江西、安徽南部、广西北部、云南、福建等地；长喙厚朴主要分布在云南西北部及西部；日本厚朴主要分布在千岛群岛以南，我国东北、青岛、北京及广州有少量栽培；无毛厚朴主要分布在河南、湖南、湖北和山东等地（表8.1）。

表8.1 厚朴的种类与分布

拉丁名	中文名	特征及分布
Magnolia officinalis Rehd. et Wil	厚朴	喜温暖、湿润气候及排水良好的酸性土壤。分布于陕西南部、四川、贵州北部及东北部，湖北西部，湖南西南部，江西北部、广西北部，浙江，安徽南部及甘肃东南部
Magnolia officinalis subsp. biloba (*Rehd. et Wils.*) *Cheng etLa*	凹叶厚朴	叶先端凹缺，成2钝圆的浅裂片；聚合果基部较窄，但幼苗之叶先端钝圆，并不凹缺。花期4～5月，果期10月，生于海拔300～1400 m的林中。分布于江苏、安徽南部、江西、广西北部、云南、浙江西部及南部、福建等地

续表 8.1

拉丁名	中文名	特征及分布
Magnolia rostrat W. W. Smith	长喙厚朴	本种树高达 25 m，叶先端宽圆，基部微心形，沿叶脉有红褐色而弯曲的长柔毛。花先于叶开放，芳香，花被背面绿色，略带粉红色，腹面粉红色。花期 5 ~ 7 月，果期 9 ~ 10 月。生于海拔 2100 ~ 3000 m 的山地阔叶林中。分布于云南西北部及西部
Magnolia hypoleuca Sieb. et Zuc	日本厚朴	落叶乔木，高达 30 m，与厚朴不同之处在于小枝初绿后变紫，无毛。叶假轮生集聚于枝端，叶下面苍白色，被白色弯曲长柔毛。花乳白色，香气浓。花期 6 ~ 7 月，果期 9 ~ 10 月。原产千岛群岛以南，我国东北、青岛、北京及广州有少量栽培
Magnolia officiinalis var. glabra D. L. Fu	无毛厚朴	本变种与厚朴原变种和凹叶厚朴变种的区别是幼枝、托叶、顶叶芽、混合芽、花蕾和花梗均无毛。河南、湖南、湖北和山东均有发现

8.2 生物学特性

8.2.1 形态特征

目前，作药用植物栽培的厚朴主要有两种：厚朴和凹叶厚朴。

厚朴：落叶乔木，高达 7 ~ 15 m，树皮厚，紫褐色。冬芽由托叶包被，开后托叶脱落。单叶互生，常集生于枝顶，革质，倒卵形或倒卵状椭圆形，先端钝圆或短尖，基部楔形或圆形，全缘或微波状，叶面光滑，有 20 ~ 40 对显著叶脉，背面叶脉为网纹状，被灰色短绒毛。花单生于幼枝顶端，花叶同放，白色，有香气，直径约 15 cm；花梗粗壮，被棕色毛；花被 9 ~ 12 片，雄蕊多数，雌蕊红色，心皮多数，排列于延长的花托上。果实为聚合果，卵状圆柱形，木质。每室具种子 1 粒，鲜红色，三角状倒卵形，扁平，内皮黑色。花期 4 ~ 5 月，果熟期 9 ~ 10 月（彩图 8.1、8.2、8.3）

凹叶厚朴：又称庐山厚朴、温朴。落叶乔木，树高可达 15 m，胸径 40 cm。树皮灰白色或淡褐色，有圆形皮孔。枝粗壮，有圆环形托叶痕及椭圆形叶痕。单叶互生，倒卵形，全缘，叶端凹缺（幼苗三叶先端圆），基部楔形，侧脉 15 ~ 25 对，上面绿色，下面密被淡灰色毛，微具白粉；叶柄长 2.5 ~ 5 cm。花与叶同时抽出，两性，单生枝顶，直径约 15 cm；花被 9 ~ 13 片，有芳香，最外轮 3 片，淡绿色，外有紫色斑点，内面的花被片乳黄色，短圆形、倒卵状椭圆形或匙形，大小不等；雌蕊离生，心皮多数，柱头细尖而稍弯；雌蕊群与雄蕊螺旋状着生于花托上下部。聚合果基部圆，果长 11 ~ 16 cm，木质，有短尖头，内含种子 1 ~ 2 粒，种皮鲜红色。花期4～5月，果熟期8～9月。

8.2.2 生态习性

厚朴是我国特产，生于海拔300～1700 m的土壤肥沃、土层深厚的向阳山坡、林缘处。属喜光树种，性喜凉爽、潮湿的气候，宜种于雾气重、相对湿度稍大、阳光又充足的地方。严寒、酷暑、久晴或连雨的气候，均不适宜。土壤以疏松、肥沃、土层深厚、含腐殖质较多、排水良好、呈微酸性至中性的沙质壤土为宜。以海拔500～800m的山地为好。在海拔较低处，幼苗生长快，而成年树却生长较慢，海拔较高处，幼苗生长较慢，而成年树却生长较快。在海拔1700 m以上的山区，能生长，但种子很难成熟。厚朴生育期要求年平均气温16～17 ℃，最低温度不低于－8 ℃，年降水量800～1400 mm，相对湿度70%以上。种子的种皮厚硬，含油脂、蜡质，水分不易渗入。在自然状态下，发芽所需时间长，发芽率较低，甚至1年后才会发芽，而且出苗也极不整齐。

8.2.3 生长习性

8.2.3.1 幼苗生长习性

不同种源的厚朴苗木生长过程基本一致，可划分为出苗期、生长初期、速生期和生长后期。出苗期是从冬季播种，种子吸收水分开始，至翌年3月上中旬种壳开裂，5月中旬90%以上的幼苗出土为止，持续4～5个月。生长初期从5月中下旬幼苗地上部分出现真叶，地下部分出现侧根开始，到6月下旬8～10片真叶生成为止，持续30～40 d。幼苗在这一时期生长比较缓慢，苗高只有年生长量的15%左右。速生期是从7月上旬开始，到9月中旬为止，持续80余天。此期苗木生长量最大，幼苗的生长高峰出现在7月中旬。生长后期是从9月下旬苗木生长逐渐缓慢开始，到11月中旬叶子脱落，停止生长为止，持续50 d左右，此期苗木生长量最小。一年生厚朴从播种、出苗到停止生长进入休眠状态约1周年。

8.2.3.2 幼年及成年树生长结实习性

厚朴幼年期生长相对较快，其中以5～6年生树增高长粗最快，15年后生长不明显，皮厚增长以6～16年生最快，16年以后不明显。8年生以上厚朴才能开花结果，20年后进入盛果期，而凹叶厚朴生长相对较快，5年以上可进入生育期。另外，10年生以下厚朴很少萌蘖，而凹叶厚朴萌蘖较多，特别是主干折断后，会形成灌木。

厚朴一般5月初萌芽，5月下旬叶、花同时生长开放。花期20 d左右。8～9月果实成熟开裂。10月开始落叶。

8.3 栽培与管理

8.3.1 育　苗

厚朴以种子繁殖为主，也可用压条、扦插和利用萌蘖苗繁殖。

8.3.1.1 种子繁殖

（1）采种、选种。选15～20年生皮厚油多的健壮母树，在10月中下旬当果壳露出红色种子时，即连果柄采下，趁鲜脱粒后，选择籽粒饱满、无病虫害的作种。千粒重为310 g左右，发芽率为50%～80%，种子寿命为2年。

（2）种子处理。厚朴种子外皮富含蜡质，水分难以渗入，不易发芽，必须进行脱脂处理。常用的方法有：①鲜种浸水法。将脱出的种子放置清水中浸泡3～4 d，以种子表面鲜红色油脂层转为黑褐色油脂层腐烂为度。然后用手搓擦去油蜡状物，冲洗干净，再用温水冲洗1次，薄摊于通风干燥处晾干备用。②沙藏法。将采收的种子与湿沙按1∶3比例混合，用棕片包好，埋入湿润的土中，或一层沙（厚约3 cm）一层种子储存于木箱或土坑中，经常保持湿润，翌年3月下旬、4月均可取出播种。据报道四川灌县、江西庐山、浙江景宁等地，采用混沙储藏，播种前搓尽外面的蜡质层，种子发芽率达61.8%～69.2%。③温水浸泡法。将种子放入30 ℃的温水中浸泡7～10 d，待水分渗入种皮内部变软后置阳光下晒10 min，种皮自然裂开，再行播种。注意用温水浸泡时，将沉籽与浮籽分开，并分别进行播种。④茶水处理。用浓茶水浸泡种子1～2 d，把蜡质层全部搓掉，取出晾干。若种子准备外调则不宜脱粒，以免降低种子发芽能力。

（3）播种育苗。苗床宜选向阳、高燥、土层肥厚、排水良好的微酸性沙质壤土。于秋冬耕翻，深约30 cm，让其休闲熟化。播前每亩施饼肥、厩肥等1500 kg作基肥，浅翻拌匀，碎土整平，作成宽1.3 m的高畦，再横向开浅播种沟，深约5 cm，沟距20 cm，于10～11月“立冬”前后播下种子。一般多采用条点播。在条沟内每隔3～5 cm播种子一粒，推平畦面，以不见种子为度。然后覆盖稻草，防冻保温，保持土表疏松，防止雨水冲刷畦面。每亩播种量5～6 kg。近年来，陕西省安康地区采用定果鲜种直播育苗，或湿沙储藏，于次年春季播种育苗，出苗率达90%以上。具体方法是：①固定采种树。选择健旺无病，树龄在10年生以上，生长在海拔1000～1200 m的树作采种树。4月中旬花将开放时，每株采种树留少量花蕾，余者花蕾采摘入药。该法留种，果大，种子饱满，大小均匀，发芽率高。9～10月果皮呈紫红色，果皮微裂，露出红色种子时采下果实，采摘过迟种子容易脱落。采摘的果实，不要剥出种子，以免失水过多，影响发芽能力。②鲜种直播或储藏。从果实中取出种子，直接采用条播方式进行播种。次年5月即可出苗，出苗整齐，成活率较高。种量大时，采用沙藏法储存至次春播种。

（4）苗期管理及施肥。翌年4月“清明”后幼苗大部分出土时，揭去盖草（或在出苗前将盖草烧灰作催苗肥，能提高土温，有利齐苗）。苗期视生长情况，勤中耕除草，结合施肥催苗。苗期一般追肥3～5次，第一次以幼苗长出两片真叶、苗高约5 cm时追肥为好。以后每隔1个月左右施1次。宜施用稀薄人畜粪或硫酸铵，适当加入磷钾肥。遇天气干旱时浇水，雨季注意排水。当2年生苗高1 m左右时，即可栽植。

8.3.1.2 压条繁殖

方法一：选择10年生以上的厚朴树，其干基部常长出众多的萌蘖枝，且易弯曲，可于“立秋”至“立冬”或“立春”至“清明”期间，选近地面的1～2年生优良枝条，用利刀割一环状缺刻，长约3 cm，然后将割伤处向下埋压土中，用树杈、竹叉固定住，盖上细肥土，施人畜粪水，促其生根。覆土高约5 cm，枝条梢部要露出土外，并扶直。第二年春检查发根情况，如已形成幼株，即可割离母株，大的挖取定植，小的移至苗圃继续培育1年，翌春定植。

另外，在采收厚朴时，在树蔸上培细土，第二年在蔸部即抽生大量萌蘖枝，可进行压条。

方法二：将幼苗斜栽于土中（与地面成40°角），1～3年后，植株基部会长出许多枝梢，当枝梢长60～70 cm时，可按方法一进行压条。此次压条应保留一株幼苗不压，待所压的幼苗全部移栽后，将老株剪去，使未压的幼苗茁壮成长。

8.3.1.3 插条繁殖

早春2月间，母树萌动前，在树冠中下部，选粗1.5 cm的1～2年生健壮枝条，剪取长20 cm的插穗。上端截平，下端削成马耳形斜面，置1.5×10^{-3} B_9溶液中浸1 min，取出冲洗药液后，随即斜插入准备好的插床上。上端保留1～2个芽露出土面。插后浇水，适当遮阴，经常保持插床湿润，40多天即可发根，翌春出圃定植。

8.3.1.4 根蘖育苗

选择10年生以上干基长有众多萌蘖枝的厚朴树，在11月上旬或早春挖开母树基部的泥土，选取长60 cm以上的萌蘖枝，在其基部外侧用利刀横割萌蘖至髓心，握住枝条中下部，向切口相反方向扳压，使枝条从切口处裂开，裂口长5～6 cm，然后在裂缝中放一小石块，将萌条固定于主干，随即培土至萌蘖割口以上15～20 cm处，稍加压实，施人畜粪，以促进发根生长。秋季落叶后或次年早春，挖开培土，如枝条裂缝处长出新根，即可剪离母树。

8.3.1.5 萌蘖苗就地培育

厚朴树砍伐后的树蔸萌条较多，并且高低、大小不一，任其生长会分散营养，增加林分密度，同时树干或弯曲、或细长，部分细弱萌条几年后自行死亡，因此必须通过萌蘖苗选择培育，才能获得最佳的药材产量和质量。选择时间：在砍伐第2年萌芽前。选择方法：当萌条长势比较一致时，每蔸选择树干直、长势旺的萌条，留苗2～3个，待其生长到第7～8年时，选大株间伐剥皮，可提早获得经济效益；当萌条长势不一致时，每蔸选择树干直、长势旺的萌条，留苗1个，培育成主干。据观察，厚朴砍伐后萌蘖苗15年内其生长速度一直比实生苗快，不仅株高、地径、胸径都比实生苗增加幅度大，而且随树龄增加其差别更大，树龄

10年以后差别十分显著。可提前3～5年达到一般采收标准。此项技术不仅具有较好的经济效益，而且林地更新快，能避免砍树挖蔸造成的水土流失，有利于保护生态环境，是一项值得进一步研究和推广的经济林木可持续利用技术。

8.3.2 建 园

8.3.2.1 园地选择

据药农经验，厚朴种植地应选在南坡向阳地为好。在南坡栽植，植株生长旺盛，根皮产量高，质量好，筒朴少；东坡、西坡次之；北坡较差。背阳山地种植，植株生长不良，筒朴多，质量差。土壤以土层深厚、疏松肥沃、排水良好、呈中性或微酸性的夹沙壤土为宜。邓白罗等运用逐步回归分析与通径相关分析方法，分别对厚朴树高、胸径、皮厚、皮重与立地因子的关系进行了分析研究。结果表明，影响厚朴树高、胸径、皮厚、皮重的主要立地因子有地形部位、有机质、坡向、海拔、速效钾以及铵态氮等。选择海拔800～1200 m的阳坡山谷或山麓，且富含有机质的土壤栽植，可提高树皮产量。

8.3.2.2 开 山

坡度较小的山地，宜于头一年的秋冬全垦，挖除树根，清除杂物，深翻30 cm以上；坡度较大的山坡可筑成梯阶后呈带状进行垦复。砍荒时间可放在秋、冬季农闲时进行。

8.3.2.3 选择优良厚朴种源

厚朴酚与和厚朴酚为厚朴药材的主要有效成分，也是考察其质量优劣的主要指标之一，《中国药典》（2005年版）中规定厚朴按干燥品计算，二者成分之和达到2.0%方为合格药材。因此，选择优良厚朴种源十分重要。斯金平等报道了不同种源厚朴酚类含量存在极显著的差异，认为湖北五峰、鹤峰和恩施3个种源厚朴质量明显优于其他种源，厚朴酚、和厚朴酚、厚朴酚类总量都很高，推广应用这3个优良种源是当前提高厚朴质量最有效的途径。陈玲指出四川和湖北所产小凸尖叶型厚朴质量为优，其他产地的凹叶厚朴质量则明显逊色。童再康等也报道了叶先端小凸尖型的鄂西种源酚类含量最高，凹叶型的庐山种源最低，前者总含量是后者的10.3倍。

8.3.2.4 栽 植

（1）栽植模式。栽植厚朴时，不宜营造厚朴“纯林”，否则病虫害严重。最好与杉木混合栽培，生长良好，且不遭病虫为害。据报道，与杉木混栽的厚朴比纯林中的厚朴高90～110 cm，胸径比纯林中厚朴大0.8～2.2 cm。混合林中的杉木比纯林中杉木高40～100 cm。

（2）栽植时期。在厚朴落叶后至次年萌芽前均可栽植。具体定植时期应结合当地气候条件而定。一般以2月份为宜，苗木根系恢复快，造林成活率高；12月份造林成活率较低，但地径、苗高生长均较快。

（3）栽植密度。在生产中，要根据立地条件、管理水平等确定合理的栽植密度。一般土层深厚、肥沃之处适当稀植。如立地条件差，树木生长慢，郁闭迟，冠幅小，可适当密植。若考虑前期经济效益，则应适当密植；若考虑长远计划应适当稀植。在生产中一般采用株行距 2 m×2 m，每亩栽植 167 株。

（4）栽植方法。定植穴准备是厚朴速生栽培的第一个关键技术。定植穴标准：长×宽×深=60 cm×60 cm×50 cm。挖定植穴时，一定要将土壤全部挖起来堆放一边，将基肥均匀洒于其上，然后再将土壤回填到穴内，做到肥与土混匀。如果土层太薄，须进行爆破，将石块掏起来堆放一边，待其自然风化。基肥标准：每穴用过磷酸钙 0.2～0.5 kg，尿素 0.05 kg 或复合肥（N、P、K 之比=15∶15∶15）0.2 kg，有条件者可将草皮铲入穴内，以增加土壤有机质含量。栽植时，先将苗木按大小分级，根部蘸上磷肥，与杉木相间，每穴栽一株，使根部自然舒展，培土较原土痕深 4～6 cm，栽后覆土踏实，浇透定根水，然后再盖一层松土。

8.3.2.5 抚育管理

（1）间作。为加速幼株生长，在栽植的当年至树冠郁闭前，可间作豆类、花生、丹参等作物或药材，既可增加收益，以短养长，又有利于厚朴生长发育。

（2）中耕除草与施肥。定植后的厚朴，每年春、秋季结合间种进行 1～2 次挖山、除草，施肥，将杂草和松土刨至厚朴周围作肥料。在林地郁闭、不能间种后，每隔 1～2 年，在夏、秋季杂草滋生时，再中耕培土 1 次，中耕不能过深，以免挖伤根系。对种子林每隔 2～3 年每亩施过磷酸钙 50 kg，以保证花多、果大、种子饱满。

（3）封山育林。厚朴在成林前，要禁止放牧、砍柴、割草等，以免损害苗木。厚朴成林后，修剪弱枝、下垂枝和过密枝，以利养分集中供应主干和主枝。也可在 15 年生以上、树皮较薄的厚朴树干上，于春季用利刀对树皮进行刻伤，使其积累养分，促进树皮增厚，再培育 4～5 年即可剥皮。

8.3.3 病虫害防治

（1）根腐病。厚朴幼苗，在排水不良的黏土湿地，常发生此病。病株根部腐烂，枝茎生暗黑斑纹，继而全株死亡。防治方法：①应选排水良好的育苗地；②发病后及时拔除病株烧毁，病穴撒石灰消毒；③多施草木灰等钾肥，以增强苗木抗病力；④发病初期可用 50% 退菌特 500～1000 倍液或 40% 克瘟散 1000 倍液，每隔 15 d 喷 1 次，连续喷 3～4 次。

（2）立枯病。在土壤黏性过重、雨水过多等情况下发病。幼苗出土后，幼苗茎基部缢缩腐烂，呈暗褐色，幼苗折倒死亡。防治方法：①应选排水良好的育苗地；②雨后及时清沟排水，降低田间湿度；③多施草木灰等钾肥，以增强苗木抗病力；④发病初期，用 5% 石灰液灌注，每 7 d 喷 1 次，连续 3～4 次；或用 50% 甲基托布津 1000 倍液，每隔 15 d 喷 1 次，连续喷 3～4 次。

（3）叶枯病。病原菌以分生孢子器附着在寄主病残叶上越冬，成为次年的初侵染源。生长期，分生孢子借风雨传播，引起再次侵染为害。染病叶片病斑黑褐色，圆形，直径2～5 mm，后逐渐扩大密布全叶，病斑变成灰白色。在潮湿时病斑上生有黑色小点，即病原菌的分生孢子器。后期，病叶干枯死亡。防治方法：①及时摘除病叶，烧毁或深埋；②发病初期可用50%退菌特800倍液或1∶1∶120波尔多液，每隔7～8 d喷1次，连续喷2～3次。

（4）金龟子。6～7月间幼虫吃食厚朴叶片，特别是厚朴纯林，严重时能将叶片吃光。防治方法：①冬耕深翻，可增加越冬代的死亡；②用锌硫磷1.5 kg拌土15 kg，撒于地面翻入土中，杀死幼虫；③为害期用90%敌百虫1000～1500倍液喷杀。或茶籽饼6倍液，或用石蒜粪液（石蒜根1.5 kg捣烂，浸在50 kg人粪尿中5～7 d）诱杀，用时适当稀释；④在为害较严重的林区，可设置40 W黑光灯诱杀成虫。

（5）天牛。成虫咬食嫩枝皮层，造成枯枝。雌虫喜咬破5年生以上厚朴干基树皮产卵。初龄幼虫在树皮下穿凿不规则的虫道，成长后蛀入木质部，再向主根为害。虫孔常排出木屑，被害植株逐渐缺水枯死。防治方法：①树干用石灰液涂白，防止产卵；②人工捕杀成虫，在8、9月的晴天上午进行；③9月后，可从虫孔注入300倍的乙硫磷或300倍的敌敌畏液进行毒杀。或用钢丝钩杀初孵幼虫。

8.4 采收、储藏与初加工

8.4.1 采 收

（1）采收时期。有效成分的含量是影响中药质量的重要因素之一，而含量与采收年限、季节密切相关。我国历代药学家对采收期都十分重视。厚朴为多年生乔木，随着树龄的增长，其树高、胸径、皮厚以及有效成分含量都会随之增大，但达到一定树龄后，虽然皮层加厚，但次生代谢产物却不会增加，反而有下降趋势。厚朴中有效成分的含量与植物的生长发育年龄有关。曾燕如等报道了年龄对厚朴酚类含量的影响与栽培的品种有关，年龄对凹叶型厚朴的酚类含量影响不大；其他类型的厚朴酚类含量随年龄增大、树干长粗、树皮加厚而迅速增加，12年以后基本稳定。李宗认为福建凹叶厚朴16年以上才能采收，而赵中振等提出，厚朴树龄30年以上，植物次生代谢已由盛而衰，有效成分含量呈下降趋势，一般以在20～30年间进行采收为宜。钟凤林等根据前人的结果建议厚朴应在树龄为27年时的6月份采收为佳。树龄增大可能有利于油性性状的充分发挥。此研究结果为厚朴人工林最佳采收年限的确定提供了科学依据。

综合来看，厚朴栽种25年左右；可开始剥皮。一般宜在5～6月进行，因这时形成层细胞分裂最快，皮层与木质部接触松，树皮最易剥落。过早，树皮油分差，过迟，剥皮困难。

（2）采收方法。选择树干直、生长势强、胸径达20 cm以上的树，于阴天进行环剥。在环剥部位下端切口，刀口略向上绕树干环切一圈，在上方45 cm处，刀口略向下绕树干环切一圈，深度以接近形成层为度。再在两横切口之间纵切一刀，深达木质部，然后顺纵缝将树皮轻轻撬起，向两旁撕裂，手或工具尽量不要触摸剥面，以免感染病菌，危及新皮的形成。剥下后用10 mg/mL的吲哚乙酸喷剥面，以促进新皮的形成，再用略长于剥面长度的小竹签仔细捆在树干上（以防塑料薄膜接触形成层），用塑料薄膜包裹两层，捆好上下端，20～30 d后可长成新的树皮，即可逐渐去掉塑料薄膜。第二年，又可按上述方法在树干其他部位剥皮。此法不用砍树取皮，保护了资源，也保护了生态环境。

（3）采收部位。蔸朴：在树基部3～5 cm处向上45 cm，用利刀环切树皮至形成层，再纵切一刀，剥下树皮，近根部的一端展开如喇叭口，习称“靴筒朴”。筒朴：也称干朴。从树干和分枝上剥取，以大筒套小筒，自然成卷筒形的称为“筒朴”；根朴：从根皮上剥取的称为“根朴”。多呈单筒状或不规则块片，有的弯曲似鸡肠，习称“鸡肠朴”。

（4）环剥注意事项。①选生长势较强的树。衰弱或生长不良的树，不宜环剥。②避免在雨天剥皮。否则疮面长期不能愈合而发霉，不能形成新皮。最好选择阴天进行。③避免烈日曝晒。④剥皮后要加强土肥水管理，恢复树势。

（5）花的采收。于3～4月花蕾将开未开时采下。不宜过迟，否则花办已脱落。采时切勿伤枝条，以免影响第二年的花蕾。

（6）采后处理。①川朴处理方法。筒朴：将筒朴夹住置于大锅开水中，用瓢舀开水烫淋，至厚朴皮软化时取出，用青草塞住两端，直立放在屋角或大木桶内，上盖湿草或破棉絮“发汗”24 h后，树皮横断面成紫褐色或棕褐色，有油润光泽。取出套筒，分成单张，用竹片或木棒撑开晒干，再用甑子蒸软后，即行卷筒。大者从两边对卷使成两卷，小者卷成单卷。卷好后用稻草捆紧两端，用刀截齐两端，晒干。晒时，晚上收回后架成“井”字形，有利通风。蔸朴：水烫和“发汗”方法与筒朴相同，只是卷筒时卷成单卷，卷后用稻草捆住中部，再行晒干即成。根朴：可不经“发汗”，晒干即成。②浙江厚朴处理方法。厚朴鲜皮运回后，在通风的屋内或草棚内，离地35 cm高搭一架将筒朴、蔸朴、根朴分别堆放风干。风干期间要经常上下内外翻动，加速风干，切忌阳光暴晒或堆放在地上。阳光暴晒，油分香味易散失，堆放地上易还潮生霉，而室内阴干则油足，味香，质好。③精细处理。挑选外观完整、卷紧实未破裂、皮质厚、长度符合要求的筒朴、根朴或蔸朴。用刮皮刀刮去表面的地衣及栓皮层，要求下刀轻重适度，刮皮均匀，刮净。刮好后的厚朴竖放在5 cm深的水中，一端浸软后调头再浸，浸软后取出。用月形修头刀将浸润的两端修平整，然后用红丝线捆紧两头，横放在阴凉干燥通风处自然干燥。④厚朴花的处理。鲜花采回后，放蒸笼中蒸煮5 min左右，取出用文火烘干即成。

8.4.2 分级与储藏

8.4.2.1 厚朴的分级

厚朴以其干燥的干皮、枝皮和根皮入药，由于其采收期长，采收年限差异大，且其药材又来自不同的部位，造成厚朴质量的变动较大。因此，在储藏或销售前必须进行分级。

根据国家医药管理局、中华人民共和国卫生部制定的药材商品规格标准，厚朴的商品规格标准如下。

1）筒 朴

温朴筒朴一等干货：卷成单筒或双筒，两端平齐。表面灰棕色或灰褐色，有纵皱纹，内面深紫色或紫棕色，平滑，质坚硬。断面外侧灰棕色，内侧紫棕色，颗粒状，气香，味苦辛。筒长 40 cm，质量 800 g 以上。无青苔、杂质、霉变。

温朴筒朴二等干货：卷成单筒或双筒，两端平齐。表面灰棕色或灰褐色，有纵皱纹，内面深紫色或紫棕色，平滑，质坚硬。断面外侧灰棕色，内侧紫棕色，颗粒大，气香，味苦辛。筒长 40 cm，质量 500 g 以上。无青苔、杂质、霉变。

温朴筒朴三等干货：卷成单筒或双筒，两端平齐。表面灰棕色或灰褐色，有纵皱纹，内面深紫色或紫棕色，平滑，质坚硬。断面外侧灰棕色，内侧紫棕色，颗粒大，气香，味苦辛。筒长 40 cm，质量 200 g 以上。无青苔、杂质、霉变。

温朴筒朴四等干货：凡不符合以上规格者，以及有碎片、枝朴，不分长短大小，均属此等。无青苔、杂质、霉变。

川朴一等干货：卷成单筒或双筒，两端平齐。表面黄棕色，有细密纵纹，内面紫棕色，平滑，划之显油痕。断面外侧黄棕色，内侧紫棕色，显油润，纤维少。气香，味苦辛。筒长 40 cm，不超过 43 cm，质量 500 g 以上。无青苔、杂质、霉变。

川朴二等干货：卷成单筒或双筒，两端切平。表面黄棕色，有细密纵纹，内面紫棕色，平滑，划之显油痕。断面外侧黄棕色，内侧紫棕色，显油润，纤维少。气香，味苦辛。筒长 40 cm，不超过 43 cm，质量 200 g 以上。无青苔、杂质、霉变。

川朴三等干货：卷成单筒或不规则的块片。表面黄棕色，有细密纵纹，内面紫棕色，平滑，划之显油痕。断面显油润，具纤维性。气香，味苦辛。筒长 40 cm，质量不小于 100 g。无青苔、杂质、霉变。

川朴四等干货：凡不符合以上规格者，以及有碎片、枝朴，不分长短大小，均属此等。无青苔、杂质、霉变。

2）蔸 朴

蔸朴一等干货：为靠近根部的干皮和根皮，似靴形，上端呈筒状。表面粗糙，灰棕色或灰褐色，内面深紫色。下端呈喇叭口状，显油润。断面紫色颗粒状，纤维性不明显。气香，味苦辛。块长 70 cm 以上，质量 12 000 g 以上。无青苔、杂质、霉变。

蔸朴二等干货：为靠近根部的干皮和根皮，似靴形，上端呈单卷筒状。表面粗糙，灰棕色或灰褐色，内面深紫色。下端呈喇叭口状，显油润。断面紫色颗粒状，纤维性不明显。气香，味苦辛。块长 70 cm 以上，质量 2000 g 以上。无青苔、杂质、霉变。

蔸朴三等干货：为靠近根部的干皮和根皮，似靴形，上端呈筒状。表面粗糙，灰棕色或灰褐色，内面深紫色。下端呈喇叭口状，显油润。断面紫色颗粒状，纤维很少。气香，味苦辛。块长 70 cm 以上，质量 500 g 以上。无青苔、杂质、霉变。

3）根 朴

根朴一等干货：呈卷筒状长条。表面土黄色或灰褐色，内面深紫色。质韧。断面显油润。气香，味苦辛。条长 70 cm，质量 400 g 以上。无木心、须根、杂质、霉变。

根朴二等干货：呈卷筒状或长条状，形弯曲。表面土黄色或灰褐色，内面紫色。质韧。

断面显油润。气香，味苦辛。长短不分，质量400 g以上。无木心、须根、杂质、霉变。

4）耳　朴

耳朴为靠近根部的干皮，呈块状或半卷形，多似耳状。表面灰棕色或灰褐色。断面紫色，显油润，纤维性少。气香，味苦辛。大小不一。无青苔、泥土、杂质。

8.4.2.2　储　藏

将已分等级的厚朴，按类别、等级分别打捆，以篾席或麻布袋片包装成压缩打包件，每件40～50 kg。储存于干燥通风处，温度30 ℃以下，相对湿度65%～75%，商品安全水分10%～13%。在储藏期间，定期检查，发现吸潮或初霉品，及时通风晾晒。虫蛀严重时用较大剂量磷化铝（9～12 g/m^3）或溴甲烷（50～60 g/m^3）熏杀。高温高湿季节前，可密封使其自然降氧或抽氧充氮进行养护。

8.4.3　初加工

厚朴的炮制方法繁多，其中以姜制、炒制、酒制、醋制为主。杨红兵等考察了发汗与去皮等产地加工工艺对厚朴酚类成分含量的影响，表明，发汗能使酚含量大幅提高；去皮常常使酚量减少。若以厚朴酚含量为考核指标，建议厚朴的产地加工坚持发汗处理，取消去皮工序。汪洋研究了厚朴酚及和厚朴酚在厚朴生品和姜炙厚朴、姜浸厚朴、酒炙厚朴、醋制厚朴、水制厚朴等不同炮制品中的含量，结果表明，不同的炮制方法对厚朴中有效成分——厚朴酚与和厚朴酚存在着较大的影响，其中厚朴酚与和厚朴酚在生品中含量最高，其余依次为水制厚朴、姜炙厚朴、酒炙厚朴、醋制厚朴、姜浸厚朴。李阳春等参照《中国药典》（2000年版）一部厚朴项下含量测定法（HPLC法），对不同产地、同批不同株及同株等数种情况，9批厚朴姜制前后所含厚朴酚及和厚朴酚进行含量测定。结果表明，厚朴姜制前后所含厚朴酚及和厚朴酚总量降低13%～15%。而许腊英等采用高效液相法对湖北恩施GAP示范基地厚朴炮制前后的酚性活性成分的含量进行测定，探讨其含量的变化规律，并与不同产地来源的厚朴饮片的厚朴酚、和厚朴酚的含量进行比较。结果表明：①GAP示范基地的厚朴经姜炙后其厚朴酚、和厚朴酚的含量都明显增加，和厚朴酚增加了约40%，厚朴酚增加了约140%。②不同产地厚朴饮片中其酚性成分的含量各不相同，GAP示范基地的厚朴饮片中其厚朴酚、和厚朴酚的含量相对最高，湖北房县厚朴中含量最低。瞿京红报道了厚朴叶中酚性成分含量相当于厚朴皮的1/5，干皮水煮和干皮发汗2种加工方法较好，厚朴酚总量较高，而水煮制作工艺更简便易行。蒋雪嫣等报道厚朴储藏3年后厚朴酚、和厚朴酚与厚朴酚类总含量均值分别增加225%、330%、257%。表明在一定的储藏年限内，储藏不仅不会降低厚朴酚类含量，可能还有利于酚类成分的转化与积累。代琪报道了发汗与不发汗的厚朴相比，厚朴酚与和厚朴酚的总量，厚朴干皮发汗品为5.29%，未发汗品为5.12%，发汗品略高于未发汗品。由此可见，《中国药典》规定采用厚朴干皮发汗品是有科学依据的。

8.5 厚朴的化学成分及药理作用

8.5.1 化学成分

厚朴是传统常用中药，人们对其化学成分已进行了详细研究。迄今为止，从厚朴中分离确定的化学成分已有100多种，其中主要为酚类、生物碱类和挥发油类化合物。

8.5.1.1 酚类成分

厚朴酚、和厚朴酚为酚类中的主要成分，此外还有四氢厚朴酚、异厚朴酚、冰基厚朴酚、辣薄荷基厚朴酚、辣薄荷基和厚朴酚、厚朴三醇等。

8.5.1.2 生物碱类成分

生物碱类成分主要为厚朴碱，此外还有木兰花碱、武当木兰碱、白兰花碱等。

8.5.1.3 挥发油类成分

挥发油中成分众多，鉴定出20余种化合物主要有β-桉叶醇，其次有α-蒎烯、β-蒎烯、莰烯、η寅-2，4-二烯、对聚伞花烯、α-侧柏烯、α-柠檬烯、1-甲基-4-异丙基酚、α-松油醇、γ-松油烯、龙脑烯醛、胡椒烯、邻-异丙基酚、γ-依兰虫烯、γ-荜澄茄烯、香附烯、α-依兰油烯、乙酸龙脑酯、乙酸芳樟醇酯、石竹烯、香橙烯、别香橙烯、α-雪松烯、榄香醇、愈创醇等。

8.5.2 药理作用

厚朴作为一种传统中药应用历史久远，其干燥的干皮、根皮及枝皮，具有燥湿消痰，下气除满的作用，用于湿滞伤中、脘痞吐泻、食积气滞、腹胀便秘、痰饮喘咳等症。其主要成分为厚朴酚（magnolol）、和厚朴酚（honokiol）、异厚朴酚（*iso*-magnolol）等，其次是生物碱和挥发油，其中厚朴酚与和厚朴酚作为主要有效成分研究比较多。现阐述如下。

8.5.2.1 厚朴酚的药理作用

厚朴酚是厚朴提取物重要的单体成分之一，它是一种联苯酚类化合物，具有抗菌抗病毒、抗氧化、抗肿瘤、抗哮喘等多种药理学作用。从最先发现厚朴酚的药理作用开始，此后对它的研究愈演愈烈，并逐渐把动物实验研究结果应用到临床相关疾病的治疗中，且取得了较好疗效。

1）抗炎作用

Wang J P等应用4种不同药物制造出4种各异小鼠炎性水肿模型，厚朴酚对4种模型均表现出减轻水肿的作用。其机制除了通过抑制血小板中血栓素（TXB2）的形成以阻断花生四烯酸代谢途径之外，厚朴酚还能抑制大鼠腹膜肥大细胞前列腺素（PGD2）的合成。同时从上述水肿模型小鼠分离出的外周单个核细胞中TXB2和白细胞三烯B4（LTB4）的合成也会受到抑制，厚朴酚可通过上述3种途径共同达到抑制炎症反应的作用。除了抑制细胞生物活性外，上述实验亦发现，厚朴酚能够显著降低水肿模型小鼠的髓过氧化物酶的活性，从而通过抑制多形核白细胞迁移和聚集达到对炎性反应的抑制作用。

抗炎途径之三是厚朴酚能够非选择性地降低血管活性。Wang J P等在另一研究中发现，预先给过敏模型小鼠应用厚朴酚，可以明显减轻局部血浆渗出所致的水肿，而此种水肿的主要介导物是组胺和5-羟色胺。此二者介导水肿的发生首先要与毛细血管静脉端内皮细胞的相应受体相互作用，而厚朴酚对于上述过程的抑制作用，很有可能是通过抑制各种介质与血管相应受体间的作用来完成的。

厚朴酚能够改变炎性相关疾病时细胞因子的模式，减少炎性因子，增加抗炎因子的生成。Shih H C等研究发现，出血性休克时血浆和组织中肿瘤坏死因子-α（TNF-α）浓度会增高；而抗炎代表因子白细胞介素-10（IL-10）在器官组织内无变化。厚朴酚的应用能降低前者浓度，相应地增加后者在肺内的表达。Shih H C等应用内毒素攻击早期亚致死性出血模型小鼠发现，小鼠体内TNF-α、脂质过氧化酶等炎性细胞因子水平显著增加，而抗炎因子IL-10、超氧化物歧化酶等降低明显。厚朴酚的应用能够降低前者、增加后者含量，保护小鼠免受内毒素攻击，最终显著降低其死亡率。

厚朴酚抑制炎性因子的具体机制是什么呢？以TNF-α为例，其合成途径有两条，核因子-κB（NF-κB）相关途径是其中主要的一条。之前相关研究已证实，厚朴酚具有抑制NF-κB的易位作用，故推测它是通过抑制NF-κB的作用来达到降低炎性因子的效果的。通过抑制IL-6诱导的血管内皮细胞内信号传感及活化转录因子3（STAT3）活化以及其下游的基因表达过程，以降低血管炎性相关疾病的发生。血管内皮损伤会导致慢性炎性过程，如动脉粥样硬化等。实验证实，血IL-6浓度升高与包括心肌梗死在内的心血管疾病相关，作用靶点即为血管内皮细胞。STAT3即信号传感及活化转录因子3，是一种在炎症反应及正常细胞周期均存在的转录因子，它能够被IL-6所活化。当内皮细胞损伤时，炎性反应启动，IL-6诱导STAT3的Tyr705及Ser727两个基团磷酸化，磷酸化后的STAT3与IL-6受体结合，而此过程对于STAT3的活化及下游靶基因的诱导转录起到关键作用。

因此通过抑制炎性因子导致血管内皮细胞损害以及随后的血管重建过程，厚朴酚有希望成为治疗动脉粥样硬化等血管炎性相关疾病的一个新方法。

2）缓解急性炎性疼痛

Lin Y R等在观察厚朴酚、不同疼痛模型干预作用以及是否存在运动协调及认知功能方面的副作用过程中发现，厚朴酚对生理性及神经性疼痛均无作用，却能够缓解炎性痛感；而且，即使大剂量应用（高于缓解疼痛剂量），也未发现有导致运动不协调和记忆功能减退等副作用。因此可以认为，厚朴酚具有减轻炎性疼痛作用且无明显副作用，可以用来治疗炎性疼痛。作用途径：Fos是脊髓神经元细胞受到有害物质刺激后活化的一标记物，有调节基因转录作用，而其转录蛋白能够导致痛觉过敏，故它是炎性疼痛发生的重要物质；实验还发现，厚朴酚能够降低c-Fos在L4-L5的表达，猜测这便是其缓解炎性痛的机理所在。业已证实，阿片类受体拮抗剂、*N*－甲基－D－天门冬氨酸（NMDA）受体拮抗剂等对于疼痛的抑制作用与厚朴酚相似，但是它们的应用被一些严重的副作用所限制，如运动协调性的破坏、记忆损伤及致幻觉产生等。然而有研究证实，即便大剂量的厚朴酚也无上述副反应。所以在炎性疼痛的治疗方面，厚朴酚具有更大优势，有着更为广阔的应用前景。

3）抗肿瘤作用

（1）厚朴酚能诱导人白血病细胞的凋亡。Zhong W B 等实验表明，厚朴酚能够以时间及剂量依赖性方式诱导霍奇金淋巴瘤－60（HL－60）细胞凋亡，应用 100 nmol 的厚朴酚作用于 HL－60 细胞 3 h，即可发现后者细胞 DNA 碎片产生，即细胞凋亡发生。具体机制在于，厚朴酚能降低肿瘤细胞线粒体跨膜电位差，导致细胞色素 c 释放增加，最终导致半胱天冬酶的活化，而此活化又会导致蛋白 PARP 的裂解，而后者正是 DNA 修复系统的重要组成部分。厚朴酚在诱导肿瘤细胞凋亡的同时，对于人体正常中性粒细胞及外周血单核细胞是低毒性的，它抑制这些细胞半数生长所需的浓度是抑制 HL－60 细胞的 18 倍之多。

（2）厚朴酚具有抑制细胞突变作用。厚朴酚通过抑制突变酶的活性来完成抑制细胞突变作用。厚朴酚的应用能够增加尿苷二磷酸葡萄糖醛酸基转移酶（UGT）和超氧化物歧化酶（SOD）酶活性，抑制氧化反应造成的损伤，从而抑制细胞的突变，最终达到抗癌效果。Saito J 等实验结果表明，无论是药物苯并芘（强力致癌剂），还是 X 射线辐射所造成的细胞突变，厚朴酚均表现出明显的抑制作用。为探讨其具体机制，对存在于肝脏的去毒酶及抗氧化酶进行进一步研究发现，厚朴酚的应用能够导致上述 2 种酶浓度的升高，而此二酶在对苯并芘的活性代谢物具有清除作用的同时，对于 SOD 等抗氧化酶对氧化反应造成的 DNA 损伤亦有修复作用，故猜测厚朴酚是通过活化此二酶而起到间接抗突变作用的。

4）中枢镇静作用

Squires R F 等指出，厚朴酚的应用会增加镇定药物与 GABA 受体的结合度，然而并不是通过增加受体与配体间的亲和力，而是通过增加受体数量来完成的。同时，刘可云等在线栓法制作缺血再灌注大鼠模型的研究中发现，预先使用厚朴酚处理可减轻脑缺血 2 h 及再灌注 24 h 后的神经损伤，减少谷氨酸量释放，而增加脑组织内 GABA 水平，从而起到脑保护作用。厚朴酚的中枢镇静以及抗焦虑作用可能与其和氨基丁酸－α（GABA－α）受体间的相互作用相关。GABA 受体家族是门控性离子通道超家族中的一员，是中枢神经系统的强有力的抑制性神经递质受体。GABA 与其相应受体的结合会通过 Cl^- 顺着电化学梯度的流动而导致整个离子通道的快速开放，通道的开放又会导致细胞膜的超极化状态，超极化状态又会使神经元细胞的兴奋性随之降低，从而达到中枢镇静以及抗焦虑等效果。苯二氮卓类或巴比妥类药物的镇静、抗焦虑等作用是作用于 GABA 及其受体所形成的复合物。厚朴酚对中枢系统的作用据证实也与上述复合物相关。目前脑血管疾病发病率越来越高，而对于脑保护性治疗尚无有效的措施，也许厚朴酚的应用能给患者带来更快的康复及更好的愈合。

5）通过抑制核转录因子 κB 的作用达到抑制皮肤光老化过程

紫外线的辐射、氧化应激等过程会导致体内一些炎性因子，如 IL－1、TNF－α 的生成增加，这些炎性因子能够活化 NF－κB 及基质金属蛋白酶（MMP－1），后者会导致表皮角质细胞的过度增生、胶原降解加速以及炎性反应，使皮肤出现皱纹，变得粗糙、干燥和松散。而

NF－κB 抑制剂的应用能够直接抑制光老化过程。Tanaka K 等实验证实，外用厚朴酚制剂可起到抑制光老化过程，原因在于其抑制 NF－κB 介导的基因表达，从而皮肤的角质化细胞的过度增生及胶原纤维的不适当降解过程均会被抑制。厚朴酚对 NF－κB 的抑制是选择性的，对其他核转录因子无影响。厚朴酚对 NF－κB 抑制作用的产生在于其能够有效地阻止后者在细胞内易位过程，从而起到抑制 NF－κB 下游的转导及表达过程的作用。而这种作用赋予厚朴酚唯一的不同于其他 NF－κB 抑制剂的特性。厚朴酚的阳光保护因子值数是低于可测范围的，而且其可吸收波长亦不在紫外线范围。然而在细胞培养过程中，厚朴酚能够抑制NF－κB 介导的基因表达，从而在小鼠模型中起到抑制表皮细胞过度增生及胶原的破坏等光老化过程。其他 NF－κB 抑制剂，如小白菊内酯等也能通过抑制成纤维细胞生长因子（β－FGF）及 MMP－1 的产生及抑制角质细胞、黑素细胞的增生来达到预防皮肤光老化作用，但是此动物实验所用的 NF－κB 抑制剂均为内服制剂，用于腹腔注射或是口服临床推广存在难度；而厚朴酚是唯一一种可以外用的 NF－κB 抑制剂，与其他药物比较具有天然的优势。

近年来，因其良好的药理学作用，厚朴酚被广泛应用在多个领域，无论是口服药物制剂抑或化妆用品，均含有厚朴酚成分。为了解其安全性，有必要对其遗传毒性做一研究。Li N 等对厚朴酚的毒性进行研究，以检测厚朴酚是否具有致突变作用。结果表明，其无致突变作用，无论是对鼠伤寒沙门（氏）菌 TA98、TA100 等不同株，还是对大肠杆菌，不论何种剂量，即便是会产生细胞毒性的剂量也发现其具有致突变作用。厚朴酚既能抑制紫外线诱导的突变作用，又能抑制非直接作用的致突变源的突变作用。这些报道和上述实验相符合，更支持了厚朴酚的抗突变作用。可以说厚朴酚相关口服制剂无遗传相关毒性，可以安全服用。

8.5.2.2 和厚朴酚的药理作用

和厚朴酚是从中药厚朴中分离的带有烯丙基的连苯二酚类化合物，近年来国内外学者对其药理作用做了广泛的研究，尤其是和厚朴酚在抗肿瘤方面的作用受到了越来越多的关注。现就和厚朴酚的药理作用及其抗肿瘤的机制介绍如下。

1）抗菌及抗病毒作用

和厚朴酚具有广谱抗菌及抗病毒作用，对革兰阳性菌、革兰阴性菌、真菌及病毒均有较强的抑制作用。研究表明，和厚朴酚对金黄色葡萄球菌、链球菌、大肠杆菌有抑制作用。和厚朴酚还具有十分显著的抗生龋齿菌的作用，Greenberg 等将和厚朴酚加入口香糖中与薄荷比较，前者能通过抑制口腔细菌生长，能有效地改善口臭。和厚朴酚还具有明显的抗真菌作用，其对新生隐球菌、白色念珠菌的最小抑菌浓度均为 25 ~ 100 mg/L。此外，Amblard 等研究表明，和厚朴酚还有明显的抗病毒作用。

2）抗炎作用

和厚朴酚是通过抑制胞内 PI3K/Akt 信号转导通路介导对单核/巨噬细胞（U937/RAW264.7 细胞）、淋巴细胞（脾脏淋巴细胞及 CTLL－2 细胞）抗炎作用的。和厚朴酚在嗜中性粒细胞中的抗炎作用是通过抑制活性氧族产物产生实现的。和厚朴酚可抑制花生四烯酸的 5－酯氧合酶和环氧化酶代谢通路，抑制 5－酯氧合酶、白三烯 A4 水解酶和环氧化酶的酶活性，使炎性介质减少，这可能与其抗炎作用机制密切相关。另外，抑制溶酶体酶的释放也可能是和厚朴酚抗炎作用机制之一。和厚朴酚在 1 ~ 100 μmol/L 可以增加趋化三肽激活的大鼠中性粒细胞的超氧阴离子，在 > 10 μmol/L 时可以明显地抑制激活的中性粒细胞 β - 葡萄糖苷酸酶和溶菌酶的释放。

3）对神经系统的调节作用

和厚朴酚具有抗焦虑作用，并且没有不良反应。和厚朴酚还有强烈的抗抑郁作用，其通过减少 5 - 羟（基）吲哚乙酸/5 - 羟色胺（5 - HIAA/5 - HT）比值，抑制肾上腺皮质醇分泌及正调节 AC - cAMP 通路实现的。

4）对心脑血管系统的作用

和厚朴酚有抑制血小板凝集功能，延长血栓形成时间。和厚朴酚可刺激前列腺素 12 的释放及抗血管内皮细胞凋亡作用而抑制动脉血栓形成，还通过减低氧化修饰低密度脂蛋白及其诱导产生的 caspase - 3 的活性而抗内皮细胞凋亡作用。和厚朴酚对心脑缺血/再灌注损伤有明显的保护作用。Chen 等研究和厚朴酚对脑缺血小鼠作用时发现，其通过保护 $Na^+ - K^+$ - ATP 酶活性、线粒体功能及拮抗活性氧作用而产生脑缺血/再灌注损伤的保护作用。和厚朴酚能明显减少缺血/再灌注损伤大鼠心肌的梗死面积，改善大鼠缺血造成的心肌细胞损伤，并可减轻心肌缺血时并发的室性心律失常，防止心肌抑顿。

5）抗氧化作用

和厚朴酚可抑制活性氧产物如 O^{2-}、OH^- 等，拮抗其细胞毒性作用，保护细胞功能。和厚朴酚抗氧化保护机制是减低氧化修饰低密度脂蛋白诱导的细胞毒性、降低胞内高 Ca^{2+}、抑制细胞凋亡及保护线粒体功能等。

6）抗肿瘤作用及其机制

和厚朴酚具有抗肿瘤作用，可诱导肿瘤细胞凋亡、促进肿瘤细胞分化、抑制肿瘤细胞增殖、抑制肿瘤转移、抗肿瘤血管形成以及逆转肿瘤多药耐药。

（1）促进肿瘤细胞的凋亡。细胞凋亡指细胞通过细胞内基因及其产物调控而发生的一种程序性细胞死亡，一般表现为单个细胞的死亡，且不伴有炎性反应。细胞凋亡在大多数恶性肿瘤发生、发展中占有重要地位。许多凋亡抑制基因、凋亡活化基因及凋亡相关蛋白在肿瘤的发生、侵袭、转移及复发中起重要作用。由于传统化疗药物毒性不良反应较大，国内外许多学者开始研究低毒高效的抗肿瘤中药。和厚朴酚是一种低毒的中药，具有明显的促进肿瘤凋亡作用。Lee 等报道，在人前列腺癌及结肠癌中，和厚朴酚通过抑制核因子 κB，激活了 Bax、caspase - 3、caspase - 9，并下调 Bcl - 2、凋亡抑制蛋白和 X 染色体相关凋亡抑制蛋白，从而诱导 caspase 依赖和非依赖途径的凋亡。

（2）促进肿瘤细胞分化。细胞分化是指原始干细胞在发育中渐趋成熟的过程。和厚朴酚诱导细胞分化许多肿瘤细胞无论是在形态还是代谢上均类似未分化或者低分化的胚胎细胞，其恶性行为也往往与其分化程度呈负相关。目前较重要的肿瘤诱导分化剂主要有维甲酸类、细胞因子、抗肿瘤化疗药物以及其他一些分化诱导剂。Fong 等报道，和厚朴酚与低剂量全反式维甲酸或维生素 D3 联合作用可以提高 G_0/G_1 期 HL - 60 细胞群体，增加 p27 kip1 的表达，从而提高维甲酸与维生素 D3 诱导人白血病细胞 HL－60 分化的作用；其依赖 MEK 信号通路的激活，p38－MAPK 和 JNK 信号转导通路也起到一定的调节作用。这提示和厚朴酚可以一定程度的增强肿瘤分化诱导作用，具体机制有待进一步研究。

（3）抑制肿瘤细胞增殖。目前许多抗癌药物是通过抑制肿瘤增殖而发挥抗肿瘤作用，如影响细胞 DNA、RNA、蛋白质的合成和功能来杀伤肿瘤细胞。Eun－Ryeong 等研究和厚朴酚对人前列腺癌细胞（PC－3、LNCaP）作用时发现，和厚朴酚降低成视网膜母细胞瘤蛋白 Rb 及其磷酸化水平，降低细胞周期蛋白（CD1、CDE）、周期素依赖性蛋白激酶（Cdk4，Cdk6）表达水平，使肿瘤 G_0/G_1 期细胞周期停滞，抑制肿瘤细胞增殖，并且呈剂量时间依从性。

（4）抑制肿瘤细胞转移。恶性肿瘤细胞从原发部位侵入淋巴管、血管或体腔，迁移到他处而继续生长，形成与原发瘤同样类型的肿瘤，这个过程成为肿瘤转移。主要有淋巴道转移、血道转移及种植性转移 3 种方式。其机制复杂，与肿瘤基因调控、黏附因子、血管生成、纤维蛋白溶解酶、基质金属蛋白酶及机体免疫状况等密切相关。肿瘤转移是恶性肿瘤的基本生物学特征，是大多数肿瘤患者的致死因素。因此，抑制肿瘤细胞转移中间关键环节的治疗，能有效地抑制肿瘤转移，提高肿瘤治疗效果。细胞外基质和基底膜的降解和破坏是肿瘤转移多阶段过程中的重要步骤，这些组织结构的破坏和降解需要基质金属蛋白酶参与，此外基质金属蛋白酶对原发性肿瘤和继发性肿瘤的生长有促进调节作用，并制造出适应肿瘤生长扩散的微环境，还明显促进肿瘤血管生长的作用。Nagase 等报道，和厚朴酚抑制人纤维肉瘤细胞 HT－1080 中的基质金属蛋白酶 9 活性，从而抑制肿瘤迁移。

（5）抑制肿瘤血管生成。肿瘤血管形成是指实体性肿瘤在机体内诱导形成新生血管的现象。临床和动物实验证实，如果没有新生血管形成来供应营养，肿瘤在达到 1～2 mm 的直径和厚度时（107 个细胞左右）将不再增大。因此，诱导血管形成的能力是恶性肿瘤细胞能否生长、侵袭及转移的前提之一。肿瘤血管生成机制复杂，受血管生成因子和抗血管生成因子调控，血管生成因子有血管内皮生长因子、成纤维细胞生长因子、转化生长因子 α、血小板衍生的生长因子和肿瘤坏死因子 α 等。和厚朴酚在体内和体外均被发现可以抑制肿瘤新生血管生成，抑制肿瘤生长，并且在有效剂量范围内能够被宿主很好的耐受。其作用机制可能是直接抑制内皮细胞增殖，抑制磷酸肌醇－3 激酶（PI－3）和 p44/42MAPK 信号转导通路，从而抑制血管发生。XianHe 等报道，在体外和厚朴酚在 4～8 mg/L 浓度下即可明显抑制内皮细胞增殖，在较低浓度下可以抑制 Akt 的磷酸化，在较高浓度下抑制 p44/42MAPK 信号通路和 Akt、MAPK 的上游分子 c－Src，优先抑制 PI－3 激酶信号通路，并且证实了和厚朴酚的活性部分是 TRAIL 介导的；由于血管内皮生长因子对人内皮细胞的作用是通过血管内皮生长因子受体 2 酪氨酸激自身磷酸化介导的，而 Rac1 的激活为血管内皮生长因子受体 2 酪氨酸激自身磷酸化所必需；和厚朴酚呈剂量依赖性地抑制血管内皮生长因子介导的血管内皮生长因子受体 2/血管内皮生长因子受体 2 酪氨酸激自身磷酸化，且抑制 Rac1 的激活，从而抑制肿瘤血管形成。

（6）逆转肿瘤多药耐药作用。肿瘤多药耐药是指肿瘤细胞在化疗药物或其他因素作用下，对多种化学结构相似或不同的其他药物产生耐药性。肿瘤多药耐药机制复杂，与 p 糖蛋白（p－gP）、多药耐药相关蛋白、肺耐药相关蛋白、拓扑异构酶、谷胱甘肽－谷胱甘肽－S－转移酶、蛋白激酶 C 及其基因表达密切相关。近年来，随着对肿瘤药物治疗的进一步研究，探索肿瘤细胞多药耐药的机理并加以有效逆转，已成为肿瘤研究领域新的热点。Xu 等研究发现，和厚朴酚可以通过抑制 p－gP 逆转人头颈部鳞状细胞癌多药耐药性。Xu 等报道，和厚朴酚作用于人类乳腺癌细胞株 MCF－7/ADR，可以在 mRNA 和蛋白水平下调 p－gP 的表达，从而部分性的恢复细胞内药物积聚。这些研究结果均表明，和厚朴酚具有逆转肿瘤多药耐药而发挥抗肿瘤作用。

目前人们对和厚朴酚的抗肿瘤机制了解得还不够全面，但是从现有的资料来看，和厚朴酚的抗肿瘤作用具有多靶点、多环节、多效应的特点，并且不良反应低。加之和厚朴酚的植物资源丰富，使其具有很大的研究价值和临床应用价值。

7）其　他

和厚朴酚具有持久的肌肉松弛作用及抗痉挛作用，可抑制伸肌反射。Tetsuro 等发现和厚朴酚能明显改善功能性消化不良患者的症状，提示其还具有促进胃肠运动，改善胃肠道功能的作用。Cao 等研究和厚朴酚对四氯化碳诱导的小鼠肝脏损害的作用时发现，和厚朴酚（0.1 mg/kg）即可显著的减轻四氯化碳对小鼠肝脏的损害，由此可证实和厚朴酚有较强的保肝功能。

8.6　厚朴的开发利用

8.6.1　提取厚朴酚、和厚朴酚

中药材厚朴的有效成分和药理作用是以厚朴酚、和厚朴酚为主，其提取方法也是针对以上两种物质。现介绍如下。

8.6.1.1　碱提酸沉法

取厚朴粗粉，加入 1/5 量（质量分数）的生石灰粉，搅拌均匀后，用 15～20 倍量的蒸馏水渗漉，得渗漉液。加入 HCl 溶液调至 pH 2～3，静置，收集析出的沉淀，用蒸馏水洗涤沉淀物至 pH 6～7。得粗提物干燥后，用环己烷，索氏提取，提取液浓缩后放冷析出白色结晶。

8.6.1.2　水提取法

取厚朴粗粉，加 5～10 倍量的水，挥发挥发油后用 NaOH 调成 0.2 mol/L 的碱溶液，放置 24 h，离心过滤，将滤液用乙醚萃取 3 次，水层用稀 HCl 溶液调至 pH 2～3，用乙醚再萃取 5 次，合并醚液后用 2% Na_2CO_3洗涤并用无水乙醇 Na_2SO_4干燥，放置过夜，挥去醚液得结晶。此结晶再用水重结晶 1 次，产物得率为 4% 左右，得率较小。

8.6.1.3　乙醇提取法

取厚朴粗粉，用 65% 乙醇（乙醇量为药材量的 5 倍），加热回流 3 次，每次 2 h，合并提

取液。厚朴酚的提取率均为80%以上。此方法，厚朴酚含量高，厚朴浸膏收率高，是传统的工业提取方法。

8.6.1.4 聚酰胺分离提取法

取药材粉末，用乙醇提取，回收乙醇得稠膏。经过聚酰胺柱，先用0.5%、0.8%、1% NaOH梯度冲洗，洗液用稀HCl溶液调至酸性，析出结晶，可将厚朴酚及和厚朴酚分离，其0.5%～0.8% NaOH洗脱部分为和厚朴酚，1% NaOH洗脱部分为厚朴酚。

8.6.1.5 碱提树脂工艺

取厚朴剪成碎块，加0.5%碱溶液置95～99 ℃水浴温浸2次，分别过滤后合并滤液，6 mol/L HCl溶液调pH至7。将药液过树脂柱，用95%、75%乙醇先后洗脱（最后洗脱液近无色），合并洗液，浓缩结晶。此工艺成本低，厚朴酚类提取率高，但杂质较多。

8.6.1.6 超临界CO_2萃取

将厚朴粗粉投入萃取釜中，对萃取釜、分离柱分别进行CO_2加高压和升温，当压力和温度分别达到工艺要求时，即热力学状态处于临界点之上时，开始循环萃取。一定时间后，有效成分通过分离柱降压解析，得淡黄色膏状物，总厚朴酚提取率为80%。此法效率高，质量好，保留原药特性，是先进的工业提取方法。

8.6.1.7 厚朴酚与和厚朴酚的提取分离

称取厚朴药材，粉碎，加4%的氨水回流提取3次，每次煮沸4 h，过滤，取滤液以浓盐酸调节pH 3，常温静置过夜，过滤，取滤渣，为褐色絮状沉淀物，烘干。将沉淀物剪碎，以环己烷100 mL回流3 h，过滤，取滤液浓缩，得无色透明晶体。取上述晶体，以乙醇－乙酸乙酯重结晶，过滤，得无色透明针状结晶厚朴酚，滤液浓缩，以乙酸乙酯重结晶，得无色透明结晶和厚朴酚。

厚朴除含厚朴酚类、挥发油及生物碱类等有效成分外，还含有大量的杂质如树脂类成分。厚朴酚类具有脂溶性、挥发油和氧化性等理化特性，在制剂产生过程中，尤其是在提取、浓缩、精制、干燥过程中，极易引发挥发、氧化等物理和化学变化。目前采用的传统工艺：水提、醇提、碱提及碱提大孔树脂工艺，均难以避免挥发性成分的损失，以及厚朴酚类成分在提取过程中湿热而引起物理和化学变化，从而改变了天然药物主分本来的面目和特征，给后来的药理药效带来不确定的因素。此外，传统工艺具有提取步骤多、温度高、流程长、生产效率低、杂质较多、产物损失大等缺陷。如碱提工艺成本较醇提成本低，厚朴酚类提取率较高，但是杂质较多。后采用的大孔树脂工艺虽可除去大部分的杂质，但有效成分损失较多。而超临界CO_2萃取，则完全避免了水、碱及醇提取过程中湿热等不良因素，不易发生氧化和挥发等物理和化学变化，且萃取物为半结晶膏状，产物得率高，有效成分厚朴酚及和厚朴酚经高单结晶处理，便可得纯度更高的结晶。超临界CO_2萃取的溶解能力和渗透能力强、扩散速度快，且是在连续流动态条件下进行，提取完全，能充分利用宝贵的中药资源。超临界

CO_2萃取还具有低温（仅比常温略高）下提取、没有残留剂、质量好、效率高和可选择性分离等优点。因此，运用超临界CO_2萃取方法提取厚朴是中药现代化的一种先进方向。

8.6.2 药用产品

目前在国内，厚朴在临床的应用有增无减，然而，作为厚朴主要组成成分的单体之一——厚朴酚，虽然目前对其研究越来越多，但是应用于临床的仍然是多种中药成分的混合而非其单体。虽然在某些领域确实表现出良好的临床疗效，但是若要推广或者要得到国内外学者们更高程度的承认，还需要对其单体做更深层次的基础及临床试验，才能使厚朴酚具有更广阔的应用前景。

目前以其为主方的著名中药制剂有：

（1）藿香正气水

成分：苍术、陈皮、厚朴（姜制）、白芷、茯苓、大腹皮、生半夏、甘草浸膏、广藿香油、紫苏叶油。辅料为干姜、乙醇。

性状：本品为深棕色的澄清液体（久储略有浑浊）；味辛、苦。

功能主治：解表化湿，理气和中。用于外感风寒、内伤湿滞或夏伤暑湿所致的感冒，症见头痛昏重、胸膈痞闷、脘腹胀痛、呕吐泄泻；胃肠型感冒见上述证候者。

（2）半夏厚朴汤

方剂别名：厚朴汤、大七气汤、四七汤、厚朴半夏汤、七气汤、四七饮。

组成：半夏一升（12 g）、厚朴三两（9 g）、茯苓四两（12 g）、生姜五两（15 g）、苏叶二两（6 g）。

主治：妇人咽中如有炙脔；喜、怒、悲、思，忧、恐、惊之气结成痰涎，状如破絮，或如梅核，在咽喉之间，咯不出，咽不下，此七气所为也；或中脘痞满，气不舒快，或痰涎壅盛，上气喘急，或因痰饮中结，呕逆恶心。舌苔白润或白腻，脉弦缓或弦滑。

（3）大承气汤

组成：大黄（12 g）、厚朴（15 g）、枳实（12 g）、芒硝（9 g）。

功用：峻下热结。

主治：①阳明腑实证。大便不通，频转矢气，脘腹痞满，腹通拒按，按之硬，甚或潮热谵语，手足濈然汗出。舌苔黄燥起刺，或焦黑燥裂，脉沉实。②热结旁流。下利清水，色纯青，脐腹疼痛，按之坚硬有块，口舌干燥，脉滑实。③里热实证之热厥、痉病或发狂等。

（4）通腑散

组成：鸡内金 60 g、郁金 60 g、枳实 50 g、川朴 50 g、莱菔子 50 g、大黄 15 g、甘草 15 g、代赭石 30 g、陈皮 30 g。

主治：胃石症。

8.6.3 保健产品

厚朴酚因具有抑制皮肤光老化的作用，故在防晒霜中也添加此种药物成分，且取得较好的市场回报。

8.6.4 观赏价值

厚朴为我国特有的珍贵树种。在北亚热带地区分布较广，树皮供药用。由于过度剥皮和砍伐森林，使这一树种资源急剧减少，分布面积越来越小，野生植株已极少见，为我国贵重的药用及用材树种。因其叶大浓荫，花大而美丽，又为庭园观赏树及行道树。

（1）观叶。厚朴叶大，近革质，7～9 片聚生于枝端，长圆状倒卵型，长 20～45 cm，宽 10～24 cm，先端具短急尖或圆钝，基部楔型，全缘而微波状，上面绿色，无毛，下面有白霜，幼时密被灰色毛；叶柄粗壮，叶柄长 2.5～4 cm。其叶大型，如长长的舞女的裙摆，随风飘舞荡起层层波浪。叶子到秋天会自然凋落，来年再发新叶。

（2）观花。厚朴花与叶同时开放，单生枝顶，白色，芳香，直径 15～20 cm；花被片 9～12，厚肉质，外轮长圆状倒卵形，长 8～10 cm，内两轮匙形，长 8～8.5 cm；雄蕊多数，花丝红色；心皮多数. 犹如一位亭亭玉立的女子偏偏起舞。

8.6.5 生态利用价值

厚朴根系十分发达，对水土保持和生态平衡有重要作用。黄金桃等报道了凹叶厚朴、马尾松混交林林下枯落物明显增加、土壤水分物理性状和土壤化学性质改善。谢友森通过对 10 年生杉木和凹叶厚朴不同混交比例混交林的林分生长、土壤养分、水土保持性能的研究，证明混交林（2∶1）不仅能够促进林木的生长，而且能够改善土壤理化性质，增加土壤中养分供应，还能减少水土流失，具有较好的生态经济功能。

随着厚朴应用范围扩大和对外贸易的发展，需求量逐年增加，过度的采伐使天然资源濒临枯竭。尽管国家把厚朴列入濒危植物和二级保护中药材，但其资源破坏仍十分严重，一些优良的野生种质资源正在迅速消失，现在已经很难找到野生厚朴。正确处理好科学保护与合理利用之间的关系，是目前所要研究和解决的紧迫问题。

（1）重点保护厚朴野生资源，保护厚朴资源的多样性。厚朴的野生资源已经很少，若放任对其乱砍滥伐，若干年后种质资源就将灭绝，因此，加强厚朴野生资源的保护迫在眉睫。必须加强对厚朴林的管理，严格推广环剥再生等新技术，提高资源的再生率和利用率。同时，增加人工厚朴基地外来种源，保护厚朴资源的多样性。

（2）科学合理地利用厚朴叶。千百年来厚朴一直是以根皮、枝皮和干皮入药，以致厚朴资源受到极大的威胁和破坏，并与林业、生态环境保护产生了矛盾。厚朴叶资源十分丰富，而且每年可以再生，目前国内大量厚朴叶未加以利用，任其凋落腐烂，造成资源的浪费。如能将厚朴叶开发利用，将有利于厚朴药材资源的综合和可持续利用，且会产生很高的经济和社会效益。

（3）规范厚朴的初加工和管理。生品厚朴往往很难入口，而厚朴的炮制方法种类繁多，经过不同工艺炮制的厚朴药材其中有效成分的含量差别较大。因此，规范厚朴的初加工工艺以保证临床用药的有效性显得尤为重要。

（4）大力开展和推广厚朴规范化种植技术。依靠科技力量，加强企业和科研院校的纽带联系，开展厚朴栽培方面的技术研究。同时，加强对农民的相关技术培训，推广和普及厚朴规范化种植技术，以提高厚朴产量和质量，这对于增加农民经济收入，改变农村落后的面貌都将起到十分重要的作用。

（5）合理有效地综合利用厚朴资源。厚朴不但具有极高的药用价值和经济价值，而且具有很好的观赏价值及生态效益，可作为庭园观光植物广泛栽培。

主要参考文献

[1] 刘宝，陈存及，陈世品，等. 福建明溪闽楠天然林群落种间竞争的研究 [J]. 福建林学院学报，2005，25（2）：117－120.

[2] 伍石林，李正群，黎恢安，等. 厚朴与日本落叶松造林模式研究 [J]. 湖南林业科技，2006，33（2）：67－69.

[3] 李宝银，周俊新，李凌，等. 乌柏与竹柏等树种混交效果评价 [J]. 华东森林经理，2009，23（1）：13－16.

[4] 刘化桐. 闽北山地7种阔叶树种造林对比试验 [J]. 福建林业科技，2004，31（4）：62－63，77.

[5] 涂育合，叶功富，林照授，等. 凹叶厚朴材药两用林栽培试验及经营管理技术 [J]. 福建林学院学报，2003，13（1）：19－21.

[6] 叶友章，吴开金. 凹叶厚朴木材材性和弯曲应用研究 [J]. 林业科技，2005，26（4）：39－42.

[7] WANG J P，HSU M F，RAUNG S L，et al. Anti－inflammatory and analgesic effects of magnolol [J]. Naunyn－Schmiedeberg's Arch Pharmacol，1992，346：707－712.

[8] WANG J P，RAUNG S L，CHEN C C，et al. The inhibitory effect of magnolol on cutaneous permeability in mice is probably mediated by a nonselective vascular hyporeactivity to mediators [J]. Naunyn－Schmiedeberg's Arch Pharmacol，1993，348：663－669.

[9] SHIH H C，WEI Y H，LEE C H，et al. Magnolol alters cytokine response after hemorrhagic shock and increases survival in Subsequent intra abdominal sepsis in rats [J]. Shock，2003，20：264－268.

[10] SHIH H C，WEI Y H，LEE C H. Magnolol alters the course of endotoxin tolerance and provides early protection against endotoxin challenge following sublethal hemorrhage in rats [J]. Shock，2004，22：358－363.

[11] BLACKWELL T S，CHRISTMAN J W. The role of nuclear factor－κB in cytokine gene regulation [J]. Am J Respir Cell Mol Biol，1997，17：3－9.

[12] CHEN Y H，LIN S J，CHEN J W，et al. Magnolol attenuates VCAM－1 expression in vitro in TNF－alpha－treated humanaortic endothelial cells and in vivo in the aorta of cholesterol－fed rabbits [J]. Br J Pharmacol，2002，135：37－47.

[13] RIDKER P M，RIFAL N，STAMPFER M J，et al. Plasma concentration of interleukin－6 and the risk of future myocardial infarction among apparently healthy men [J]. Circulation，2000，101：1767－1772.

[14] NI C W, HSIEH H, CHAO Y J, et al. Interleukin - 6 - induced JAK2/STAT3 signaling pathway in endothelial cells issuppressed by hemodynamic flow [J]. Am J Physiol Cell Physiol, 2004, 287: 771 - 780.

[15] 叶任高. 内科学 [M]. 北京: 人民卫生出版社, 2001: 81.

[16] 郑筱萸. 中药新药临床研究指导原则[S]. 北京:中国医药科技出版社,2002:233 - 237.

[17] 王维治. 神经病学 [M]. 北京: 人民卫生出版社, 2006: 25.

[18] 汪德清, 王成彬, 田亚平, 等. 黄芪总甙酮对缺血再灌注损伤模型中一氧化氮的作用及其影响 [J]. 中国中西医结合杂志, 1999, 19 (4): 221 - 233.

[19] CHEN S C, CHANG Y L, WANG D L, et al. Herbal remedy magnolol suppresses IL - 6 - induced STAT3 activation andgene expression in endothelial cells [J]. British Journal of Pharmacology, 2006, 148: 226 - 232.

[20] LIN Y R, CHEN H H, KO C H, et al. Effects of honokiol and magnolol on acute and inflammatory pain models in mice [J]. Life Sciences, 2007, 81: 1071 - 1078.

[21] HARRIS J A. Using c - fos as a neural marker of pain [J]. Brain Research Bulletin, 1998, 45: 1 - 8.

[22] JI RR, RUPP F. Phosphorylation of transcription factor CREB in rat spinal cord after formalin - induced hyperalgesia: relationship to c - fos induction [J]. Journal of Neuro - science, 1997, 17: 1776 - 1785.

[23] CALCUTT N A, STILLER C, GUSTAFSSON H, et al. Elevated substance P-like immunoreactivity levels in spinal dialys ates during the formalin test in normal and diabetic rats [J]. Brain Research, 2000, 856: 20 - 27.

[24] ZHONG W B, WANG C Y, HO K J, et al. Magnolol inducesapoptosis in human leukemia cells via cytochrome C release and caspase activation [J]. Anti - Cancer Drugs, 2003, 14: 211 - 217.

[25] 刘可云, 黄贤珍. 厚朴酚对大鼠局灶性脑缺血再灌注损伤的保护作用与 γ - 氨基丁酸的关系 [J]. 时珍国医国药, 2006, 17 (6): 971 - 972.

[26] 芦金清, 李水清. 厚朴中厚朴酚, 和厚朴酚的提取新工艺 [J]. 中成药, 1989, 11 (8): 2 - 3.

[27] 孟丽珍, 黄文哲. 中药厚朴, 茵陈防龋成分的提取 [J]. 佳木斯医学院学报, 1992, 15 (3): 76 - 76.

[28] 邹建华,曾稳胜.厚朴酚提取工艺的正交优选[J]. 中药材,2001,24(3):194 - 195.

[29] 郭信芳, 陈昌彪, 李弘, 等. 用聚酰胺分离厚朴中厚朴酚及和厚朴酚 [J]. 中草药, 1995, 26 (4): 214 - 214.

[30] 苏子仁, 雷正杰, 曾健青, 等. 超临界 CO_2 萃取在厚朴提取工艺中的应用研究 [J]. 中国中药杂志, 2001, 26 (1): 31 - 32.

[31] 刘本. 超临界流体提取中药中的厚朴酚 [J]. 中成药, 1999, 21 (7): 331 - 331.

[32] 张忠义, 黄昌金, 雷正杰, 等. 超临界 CO_2 萃取厚朴酚的研究 [J]. 广东药学, 1999, 9 (3): 20 - 20.

9 虎 杖

虎杖（*Polygonum cuspidatum Sieb. et Zucc.*）又名川筋龙、酸汤杆、花斑竹根、斑根、斑杖、紫金龙、活血龙、活血丹，为多年生灌木状草本植物。最早见于《诗经》名“荼”，《尔雅》中称“蒤”，其名始载于《名医别录》，入药始于《雷公炮炙论》。《本草纲目》李时珍记载：“杖言其茎，虎言其斑，或云一名杜中膝者，非也”。虎杖以根茎入药，味苦、辛、涩，性寒，归肝、胆、大肠及肺经，功能具清利湿热、活血定痛、活血祛瘀、凉血止血、祛风通络、清热解毒、清热泄湿、清热解暑、消痰化浊、泻下通便，利尿通淋之功。外用还能解毒收湿敛疮。常用于气管炎、肺炎、风湿痹痛、小便淋痛、无名肿毒、毒蛇咬伤、闭经、产后瘀血腹痛、跌打损伤的血瘀肿痛、蛇咬伤及烧烫伤等。

虎杖是一味较常用中药，按《中国药典》（2005 年版）规定，药用虎杖为蓼科蓼属多年生草本植物。近年来，虎杖的干燥根茎和根，逐步成为全球需量剧增的天然药物，尤其是自上世纪 80 年代末以来人们对其所含有效成分白藜芦醇（resveratrol）的不断深入研究和广泛应用，使其成为白藜芦醇提取的重要原料。据统计，全球对白藜芦醇的耗量每年多达 1.0×10^{6} kg，而我国每年白藜芦醇出口仅为 1.0×10^{4} kg。虎杖中白藜芦醇的含量约为 0.4% 左右，按此计算每年至少需要消耗虎杖 2.5×10^{6} kg。加之在民族医药，中药的配方、中成药中的应用，致使虎杖严重紧缺。虽然虎杖在我国是一个广布物种，但其蕴藏量及其再生量均是一个有限资源。因此，如何可持续利用虎杖资源是一项十分艰巨的任务。

湖南湘西与云南、贵州交界，是虎杖生长的适宜区，野生虎杖资源丰富，具有良好的虎杖栽培规模化和综合利用野生虎杖的优势。

9.1 种质资源及分布

在我国虎杖是一种分布广泛的植物，《中国植物志》将其从蓼属（*Polygonuml.*）中分离出来独立成为虎杖属（*Reynoutna Houtt*），全世界有 3 种，主要分布于东亚地区。我国仅有虎杖 1 种，即蓼科植物虎杖（*Reynoutna japonica Houtt*），主要分布在我国东经 95°～123°，北纬 20°～36°的区域，海拔 140～2500 m 之间。我国 23 省、市均有野生或引种栽培。

9.2 生物学特性

9.2.1 形态特征

虎杖为蓼科的多年生宿根性、灌木状粗大草本，一般高达1 m以上（彩图9.1、9.2、9.3）；主根粗壮，根状茎横卧地下，木质，黄褐色，节明显。茎直立，丛生，圆柱形，中空。茎枝表面无毛，其上散生多数红色或紫褐色斑点。单叶互生，阔卵形至近圆形，长7~12 cm，宽5~9 cm，先端短尖或短骤尖，基部圆形或楔形；叶柄长1~2.5 cm，托叶鞘膜质，褐色早落，叶面深绿色，叶缘全缘，叶脉主、侧脉明显，呈羽状网脉，侧脉4~5对。花绝大多数为两性花，雌雄同株，也有极少数单性花，单性花只有单性雄花，而且只着生在单性雄株上，为多体雄蕊，5~7枚，丁字形着生。花序为葇荑花序，呈总状排列，顶生或腋生，无花萼，为不完全花，花小而密，花正面为白绿色，背面为浅绿色。特立中央胎座，子房上位，花下位，花梗长约2.0~2.6 mm，外轮花被具翅，宿存，雌花授粉成功后，花梗伸长至5.2~6.4 cm，柱头萎缩，呈棕黄色，花瓣膨大包被子房形成种子；翅果黑色三角形，具三棱膜质翅萼，胚乳白色，粉质，子叶2枚略呈新月形，11月中旬后地上茎枯萎越冬。

9.2.2 生态习性

虎杖喜生于湿润而深厚的土壤及山坡草地、山沟、河旁、溪边、林下沟边或田野路边，且多成片生长。

虎杖喜温和气候，因此对温度要求不太严格，冬季能在-2 ℃生存，夏季35 ℃左右也能生长。较喜阳，以荫蔽度30%左右为宜。虎杖喜湿润，雨量充沛的环境，一般在年降雨量800~1500 mm的地区生长较好。

虎杖对土壤要求不严格，无论肥瘠都能正常生长。以湿润、肥沃、排水良好而深厚的壤土、黏壤、沙壤为好，其中以缓坡地势最好。

9.2.3 生长习性

虎杖为多年生宿根性草本，每年3~4月长出幼苗，10 d左右开始分枝，并长出叶片，生长至10月地上茎形如枯萎。第二年4月从枯萎的茎干侧面发出5~9个芽，呈红色，随后长成5~9个主茎，茎粗可增至直径0.8~1.5 cm，植株高可达80~120 cm；地下根茎增粗，直径为1.5~2.5 cm，长可达40~50 cm。2月下旬茎完全枯萎，如此反复。植株寿命长达8年以上，一般在5年左右就形成一个独立居群。花期6~7月，果期9~10月，采收期为当年秋季或来年春季。

9.3 栽培与管理

9.3.1 育 苗

9.3.1.1 播种育苗

虎杖种子不耐储存，生产上不能使用隔年种子，种子千粒重5.3~5.5 g。种子的发芽适宜温度为20~30 ℃，在25 ℃时发芽较快，6 d发芽率可达25%左右，但总的发芽率不高。若去壳能促进发芽。播种期为10月上中旬至次年4月，其中以秋播为主，即秋季采集成熟的种子，进行撒播或条播，条播行距10~20 cm，开1 cm浅沟，将种子播在沟内，播种量为11.5 g/hm²，并用种肥或细泥覆盖，浇透水；撒播时直接将种子均匀播在畦面上，然后覆盖一层种肥，浇透水。低温季节播种，要盖膜保温保湿，以利提早出苗；高温季节播种，要遮阴、定时浇水降温。出苗后，有3~5片真叶时开始间苗、补苗，使幼苗在整个畦面分布均匀，密度1.6~2.4万株/hm²，补植后要及时浇水，确保成活。

9.3.1.2 种根繁殖

虎杖也可种根繁殖，即根茎繁殖，以春季最佳。将虎杖地下根茎，剪成10~20 cm长，带有2~3个芽的种根，种根越粗越好。在畦面上按行距40 cm开好种植沟，沟深15 cm，再把种根按株距50 cm放入沟内，种根的芽朝上，须根舒展。覆土3~5 cm，施一层种肥，浇透水。

9.3.1.3 分株繁殖

分株繁殖在春、夏、秋三季均可进行，但以春、夏季移植最佳。方法是将地上丛生主茎分掰成单株种苗。每株种苗要求地下根茎长10~15 cm，地上茎在生长初期：留2~3节，叶2~3片；在速生期：留3~5节，2~3轮侧枝，每轮侧枝上留3~5叶，在生长后期：留3~5节，2~3轮侧枝，每轮侧枝上留3~5叶，多余部分的枝叶剪去。按株行距40 cm×50 cm开穴种植，每穴1株，定植后施一层种肥，浇透水。

9.3.1.4 全光喷雾扦插育苗

（1）苗床准备。选择光照良好、交通便利、水电方便的地段建育苗床。育苗床为圆形，育苗面积110 m²，在育苗床的中央安装臂旋转式全光喷雾育苗设备；圆盘上用砖间隔砌成花墙，高30 cm、宽12 cm、间距60 cm，砖墙上放置长方形育苗托盘，规格为60 cm×24 cm；育苗床上方设置可以折叠的防雨设施。

（2）基质处理。将营养基质装入采用无纺布制成的基质袋中，截成规格为4 cm×10 cm的营养基质袋，进行容器育苗。基质选用营养丰富的草炭土和通透性良好的河沙、蛭石，以1∶1∶1的比例混配而成。扦插育苗前，先用50%多菌灵0.17%浓度药液进行基质消毒，待消毒液浸透基质后再用清水冲洗干净。

（3）插穗剪截。采用虎杖当年生枝条，枝条长到有一定的硬度即可采穗，长度 10 ~ 14 cm，保留 1 ~ 2 个节间，顶端一节保留 1 叶片，在节前 1 cm 剪断枝条。插穗底端要求有节，除去叶片，节下保留 1 cm 枝条。插穗处理好后浸水保湿准备扦插。

（4）扦插。将插穗底端插入基质 2.4 cm，用手轻压即成。

（5）扦插后管理。根据不同生长状况调整喷雾时间和次数，使苗床基质保持湿润，基质温度保持在 20 ~ 30 ℃；炼苗时间以 5 ~ 7 d 为宜，此方法虎杖育苗成活率可达 98% 左右。

9.3.1.5 组培育苗

选择当年抽出的嫩茎作为外植体，以 MS 为基本培养基。在培养基 pH 为 5.8，培养温度为（25 ± 2）℃，每日光照 10 h，光照度 1000 ~ 2000 lx 条件下进行不定芽和生根诱导，形成完整植株，并进行移栽炼苗，15 d 后再移到自然条件下进行培育。欧菊泉等采用 MS + NAA 2 mg/L + KT 0.1 mg/L 培养效果好、诱导愈伤组织比较紧密，有利于分化。

9.3.2 移　栽

（1）栽培地选择与整地。林地选择地下水位较低、阴坡中下部、林分郁闭度 0.3 ~ 0.5、土层深厚、质地疏松肥沃的缓坡地，秋末冬初进行土壤翻耕，按设计的株行距进行整地挖穴（40 cm × 30 cm × 30 cm）；农田选择水资源丰富、土层深厚、质地疏松肥沃的山垄田和耕地，栽前 1 个月翻耕晒土，深 25 ~ 30 cm，整地做畦，畦宽 1 ~ 1.2 m，长度因地制宜，每亩施入充分腐熟的厩肥 1500 ~ 2000 kg 作为基肥。

（2）栽植。一年四季均可栽植，但以春季最为适宜。春栽宜在 4 月中下旬进行。田间初植密度以株行距 40 cm × 50 cm 或 40 cm × 40 cm，每亩植 2000 ~ 2500 株为宜；林地初植密度以株行距 0.5 m × 1.0 m 或 1.0 m × 1.0 m，每亩植 1600 ~ 2600 株为宜。栽植时，做到苗正、根舒，芽朝上，覆表层松土 3 ~ 5 cm，使整个穴面高出地面 5 ~ 10 cm。

9.3.3 田间管理

9.3.3.1 深翻改土，熟化土壤

在秋季枯萎落叶后，对在林地种植的虎杖要进行深翻扩穴。方法是从植株根系生长区外围开始，每年向外深翻 30 ~ 40 cm。回填时混以绿肥或腐熟有机肥等，表土放在底层，心土放在表层。

9.3.3.2 中耕除草与培土

新造林林地栽植的虎杖，要结合幼林抚育进行人工锄草。一年中耕 1 ~ 2 次，深度 8 ~ 10 cm，同时培土 8 ~ 10 cm。

9.3.3.3 间苗补苗

播种出苗后，现5～8片真叶时开始间苗、补苗。即对过密的地方进行疏苗，株距过大的地方及时进行补植，使幼苗在整个畦面分布均匀，密度1.6万～2.4万株/hm^2。补植后要及时浇水，确保成活。

9.3.3.4 施 肥

虎杖栽植后要视土壤肥力状况和植株长势及时施肥。结合整地深翻，每亩施入绿肥或腐熟有机肥等基肥1000～3000 kg；在生长季节，结合人工锄草和扩穴培土追施速效肥料1～3次，肥料种类以无机矿质肥料为主，并配施生物菌肥和微量元素肥料，追肥用量以2～5 g/m^2为宜。追肥时期分别为4月、6月和9月上旬。以采收茎叶为主的田间栽培，在每次采割后追施1次速效肥料。施肥方法：林地栽培采用放射状沟施，田间栽培采用沟施或兑水浇施。

9.3.3.5 水分管理

在干旱季节应视土壤情况及时浇水，使土壤保持湿润；在多雨季节或栽培地积水时应及时排水，尤其是在高温高湿时，要加强通风，减少病虫害发生，提高虎杖产量和质量。

9.3.4 病虫害防治

9.3.4.1 主要病虫害

（1）金龟子、叶甲防治。金龟子、叶甲从5月上旬开始发生，为害相对集中，主要取食嫩茎顶梢和叶片，为害严重时，整株叶片或被快速吃光。

（2）蛀干害虫。5月中旬期间，蛀干幼虫取食虎杖茎叶，影响发育，严重时植株倒伏。

（3）蛾类害虫。主要发生在5月上旬以后，幼虫在每次采割萌发复壮的幼嫩植株上取食叶片和嫩梢，严重影响茎叶生长和产量。

（4）蚜虫。从5月上旬至落叶前均有发生，主要为害采割后复壮的嫩叶和嫩梢，使嫩梢和嫩叶生长受到抑制。

（5）白蚁。一年四季均可发生，主要生在林下土壤中，为害虎杖根茎。

（6）虎杖锈病

症状：虎杖锈病多发生在生长中后期，为害叶片。发病初期叶片正面产生黄白色褪绿的小斑点。随着病情发展，病斑逐渐在叶背形成近圆形隆起的铁锈色疱状物，即病原菌的夏孢子堆。夏孢子堆散生或聚生，表皮破裂后露出大量红褐色粉末，即病菌的夏孢子。病斑多为圆形或近圆形，直径1～5 mm不等，周围有明显的黄晕圈。近侧脉的病斑不规则，有时受叶脉限制而呈多角状，长度可达7 mm，病斑极少汇合。通常病斑和锈状物多见于叶背，严重时叶面也有少量锈状物。叶面多呈淡黄至黄褐色的坏死褪绿斑块。发病叶片生长缓慢，易枯黄，影响植株光合作用，导致虎杖药用部分的根茎产量下降。

病原：病原菌为柄锈菌科（Pucciniaceae）柄锈菌属（*Puccinia*）两栖蓼柄锈菌（*Puccinia polygonum amphibium*），在光学显微镜下，病菌夏孢子着生在延长了的夏孢子梗顶端，梗顶端与夏孢子底面的接触处较窄，夏孢子近球形或卵圆形，单细胞，壁薄，表壁上的纹饰为疣状突起，幼嫩时淡黄色至无色，老熟时呈暗黄褐色，疣状突起变钝。

发病规律：虎杖锈病多发生在雨水较多的年份、季节和土壤含水量高的栽培地块，多以每年的4~6月为发病高峰。

9.2.4.2 虎杖病虫害综合防治措施

根据虎杖病虫害发生特点，运用农业防治、物理机械防治、生物防治、化学防治等方法相结合的综合防治措施，将虎杖病虫害对虎杖生长的影响控制在最低水平。具体防治措施如下：

（1）金龟子、叶甲防治方法：①利用金龟子、叶甲假死性，振落地上人工捕杀或利用金龟子、叶甲的趋光性进行黑光灯诱捕杀灭，效果较好；②用氧化乐果2000倍液喷雾杀死金龟子、叶甲成虫，防治效果可达90%以上，或施放“林丹”烟剂，用药量22.5~37.5 kg/hm^2，防治效果可达80%以上。

（2）蛀干害虫防治方法：①割开茎干，取出虫体人工捕杀；②用棉花沾上1000倍氧化乐果药液，堵住洞口，闷死害虫。

（3）蛾类害虫防治方法：①在傍晚或清晨，叶面露水未干时，每亩施放白僵菌烟雾剂2~3枚防治；②把毛虫振落地上人工捕杀；③利用赤眼蜂等天敌进行生物防治，防治率达90%以上。

（4）蚜虫防治方法：①使用80%的敌敌畏乳油500~1000倍液喷施，防治效果可达90%以上；②利用瓢虫、草蛉等天敌防治；③采取保护天敌、施放真菌、人工诱集捕杀、清除枯枝杂草等病虫残物、选育和推广抗性品种、施用农药等综合防治，控制蚜虫为害。

（5）白蚁防治方法：采用呋喃丹撒施土壤，毒死地下害虫。或用市场上销售的“灭蚁灵”药剂防治，蚁药放在白蚁穴中，让蚁吃食，干扰白蚁神经，互相撕咬而死。或设置黄油板、黄水盆等诱杀白蚁。

（6）锈病防治方法：以97%的敌锈钠200~400倍液或25%粉锈宁可湿性粉剂1000~1500倍液喷雾防治，7~10 d喷一次，连续2~5次。

9.4 采收和初加工

9.4.1 采　收

用根茎繁殖的虎杖2~3年即可采收，种子繁殖的需要4~5年。采收的时间分为春、秋两季。春季采收宜在幼苗出土之前；秋季采收宜在植株枯萎之后，先将枯萎的植株割下来，再从一端用锹或机械挖出，要注意对根芽的保护以便留种。

1）茎叶采收

茎叶采收于5月上旬开始，每隔2个月采割1次，一年采割3~4次，并及时做好茎叶的储运与加工。

2）根茎采收

每隔2~3年采挖一次，秋冬季节采挖，并及时做好根茎切段或切片、储运及加工利用。

9.4.2 产地加工

入药的根状茎要除净须根，洗去泥土，晒至完全干燥；或者在根状茎新鲜时切成1 cm长的段，或厚0.2~0.3 cm的片，然后晒至完全干燥。外观上以粗壮、坚实、断面黄色者为佳；切片者以直片粗大、坚实、片厚度均匀、切面色泽一致为佳。

9.4.3 炮 制

中药的炮制方法如蒸、炒、制、炼等。虎杖主要采用制（又称炙），即将药物和液体辅料共炒或同煎煮，常用制法有酒制、醋制、盐制三种。历代炮制记载有“虎杖，采得后，细研，却有虎杖叶裹一夜，出煞干用”。“虎杖取根，以汤入器中，渍五七日，汤冷乃易，日换3、4遍，洗去涎，曝干用之或再炮”。现代炮制以“洗净，闷润至透，切厚片”的润品为主。

1）酒炙品

取一定量的干净虎杖饮片，再加入适量用水稀释后的米酒，拌匀，闷润至酒被吸尽后，置热锅中用文火炒干，有轻微的酒气时取出放凉，晾干或烘干至黄褐色。

2）醋炙品

取一定量的干净虎杖饮片，再加入适量用水稀释后的醋，拌匀，闷润至醋被吸尽后，置热锅中用文火炒干，具醋香味，取出放凉，晾干或烘干至黄褐色。

3）盐炙品

取一定量的干净虎杖饮片，再加入适量用水稀释后的盐，拌匀，闷润至盐水被吸尽后，置热锅中用中火炒干，取出放凉，晾干或烘干至黄褐色。

9.5 虎杖的化学成分及药理作用

9.5.1 主要化学成分

9.5.1.1 蒽醌及蒽醌苷

主要有大黄素（emodin）、大黄素-6-甲醚（physcion）、大黄酚（chrysophano1）、大黄酸（rhein）、蒽苷A（anthraglycosideA，即大黄素-6-甲醚-8-*O*-D-葡萄糖苷）、蒽苷

（anthraglycosideB，即大黄素－8－*O*－D－葡萄糖苷）等成分。

9.5.1.2 芪类化合物

主要有白藜芦醇（resveratrol）、白藜芦醇苷（polydatin）。虎杖茎中白藜芦醇苷含量最高，虎杖鲜根茎中白藜芦醇含量达0.548%，鲜叶中含量很少，1年中以7～8月份虎杖白藜芦醇含量最高；生长在南坡、黄棕壤、有零星光照黏土上的虎杖富含白藜芦醇。

9.5.1.3 酚性成分

主要有迷人醇（pallacinol）、6－羟基芦荟大黄素（citreorosein）、大黄素－8－单甲醚（questin）、6－羟基芦荟大黄素－8－单甲醚（questino1）、原儿茶酸（protocatechuic acid）、儿茶素（catechin）、2、5－二甲基－7－羟基色原酮（2，5－dimeth. Yl－7－hydroxchromonel）、7－羟基－4－甲氧基－5－甲基香豆精（7－hydroxy－4－methoxy－5－methylcoumarin）、香豆素和决明松－8－*O*－D－葡萄糖苷（Torachrysone－8－*O*－D－glucoside）。

9.5.1.4 黄酮类化合物

主要有槲皮素（quercetin）、槲皮素－3－阿拉伯糖苷（quercetin－3－arabnosede）、槲皮素－3－鼠李糖苷（quercetin－3－rhamnosede）、槲皮素－3－葡萄糖苷（quercetin－3－glucoside）、槲皮素－3－半乳糖苷（quercetin－3－galaetoside）、木犀草素－7－葡萄糖苷（luteoin－7glucoside）及芹菜黄素（apigenin）的3个衍生物。

9.5.1.5 其　他

虎杖中还含有一种多糖，其中含38个单糖，由D葡萄糖、D－半乳糖、D－甘露糖、L－鼠李糖、L－阿拉伯糖构成，其组成比为28：4：4：1：1。一种萘醌，即2－甲氧基－6－乙酰基－7甲基胡桃醌（2－methoxy－6－acetyl－7－methyljuglone），游离氨基酸，Cu、Fe、Mn、Zn和K等微量元素，葡萄糖欧鼠李糖苷以及鞣质。黄葵内酯、*β*－谷甾醇齐墩果酸、2－乙氧基－8－乙酰基－1，4－萘醌（命名为虎杖素A）等。在嫩茎中含有酒石酸、苹果酸、柠檬酸、维生素C、草酸和一种有促性激素作用的物质。从叶中得到黄酮化合物虎杖素（reynoutrin）与槲皮素－3－木糖苷。

9.5.2 药理作用

9.5.2.1 抗菌、抗病毒作用

（1）抗病毒作用。①直接杀灭：虎杖水煎剂细胞外显著抑制ECHO19病毒Burke株和Coxsackieβ病毒（coxβ 3 V）Nancy株。②增殖抑制：虎杖提取液阻断CVB吸附敏感细胞的

能力较低；但虎杖可直接灭活 CVB3。③阻断感染：虎杖 10% 水煎剂对京科 68－1 病毒、孤儿病毒（ECHO11）和单纯疱疹病毒有感染阻断作用。④直接杀灭、增殖抑制、感染阻断：虎杖成分大黄素、白藜芦醇苷对人疱疹病毒 HSV21F 株、HSV22333 株、柯萨奇病毒 CVB3 株具有明显直接杀灭、增殖抑制及感染阻断作用。

（2）对细菌的作用。①对球菌、杆菌的作用：虎杖对绿脓杆菌、复氏痢疾杆菌和雷极氏普罗维登氏菌有良好的抗菌作用，虎杖中大黄素、大黄素葡萄糖苷和白藜芦醇苷对金黄色葡萄球菌和肺炎双球菌有抑菌作用，白色葡萄球菌和变型杆菌有抑菌作用。②对真菌的作用：虎杖稀醋酸浸出液对皮肤癣菌中的红色毛癣菌、絮状表皮癣菌和石膏样毛癣菌有很强的抑制作用。③对淋球菌的作用：虎杖水煎剂 0.2 g/mL 对临床分离淋球菌抗菌作用中等。虎杖水煎剂对 3 种淋球菌纸片法抑菌实验表明，淋球菌对虎杖高度敏感。虎杖根粗提物抗菌性强，尤其对蜡样芽孢杆菌、单核细胞增多性李斯特氏菌、金黄色酿脓葡萄球菌、大肠杆菌、沙门氏菌 5 种食源性致病菌有很强的抑制作用。

9.5.2.2 抗炎作用

小鼠耳部涂抹虎杖鞣质 4 mg，可显著抑制巴豆油诱发的耳郭肿胀，每天口服 1 次，连续 4 d，也能抑制耳郭肿胀，表明虎杖有对抗皮肤炎症反应的作用。

9.5.2.3 在心血管方面的作用

（1）扩张血管平滑肌，改善微循环。虎杖苷（PD）具有显著的扩血管作用，对动物的冠脉、脑血管、肺血管、肝血管等都有扩张作用。

（2）对心肌细胞的作用。虎杖水煎液对离体心脏的收缩具有明显的增强作用，可能与 Ca^{2+}、α 受体、β 受体有关。虎杖不仅能增强心肌收缩力，而且对缺氧心肌有保护作用，可增加心输出量，提高心肌对缺氧的耐受能力，减低心脏衰竭程度。

（3）降血脂作用。陈晓莉等比较了虎杖片与辛伐他汀治疗高脂血症的疗效，结果显示，两者均能显著降低总胆固醇、低密度脂蛋白、胆固醇及动脉硬化指数水平，总有效率分别为 97.1% 和 95.0%，差异无统计学意义（$P>0.05$）；虎杖片还能显著降低甘油三酯水平，而辛伐他汀疗效不明显。

（4）抑制血小板聚集，抗血栓作用。刘连噗报道，虎杖苷能明显抑制 ADP、AA 和 Ca 诱导家兔血小板聚集，抑制 TXB2 的产生，但对凝醇诱导的血小板聚集的抑制作用不明显。对可乐定诱导的血小板聚集有显著抑制作用。用投射电镜观察 PD 作用后的血小板超微结构，发现 PD 对血小板的变形反应有明显抑制作用。用胰蛋白酶损伤兔颈动脉内皮诱导血栓形成的模型研究 PD 的抗血栓作用，发现 PD 能显著减少血栓的湿重，抑制血小板聚集，抑制血小板 TXA2 的生成。

（5）抗动脉粥样硬化。虎杖及其提取物具有抗动脉粥样硬化作用。动物试验证实，虎杖能明显抑制血管平滑肌细胞的增殖，显著减轻主动脉、冠脉等血管的粥样硬化斑块面积及病变程度。

9.5.2.4 抗艾滋病作用

白藜芦醇 20 mg/kg 口服可抑制 FLV 引起的脾肿大，显示其不仅具有体内抗 FLV 作用，还可能具有提高体液免疫功能，对细胞免疫具有很好的上调作用，特别是在逆转录病毒造成的机体免疫功能低下时表现尤为显著，显示该药可增强机体细胞免疫功能，抑制 FLV 引起的免疫缺陷，是一个较好的免疫调节剂。

9.5.2.5 护肝作用

虎杖对乙型肝炎抗原的抑制作用，与其所含蒽醌类物质及抗病毒作用有关。虎杖与其他中药合用治疗肝损害的实验研究表明，这些含虎杖的复方制剂均能不同程度地降低肝损害时 ALT 水平，清除过氧化脂质，对肝细胞有保护作用；虎杖煎剂具有改善损伤肝淋巴组织的微循环，抑制白细胞、血小板与肝脏内皮细胞的黏附达到促进肝细胞再生、修复损伤的能力。

9.5.2.6 抗肿瘤作用

近年研究表明，虎杖中白藜芦醇可抑制癌变过程中细胞和组织变异，成为预防、抑制和治疗组织癌变和肿瘤发生的研究热点。白藜芦醇可抑制肿瘤的起始、促进和发展 3 个阶段，且体外实验表明其对多种肿瘤细胞具有抗肿瘤活性。

9.5.2.7 抗氧化作用

虎杖对由自由基引发的脂质过氧化反应有抑制作用，粗提物对自由基有很好的清除作用，虎杖中的白藜芦醇、白藜芦醇苷均可降低溶血率，有效保护红细胞结构的完整性，抑制 H_2O_2 对生物膜的破坏损伤，维持细胞正常生理功能。

9.5.2.8 降血糖作用

虎杖鞣质除对淀粉酶几乎没有抑制活性外，对葡萄糖苷酶、蔗糖酶、乳糖酶均显示不同程度的抑制活性，其降血糖机理可能是通过调控糖苷酶活性实现的。

9.5.2.9 其他作用

虎杖除了以上作用外，单用或与其他药物合用还具有止血、止咳、平喘、镇静等作用。

9.6 虎杖的开发利用

传统上将虎杖制成中药各种剂型，或作为饮片进行临床应用，现今通过现代科技进行标准化提取其有效成分，已广泛应用于医药、健康品等领域，极大地推动了虎杖的现代化和产业化进程。

9.6.1 白藜芦醇在医药上的应用

白藜芦醇是虎杖的标准提取物之一，其具有抗氧化、抗自由基活性、降血脂、抗癌、抗诱变、抗衰老的作用，被广泛用于治疗心血管疾病、动脉硬化和高血脂等。同时，白藜芦醇具有非常好的抗菌和消炎功效，能够有效治疗过敏性细菌性皮肤病和病毒性肝炎等疾病。白藜芦醇的结构与雌激素相似，能预防心脏病，有助于降低患癌症和心脏病的几率。近年来，美国天然药物研究所（CNN）研究发现，白藜芦醇具有抗艾滋病的作用。因此，以白藜芦醇为原料生产的各种药品、保健品，在国际市场上十分走红，需求量很大。

从2000年开始，吉首大学林产化工工程湖南省重点实验室科研团队致力于湘西地区虎杖的基础研究工作并取得了一定的成果。曹庸等探讨了超临界 CO_2 流体技术萃取虎杖白藜芦醇的工艺条件，同时用HPLC对萃取物进行白藜芦醇含量测定；张敏等研究了虎杖白藜芦醇粗品提取工艺的优化条件；于华忠等筛选出真空冷冻干燥为虎杖白藜芦醇的最佳干燥方法。并将上述研究成果产业化，支撑张家界湘汇生物公司的发展。

9.6.2 白藜芦醇在保健品上的应用

临床实验研究表明，经常服用大量的富含白藜芦醇的食品，可以有效降低心血管疾病发生的可能，同时能减少总的胆固醇。在日本，白藜芦醇作为食品添加剂使用，减少了人血清脂质，加速肝脏代谢活动。白藜芦醇作为很好的抗氧化剂具有很好的血管扩张功能，可有效地抑制血管细胞中组织因子和细胞质的异常表达，从而可以防止心血管疾病的发生。同时能够很有效地抑制血浆中的甘油三酸酯，脂类过氧化物，以及血小板凝结。具有预防和治疗动脉硬化、心脑血管疾病的功能，可防治缺血性脑中风如脑梗塞、脑血栓等的形成，被美国《抗衰老圣典》列为“100种最有效的抗衰老物质之一”。白藜芦醇可以作为食品添加剂、染色剂被广泛地应用于保健品行业。

9.6.3 白藜芦醇在化妆品上的应用

白藜芦醇分子结构具有捕获自由基、抗氧化、吸收紫外光的特性，所以在化妆品方面表现出卓越的成效。作为抗氧化剂，白藜芦醇能够非常好地抑制血浆中的甘油三酸酯的形成以及血小板凝结，从而能很有效地促进血管扩张。一般而言，抗氧化剂用在化妆品中主要扮演皮肤抗氧化角色，使皮肤变得更漂亮。而白藜芦醇的生理活性使其同时具有非常好的皮肤保湿特性，适合做各类保湿、晚霜、润肤类化妆品以及沐浴液等天然原料。另外，白藜芦醇具有非常好的抗炎和杀菌效果，非常适合治疗和祛除皮肤粉刺、疱疹、皱纹等，因此作为化妆品中清洁皮肤的良好助剂得到广泛应用。

9.6.4 虎杖苷的应用

虎杖苷是从虎杖中提取的天然有效单体。现代研究证明，虎杖苷能显著扩张动脉冠状血管，增加冠动脉血流量，舒张支气管平滑肌改善通气功能。同时还具有降脂、抗菌、抗血栓、改善组织微循环、增加心肌收缩力等作用。最新研究发现，虎杖粗提物可使低氧性肺动脉高压动物模型的 HPH 下降，而血氧分压和体循环动脉压不受影响。虎杖注射液（含虎杖苷 40 mg）可明显降低缺氧引起的肺动脉高压，具有扩张肺动脉，降低肺动脉高压，改善呼吸功能，防止肺心病的作用，其综合作用在改善 HPH、防止 CCP 方面具有极高的开发价值。将之开发成新药，将填补国内外空白，具有广阔的应用前景。

9.6.5 大黄素的应用

虎杖中所含大黄素能抑制细菌核酸的生物合成和呼吸过程，具有很强的抗菌活性，对致病性真菌也有抑制作用，其抗肿瘤作用是影响癌细胞的供能过程。大黄素对艾氏腹水癌细胞呼吸有较强的抑制作用，可对癌细胞进行直接破坏。大黄素也可用于治疗消化性溃疡、慢性胃炎、非溃疡性消化不良以及胃癌等疾病，其主要原因是大黄素对幽门螺杆菌有较强的抑制活性。此外，大黄素对肠管平滑肌和血管平滑肌有解痉降压作用和利尿作用，因此，大黄素可用于利胆、解痉和降低血压。在临床几乎各科都用，如治疗乙型脑炎与腮腺炎、伤寒、消化不良、高血压和动脉硬化等。最新资料表明，大黄素可以影响角朊细胞体外增殖，可预防冠脉介入性治疗后再狭窄，可抑制人肾成纤维细胞。大黄素的生理活性决定它不仅可用于医疗，亦可以用于保健品和日用化工品中，因此，大黄素的实践应用极广。

9.6.6 虎杖的食用价值

虎杖作为具有医疗保健作用的野菜，除了含有蛋白质、脂肪、碳水化合物、粗纤维、各种维生素、微量元素等营养成分外，还含有多糖、酶类、黄酮、皂苷、挥发油等多种防病治病以及调整人体机能的化学成分，具有一定的医疗保健作用，可降低血清胆固醇，增加冠脉流量，降低血压以及镇咳和抑菌。虎杖嫩叶、嫩茎可以作为蔬菜食用。

9.6.6.1 民间食用

每年 4 ~5 月是虎杖地上部分最为茂盛的季节，土家人经常剥皮而食虎杖嫩茎，嫩茎可作蔬菜，根做冷饮料，置凉水中镇凉清凉解暑代茶，它的汁液可染米粉别有风味。虎杖既解渴又解饿，小孩最喜食用，是当地的一种厘定的野生植物资源。

9.6.6.2 作饲料用

虎杖不仅在春夏季是牲畜的好饲料，而且也是冬天储备饲料的好来源。此外，虎杖中含有多种生物活性物质，对促进山地鸡的免疫具有一定的作用。添加虎杖渣粉能促进山地鸡的免疫器官，（如胸腺、脾脏和法氏囊等）指数的提高。说明虎杖渣粉能够提高山地鸡的免疫性能，增强其抵御疾病的能力，这对在山区进行山地鸡养殖具有非常重要的意义。因此虎杖渣粉在山地鸡养殖中，可以作为饲料添加剂使用。

9.6.7 虎杖的其他作用

虎杖的根茎、叶含有大量鞣质，叶中含量最高达17%，为制备栲胶提供了丰富的原料。虎杖的全草可用作饲料和兽药。其对牛膨胀症、胀肚症、黄蜂胃病等有较好的疗效。全草还可制成农药，对防止螟虫、蚜虫、青虫等有效。虎杖根及根茎250 g，洗净切碎，加入白酒750 g，浸泡半月，即成虎杖药酒。成人每日服2次，每次1小杯，可治关节炎等。

主要参考文献

[1] 卜晓英，吴锋，周朴华. 虎杖营养器官的形态结构 [J]. 吉首大学学报：自然科学版，2007，28 (3)：89-94，111.

[2] 曹庸，于华忠，张敏，等. HPLC法测定虎杖白藜芦醇的含量及其稳定性研究 [J]. 林产化学与工业，2004，24 (2)：61-64.

[3] 曹庸，张敏，于华忠，等. 不同植物、同种植物不同组织部位中白藜芦醇含量变化研究 [J]. 湖南林业科技，2003，30 (4)：32-34.

[4] 曹庸，于华忠，李国章，等. 虎杖不同季节、不同组织部位白黎芦醇含量动态变化研究 [J]. 中国药学杂志，2004，39 (5)：337-338.

[5] 曹庸，张敏，于华忠，等. 气象因子和矿质元素对虎杖根茎白藜芦醇含量的影响 [J]. 应用生态学报，2004，15 (7)：1143-1147.

[6] 曹庸，陈雪，唐永红，等. 虎杖愈伤组织的诱导及高产白藜芦醇材料的筛选 [J]. 生命科学研究，2006，10 (3)：270-275.

[7] 曹庸，于华忠，杜亚填，等. 虎杖白藜芦醇超临界CO2萃取研究 [J]. 湖南农业大学学报：自然科学版，2003，29 (4)：353-355.

[8] 曹庸. 虎杖中白黎芦醇提取、纯化技术研究 [D]. 湖南农业大学，2001，11.

[9] 黄远芬，李蓓蓓，罗霄山. 虎杖及其有效成分药理研究进展 [J]. 广东药学，2006，10：13-15.

[10] 黄邓珊，辛建峰，毛泳渊，等. 张家界土家族利用虎杖的民族植物学研究 [J]. 中国野生植物资源，2007，26 (3)：36-37.

[11] 胡远. 虎杖品质及药理研究进展 [J]. 四川生理科学杂志，2008，30 (1)：22-24.

[12] 金雪梅，金光洙. 虎杖的化学成分研究 [J]. 中草药，2007，38 (10)：1446-1448.

[13] 孔晓华，周玲芝. 中药虎杖的研究进展 [J]. 中医药导报，2009，15 (5)：107-110.

[14] 邝哲师，赵祥杰，叶明强，等. 虎杖渣粉在山地鸡饲料上的应用研究 [J]. 饲料工业，2012，33 (1)：56-58.

[15] 卢成瑛，唐永红，刘辉，等. 产黄青霉菌株39B分离培养及其白藜芦醇代谢积累条件研究 [J]. 菌物研究，2008，6 (2)：96-100.

[16] 梁萍，黄艳花，覃连红，等. 虎杖锈病研究 [J]. 安徽农业科学，2008，36 (1)：55-56，60.

[17] 刘树兴，程丽英．虎杖有效成分的开发现状及展望［J］．中国食品添加剂，2004，6：80－82.
[18] 马云桐．虎杖的资源、品质与药效的相关性研究［D］．成都中医药大学，2006，6.
[19] 欧菊泉，陈雪香，丁利华，等．虎杖愈伤组织的诱导及其白藜芦醇形成初探［J］．中南林学院学报，2006，26（3）：24－27，50.
[20] 裴莲花，吴学，金光洙．虎杖化学成分及药理作用研究现状［J］．延边大学医学学报，2006，29（2）：147－149.
[21] 潘标志，王邦富．虎杖规范化种植操作规程［J］．江西林业科技，2008，6：33－36.
[22] 宋庆安，童方平，易霭琴，等．虎杖光合生理生态特性研究［J］．中国农学通报，2006，22（12）：71－76.
[23] 孙伟．虎杖栽培技术［J］．特种经济动植物，2005，4：25.
[24] 谭智渊，周国海，刘盛开，等．不同生境条件对虎杖白黎芦醇含量的影响［J］．经济林研究，2006，24（1）：64－66.
[25] 王庆，王淑慧，张守君．虎杖繁殖新方法［J］．中药材，2007，30（10）：1209－1210.
[26] 王春荣．虎杖现代临床应用举隅［J］．光明中医，2008，23（3）：397－398.
[27] 王霞，凌世峰．虎杖药理作用研究进展［J］．海军医学杂志，2004，25（2）：179－181.
[28] 杨培君，李会宁，赵桦．虎杖的组织培养与快速繁殖［J］．西北植物学报，2003，23（12）：2192－2195.
[29] 杨彬彬，王进旗，刘阳林．虎杖生物学特性及规范化栽培技术［J］．陕西农业科学，2004，5：113－114.
[30] 杨建文，杨彬彬，张艾，等．中药虎杖的研究与应用开发［J］．西北农业学报，2004，13（4）：156－159.
[31] 杨金库，武惠肖，王杰凡．虎杖嫩枝全光喷雾扦插育苗技术［J］．林业实用技术，2012，4：23－24.
[32] 于华忠，李国章，曹庸，等．虎杖白藜芦醇提取物的干燥方法研究［J］．林产化工通讯，2005，39（1）：31－33.
[33] 周国海，于华忠，李国章，等．TLC 法测定虎杖中白藜芦醇的含量［J］．湖南林业科技，2005，32（3）：11－13.
[34] 张敏，于华忠，曹庸，等．不同季节的虎杖根茎中 8 种矿质元素的光谱测定［J］．光谱学与光谱分析，2004，24（12）：1669－1671.
[35] 张骅，刘琨．虎杖临床应用研究进展［J］．临床肺科杂志，2007，12（1）：62－63.
[36] 张敏，曹庸，于华忠，等．虎杖提取物中白藜芦醇的荧光分析研究［J］．分析试验室，2005，24（5）：15－18.
[37] 张敏，曹庸，于华忠，等．同步荧光检测虎杖提取物中白藜芦醇含量的新方法［J］．林产化学与工业，2005，25（2）：63－66.
[38] 张敏，曹庸，于华忠，等．虎杖白藜芦醇提取工艺的初步研究［J］．林产化工通讯，2004，38（3）：6－9.
[39] SHAN B，CAI Y Z，BROOKS J D，et al. Antibacterial properties of Polygonum cuspidatum

roots and their major bioactive constituents [J]. Food Chemistry, 2008, 109 (3): 530-537.

[40] LIU X Q, ZHANG W, JIN M F, et al. Effects of explants, medium formulations and light on callus induction and secondary Metabolites Accumulated in the Calli of Polygonum cuspidatum (Polygonaceae) [J]. Acta Botanica Yunnanica, 2006, 28 (4): 403-409.

10 黄柏

黄柏（*Phellodendron amurense Rupr.*）别名黄菠萝、黄檗、黄伯栗、灰皮柏等，是芸香科（Rutacea）黄柏属（*Phellodendron Rupr.*）多年生木本植物，为国家二级保护物种我国传统的常用中药材，至今已有2000多年的药用历史，以去栓皮的树皮入药。黄柏原名“檗木”，始载于《神农本草经》，“檗木味苦寒，主五脏，肠胃中结热，黄疸，肠痔，止泻痢，女子漏下赤白，阴阳蚀创，一名檀桓，生山谷”，《名医别录》称之为“檗木”或“黄檗”。有清热解毒、泻火燥湿等功能，主治湿热泻痢、黄疸、小便淋沥涩痛、赤白带下、热毒疮疡飞湿疹、阴虚发热、盗汗等症。

10.1 种质资源及分布

黄柏分布范围广，类型复杂多样。主要种类有黄檗（*Phellodendron amurense Rupr.*）和黄皮树（*Phellodendron chinense Schneid.*），前者的干燥树皮习称关黄柏，后者习称川黄柏。

黄檗主要分布于黑龙江、吉林、辽宁、河北、北京和内蒙古，山西也有少量分布。在我国大致分布于北纬39°~52°范围内。在此区域的北部，垂直分布可达海拔700 m，南部可达1500 m。黄檗主要依靠自然资源，主产于黑龙江的饶河、尚志、虎林、伊春、桦南、木兰、宝清、延寿、庆安等县，吉林的永吉、桦甸、蛟河、舒兰、盘石、靖宁等县；辽宁的桓仁、本溪、新宾、抚顺、清原、凤城、宽甸、辽阳、鞍山等县；此外，河北抚宁、涞水、青龙、承德等地也有生产。黑龙江每年调供省外及出口黄柏树皮380余吨，占年收购量的70%左右。

黄皮树主要分布于暖温带及亚热带山地，海拔1000~1200 m处。主要有秃叶黄皮树、峨眉黄皮树、云南黄皮树、镰刀叶黄皮树等几种类型。秃叶黄皮树分布于秦岭以南的陕西部分地区、湖北、湖南、贵州、四川和广西等地；峨眉黄皮树分布于四川中部以西；云南黄皮树分布于云南东南部；镰刀叶黄皮树分布于云南东北、四川南部凉山。黄皮树分布广，但蓄积量有限，经过长期开发，野生资源很少。由于提取黄连素的原料——三颗针等资源减少，大量转向用黄皮树提取黄连素，砍伐与偷盗黄柏情况十分严重，黄柏资源受到严重破坏。从20世纪70年代开始，在四川、湖北、湖南、陕西等地进行人工种植，到目前为止，黄柏造林面积已达13多万公顷。其中主产区四川造林留存面积2.9万公顷，年产树皮约1000 t。

黄柏属植物，除上述已知药用的品种以外，我国尚有法氏黄柏，分布于四川城口县附近，小叶片长 9 cm，宽 2.5 cm，狭披针形，为其特征；辛氏黄柏，分布于贵州，以小叶片广卵圆形，稀为卵状长圆形，嫩枝顶部及果轴基部灰白色，果序上的果疏离为特征；台湾黄柏，分布于台湾花莲及太平山，以小叶片纸质至厚纸质，两面少毛，背面沿中脉两侧密被硬毛为其特征。

10.2 生物学特性

10.2.1 形态特征

（1）黄檗。又名黄波罗、黄伯栗、黄柏、元柏。落叶乔木，高达 25 m，胸径约 50 cm。树皮灰色，深纵裂，木栓层发达、柔软，内层鲜黄色，小枝通常灰褐色或淡棕色，罕为红橙色。裸芽生于叶痕内。叶对生，奇数羽状复叶，小叶 5 ~ 15 片，卵状披针形或长圆披针形，先端长渐尖，长 5 ~ 12 cm，宽 3 ~ 4.5 cm，叶缘有细圆锯齿或近圆形；上面暗绿色，幼时沿脉被柔毛，老时则光滑无毛，下面苍白色，幼时沿脉被柔毛，老时仅中脉基部被白色长柔毛。花单性，雌雄异株；花序圆锥形顶生，花小，黄绿色，花萼 5，卵形；花瓣 5 片，长圆形，黄绿色；雄蕊 5 枚，常露出花瓣外，花丝基部被毛；雌蕊 1 枚，子房上位，花柱甚短，柱头头状，5 裂。浆果状核果近球形，直径 8 ~ 10 mm，熟时黑色，果核 5 个，每核 1 粒种子。种子黑色，长卵形。

（2）黄皮树。又名灰皮柏、华黄柏。落叶乔木，树高 15 m。树皮灰褐色，深纵裂，木栓层较薄，内层鲜黄色。小枝通常暗红褐色或紫棕色，光滑无毛，具长圆形皮孔。裸芽生于叶痕内。叶对生，奇数羽状复叶，小叶 7 ~ 15 片，有短柄，叶片长圆状披针形至长圆状卵形，长 9 ~ 15 cm，宽 3 ~ 5 cm，先端为骤狭的渐尖，基部宽楔形或近圆形，通常两侧不对称，叶面暗绿色，仅中脉密被短毛，叶背淡绿色，被有白色长柔毛。花单性，雌雄异株；花序圆锥形顶生，花小，紫色，花萼 5，卵形；花瓣 5 片，长圆形，黄绿色；雄蕊 5 枚，露出花瓣甚多，花丝甚长，基部被白色长柔毛；雌蕊 1 枚，子房上位，花柱短，柱头头状，5 裂。浆果状核果，球形，直径 10 ~ 12 mm，密集成团，熟时紫黑色，果核 5 个，每核 1 粒种子。种子黑色，长卵形（彩图 10.1、10.2、10.3、10.4）。

黄檗与黄皮树的主要区别在于其具有厚而软的木栓层；黄皮树树皮颜色稍深，叶背被有白色长柔毛，花为紫色。另外，经试验川黄柏中小檗碱的含量明显高于关黄柏。

表 10.1、表 10.2 是药典上和市场上关黄柏与川黄柏的性状比较。

表 10.1 药典上川黄柏与关黄柏性状比较

	川黄柏	关黄柏
外表	黄褐色、黄棕色，有的可见皮孔痕，残存的灰色粗皮呈板片状，浅槽状，长宽大小不一，厚 3 ~ 6 mm。	黄绿色或淡棕黄色，皮孔痕小而少，偶有白色的粗皮残留较平坦，有不短则的纵裂，厚 2 ~ 4 mm

续表 10.1

	川黄柏	关黄柏
内表	平坦或具纵沟暗黄色、淡棕色，具细密的纵棱纹	黄色或黄棕色纹
断面	纤维性呈裂片状分层，深黄色	黄色或黄绿色纹
质地	体轻，质硬	体轻，质较硬
气味	气微，味甚苦，嚼之有黏性	气微，味甚苦

10.2 市场上川黄柏与关黄柏性状比较

	川黄柏	关黄柏
外表	黄褐色，表皮较光滑，有明显的皮孔痕，无裂纹呈薄片状，长宽不一，厚 1 ~ 2 mm，最厚不超过 5 mm	淡黄棕色，常有粗皮残留，有明显的纵裂纹板片状，长宽不一，厚 5 ~ 10 mm
内表	黄色，暗黄色，具细密的纵棱纹	黄棕色，棕色
断面	纤维性呈裂片状分层，鲜黄色	纤维性呈裂片状分层，淡黄绿色或浅黄色
质地	稍坚实，折断时有粉尘	轻泡

10.2.2 生态习性

黄柏的生境地理分布，因种不同，差异较大。黄檗垂直分布可达 700 m，多生长在中、低山的中下部及排水良好的河谷两岸缓地，土层干旱瘠薄的小山谷地也有分布，但生长不良。黄檗适应性较强，为喜光耐寒树种。生育期不耐蔽荫，喜生于疏林中。幼龄阶段对霜冻特别敏感，往往生长在局部低湿处的幼树如无其他植物覆盖，顶芽或嫩梢常常被冻死，或树干多叉，形弯；随树龄的增长，抗寒力增强。在土壤深厚、排水良好的腐殖质土上生长良好，森林棕壤、森林灰化土也可正常生长，而黏土、沼泽土不宜生长。黄檗适宜生长的气候条件一般为：年均气温 -1 ~ 10 ℃，年降水量 500 ~ 1000 mm，最冷月 -30 ~ -5 ℃，极端最低温 -45 ℃，最热月均温 20 ~ 28 ℃，无霜期 100 ~ 180 d。

黄皮树生长在温和湿润的气候环境条件下，垂直分布可达 1500 m，在海拔 600 ~ 700 m 处的天然混交林中长势较好。秃叶黄皮树多在海拔 1 050 ~ 1800 m 的山坡。峨嵋黄皮树多生长在海拔 1000 m 以下的低山中。黄皮树为较喜阴的树种，要求避风而稍有荫蔽的山间河谷及溪流附近，喜混生在杂木林中，在强烈日照及空旷环境下则生长不良。但生态幅度较广，高低山地均可生长，在海拔 1200 ~ 1500 m 的山区，气候比较湿润的地方生长快。经调查，黄皮树在宅旁、溪边及自留地等肥沃土壤上生长迅速，6 年即可砍伐利用；而在土壤瘠薄之处则生长缓慢，15 年难以成材。另外，黄柏不耐积水，在地下水位较高或雨后容易积水的地方，黄柏生长会受影响，严重时因根系腐烂而死亡。

10.2.3 生长习性

10.2.3.1 根系生长

黄柏根系生长时间比地上茎叶生长时间长，全年有2次生长高峰期，即5月上中旬至6月中旬出现第一次生长高峰，以后生长速度递减，8月下旬至9月下旬出现第二次生长高峰，至12月上旬生长停止。全年根系休眠时间为60~70 d。长江以南温暖地区黄柏根系无明显的休眠期。

10.2.3.2 枝条生长

黄柏枝条生长具有枝端二叉分枝习性，因此树冠干性不强。枝条生长速度因条件而异，在山坡下部的生长速度比坡顶的快，荫蔽地比空旷地快，湿润地比干旱地快，但成年后不耐荫蔽，以疏林地较为适宜。黄檗枝条萌发能力强，冬季采伐的树桩，次春可萌生新枝条，当年枝梢生长量可达0.5~1.5m。而黄皮树枝条萌发能力较弱，冬季采伐的树桩，多数死亡；但侧枝被采伐后，萌发抽枝能力强，当年枝梢生长量可达0.7~1.0 m。

10.2.3.3 木栓的形成及树皮的再生

黄檗的木栓较厚，其形成因树龄差异较大，有的个体幼苗时即有木栓，也有的个体15年生方生木栓。栓皮生长速度也因立地条件和个体而异。据报道，同为13年生，栓皮生长了12年的植株，在山坡上部的厚度为8 mm，山坡中部的为11 mm，山坡下部的为10 mm。

树木一般剥掉皮后，树皮不能再恢复生长，如对树木主干进行环剥，环剥口过宽则使树木很快死亡。而黄柏的树皮则有较强的再生能力，即使对主干某一区段树皮进行全部环剥，只要及时采取保护措施，短期内在剥掉皮的木质部上又可长出新的树皮，3~4年后即可赶上未剥皮部分树皮的厚度。通过环状剥皮还可以促进树株直径的生长。黄柏树皮的这一再生特性，对黄柏树皮的永续利用及黄柏资源保护提供了有利的条件。黄柏不管幼树或老树都存在树皮再生能力，但其中以幼、壮龄树再生能力最强。

10.2.3.4 结实习性

黄柏树开始结实的年龄，因生境而异，孤立木为7~10年生，生于林内的则为20~30年生；在一年中，一般于5~6月开花，9~10月果实成熟。50年生以后及环剥皮的植株虽能结实，但种子极不充实，不能用来播种育苗。雌株结实的数量及品质与当地雄株数量的多少及树株的立地条件密切相关。

10.3 栽培与管理

10.3.1 育 苗

10.3.1.1 实生育苗

（1）采种。丰产栽培用种要选择国家或省级相关部门已审定的且适合于本地栽培的优良品种或地方优良品种。选取生长发育健壮、叶大、皮厚、无病虫害和未剥过皮的10年生以上的壮龄雌株为采种母树（不采荫郁林内和受光不足母树的种子）。9月下旬至10月下旬，果实由绿变黄最后呈黑色，表示完全成熟，即可采集。采收过早，种子质量、饱满度降低，出苗率下降。另外，海拔1500 m以上，黄柏种子出现“空胚”现象，即胚发育不完全或无胚。因此，在海拔高于1500 m的地方采种须慎重。果实采收后堆沤半个月左右，当果肉腐烂，即可进行淘洗分离，风干，装麻袋内置于通风处。堆沤时间不宜过长，否则会降低种子萌芽率。黄柏种子需要休眠，但休眠较浅。种子储存于0～5 ℃条件下，其发芽力可保持2年以上。

（2）种子处理。一般用当年采收的种子进行秋播，可不进行催芽处理，而春播应进行种子处理。播种前1～2个月先用湿沙和种子进行沙藏处理，以提高出苗率。沙子和种子的质量之比为3∶1. 为了保持一定湿度，少量种子沙藏可装入花盆，埋入室外土中。种子量大时，可挖深30 cm的坑或沟，先将种子和沙混合放在坑或沟内，再盖土6～10 cm，上面再盖上一些稻草或杂草，待翌年春播前取出，去净沙土，即可播种。无论秋播还是春播，播种前均可采用“水选法”选种，可确保种子饱满率在70%以上。将选出来的种子用5%的生石灰水浸泡1 h进行消毒处理，消毒后用50 ℃的温热水浸泡30 d。浸种后用常规法催芽10 d至种子破口。

（3）苗圃的选择与整理。黄柏育苗地选择与常规育苗地选择标准相同，坡地、平地均可。选地的标准为：肥沃、疏松、能排能灌，缺一不可。尤其是排灌，必须达到速排速灌，黄柏育苗切忌积水。当育苗地前作为水稻时（冬水田更要注意），须检查土壤下层是否有不透水层。如果土壤30 cm下有不透水层，不宜作为苗圃。土壤过于黏重，苗木根系发育不良。因此，圃地应选择在无污染、土壤疏松肥沃、避风、无强光照射、避免积水且水源充足、交通方便的地段，以坡上段或四周有乔木植物为佳。圃地深翻后，每亩用75 kg的生石灰加硫酸铜配成波尔多液消毒杀虫（地老虎）。苗床每畦规格为15 m×1.2 m×0.2 m，畦距0.5 m，并施以腐熟人畜肥1000 kg/亩和复合肥50 kg/亩作为底肥。畦面要求平整、细碎。地块不平整易造成局部低洼处积水。

（4）播种。在南方，冬播采用鲜籽于11月至封冻前进行。播前先将种子用清水浸泡24 h，取出稍晾干后播入。春播以2月至3月初为宜，采用催芽籽。种子催芽破口后立即播种。播种过早，种子在田间损失较大，不利出苗；播种过晚，气温逐渐升高，打破休眠不完全，出苗率下降。研究表明，从3月中旬起，出苗率随播种期推迟而下降，5月播种几乎不出苗。黄柏传统育苗为撒播，撒播的优点是省事省力，缺点是种子分布不均匀，造成幼苗生长不均匀，难以达到苗木标准化。黄柏应采用条播，条播有明显的行距，便于估测出苗数和将来起苗，控制间苗数量，促进苗木生长均一，保证种苗质量。播种时，在整好的苗床畦面上，按行距25 ~ 30 cm横向开沟条播，沟深3 ~ 5 cm，沟宽约10 cm。沟内先浇施稀薄人畜粪水作为底肥，用量为1500 ~ 2000 kg/亩，然后将种子均匀地撒入沟内，每沟播80 ~ 100粒，每公顷用种量为44.92 kg左右。播后用火土灰或细堆肥和细土混合盖种，厚1 ~ 2 cm，稍加镇压、浇水，畦面再盖草以保温保湿。播种后的当天搭建遮阴棚，棚高1.0 ~ 1.9 m，用稻草帘或遮阳网遮阴。约50 d后，幼苗陆续出土，揭去盖草，进行苗期管理。

（5）苗期管理。出苗前后要保持土壤湿润，天旱要及时浇水保苗。为确保秋季达到预计出圃数和苗木质量，在幼苗期须进行2次间苗。当苗高5 ~ 7 cm时，进行第1次间苗，此次主要去掉过密苗、弱苗，每隔3 cm留苗1株；当苗高为10 ~ 15 cm时，进行第2次间苗，此次主要目的是定苗，即按每亩出圃数确定留苗数。每隔7 ~ 10 cm留壮苗1株。

从幼苗出土至苗木高50 cm。这段时期幼苗生长势弱，杂草生长势强，与黄柏苗争夺水分、养分和生长空间，因此应适时中耕除草。一般每年3次，第1次在播种后至出苗前进行，第2次结合间苗进行，第3次在定苗后至行间郁闭前进行。随着黄柏苗根系和高度的增加，杂草生长逐渐处于劣势，可不再除草。除草方法以人工除草为主。

育苗地施肥与否，对黄柏幼苗生长影响较大。据观察，在同一块育苗地，施肥的1年生植株高度为30 ~ 70 cm，不施肥的2年生植株高度只有15 ~ 35 cm。故一般育苗地除施足基肥外还应结合中耕除草，追肥2 ~ 3次。幼苗出土后叶片小、根系不发达，吸收能力差，需要“少吃多餐”式的营养补充。追肥以速效氮（尿素）为主。追肥时期和方法：第1次在幼苗3 ~ 5片真叶期，按每亩施尿素2.5 ~ 3.0 kg，兑入清粪水中施入；或在下雨前撒入行间。需要注意的是干施尿素易发生烧苗，一般不提倡干施，前提是要有熟练的操作技术，肥料撒施均匀，且不能直接接触幼苗的叶片或根茎。第2次在苗高30 cm左右，每亩施尿素3.0 ~ 3.5 kg，方法同前。第3次视苗木生长情况，主要针对土壤肥力不足、基肥不足、苗木生长欠佳者。施肥量按每亩施尿素4.0 ~ 5.0 kg，方法同前。追肥结束时期为6月底，7月份后一般不再追肥，以免造成苗木徒长，质量下降。

由于苗木缺水和受涝的外观表现迟于生理受害，因而灌水和排水在生产中较易被忽视，一旦发现苗木的缺水反应和受涝反应再进行灌水和排水，苗木生长已经受到严重影响。黄柏苗需水敏感时期是3 ~ 10片真叶期，连续7 d无降雨必须考虑灌溉，连续10 d无降雨则生长停滞。湖南5 ~ 6月、四川盆地内7 ~ 8月暴雨频繁，降雨集中，黄柏苗积水3 d开始出现根系腐烂，叶片发黄、脱落。轻者苗木细弱，地径和高度均小，根系不发达，须根很少，严重者死亡。黄柏幼苗最忌高温和干旱，在夏季高温季节，若遇干旱，常因地表温度升高而使其基部遭受灼伤，植株失水，叶片脱落，甚至幼苗枯死。因此，夏季干旱时必须及时浇水。当行间郁闭后，根系已入土较深，可不必再浇水和松土除草。

10.3.1.2 扦插育苗

黄柏枝条扦插育苗生根比较困难，成活率也很低，但只要掌握正确的扦插方法，其成活率可以大大提高。其方法如下。

（1）采条。插条采集时间选在春季黄柏树叶萌动前，然后窖储至扦插前拿出剪穗扦插即可。据报道，插穗的幼化程度对生根有很大影响。20年以上实生树伐根萌条比其干萌条、2 ~ 5年生、5 ~ 10年生实生树当年枝条的扦插生根率明显提高。

（2）剪条与处理。将枝条剪成10～15 cm长、保留3～4个侧芽的小段，下切口为斜切，上切口为平切。再将下端切口在5×10^{-5} ABT2号生根粉溶液或5×10^{-5} NAA溶液中浸1～2 h，然后插入苗床。黄柏进行硬枝扦插能够生根，当使用生根促进剂时，插穗的生根率有较大程度的提高。其中以NAA处理结果为最好。在有效区间内，激素浓度越高，浸泡时间越短，反之亦然。

（3）扦插及插后管理。黄柏于6月上旬进行扦插成活率较高。扦插时，插穗入沙深度为3～4 cm，两底芽一定入沙，插后每天定时喷水2次，阴雨天除外。苗床上面要搭棚遮阴，一般40～60 d即可生根。冬季来临时要浇足底水，用两层草袋做防寒棚，第二年4～5月进行定植，成活率可达95%以上。

10.3.1.3 根蘖育苗

黄柏树被砍伐后，地下部根系会萌生许多枝梢，可就地培土，使其生根后截离母树，进行移栽。

10.3.1.4 嫁接育苗

黄柏嫁接育苗可以保持母树的优良性状，是实现黄柏栽培良种化的又一途径。

（1）砧木选择与培育。砧木是嫁接植株的重要组成部分，它的优劣将直接影响嫁接苗的生长状况和成活株数，应挑选砧木遗传品质优良、无损伤、生长健壮、根系发达的2年生实生苗作为砧木。砧木的培育同实生育苗。

（2）接穗选择与采集。良种接穗的选择要依据所营造黄柏丰产林的经营目的而定，即不同的经营目的，要选择相对应的良种。如营造良种种子丰产园，则应从已经开始结果的植株上采取接穗，有利于提前结果。如营造良种树皮丰产园，则应从树皮厚而光滑，树叶深绿肥厚，且叶面积大、节间短的植株上采取接穗。一般在所选出的优树的中上部选取具有饱满顶芽，并且生长旺盛，无病虫害的1年生枝条，采集的长度为30～40 cm。采穗的时间在2月下旬左右为宜，此时枝条尚处在休眠状态，树液尚未流动，嫁接后成活率较高。从每株树上采集的枝条为一捆，登记编号，建立档案，放入封闭遮光的窖内储存，温度在0 ℃以下为宜。

（3）嫁接。嫁接时间是影响成活率的重要因素。嫁接黄柏最佳时期是黄柏芽苞刚开始萌动时，此时细胞活动旺盛，养分供应充足，伤口较易形成愈伤组织，嫁接成活率最高。当枝条尚处在休眠状态时，伤口不易形成愈伤组织，成活率较低；芽苞已经绽放，接穗不易成活，成活率也不高。具体时间南北略有差异。在各种嫁接方法中，劈接法的成活率最高，这是由黄柏自身的生物学特性所决定的。劈接法，其削面较大，接触面也严密，水分、营养供应及时，有利于愈伤组织的形成，所以成活率较高。并且劈接方法，技术较其他方法简便，易掌握，更适于树木嫁接技术的推广和利用。另外，嫁接高度对嫁接成活率的影响也较大。闫顺吉等人分别剪取高度为6～8 cm和20 cm以上的砧木做嫁接试验，在其他条件都相同的情况下，砧木高度为8～10 cm的嫁接成活率明显较高。这是由于砧木保留较低，有利于养分的充分供应，大面积形成愈伤组织，以保证接穗的成活。

（4）嫁接后管理。

①套袋：嫁接苗套袋后，有一定的保湿作用，有利于苗木的成活。

②除萌：嫁接苗成活后，其根部的萌条将有碍于嫁接苗的正常高生长，应适时剪除。

③解绑：在嫁接后2个月左右，嫁接苗的伤口已基本愈合，绑带应予以及时解除。据报道，及时解除绑带的嫁接苗生长正常，伤口也能适应外部环境的变化，而延后解除绑带的嫁接苗，伤口处部分发生霉变，成活率降低，严重影响苗木生长。

④后期管理：根据气候的不同以及苗木生长状况，适时进行浇水、除草、培土、施肥等管理，以促进苗木的正常生长。

10.3.1.5 组织培养

为达到快速繁殖优良黄柏苗木的目的，四川农业大学等单位相继进行了以黄柏种胚为材料的组织培养研究。结果表明，1/2 mS 作为基本培养基适合于川黄柏幼胚的萌发。低浓度的NAA（0.02 mg/L）有利于幼胚的萌发，且幼苗生长健壮。加入6－BA不利于幼胚的萌发，即使是低浓度也会降低萌芽率，且芽苗会发生一定频率的玻璃化。6－BA对幼苗根的生长影响较大，在含有6－BA的培养基上幼苗的根短且分支少。因此1/2 mS＋0.02 mg/L NAA为最佳的胚萌芽培养基。MS＋0.2 mg/L 6－BA＋0.02 mg/L NAA处理的增殖率较高，增殖苗生长健壮，苗高、叶色深绿、无玻璃化，且经过多次继代后增殖苗依然生长健壮，并保持较为稳定的增殖倍数；MS＋1.0 mg/L 6－BA＋0.10 mg/L NAA处理的增殖率最高，但增殖苗长势较MS＋0.2 mg/L 6－BA＋0.02 mg/L NAA处理的差，经多次继代后增殖苗叶色变浅、偏黄，长势减弱，增殖倍数降低。因此，MS＋ 0.2 mg/L 6－BA＋0.02 mg/L NAA为最佳的增殖培养基配方。基本培养基对增殖有很大的影响，MS培养基上增殖率、增殖苗的长势都明显优于1/2 mS和B_5培养基。激素对芽苗的增殖也有很大的影响，其中6－BA影响较大，NAA影响较小。在基本培养基1/2 mS＋2.0 mg/L 6－BA＋0.02 mg/L NAA处理和基本培养基B_5＋2.0 mg/L 6－BA＋0.10 mg/L NAA处理，玻璃化最为严重，玻璃化率达100%，随着6－BA浓度的增加，增殖率出现先上升后下降的趋势，玻璃化率则出现上升趋势。6－BA浓度增加，增殖率先有较小的增加，然后下降，而增殖苗平均高度则逐渐下降，叶色逐渐变浅。在低6－BA浓度（0.2 mg/L）时增殖率较高，增殖苗高、叶色深绿、生长健壮；而高6－BA浓度（2.0 mg/L）时，增殖苗叶色变浅，偏向黄绿，甚至不增殖，玻璃化死亡，因此高浓度的6－BA不利于增殖。生根培养4周后，在不同生根培养基上，川黄柏试管苗生根率有很大差异。1/2 MS＋0.05 mg/L 6－BA＋0.05 mg/L NAA＋0.3%活性炭处理的生根率最高，达86.67%，在此培养基上，根的质量也最好，平均生根3.6条，根长3.5 cm，分支数为5以上。统计分析发现，活性炭对生根率的影响极显著，活性炭为0.3%时生根效果最好。14 mg/L的硼酸对川黄柏试管苗生根具有很大的促进作用。在未添加硼酸的对照中，生根率较低，有的甚至不生根，即使生了根，生根数量也少、短且分支较少；而添加14 mg/L硼酸的处理中，平均生根率较对照有了很大的提高，且生根数、根长、分支数都有不同程度的提高。因此，1/2 MS＋0.05 mg/L NAA＋0.05 mg/L 6－BA＋0.3%活性炭＋14 mg/L硼酸为最佳生根培养基配方。经过1周练苗，试管苗移栽成活率达90%以上，移栽出的幼苗10 d左右即有新叶出现。移栽后的幼苗在移栽基质上生长良好。

10.3.1.6　苗木出圃

（1）苗木的出圃规格。为了保证苗木出圃后的质量及其后续生长，制订苗木出圃规格是必要的。苗木的出圃规格如表10.3所示。

表10.3　苗木的出圃规格

规格	地径/cm	苗高/cm	主根长度/cm	侧根/条	根幅/cm	其他
1级	>1.0	>100	25	2~3	>30	顶芽完好，无机械伤和病虫斑
2级	0.6~1.0	60~100	15~24	1~2	20~30	无病虫斑

注：根系适用于种子繁殖的苗木。

（2）出圃。黄柏出圃时间一般为当年10月至翌年3月初，出圃的最后期限是树苗萌芽前。优质黄柏苗的根系几乎布满苗床，并集中分布在10~25 cm深的土层中。起苗要求：少伤根，尽量保留侧根和须根，减少茎干的机械伤害。起苗关键：起苗时，应按行取苗，以两行中间为界，从一端挖取到另一端；挖土深度应为25~30 cm；如果土壤过干，应在取苗前一天灌水。以上措施可有效减少伤根和断根。苗木按50株分级捆扎、计数。

10.3.1.7　假　植

如苗木不能及时栽植，必须假植。选择背风、背阴处，挖假植沟，将成捆苗木斜置沟内，覆土至苗木的1/2或2/3处，再覆盖薄膜保湿。假植时间越长，覆土越深。假植后定时检查土壤干湿情况。

10.3.2　建　园

10.3.2.1　园地选择

黄柏种植地应选在山坡土层深厚、向阳之处，房前屋后、溪边沟坎、荒山荒坡、自留山、自留地均可种植，尤以房前屋后、溪边、山坡下部生长良好。据调查，黄柏在坡度超过40°的地方仍能生长良好，其生长主要受土层厚度的影响。因此，黄柏可以在坡度25°以上地方栽植，但土层不能太薄（土层厚度不小于30 cm）。如果土层较薄，栽植穴必须实行爆破。另外，低洼积水之处不能栽植。

10.3.2.2　定植穴准备

荒山种植多采用全垦或带状整地，砍荒时间可放在秋、冬季农闲时进行。定植穴准备是黄柏速生栽培的第一个关键技术。定植穴标准：长×宽×深=50 cm×50 cm×40 cm。挖定植穴时，一定要将土壤全部挖起来堆放一边，将基肥均匀洒于其上，然后再将土壤回填到穴内，做到肥与土混匀。如果土层太薄，须进行爆破，将石块掏起来堆放一边，待其自然风化。基肥标准：每穴用过磷酸钙0.2～0.5 kg，尿素0.05 kg或复合肥（N、P、K之比＝15：15：15）0.2 kg，有条件者可将草皮铲入穴内，以增加土壤有机质含量。劳力充足时，应提倡梯田内挖栽植坑的整地方法，这样既能保持水土，又能局部挖大穴，满足植株根系的需要。具体做法是：在山坡上先修好宽度为2～3 m的梯田，梯田长度依地形、地势而定。梯田修好后，在梯田内按株距3m顺梯田中心线方向确定栽植点，以栽植点为中心挖栽植坑。栽植穴规格80 cm×80 cm×60 cm。在修梯田时，要把表土、熟土留在梯田内，利用底层土做地梗。梯田外沿修筑牢固，以防塌陷。

10.3.2.3 栽 植

（1）栽植模式。黄柏的种植应根据立地条件、种植目的不同选用不同的种植模式。

①林粮（菜）模式：在坡度较小的农耕地或自留山、自留地等土壤较好的地方，可在行间种植油菜和蔬菜（叶菜类、根菜类如魔芋、蕨菜、豆类等）。实践证明，林粮（菜）模式能较好地解决黄柏幼林的施肥和管理问题。一定要采用大穴栽植、施足底肥、保证追肥，才能达到树、粮双增产的目的。

②林草模式：适宜发展养殖业等或水土流失较严重的地区，选择牧草能在很短时间覆盖全园，可有效保持水土和促进养殖业发展。常用牧草有：多花黑麦草、多年生黑麦草、苇状羊茅、牛鞭草、白三叶、红三叶、串叶松香草等。

③林药模式：林药模式能较好地解决交通不便、养殖业不发达山区的经济发展问题。比较适合林下种植的药有：黄连、天麻等。需要注意的是，药材种植常要求特定的环境、土壤，并且技术要求高，如黄连要求土疏松肥沃，盲目栽种，很难实现预期经济效益。目前在生产中可行的有：黄柏＋黄连。林药模式成功的关键一是根据本地气候、海拔、土壤等条件以及市场需求，选择适宜当地种植的药材种类；二是一定要在相关专家的指导下进行，以免造成经济损失。

（2）苗木标准。苗木质量主要是依据地径粗度和根系的多少来衡量。黄柏苗木最低质量标准是苗主干完全木质化，未完全木质化苗不能用于造林。黄柏种苗分为1级苗、2级苗和不合格苗（1年生）。1级苗：地径＞1.0 cm，苗高＞100 cm，主根长25 cm，侧根2～3条，根幅＞30 cm，顶芽完好，无机械伤和病虫斑。2级苗：地径0.6～0.9 cm，苗高60～99 cm。主根长15～24 cm，侧根1个，根幅20～29 cm，无病虫斑。不合格苗：地径＜0.5 cm，苗高＜59 cm，以及未木质化苗。调查表明，苗木质量与后期生长关系极为密切，优质种苗在良好管理下生长迅速，3～4年生黄柏树高4～5 m，胸径5～8 cm。弱苗、劣质苗生长缓慢，即使多施肥，3年、4年胸径只能达3～4 cm。

（3）栽植时间。在我国北方以春植为宜，南方从11月至翌年2月底均可栽植。

（4）栽植密度。营造采皮用黄柏丰产林，要选择合理的栽植密度。在生产中，要根据立地条件、管理水平等确定合理的栽植密度。一般土层深厚、肥沃之处，尤其是房前屋后、自留地等适当稀植。如立地条件差，树木生长慢，郁闭迟，冠幅小，可适当密植。若考虑前期经济效益，则应适当密植；若考虑长远计划应适当稀植。若每亩种植密度超过300株则4~5年须进行间伐。经调查，生产中黄柏栽植密度最大为500株/亩。以下为一些栽植密度的参考数据。

黄柏纯林种植参考密度：株行距2.0 m×2.0 m，每亩栽植167株；株行距1.8 m×1.8 m，每亩栽植200株；株行距1.5 m×1.5 m，每亩栽植300株。

林草（药、蔬菜等）间作种植参考密度：株行距1.5 m×4.0 m，每亩栽植110株；株行距2.0 m×4.0 m，每亩栽植约83株。

（5）栽植要求。栽植前用4 kg过磷酸钙、2 g 6号ABT生根粉和30 kg黄土放入100 kg水中，反复搅拌，配成磷肥泥浆。将苗木根系蘸上磷肥泥浆再行栽植，可促进苗木萌发新根，并可使根系尽快与土壤贴合，恢复吸收水分、养分的功能，提高苗木成活率。在栽苗时要求根系舒展，细土回填与根群紧密结合，根系不得在土里卷曲、上翘。覆土后踩实，最后垒土应高于地面10~15 cm，如果穴内有草皮等农家肥，垒土还应再高一些。采用地膜覆盖，可有效抵御春旱和提高土温，促进苗木生长。黑地膜优于普通地膜。若在栽苗时出现根系卷曲，泥土与根之间留有空隙，栽植不端正的现象，苗木将生长缓慢，并且永远无法弥补。

定植穴准备、苗木质量和栽植是黄柏栽植过程中的三个技术要点。

10.3.3 黄柏园的管理

10.3.3.1 第一年管理

栽植后的管理以第1年最为重要，主要包括除草、施肥和整枝。黄柏在起苗、运输和栽植过程中有不同程度的根系损伤，栽后有较长缓苗期，加上树小、根系浅、根量不大，因而在春季生长缓慢，要到夏季才进入快速生长。管理得当，到年底新梢可长到50 cm，管理不当，当年新梢只有15~25 cm。

（1）除草。全年除草2次。第1次在4~5月进行，目的是避免杂草荫蔽树苗。树盘内用人工除草，树盘外用化学除草剂“农达”或“草甘膦”。第2次除草在9~10月进行，目的是减少第二年的杂草数量，因此必须在杂草种子脱落之前进行。除草时应注意：①人工除草时锄头等不要碰伤树干，树干受伤会减弱树苗生长势并给病虫入侵机会。②草甘膦（农达）是有机磷类内吸传导型灭生性除草剂，由植物的绿色茎和叶吸收，并传导至全株和根部，导致杂草死亡。草甘膦除草彻底、持续时间长、效果好，但药效较慢，喷药后要7~15 d（气温越低所需时间越长）才能见效。因此，生产中农民经常误认为是施药无效，随意增大浓度或是几天后再次喷药。喷雾时应在喷头上加防护罩，压低喷头在行间定向喷雾，避免药液溅到黄柏枝叶上，有风时不可喷药。③药液配制：41%草甘膦水剂，按药、水之比=1∶100~200配制使用。草甘膦有水剂、粉剂等多种剂型，含药量也不同，施用时应仔细阅读使用说明。

（2）施肥。第1年由于苗木树小根少，根系吸收能力有限，宜勤施薄施肥水，1年施肥2~3次。第1次施肥在4~5月结合除草进行，每株用尿素0.05 kg，在树干30 cm范围内均匀撒施，如果是头年秋季植苗，本次施肥可提前至3月进行；第2次施肥在7~8月，肥料用量、方法同上；第3次施肥结合9~10月的除草进行，肥料除尿素外，每株增加过磷酸钙0.2 kg，如果使用复合肥（N、P、K之比=15：15：15），按每株0.2 kg，方法同第1次。

（3）修枝。为了获得产量和质量较高的杆皮和小径材，在栽植第1年必须进行修枝。修枝在萌芽后进行，主要针对顶芽缺失的树木。当黄柏顶芽受伤或缺失后，其下2个对生的侧芽萌发，长成2个侧枝，没有中心杆，此时应保留一根，另一根从基部剪去，确保黄柏直立生长。修枝时应保留紧贴于侧枝下部的复叶，萌生的其他侧枝只要不影响主干生长即可保留。

10.3.3.2 第2、3年的管理

（1）第2年的管理。第2年管理的主要工作仍是除草、施肥和修枝。除草在5月和9月进行。根据黄柏生长情况进行施肥，较弱者全年施肥3次，在2月、5~6月、8~9月进行；生长良好者施2次，在2月、8~10月进行。每次每株施尿素0.1 kg，9~10月每株加过磷酸钙0.2 kg。施肥位置根据黄柏大小，选在距树干50 cm范围内，均匀撒施。将距地面1.5 m内主干上的大侧枝去掉，以保证主干通直。

（2）第3年的管理。生长至第3年黄柏树体积和根系已较强大，吸收能力较强，管理重点是施肥，以促进树体快速生长。全年施肥2次，2月、5~6月各1次。每次每株施尿素0.1 kg、过磷酸钙0.3~0.5 kg，氯化钾0.1 kg。或复合肥0.3~0.4 kg。在树干50~70 cm范围内均匀撒施。整枝时距地面2.0 m内主干上的大侧枝均剪掉，确保未来黄柏皮质量和木材的商品性较好。

10.3.3.3 病虫害防治

1）苗圃（幼苗期）主要病虫害

（1）根腐病（又称烂根病）：苗圃幼苗叶子枯萎，严重时枯萎死亡；拔起幼苗根部发黑腐烂。此病由镰刀菌（*Fusariumsp.*）侵染引起。

防治方法：①增施有机肥，土壤消毒。冬季土壤封冻前施足充分腐熟的有机肥，同时每公顷加施1500~2300 kg硫酸亚铁进行土壤消毒。酸性土壤每公顷撒施300 kg石灰，也可达到消毒目的。②药剂防治。发病初期要及时喷药，控制病害蔓延，用50%甲基托布津400~800倍液、退菌特500倍液、25%多菌灵800倍液灌根，均有良好的防治效果。对于已经死亡的幼苗或幼树，要立即挖除，并在发病处充分杀菌消毒。

（2）小地老虎：以幼虫为害，是苗圃中常见的地下害虫。幼虫在3龄以前昼夜活动，多群集在叶或茎上为害；3龄以后分散活动，白天潜伏土表层，夜间出土为害咬断幼苗的根，或咬食未出土的幼苗，常常将咬断的幼苗拖入穴中。据报道，小地老虎在湖南每年发生4~5代，第一代幼虫4~5月为害药材幼苗。成虫白天潜伏于土缝、杂草丛或其他隐蔽处，晚上取食、交尾，具强烈的趋化性。幼虫共6龄，高龄幼虫1夜可咬断多株幼苗。灌区及低洼地、杂草丛生、耕作粗放的田块受害严重。田间杂草如小蓟马、小旋花、黎、铁苋菜等幼苗上有大量卵和低龄幼虫，可随时转移为害药材幼苗。

防治方法：①施用充分腐熟的粪肥，及时铲除田间杂草，消灭卵及低龄幼虫；在高龄幼

虫期每天早晨检查，发现新萎蔫的幼苗可扒开表土捕杀幼虫。②用灯光诱杀成虫，即在田间用黑光灯或电灯进行诱杀，灯下放置盛虫的容器，内装适量的水，水中滴少许煤油即可。③药剂防治。选用50%辛硫磷乳油800倍液、90%敌百虫晶体600~800倍液、20%速灭杀丁乳油或2.5%溴氰菊酯2000倍液喷雾；或每亩用50%辛硫磷乳油267 mL，拌湿润细土0.7 kg做成毒土；或每亩用90%敌百虫晶体0.2 kg加适量水拌炒香的棉籽饼4 kg（或用青草）做成毒饵，于傍晚顺行撒施于幼苗根际。

（3）蜗牛：蜗牛是一种软体动物，舔食叶、茎和幼芽。防治方法：人工捕杀；发生期用瓜皮或蔬菜诱杀，或喷1%~3%石灰水防治。

2）成林期主要病虫害

（1）病害

①锈病：主要为害叶片。发病初期叶片出现黄绿色近圆形斑，病斑边缘有不明显的小点，发病后期叶背面变成橙黄色微突起的小疮斑，即为夏孢子堆，小疮斑（病斑）破裂后散发锈黄色的夏孢子，严重时叶片枯死。病原为真菌中的一种担子菌。该病5月中旬发生，6~7月为害严重。时晴时雨的天气极易发病。

防治方法：发病初期用波美0.3度石硫合剂，或25%粉锈宁可湿性粉剂1500倍液，或敌锈钠可湿性粉剂400倍液，每隔7~10 d喷1次，连续喷2~3次。

②煤污病（又称霉污病）：主要为害叶部和嫩枝。叶片常覆盖一层煤烟状铅黑色的霉层，影响光合作用，使植株生长逐渐衰弱，严重时造成叶片脱落。该病由蚜虫、甲壳虫和木虱等害虫的为害，招来煤炱菌大量孳生繁殖引起。

防治方法：a. 农业措施。冬季加强幼林抚育管理，适当修枝，改善林地通风透光度，降低林地湿度，可减轻发病。b. 施药防治害虫。c. 发病期间喷50%多菌灵可湿性粉剂800~1000倍液或波美0.3度石硫合剂。

③轮纹病：发病初期叶片上出现近圆形病斑，直径4~12 mm，暗褐色，有轮纹，后期生小黑点，即病原菌的分生孢子器。病菌在染病枯叶上越冬。翌年春天条件适宜时，分生孢子随气流传播引起侵染。

防治方法：a. 在1~3年生幼树期，喷施波尔多液（1∶1∶160），或70%甲基托布津可湿性粉剂800倍液，或65%代森锌可湿性粉剂500倍液。b. 秋末清洁园地，集中处理病株残体。

④褐斑病：发病期叶片上病斑圆形，直径1~3 mm，灰褐色，边缘明显，为暗褐色，病斑两面均生淡黑色霉状物，即病原菌的子实体。该病由黄柏柱隔孢侵染引起。病菌以菌丝体在染病枯叶中越冬。翌年春天条件适宜时，分生孢子随气流传播引起侵染。病斑上产生的大量分生孢子借风雨传播，不断地引起再浸染。

防治方法：参考轮纹病防治方法。

⑤白霉病：发病时叶片正面病斑褐色，多角形或不规则形，背面生白色霉状物，即病原菌的子实体。

防治方法：发病的主要是1~3年幼树，病情严重时，可参考轮纹病防治方法。

⑥斑枯病：发病时叶片上病斑褐色，多角形，直径1~3 mm；后期病斑上长出小黑点，

即病原菌的分生孢子器。

防治方法：参考轮纹病防治方法。

（2）虫害

①凤蝶（又名桔黑黄凤蝶、柑橘凤蝶、花椒凤蝶）：以蛹附在叶背、枝干或其他隐蔽场所越冬，第2年4～5月羽化成虫，交尾产卵。第1代幼虫5～6月出现，第2代幼虫7～8月出现，第3代幼虫9～10月出现。以各代幼虫为害黄柏叶，将其食成空洞，影响生长。

防治方法：a. 在凤蝶的蛹上曾发现大腿小蜂和另一种寄生蜂寄生。因此，在人工捕捉幼虫和采蛹时把蛹放入纱笼内，保护天敌，使寄生蜂羽化后能飞出笼外，继续寄生，抑制凤蝶的发生。b. 在幼虫幼龄期，喷90%敌百虫800倍液，或50%杀螟松乳剂1000倍液，每隔5～7 d喷1次，连续喷1～2次，或Bt乳剂300倍液，每隔10～15 d喷1次，连续喷2次。c. 在幼虫3龄以后喷含菌量100亿/g的青虫菌300倍液，每隔10～15 d喷1次，连续喷2～3次。

②蚧壳虫：种类较多，为害黄柏的主要种是牡蛎蚧。以成虫和若虫寄生在黄柏的叶片、嫩枝、幼芽、芽腋等处，大量吸食汁液，吸收营养和水分，导致新梢畸形，叶片发黄早落。同时，因其排泄物中含有大量蜜露，覆盖叶片，易引发煤污病，抑制光合作用，从而使植株长势衰弱。该虫行孤雌生殖，个别种每年发生1代，通常每年发生2～4代，也有每年发生5～6代的。自11月到翌年2月，大多蚧壳虫处于越冬状态。第1代初孵若虫，均发生在每年的3月至6月初，是该虫扩大为害的重要时期。每年6～10月，是大多数蚧壳虫的2代若虫活动时间。

防治方法：a. 在冬季或早春，结合修剪，剪去部分有虫枝，集中烧毁，以减少越冬虫口基数。b. 秋后11月至翌年3月摘除越冬虫囊，消灭越冬幼虫。在成虫产卵期，摘除虫囊，消灭雌成虫和卵粒。对个别枝条或叶片上的蚧壳虫，轻轻刮掉，虫体刮下或受损以后，便丧失繁殖能力。c. 用水冲洗也可起到一定效果。①～③人工防治简单易行，但防效不彻底，应在适当时期进行施药防治，以巩固防效。d. 施药防治：当蚧虫发生量大，为害严重时，施药防治仍然是主要的防治手段。在不同时期可选用不同的方法。消灭越冬代雌虫：冬季可喷施1次10～15倍的松脂合剂或40～50倍的机油乳剂。消灭越冬若虫：冬季和春季发芽前，喷波美3～5度石硫合剂或3%～5%柴油乳剂。若虫期防治：对出土的初孵若虫，早春可在树根周围土面喷洒50%的辛硫磷乳油1000倍液。对植株上的若虫，抓住孵化盛期喷药，因此时介壳尚未增厚，药剂容易渗透。可选用40%速扑杀乳油1500倍液，或35%快克乳油800～1000倍液，或90%敌百虫结晶体1000～2000倍液，或50%杀螟松1000～1500倍液等，每隔7～10 d喷1次，连喷2～3次。喷药时要求均匀周到，以保证杀虫效果。对于2龄以上的蚧壳虫，由于虫体覆盖蜡壳、蜡粉等保护物，并随龄期增大而增厚，大多数药物对其效果差，此时期应用内吸性强的速朴杀效果较理想。另外，用呋喃丹1 kg兑水10 kg涂茎防治也很理想。还可根据土施呋喃丹被根吸收，大量向茎叶传导的特性，可用3%呋喃丹颗粒剂30～100 g兑水15 kg灌根。e. 无公害土法防治：如用花椒50～200 g，加水约600 g，熬成原液，施用时用水稀释10倍，杀虫效果很好；或取食醋50 mL，将1小块棉球放入醋中浸湿，然后将蚧壳虫擦掉杀灭，可使受害叶子重新返绿光亮。f. 生物防治：蚧壳虫的天敌多种多样，主要有瓢虫、寄生蜂、寄生菌和一些鸟类，能啄食体型较大、活动性较强的蚧壳虫。因此，应在园林中种植蜜源植物，保护和繁殖益鸟。总之，对于蚧壳虫的防治，应根据生物学特性，选择防治突破口。在具体防治措施上可多种方法综合运用，以达到最好的防治效果。

③蚜虫：以成虫、若虫吸食茎叶汁液，严重者造成茎叶发黄。

防治方法：a. 冬季清园，将枯株和落叶深埋或烧毁；b. 发生期喷40% 乐果乳油1500 ~ 2000 倍液，或50% 杀螟松乳油 1000 ~ 2000 倍液，或48% 乐斯本乳油 1000 倍，或20% 灭扫利乳油 2000 ~ 3000 倍，或5% 来福灵乳油 2000 ~ 4000 倍，或50% 辛硫磷乳油 1000 ~ 2000 倍液，每 7 ~ 10 d 喷 1 次，连续数次。

10.4 采收、初加工与储藏

10.4.1 采　收

一般定植后 10 ~ 15 年即可采收。在采伐后的原木、伐根及枝杈上先横切，再纵向割裂，将皮剥下。但在原木上剥光树皮，木材易干裂，材质降低。近年来采用环状剥皮再生新皮的新法，效果很好。但必须掌握剥皮的适宜时期和技术才能成功。

（1）剥皮时期。一般在 6 月上旬至 7 月高温高湿季节进行。此时不仅树皮、木质部含水多，有黏液，易剥离，并使在冬季来临前生长的新皮有一定厚度，免受冻害。

（2）剥皮技术。在树干上下按 80 cm 左右绕树干环切一圈，切口以 45° ~60°为宜，再在两横切口之间纵切一刀，深达木质部，然后顺纵缝将树皮轻轻撬起，向两旁撕裂，手或工具尽量不要触摸剥面，以免感染病菌，危及新皮的生成。剥下后用 10 μm/mL 的吲哚乙酸喷剥面，以促进新皮的形成，再用略长于剥面长度的小竹签仔细捆在树干上（以防塑料薄膜接触形成层），用塑料薄膜包裹两层，捆好上下端，7 ~ 10 d 后可长成新的树皮。2 ~ 3 年后可再剥皮一次。另外，剥皮后，将原树皮轻轻复原盖上，用麻线松松捆上，隔一段时间后再将原皮取下加工。此法经用塑料薄膜覆盖好。

（3）环剥注意事项。①选生长势较强的树。衰弱或生长不良的树不宜环剥。②避免在雨天剥皮。否则疮面长期不能愈合而发霉，不能形成新皮。最好选择阴天进行。③避免烈日曝晒。④剥皮后要加强土、肥、水管理，恢复树势。

10.4.2 初加工

剥下的黄柏树皮，南方将树皮晒到半干，压平后将粗皮刨净至显黄色为止，再用竹刷刷去刨下的皮屑，晒干。东北地区则是将新鲜的树皮趁鲜刮去粗皮，至显黄色为止，在阳光下晒至半干，重叠成堆，用石板压平，再晒干。此法简便，所得产品质量较好。经初加工的黄柏树皮应具如下性状特征。

川黄柏：呈板状，长宽不等，厚 0. 3 ~ 0. 7 cm。外表面黄棕色或黄褐色，较平坦，皮孔横生，嫩皮较明显，有不规则的纵向浅裂纹，偶有残余的灰褐色粗皮。内表面暗黄色或棕黄色，具细密的纵棱纹。体轻质较硬，断面深黄色，裂片状分层，纤维性，气微味苦，黏液性，嚼之可使唾液染成黄色。

关黄柏：通常比川黄柏薄，厚0.2～0.4 cm。外表面深黄棕色，具不规则的纵裂纹，间有残留暗灰色的栓皮。栓皮厚，有弹性，皮孔小而少见。内表面黄绿色或黄棕色，有细纵皱纹。体轻质硬。断面鲜黄色或黄绿色，纤维性，可成片剥离，气微，味不及川黄柏苦。

10.4.3 皮的分级与储藏技术

10.4.3.1 分 级

在储藏黄柏树皮前，需要进行分级。黄柏按产区分为川黄柏、关黄柏两类。根据国家医药管理局、中华人民共和国卫生部制订的药材商品规格标准，川黄柏分为1个规格2个等级，关黄柏为统货，不分等级。

川黄柏一等：干货，呈平板状，去净粗栓皮，表面黄褐色或黄棕色，内表面暗黄或淡棕色，体轻，质较坚硬，断面鲜黄色，味极苦，长40 cm以上，宽15 cm以上，无枝皮、粗栓皮、杂质、虫蛀、霉变。

川黄柏二等：干货，树皮呈板状或卷筒状。表面黄褐色或黄棕色，内表面暗黄或淡棕色，体轻，质较坚硬，断面鲜黄色，味极苦，长宽大小不分，厚度不得低于0.2 cm，间有枝皮，无粗栓皮、杂质、虫蛀、霉变。

关黄柏：干货，树皮呈片状，表面灰黄色或淡黄色，内表面淡黄色或黄棕色。体轻，质较坚硬。断面鲜黄色、黄绿色或淡黄色。味极苦，无粗栓皮及死树的松泡皮，无杂质、虫蛀、霉变。

10.4.3.2 储藏技术

将已分等级的黄柏，按类别、等级分别打捆，以篾席或麻布袋包装成压缩打包件，每件40～50 kg。储存于干燥通风处，温度30 ℃以下，相对湿度65%～75%，商品安全水分10%～13%。本品易生霉、变色、虫蛀。采收时，内侧一般未充分干燥，在运输中易感染霉菌，受潮后可见白色或绿色霉斑。存放时间过长，颜色易失，变为浅黄或黄白色。因此，在储藏前应严格进行质量检查，防止受潮或染霉品掺入，平时保持环境干燥、整洁。定期检查，发现吸潮或初霉品，及时通风晾晒。虫蛀严重时用较大剂量磷化铝（9～12 g/m^3）或溴甲烷（50～60 g/m^3）熏杀。高温高湿季节前，可密封使其自然降氧或抽氧充氮进行养护。

10.4.4 炮制加工

10.4.4.1 炮制方法

黄柏是一味疗效确切的临床常用清热燥湿药。现今的主要炮制方法有盐炙、酒炙、清炒和炒炭等，被《中国药典》（2005 年版）收载的炮制方法是盐炙和炒炭法。《中药大辞典》除了收载上述两种炮制方法外，还有“酒制”的炮制方法，而在全国各地区的炮制规范中，黄柏的炮制方法主要是盐炒、酒炒、清炒及炒炭法，还有个别省份有炒焦的方法。在《中国药典》（2005 年版）（一部）中含黄柏入药的方剂共有 36 个，其中大部分为生用，为 26 个。另有清炒 2 个，盐炒 5 个，酒炒 3 个，没有以黄柏炭入药的方剂。有人对黄柏制炭的这种炮制方法产生质疑，特别是黄柏炭入药的效果与作用，并建议取消黄柏炭。《中国药典》和全国各地区所收载的黄柏炮制方法中具体的炮制工艺参数还不够完整，如炒制温度、炒制时间、炒制程度等，且传统的盐炙法有先闷润后炒和边炒边加盐水两种方法，但黄柏的具体盐炙方法并没有规定采用哪种方法，人们只是凭经验而多采用先闷润后炒的方法。那么这两种炮制黄柏的方法有什么差别呢？目前没有明确的说法。而且各地区的炮制规范也有很大差异（表 10.4），且评判的标准也不尽相同。

表 10.4　黄柏的各省地区的炮制方法

地区	炮制方法与辅料比例	炮制程度
北京	3% 盐炒，10% 酒炒，炒炭	用文火炒至深黄色，用武火炒至焦黑色
江西	2.5% 盐炙	用文火微炒
黑龙江	2% 盐炙，30% 酒炙	用文火炒至微黄色
辽宁	2% 盐炙	用文火炒干
樟树	4% 盐炙	用微火炒至外表呈褐色
湖南	5% 盐炙	炒至外表呈黄褐色
浙江	2% 盐炙，炒炭，炒焦	用文火炒至深黄色，用武火炒至焦黑色
山东	2.5% 盐炙，20% 酒炙，炒炭	用文火炒至深黄色，用武火炒至焦黑色
宁夏	2.5% 盐炙	用文火炒至微黄色
镇江	炒焦	用武火炒至焦黑色、深褐色
上海	清炒	炒至微焦为度
内蒙古	10% 酒炒	炒炭用文火炒至微黄色、用武火炒至黑褐色
湖北	1.2% 盐炙，12.5% 酒炙	炒至外表呈黄褐色
长沙	2.5% 盐炙	用文火炒干
四川	2% 盐炙	炒至黑黄色为度
晋江	3% 盐炙	用文火炒至青黄色
贵州	2% 盐炙	用文火炒干
福州	3% 盐炙	用微火炒至外表呈褐色
重庆	2% 盐炙	用文火炒至微黄色
云南	2% 盐炙	炒至外表呈黄褐色

10.4.4.2 炮制工艺

未经炮制加工的黄柏，称为原药。原药必须经过炮制加工，才能作为黄柏药材用于医学临床。原药的炮制分两步进行。

第一步：洗净切制。取原药材，清水洗净，润透，切丝，晒干或烘干。

第二步：炮制。

盐黄柏：取黄柏丝，用食盐水拌匀，稍润，用文火炒干或炒至微黄、青黄，或黄褐色、黑黄色甚至焦黑色，取出，放凉。

酒黄柏：取黄柏丝，用黄酒拌匀，稍润，用文火炒干或炒至微黄、青黄，或黄褐色甚至黑褐色，取出，放凉。

黄柏炭：取黄柏丝，置热锅内，用武火炒至表面深褐色或焦黑色，喷淋清水少许，灭尽火星，取出，及时摊凉，凉透。

20 世纪 80 年代以来，陆续有关于黄柏炮制品中小檗碱含量变化的报道，冯宝麟对生黄柏、盐黄柏、酒黄柏、黄柏炭进行小檗碱含量的测定，结果分别为 1.65%、1.58%、1.46%和 0.31%，说明小檗碱对温度不稳定，并认为小檗碱为黄柏寒性成分。另有对黄柏炮制品中 8 种微量元素进行测定，表明除个别元素外，炮制品均低于生品。现就目前优选炮制工艺介绍如下。

（1）浸润及切法。依全国各地中药炮制规范，黄柏多采用水浸后闷润，切成 2 ~ 3 mm 的丝，少数有切块或宽条片。蒋孟良等探讨了不同软化与切制方法对黄柏中小檗碱含量的影响。从水浸泡与蒸两种软化黄柏药材的方法来看，蒸法优于水浸泡法：蒸法平均含量为 1.139%，水浸泡为 0.991%，而蒸法中小檗碱含量顺序为真空加温润药方 > 常压蒸 > 高压蒸，故黄柏切丝片前的软化方法以真空加温润药法最好。在水浸泡软化方法中小檗碱的流失量与温度和时间成正比，温度越高、时间越长，小檗碱流失越多，尤以温度影响最明显。王文凯等对黄柏不同宽度的丝片——细丝、宽丝，以及不同的切制方法——横切、直切、斜切所形成的横切丝片、直切丝片、斜切丝片中的煎出物及煎出物中小檗碱含量进行了测定，最后认为黄柏饮片规格以横切片（4 cm × 0.313 cm）为好，并建议推广使用。

（2）干燥法。历代本草多用晒干法，现代增加了烘干法。李丽杰等分别对黄柏加工炮制过程中几种不同干燥方法（太阳晒干、通风阴凉处晾干及 75 ℃恒温鼓风烘干）的饮片中小檗碱的含量进行了测定，得出了相同的结论。结果表明：晒干品中小檗碱的含量明显降低，而烘干品和阴干品的含量变化不大。从外观上看，晒干品颜色较深，而烘干品和阴干品的颜色较为鲜艳。认为可能是在阳光下曝晒引起黄柏化学成分发生变化。建议黄柏饮片的干燥以烘干法和阴干法为宜。

（3）炙法。①现行的各地炮制规范没有收载蜜炙法，但有人认为黄柏炮炙应首先蜜炙，建议加强蜜炙黄柏的研究，黄柏蜜炙后可兼清中、上焦之火而不伤脾胃。②以黄柏炮制品浸出物、总生物碱、亚硝酸盐含量和对胃分泌影响为指标筛选工艺，认为 170 ℃，8 min 和 240 ℃，5 min 炒品为较好工艺。③以黄柏中小檗碱及浸出物为指标，探讨烘制工艺，证明盐柏、酒柏在烘箱中翻动 80 ~ 90 次/min 和 160 ℃下加热 10 min，对其质量无明显影响，可以考虑以烘代炒。但黄柏炭能否以烘代炒尚不确定。

10.5 黄柏的化学成分及药理作用

10.5.1 化学成分

黄柏的化学成分研究始于1926年，日本学者村山义温等从日本产黄檗（*P. amurenseRupr.*）中得到小檗碱及少量巴马丁。此后各国学者陆续报道了其他的化学成分。黄柏中主要含小檗碱（berberine）、黄柏碱（phellodendrine）、木兰花碱（magnoflorine）、药根碱（jatrorrhizine）、掌叶防己碱（palmatine）、白栝楼碱（candicine）、蝙蝠葛任碱（menisperine）、胍（guanidine）等。另含柠檬苦素（黄柏内酯 limonin，即 obaculactone）、黄柏酮（obacunone）及 γ－，β－谷甾醇（γ－，β－sitosterlo）、菜油甾醇（campesterol）、豆甾醇（stigmasterrol）、7－去氢豆甾醇（7－dehydrostigmasterol）、白鲜交酯（dictamnolide）、黄柏酮酸（obacunomicacid）、青荧光酸（lumicaeruleicacid）、24－亚甲基环木菠萝烯酸（24－methylenecycloartenol）、γ－羟基丁烯内酯衍生物 Ⅰ，Ⅱ（γ－hydroxybutenolide Ⅰ，Ⅱ）、牛奶树醇B（hispiol B）、小檗红碱（berberrubine）。根皮中分离出小檗碱，尚有药根碱、白栝楼碱、黄柏碱（phellodendrine）。果实中含少量小檗碱、掌叶防己碱；另含挥发油2.16%，油中主要成分为月桂烯（myrcene），约92%，还有少量甲基壬酮，微量甲基庚酮以及可能是牦牛儿醇的物质。此外还含有南美花椒酰胺（herculin）、5，5′－二甲基糠醛醚（5，5′－dimethylfurfuralether）。此外还含有多糖，多糖经水解后阿拉伯糖含量为22%～23%，鼠李糖约30%，半乳糖和半乳糖醛酸约占47%。另外，还分离得 α－（1→4）－链（半乳糖醛酸）半乳糖［α－（1→4）－linked（galactoxyluronicacid）galactose］。近年来，各国学者又陆续从黄檗品分离得到 Kihadanin A，B、丁香苷（syringin）、松柏苷（coniferin）、丁香树脂醇二－O－β－D－吡喃葡萄糖苷（syringaresinol di－O－β－D－glucopyranoside）、芥子醛4－O－β－D－吡喃葡萄糖苷（Sinapic aldehyde 4－O－β－D－slucopyra noside）。

10.5.2 药理作用

黄柏味苦、性寒，归肾、膀胱经。具有清热燥湿、泻火除蒸、解毒疗疮的功效，用于湿热泻痢、黄胆、带下、热淋、脚气、骨蒸劳热、疮疡肿毒等症。关于黄柏的药理作用已有大量的研究报道，归纳起来有如下几个方面：抗细菌、真菌、病毒及其他病原微生物的作用；抗心律失常、降血压等对心血管系统的作用；对消化系统有抗消化道溃疡、收缩或舒张肠管、促进胰腺分泌等作用；并有中枢神经系统抑制作用，抑制细胞免疫反应的作用，降血糖作用等。黄柏的这些药理作用的活性成分除提取物、总生物碱外，还包括了小檗碱、黄柏碱、木兰碱、巴马汀、药根碱、黄柏酮、黄柏内酯等单体化合物。其中主要活性成分为小檗碱。

10.5.2.1 对肠管的影响

据有关资料显示，对家兔的肠管作离体后实验，发现肠管张力及振幅均增强，松弛、收缩增强，这分别为黄柏的化学成分黄柏酮、柠檬苦素、小檗碱作用的结果。

10.5.2.2 对血压的影响

据王德全等报道，黄柏胶囊中的小檗碱用于犬的静脉注射后，其血压显著降低，且不产生快速耐受现象，降压作用可持续 2 h 以上。另据报道，黄柏的水浸出液有降低麻醉动物血压的作用。

10.5.2.3 降血糖作用

黄柏皮中含小檗碱，有明显的降血糖作用。Kim Sung－Jin 等研究了黄柏提取物（P55A）对 ERK2 及 PI3－激活性及对糖原合成的影响。结果显示，（P55A）的丁醇提取物可对细胞 IRS－1、PI3－激酶活性及对糖原合成造成影响，对细胞核及细胞质中的 ERK2 活性皆有刺激作用，而水提物则无上述作用，且 HepG2 细胞经与（P55A）的丁醇提取物（10 g/mL）培养 1 h 后，可使糖原的含量比对照组增加 1.8 倍。说明（P55A）的丁醇提取物通过激活 ERK2 及 PI3－激酶，促进肝糖原合成，调节血糖浓度。

10.5.2.4 抗菌、抗炎、解热作用

南云生等对黄柏及其 6 种不同温度、辅料炒制品的水煎液，对黄柏各种样品水煎液对金黄色葡萄球菌、甲链型球菌等 5 种细菌的抑菌作用进行比较，发现不同菌种，最低抑菌浓度不同，各样品的抑菌强度对不同菌种无规律性变化。赵鲁青等取 50% 复方黄柏冷敷剂水溶液用葡萄糖肉汤培养基稀释成 4 种浓度后，接种金色葡萄球菌、白色葡萄球菌等多种菌液，确定最低抑菌浓度为 0.031 g/mL。杜平华等采用双倍稀释法和西红柿汁培养基对 20 种中药材对幽门螺杆菌的抗菌作用进行实验，结果黄柏等对幽门螺杆菌有较好的抗菌效果。刘腾飞等采用琼脂对倍稀释法测定包括黄柏在内的 12 种中药的体外抗淋球菌的效果，黄柏的 MIC_{50}和 MIC_{90}分别为 1.25 mg/mL 和 2.5 mg/mL。宫锡坤等对黄连、黄芩、大黄、黄柏、苦参等中药水煎液，用打孔法和琼脂平板连续稀释法，进行了抑菌效果测定结果显示，5 种中药对奇异变形杆菌、表皮葡萄球菌、大肠杆菌、绿脓杆菌与金黄色葡萄球菌皆有抑菌作用。其水煎浓缩液经乙醇提取处理后，所剩物质的抑菌作用减弱。黄通旺等应用分光光度法测定了多种中药对青霉素耐药菌株产生的 β－内酰胺酶的抑制作用，发现黄柏等 4 种中药对 β－内酰胺酶有不同程度的抑制作用，为发现新的 β－内酰胺酶抑制剂提供依据。王理达等采用显微镜直接计数法和 MTT（噻唑蓝）法确定微生物的最低抑菌浓度（MIC）及其抑菌效果，对 13 种生药的醇提物及 13 种单体化合物进行啤酒酵母突变性 GL7 和威克海姆原藻敏感性测试，结果显示黄柏等对二者均有强烈抑制作用，说明黄柏有抗真菌作用。

郭鸣放等采用兔背部伤口疮疡模型，观察用药后伤口红、肿、分泌物及坏死组织情况；

利用二甲苯所致小鼠耳郭肿胀实验和碳粒廓清实验，探讨药物的抗炎作用和对免疫机能的影响。结果显示，复方黄柏液20%和10%分别于给药后4 d和7 d，感染伤口得分显著低于对照组（$P<0.01$，$P<0.05$），红肿面积亦显著缩小（$P<0.01$）；复方黄柏液皮下注射3 g/(kg·d)，对二甲苯诱发的小鼠耳郭炎症有明显的抑制作用（$P<0.05$）；复方黄柏液皮下注射3 g/(kg·d)，连续10 d，可显著提高吞噬细胞的吞噬功能（$P<0.05$）。考察巴豆油所致小鼠耳壳肿胀影响及醋酸所致小鼠腹腔毛细血管通透性增高影响进行急性抗炎实验，发现生品的抗炎作用最强。对于酵母所致的大鼠体温升高的作用可看出黄柏及其炮制品的清热作用较弱且缓慢。

10.5.2.5 抗癌作用

以BGC823人胃癌细胞为实验材料，研究黄柏在480 nm和650 nm光照下对癌细胞的光敏作用，发现黄柏加药照光组对癌细胞生长、癌细胞噻唑蓝代谢活力均有光敏抑制效应。同时，黄柏实验组癌细胞酸性磷酸酶含量明显减少（$P<0.01$），癌细胞质3H TdR掺入量显著降低（$P<0.01$），100 mL/L黄柏对染色体并无光敏致粘连畸变作用，但能延缓S期细胞周期过程（$P<0.01$）。透射电镜发现：10 mL/L和100 mL/L黄柏使实验组细胞线粒体、内质网广泛肿胀、扩张，细胞核糖体明显减少，证实黄柏对BGC823人胃癌细胞具有光敏抑制效应。

10.5.2.6 对免疫系统的作用

吕燕宁等以二硝基氟苯（DNFB）小鼠模型观察黄柏对小鼠DTH及其体内几种重要细胞因子的影响。采用1% DNFB腹部致敏、耳郭发敏的方法建立DTH小鼠模型，以巨噬细胞（M）亚硝基（NO）释放法测定血清γ干扰素（IFN－γ）水平，胸腺细胞法检测白细胞介素1（IL1）水平，丝裂原激活的淋巴母细胞法检测白细胞介素2（IL2）水平，L929细胞结晶紫染色法测定肿瘤坏死因子a（TNF－a）水平。结果发现黄柏可抑制DNFB诱导的小鼠DTH，降低其血清IFN－γ水平，抑制其腹腔M产生IL1及TNF－a，抑制其脾细胞产生IL2。这表明黄柏有抑制小鼠DTH的作用，从而抑制免疫反应，减轻炎症损伤。Mori H等报道，从黄柏中分离得到的黄柏碱明显抑制局部GvH反应，在对X射线辐射小鼠全身GvH反应实验中，发现黄柏碱能够明显延长小鼠的存活时间和存活率。从黄柏树皮中分离得黄柏碱和木兰碱成分，二者对细胞免疫应答的诱导期皆有抑制作用，而对效应期未有影响。邱全瑛等观察黄柏水煎剂及其主要生物碱——小檗碱对小鼠免疫功能的影响，结果表明黄柏可明显抑制小鼠对SRBC所致迟发型超敏反应和IgM的生成；抑制脾细胞在LPS和ConA刺激下的增值反应；使血清溶菌酶减少；有降低腹腔M吞噬中性粒的作用。说明黄柏有较强的免疫抑制作用。赵向忠等用空肠弯曲菌免疫小鼠制备自身免疫病模型，造膜第2周起，分别用小、中、大3个不同剂量黄柏的大补阴丸（汤）灌胃，连续用药2周后处死。取胸腺细胞，通过流式细胞仪计数，检测胸腺细胞凋亡率。结果发现胸腺细胞凋亡率随方中黄柏剂量的加大而增高。方中黄柏表现出较强的类似糖皮质激素样的作用，有较强的免疫抑制作用，使B细胞产生抗体的能力下降。

10.5.2.7 抗溃疡作用

报道显示，不含小檗碱类生物碱的黄柏水溶性组分能够抑制胃液分泌，对正常状态小鼠胃黏膜SOD活性及大鼠胃黏膜血流量无影响，但是可以抑制水浸拘束应激小鼠SOD活性的降低，以及给予吲哚美辛所致大鼠胃黏膜PGE2的减少，并使正常小鼠胃黏膜PGE2增加，说明黄柏对胃溃疡有抑制作用。另据报道，除去小檗碱系生物碱的黄柏水溶性成分对正常小鼠内性胃黏膜SOD活性未见影响，但对水浸捆束应激负荷时的小鼠明显抑制胃黏膜SOD活性降低；可明显抑制消炎痛引起的大鼠胃黏膜PGE2量减少；对水浸捆束应激负荷时的小鼠，可使水浸前PFE2量显著增加，并有抑制水浸后PGE2量减少的趋势。表明其抗溃疡作用有胃黏膜PGE2的机制与参与。

10.5.2.8 抗氧化作用

实验显示，采用体外氧自由基生成系统和羟自由基诱导的小鼠肝均浆脂质过氧化反应方法，评价炮制对黄柏抗氧化作用的影响。发现黄柏生品、清炒品、盐炙品和酒炙品水提取物和醇提取物可清除次黄嘌呤－黄嘌呤氧化酶系统产生的超阴离子和Fenton反应生成的羟自由基，并能抑制羟自由基诱导的小鼠肝均浆上清液脂质过氧化作用。得出酒炮制品醇提取物抗氧化作用较好的结论。它们之间抗氧化作用存在一定差异性。炒炭品则无抗氧化作用。

10.5.2.9 前列腺渗透作用

王飞等采用高效液相色谱法测定加味三妙胶囊主要有效成分小檗碱在实验大鼠前列腺组织和血清中的含量。加味三妙胶囊高剂量各时点组、黄柏30 min组的血清和前列腺组织以及正常30 min组血清供试液，均与小檗碱对照品在相同保留时间处相应出现一个形状与小檗碱色谱图相似的较小峰。其中黄柏30 min组测得的血清小檗碱色谱图峰值明显高于小檗碱对照峰值。说明黄柏对实验大鼠前列腺有一定的渗透趋势。

10.5.2.10 抗痛风作用

实验以小鼠血清尿酸水平和肝脏黄嘌呤氧化酶活性为指标，评价其抗痛风的作用。实验结果表明，黄柏生品和盐制品低剂量和高剂量均可降低高尿酸血症小鼠血清尿酸水平，抑制小鼠肝脏黄嘌呤氧化酶活性，具有抗痛风作用。二者高剂量组对正常动物血清尿酸水平仅有事实上降低的趋势，但无显著性差异。

10.5.2.11 抗病毒作用

蔡宝昌等研究发现黄柏的热水提液与阿昔洛韦对照组及空白对照组比较，黄柏给药组可以延缓疱疹症状发作或扩散时间，延长小鼠生存时间，并显著降低小鼠的死亡率。

10.5.2.12 对关节软骨细胞的影响

黄柏提取物对于关节软骨的三大成分（关节软骨、胶原纤维和蛋白多糖）的代谢均有明显的影响。5% 和 10% 的黄柏注射液对软骨细胞的 DNA 和胶原合成有明显的抑制作用，5% 的黄柏注射液对蛋白多糖的合成有促进作用，而 10% 浓度则不显示促进作用。

10. 5. 2. 13 抗肾炎作用

黄柏成分黄柏碱可明显抑制原发性抗肾小球及底膜（GBM）肾炎大鼠尿中蛋白的排泄，还显著抑制伴随肾炎的血清胆固醇及肌酸醇含量的上升。黄柏碱对抗 GBM 抗体肾炎模型有效，其机制可能是抑制巨噬细胞的活化。

10. 5. 2. 14 昆虫拒食作用

黄柏中的小檗碱盐酸盐、巴马亭的氢碘酸盐、KihadaninA、黄柏内酯、苦楝子酮、*N*-methylflindersine 等都具有白蚁拒食活性。川黄柏果实中的异丁基酰胺类化合物有较强的杀灭家蝇的活性。

10. 6 黄柏的开发利用

10.6.1 黄柏有效成分的提取

黄柏有效成分的提取方法主要有煎煮法、酸水浸渍法、乙醇提取法、超声提取法等，其中值得注意的是由于酸水会使黄柏中的鞣质大量溶出，故会在很大程度上影响渗漉的速度，所以，在黄柏的提取中应尽量避免使用酸水渗漉法。

10. 6. 1. 1 厚煎煮法

黄罗生等取黄柏药材干燥、粉碎，然后加 12 倍水量，煎煮 120 min，共煎 3 次，再用 40 倍无水乙醇回流提取 3 次，每次 30 min，趁热过滤，回收乙醇，干燥，即得总生物碱。

10. 6. 1. 2 酸水浸渍法

尹蓉莉等称取黄柏粗粉，用 0. 5% H_2SO_4溶液浸泡 24 h，虹吸上清液。药渣再用 0. 5% H_2SO_4溶液浸泡 12 h，虹吸上清液。收集浸提液，加入石灰乳调 pH 8 ~ 9，过滤，滤液中加入 10% （质量分数）固体工业食盐，搅拌溶解，冷藏过夜，取沉淀加热水溶解，趁热过滤，滤液加浓 HCl 调 pH 1 ~ 2，冷藏过夜，取沉淀，用少量蒸馏水洗至 pH 5，在 60 ℃以下干燥，再重结晶，即得盐酸小檗碱精品。

另据报道，黄柏鲜品中盐酸小檗碱的提取试剂以酸水（1% 盐酸）为优，其盐酸小檗碱含量 7. 72% ，其次为蒸馏水和无水乙醇。生物碱的盐易溶于酸水，因此用酸水做提取试剂时黄柏鲜品中的盐酸小檗碱提取率相对较高。用蒸馏水作为黄柏鲜品的提取试剂时，其盐酸小檗碱提取率要大于无水乙醇，是因为新鲜或潮湿药材的组织或细胞常被大量水分子包围，有机溶剂难以渗入药材。因此，用醇作为黄柏鲜品的提取试剂时其提取率偏低。

10.6.1.3　渗漉法

尹蓉莉等称取黄柏粗粉，用适量石灰乳浸渍 12 h 后用水渗漉，收集渗漉液，加入 10%（质量分数）固体工业食盐，搅拌溶解，冷藏过液，取沉淀，加热水溶解，趁热过滤，滤液加浓 HCl 调 pH 1 ~ 2，冷藏过液，取沉淀，用少量蒸馏水洗至 pH 为 5，在 60 ℃以下干燥，再重结晶，即得盐酸小檗碱精品。

10.6.1.4　乙醇提取法

王浴生称取黄柏粗粉，用 75% 乙醇连续回流提取至几乎无色，提取液减压回收乙醇后，用热水溶解，趁热过滤，滤液加浓 HCl 调 pH 1 ~ 2，冷藏过液，取沉淀，用少量蒸馏水洗至 pH 为 5，在 60 ℃以下干燥，再重结晶，即得盐酸小檗碱精品。徐国钧等取黄柏粗粉，用 7 倍量的 70% 乙醇热回流提取 2 次，每次 2 h，然后用 HPLC 法进行含量测定。此次首次采用了正相柱对盐酸小檗碱进行分离，所用流动相为醋酸乙酯、甲酸、无水乙醇（三者之比 = 110 : 30 : 60），检测波长 345 nm；柱温 40 ℃；流速 1 mL/min，结果可以使小檗碱与其他成分达到基线分离，峰形及保留时间均较合适，此为小檗属植物中小檗碱的含量测定提供了参考。孙静等研究认为黄柏中小檗碱的最佳提取工艺为 8 倍量的 55% 乙醇回流提取 2 次，每次 1.5 h。陈月圆等以小檗碱为指标，采用水、70% 乙醇和 0.3% H_2SO_4溶液 3 种提取溶剂，提取 2 次，每次 1 h。在黄柏的提取纯化工艺中，采用盐析、大孔树脂吸附和乙醇沉淀 3 种纯化方法。对黄柏 3 种提取溶剂、3 种分离纯化方法的提取物中总生物碱含量、工艺路线的产品得率、含量及方法总提取率进行了综合评价，结果表明：醇提取、大孔树脂吸附方法明显优于其他方法。

10.6.1.5　超声提取法

鲁云博等以盐酸小檗碱和盐酸巴马汀为指标，用高效液相色谱法进行分析测定，得到黄柏小檗碱较高提取率的条件是盐酸 - 甲醇（1 : 10）溶液超声 20 min。岑志芳等以饱和石灰水为溶媒，分别以不同频率的超声波从川黄柏中提取盐酸小檗碱，并与浸渍法比较，以紫外分光光度法测定盐酸小檗碱含量作为考察指标，优选最佳的超声频率，结果用 59 kHz 超声波提取 3 次，20 min/次，其提取率最高，同样条件下，与浸渍法提取相比提高近 1 倍。张煊等比较了甲醇加热回流法和甲醇超声波震荡法，结果表明采用超声波震荡法提取优于加热回流法提取。同时对样品提取时间进行了考察，根据考察结果确定超声波震荡法提取时间以 30 min 为宜。

10.6.1.6　超声 - 酶法提取

纤维素酶是一组能够降解纤维素生成葡萄糖的酶的总称。徐燕等先采用单因素实验研究黄柏小檗碱的最佳提取条件，即水浴时间 1.5 h，超声功率范围为 60%，加纤维素酶 25 mL，水浴温度 60 ℃。通过正交实验确定超声 - 酶法提取黄柏小檗碱的最佳提取条件为：水浴时间

2. 5 h，超声功率范围为 80%，加纤维素酶 25 mL，水浴温度 60 ℃。

10. 6. 1. 7　双频超声强化提取

由于单频超声辐照声场不够均匀，较易产生驻波，影响提取效果。提取黄柏小檗碱时，25 kHz 及 40 kHz 超声 30 min，提取率分别为 52. 9% 和 45. 2%，而 25 kHz 与 40 kHz 双频超声强化 5 min，提取率为 64. 1%，双频超声强化的提取率显著高于单频超声强化的提取率，降低了提取温度，缩短了提取时间，为热敏性药物的提取提供了新的强化方法。

10. 6. 1. 8　微波提取法

微波萃取是一种从原料中萃取目标组分的现代分离方法，将微波辐射与溶剂萃取结合起来，提高萃取率的一种最新发展起来的新技术。微波萃取具有萃取时间短、能耗低、溶剂用量少、提取成本低、产率高等特点，是一种有发展潜力的新工艺。张海荣等采用正交法优化黄柏小檗碱的微波萃取条件，确定了微波萃取的优化条件为：萃取温度 80 ℃，固液比为 1∶15，时间 1. 5 min。与稀硫酸浸泡提取法相比，微波萃取工艺提取时间大大缩短，产量可提高 30%，工艺操作简便、省时、节能，易于控制。

10.6.2　药用产品

黄柏为我国传统的常用中药材，已有 2000 多年的药用历史，以去栓皮的树皮入药。近十几年来，国内外学者在黄柏的有效成分、提取物分析、药理及应用方面做了大量的研究，并开发出了大量的药用产品，如黄柏胶囊、复方黄柏祛癣搽剂、复方黄柏液等。

10.6.3　民间药用验方

（1）痔疮方。方药：黄芩 10 g，黄柏、全当归、甘草各 8 g，紫荆皮、赤芍、槐花各 15 g，地榆 12 g，生地 18 g。主治：痔疮初起或数年未愈者。痔已形成瘘管者不适于本方。

（2）息肉方。方药：陈阿胶 6 g（另熔，分 2 次兑服），龟胶 6 g（另熔，分 2 次兑服），黑长麻 5 g，杭白芍 10 g（柴胡 5 g 同炒），贯众炭、茅苍术、川黄柏、黑栀子各 6 g，黑芥穗、老棕炭、川杜仲、川续断各 10 g，生地炭、熟地炭、熟女贞各 12 g。主治：阴道息肉。表现为经期不准，淋漓不断，血色淡，且生异味，腰腹时常酸痛，心悸，头昏，身倦，睡眠不稳，舌苔薄白，脉象缓弦。

（3）口腔溃疡方。方药：石斛、制龟板（先煎 30 min）各 30 g，生地 24 g，麦冬 15 g，玄参 9 g，炒黄柏 6 g，肉桂粉（冲服）0. 6 g，川黄连 1 g，生甘草 3 g。主治：口疮。

（4）甲沟炎方。方药：银花、黄柏、虎杖各 15 g，五倍子、明矾各 10 g。主治：甲沟炎。

（5）扁桃体炎方。方药：紫荆皮、玄参、射干各 15 g，虎杖 12 g，牛蒡子、黄芩、金果榄（打碎）各 10 g，黄柏、甘草各 6 g，薄荷（后下）6 g，马勃（布包煎）4. 5 g。主治：急性、亚急性扁桃体炎。

10.6.4 天然植物染料

天然植物染料绿色无毒，色泽柔和、自然，有特色，而且具有良好的环境相容性和药物保健性能，具有广阔的发展前景。从目前天然植物染料的染色工艺来看，大部分为利用水或溶剂并通过加热的方法萃取染料，然后再把预染的织物放入染液中进行染色。植物染料色素含量的多少受上述因素影响非常大，这使得即使同一株植物因采摘时间不同，植物中所含色素量也会不尽相同，由此其染色物的重现性较差。再者，由于天然植物染料中有部分色素不稳定，在不同的实验条件下进行重复性实验也有可能出现较明显的色差。然而，目前在实际工艺中，大部分每次染色时都要重新萃取、过滤，因此每次的色素含量不能量化，即难以实现所要求的重现性。

任森芳等通过真空冷冻干燥法提取的黄柏天然植物染料粉末，呈细粉状、干燥态，其含水率小于 1% 。利于天然染料的定量称量，利于天然染料的标准化，利用粉末提取法染色，可提高染色重现性，重现率高达 100% 。而利用传统萃取法染色，其染色色差值波动较大，重现性差，重现率不足 85% ；在同一条件下，使用黄柏粉末染料提高染色重现性的最佳工艺为：染液浓度 10 g/L，温度 80 ℃；染色时间 20 min，浴比 1 ∶ 60。

主要参考文献

[1] 中国科学院中国植物志编辑委员会．中国植物志．第 43 卷 2 分册［M］．北京：科学出版社，1997：99 - 105.
[2] 国家药典委员会中华人民共和国药典（一部）［M］．北京：化学工业出版社，2000：214 - 215.
[3] 神农本草经［M］．北京：科学技术文献出版社，1996：39.
[4] 叶萌，徐义君，秦朝东．黄柏规范化育苗技术［J］．林业科技开发，2005，19（1）：56 - 58.
[5] 郎剑锋，朱天辉，叶萌．川黄柏锈病的初步研究［J］．四川林业科技，2004，25（4）：40 - 43.
[6] 国家药典委员会．中国药典（一部）［M］．北京：化学工业出版社，2005：214.
[7] 江苏新医学院．中药大辞典［M］．上海：上海科学技术出版社，1995.
[8] 辛宁，甄汉深．黄柏不同炮制品中小檗碱含量测定［J］．广西中医药，1995，19（4）：51.
[9] 李丽杰，侯言凤．干燥方法的不同对黄柏质量的影响［J］．云南中医中药杂志，2000，21（5）：29.
[10] 陈绍勇．不同干燥法对黄柏中小檗碱含量的影响［J］．中国药师，2005，8（12）：1054.
[11] 蒋孟良，李红，尹志芳等．不同软化与切制方法对黄柏中小檗碱含量的影响［J］．中药材，2001，24（4）：265.
[12] 王文凯，胡志华．黄柏饮片切制工艺研究［J］．江西中医学院学报：2004，16

（1）：48.

[13] 李忠. 炮制黄柏小檗碱含量的变化 [J]. 广东医学，1964（4）：26.

[14] 黄罗生，徐德然. 黄连解毒片中黄连黄柏提取工艺的优选 [J]. 中成药，2000，22（2）：122.

[15] 尹蓉莉，扬军宣，李化. 黄柏中盐酸小檗碱提取实验方法的改进 [J]. 基层中药杂志，2000，14（6）：72.

[16] 邢俊波，刘云. 正交设计优选黄柏中小檗碱的提取工艺 [J]. 时珍国医国药，2003，14（3）：169.

[17] 李仲兴，王秀华，赵建宏，等. 用新方法进行黄柏对224株葡萄球菌的体外抗菌活性研究 [J]. 中医药信息，2000，5：33.

[18] 郭志坚，郭书好，何康明，等. 黄柏叶中黄酮醇甙含量测定及其抑菌实验 [J]. 暨南大学学报：自然科学版，2002，23（5）：64.

[19] 胡世林，冯学锋. 黄芩研究的某些新进展 [J]. 中国实验方剂学杂志，2002，S1：38.

[20] 王跃华，徐文俊，何俊蓉，等. 川黄柏离体培养及药用成分的抑菌试验研究 [J]. 中国中药杂志，2004，29（10）：1002.

[21] 陈锦英，何建民，何庆，等. 中草药对致肾盂肾炎大肠杆菌黏附特性的抑制作用 [J]. 天津医药，1994，22（10）：579.

[22] 郭鸣放，宋建徽，谢彦华，等. 复方黄柏液促进伤口愈合的实验研究 [J]. 河北医科大学学报，2001，22（1）：11.

[23] 梁莹. 黄柏抑菌效果的实验研究 [J]. 现代医药卫生，2005，21（20）：2746.

[24] 刘春平. 盐酸小檗碱抗5种皮肤癣菌实验观察 [J] 临床皮肤科杂志，2005，34（1）：29.

[25] 廖静，鄂征，宁涛，等. 中药黄柏的光敏抗癌作用研究 [J]. 首都医科大学学报，1999，20（3）：153.

[26] 吕燕宁，邱全瑛. 黄柏对小鼠DTH及其体内几种细胞因子的影响 [J]. 北京中医药大学学报，1999，22（6）：48.

[27] 李宗友. 黄柏中抑制细胞免疫反应的成分 [J]. 国外医学：中医中药分册，1995，17（6）：47.

[28] 宋智琦，林熙然. 中药黄柏、茯苓及栀子抗迟发型超敏反应作用的实验研究 [J]. 中国皮肤性病学杂志，1997，11（3）：341.

[39] 邱全瑛，谭允育，赵岩松，等. 黄柏和小檗碱对小鼠免疫功能的影响 [J]. 中国病理生理杂志，1996，6：664.

11　黄花蒿

青蒿是我国传统的中药，民间用于消暑、退热、治感冒等，青蒿还具有抗疟、抗血吸虫、抗病毒与增强机体免疫等作用。我国科学工作者于20世纪70年代首次从中分离出青蒿素。国内外大量的理化试验、药理研究和临床应用表明青蒿素是抗疟的有效成分，它的发现是抗疟研究史上的重大突破。青蒿素也成为世界卫生组织推荐的抗疟药品，特别是对脑型疟疾和抗氯喹性疟疾有很好的疗效。近年来，青蒿素的抗疟活性在世界范围内被广泛关注，在疟疾流行地区青蒿素的需求量也逐年增加。随着国家“中医药现代化科技产业创新计划”的实施，青蒿利用、栽培和生产的规模会日益扩大。

11.1　种质资源及分布

青蒿：又名香蒿。为菊科植物青蒿（*Artemisia apiacea* = *Artemisia carvifolia*）的全草。主产于安徽、河南、江苏、河北、陕西、山西等地。不含青蒿素。

黄花蒿：又名臭蒿、苦蒿、香苦草。为菊科植物黄花蒿（*Artemisia annua*）的全草。商品均以色青绿、干燥、质嫩、未开花、气味浓郁者为佳。含青蒿素。

牡蒿：为菊科植物牡蒿（*Artemisia japonica*）的全草。在江苏、上海、四川等地药材市场上作为“青蒿”使用。

茵陈蒿：为菊科植物茵陈蒿（*Artemisia capillaris*）的全草。东北地区常作为“青蒿”入药。不含青蒿素。

小花蒿：菊科植物小花蒿（*Artemisia parviflora*）的全草。以青蒿收载入《滇南本草》，云南昆明也称此为青蒿。

在以上提到的五种蒿草中，只有黄花蒿含青蒿素。20世纪70年代以前出版的中文版中药书籍中的药用“青蒿”只有一种，即青蒿（香蒿）：*Artemisia apiacea Hance*。在发现青蒿素以后，20世纪70年代以后出版的中药书籍将入药“青蒿”改为：“包括青蒿（*Artemisia apiacea Hance*）和黄花蒿（*Artemisia annua L.*），两种均可入药”。中华人民共和国卫生部编撰《中华人民共和国药典中药彩色图集》（1990年版）时将药用“青蒿”定为：“本品为菊科植物黄花蒿 *Artemisia annua L.* 的干燥地上部分”，不再提 *Artemisia apiacea Hance*。从此中药的“青蒿”变成了“黄花蒿”，但目前除提取青蒿素在使用黄花蒿外，中药依然沿用青蒿（*Artemisia apiacea Hance*）入药。

黄花蒿因含有青蒿素（Artemisinin）而在药用植物中占有重要地位。青蒿素类药治疟疾效果明显，不仅是我国目前唯一被WHO认可的按西药标准研究开发的中药，也是我国仅有的2个被收入世界药典的中药之一。我国是青蒿素的主产国，但目前青蒿素的生产几乎全部以野生青蒿资源为原料。虽然具有加工价值的野生青蒿资源主要集中分布在我国武陵山区，但因其类型混杂，产量不稳定，青蒿素含量参差不齐，不能稳定供给加工的需要。同时青蒿素类药品用量的增加，引发国内青蒿素加工企业对青蒿野生资源进行掠夺性采收，无序竞争甚至恶意炒作现象时有发生，青蒿原料年产量与质量进一步下滑，资源瓶颈成为我国青蒿素产业健康发展的首要问题。为了保证优质青蒿原料供应、稳定产量与质量，开展青蒿种质资源的调查、整理及新品种的选育工作势在必行。目前，对青蒿种质资源的研究不够深入，这方面的工作还刚刚起步。钟国跃认为青蒿资源品质具有显著的生态地域性。李锋等对广西青蒿资源调查后得出，生长在石山上的青蒿类型植株长势比生长在平地、路边、山坡、房前屋后的类型差，且产量也较低。同一分布区内，生长在石山的青蒿类型青蒿素含量明显高于生长在平地、路边的类型。青蒿素的含量基本呈递减的趋势，不同种或变种的含量存在很大差异。韦霄等人研究认为，栽培条件下植株生长较野生的好。郑丽屏和陈大霞等分别应用RAPD和SRAP技术对采自不同地区的青蒿进行多样性分析，发现青蒿资源在DNA分子水平上存在丰富的遗传多样性。刘卫今等对不同地区青蒿进行形态学研究，结果表明不同青蒿种质间存在丰富的多样性。胡向荣等报道了各地青蒿资源青蒿素含量存在较大差异。通过研究，人们逐步认识到南方和低海拔地区青蒿利用价值较高。

青蒿是世界广布种，多生于海拔400 m以下的丘陵、平地，一般在村旁、路边、山坡、旷野及沟边较为常见。我国从海拔50 m的沿海至海拔3 650 m青藏高原均有分布。但除我国少数地区外，世界绝大部分地区青蒿中青蒿素含量都很低（1%以下）。曹有龙等曾分别报道了人工栽培青蒿、广西青蒿和川东南、鄂西、湘西、黔东北和北京等地青蒿资源的青蒿素含量分别为0.01%～0.60%，0.4%～0.85%，0.057%～1.022%等。我国是青蒿素生产的主产国，主要分布区为广西、云南、四川、湖南、重庆等地，其中重庆市酉阳地区的产量约占全球产量的80%。青蒿素含量随产地不同差异极大，北方地区含量多在0.1%左右。

11.2 生物学特性

11.2.1 形态特征

能够提取青蒿素的所谓“青蒿”，是植物学上的黄花蒿，该种有特异的甜香气，味苦不可食。一般株高40～150 cm，少数可高达200～300 cm。主根短，属浅根系植物，侧根和须根多而密集。顶端优势强，茎直立，多分枝，茎生叶互生，卵圆形，3回羽状深裂，长4～7 cm，宽1.5～3 cm，无毛或具细毛，茎上部的叶向上渐小，分裂更细。基部叶在花期枯萎，头状花序，黄绿色，花数多，近球形，长及宽约1.5 mm，排列成复总状，花托长圆形，外层雌性，内层两性。花柱2裂，子房基生，单室。果为瘦果，椭圆形，长约0.7 mm，直径约

1 mm，无毛，种子极细小，淡绿色，种子千粒重0.02～0.048 g。叶、嫩茎、花器被腺毛，是青蒿素的储存位点。花期8～9月，果期10～11月（彩图11.1、11.2、11.3、11.4）。

11.2.2　生态习性

在自然条件下，青蒿常生于旷野、山坡、路边、河岸，它对气候的适应性较强，对土壤要求也不高。在温暖、阳光充足的条件下及土壤肥沃、排水良好的沙壤中生长较好，能长成如小树一样的大株丛。主要以种子越冬，在背风向阳处也可以幼苗越冬，春季解冻不久就返青，迅速长根和簇叶。

11.2.3　生长习性

11.2.3.1　根的生长

青蒿为浅根系植物，主根短、纺锤状，侧根发达，多而密集，抗旱抗涝能力较强。付晓萍观察西宁地区青蒿，发现不同产地的青蒿的株高、基茎粗和主茎粗三者，河滩地 > 水浇地 > 山地，但主根长则为山地 > 水浇地 > 河滩地（表11.1），水浇地附近主根长18 cm，平均根幅20 cm×15 cm，须根数平均62条，根部、茎枝及叶鲜重的比例为1∶1.7∶4.2。

表11.1　不同地块黄花蒿植株生长情况（付晓萍）

地块	株高/cm	主根长/cm	基茎粗/cm	主茎粗/cm
河滩地	163	15	1.82	1.53
水浇地	159	18	1.74	1.39
山地	95	23	1.02	0.89

注：表中数据为平均值；调查日期为7月上旬花蕾期。

11.2.3.2　茎叶的生长

在水肥条件较好的地块，青蒿植株长势好，枝叶繁茂，而在干旱瘠薄的山地长势较差。青蒿从发芽到侧枝出现前，高生长较为缓慢，侧枝出现后植株高生长最快，进入花期后高度生长逐渐缓慢直至停止。在湖南，5月下旬以前为速生期，6月上旬开始生长逐渐缓慢，7月中旬出现一个生长高峰，8月下旬完全停止。

在青蒿的生长过程中，其基部茎生叶从营养生长期开始逐渐干枯，这可能与光照不足有关；但侧枝、主茎中上部叶及主茎、侧枝到10月中旬进入枯萎期以后才逐渐开始枯萎。

11.2.3.3　开花结果习性

青蒿为头状花序，极多数，在茎枝顶端排列成塔形圆锥状花序，花期7～8月，果期8～9

月，10月上旬种子开始成熟。种子无休眠特性，萌发力强，掉在地上的成熟种子在自然条件下能萌芽生长。青蒿自交不亲和，自花授粉很难结实。

11.2.4 对环境条件的要求

青蒿对生态环境的适应能力强，但性喜湿润、忌干旱、怕渍水，适应高温和光照充足的环境，对土壤要求不严，以 pH 5.5 ~ 7.5、排水良好的壤质土为宜。青蒿是严格的短日照植物，当光周期约 13.5 h 时，半月之内就会开花，因此适宜在长日照地区生长。李典鹏等发现，日照对野外或人工栽培的黄花蒿中青蒿素的含量影响比较大，日照充足，干燥地带的样品含量高，相反生长在阴暗、潮湿地带的样品含量低。若种植于热带，未能达到一定的生物量时就开花结实，会导致青蒿素含量低。高温和强光有利于青蒿素形成，直到开花期，青蒿素含量达到最大值，此为最佳收获季节。虽然青蒿的适生区域广，但生长在不同生态条件下的青蒿，青蒿素含量差异较大。亚热带湿润季风气候区域人工种植的青蒿，其青蒿素含量较当地野生的或其他适生区栽培的高，一般可达 0.80% ~ 1.12%。

为确保中药材的安全性，国家药品监督管理局制定了《中药材生产质量管理规范》和《中药材生产质量管理规范 GAP 指导原则》，进行青蒿生产时必须按照规范和指导原则的要求，严格控制影响青蒿质量的各种因子，规范生产的各个环节，才能达到“产量稳定、质量可靠”的目的，得到国际认可。

（1）土壤环境。土壤环境要达到土壤质量 GB15618—1995 标准中的二级标准，主要监控汞、铅、铜、铬、砷及六六六、滴滴涕等的残留量。

（2）灌溉水质。水质必须达到农田灌溉水质标准 GB5084—95 的要求，严格监控汞、镉、铅、砷、铬、氯化物、氰化物含量。

（3）大气环境。青蒿生产地的大气环境质量要求达到 GB3095—82 标准中的二级以上标准，产区附近无有害气体、烟尘、氟化物等为害。此外，还要求青蒿生产区无带有各种病菌的城市垃圾和由医院排出的废水、废物污染。

11.3 栽培与管理

由于青蒿素在抗疟中的重要作用，国际市场对青蒿素的需求量日益增加。目前青蒿素的来源主要有三个方面。一是人工合成。青蒿素及其衍生物的人工合成与半合成工艺已经完成。但因其技术难度大，成本高，难以规模生产。二是用基因工程、细胞工程等技术手段，提高植株中青蒿素含量。采用生物反应器技术大规模组织培养生产青蒿素已成为研究热点。但用组织培养技术达到产业化生产规模还有许多难题需要克服，且也难满足巨大的市场需求。三是从青蒿植株中提取有效的抗疟成分青蒿素。由于青蒿素的需求量很大，而青蒿中青蒿素的含量通常不超过1%。专家指出，我国已探明的有工业加工利用价值的野生青蒿资源（青蒿素含量大于0.5%）即使全部利用，也远远不能满足国际市场对青蒿素的需求。因而靠采集野生植物既不能满足需要，又对环境和资源破坏严重，不利于可持续发展。所以目前我国正在进行大量的资源调查、筛选优良品种，引种栽培、建立青蒿生产基地，规范栽培措施，以提高青蒿的产量和品质，为青蒿素的大规模提取加工提供充足的原料。

11.3.1　品种选择

选用的菊科蒿属植物黄花蒿具有高产、青蒿素含量高、抗逆性强、适应当地栽培等特点。Elhag 等发现高青蒿素含量的植株具有长的节间、茁壮的茎秆、伸展开的枝条和茂密的叶。黄正方等试验表明，以白青秆青蒿，淡黄色叶与深（细）裂叶型的青蒿素含量最高。但同一组成的青蒿混合群体或同一类型在不同生态条件下，青蒿素含量有明显的差异。

11.3.2　育　苗

11.3.2.1　实生育苗

（1）采种。青蒿基因型复杂，不同生态类型的青蒿，其青蒿素含量差异较大，应选择经生态适应性试验或定向培育的种子做种。果实成熟后，选晴天，将果枝剪下，放置阴凉处，待果实晾干后，用手轻轻揉搓出种子，去除果皮、枝叶等残渣，置于玻璃瓶中即可。

（2）育苗地的选择。选择土层深厚、土质肥沃疏松、背风向阳、排水良好的稻田或菜园地为最佳。地势低洼、土质黏重的田地，不宜选作育苗地。育苗地与大田比例为 1∶20。

（3）精细整地、施足基肥。选晴天把育苗地犁翻耙碎，同时把前桩作物秸秆、杂草和石块捡出，亩施腐熟农家肥 500 kg 或商品鸡粪肥 250 kg，然后再犁翻耙地，使肥料施入 0 ~ 15 cm 土层中，土肥均匀混合。

（4）起畦。起畦时要求畦面宽 1. 1 ~ 1. 2 m，沟宽 0. 4 ~ 0. 5 m，沟深 0. 15 ~ 0. 20 m，畦长 15 ~ 20 m，畦沟要平直。在播种前松土 1 次，达到畦面土细碎平整。

（5）播种。国内外的许多资料都表明，在北温带晚春或早夏播种可以获得更高的生物产量，而在开花前收获最佳，这时青蒿素含量也达到最高。若种植较晚和收获较晚，或者因植株在很矮时开花，或者因青蒿素含量最高峰已过，均会降低收益。在我国南方地区，当日平均气温稳定在 10 ℃以上时，即可播种。苗龄长的播种量应少些，苗龄短的，播种量可大些。一般 60 d 苗龄的每亩苗床播纯青蒿种 20 ~ 25 g，45 d 苗龄播 30 ~ 40 g。播种时先将苗床土浇透水，使 5 cm 深的床土湿透，畦边有水流出时即可播种。由于青蒿种子细小，播种前按种子、草木灰（细泥或细沙）之比 = 1∶1000 的比例充分拌匀后，分畦定量、重复、均匀播种。播后不覆土，用木板将床面压实，使种子与土壤紧密结合，再在苗床上覆盖稻草 5 cm，用漏壶淋透水，最后搭建塑料小拱棚。

（6）苗期管理。播种后苗床要保持湿润，勤检查，种子发芽后除去覆盖的稻草，并视温度变化适时揭开塑料棚膜通气透光，降低棚内温度。如果温度、湿度适宜，播种后 10 ~ 20 d 即可出苗。幼苗高 3 ~ 5 cm 时，每隔 10 d 施 1 次清人畜粪水或 0. 2% 尿素溶液，并注意透光炼苗及间除病、弱、密苗，使每株青蒿幼苗占地 5 ~ 10 cm^2。待苗高约 10 cm 时即可移栽。移栽时间 3 月下旬至 4 月上旬，移栽前一天淋 1 次透水，以利起苗。

11.3.2.2 组织培养育苗

青蒿自交不亲和，自花授粉很难结实。这一特性使得通过有性繁殖将高产株的性状保存下来十分困难，并导致植株个体间青蒿素含量差异较大。因此，通过组织培养育苗是获得优良无性系青蒿种苗的最佳选择。近年来，有关研究进展较快。李国峰将青蒿叶片培养于附加添加剂的MS上，在25～27 ℃，2000 lx光照条件下培养3～4周，获得了试管苗。贺锡纯等将青蒿叶片接种于改良N_6培养基上，于25 ℃恒温培养5～10 d得到愈伤组织，并将这种愈伤组织放在B_5培养基上继代培养，进而用改良MS＋BA诱导出小株。寻晓红在离体培养、试管苗再生途径和多倍体诱发技术的研究过程中报道，在只含6－BA的培养基上，外植体愈伤组织通过胚状体途径发育成植株；2，4－D与6－BA配合使用时形成致密的愈伤组织，愈伤组织转入含细胞分裂素的分化培养基上培养，产生不定苗；带腋芽微繁体系：用0.05%的秋水仙碱溶液浸泡带芽点愈伤组织48 h，诱发率达60%，并获得了$2n=4x=36$的多倍体试管苗。杨耀文以幼嫩花序作为外植体，在Ms＋6－BA8＋IAA0.2培养基上增殖，20 d可继代一次，花序作为外植体的增殖率是茎的2～3倍。分化出的苗在1/2MS＋IAA0.5培养基上迅速生根，组培苗移栽后成活率高。王梦琼以植物的花枝、花序及叶片为外植体，以MS培养基为基础培养基，附以不同的激素组合，诱导获得愈伤组织及再生植株。愈伤组织的生成能力为花枝，花序，且二者均大于叶片，植株再生以花枝的培养结果最佳。李国凤报道，培养基上加一层滤纸能够明显促进青蒿丛生芽的诱导（97%）。在高效丛生芽诱导体系的基础上探讨了滤纸在根癌农杆菌介导的青蒿遗传转化中的应用。优化后的青蒿转化体系，抗性丛生芽诱导率可达到59.7%，其中12.5%的抗性丛生芽能发育成抗性生根植株。该优化的转化体系对青蒿素生物合成分子调控的研究具有重要意义。

11.3.3 大田栽培管理

11.3.3.1 选地整地

选择地势较平坦、土层深厚、质地较疏松、肥力中等以上，保水、保肥力较好的田地或缓坡地，不宜选用瘠薄地、石砾地、洼田涝地、陡坡地等种植青蒿。选好地块后，精耕细整，做到二犁二耙。一般在移栽前，要深耕25～30 cm，耙碎后，亩施腐熟的粪肥或沼肥1000～1500 kg。然后再进行1次犁耙，使土质松软、细碎、平整，土肥混合均匀。

11.3.3.2 起　畦

起畦规格为畦宽0.8 m，沟宽0.4～0.5 m，沟深0.3～0.4 m。畦起好后，疏通沟中的泥土，使沟达到深而畅，以利排除渍水。

11.3.3.3 适时移栽、合理密植

适龄苗苗龄50 d，叶龄10～15叶，带有2个以上分枝时移栽为最佳。适宜的移栽期为4月上旬至中旬，最迟不超过5月上旬。选择雨后阴天或晴天下午移栽，栽后淋足定根水。栽

植密度因施肥水平高低而异，若施肥水平较高，每亩栽植2000~2500株，施肥水平中等，每亩栽植3000~3500株。海拔高定植密一些，海拔低相对稀一些。

11.3.3.4 追肥

可根据需要追肥2~3次。幼苗时期的追肥，主要目的是促进茎叶生长，追施氮肥可稍多一些。但在以后的生长发育期间，磷、钾肥应逐渐增加。每次每亩追施氮、磷、钾复合肥10 kg左右，也可追施速效性肥料如腐熟人粪尿、尿素、硫酸铵、氨水、过磷酸钙等。追肥的施用方法依肥料种类及植株生长情况而定。追施化肥，可在植株行间开浅沟条施；以人粪尿做追肥的，可与灌水同时进行。还可采用根外追肥，即在植物茎、叶上喷施一定比例的磷、钾肥或微量元素的水溶液。常用的肥液浓度：磷酸二氢钾为0.1%~0.3%、过磷酸钙为1%~3%、尿素为0.5%~1%。

11.3.3.5 中耕除草

移栽成活后及时中耕除草。雨后或灌溉后，在没有杂草的情况下，也要进行中耕。幼苗期中耕宜浅，植株长大后可稍深。方法有人工除草、机械除草与化学除草。化学除草具有高效、及时、省工、经济等特点。目前青蒿还未配有独特的除草剂，而大面积青蒿栽培中，杂草对青蒿生长的影响是相当严重的，在使用除草剂时，应选择见效快、有效期短的除草剂。在播种或移栽前施用，可选用灭生性除草剂，如百草枯、草甘膦、五氯酚钠等。但必须在有实践经验的专家或技术人员指导下进行，以免造成不良后果。最好根据田间杂草种类，有针对性地用药。药剂失效后，再播种或移栽。移栽定植后，应选择人工除草或机械除草，避免除草剂影响青蒿的生长。

11.3.3.6 打顶

当青蒿苗高0.3~0.5 m，把主芽摘除（称打顶），以促进侧枝萌发，提高叶片等营养体的产量。

11.3.3.7 病虫害防治

在自然条件下，经过观察，未发现青蒿出现病害，表明其抗病能力较强。人工栽培时，主要有根腐病、白粉病、茎腐病等。虫害主要有：金针虫、蛴螬、蚜虫和潜叶蝇。金针虫、蛴螬种类主要是沟金针虫和小云斑金龟甲，为害青蒿根部的主根，直接将主根咬断，使植株失去支持倒伏。蚜虫主要为菊小长管蚜，为害青蒿的上部幼嫩叶片；造成植株矮小、黄化，但未见传播病毒病。潜叶蝇主要是南美斑潜蝇，为害青蒿中下部叶片。青蒿病虫害防治方法如下：

（1）农业防治：①选用抗（耐）病优良品种。②清洁园地，降低病虫源数量。③培育无病虫害壮苗。

（2）物理防治：①设置黄板诱杀蚜虫。按照30~40块/亩的密度，挂在行间或株间，高出植株顶部，诱杀蚜虫。一般 7 ~ 10 d 重涂一次机油。②安装频振式诱虫灯诱杀害虫。

（3）生物防治：保护青蒿害虫天敌，选择对天敌杀伤力小的农药，创造有利于天敌生存的环境条件。

（4）药剂防治：①根腐病：发病初期，用 3% 绿亨 4 号水剂或 50% 多菌灵可湿性粉剂 500 倍液灌根防治，每隔 7 d 灌 1 次，连灌 2 ~ 3 次。②白粉病：发病初期用 75% 百菌清可湿性粉剂 500 倍液或 8% 百奋微乳剂 1000 倍喷雾防治，要求所有的叶片全部喷上药液，每隔 7 d 喷 1 次，连喷 2 ~ 3 次。③茎腐病：多发生在高温高湿的多雨季节。以农业防治为主，高厢栽植，理通排水沟。药物防治应选用低毒、高效、无残留农药。④主要害虫是蚜虫、地老虎幼虫，可用阿维菌素、蚜虱净、敌百虫等局部喷药防治。地老虎用 8% 天地双叉乳油 2 500 倍灌根防治。⑤蚜虫、金针虫、潜叶蝇等可用 12% 路路通乳油 1000 倍、70% 艾美乐水分散剂 1000 倍液喷雾防治。

11.4 采　收

11.4.1 采收期

青蒿收获的产品为植物的干叶。应在青蒿营养生长末期至初现蕾期及时采收，过早叶片产量低，过迟则青蒿素含量下降，最终都影响经济效益。在我国南方地区，一般于 7 月中旬以后即可采收青蒿，9 月以前必须采收完毕。钟凤林等以重庆酉阳、福建厦门、湖北咸宁、北京通县的黄花蒿为对象，研究了其最佳采收时间，表明中午 12 时至下午 16 时青蒿素含量处于最高状态。

11.4.2 采收部位

据研究，在黄花蒿单株及枝条的上部叶片青蒿素含量最高，中部次之，下部最低。上部叶片青蒿素含量可比下部叶片高出 1 倍左右。

11.4.3 采收方法

选择晴天，先将青蒿砍倒晒 1 d，第 2 d 搬到晒场晒干，用树枝打落叶子，也可用石滚或手扶拖拉机碾落青蒿叶，除去茎干，将叶晒干至符合收购要求即可销售。禁止在公路、沥青路面及粉尘污染严重的地方翻晒、脱叶。严禁将枝杆等粗杂物或其他杂草树叶混入蒿叶，以保证青蒿原料质量。如采收期遇阴雨，应及时采取烘干处理措施，防止蒿叶霉烂损失。对符合质量要求的青蒿叶应加强保管或尽早销售，以防止霉变。

11.4.4 包装与运输

包装袋与运输工具应清洁、干燥。运输工具应有防雨设施。严禁与有毒、有害、有腐蚀性、有异味的物品混装、混运。

11.5 青蒿的化学成分及药理作用

11.5.1 化学成分

青蒿中化学成分主要有4类：挥发油、倍半萜、黄酮和香豆素。倍半萜类化合物是青蒿抗疟有效部位，从中可以分离出多种倍半萜内酯，其中之一青蒿素是一种倍半萜内脂类化合物，在救治凶险的脑型疟疾方面具有高效、速效、低毒、使用安全等特点，是国内外公认的抗疟药物，也是目前我国唯一获得国际承认的抗疟新药。其化学结构和理化性质如下。

青蒿素是一种新型倍半萜内酯，具有过氧键和δ-内酯环，它的分子中包括7个手性中心，分子式为 $C_{15}H_{22}O_5$，相对分子质量为282.34，化学名称为（3*R*，5a*S*，6*R*，8a*S*，9*R*，12*S*，12a*R*）-八氢-3，6，9-三甲基-3，12-桥氧-12*H*-吡喃并［4，3-j］-1，2-苯并二噻平-10（3H）-酮。青蒿素为无色针状结晶，熔点为156~157 ℃，易溶于氯仿、丙酮、乙酸乙酯和苯，可溶于乙醇、乙醚，微溶于冷石油醚，几乎不溶于水。因其具有特殊的过氧基团，对热不稳定，易受湿、热和还原性物质的影响而分解。

11.5.2 青蒿素的药理作用

青蒿素，又名黄蒿素，是从菊科植物黄花蒿叶中提取分离得到的一种具有过氧桥的倍半萜内酯类化合物。其多种衍生物如双氢青蒿素、青蒿琥酪、甲蒿醚、蒿乙醚等均是治疗疟疾的有效单体，国内外公认属首创新药。随着对青蒿素类药物药理作用的研究不断深入，证实其具有抗疟、抗孕、抗纤维化、抗血吸虫、抗弓形虫、抗心律失常和肿瘤细胞毒性等作用。虽然该类药物作用广泛，但其作用机制、特点和应用研究仍处于初级阶段，有待进一步的深入研究。

11.5.2.1 抗疟作用

青蒿素对疟原虫配子体有杀灭作用，其强度和剂量与配子体成熟度相关。青蒿素类药物能快速杀灭疟原虫早期配子体，并能抑制各期配子体，对未成熟配子体可中断其发育过程。其对配子体的这种抑制作用是其他抗疟药所不具备的，对配子体的杀灭有利于控制疟疾流行。早期的研究表明，青蒿素选择性杀灭红内期疟原虫的机理主要是青蒿素被疟原虫体内的铁催化，其结构中的过氧桥裂解，产生自由基，与疟原虫蛋白发生配合，形成共价键，使疟原虫蛋白失去功能，从而死亡。经鼠疟、猴疟超微结构研究，提出青蒿素及其衍生物通过抑制细胞色素氧化酶，干扰原虫膜系线粒体功能，阻止原虫消化酶分解宿主的血红蛋白成为氨基酸，使疟原虫无法得到供给自身蛋白质的原料，而迅速形成自噬泡，导致虫体瓦解死亡。对鼠疟的抗疟效价，双氢青蒿素是青蒿素的5.7倍；对体外培养的人恶性疟原虫的抗疟效价，大约是青蒿素的14倍。青蒿琥酯钠可使红细胞中的O_2和H_2O_2等活性氧的浓度升高，并能增加红细胞膜的脂质过氧化。从而可直接杀伤疟原虫，又可氧化红细胞膜不饱和脂肪酸生成丙二醛产物，这些产物既可直接作用于疟原虫也可使红细胞损伤、破溶而导致疟原虫死亡。活性氧的产生导致原虫膜系统的损害，从而使原虫代谢功能紊乱直至死亡。青蒿琥酯15 mg/kg，每天2次，连续3 d，静脉注射与口服可使猴疟转阴，并控制复燃；而同剂量经皮肤给药未能使猴疟转阴与控制复燃。适量加入皮肤促透剂氮酮于青蒿琥酯皮肤吸收剂中，剂量为5，10 mg/kg，每天2次，连续3 d即可使猴疟转阴与控制复燃。

青蒿素及其衍生物在治疗疟疾中均未发现明显的不良反应，对部分患者进行心电图、肝、肾功能和血象检查也未发现有意义的变化。青蒿乙醚提取中性部分和其稀醇浸膏对鼠疟、猴疟和人疟均呈显著抗疟作用。体内试验表明，蒿甲醚乳剂的抗疟效果优于还原青蒿素琥珀酸钠水剂，是治疗凶险型疟疾的理想剂型。脱羰青蒿素和碳杂脱羰青蒿素对小鼠体内的伯氏疟原虫K173株的ED_{50}和ED_{90}分别为12.6 mg/kg和25.8 mg/kg。青蒿素、蒿甲醚和氯喹对恶性疟原虫的IC_{50}分别为75.2 mg/L、29.4 mg/L和43.2 mg/L。青蒿素酯钠对恶性疟原虫6个分离株（包括抗氯喹株）有抑制作用。青蒿素的同系物，如甲、乙、丙素等，也具有抗疟作用。

11.5.2.2 抗寄生虫病

青蒿素类药物抗血吸虫具有以下特点：①对不同属的血吸虫均有杀伤作用，如日本血吸虫、曼氏血吸虫和埃及血吸虫，但作用敏感性不同，对于日本血吸虫感染后1~2周时效果好，而对于曼氏血吸虫需要2~3周才能获得最佳效应。②对血吸虫的童虫作用显著，杀伤率最高可达70%~80%，但对成虫作用较弱，不到40%，提示其作用具有阶段性。③对兔、小鼠和仓鼠血吸虫模型均具有很强的治疗作用，临床试验安全性好，蒿甲醚和青蒿琥酯的临床使用推荐剂量分别为16 mg/kg和6 mg/kg；④杀伤血吸虫童虫的同时，对虫卵引起的损伤具有保护作用。⑤联合使用蒿甲醚和吡喹酮治疗效果更好、更安全，对不同发育阶段的虫体包括成虫和幼虫均有显著作用。青蒿素预防寄生虫病具有高效、安全、方便等特点，是目前比较理想的防治药物。

肖树华等认为感染日本血吸虫的小鼠，用蒿乙醚或蒿甲醚100~200 mg/kg，连续2 d灌胃治疗，两药对小鼠体内不同发育期血吸虫的减虫率相仿。特别是7 d童虫和35 d成虫组的减虫率较高，分别达77.5%~87.2%和51.7%~61.3%。经蒿乙醚作用后，7日童虫和35日成虫的糖原明显减少或消失，虫的皮层和实质组织中的碱性磷酸酶活力也明显受抑制，表明蒿乙醚具有抗日本血吸虫童虫和成虫的作用。

11.5.2.3 治疗弓形虫感染

弓形虫是人畜共患病的专性细胞内寄生原虫，随着免疫学、分子生物学的快速发展，其诊断方法不断改进，弓形虫的检出率不断提高。目前弓形虫的治疗仍然以传统的乙胺嘧啶和磺胺嘧啶联合用药为主，但因其疗程长、毒副反应较多、疗效不太理想、不能根治等问题而应用受限。此外，已经发现的其他抗弓形虫药的疗效都低于上述两种药。大量体内外试验证明，蒿甲醚具有抗弓形虫的作用，有望成为治疗弓形虫病的有效药物；双氢青蒿素是青蒿素类在体内的活性代谢产物，活性最强，吸收良好、疗效快、分布广、排泄和代谢迅速，也可用于治疗弓形虫感染。

11.5.2.4 抗心律失常

青蒿素对乌头碱和哇巴因诱发大鼠、豚鼠心律失常模型有明显拮抗作用。研究证明，乌头碱诱发大鼠心律失常主要与其促进 I_{Na}、I_{Ca}、延长动作电位时程有关。哇巴因诱发豚鼠产生心律失常主要与其影响 I_{Ca}、I_K和缩短动作电位时程有关。青蒿素对乌头碱和哇巴因诱发心律失常有明显的抑制作用，提示其抗心律失常的作用机制可能与其影响 I_{Na}及 I_{Ca}，使心律失常发生时动作电位时程改变恢复正常有关。乌头碱、哇巴因诱发的心律失常模型稳定、可靠，青蒿素对上述模型有效，推测青蒿素在临床上可能有抗心律失常作用。

11.5.2.5 抗组织纤维化

青蒿素（蒿甲醚）对预防性治疗和已患矽肺的治疗均有效，能显著降低肺重、肺胶原和肺组织矽。贺光照等用青蒿素乳膏局部治疗50例增生性瘢痕，治疗后瘢痕厚度、硬度明显降低，皮肤色泽好转，总有效率达88%。青蒿素抗纤维化作用与其抑制成纤维细胞增殖、降低胶原合成、抗组胺促胶原分解有关。曹治东等将不同浓度的青蒿素作用于体外培养的瘢痕成纤维细胞，在不同时相点观察青蒿素对瘢痕成纤维细胞生物学特性的影响，发现青蒿素在30～120 mg/L范围内，可呈剂量及时间依赖性地抑制瘢痕成纤维细胞的增殖活性及胶原合成量；光镜下见用药组细胞呈椭圆性，胞质颗粒增多，甚至核浓缩、核碎裂。说明青蒿素对瘢痕的预防和治疗有实用前景。

11.5.2.6 平　喘

秧茂盛等研究发现青蒿琥酯雾化5，25，50，500，2500 mg/L或灌胃3，6，15，30，60 mg/kg均能有效地拮抗氯化乙酰胆碱（20 g/L）和磷酸组胺（2 g/L）等容混合液对豚鼠的引喘作用，引喘潜伏期明显延长，抽搐动物明显减少，并呈剂量依赖性，其半数有效量 ED_{50}分别为（99.9±57.69）mg/L和（15.64±1.25）mg/L。表明其对整体动物气管、支气管平滑肌有松弛作用，结果与松弛豚鼠离体气管平滑肌的作用一致，其平喘作用机制可能与阻滞外钙内流和激活气管组织腺营酸环化酶有关。

11.5.2.7 抗阴道毛滴虫

阴道毛滴虫引起的滴虫性阴道炎主要引起男女泌尿生殖系统炎症，与不育及死胎、低体重出生儿、宫颈癌等疾病有很高的相关性。在铁元素存在的环境下，含铁物质作用于青蒿素类化合物，催化分解使过氧基断裂，生成有破坏作用的氧化自由基，增强对靶细胞杀伤力。而寄生原虫铁含量均较高这也正是青蒿素及其衍生物抗寄生虫治疗的药理基础。许静波等利用激光共聚焦显微镜对药物作用下滴虫微丝变化进行了动态观察，发现双氢青蒿素对微丝结构有明显的破坏作用，证实其对滴虫具有较强的杀灭作用。

11.5.2.8　抗狼疮性肾炎（LN）

系统性红斑狼疮（SLE）是典型的自身免疫复合物性疾病，患者的血清中含有多种自身抗体。一般认为，抗 ds－2DNA 抗体是 SLE 的特异性标志。临床上 SLE 的主要死亡原因之一是由于 LN 而发生了肾功能衰竭。董妍君等以抗 ds－DNA 抗体水平变化作为药物疗效指标，发现 125 mg/kg 及 25 mg/kg 的双氢青蒿素可明显降低 BXSB 小鼠血清中抗 ds－DNA 抗体水平，改善 LN 的活动程度。100% 青蒿复方（青蒿 10 g，鳖甲、水牛角各 30 g，生地、丹皮各 15 g，西洋参 10 g 等 12 味）煎剂可显著降低脂多糖诱导 BALB/C 小鼠多克隆细胞活化的系统性红斑狼疮（SLE）模型血清抗核抗体（ANA）、血清免疫球蛋白（lgC）及循环免疫复合物（CIC）浓度。

11.5.2.9　抗卡氏肺孢子虫肺炎（PCP）

PCP 多见于免疫功能低下或缺陷人群，随着肿瘤化疗患者、接受免疫抑制剂治疗的器官移植者、自身免疫病患者以及获得性免疫功能不全患者等高危人群的扩大，PCP 发病率呈急剧增加趋势。倪小毅等对不同浓度的双氢青蒿素和青蒿琥酯（0.5、5、10、50、100 μmol/L）体外抗卡氏肺孢子虫作用的研究中发现，双氢青蒿素除 0.5 μmol/L 组外，其余各浓度组对卡氏肺孢子虫滋养体均有抑制作用，而且随着药物浓度的增加，其抑制作用越来越明显，达到 50 μmol/L 时抑制作用与对照组喷他脒相似，提示该浓度的双氢青蒿素在体外对卡氏肺孢子虫有较强的抑制作用；当浓度增至 100 μmol/L 与 50 μmol/L 时比较，抑制作用已无显著性差异，提示增加其药物浓度对卡氏肺孢子虫滋养体的抑制作用有一定限度。

11.5.2.10　抗　孕

娄小娥等研究了青蒿琥酯对大鼠孕酮、雌二醇和蜕膜组织的影响，结果表明，青蒿琥酯能使血清孕酮含量下降，并损伤蜕膜和胎盘，使胚胎坏死、吸收而终止妊娠。

11.5.2.11　抗肿瘤

青蒿素类药物不仅可以选择性抑制和杀灭多种肿瘤细胞，而且具有很好的耐受性，毒副反应也很少，且对多药耐药的肿瘤细胞具有活性。其抗肿瘤作用机制主要是通过内部的过氧化桥实现的。它还可以通过阻滞细胞周期、诱导肿瘤细胞凋亡、抑制肿瘤新生血管形成、调节肿瘤相关基因的表达以及损伤细胞线粒体等作用机制而实现抗肿瘤作用。

1991 年，我国学者报道了青蒿素衍生物对白血病 P388 细胞、肝癌细胞 SMMC－7721 及人胃癌细胞 SGC－7901 有选择性杀伤活性。此后国内外的研究证实了青蒿素类药物对白血病、结肠癌、黑色素瘤、乳腺癌、卵巢癌、前列腺癌等均有杀伤作用。美国华盛顿大学的 Lai 研究员及 singh 副研究员发现，青蒿素对乳腺癌细胞有明显杀伤作用。在生命科学杂志（LS）刊出的一项研究报告描述青蒿素在 16 h 内几乎将所有与之接触的人乳腺癌细胞杀死。杨小平等采用体外实验证实青蒿琥酯钠对人宫颈癌（HeLa）细胞、人低分化鳞状上皮鼻咽癌（CNE2 及 SUNE－1）细胞 3 种人肿瘤细胞体外有杀伤作用，半数抑制浓度（IC_{50}）分别为 42.7 μg /mL、101.6 μg /mL、1.29 μg /mL；对杂种小鼠的 3 种移植性肿瘤有体内抑瘤作用，每天 50 mg/kg 和 100 mg/kg 剂量静脉给药，对 S－180、肝癌及 LⅡ 抑瘤率分别为 24% ~ 53%、21% ~49% 及 42% ~58%，每天 150 mg/kg 及 300 mg/kg 剂量灌胃给药，对 LⅡ 和裸鼠移植人鼻咽癌（CNE2 及 SUNE－1）细胞也有肯定抑瘤作用，抑瘤率分别为 42.4% ~ 71.4%、25% ~42% 及 30% ~50%。林芳等研究青蒿素及其衍生物青蒿琥酯对人乳腺癌 MCF－7 细胞增殖的影响，并探讨其作用机制。结果显示 10 μmol/L 青蒿素和 1 μmol/L 青蒿琥酯能明显改变 MCF－7 细胞的细胞周期，使 S 期细胞显著减少，G_0+G_1期细胞明显增加。青蒿素对 MCF－7 细胞增殖仅有微弱抑制作用，但其衍生物青蒿琥酯却表现出显著的抑制作用，IC_{50}为 0.31 μmol/L。1 μmol/L 青蒿琥酯引起 MCF－7 细胞的凋亡和直接的细胞毒作用明显强于 10 μmol/L 青蒿素的作用。说明对肿瘤细胞增殖的抑制青蒿琥酯比青蒿素作用强。此外，青蒿琥酯具有放疗和化疗增敏作用。青蒿琥酯可抑制人宫颈癌 HeLa 助细胞生长，IC_{50}为 37 μg /mL，在乏氧条件下，IC_{50}为 30 μg /mL，青蒿琥酯在 10 μg /mL 辐射增敏比（SER）为 1.32，在 30 μg /mL 的 SER 为 2.00，而对照组以第一代放疗增敏感剂咪嗪哒哇（MISO）治疗，其 SER 为 1.39，在乏氧条件下，1 mmol/L MISO 对 HeLa 增殖抑制率与 30 μg/mL 的青蒿琥酯作用相似，而在富氧条件下，1 mmol/LMISO 对 HeLa 增殖抑制率低于 30 μg /mL 青蒿琥酯的杀伤作用，说明青蒿琥酯具有一定的放疗增敏作用。同时，青蒿素与传统化疗药如阿霉素等作用机制不同，无交叉耐药，且通过抑制谷胱甘肽－*S*－转移酶的活性，可逆转肿瘤细胞对化疗药的多药抗性，在理论上应与传统化疗有协同增效作用。

11.5.2.12 免疫活性

青蒿素及其衍生物的免疫作用与剂量有很大的依赖关系。如中等剂量的青蒿琥酯［剂量 200 mg/(kg · d)］可抑制小鼠变应性接触性皮炎、系统性红斑狼疮样等小鼠模型，小剂量［剂量 100 mg/(kg · d)］则能够促进小鼠巨噬细胞、中性粒细胞的吞噬功能；青蒿琥酯对小鼠 NK 细胞的抑制作用与剂量大小也有很大的关系，剂量越大抑制作用越强，小剂量则无明显影响。另外，小剂量的青蒿琥酯有免疫增强作用，大剂量时有免疫抑制作用，其作用还可能与浓度有关，如 6.5×10^5 mol/L 的青蒿琥酯可显著抑制小鼠脾淋巴细胞白介素－2 的分泌，而在 0.13×10^5 ~ 2.6×10^5 mol/L 时则无明显影响。

11.5.2.13 抗真菌

郑红艳的青蒿素母液体外抗真菌试验结果表明，青蒿素渣粉剂和煎剂对部分真菌有不同程度的抑制作用，5% 母液对所试真菌抑制作用均很强，与 5% 苯甲酸和水杨酸相当，说明青蒿素母液在浓度高于 20% 时对所试真菌有较强抗菌作用。

11.5.2.14 抗变态反应

腹腔注射青蒿琥酯 100 ~ 125 mg/kg，每天 1 次，连续 6 d，对大鼠被动皮肤过敏反应

(PCA)，青蒿琥酯组蓝斑的 A 值为（0.081±0.07），对照组为（0.054±0.002），即局部染料渗出减少，青蒿琥酯对大鼠 PCA 呈抑制作用，即对 I 型变态反应有抑制作用。可能与青蒿琥酯增强 Ts 功能，又抑制 IL-4 的产生、IgE 的表达有关。在体外溶血反应中，加入一定浓度的青蒿琥酯，使最终试管内浓度为 25 μg/mL 时即对补体参与的体外溶血反应抑制，浓度加大，抑制增强，可能与青蒿琥酯稳定细胞膜、抑制补体激活有关。青蒿琥酯每日腹腔注射 1 次共 6 d，分别于 2，5，7，24h 测量局部皮肤炎性水肿面积，对照组与用药组分别是（11.56±4.5），（8.26±3.8）；（36.35±8.7），（16.78±4.8）；（30.26±7.8），（15.38±5.1）；（10.12±39），（5.86±2.2）。表明青蒿琥酯能抑制Ⅲ型变态反应。

11.6 青蒿的开发利用

11.6.1 青蒿有效成分的提取

从青蒿中提取青蒿素的方法是以萃取原理为基础，主要有乙醚浸提法和溶剂汽油浸提法。挥发油主要采用水蒸气蒸馏提取，减压蒸馏分离，其工艺流程如图 11.1 所示。

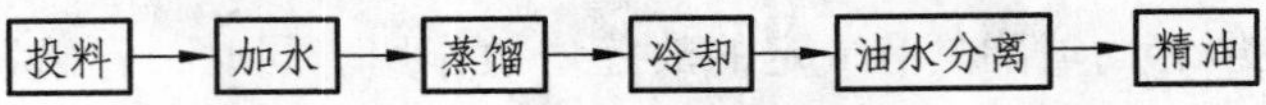

投料 → 加水 → 蒸馏 → 冷却 → 油水分离 → 精油

图 11.1 青蒿中挥发性成分的提取工艺流程

非挥发性成分主要采用有机溶剂提取，柱层析及重结晶分离，基本工艺流程如图 11.2 所示。

干燥 → 破碎 → 浸泡、萃取（反复进行） → 浓缩提取液 → 粗品 → 精制

图 11.2 青蒿中非挥发性成分的提取工艺流程

以下为几种常用的非挥发性成分提取方法：

（1）微波辅助提取法。在有机溶剂萃取基础上进行改进，选择性增加微波辅助，溶剂消耗量大大减少，时间成倍缩短，收率提高，成本降低。它可大大提高提取速率（时间），且微波辅助提取的溶剂回收率与加热搅拌提取法、索氏提取法的溶剂回收率相当。刘征涛等采用微波辅助对黄花蒿进行提取，得到青蒿素纯度在 95% 以上。

（2）超声波提取法。用于石油醚提取青蒿素时，提取率可达 81%。而梁成钦等考察了超声波提取青蒿素的方法，获得了较高的提取率。

（3）超临界二氧化碳提取法。超临界流体萃取，采用 CO_2 作为溶剂，价格低，无毒，不燃，可循环使用，不造成环境污染，其工艺简单，周期短，操作温度为常温，青蒿素几乎不发生热裂解等。最近，钱国平等研究了用超临界二氧化碳从黄花蒿中萃取青蒿素的影响因素，优化了超临界萃取工艺条件，萃取率达到 95% 以上。但投资太大，因而不能应用于工业生产。

（4）索氏提取法。韦国锋等对不同提取方法的提取率进行了比较，得出以索氏提取法提取率最高。

（5）加热搅拌提取法。经系统研究，获得较适宜的提取条件为原料粒度 60 目，提取时间2 h，提取温度50 ℃，溶剂量60 mL（1 g原料），搅拌速度800 r/min。

影响提取的因素有：①原料粒度；②有机溶剂：石油醚是青蒿素提取较适宜的溶剂；③提取方法，并且与提取时的温度、次数有关。因此，对青蒿素无论采取何种提取方法，应综合考虑上述各提取方法的优缺点，结合实际情况进行选择。

11.6.2 青蒿素的临床应用

青蒿素口服后由肠道迅速吸收，0.5～1 h后血药浓度达高峰，4 h后下降一半，72 h后血中仅含微量。它在红细胞内的浓度低于血浆中的浓度。吸收后分布于组织内，以肠、肝、肾的含量较高。本品为脂溶性物质，故可透过血脑屏障进入脑组织。在体内代谢很快，代谢物的结构和性质目前还不清楚。主要从肾及肠道排出，24 h可排出84%，72 h仅少量残留。由于代谢与排泄均快，有效血药浓度维持时间短，不利于彻底杀灭疟原虫，故复发率较高。青蒿素衍生物青蒿琥酯，$T_{1/2}$为0.5 h，故应反复给药。

青蒿素主要用于间日疟、恶性疟的症状控制，以及耐氯喹虫株的治疗，也可用于治疗凶险型恶性疟，如脑型、黄疸型等。还可用于治疗系统性红斑狼疮与盘状红斑狼疮。成人常用量：控制疟疾症状（包括间日疟与耐氯喹恶性疟），口服，首次1 g，6～8 h后0.5 g，第2、3日各0.5 g；直肠给药，首次0.6 g，4 h后0.6 g，第2、3日各0.4 g。恶性脑型疟，肌内注射，首次0.6 g，第2、3日各肌肉注射0.15 g。系统性红斑狼疮或盘状红斑狼疮，第1个月每次口服0.1 g，一日2次；第2个月每次0.1 g，每日3次；第3个月每次0.1 g，每日4次。肌肉注射，首次剂量0.2 g，6～8 h以后给药0.1 g，第二，第三日各肌肉注射0.1 g，总量0.5 g。重症第4日再给0.1 g，或连用3日，每日0.3 g，总量0.9 g。小儿每千克体重15 mg，分3日肌肉注射；口服，首次剂量1 g，6～8 h以后再服0.5 g，第2，3日各服0.5 g，3 d一疗程，总量2.5 g。小儿每千克体重15 mg，按上述方法3 d内服完。

青蒿素治疗系统性红斑狼疮及盘状红斑狼疮，均可获不同程度的缓解。治疗初期病情可能有所加重，全身出现蚁走感，半个月后逐渐减轻，月余后一般情况改善。

青蒿素毒性低，使用安全，一般无明显不良反应。少数病例出现食欲减退、恶心呕吐、腹泻等胃肠道反应，但不严重。水混悬剂对注射部位有轻度刺激。

相互作用：本品必须与伯氨喹合用根治间日疟。与甲氧苄胺嘧啶合用有增效作用，并可减少近期复燃或复发。

世界卫生组织在对全世界抗疟工作进行总结和分析后，认为单方青蒿素的使用容易使疟原虫产生耐药性，提出了停止使用单方青蒿素，改用复方青蒿素的建议。

11.6.3 青蒿素衍生物的合成

青蒿素由于存在近期复燃性高、在油中和水中的溶解度低以及难以制成合适的剂型等不足，需对其结构进行改造，以期在保持青蒿素优良药理作用的基础上开发新药，进一步改善和提高药效。而合成青蒿素衍生物如蒿甲醚、蒿乙醚、青蒿琥酯、双氢青蒿素等克服了青蒿素复燃率高的弊病。青蒿素经以下反应可分别制得多种衍生物：①在BF_3-EtO_2催化下，生成烷化还原青蒿素，如蒿甲醚、蒿乙醚；②在吡啶中与酸酐或酰氯反应生成酰化还原青蒿素，如青蒿琥珀酰酯；③在吡啶中与氯甲酸作用生成甲酰化还原青蒿素。目前，已发现不少抗疟活性更高的衍生物，这些化合物主要是对青蒿素的第12位碳原子进行结构修饰和改造的结果。梁洁等将青蒿素还原为双氢青蒿素，对双氢青蒿素的第12位碳原子进行修饰，合成了青蒿素芳香醚衍生物。这些化合物不仅具有高效的抗疟活性，还具有抗病毒和抗肿瘤的活性。以下是青蒿素3种主要的衍生物。

（1）蒿甲醚。蒿甲醚的化学名称为12－B－甲基二氢青蒿素，分子式为 $C_{16}H_{25}O_5$，相对分子质量为298.38。其抗疟作用为青蒿素的10～20倍。目前其开发成功的剂型蒿甲醚注射液为主要含蒿甲醚的无色或淡黄色澄明灭菌油溶液。

（2）蒿乙醚。蒿乙醚分子式为 $C_{17}H_{27}O_5$，相对分子质量为311.40，其抗疟作用稍逊于蒿甲醚，且蒿乙醚的生产不如蒿甲醚更经济实用。

（3）双氢青蒿素。双氢青蒿素比青蒿素有更强的抗疟作用，它由青蒿素经硼氢化钾还原而获得。

11.6.4　青蒿饮品

青蒿含有挥发油、青蒿素等成分，有明显的降温解热作用，还能帮助排汗。所以，夏日将青蒿水煎液作为清凉饮料，是防治中暑的良药。每次用青蒿12 g，加适量水煎后服用，热饮或放凉饮用均可。若加入绿豆、菊花、冰糖，则更是香甜可口的防暑佳品。

11.6.5　青蒿杀菌剂

刘芳对4种受试菌种进行抑菌试验，结果表明，青蒿挥发油对白菜白斑病菌（*Cercosporella brassicaeHoehnel*）、葱紫斑病菌（*Alternaria porriCif*）的最低抑菌浓度为3.13 mg/mL。而对小麦赤霉病菌（*Gibberella zeaepetch*）、烟草赤霉病菌（*Alternarialongipes Tisdale*）的最低抑菌浓度为6.25 mg/mL。

11.6.6　在畜牧生产中的应用

陈浦丹等报道，青蒿及其提取物对鸡柔嫩艾美耳球虫具有较好的抑制作用，能不同程度地提高鸡的生长性能，提高雏鸡免疫功能。试验结果证实，青蒿及其提取物体外能有效地抑制球虫卵囊孢子化，和地克珠利组作用一致（$P>0.05$）；青蒿注射液和青蒿颗粒剂的抗球虫指数分别为164.09和155.86，能有效地增加感染鸡的成活率和相对增重率，并能减轻球虫感染引起的盲肠病变，减少血便，具有极好的抗球虫效果。孟伟报道，用不同浓度的人工合成青蒿素、尼卡巴嗪与空白组进行对比实验，从试验结果看出，不同浓度的人工合成青蒿素均能很好地控制人工感染柔嫩艾美耳球虫的鸡的病情，使其免于死亡，但却不能防止增重率的降低、血便的出现、盲肠病变和卵囊产生，且ACI值（药效判定方法和标准：ACI≥180，判定为高效药物，160≤ACI≤179为中效药物，ACI<160为低效药物）远低于160，表明人

工合成青蒿素对鸡柔嫩艾美耳球虫的预防效果较差。戴和斌等报道，复方青蒿合剂（每100 mL合剂中含青蒿3 g、常山3 g、白头翁2 g、黄芪2 g）高剂量组（水中加1.0 mL/L）与中剂量组（水中加0.5 mL/L）的抗球虫指数始终在高效水平。程秀荀等报道，应用青蒿治疗猪的附红细胞体病取得明显效果。叶立云等试验表明，青蒿对猪的小袋纤毛虫有显著的杀灭效果，可作为断奶仔猪的饲料添加剂成分之一，能达到预防发病的目的。潘存霞等研究表明，在兔日粮中添加青蒿提取物能明显提高幼兔的生长速度，比对照组平均增重多136.2 g，比对照组提高17.73%，差异显著；且屠宰后通过免疫器官称重发现其对幼兔肝重有增加趋势，说明青蒿提取物有提高幼兔机体免疫力的作用。

主要参考文献

[1] 钟风林，陈和荣，陈敏. 青蒿最佳采收时期，采收部位和干燥方式的实验研究 [J]. 中国中药杂志，1997，22：405-406.
[2] 李子颖，李士雨，齐向娟. 青蒿素提取技术研究进展 [J]. 中药研究与信息，2002，4（2）：17-21.
[3] 赵兵，王玉春，欧阳藩. 青蒿药用成分提取分离现状[J]. 中草药，1998，11:784-786.
[4] 叶彬，陈雅棠，刘成伟. 双氢青蒿素对卡氏肺孢子虫超微结构的影响 [J]. 中国人兽共患病杂志，2000，16（4）：21.
[5] 徐继红，章元沛. 双氢青蒿素与青蒿琥酯的抗孕作用 [J]. 药学学报，1996，31（9）：657.
[6] 王善青，蒙锋，沈恒，等. 双氢青蒿素与磷酸萘酚喹伍用治疗恶性疟的疗效观察 [J]. 中国寄生虫学与寄生虫病杂志，2002，20（3）：180-182.
[7] 胡水银，刘骏，汪斌，等. 青蒿琥酯对防范人群预防日本血吸虫感染的效果 [J]. 中国寄生虫学与寄生虫杂志，2000，18（2）：113.
[8] 杨耀芳. 青蒿素及其衍生物的药理作用和临床应用 [J]. 中国临床药学杂志，2003，12（4）：253-257.
[9] 李伟，石崇荣. 青蒿素研究进展 [J]. 中国药房，2003，14（2）：118-119.
[10] 沈大康，摘译. 青蒿素及其衍生物在抗疟治疗中的应用 [J]. 国外医学：寄生虫病分册，1999，26（5）：203-207.
[11] 王玉春，吴江，闭静秀，等. 青蒿素提取条件研究 [J]. 中草药，2000，31（6）：421-423.
[12] 郝金玉，韩伟，施超欧，等. 黄花蒿中青蒿素的微波辅助提取 [J]. 中国医药工业杂志，2002，33（8）：385-387.
[13] 李端. 药理学. [M]. 5版. 北京：人民卫生出版社，2005：41.
[14] 韦国锋，何有成，黄祖良. 双氢青蒿素的制备及其含量测定 [J]. 右江民族医学院学报，2001，（5）：691-692.
[15] 梁成钦，苏小建，李俊，等. 超声波提取-薄层扫描法快速测定青蒿中青蒿素含量的

研究［J］．大众科技，2004，(8)：27－28.
［16］钱国平，杨亦文，吴彩娟等．超临界CO_2从黄花蒿中提取青蒿素的研究［J］．化工进展，2005，24（3）：682－302.
［17］韦国锋，覃特营，莫少泽．提取青蒿素实验条件的研究［J］．右江民族医学院学报，1995，17（2）：137－139.
［18］SCHMIL G W．Total synthesis of Qinghaosu［J］．J A Chem So－ci，1983，105：624.
［19］XU X X，ZHU J，HUANGD Z，et al．Tetrahedron，1986，42：819－828.
［20］梅林，石开云．青蒿素生物合成研究进展［J］．中国药业，2006，15（19）：27－28.
［21］石开云，梅林，蔡政文．青蒿素前体研究进展[J]．中国药业，2007，16(10)：25－26.
［22］AKHILA A，THAKUR R S，POPLI S P．Biosynthesis of artemisinin in Artemisia annual［J］．Phytochemistry，1987，16：1927－1930.
［23］郭晨，刘春朝，叶和春，等．温度对青蒿毛状根生长和青蒿素生物合成的影响［J］．西北植物学报，2004，24（10）：1828－1831.
［24］梁洁，李英．青蒿素芳香醚类衍生物的合成［J］．中国药物化学杂志，1996，19：22－25.

12 黄 精

黄精（*P. Sibiricum*）又名太阳草、笔管菜、土灵芝、山姜、仙人余粮、救命草、老虎姜等，为多年生草本植物。历史上有关黄精的记载较多，最早见于南北朝时梁国陶泓景的《名医别录》，称其能“补中益气，除风湿，安五脏，久服轻身，延年，不饥”。《本草纲目》记载：“黄精补诸虚，填精髓，平补气血而润”。李时珍又说：“黄精为服食要药”，《神农本草经》《青阳县志》等均有其作为药膳食补功效的记述。对黄精植物学形态方面的描述也不少，《证类本草》将“滁州黄精”“解州黄精”和“相州黄精”描述为叶轮生，应为黄精，而叶互生的“永康军黄精”应为多花黄精（*P. cyrtonema*）。《植物名实图考》中对“滇黄精”的描述，应为滇黄精（*P. kingianum*），而书中“黄精”的附图可认定为多花黄精。在根茎方面，黄精很容易与玉竹混淆，其区别陶弘景叙述甚详：“萎蕤（玉竹）根如荻根及菖蒲，禾既节而平直；黄精根如鬼臼、黄连，大节而不平。”而苏颂在叙述萎蕤时也提及：“……亦类黄精而多须。”

黄精作为一种传统名贵中药，按《中国药典》（2010 年版）规定，是以百合科黄精属植物滇黄精（*Polygonatum kingianum Coll. et Hemsl.*）、黄精（*Polygonatum sibiricum Red.*）和多花黄精（*Polygonatum cyrtonema Hua*）的干燥根茎入药，根据药材形状，分别称为“大黄精”“鸡头黄精”“姜形黄精”，以块大、肥润、色黄白、断面透明者为优，味苦者不可入药。

12.1 种质资源及分布

黄精为百合科黄精属（*Polygonatum*）植物的统称，世界上有 40 多种，广布于北温带。我国地处东亚，黄精属分布种占该属的 80% 以上，有 30 余种，南北各地均有，自东北平原向北沿大兴安岭南部、蒙古高原东部、阴山到贺兰山，向南分布到云贵高原西端，向西则以青藏高原东缘为界，是黄精属植物的世界分布中心。《中国药典》规定的三种原生药，在我国分布较广，蕴藏量也较大。其中黄精分布于东北、华北、西北、华东以及河南、湖北、四川、贵州；多花黄精分布于华东、中南、四川、贵州、湖南等地；滇黄精分布于云南、四川、贵州、广西等地。

通过对长白山黄精属植物的种类、分布、储量、生境等调查，发现该地区共有黄精属植物 7 种，其中黄精主要分布于海拔 200 ~ 700 m 半山区各市县，储量较小。在甘肃省高寒阴湿区秦岭西延部分发现有 6 种黄精属植物，且蕴藏量较为丰富。在安徽黄精属植物共有 11 种，发现其主要分布于淮河以南的大别山区、皖南山区及皖东琅琊山等地。在贵州省黄精属植物共有7种，地理分布情况较为复杂。

湖南黄精属植物有8种，湘西是主产区，有卷叶黄精（*Polygonatum cirrhifolium Cwall Royle*）、黄精（*Polygonatum sibiricum Delar. ex Redoute*）、多花黄精（*P. cyrtonema Hua*）、长梗黄精（*P. filips Merr.*）、湖北黄精（*P. zanlanscianense Pamp.*）、玉竹［*P. odoratum*（*Mill.*）*Druce*］和小玉竹（*P. humile*）共7种。其中卷叶黄精又称滇钩吻、钩叶黄精、裸花黄精，多年生草本植物，产于桑植，多生于林下、山坡或草地。本品当地作为黄精入药。黄精别名鸡头黄精，多年生草本植物，湘西散见，多生于林下、灌丛或山坡阴处。多花黄精别名黄精，长叶黄精，多年生草本植物，湘西广布，多生于林下、灌丛或山坡阴处，根状茎入药，功效同黄精。长梗黄精，别名细柄黄精，多年生草本植物，产于桑植、慈利、武陵源、永顺、花垣、吉首，多生于林下、灌丛或草坡，资源丰富。湖北黄精，多年生草本植物，湘西广布，根状茎入药。玉竹别名葳蕤，多年生草本植物，产于桑植、慈利、武陵源、凤凰，多生于林下或山野阴坡；吉首有人工栽培，湖南邵阳为其栽培主产区。小玉竹，多年生草本植物，产于桑植，多生于林下或山坡草地，根状茎入药，常混入玉竹内使用。

12.2 生物学特性

12.2.1 形态特征

（1）黄精：根状茎圆柱状，由于结节膨大，因此“节间”一头粗一头细，在粗的一头有短分枝（鸡头黄精），直径1~2 cm。茎高50~90 cm，或可达1m以上，有时呈攀缘状。叶轮生，每轮4~6枚，条状披针形，长8~15 cm，宽（4~16 mm，先端拳卷或弯曲成钩。花序通常具2~4朵花，呈伞形，总花梗长1~2 cm，花梗长2.5~10 mm，俯垂；苞片位于花梗基部，膜质，钻形或条状披针形，长3~5 mm，具1脉；花被乳白色至淡黄色，全长9~12 mm，花被筒中部稍缢缩，裂片长约4 mm；花丝长0.5~1 mm，花药长2~3 mm；子房长约3 mm，花柱长5~7 mm。浆果直径7~10 mm，黑色，具4~7颗种子（彩图12.1、12.2、12.3、12.4、12.5）。

（2）多花黄精：根状茎肥厚，通常连珠状或结节成块，少有近圆柱形，直径1~2 cm。茎高50~100 cm，通常具10~15枚叶。叶互生，椭圆形、卵状披针形至矩圆状披针形，少有稍呈镰状弯曲，长10~18 cm，宽2~7 cm，先端尖至渐尖。花序具（1~2）~（7~14）花，伞形，总花梗长1~（4~6）cm，花梗长0.5~（1.5~3）cm；苞片微小，位于花梗中部以下，或不存在；花被黄绿色，全长18~25 mm，裂片长约3 mm；花丝长3~4 mm，两侧扁或稍扁，具乳头状突起至具短棉毛，顶端稍膨大乃至具囊状突起，花药长3.5~4 mm；子房长3~6 mm，花柱长12~15 mm。浆果黑色，直径约1 cm，具3~9颗种子。

（3）滇黄精：根状茎近圆柱形或近连珠状，结节有时呈不规则菱状，肥厚，直径1~3 cm。茎高1~3m，顶端呈攀缘状。叶轮生，每轮3~10枚，条形、条状披针形或披针形，长6～（20～25）cm，宽3～30 mm，先端拳卷。花序具（1～2）～（4～6）花，总花梗下垂，长1～2 cm，花梗长0.5～1.5 cm，苞片膜质，微小，通常位于花梗下部；花被粉红色，长18～25 mm，裂片长3～5 mm；花丝长3～5 mm，丝状或两侧扁，花药长4～6 mm；子房长4～6 mm，花柱长（8～10）～14 mm。浆果红色，直径1～1.5 cm，具7～12颗种子。

12.2.2 生态习性

野生黄精多生长在阴湿的山地和林缘草丛中，具有喜阴、耐寒、怕旱的特性。适于土壤有机质含量高、保水力强、疏松、团粒结构优良的沙壤土。土壤酸碱度要求适中，一般以中性和偏酸性为宜。要求具有山地气候特点，四季分明，年平均气温为15 ℃左右，年降雨量1200 mm左右，雨热同季，无霜期250～300 d。

黄精为喜阴植物，强光对其光合作用有抑制，甚至叶片出现灼烧现象。要求年日照1100 h左右，并有林荫或人工遮阴较好。

12.2.3 生长习性

12.2.3.1 种子特性

黄精、多花黄精和滇黄精的一级种子平均千粒重分别为28.81 g、44.13 g和43.66 g。为保证种子质量，必须注意果实的采收、处理与储藏。黄精果实适宜的采收时间为12月下旬，其果实墨绿或紫黑色，呈球形，种子成熟饱满，质量上乘；多花黄精的果实最适宜采收期为12月中旬，果实颜色黑色，呈球形；滇黄精的果实采收应该提早到10月下旬，果实颜色为红紫色。若不及时采收，果实容易脱落。果实处理一般是将摘下的果实放在塑料袋中进行发酵10 d左右，将发酵好的果实放在12目筛子上揉搓，同时在自来水下冲洗，直到揉搓、漂洗干净，完全去掉果肉和果皮为止。然后将种子摊开，阴干；经发酵得到的种子成熟度好，千粒重高，颜色亮黄，种皮质地坚硬，种脐明显，呈深褐色圆点状，发芽率可达85%左右，发芽时间也较短。黄精种子储藏一般采用低温沙藏或冷冻沙藏［低温沙藏：将种子拌3倍体积的湿沙，放在（5±2）℃的温控箱内储藏。冷冻沙藏：种子拌3倍体积的湿沙，装入小盆钵内，至冰箱内－1 ℃～0 ℃储藏］，可保证种子的发芽率较高，且发芽时间短。因为低温沙藏和冷冻沙藏处理后，种子内部水分得到有效保留，利于种胚发育，提高了种子活力，缩短发芽时间，使发芽快而整齐。

12.2.3.2 生长习性

进入冬季，黄精地上部基本死亡，翌年春季才返青，可见越冬芽发育好坏是黄精新一轮生长发育的基础。研究发现，苗圃和大田中的黄精及多花黄精均于3月下旬开始萌动、出苗，始芽期芽长达0.3～6.8 cm，出芽率（黄精90%、多花黄精86%）、出苗率（黄精98%、多花黄精94%）均较高。苗生长速度非常快，到末苗期黄精苗最高达57 cm，平均20.07 cm，多花黄精最高也有35 cm，平均12.48 cm。另外，黄精还有单窝多芽（苗圃每窝出芽数平均达到1.27个、最多的达到3个）、多苗（大田每窝出苗数平均达到1.58个，最多达到5个）现象，这为黄精的无性繁殖打下了良好的基础。

据贵州观测，大田栽培黄精和多花黄精一般于3月下旬萌芽出苗，4月中旬开始展叶，4月中下旬到5月上旬为地上茎叶生长盛期，4月中旬开始现蕾，多花黄精5月开花，黄精6月中上旬开花，多花黄精5月中下旬结实，11月中、下旬果实成熟，黄精则6月中下旬结实，11月下旬到12月上旬果实成熟。到7、8月份时，两种黄精地上部分各器官生长均开始减慢，8、9月田间大量春发植株开始落叶、落果，最后整株枯死，与此同时，部分枯死植株的根状茎又萌芽出苗，到10月上旬田间出现第二次出苗高峰，之后慢慢减弱，到11月中下旬秋发植株开始落叶枯死，进入整个黄精生长发育的越冬休眠时间，一直到第二年3月下旬植株又开始出苗返青，重复上一年的生长发育历程。

根据两种黄精大田生长发育过程中各器官生长量动态变化及出现时间，将黄精和多花黄精的物候期划分为以下八个时期：

（1）出苗期：黄精和多花黄精均为3月底到4月中旬。

（2）伸长期：两种黄精均为3月底到5月中旬，多花黄精稍早于黄精。

（3）展叶期：黄精为4月中旬到5月底，多花黄精为4月中旬到5月上旬。

（4）开花期：黄精为4月中下旬到6月中上旬，多花黄精为4月中旬到5月下旬。

（5）果实期：黄精从6月上旬开始结实，到6月底不再有新果形成，一直到11月下旬至12月上旬果实才成熟；多花黄精5月中旬开始结实到5月底田间不再有新增果实，之后到11月中下旬果实成熟。两种黄精的果实期均较长，将近6个月。

（6）枯死期：8月上中旬到9月中下旬，黄精和多花黄精均有大量植株地上部茎叶枯死，进入植株全年生长的第一个低潮阶段。

（7）秋发期：地上部枯死的黄精和多花黄精从8月底9月初又开始萌芽出苗，10月上中旬达到出苗高峰，10月中下旬开始回落，之后慢慢停止。其中黄精的再生出苗量比多花黄精多。

（8）越冬期：两种黄精到11月下旬至12月上旬，地上部分再次大量枯死，极少数成活植株，也停止生长，进入12月到第二年3月初的休眠时间，一直到3月上中旬多花黄精和黄精的地下根才开始萌动，3月底芽萌动并出苗，重复上一年的生育过程。

12.2.3.3 开花结实习性

黄精和多花黄精均是从基部向上按顺序生出花蕾并开放。两种黄精现蕾时间均较早。据贵州2005年观察，黄精是4月19日，多花黄精是4月12日，蕾期较长，可达一个半月左右。黄精花开放从5月下旬开始，6月中旬结束，多花黄精5月上旬开始，5月下旬结束，花开放时间均较短，只有20 d左右。多花黄精5月中旬田间出现果实，6月初不再有新果增加，到11月25日左右果实成熟；黄精则稍迟，6月5日田间才有果实出现，6月22日田间不再有新果增加，12月5日左右果实成熟。

栽培黄精和多花黄精开花较多，也有一定的结实量，但最终要收到成熟的果实却非常难，这与两种黄精花果期拉得太长，花果生长期间，蕾、花、果大量脱落并有持续落果现象有关；而且两种黄精在8、9月均出现大量春发植株地上部分枯死现象，这使得绝大部分植株不能完成整个生育过程（没有有性生殖的全过程），没有完整的植物生活史，果实不能成熟；另外，低龄植株结实少或不能结实，也影响了群体的结实总量。当然肥力缺乏、植株营养不良、病虫较多且严重等，也会造成结实少或不结实。

在实际生产中，为了增加成熟果实的量，便于进行有性繁殖，应在黄精生长发育期间，注意加强各方面的管理，特别是在生育后期要适当进行有选择性的施肥管理。有条件的地方可留出专门的繁殖田块，保存大龄植株，不采收，保证肥水供应，促使植株生长健壮，提高成熟果实量，用于有性繁殖。

12.3 栽培与管理

12.3.1 育苗及移栽技术

12.3.1.1 种子育苗

一般在12月中下旬进行。第一步是种子处理，包括消毒和低温处理。消毒是为了消除黄精种子内及种皮上的病毒和病菌，减少种子的最初病害侵染源。可用变温水浸种法进行。即将干燥种子放入50 ℃温水中浸10 min后，再转浸入55 ℃温水中浸5 min，然后再转入冷水中降温。而低温处理是为了提高黄精种子的发芽率和发芽势，将黄精种子经低温沙藏法处理，储藏约100 d取出。第二步是铺床，即选用耙细均匀的沙质壤土铺垫发芽床，按行距15 cm划深2 cm细沟，将吸胀12 h的种子分别清水冲洗后均匀植入发芽床细沟内，覆平细沟旁细土，用木耙轻轻压实，浇1次透水，上覆盖一薄层碎小秸秆。第三步就是育苗管理，在塑料大棚环境下将温度控制在（25 ± 2）℃范围内，白天适当通风，保持充足光照，若逢阴雨天，可打开大棚内日光灯。20 d左右出苗，出苗后，小心揭去秸秆，锄草，待苗高5 ~ 8 cm时，间苗，去弱留强，定株留用。

12.3.1.2 根茎育苗

黄精根茎无性繁殖是利用黄精营养体实现黄精优质丰产的关键性技术。研究表明黄精根茎具有非常强的繁殖能力，可直接将根茎体系分离，分株繁殖。在栽培措施得当的情况下，能实现黄精苗全、苗壮，获得高产。一般采用4年生地下新鲜根茎，选择具有顶芽的根茎段做种，根茎段长度选择8 ~ 10 cm，种茎质量在500 g左右。播种前一年10 ~ 12月，选择长势较好的同一种或“品种”的根茎留种，用湿润细土或细沙集中排种于避风、湿润、荫蔽地块越冬。次年2 ~ 3月翻开表土，选择健壮萌芽根茎，将根茎切削成段后，用草木灰涂切口，于阳光下曝晒1 ~ 2 d播种。

12.3.1.3 移 栽

黄精苗移栽一般在春季3月上旬或秋季10月下旬进行。在整好的地块上作宽1.0 m、高

0.25 ~0.30 m 的畦，畦沟宽 0.5 m。按行距 25 cm，株距 15 ~ 20 cm，深 10 ~ 15 cm 挖穴，穴底挖松整平，施入 1 kg 土杂肥，每穴栽黄精苗一株，覆土压紧，淋透定根水，再盖土与畦面齐平。移栽 1 周后，再浇水 1 次。若地力较差，可采用高密度，即每亩 5000 株左右，土壤肥沃则以每亩 4000 株为宜，间作其他高秆作物可采用低密度，即每亩 3200 株左右。若黄精间作杜仲，可按株行距 4.0 m×1.5 m 和 3.0 m×2.0 m 两种规格栽植。

12.3.2 中耕锄草

黄精生长前期，杂草相对生长较快，且恰为雨季，土壤容易板结，要及时中耕锄草。在锄草和松土时，注意宜浅不宜深，避免伤根。生长过程中也要经常培土，即将垄沟内的土培在黄精根部周围，以防止根茎吹风或见光。

12.3.3 施肥技术

施肥要结合中耕锄草进行，黄精生长前期需肥较多，4 ~ 7 月可根据生长情况，每亩施入人粪尿水 1000 ~ 2000 kg。11 月重施冬肥，每亩施土杂肥 1000 ~ 1500 kg，并与过磷酸钙 50 kg、饼肥 50 kg 混合均匀后，在低温、阴天多云天气，最好是下雨之前，将肥料在行间或株间开小沟施入，之后立即顺行培土盖肥。

12.3.4 荫蔽技术

采用黑色遮阳网、简易遮阳棚和利用杜仲林遮阴，均对强光有阻挡作用，三种条件下的日平均光照强度分别为 22.054 klx、10.277 klx、13.200 klx。从这几种遮阴设施下的黄精生长情况来看，杜仲林下的生长旺盛，叶色浓绿，茎秆粗大，而黑色遮阳网下的黄精叶色黄绿，有生长后劲不足的趋势，简易棚下的黄精植株矮小、嫩黄，明显光照不足。可见选择适宜的高秆植物充当黄精的遮阳伞，是比较科学的处理方法。

12.3.5 修剪打顶

由于黄精规范化种植的收获目的不同，如可以收获其果实以获得种子，收获其根状茎以获得药材。因此可以根据不同收获目的进行人工控制栽培。一般黄精花期为 5 月上旬至 7 月中旬，果期 5 月下旬至 6 月初开始，茎枝节腋生许多伞形花序和果实，到 12 月左右果实才开始成熟，漫长的生殖生长阶段耗费了大量的，所以应该对以地下根状茎为收获目标的黄精在花蕾形成前期及时将其摘除，以阻断养分向生殖器官聚集，从而使养分向地下根茎积累。一般在 5 月初即可将黄精花蕾剪掉。

12.3.6 合理排灌

由于黄精适生地区早春经常出现干旱，黄精的苗期相对缺水。如在贵州黄精GAP试验示范基地所在区域4月中旬才进入雨季。故此，在雨季未来之前，应适当浇灌保苗。移栽定株后要浇足定根水，保持土壤湿润，以利成活。另外，进入雨季前要做好清沟排水工作，避免积水造成黄精烂茎。

12.3.7 病虫害防治

12.3.7.1 主要虫害

1）金龟子

分布与为害：为害黄精的蛴螬，属于昆虫纲鞘翅目丽金龟科的一种，农民称为老木虫。通过田间系统调查发现，该虫是以幼虫在地下咬断黄精须根或咬食黄精根状茎，影响黄精产量和品质，造成为害。幼虫田间分布不太均匀，一般在有机质含量高、土壤肥沃、湿度大的区域数量较多。越冬幼虫分布较深，可达深30 cm左右的土层，为害时多处在10 cm左右土层活动。其成虫多取食杂草或林木叶片或花蜜等，尚未发现成虫取食黄精叶片，故对其不形成为害。

形态特征：成虫体长19~21 mm，宽7~10 mm，有铜绿色光泽，前胸背板颜色较深，臀板三角形，上有黑斑，鞘翅上有隆起纵纹。幼虫长30~33 mm，头大而圆，红褐色，胸足3对，后足较长，虫体圆筒形，乳白色，着生细毛，静止时常弯曲成“C”形，体背隆起多皱，臀部肥大，腹面有刺毛2列，每列由多根长锥刺组成。蛹长18~22 mm，黄褐色长椭圆形，基部稍弯曲。未见卵。

发生规律：该虫1年发生1代，以幼虫在地下20~40 cm处越冬，越冬幼虫第二年3月下旬至4月上旬10 cm土温升高到10~15 ℃时开始为害，5月形成第一次为害高峰。田间发生与有机肥的施用、土壤肥力高低、土壤湿度大小等密切相关，在施用有机肥多或土壤肥沃的地块此虫发生数最大，而土壤湿度大的区域发生最大，为害严重。该虫在6~7月化蛹，蛹期较短，约15 d，7月下旬羽化出土。成虫期在6月下旬至9月上旬，成虫出土后白天群集于低矮灌木或杂草上补充营养、交配，受惊吓后，可作短距离飞行。成虫食性很杂，嗜食飞机草的花蜜及其他杂草、灌木叶片，有较强的趋化性、假死性等。雌成虫交尾后产卵于土中，卵期约15~30 d，之后孵化成幼虫，幼虫在10 cm左右的土层中活动，取食植物根系。第二次为害高峰期在8~9月，10月后以3龄幼虫进入越冬期。

2）小地老虎

分布与为害：小地老虎以幼虫为害，是黄精间作玉米地，玉米苗期最常见的地下害虫。小地老虎幼虫在3龄以前昼夜活动，多群集在杂草、玉米心叶或幼茎上取食，食量小，为害性不大；三龄以后食量大增，分散活动，白天潜伏于土表层，夜间出土为害，咬断幼苗的根、茎基部或咬食未出土的幼苗（常常将咬断的幼苗拖入穴中，造成假象），使整株死亡，造成缺苗甚至断垄现象。该虫对黄精为害目前尚不严重，但有逐年上升的趋势。

形态特征：成虫体长 16 ~ 23 mm，翅长 42 ~ 54 mm，体色为灰褐色，前翅有肾状纹，肾状纹周围有一个尖端向外的楔状黑斑，外缘上有 2 个尖端向内的三角形黑斑。幼虫长成后体长 37 ~ 50 mm，黑褐色，体表粗糙，密生明显的大大小小黑色颗粒，臀板黄褐色，上有深褐色纵带两条。

发生规律：小地老虎每年发生 4 ~ 5 代，越冬情况不清。第一代幼虫于 4 ~ 5 月为害黄精及间作玉米的幼苗。幼虫共 6 龄，高龄幼虫 1 夜可咬断多株幼苗。土壤湿润区及低洼地、杂草丛生、耕作粗放的田块受害严重。田间杂草如小蓟、小旋花、黎、铁苋菜等幼苗上有大量卵和低龄幼虫，可随时转移为害。成虫白天潜伏于土缝、杂草丛或其他隐蔽处，晚上出来飞翔、取食、交尾。成虫具有趋化性，对糖、酒、醋液反应特别强烈，可利用这一习性诱集成虫。成虫对普通灯光趋性不强，但对黑光灯有很强的趋性。

12.3.7.2 主要病害

1）叶斑病

症状：主要为害叶片，发病初期由基部叶开始，叶面上生褪色斑点，后病斑扩大呈椭圆形或不规则形，大小 1 cm 左右，中间淡白色，边缘褐色，靠健康组织处有明显黄晕。病斑形似眼状，故也称眼斑病。病情严重时，多个病斑愈合引起叶枯死，并可逐渐向上蔓延，最后全株叶片枯死脱落。

病原：*Alternaria sp.* 一种交链孢菌，半知菌亚门丝孢纲丛梗孢目链格孢属真菌。分生孢子梗簇生，垂直，较短。分生孢子棒形，具纵横隔膜，串珠状，暗色。

发病规律：病菌在枯死的黄精残体上或冬季未死的植株上越冬，成为下一年的初侵染源，次年产生的分生孢子。随风雨或流水传播，进行初侵染和再次侵染。7 月中旬到 8 月中旬该病发生严重。此病开始在冬季未死亡的植株叶上出现新病斑，然后于 7 月初在当年萌发出的新植株基部叶上始发，并逐渐上移，到 7 月底发病已较严重，出现整株枯死现象。8、9 月因田间植株死亡严重，发病情况不清。10 月秋发植株上又有零星病斑出现，11 月上旬又普遍发生且严重。

2）黑斑病

症状：染病叶病斑圆或椭圆形，紫褐色，后变黑褐色，严重时多个病斑可连接成枯斑，遍及全叶。病叶枯死发黑，不脱落，悬挂于茎秆。染病果实病斑黑褐色，略凹陷。

病原：*Septoria sp.* 属半知菌亚门真菌，腔孢纲球壳孢目壳针孢属。分生孢子器球形至近球形，生于叶面，散生或聚生，突破表皮外露，器壁膜质暗褐色，分生孢子细长圆柱形，正直或略弯曲，宽窄不一，无色，透明，具隔膜，多细胞，基部钝圆形，顶端较钝。

发病特点：病菌以菌丝体和分生孢子器在病株残体或冬季未死植株上越冬。翌春分生孢子借气流传播引起初侵染。病斑上产生的分生孢子借风雨传播不断引起再侵染。7 ~ 8 月该病发生较严重。5 月底此病开始在老植株叶上发生，7 月初在新生植株上出现。因黑斑病是从顶部嫩叶先发，然后向下蔓延，但蔓延速度较慢，到 7 月底，发病比叶斑病轻。该病还可为害果实，在幼果上形成褐色圆形病斑。秋发植株上该病发生较轻。

3）炭疽病

症状：主要为害叶片，果实出可被感染。感病后叶尖、叶缘先出现病斑，初为红褐色小斑点，后扩展成椭圆形或半圆形，黑褐色，病斑中部稍微下陷，常穿孔脱落，边缘略隆起红褐色，外围有黄色晕圈，潮湿条件下病斑上散生小黑点。

病原：*Colletotrichum sp.* 属半知菌亚门腔孢纲黑盘孢目刺盘孢属真菌。分生孢子盘多聚生，初埋生，后突破表皮，黑褐色，顶端不规则开裂。刚毛2～6根，暗褐色，顶端色淡，较尖，基部较粗，正直或弯曲。分生孢子梗分枝，具隔膜，无色。分生孢子新月形，无色，单胞，(21.7～26.5) μm×（4.2～5.3）μm，内含油球。

发病规律：病菌以菌丝体的分生孢子在病残组织内越冬，发育适温21～28℃，以菌丝体或分生孢子借风雨及流水传播，并形成多次侵染。高温高湿，田间郁蔽有利发病。土壤湿度过大或偏施氮肥会增加发病率。

12.3.7.3 黄精病虫害综合防治具体措施

根据黄精病虫害发生特点，从病源虫源、环境、寄主共处于大生态环境中这一对立统一观念出发，站在生态系统的高度，采用多种措施，努力创造不利于病虫，而有利于寄主（黄精）的环境条件，把病虫对栽培黄精造成的损失降低到最低水平。运用农业防治、物理机械防治、生物防治、化学防治等方法相结合的综合防治技术，可有效预防和控制黄精病虫害的发生和为害。

（1）小地老虎。①及时铲除田间杂草，消灭卵及低龄幼虫；高龄幼虫期每天早晨检查，发现新萎蔫的幼苗可扒开表土捕杀幼虫。②可选用每亩用2.5%敌百虫粉4.0～5.0 kg，配细土20 kg拌匀后沿黄精行开沟撒施防治。③可用敌百虫混入香饵里，于傍晚在地里每隔1 m投放一小堆诱杀。④人工捕杀。

（2）蛴螬。①每亩用2.5%敌百虫粉2～2.5 kg，加细土75 kg拌匀后，沿黄精行开沟撒施加以防治。设置黑光灯诱杀成虫。③人工捕杀。

（3）叶斑病。①收获后清洁田园，将枯枝病残体集中烧毁，消灭越冬病原。②发病前和发病初期喷1∶1∶100波尔多液，或50%退菌特1000倍液，每7～10 d喷1次，连喷3～4次，或65%代森锌可湿性粉剂500～600倍液喷洒，每7～10 d喷1次，连续2～3次。注意每个季度最多使用3次。

（4）黑斑病。收获时清理种植地块，消灭病残体；前期喷施1∶1∶100波尔多液，每7 d喷1次，连续3次，注意每个季度最多使用3次。

12.4 采收和初加工

12.4.1 采 收

中药材采收是药材生产的关键性环节。采收年份和采收季节适宜与否，直接影响药材品质以及临床应用药性的强弱。俗话说："当季是药，过季是草""含苞待放采花朵，树皮多在春夏剥，秋末初春挖根茎，全草药物夏季割，色青采叶最为好，成熟前后摘硕果"。对黄精适宜采收期的研究结果认为，黄精的最佳采收期应在12月到翌年1月。这段时期采收的黄精根茎中黄精多糖含量高而稳定，根茎质量几乎不再增加。一般选择在无烈日、无雨、无霜冻的阴天或多云天气进行采收。如果是晴天，应在15点以后进行。采收时的土壤湿度以25%～30%较好，此时，土壤容易与黄精根茎分离，不易伤根茎，根茎的颜色泛黄，表面无附着水，用滤纸粘贴吸水呈微量吸附。土壤湿度过大不宜采收。

12.4.2 产地加工

首先将黄精须根摘下统一处理，再将处理好的块茎和须根分开洗净，然后将黄精块茎较大或较厚的切成两半，放入事先准备好的蒸锅内蒸0.5～1 h，取出阴干或50 ℃烘干，全干的黄精质硬、干脆，以润黄、断面半透明者较好。

12.4.3 炮　制

黄精最早的炮制方法见于我国南北朝时期的《雷公炮制论》，书中记载："凡来得以溪水洗净后以已至子，刀切薄片，曝干用。"唐代《千斤翼方》描述为："九月末挖取根，拣肥大者来日熟蒸，微曝干又蒸，待再曝干，食之如蜜，即可停"，此方法即称为"重蒸法"。《食疗本草》记载"九蒸九曝"炮制法，到了宋代还将黄精洗净切制后即用，也有将黄精细搓阴干捣末的方法或者用黄精汁加酒炖，并将蔓荆子加到"九蒸九曝"中炮制的方法。《天平圣惠方》记载："取生黄精三斤，洗净，于木臼中捣绞取汁，旋更入酒三升，于银锅中以慢火熬成煎。"《鲁府禁方》记载："黄精四两、黑豆二升同煮熟去，忌用铁器。"清代的《本草从新》记载，"黄精去须，要九蒸九晒用，每蒸一次，必须用半月方透。"而《得配本草》中也沿用了历代的"单蒸法"，同时增加水煮取汁煎膏与炒黑豆末相合作饼及煮取汁煎膏焙法。《修事指南》中，把采收时间定在2、3月，先煮去苦味，然后取汁煎膏炒黑豆合并成饼，或者焙干，筛末水服。从古至今，黄精的炮制方法累计达到20多种。

《中国药典》（1985年版）第一部收载的黄精炮制方法为：切片，洗净生用；酒蒸、酒炖等。《中国药典》（1990年版）第一部收载的黄精炮制方法为：取黄精除去杂质，洗净，略润，切厚片，干燥用，即为生黄精；酒黄精，炖透或蒸透，稍凉，切厚片，干燥。每100 kg用黄酒20 kg。《中国药典》（2000年版、2005年版）第一部收载的黄精炮制方法为：生黄精制法同《中国药典》（1999年版），酒黄精制法有所改进，有酒蒸法或酒炖法（药典附录ⅡD）炖透或蒸透，稍凉，切厚片，干燥。每100 kg用黄酒20 kg。据统计，目前除沿用单蒸、酒蒸、酒炖、酒煮等方法外，还采用了熟地蒸膏、熟地合煮。即取黄精加蒸熟地的汁与药面平，用火煮至药汁全部被吸尽，使内外显乌黑时，取出稍凉，切片备用；还有些地方采用复制法，即取黄精加闷透，加入黑豆拌匀，煮6 h，晒半干，除去黑豆再蒸8 h，放凉后切成二分厚片再晒干用。另有取黄精洗净，切片、用清水漂一昼夜，煮后晒五成干，加蜂蜜润一夜，再放锅内隔水蒸2 h至透为度，也有黑豆、蜂蜜、生姜黄煮的方法，还有用乌糖和黄酒熬煮的等炮制法。贵州省出台的炮制规范为：取原药材，除去杂质，筛去灰渣，用水洗净后浸泡至透心（2～3 h），装入甑内蒸至略呈黑色（8～12 h），取出，晾至半干，加酒拌匀，闷透，反复蒸至内外均呈滋润的黑色，无麻味时取出，晾至半干，用片刀切成厚片，干燥。也有将处理过的黄精根茎切成厚片，铺在蒸锅的铺帘上，铺帘距水面 5 cm 左右，将蒸锅放在可调电炉上加盖加热，武火加热待蒸锅内水沸腾开始记录时间，改用文火持续加热 1 h，加水维持水面距铺帘 5 cm，加水时将冷水淋到黄精上，再用武火加热至沸后，改用文火加热保持沸腾 1 h，揭开盖自然放冷后，用竹夹子将蒸好的黄精放入烘烤盘内，将烘烤盘置于可调式烘箱内，50 ℃烘烤 2 h，再用风冷 12 h 以上。

上述炮制法，有的是传统炮制方法的沿用，也有的是根据当地用药习惯制订，全国各地方炮制方法不够统一。

12.5 黄精的主要化学成分及药理作用

12.5.1 主要化学成分

对黄精化学成分研究，多用硅胶柱层析和薄层层析分离等方法进行。研究表明，黄精化学成分主要有糖类、甾体皂苷、黄酮及蒽醌类化合物、生物碱、强心苷、木脂素、维生素、对人体有用的多种氨基酸及微量元素等。从滇黄精中还分离得到甘草素、异甘草素、4－羟甲基糠醛、水杨酸等。

12.5.1.1 糖 类

黄精中含粗多糖 13.0%，但炮制后黄精中的多糖含量将降低。黄精多糖中有甲、乙、丙三种类型，由葡萄糖、甘露醇、半乳糖醛酸按照 6：26：1 的比例组成，但其相对分子质量不同（一般大于 20 万）。黄精低聚糖也分为三种，黄精低聚糖甲：相对分子质量为 1630，由 8 个果糖和 1 个葡萄糖聚合而成。黄精低聚糖乙：相对分子质量为 862，由 4 个果糖和 1 个葡萄糖聚合而成。黄精低聚糖丙：相对分子质量为 474，由 2 个果糖和 1 个葡萄糖聚合而成。三种黄精低聚糖均由果糖和葡萄糖按物质的量之比 8：1、4：1 和 2：1 缩合而成。

12.5.1.2 甾体皂苷

黄精主要含有黄精皂苷 A（呋喃甾烷类皂苷 Sibiricoside A）、黄精皂苷 B（螺旋甾烷类皂苷 sibiricosdes B）、新巴拉次薯蓣 106 皂苷元 A－3－*O*－*β*－石蒜四糖苷（Neoprazerigenin A－3－*O*－*β*－lycotetraoside）以及它的甲基原形同系物等。

12.5.1.3 木脂素及黄酮蒽醌类化合物

从黄精中分离出木脂素类成分，得到 6 个化合物和 1 种混合药。六个化合物分别为：化合物Ⅰ为（+）-syringaresinol，化合物Ⅱ为（+）-syringaresinol-O-β-D-吡喃葡萄糖苷，化合物Ⅲ为liriodendrin，化合物Ⅳ为（+）-pinoresinol-O-β-D-吡喃葡萄糖基-1→6-β-D-吡喃葡萄糖苷，化合物Ⅴ为正丁基-β-D-吡喃果糖苷，化合物Ⅵ为4′，5，7-三羟基-6，8-二甲基高异黄酮，混合药Ⅶ为几种黄精神经鞘苷混合物（A、B、C）。多花黄精叶中含有牡荆素木糖苷（vitexin xyloside）和5，4′-二羟基黄酮的糖苷；其根茎中含有吖啶-2-羧酸（azetidine-2- arboxylic acid）、毛地黄精苷（digitalis glycoside）以及多种蒽醌类化合物。滇黄精中含有（6aR，11aR）-10-羟基-3，9-二甲氧基紫檀烷、4′，7-二羟基-3′-甲氧基异黄酮、正丁基-β-D-吡喃果糖苷、正丁基-β-D-呋喃果糖苷、正丁基-α-D-呋喃果糖苷等。

12.5.1.4 生物碱

孙隆儒等经硅胶柱层析和薄层层析分离从黄精中得到一淡黄色油状单体，认为其是3-乙氧甲基-5，6，7，8-四氢-8-吲哚里嗪酮（3-ethoxymethyl-5，6，7，8-tetrahydro-8-indolizinone），为一未见文献报道的新化合物。该化合物是一种生物碱。

12.5.1.5 氨基酸及微量元素

黄精中含有游离氨基酸17种，总氨基酸18种及多种微量元素，其中人体必需氨基酸6种，如赖氨酸、异亮氨酸、苯丙氨酸、亮氨酸等。还含有10种微量元素，其中8种为人体所必需。

12.5.2 药理作用

药理学研究认为，黄精具有延长寿命、抗衰老、影响心血管系统（包括调血脂、增加心肌收缩力和冠脉流量、降血糖抗糖尿病、抗动脉粥样硬化等），调节免疫能力，抗炎抗病原微生物，抗疲劳。提高学习记忆力，抑制肿瘤细胞等作用，且安全无毒、无致突变性。

12.5.2.1 抗衰老作用

用20%（质量分数）黄精煎液，按13 mL/(只·d)剂量饮喂JC系小白鼠，27 d后处死，测定肝脏SOD和心肌脂褐质含量。结果表明，黄精能明显提高小鼠肝脏中SOD活性（$P<0.01$），明显降低小鼠心肌脂褐质的含量（$P<0.01$），从而防护自由基及其代谢产物对机体的损伤，减少因自由基反应所引起的脂类过氧化而对生物膜结构褐功能造成损害，从而起到抗衰老作用。黄精水煎剂还能显著提高小鼠心肌褐脑组织中乳酸脱氢酶活性，显著增强脑匀浆过氧化氢酶活性。黄精提取物及水煎剂能延长果蝇和家蚕的生存期；能提高果蝇和小鼠的生命活力；能增强免疫功能低下病人的免疫力，但对健康人无作用；5%的黄精溶液能抑制病理状态下的老年机体自由基反应，从而减轻氧化作用对机体的损害；黄精复方可明显抑制老年小鼠离体脑组织MAO-B的活性，从而抑制脑细胞老化。黄精多糖对老龄大鼠ANAE活性

淋巴细胞百分率，红细胞、晶体核、晶体皮质 SOD 活性，肝脏和肾脏褐质含量，心脏过氧化脂质（LPO）含量，脑中 MAO－B 活性均有明显改善作用，与对照相比有显著性差异。

12.5.2.2 降血脂、降血糖、促进造血功能

研究表明，黄精水煎剂和乙醇提取物拌和饲料喂高脂血症大鼠，能显著降低其血清总胆固醇（TC）及甘油三酯含量。100% 黄精煎剂灌服高血脂兔，5 mL/d，2 次，共 30 d，与对照组相比，在给药后 10 d、20 d、30 d，甘油三酯、β－脂蛋白、血胆固醇含量均有明显下降。黄精浸膏或甲醇提取物对正常小鼠、兔以及由肾上腺、链脲霉素诱发血糖升高的小鼠和兔均有降低血糖的作用。黄精还能对 60Co 照射动物造成的造血功能抑制起到明显促进恢复作用。

12.5.2.3 免疫调节作用

黄精具有提高 CY 所致小鼠骨髓造血机能，使白细胞和红细胞数增加，骨髓多染红细胞（PCE）微核率（MNR）下降（$P<0.01$），能提高小鼠腹腔巨噬功能。

12.5.2.4 对心血管系统的作用

实验表明，0.15% 黄精醇制剂可使离体蟾蜍心脏收缩力增强，但对心率无明显影响，而 0.4% 黄精醇液或水液则使离体兔心率加快，0.15% 黄精醇制剂或黄精甲醇提取物 5 mg/mL 使离体蟾蜍及大鼠心房肌的收缩力增强；黄精的甲醇提取物 A 经 Daiaaion Hp－20 柱分离得到的甲醇洗脱部分具有强心作用，该强心成分的作用机理在于能抑制心肌细胞膜的磷酸酯酶以及 Na^+－K^+－ATPase 的活性；黄精醇制剂 0.2 g/kg 可增加犬冠脉流量，0.35% 的黄精水浸膏洛氏溶液可增加离体兔心冠脉流量，给兔静脉注射黄精溶液 1.5 g/kg 有对抗神经垂体素所导致的急性心肌缺血作用。

12.5.2.5 抗炎、抗病原微生物作用

实验表明，黄精多糖具有良好的抗炎作用，对治疗大鼠免疫性关节炎的原发病灶和继发病变有显著疗效。用黄精煎剂对实验性结核病的豚鼠作用，无论在感染结核菌的同时，还是感染后淋巴结肿大时再给药 1 g/kg，1 次/ d，治疗 60 d 均有显著的抗结核病的作用。病理检查表明，主要脏器病变较轻，肺部只发现少数结节。中药黄精价格低廉，无毒副作用、疗效好，对于脏器功能不好，而且无力支付昂贵医药费的患者尤为适宜。2% 以上浓度的黄精醇提取水溶液对多种真菌具有抑制作用，如堇色毛癣菌、红色表皮癣菌等，其水抽出物对石膏样毛癣菌和考夫曼－沃尔夫氏表皮癣菌有抑制作用。

12.5.2.6 抗动脉粥样硬化作用

给实验性动物动脉粥样硬化兔肌注黄精赤勺注射液 2 mL/d，连续 6 d，停药 2 d，共给药 14 周，结果给药组动物主动脉壁内膜上的斑块及冠状动脉粥样硬化程度均较对照组略轻。

12.5.2.7 提高学习记忆和改善学习记忆障碍的作用

研究表明，黄精多糖能显著改善老龄大鼠学习记忆及记忆再现能力，降低错误次数。给药组与阳性对照相比能明显缩短迷宫测试中大鼠的潜伏时间。采用跳台法和避暗法对黄精改善学习记忆的作用进行了研究，结果表明黄精的乙醇提取物（PS EtOH－ext.）1.0 g/kg对东莨菪碱所致小鼠记忆获得障碍有明显改善作用，而0.25 g/kg也可以使小鼠避暗错误次数明显减少。实验结果提示，PS EtOH－ext可能具有改善脑缺血引起的脑代谢活动变化，以及通过抑制脂酶过氧化MDA的生成来降低自由基的损伤，从而保护脑细胞膜结构，维持大脑的正常功能等药理作用。

12.5.2.8 毒、副作用

对以黄精为主要成分的中药复方“益心液”进行毒理学研究，通过急性、亚急性毒性实验，研究黄精对大鼠血红蛋白、白细胞数及白细胞分类的影响，对大鼠肝肾功能的影响，对大鼠脏器病理形态学的影响。结果表明，该液对实验动物无毒副作用。

12.6 黄精的开发利用

12.6.1 制饮料

12.6.1.1 天然黄精－甜米酒复合饮料

以糯米为原料发酵制成的产品民间称为“甜米酒”或“酒酿”，其营养丰富，醇香绵甜，风味浓郁，是传统食品中最有特色的产品之一，在海内外享有盛誉。黄精不仅是效果确切的补益中药，而且其感官特性十分符合食用要求。在借鉴民间食用酒制黄精和黄精浸制酒经验的基础上，立意于黄精与甜米酒在滋味、香气、色泽等重要感官特征上的相近或相辅相成，在营养与保健功能方面的增效或互补，发挥黄精的饮料加工适性，以黄精汁与甜米酒汁复合，形成一种新型低醇保健饮料。制备过程如下：

（1）黄精汁的制备。首先是清洗和消毒。按需要称取精选的黄精根茎在清洗槽中彻底清洗，0.2% NaCl溶液浸泡2～3 min，再用无菌软化水清洗3次。第二步是闷润。因为干燥的黄精根茎切片极为困难，但长时间浸泡弊端明显，经反复摸索后选用闷润法：将物料置于清洁容器中用85 ℃热水冲淋后即倾去冲淋水，用已消毒的洁净毛巾4层覆盖表面，加盖，计时。以后视物料干湿、软化情况分次均匀喷雾少量65 ℃无菌水，遮蔽加盖。物料逐渐吸湿并向组织内部扩散，当物料整块变得柔韧，横切面基本无硬心时即闷润完毕。第三步是切片和提汁，用切片机或不锈钢刀切为1.0～2.0 mm均匀薄片。以6倍质量软水煮沸5 min，离火保温浸提30 min，多次搅拌，过100目滤网得一次汁。滤渣加3倍水按相同操作萃取2次汁，合并2次滤液即得黄精提取液，计量。滤渣另用。第四步灭菌，趁热使黄精汁快速升温至100 ℃，经3 min后立即装入已经清洁消毒的容器中，密封，流动水冲淋冷却至常温，0～4 ℃

下冷藏备用。

（2）甜米酒汁的制备。首先是淘洗、浸泡，将精选后的糯米洗净，加足量水淹没浸泡约24 h，高温季节应换水数次。米粒必须充分吸水膨胀，手碾即碎，沥干水分。第二步蒸煮，常压下蒸米30 min，使米粒均匀熟透、有光泽，疏散不糊、不夹生。第三步冷却，用无菌冷水冲淋米饭，快速降温至30 ~ 35 ℃。第四步接种发酵，在洁净容器中按干米质量1.0%均匀拌和已粉碎为细末的酒药，留少许酒药以备分散表面。转入已灭菌的发酵缸中，中间搭窝，容器加盖，30 ℃恒温发酵。2 d后向发酵醪中加少量无菌冷水，25 ℃继续发酵1 d。第五步取汁，倾出米酒汁，再压榨固体部分流出汁液，合并后立即过滤。滤液含糖约18%，pH约6.0，酒精度约3.5°。滤液低温静置澄清数小时，分离上清液，90 ℃水浴加热5 min，快速冷却，待用。

（3）饮料产品调制。产品配方（用250 mL玻璃瓶）：黄精6 g、甜米酒汁100 mL、果葡糖浆12 g，酸度3.6，酒精度2.5°，无菌软水定容。调配方法：按配方和确定的生产量计算并准确称取所需要的柠檬酸，加无菌水配制成50%溶液。准备好需要量的果葡糖浆和精制食用酒精。调配前，按需要量取出冷藏的黄精提取液和甜米酒汁。如低温和静置引起沉淀应先行过滤。在洁净的调配缸中先加入部分软水，加入过滤的黄精汁和甜米酒汁，低速搅拌，再加入其余辅料，继续搅拌并按需要量补足软水，搅匀。

（4）精滤。调配后，立即再行过滤以除去原辅材料可能带入的杂质和部分组织微粒。

（5）升温、均质。将料液泵入板式换热器升温至60 ~ 65 ℃，立即在20 ~ 25 MPa压力下均质2次，以使颗粒进一步破碎、均匀和分散，各种成分更好地亲和。

（6）灌装、封口和灭菌。将料液尽快灌入经彻底清洗和蒸汽消毒的玻璃瓶中，用经消毒无菌的瓶盖封瓶。封瓶后，尽快进行常压灭菌15 min，100 ℃。

（7）产品冷却、保温检验。为了保护热敏性成分，减少色、香、味和营养成分的损失，灭菌完毕的产品应立即进行分段冷却。玻璃瓶能耐受的急冷温差为40 ℃，据此，应使产品尽快在适宜温差的无菌水中渐次降温至40 ℃，进行保温检验，合格即为成品。

12.6.1.2 天然黄精-橙汁复合饮料

饮料呈淡橙黄色，色泽鲜明；滋味、气味俱佳，柔和纯正；入口甜酸适宜，兼有黄精、甜橙风味，汁感强。

（1）黄精汁的制备基本与12.6.11相同。

（2）橙汁的制备步骤，首先是果实去皮去籽，将鲜果洗净，在90 ~ 95 ℃下热烫2 ~ 3 min，趁热剥皮，注意将白皮层撕净，送入自动去籽机去籽。第二步果汁提取，去籽后送入打浆机（筛孔0.8 ~ 0.9 mm）打浆，此时可按原料量加入10% ~ 15%热软水，打浆榨汁，可促进风味物质的溶出，提高出汁率。第三步粗滤、计量，榨汁后即行粗滤以除去籽径较大的杂质，采用尼龙布或筛网均可，如此得到甜橙原汁，测量体积，记录。第四步灭菌，冷藏，将果汁快速加热到85 ~ 90 ℃，持续1 ~ 2 min，立即充入预先洗净并消毒的容器中，密封，立即用自来水冲淋至常温，在0 ~ 4 ℃下冷藏备用。

（3）饮料调制过程如下：

产品配方：250 mL玻璃瓶装饮料，黄精4 g、甜橙原汁20 mL、果葡糖浆8%、柠檬酸

0.25%、维生素C 0.02%，无菌软水定容。

调配方法：按配方用量和生产量计算并准确称取所需要的柠檬酸、维生素C，分别用适量无菌水配制成溶液，必须完全溶解，置于清洁阴凉处待用。称取需要量的果葡糖浆。调配前，按需要量取出冷藏的黄精提取液和甜橙原汁。若低温和静置引起明显沉淀，应先行过滤。在洁净的调配缸中先加入部分软水，加入过滤的黄精汁和甜橙汁，开启搅拌器低速搅拌，再加入各种辅料，继续搅拌均匀后，按需要量补足软水、搅匀。

（4）精滤：以真空过滤方式进行最后一次过滤，以除去原辅材料可能带入的杂质和部分组织微粒。

（5）升温、均质和脱气：将料液泵入板式换热器，升温至60～65 ℃，立即在20～25 MPa压力下均质2次，以使颗粒进一步破碎、均匀和分散，使果胶与其他成分更好地亲和。均质后的料液可在真空脱气机中脱气（40～50 ℃，0.08 MPa）或由板式换热器加热至92 ℃维持1～2 min脱气。

（6）灌装、封口和灭菌：脱气后，使料液迅速降温至75～80 ℃，立即灌入经彻底清洗和蒸汽消毒的玻璃瓶中，封瓶。瓶盖也经消毒液浸泡和无菌水冲洗。封瓶后，尽快对产品进行常压灭菌（5 min，8 min/100 ℃）。

（7）产品冷却、保温检验：为了尽可能减少热力对热敏性成分的破坏，减少色、香、味和营养成分损失，灭菌完毕的产品应立即进行分段冷却。玻璃瓶能耐受的急冷温差为40 ℃，根据此值，使产品在一定温差的无菌水中尽快降温至40 ℃，进行保温检验，合格为成品。

12.6.2 制蜜饯

（1）原料选择及处理。选择肉质肥厚、表面光洁的根块，剔除不合格者，用刀具修整后用清水洗净表面泥土，然后刮去表皮，切分成大小均匀的块形。投入沸水中热烫5～10 min，以稍柔软而有弹性为宜，迅速捞入冷水中冷却，并在流动的清水中浸泡1～2 h。

（2）糖渍、蜜渍。按原料块、糖的质量比=1∶0.5的比例将二者掺匀后糖渍3～4 d，其间经常翻动，并置于较低的温度环境中，严防高温而引起的发酵变质。然后再加入原料质量30%的优质蜂蜜，浸渍2～3 d。

（3）煮制。将原料片及糖蜜液置于火上加热煮制，注意火力不宜过大，保持微沸，至可溶性固形物含量达到65%以上即可，然后连同糖蜜液同浸8～10 h后，捞出，沥干表面糖液。

（4）烘干。将黄精蜜脯置于竹盘上，于60～65 ℃的鼓风干燥箱中烘干4～6 h，至蜜脯柔软而有韧性，表面不黏手为宜，此时含水量为10%～20%。

（5）分级、包装。将蜜脯按形状大小、色泽等分级，剔除软烂及不规则者，然后按100 g或150 g为一包装，装于塑料食品袋内，封口，外包装彩盒或彩袋即成。

12.6.3 作饲料添加剂

中草药做饲料添加剂，可促进畜禽生长发育，增强其机体抵抗力，已为不少学者肯定。据四川省万县市畜牧局的试验，选60～69日龄，体重11～16 kg的健康大约克断奶仔猪，用山植 20 g、麦芽 20 g、陈皮 10 g、苍术 10 g、黄精 10 g、白头翁 10 g、大蒜 5 g、地榆 5 g、板蓝根 10 g、生姜 10 g 组合后晒干、粉碎，在其基础日粮中添加 1%，经饲喂 30 d 后，添加上述中草药添加剂的仔猪日增重比不添加的高 17.9%，料肉比降低 9.27%。

另据河南邓州报道，黄精散（由黄精、当归、茯苓、黄芪、白术、女贞子、山楂、苍术、郁金、贯众，按比例配制而成。全药干燥、粉碎，过 20 目筛，充分混拌均匀，分装于无孔塑料袋内，每袋 500 g）作为猪催长防病的中药添加剂，按 1% 的量添加对长白与土种白猪杂交一代的仔猪进行了 120 d 饲喂。试验证明，黄精散组平均每头日增重为 901 g，比对照组多 113 g，提高 13.56%；料肉比为 1∶2.64，比对照组少 0.27，降低耗料 10.24%。

12.6.4 制作各类保健品

（1）地下的根状茎可磨成细粉与大米粉、玉米粉及小麦粉等均匀地拌在一起，配上各种辅料及调味料，采用膨化法或罐装技术制成不同系列的营养品和保健品。

（2）将根状茎开发成精制的小包装饮片或加工成粉末状调料，供人们制作药膳或烧菜时使用。

（3）用根状茎酿造白酒或其他药酒，也可以制作果脯、罐头等。黄精属植物的果实中还含有丰富的维生素 B_1，可用来酿造果酒。

（4）将黄精属植物的根状茎、嫩茎叶腌制成不同系列的小咸菜或与其他植物配伍生产出高附加值的日用品，如沐浴露、乌发液等。

12.6.5 观赏栽培

黄精属植物的花期长，既可用于鲜切花的生产，做花篮、花环、花束等的插花材料，又可种植在花坛、花境、花台、草坪周围，用于美化环境。

主要参考文献

[1] 苏仕林，马博，黄珂．广西百色德保黄精的民族植物学研究［J］．安徽农学通报，2012，18（01）：56－57，83．

[2] 董治程，谢昭明，黄丹，等．黄精资源、化学成分及药理作用研究概况［J］．中南药学，2012，10（6）：450－453．

[3] 牟小羽，张利民，杨圣祥，等．泰山野生黄精的组培快繁技术研究［J］．山东农业科学，2010（1）：12－13，17．

[4] 辜红梅，蒙义文，蒲蔷．黄精多糖的抗单纯疱疹病毒作用［J］．应用与环境生物学报，2003，9（1）：21－23．

[5] 郑春艳，汪好芬，张庭廷．黄精多糖的抑菌和抗炎作用研究［J］．安徽师范大学学报，2010，33（3）：272－275．

[6] 龚莉，向大雄，隋艳华. 黄精心血管活性部位的筛选 [J]. 中药新药与临床药理，2007，18 (4)：301-302，331.
[7] 王玉勤，吴晓岚，张广新，等. 黄精多糖对大鼠抗氧化作用的实验研究 [J]. 中国现代医生，2011，49 (5)：6，11.
[8] 齐冰，等. 泰山黄精对D-半乳糖所致衰老小鼠的抗衰老作用研究 [J]. 时珍国医国药，2010，21 (7)：1811-1812.
[9] 张莹，钟凌云. 黄精炮制前后对小鼠免疫功能的影响 [J]. 江苏中医药，2010，42 (10)：78-79.
[10] 钱枫，赵宝林，王乐，等. 安徽药用黄精资源及开发利用 [J]. 现代中药研究与实践，2009，23 (4)：33-34.
[11] 王世清，洪迪清，高晨曦. 黔产黄精的资源调查与品种鉴定 [J]. 中国当代医药，2009，16 (8)：50-51.
[12] 李文金，毕研文，陈建生，等. 泰山多花黄精试管苗生根技术研究 [J]. 中国现代中药，2010，12 (1)：19-20.
[13] 邵红燕，赵致，庞玉新，等. 贵州黄精适宜采收期研究 [J]. 安徽农业科学，2009，37 (28)：13591-13592.
[14] 刘国斌，张青云. 黄精及其一种伪品的鉴别 [J]. 中外医疗，2009，(16)：105-106.
[15] 周晔，等. RAPD标记法鉴定中药黄精及长梗黄精的研究 [J]. 时珍国医国药，2007，18 (9)：2149-2150.
[16] 童红，申刚. 黄精药材中黄精多糖的含量测定[J]. 中国药业，2007，16(9)：20-21.
[17] 王晓丹，田芳，史桂云，等. 不同产地黄精中多糖含量的比较 [J]. 泰山医学院学报，2008，29 (9)：657-658.
[18] 刘柳，郑芸，董群，等. 黄精中的多糖组分及其免疫活性 [J]. 中草药，2006，37 (8)：1132-1134.
[19] 王冬梅，朱玮，张存莉，等. 黄精化学成分及其生物活性 [J]. 西北林学院学报，2006，21 (2)：142-145.
[20] 吴群绒，等. 滇黄精多糖Ⅰ的分离纯化及结构研究 [J]. 林产化学与工艺，2005，25 (2)：80-82.
[21] 田启建，赵致，谷甫刚. 中药黄精套作玉米立体栽培模式研究初报 [J]. 安徽农业科学，2007，35 (36)：11881-11882.
[22] 田启建，赵致，谷甫刚. 贵州黄精病害种类及发生情况研究初报 [J]. 安徽农业科学，2008，36 (17)：7301-7303.
[23] 田启建，赵致，谷甫刚. 黄精栽培技术研究 [J]. 湖北农业科学，2011，50 (4)：772-776.
[24] 田启建，赵致. 黄精属植物种类识别及资源分布研究 [J]. 现代中药研究与实践，2007，21 (1)：18-21.
[25] 田启建，赵致，谷甫刚. 栽培黄精的植物学形态特征 [J]. 山地农业生物学报，2008，27 (1)：72-75，

[26] 田启建，赵致，谷甫刚. 栽培黄精开花结实习性研究 [J]. 种子，2009，28 (1)：29－31.
[27] 田启建，赵致，谷甫刚. 栽培黄精物候期研究 [J]. 中药材，2010，33 (2)：168－170.
[28] 田启建，赵致，谷甫刚. 栽培黄精越冬芽萌发研究初报 [J]. 中药材，2008，31 (1)：7－8.
[29] 田启建，赵致，谷甫刚. 栽培黄精种苗的分级及移栽时期的选择 [J]. 贵州农业科学，2010，38 (6)：93－94.
[30] 赵致，庞玉新，等. 药用作物黄精栽培研究进展及栽培的几个关键问题 [J]. 贵州农业科学，2005，33 (1)：85－86
[31] 刘祥忠. 多花黄精种植技术 [J]. 安徽农学通报，2012，18 (09)：216－219.
[32] 赵致，庞玉新，等. 药用作物黄精种子繁殖技术研究 [J]. 种子，2005，24 (3)：11－13.
[33] JEAN C，DELLAMONICA G，BESSON E，et al. C－galactosyl flavones from Polygonatum multiflorum [J]. Phytochemistry，1977，16：199.
[34] WANG YIFEN，LIU C H，LAI G F，et al. A new indolizinone from Polygonatum Kingianum [J]. Planta Med，2003，69(11)：1066－1068.

13 黄 连

黄连为毛茛科黄连属植物，国产黄连属植物包括黄连（*Coptis chinensis*）、短萼黄连（C. *chinensis var. brevisepala*）、三角叶黄连（C. *deltoidea*）、峨眉黄连（C. *omeiensis*）和云南黄连（C. *teeta*）等，作为中药，始载于东汉《神农本草经》，列为上品。据不完全统计，13部宋代以前古代方书中有3.2万多方剂，其中含“黄连”的方剂有1760种，即约5%的方剂中有黄连。据《全国中成药品种目录》统计，以“黄连”为原料的中成药品种有黄连上清丸、复方黄连素片、加味香连丸等100多种。20世纪80年代以来，随着“黄连”用途的增加，我国和日本学者对“黄连”的研究逐渐深入，对黄连属植物的分类学、形态学、成分化学、生药鉴定学和药理学等进行了研究，在与发展“黄连”生产密切相关的栽培技术、野生资源保护、药材质量等方面也取得了一定进展。

13.1 种质资源及分布

黄连属隶属于毛茛科黄连族，约18种，分布于北温带，多数分布于亚洲东部。我国有9种、2变种，分布于西南、中南、华东和台湾。该属植物为多年生草本植物，叶基生，根状茎黄色，具有多数须根。

根据前人的研究结果，现将国产黄连属植物的分类编成检索表。

1. 叶三全裂

2. 叶片轮廓窄卵形或披针形，萼片线形

3. 植株不具有带芽匍匐茎

4. 花瓣窄线形，长为萼片的1/2左右，叶片的中央裂片比两侧裂片长3~3.5倍…………峨眉黄连

4. 花瓣短而细窄，上部具椭圆形蜜槽，叶片的中央裂片比两侧裂片长1.3~1.6倍…………线萼黄连

3. 花瓣蜜槽线状椭圆形，萼片为花瓣的2~2.2倍，植株常有带芽匍匐茎…………古蔺黄连

2. 萼片卵形

5. 花瓣匙形，先端钝圆，下部爪明显…………云南黄连

5. 花瓣非匙形

6. 花瓣倒卵状披针形，无爪，具蜜槽…………西藏黄连。

6. 花瓣线形，具爪

7. 花瓣具爪明显，萼片比花瓣长 1 倍或更多…………爪萼黄连

7. 花瓣线形、窄披针形或披针形，先端尖，下部爪不明显。

8. 叶的裂片上的羽状深裂片彼此邻接或近邻接，裂片近三角形；雄蕊短，长为花瓣的 1/2 左右…………三角叶黄连

8. 叶的裂片上的羽状深裂片间的距离稀疏，彼此相距 2 ~ 6 mm；外轮雄蕊比花瓣稍短或近等长；种子能育

9. 萼片长 9 ~ 12.5 mm，比花瓣长 1 倍或近 1 倍…………黄连

9. 萼片长约 6.5 mm，仅比花瓣长 1/3 ~ 1/5…………短萼黄连

1. 叶掌状五全裂

2. 根状茎粗壮，叶片较大，宽 5.5 ~ 12 cm，中全裂片羽状深裂，顶端渐尖或长渐尖…………五裂黄连

2. 根状茎细，叶片较小，宽 2 ~ 6 cm，中全裂片三浅裂，顶端急尖…………五叶黄连

中药黄连来源于毛茛科黄连属植物黄连、三角叶黄连或云南黄连的干燥根茎，三者分别习称“川连或味连”“雅连”“云连”。由于国内外对黄连的巨大需求，以及人们对人工栽植品种药效的疑虑，进一步加大了对野生资源的需求，导致对其过度采挖，使其自然生境遭到破坏。目前黄连属植物的野生资源已极少，处于濒临灭绝的边缘。因此，国内黄连属植物 6 种 1 变种（除分布于台湾的五叶黄连）已全部列入重点保护植物名录（表 13.1）。

表 13.1 我国黄连属植物种质资源

种名（拉丁名）	分布	濒危程度
黄　连（*Coptis chinensis Franch.*）	重庆、贵州、湖南、湖北西部、陕西南部	国家 3 级保护濒危种
三角叶黄连（C. *deltoidea* C. *Y. Cheng et Hsiao*）	仅分布于四川峨眉山、洪雅一带	国家 2 级保护濒危种
云南黄连（C. *teeta Wall*）	云南西北部、西南部，西藏东南部	国家 2 级保护濒危种
峨眉黄连（C. *omeiensis* < *chen* > C. *Y Cheng*）	仅分布于四川峨眉山	重点保护植物
五裂黄连（C. *quinquesecta W. T. Wang*）	云南东南部	重点保护植物
五叶黄连（C. *quinqefolia Miq.*）	中国台湾	
短萼黄连（C. *Chinensisvarbrevisepala*）	安徽南部、浙江、福建、江西、广东北部、广西东北部	国家 3 级保护濒危种

（1）黄连。又名味连、川连、鸡爪连。在长江流域各省几乎都有分布。叶片近三角形，稍带革质，叶柄长于叶片。小叶片卵状三角形，具深裂；中央裂片稍呈菱形，再呈羽状深裂，深裂片近长圆形，彼此相距 2 ~ 4 mm；两侧裂片斜卵形，比中央裂片短，不等 2 深裂或罕 2 全裂，裂片常再呈羽状深裂。根茎断面呈红黄色或红棕色，表面黄褐色，分枝多，成簇状，形似鸡爪。野生于海拔 1000 ~ 2000 m 的山地林中或山谷阴处。现多为人工栽培，野生的已不

多见。在商品习惯上，味连又有南岸连与北岸连之分，是按长江南北两岸产区而分的，如重庆市的石柱、南川及湖北省的利川、咸丰等县市所产者，称为南岸连，特别是重庆市的石柱县和湖北省的利川市最多，占全国黄连总产量的80%左右，为中药黄连的主要产区。重庆市的巫山、巫溪、城口和湖北省的房县、竹溪、神农架等地所产者，称为北岸连。

（2）三角叶黄连。又名雅连、峨眉连、峨眉家连。叶片卵形，纸质，叶柄长于叶片。顶端小叶片较大，三角状卵形；两侧两片略小，斜卵状三角形；小叶片均具明显的柄，不等2深裂或半裂，小裂片彼此邻接。根状茎不分枝或少分枝，较肥大，节间明显，具横走的匍匐茎，可供繁殖。产于四川蛾眉、洪雅一带海拔1600～2200 m的山地林下，常有栽培。

（3）云南黄连。又名云连。多为野生，现也进行人工栽培。叶片呈等腰三角形，顶端小叶片较大，长菱形或卵状菱形，小叶羽状深裂，裂片距离稀疏。根状茎为单枝，多为中空，不如雅连粗壮，形如蝎尾。但由于加工较好，故根茎较光洁，表面颜色也比雅连淡，呈土黄色，断面鲜黄色。分布于云南西北部及西藏东南部，生长在海拔1500～2300 m的高山寒湿的林荫下。

（4）峨眉黄连。又名岩黄连、野黄连、凤尾连。叶披针形或窄卵形，叶片长于叶柄，恰如凤尾，也称凤尾连。顶端小叶三角状披针形，两侧小叶斜卵形，长仅为顶端小叶的1/4～1/3，2深裂或偶2全裂，小裂片再呈羽状分裂。根茎多不分枝，其商品根茎上多附有叶柄，断面为淡黄色至淡黄绿色。分布于四川峨眉、峨边及洪雅一带，野生在海拔1000～1700 m的山地悬崖或石岩上、潮湿处。过去较多，现已日渐稀少。

（5）五裂黄连。小叶五裂，中间的叶片比其他4片长、大，根茎单枝，黄褐色。本种系云南发现的新种，野生于金平山区，生长在海拔1700～2500 m的密林下。数量很少，因此在商品中几乎不占什么位置。

（6）五叶黄连。叶片五全裂，根茎短。产于台湾，生长在山地林下阴湿处。

（7）短萼黄连。又名土黄连，是黄连（味连）的变种。与味连的区别是：根状茎分枝少；萼片较短，长约6.5 mm，仅比花瓣长1/5～1/3。分布在广东、广西、福建、浙江、江苏、安徽、江西等地，生长在海拔600～1600 m的山地沟边林下或山谷阴湿处。

13.2 生物学特性

13.2.1 形态特征

在我国人工栽培和药用最多的是黄连，形态特征如下（彩图13.1、13.2、13.3、13.4）。

黄连的根属于须根系，主要由主根、侧根和不定根组成。主根由种子萌发时的胚根直接生长而成。主根上产生侧根。不定根产生于根状茎和较老的主、侧根上。在须根系中，各条根的粗细相差不多，径粗一般为0.2～0.4 mm，长度一般为10～15 cm，最长可达30～35 cm。不论主根、侧根和不定根，初发生时均呈青白色，透明，先端部分着生根毛，老根呈黄褐色。杨建民等对黄连的根和根状茎及心皮发育等进行了研究，显示出黄连的根仅具初生结构，主要由表皮、皮层和中柱构成，根状茎由皮系统、基本组织和维管系统构成，其性状原始，木质部中起输导作用的主要是不很强烈特化的导管和管胞，导管分子在大小、宽窄等方面与管胞相似。

黄连的茎为生于土表以下的根状茎，直立生长，细长柱状，黄褐色，比较粗糙，有结节，折断面皮部为红棕色，木质部为金黄色，味极苦，是黄连的药用部分。茎长 1.5 ~ 4 cm，粗 3 ~ 8 mm，向上分枝，形成数个粗细相等的簇状分枝，形如鸡爪。茎上节多而密，肉眼不容易分辨，根、叶、花薹着生其上。在栽培时，有时培土过厚且不肥，会使两节之间的节间伸长过速，形成较细而光滑无根的杆状部分，俗称“跳杆”或“过桥”。

黄连的叶片全部基生。种子萌发后长出子叶，对生，全缘，表面无腺毛与保护毛，除叶中有一主脉和靠近叶基沿叶缘有两条支脉外，叶面平滑无脉纹。真叶互生于根状茎顶端，排列紧密，呈丛生状。叶有长柄，较叶片长，为 10 ~ 20 cm；叶柄挺直，具沟槽。叶为三出羽状复叶，长为 6 ~ 12 cm，宽 7 ~ 12 cm；三全裂。中央裂片较两侧裂片略长，稍呈菱形，两侧裂片斜卵形，较中央裂片短而窄，边缘有细软针刺状锯齿。叶面沿脉被短柔毛，背面无毛。

黄连的花为二歧或多歧聚伞花序，着生于根状茎顶端。花茎挺立，有沟槽，白绿色或紫白色，长 20 ~ 30 cm。花茎分枝处有苞片，淡绿色至深紫色，长约 7 mm，宽约 1 mm，三羽状深裂，裂片边缘具有细尖的稀疏锯齿。每序 3 ~ 9 朵花。花的最外一轮是花萼，5 枚，披针形，长约 1 cm，宽 2 mm 左右，初黄绿色，后变为淡红色或暗紫色。花瓣 9 ~ 12 枚，螺旋状排列于花萼的内方，花瓣甚小，长约为萼片的一半，线形或线状披针形，初淡黄绿色，后变为淡紫绿色。雄蕊 14 ~ 23 枚，二轮排列，外轮雄蕊与花瓣近长，内轮雄蕊短。雌蕊位于花朵中央，心皮离生，8 ~ 16 枚，花柱短，柱头头状，子房斜卵形。

黄连的果为骨突果，由 9 ~ 10 个骨突组成，呈放射轮生状，每个骨突长约 1 cm，长椭圆形；果皮绿色，后变紫绿色或紫色；果喙向内，呈盘状；果端有心脏形裂口，果成熟后，种子自顶端裂口脱出。种子细小，两端尖圆，成熟时种皮绿黄色到米黄色，经储藏数天后变为黄褐色。

13.2.2 生态习性

黄连喜高寒冷凉环境，喜阴湿，忌强光直射和高温干燥。野生多见海拔 1200 ~ 1800 m 的高山区，栽培时宜选海拔 1400 ~ 1700 m 的地区。植株正常生长的温度范围为 8 ~ 34 ℃，低于 8 ℃或高于 34 ℃生长缓慢；超过 38 ℃易受高温伤害；低于 5 ℃时，植株处于休眠状态。黄连生长期较长，播种后 6 ~ 7 年才能形成商品，栽后 3 ~ 4 年根茎生长较快，第 5 年生长减慢，6 ~ 7 年生长衰退，根茎易腐烂。种子有胚后熟休眠特征，经 5 ~ 6 个月 3 ~ 5 ℃的低温湿沙储藏即可解除休眠，发芽率可达 90% 左右。种子寿命受储藏条件的影响很大，干藏和常温湿沙储藏，均不易保持种子的较长寿命。一般在 0 ~ 2 ℃和一定的湿度条件下能保持种子的生命力多年。

13.2.3 生长习性

黄连在自然状况下，可以生存数十年乃至上百年。但人工栽培的黄连，从种子萌发至采挖需7~8年时间，其中苗圃生长期约2年，大田生长期5~6年。

13.2.3.1 生育时期

从种子萌发到植株衰老枯死，完成一代生活史所经历的时间，叫做植物的生长发育周期。根据黄连的生育特点而正确地划分生育期，对黄连优质高产栽培具有重要的意义。

由于黄连是多年生的草本植物，各个生育阶段是连续不断且相互重叠的，因此，在栽培上将黄连的生命周期划分为：生育前期（1~2年生）、生育中期（3~4年生）、生育后期（5年生以后）。黄连生长发育的年生长时期可分为：抽葶开花期（2月上旬至2月下旬），结果期（3月上旬至3月下旬），新叶盛发期（4月上旬至4月下旬），果实成熟期（5月上中旬），新叶缓发期（5月上旬至7月下旬），鳞芽出现根茎充实期（8月上旬至10月下旬），冬季休眠期（11月上旬至翌年1月下旬）。

13.2.3.2 根的生长

黄连种子发芽后，胚根迅速伸入土中，随后从胚轴基部长出3~5条不定根，在良好的土壤条件下，根系迅速扩展。在苗圃期，黄连的根可深达8~10 cm，移栽时，切断老根，促发新根，以后随着黄连根茎的生长，由下而上依次密生许多不定根，不定根上可分生大量的支根。在土壤中，绝大部分根沿水平方向伸长，集中分布在10~15 cm土层内，而且每根都有分枝，数量甚多，呈丛生状态，这是黄连根系的特点。根的生长以黄连移栽后的1~2年最旺，根的分布范围和根的数量基本上达到最大值，形成稠密的须根群。以后各年根的生长与死亡，基本上是在此范围内进行。

13.2.3.3 茎的生长

黄连出苗后，上胚轴和胚芽向上生长形成茎和叶。但黄连的茎不伸出土面，生长于土表以下，为根状茎（根茎）。根茎顶端着生顶芽，茎节上着生腋芽（侧芽）。随着顶芽的不断生长和分化，主茎也不断地生长。在适宜的条件下，侧芽可以萌发生长形成分枝，分枝上也可以着生顶芽，并可以萌发多次分枝，这是黄连根茎的生长特点。黄连根茎在移栽当年几乎无分枝，移栽后的第2年黄连的主根茎基部分生出1~3个分枝，移栽后的第3年（即3年生黄连）在2年生黄连分枝的基础上再分枝，形成4~8个分枝，移栽后的第四年在原来的基础上再继续分枝，分枝数可达7~10个；五年生的黄连分枝达9~13个。由于分枝次数多，而且并进生长，形成鸡爪状，因此主茎不明显。根茎的生长速度，苗期较慢，移栽后第2年开始加快，栽后5~6年时生长最快，以后生长速度又渐趋缓慢。但如果环境条件适宜，肥培管理精细，即使延长栽培年限，根茎仍可保持较高的生长速度。由于黄连根和根茎生长发育的这一特性，在栽培管理过程中，每培一层次土，可以使根茎向上生长一层；同时又可以多长一层根系，扩大了根系的吸收范围。一般在较好的栽培管理条件下，5年生或6年生的黄连，茎托长可达6~10 cm，茎托径可达5~8 cm，单托质量可达20 g左右，10~25个分枝，分枝可有1~7 cm长，分枝径粗0.5~0.7 cm。

黄连根茎质量在一年中的变化与其生长发育进程有关。即每年1~3月植株上的老叶枯萎，新叶尚未长出，或叶片小而未展开，此时又正是黄连的开花抽薹期，会消耗大量的储存养分，造成黄连根茎质量显著减少；5~6月叶片开始增多，叶面积大幅增加，合成的有机营养除提供植株生长消耗外，还有大量的积累，因而导致根茎质量大幅度增加；10月份根茎质量达最大；11月份由于植株形成混合芽，叶片开始老化，光合能力减弱，营养物质的积累减少，而消耗相应增大，导致根茎质量减轻。

13.2.3.4 叶的生长

黄连苗出土时，最初出现2片子叶，在2片子叶之间有1个顶芽，陆续分化出真叶，真叶分本叶（由叶芽形成）和苞叶（由混合芽形成）两种，本叶一般3~7月生成，4~5月增加最快。据观察，播种后3~5年生植株的根茎，每一分枝每月增加本叶4~8片。苞叶一般在9~11月花芽萌发后生成。每片叶从出叶至长成，需40~50 d天。一年中，除11月至翌年2月的严寒季节不发生新叶外，其余各月均能发叶生长。叶片的寿命一般为1~2年，一株生长良好的3~4年生黄连，常年可保持50~80片绿叶，叶面积较大。而且黄连叶片的叶绿体较大，含叶绿素B的比例较高，细胞间隙较发达，适应于荫蔽条件下吸收和利用散射光来进行光合作用。因此，在苗期，要加强荫蔽，适当增施氮肥，促使多发叶；中期，叶的生长不宜过于繁茂，要适当增加光照，保持合理的绿叶数，叶片大小适中，叶色正常，才能使黄连稳健生长；收获当年，要全日照，以控制叶片数，才能使根茎充实，提高药材质量。

13.2.3.5 开花结实

黄连于播种后第3、4年或移栽后第2年开始开花。黄连花芽8月中旬开始分化，9至10月中旬分化完成，随后萌发，2月花葶弯曲出土，然后伸直，开始开花，开花后2~3 d，花药散开，散粉后第9天达高峰，一天中以9~13点的散粉最多，开花6 h后，花粉生活力下降，22 h后完全丧失生活力。2月下旬至3月上旬形成盘状果序，5月上旬果皮变紫褐色或黄绿色，果实成熟。但不同年龄黄连植株所结的种子，质量不同，发芽率及生长势也有差异。根据黄连结籽年龄的大小将种子分为：①试花种子。为定植后第2年结的种子，此期黄连苗小，能开花的植株不多，数量很少，属于不成熟的植株开花，因此叫试花。种子质量很差，瘪籽多，出苗率很低，生产上一般不留种。②当年种子。为定植后第3年结的种子，数量较多，质量优于试花种子。③红山种子。为定植后第4、第5年结的种子，数量多，成熟整齐，籽粒饱满，出苗率高，是优良种子，生产上宜采用这类种子。

13.2.3.6 黄连生长发育对环境条件的要求

（1）地势。黄连生长在我国南方的广大高山地区，一般分布在海拔1200~2000 m地带，但以1200~1700 m地区最为适宜。海拔600 m左右的低山虽然也可以栽培黄连，柄、叶繁茂，生长快，但根茎不壮实，质量较差，而且衰老快，易感病。但据陕西报道，在陕西南郑县种植的黄连，同一时期生长在低海拔处（600 m）的黄连根状茎质量大于高海拔处（1200 m）的，同一时期生长在低海拔处的黄连根状茎小檗碱含量也大于高海拔处的。在重庆石柱、湖北利川种植在海拔1000 m左右的黄连，单株黄连根茎较重，但由于缺苗较多，整体黄连产量不高。安徽师范大学在平原地带的引种栽培研究表明，只要控制好栽培条件，在低海拔的平原地带同样可以完成黄连的移栽，且黄连植株能够完成开花、结实等过程，从而实现在栽培地的定居。

（2）温度。黄连喜冷凉忌高温，在霜雪下叶片能保持常绿不枯，在 -18 ℃的低温条件下，可以正常越冬。但冬季严寒，对新栽的黄连幼苗生长不利，特别是秋末栽的黄连苗，扎根不深，幼苗的根会被冻拔出土，大大降低成活率。早春气温回升后，黄连抽出花薹，发出嫩叶，若遇强寒流，花薹、嫩叶会受冻害。黄连产区的气温，冬冷夏凉，昼夜温差大。年平均温度在 10 ℃左右，7 月份绝对最高温度不超过 31 ℃，平均 21 ℃左右；1 月绝对最低气温 -18 ℃左右，平均 -3 ~ -4 ℃。无霜期 170 ~ 220 d，早霜 10 月中下旬，晚霜 4 月中下旬。冻土 3 个月（12 月至翌年 2 月），冻深 17 ~ 35 cm。32 ℃以上的高温可以抑制黄连的生长而使其产生夏季休眠。在低海拔的南京引种黄连的实验表明，成苗在 85% 郁闭度下，能经受 32 ~ 35 ℃的持续高温和 41 ℃以上的短暂高温。在（35 ±2）℃分别处理 3 d、6 d，高温胁迫下不同年龄的黄连体内可溶性糖、脯氨酸含量均增加，且与胁迫的时间正相关；经过 6 d 高温胁迫后，可溶性糖含量最高值比对照增加了 1 倍，脯氨酸含量增加了 7 倍，丙二醛（MDA）含量下降趋势，特别是 1 年生和 2 年生的变化显著。因为在高温胁迫下，黄连叶片的光合速率受到抑制，蒸腾速率、气孔导度均下降。低温（ -5 ℃以下）也对黄连生长造成不利影响，但不及高温明显。施用 $CaCl_2$ 可缓解温度胁迫的伤害。

（3）水分。黄连喜湿润忌干旱，尤其喜欢较高的空气湿度。特别是幼苗的根系细弱，更不耐旱。但渍水，土壤通气不良，根系发育不好，也会影响黄连的生长，甚至发生霉烂或窒死。黄连产区经常多雾、多雨，特别是夏季阵雨多，降雨量在 1300 ~ 1700 mm 以上，大气相对湿度保持在 80% ~90%，土壤含水量在 30% 以上。据研究，干旱胁迫导致黄连膜脂过氧化作用加强，细胞膜系统和保护酶系统遭到破坏，并随着胁迫时间的延长，伤害加深。

（4）光照。黄连为阴地植物，在其漫长的进化过程中，野生在阴暗的林间，适应林间间歇性光照，其强大的叶面积群是适应和充分利用林间弱光的有利条件，因而形成了怕强光、喜弱光的特性。王立群等认为在强光（6000 lx，10 000 lx）胁迫下，MDA 和 Pro 含量升高。6000 lx 足以对黄连造成伤害。故人工栽培黄连需搭棚遮阴，荫蔽度为 0.4 ~ 0.6 度。随栽培年数增加，黄连对强光的适应能力逐渐增强，适当增加光照，有利于光合作用，使根茎充实，提高药材质量。尹丽等人测定不同荫蔽度的黄连抗性物质，结果表明：3、4、5 年生黄连最适荫蔽度分别为 60%、45% 和全光照。

（5）土壤。黄连喜土壤肥沃，腐殖质层厚，上层疏松，下层较紧实，俗称“上泡下实”的沙壤土，这样的土壤有利于根茎在表土层中生长。一般要求土壤湿度大，而且疏松多孔，通气透水性好，pH 4.6 ~ 6.5，有机质含量 7% 以上，具有相当的潜在肥力。陈仕江等对石柱黄水 5 类种植黄连地进行研究，按有机质分类：中层黄沙壤 > 老冲积土 > 森林黄棕壤 > 紫红泥 > 二黄土。中层黄沙壤和老冲积土全氮含量较高，二黄土全氮含量最低（0.88 g/kg）。5 种土壤全磷含量均低于 0.40 g/kg，全钾含量以紫红泥最高，森林黄棕壤最低，平均值 26.1 g/kg。有效钾与有效磷含量，以紫红泥最高，其余土壤含量低。在 5 类基础土壤中，钙、镁、硫的含量均不高；5 类土壤中有效铁、锰的含量以紫红泥极高，而二黄土中的铁和森林黄棕壤中的锰含量也较高；不同土壤中有效铜、锌含量均属中等或略高；土壤有效硼含量低，平均值 0.157 mg/kg，属极缺；土壤有效钼含量也低，平均值 0.108 mg/kg。5 类土壤中，紫红泥地的黄连产量最高。比较种植4年后土壤与基础土壤肥力变化，发现不同土壤的有机质提高1倍左右，有效氮、磷、钾含量较基础土壤分别平均提高1.02、18.46和2.80倍，有效钙含量提高64.1%，有效镁含量提高46.9%，有效硫降低23.7%，锰、锌、硼含量明显提高，而铁、铜含量明显降低。说明在黄连生产过程中，通过人工干预，提高了土壤的肥力，但要注重补充铁、铜肥。据研究，黄连耐盐胜过耐碱，盐碱混合胁迫时，伤害明显加强，表现为SOD合成与活性表达都受到破坏，而POD和CAT活性迅速上升。施用0.1 mmol/L亚硝基铁氰化钠能有效缓解黄连对干旱、盐碱胁迫的伤害。

（6）肥料。黄连是喜肥作物，但生长的各个阶段，对肥料的需求各不相同，氮肥有利于绿叶生长，故在育苗期及移栽后的第1、第2年，可适当增施氮肥，促进幼苗迅速生长；磷、钾肥有利于根茎充实和提高结实率，故在黄连生长的中后期，要增施磷、钾肥。总之，在黄连的各个生长时期，都要以施有机肥为主。

综上所述，黄连生长发育对环境条件的要求，可以总结为：喜阴湿、冷凉和高肥，忌强光、高温和干燥，即控制适当的荫蔽度和湿度，是栽培黄连的基本条件。了解黄连生长的这些基本要求，在栽培、引种或将野生黄连转为家种时，尽可能创造相应的条件，满足黄连生长发育的需要，就能获得优质高产。

13.3 栽培与管理

13.3.1 栽培模式

黄连为阴生植物，栽培黄连需搭棚遮阴。据调查，栽1 hm^2黄连，需用1500 m^3木材，砍伐3 hm^2森林。由于森林被砍伐，严重破坏了自然生态环境，造成水土流失、山体滑坡、泥石流等灾害时有发生。为此，我国开展了以保护生态为主题的黄连生态栽培技术研究。黄连生态栽培技术是一项革新300多年来一直沿用的砍伐森林、搭棚遮阴、严重破坏自然生态的栽连方法，因地制宜、多种形式、综合治理、创新和建立一套完整的适合产区各种自然条件的黄连生态栽培新模式。

（1）农田栽连。熟地农田不能栽连，必须伐林用生荒地种植。栽过黄连之地，土性已寒，不宜再植，需经过几十年后，待森林自然恢复，方可再次砍伐种连，这条戒律已成为连农不可动摇的规则，它是土地合理再利用不可逾越的一道障碍。为此，中国药用植物研究所进行了农田栽连试验，结果证明，只要施入底肥，或在熟土表层铺一层火熏肥土，黄连即可正常生长。栽后5年收获，成株率达到45%，亩施草牛粪10 000 kg，黄连产量达92.8 kg，产区生荒地栽连后5年，一般成株率40%～50%，亩产量50～75 kg，农田栽植黄连产量不低于生荒地栽连产量。

（2）简易棚栽连。利用树枝、树杈、竹枝及林区清林、间伐的树枝杆搭设简易棚，改变以往砍伐成片高大森林搭棚的栽连方法，减少了用材毁林，节约了投资。最初用细树枝、竹枝编织成活动的单厢矮棚，距地面45 cm，除草管理时可用树杈在棚侧面支起矮棚，栽后5年收获，黄连产量每亩可达100 kg左右，比架子棚高。但编棚技术较繁杂，田间管理不方便，在此基础上改进为距地 1.2～1.4 m 的联厢矮棚，但由于树枝杈细小，冬季大风和积雪会压垮棚架，很难为黄连生长 5 年遮阳蔽阴，增加了春季补棚的用工量。近年来，由于增加了基肥施用量和加强了田间管理，黄连生长年限由 5 年缩短为 3～4 年，简易棚推广面积越来越大，技术不断完善，用钢丝代替树枝杈的檩条，不但节省了劳动力和投资，也增加了棚架的牢固性和使用年限。在此基础上，将植树造林栽连和简易棚栽连有机结合，整地开厢后先移栽灌木和乔木林，搭简易棚后即可栽连，使栽连与造林同步进行，前期靠简易棚遮阴，树木封林后，拆掉简易棚，成为林下黄连生产基地。这种栽连技术被越来越多的人采用，已在我国黄连产区大面积推广应用。

（3）自然林栽连。天然林下栽黄连要选择荫蔽良好的林地，以常绿林、混交林为宜。高大的阔叶乔木林枝叶繁茂，又不易修剪，而且雨水冲击力强，不利黄连生长，不宜栽黄连。林地选好后，要进行砍山修林，即将林内地面的小杂灌、小竹、茅草以及一切杂草除净，使林地成为“亮脚林”。然后根据树冠的荫蔽情况，“看天不看地”，即在荫蔽度过大的地方，修去部分树枝；在荫蔽度不够的地方，要栽树或补搭荫棚，或用藤条将密蔽处的树枝拉过来一两枝，以调节荫蔽度。总之，得保证林内荫蔽度在 70% 以上，而且荫蔽均匀。此种方法不但在技术上改变了老式砍山搭棚栽连方法，而且使人们认识到 300 多年来一直沿用的毁林栽连方法必须改革的重要性和可行性。目前产区适合用来栽连的自然林大部分都已成为黄连生产基地。

（4）玉米－黄连套种。整地后开沟作厢（高畦），厢宽 1.8 m，沟宽 30 cm，早春用营养钵育玉米苗，用塑料薄膜覆盖，玉米株高 30 cm 左右时，定向移栽到厢两边，玉米封垅后，在厢面栽黄连，秋季玉米收获后，用玉米秆编矮棚，为黄连遮阴，翌年春季复移栽玉米。黄连在玉米遮阴条件下，可正常生长，每年每亩约产黄连 60 kg 和玉米 200 kg。

（5）人工造林栽连。最初以株行距 1.7 m × 1.7 m 距离造林，树种以松树、杉树等乔木和马桑树等灌木间隔栽植，也可栽植杜仲、厚朴、黄柏等木本药材。3～4 年后灌木可封林，能为黄连遮阴，即可在灌木林下栽 2～3 季（10～15 年）黄连，乔木长好后砍去灌木，又可在乔木林下栽黄连。

为了能增加土地利用率，造林和栽连同步进行，将玉米－黄连套种和简易棚栽连\人工造林栽连有机结合，新造的林地前期搭设简易棚或种玉米，同期即可栽种黄连，林长好后拆掉简易棚，林下便成为黄连生产基地，直到树林遮阴度过大，不适宜黄连生长时，不再栽连，连起林封，成为永久性的森林资源。湖北省利川市许多药材场、林场、村组及农户，即试行植树栽黄连，已逐步形成“栽连植树，取连还山，还山又栽连”的耕作制度，黄连和树一起栽，栽植的树林一般可以连续栽 3～4 茬黄连（5 年为一茬），黄连生长好，树木也长得快。如箭竹溪乡容貌坪村，在栽黄连的同时，在黄连厢中央栽上一行杉树，第一茬黄连平均每亩产 126.5 kg；第一茬黄连收获后，又在这片林地栽上第二茬黄连，第二茬黄连平均每亩产 107.5 kg；第三茬黄连平均每亩产 70 kg；基本上与搭棚栽培的黄连产量接近。福宝山林场栽连植树 15 hm^2，同为 24 年生林，栽黄连的林的林分密度每亩 177 株；不栽黄连、实行全垦压青抚育的林的林分密度每亩 195 株，前者因栽过几茬黄连，活立木蓄积量每亩达 14.6m^3，最后一茬黄连每亩产量 60.5 kg（前几茬产量更高）；而后者的活立木蓄积量每亩仅 8.38 m^3。由过去的砍树栽连，变为现在的造林栽连，既发展了黄连生产，也发展了林业，保护了生态平衡，一举数得。

13.3.2 育 苗

黄连一般都用种子繁殖，先播种育苗，再行移栽。

(1) 种子的采收。由于3、4年生黄连结出的种子质量好、发芽率高，以此为采种株最为适宜。5月上中旬当种壳变黄、种子变成黄褐色，用指甲挤压肉质呈瓣状无水泡为成熟。采收时，选晴天无露水时，用剪刀轻轻将果柄剪断，装进布袋，运回家，在室内通风干燥的簸箕或竹席上放置1～2 d后，用手轻轻揉搓出种子，去除果皮、枝叶等残渣。脱粒的种子放在铺有塑料膜的簸箕或竹席上摊凉，厚度约1 cm，每天翻动1～2次，翻动6～10 d，待子粒全部变成黄褐色，手摸自然不沾手时进行储藏。

(2) 种子的储藏。黄连种子成熟时呈黄褐色，但此时种子生理上还没有成熟，处在原胚阶段，需要经过8～9个月休眠期的继续分化，才能完成后熟过程。后熟过程包括两个明显不同的阶段，第一阶段是胚的发育阶段，第二阶段为低温生理转变期。在自然状况下，黄连果实在炎夏以前成熟，但种胚发育不全，需5～6个月的继续发育，到10～11月份，当胚长达到1.6 mm时，胚分化完成，种胚一端的种皮破裂，叫“裂口”。但此时胚尚未具有发芽能力，需再经过一段时间的低温藏后，才能完全解除休眠。一般至翌年1月中旬，“裂口”种子开始发芽，伸出胚根，逐渐发育成为带子叶的幼苗。在播种前，黄连种子的储藏质量十分重要。通常采用如下两种方法：一是泥沙储藏法。取黄连地的泥沙筛去小石块、草根和杂物，干湿度按手捏成团、松开能散为宜，种子与泥沙的量之比为1：3，种子与泥沙混合拌匀后储藏在木箱或大口陶瓷缸内，底部垫一层塑料膜，面上盖沙5 cm，再盖一层棕叶子。也可靠室内墙脚砌一个宽、高均为50 cm，长按需而取的藏种库。高温季节随时开窗通风，藏沙过干时应适当喷水保湿，注意不让鸡、犬、猫、鼠在藏沙上拉屎撒尿导致种子腐烂。二是袋藏法，将种子装在麻袋里，装量为1/3袋，封严袋口，然后在室外选一块坡度约15°的地块，挖成深15 cm、宽1 m、长按需而定的长方形地坑。坑底放一层2～3 cm厚的河沙，然后将种袋依次放在坑内，压平种袋使袋内种子厚度为3～5 cm，袋面盖细土5～8 cm，藏种坑四周挖排水沟20 cm深，最后用竹木或塑料膜搭遮阳棚保湿避晒，棚高约1 m，四周用篱笆拦严。

在储藏期间要经常检查，特别是前两个月，每隔3～5 d检查一次，层积温度不要超过25 ℃，保持种子和沙（腐殖土）合理的含水量。如果发现种子出现霉变，立即用清水淘洗，再与干净湿沙混合进行储藏。可一直储藏到翌年1月，种子质量不受影响。

(3) 苗床整理与搭棚。育苗地选缓坡生荒地最好，因生荒地无病菌污染，少生杂草，熟地病菌较多且易生杂草，不宜选为育苗地。整地方法：砍去杂草，挖去树桩、草根，清除残枝落叶，集中烧灰备用。用钉耙或锄头浅翻表土深10 cm，捡净石块，耙细整平土壤，以1.3 m宽、长按需而定顺坡开箱作畦，挖好排水沟。在箱背中线上每隔2 m打一根木桩，桩高1.6 m，木桩上端做成“Y”字形弯口，放置绑扎的竹木枝丫搭遮阳棚，或用黑色塑料遮阳网搭棚效果更好。

(4) 播种。10～11月，将经过储藏的种子进行播种，每亩播种量2.5 kg左右，可培育出苗25～40万株。播种时，可拌和20～30倍细腐殖质土或干牛粪粉，一同均匀撒播于厢面，或将种子与细土按1：3混合拌匀，分2～3次重复播撒，撒后用木板将厢面稍稍压实，使种子与土壤相接触，然后再盖1 cm左右的干细腐熟牛马粪或挖取箱沟里的细土与适量草木灰混合撒盖箱面，以免种子被风吹起。

（5）苗床管理。要培育出高质量壮苗，必须抓好以下管理措施：

除去杂物：种子出苗后，随时清除苗床上的枯枝落叶等残渣物，使苗顺利生长。

①除草：一般在3、6、8月份各除草1次，除草时要保护好弱小的黄连苗，松动的黄连苗随手压紧，即时喷洒保苗水，以免连片失水发黄停止生长。

②施肥催苗：当黄连长出3~5片叶子时开始施追肥，一般在4、7、9月份各施1次。第1次每亩用草木灰混合适量油枯50~80 kg，拌适量细土在晴天撒施。第2次每亩施腐熟去渣的人畜粪水750~1000 kg，每100 kg人畜粪水加入尿素200 g泼施。第3次每亩撒施尿素3~5 kg，或阴天无露水时叶面喷施3% ~4%磷酸二氢钾，施后及时用竹丫扫落叶面上的尿素，以防烧伤叶片。

④匀苗：苗子过密过挤，会导致部分幼苗枯黄而死。因此，匀苗是培育黄连壮秧的重要措施。匀苗方法：一是结合除草将过密的弱秧苗扯匀分栽到较稀的空隙地面，使苗距达1 cm^2 1株为宜。二是出壮留弱，分批出苗，对1~1.5年生的秧苗，有6~14柄叶的壮苗先移栽，弱小苗子留地继续培育，每出苗一批及时追水肥1次，直到出完为止。

13.3.3 选地与清理

黄连对土壤要求较严，以土层深厚、肥沃、疏松、排水良好、富含腐殖质的壤土和沙壤土为好。土壤pH以5.5~7为宜。忌连作。早晚有斜射光照的半阴半阳的缓坡地最为适宜，但坡度不宜超过30°。传统多搭棚栽连，现多利用林间栽培或同其他作物套种。林间栽培时，以选用荫蔽度较好的矮生常绿或落叶阔叶混交林、常绿针阔叶混交林为好，不宜选用高大乔木林。若是选定生荒林地，则应在栽培黄连的前一年8~11月份进行砍山整地，即将地内的杂灌、杂草一并砍去，搬出场外，将其中能作桩、杆、遮盖物及篱笆等的材料分别堆放。砍山时，应注意把能做立桩用的小树，按1.7 m的距离留下，作搭棚用的桩，称为“自生桩”。砍山以后，即可进行翻土整地。

13.3.4 搭棚遮阴

（1）架子棚。棚的结构由立桩、直杆、横杆、盖材搭建而成。立桩：是整个棚的支柱，用坚实耐腐的木桩或水泥柱做成。长2.2 m，直径13 cm左右，下端略粗，上端略细。若用木桩，在下端33 cm处，往下砍（做）成渐尖的四棱形或三棱形的桩脚，顶端砍（琢）成碗口形。每亩需桩160根左右。直杆：是搁在桩的碗口上的檩木，也应坚固耐用，长5~6 m，直径10~13 cm，在檩子与桩上碗口衔接处砍一挂口，扣在碗口上。在挂口背面稍前部，再砍一个口子，称“马口”，用于搁横杆。每亩需直杆70~80根。横杆：横搁于两檩子之上，长2.2~2.5 m，直径不小于3 cm，每亩需500~600根。盖材：竹枝、树枝均可，经济条件允许，也可以用遮阳网。用树枝、竹枝作为盖材，长度最好在50 cm以上，以柳杉和杉树枝条为最好，因柳杉和杉木干后不落叶。用其他树枝或竹枝作为盖材，最好待叶子干落后再用，以免盖后落叶，影响荫蔽度。

为了保护森林，搭棚材料除盖材外，可改成水泥预制构件，且经久耐用，再结合轮作及培客土等措施，可建成比较固定的黄连生产基地。

（2）简易棚。只需用3～6 cm的粗树枝即可。搭棚技术简单，先把材料准备好，当一厢黄连栽完或育苗播种后，再及时用矮树桩（离地面50～70 cm即可）或竹条搭成平顶或圆顶矮棚，用树枝、竹枝或遮阳网覆盖均可。但管理较麻烦，在每次拔草、施肥、培土时，都必须取掉覆盖物。黄连怕暴晒，在晴天操作时，要按厢分段进行，切忌过长时间地暴晒在阳光下；否则，会造成黄连叶枯焦死亡。

13.3.5 整地，施基肥

棚搭好或林地清理好后，即可翻土整地。整地前进行熏土，方法是选晴天将土表7～10 cm的腐殖土翻起，拣净树根、石块，待腐殖土晒干后，收集枯枝落叶和杂草进行熏土。此法有利于提高土壤肥力，减少病虫害和杂草。熏土后，耕翻深15 cm，注意在桩脚和树根附近切勿深挖，以保护桩脚稳固和树木生长。拣除树蔸、石块，将土块整碎耙平，然后开沟作厢。顺坡向先做正厢，后做侧厢，厢宽1.7 m（包括厢沟），厢沟宽20 cm，深10 cm左右，厢长20m左右为宜。并按此距离开好横向排水沟，横沟深10 cm，宽33 cm。厢沟和横沟都切忌开在桩行和树行上，否则会影响排水畅通，冲坏桩脚或冲坏树附近的黄连苗，再者也不便于操作。此外，还要在黄连场地上方及两侧开好拦山沟，沟宽33～50 cm，深26～33 cm，以利排水。厢做好后，施底肥，每亩约施腐熟厩肥5000 kg、过磷酸钙100～250 kg，还可增施饼肥，拌和均匀后，铺于厢面，再盖上7～13 cm厚的火土、熏土拌和肥沃、疏松、富含腐殖质的沙壤土作为“面泥”。“面泥”中最好能拌施适量腐熟人粪尿或少量氮素化肥，均匀摊平，厢面略呈瓦背形。若是熟土栽培黄连，则应在整地时，每亩撒1 kg五氯硝基苯，翻入土中，进行土壤消毒，再在栽培的厢面上加一层肥沃的沙壤土作为“面泥”。此外，若地下害虫较多，移栽前整地时，可用10%土虫克或速灭地虫撒于厢面，防治地下害虫。

13.3.6 移 栽

13.3.6.1 秧苗选择

应选择具有4片以上真叶、苗高7 cm以上的健壮苗。苗龄不同，质量也有差异，一般分为以下几种：①当生秧子。为1年生秧苗，保留2片子叶，即播后第2年生长的苗，苗小，栽后成活率低。②当年秧子。为2年生秧苗，即播后第3年生长的苗，一般有4～6片真叶，苗高7 cm左右，移栽后成活率高，发蔸快，为最适宜的苗龄。③原蜂秧子。为3年生秧苗，叶片比当年秧子多，其根茎已发育成似蜂子的形状，故名原蜂秧子。苗子健壮，移栽后成活率高，生长迅速。④疙瘪秧子。为4年生以上秧苗，其根茎处已长成一个弯形的粗疙瘩，故叫疙瘪秧子。⑤老疙瘪秧子。是历年扯秧时遗留下来的劣苗、小苗所长成的老苗，移栽后成活率高，但发蔸较慢。⑥剪口秧子。又名分蔸秧子，即在收获黄连时，在根茎顶端剪下，带有1 cm长的根茎及少许须根，留有少数叶片。栽植要深，约入土7 cm，栽后生长发育快，3～4年就可收获，但繁殖系数低，也较费工。生产上一般多采用当年秧子及原蜂秧子。不论何种秧苗，1片叶子的“独脚”和2片叶子的“对叉”秧苗，发育不良，不宜选用。对于第4年以后的秧苗，可以留蓄“坐蔸”，即留在苗圃地让其继续生长，直至收获，不必再移栽。

13.3.6.2 移栽时间

黄连一年四季均可移栽，分“春排”与“秋排”，7月份以前栽的称“春排”，栽后成活率高，生长迅速。“春排”又分“老叶子”与“登苗”，2~3月份新叶还未长出以前移栽的，称栽“老叶子”，是最好的移栽期，栽后生长期长。5~7月份，新叶长齐后移栽，称栽“登苗”，此时天气暖和，雨水充足，栽后发根快，成活率高，新叶生长也迅速，为一年中主要的移栽期。3~4月份正发新叶时，称“水叶子”，因叶子太嫩，移栽时易受损伤，故此时一般不宜移栽。9月份以后栽的称“秋排”，此期气温逐渐下降，栽后发根慢，扎根不深，表土冻裂，易把根掀出土外以致冻死，称“掀苗”。故“秋排”应尽量早栽，栽后经常检查，发现“掀苗”，及时用手就地将苗按入土中。7~8月份移栽，则必须注意增加荫蔽并做好抗旱工作。

13.3.6.3 取　苗

栽前从苗床中拔取粗壮的秧苗。拔苗时用右手的食指和大拇指捏住苗子的小根茎拔起，抖去泥土，放入左手中，根茎放在拇指一面，秧头放整齐，须根理顺，约100株捆成一把。通常上午扯秧苗，下午栽种，最好当天栽完；如未栽完，应摊放在阴湿处，第2天栽前须用水浸湿后再栽。

13.3.6.4 栽苗前的准备工作

（1）梳土。栽植厢面要用齿耙梳一遍，现梳现栽，如果当天梳了的土没有栽完，第二天栽苗前还要再梳一次。

（2）修剪须根。栽前，将须根剪短，只留2 cm左右长，栽时方便，还可刺激多发新根，但切忌剪伤根茎。

（3）洗秧根。在栽植前，还要将秧苗把子打开，用清水将苗根上的泥土洗去，栽后才易成活。如果当天洗的秧没有栽完，次日栽前还要再洗。

13.3.6.5 栽　植

秧苗须在阴天或晴天栽种。栽植株行距一般为10 cm×10 cm，每亩可栽5.5万~6万株。栽植深度一般适龄苗应使叶片以下完全入土，最深不超过6 cm，小苗栽浅些，大苗栽深些；“春排”稍浅有利发叶，“秋排”栽深有利防冻；天旱时可栽深些。栽植时，右手持小铁锹插入土中，扳开一条缝隙，左手随即将秧苗插入土缝中，不要将苗子根部和叶柄弯曲栽下，即所谓的栽“弯脚秧”，要让根能自然舒展；将秧苗扶正，取出锹，并用锹背把土压紧，使根与土壤紧密结合。不要栽双蔸子，不好的苗不栽。

13.3.7 田间管理

黄连移栽后，在田间留蓄时间长，一般需5年，田间管理的好坏，直接关系到黄连苗的成活和黄连产量的高低，因此，管理要及时和精细。

13.3.7.1 拦边棚

刚栽好的黄连苗，最怕强光照射，极易被晒死，要在黄连棚的四周拦上边棚，尤其在兽害多的地方，更应将四周的篱笆编好、编牢固。在拦棚时，还要依照棚的大小及进出方便，留1~4个门，以便进出操作，平时将门关闭。

13.3.7.2 补 苗

黄连幼苗阶段，常因干旱、冷冻等，造成死苗缺株，是影响黄连高产的主要原因。黄连在收获时，只要存株率在80%以上，一般每亩可产200 kg以上药连。要提高存苗率，栽后的第1、2、3年及时查苗补苗十分重要。一般补苗分2次进行：第1次在当年的秋季，用同龄壮秧进行补苗，带土移栽更易成活；第2次补苗在第2年雪化后新叶未发前进行，此后若发现缺苗，应选用与栽苗相当的秧苗带土移栽，使栽后生长一致。在补第2次苗时，注意将一些冻掀出土而尚未冻死的苗的根重新植入土中，称“按蔸补苗”。

13.3.7.3 追肥培土

黄连是喜肥植物，除在移栽前施足底肥外，适时适量追肥十分关键。追肥仍以农家肥为主。栽后2~3内应施一次追肥，用稀猪粪水或菜饼水，也可每亩用细碎堆肥或厩肥1000 kg左右撒施。栽种当年9~10月，第2、3、4、5年每年5月采种后和第2、3、4年每年9~10月，应追肥1次。夏季追肥每亩用人畜粪水1000 kg和过磷酸钙20~30 kg，与细土或细堆肥拌匀撒施。秋季追肥以农家厩肥为主，兼用火灰、菜饼等肥料。肥料应充分腐熟弄细，撒施于畦面，每次每亩用量1500~2000 kg。若肥料不足，可用腐殖质土或土杂肥代替一部分。施肥量应逐年增加。干肥在施用时应从低处向高处撒施，以免肥料滚落成堆或盖住叶子，在斜坡上部和畦边易受雨水冲刷处，保肥力差，应多施一些。黄连的根茎向上生长，每年形成茎节，为了提高产量，第2、3、4年秋季追肥后还应培土，在附近收集腐殖质土弄细后撒在畦上。第2、4年撒约1 cm厚，称为“上花泥”；第4年撒约1.5 cm厚，称为“上饱泥”。培土须均匀，且不能过厚，否则根茎桥梗长，品质降低。

13.3.7.4 除草松土

在黄连移栽后的第1、第2年，因苗小，地表空隙大，加上土地肥沃，杂草容易滋生。此外，黄连棚（林）内阴湿，厢面往往生长很多苔藓，在移栽后的第1、2年内，每年至少除草4~5次，第3、4年后，只需在春季、夏季采种后和秋季各除草1次，第5年以后，一般不必除草。在除草的同时，必须结合撬松表土，以利多发新叶。故在黄连产区有“松一次土，长一批叶”之说。

13.3.7.5 补棚与亮棚

搭棚栽培的黄连，在栽后的前4年，应特别注意棚架，要经常检查、修补，不能倒塌，棚上盖材随年月的增加而逐渐稀疏，光照逐渐增加，这很适合黄连生长的需要，但对被风吹折或水滴过大处，要修补调整，使荫蔽适度。到第5年，即收获的当年，必须拆去棚上盖材，称为“亮棚”，使黄连得到充分光照，抑制地上部分生长，使根茎充实。林间栽黄连，则应注意修枝调阳，黄连生长前期，需光少，随着年月增加，需要加强光照，而林下的荫蔽度则随树木的生长而加大，光照逐渐减弱，这与黄连生长的需要正相反。因此，必须从第3年起，砍掉部分上层树枝，增加透光度，以后逐年增加树枝的修剪量，使光照逐渐加强，但应防止砍死树木。

13.3.7.6 摘除花薹

据湖北省利川市福宝山药材场试验，摘花薹比未摘花薹增产18.5%；重庆市石柱县黄水黄连场试验，摘花薹比不摘花薹平均增产12.3%。因此，凡不需留种的田块，可在早春将花薹摘除。

13.3.7.7 病虫害防治

1）病　害

（1）白粉病。该病主要为害叶片。开始在叶背出现圆形或椭圆形、黄褐色的小病斑，直径为2～2.5 mm；叶表面病斑褐色，逐渐长出白色粉末，像冬瓜粉状，表面比背面多，于7～8月份产生黑色小点，为病原菌的子囊壳，叶表多于叶背。发病由老叶渐向新生叶蔓延，白粉逐渐布满全株叶片，致使叶片渐渐焦枯死亡，下部茎和根也逐渐腐烂。轻者次年可生新叶，重者死亡。据调查，越冬黄连叶上存在大量的子囊壳，为次年病害发生的初次侵染原。

防治方法：①调节盖材（树枝）疏密度，适当增加光照，降低棚（林）内湿度，并搞好开沟排水。②发病初期，及时拔除病株，并带出棚外烧毁，防止蔓延。③喷80单位庆丰霉素，或0.3波美度石硫合剂，或50%多菌灵可湿性粉剂500～800倍液，或硫悬浮剂200～400倍液，或20%粉锈灵可湿性粉剂1000～1500倍液，或“农抗120”2000倍液或50%甲基托布津1500倍液，7～10 d一次，交替用药，连喷3次。另据报道，25%百理通1000倍、10%世高1000倍和70%甲基硫菌灵1000倍对防治黄连白粉病均有较好的防治效果。考虑到百理通、世高的毒性更低，建议生产上使用。④越冬后的黄连叶片残体上的白粉病子囊孢子是主要的侵染源，可在3～4月第一次锄草时将上年留下的枯叶和一些老叶除去，以减少初次侵染源。此外，偏施氮肥会增加发病程度，应增施磷、钾肥，改变产区不施用钾肥的传统习惯，以增加植株的抗病性。

（2）炭疽病。黄连炭疽病在产区发生较为普遍，每年4～6月发病，5月起逐渐严重。叶片上先发生油渍状的小点，以后逐渐扩大为病斑，边缘暗红色，中间灰白色，并有不规则轮纹，叶片上着生小黑点（即病原菌的分生孢子），向叶表面突起，后期容易穿孔；叶柄也易产生紫褐色病斑，后期略向内陷，造成叶柄掉叶，严重时全叶枯死，使叶的光合作用受到影响，黄连植株不能正常生长，影响黄连产量和品质。

防治方法：①摘除病叶，然后喷50%退菌特800～1000液，或代森锰锌800～1000倍液，或1∶1∶100波尔多液，或50%多菌灵800～1000倍液，或70%甲基托布津1000倍液，或60%炭疽福美400～600倍液，每7 d喷1次，连喷2～3次。②经田间观察发现，越冬后附着在病残组织和叶片上的病原菌为黄连炭疽病的初侵染源，故在第一次锄草时应仔细将上年留下的枯叶和老叶清除，集中深埋或烧毁，以减少初次侵染源。③对荫蔽度过大、积水较多的地块，应根据植株的生长状况调节荫蔽度，拆除边棚，及时排水，以降低湿度，减轻病害的发生。④病区尽量不选用肉质叶品种。⑤加强肥水管理，增强黄连长势，适当施用钾肥，提高植株抗病力，也是防治该病害的重要方法。

（3）白绢病。发病初期，地上部分无明显症状，后期，菌丝穿出土层，密布于根茎及其四周的土表，形成先为乳白色、继为淡黄色、最后为茶褐色的如菜籽大小的菌核。被害株叶片凋萎、下垂，最后整株死亡。本病于4月下旬发生，6月上旬至8月上旬为发病盛期，高温多雨易发病。

防治方法：①不宜连作，也不宜与易感此病的玄参、附子、芍药等轮作；②发现病株，带土移出黄连地烧毁，用石灰粉消毒病穴及周围土壤，或用50%多菌灵可湿性粉剂800倍或98%土菌消300倍液浇治病区。③用50%退菌特500倍液喷洒，每7 d喷1次，连喷3次。

由于黄连白绢病是根部土传病害，其病菌以菌丝和菌核在土壤和病残组织中存在，要铲除该病害带来的为害，仅依靠药剂防治还远远不够，需要药剂防治与综合防治相结合，才能达到理想的效果。

（4）根腐病。发病初期，须根变黑褐色，干腐，后干枯脱落，叶尖、叶缘出现紫红色不规则病斑，逐渐变暗紫红色，病情继续发展，叶片呈萎蔫状，初期早晚尚能恢复，后期则不再恢复，干枯至死。在地下害虫活动频繁，天气时晴时雨，土壤黏重，排水不良，施用未腐熟厩肥，植株生长不良的条件下易发此病。

防治方法：①要注意防治地老虎、蝼蛄、蛴螬等地下害虫；②切忌连作，也不宜与易感此病的药材和农作物轮作；③发现病株，及时拔除，并在病穴中施一把石灰粉；④发病初期，用50%退菌特1000倍液或40%克瘟散1000倍液，每7～10 d喷1次，连喷3～4次。用2%石灰水或50%退菌特600倍液或98%土菌消300倍液浇治病区，防止蔓延。

（5）霉素病。又名晚疫病。发病初期，叶柄上出现暗绿色不规则病斑，随后病斑色变深，患部变软，叶片像开水烫过一样卷曲，扭曲，呈半透明状，干枯或下垂。7～8月份气温高，雨日多，过于荫蔽，易发此病；晴天，天气转凉后，发病减轻。

防治方法：①保持荫蔽适宜，土壤疏松，排水良好；②发病后，及时摘除病叶，集中烧毁；③然后喷65%代森锌500倍液，每7 d喷1次，连喷2～3次。

（6）日灼。俗称“起地火”，初期叶变红褐色，后渐变黑色，叶缘卷缩至全叶枯萎，严重者成片黄连枯死，以7～8月份天气炎热、阳光强烈时最易发生；遮阴不良，未拦边棚，易发生；幼苗期易发生；沙土易发生。

防治方法：补棚，拦边，增加荫蔽度。发生日灼后，立即追肥，促发新叶。

2）虫 害

（1）蛴螬、蝼蛄、地老虎。三者均为地下害虫。防治方法：①在栽黄连苗的前一年冬季，翻地以消灭越冬虫卵、幼虫或蛹；②施用的堆肥、厩肥要充分腐熟，施后覆土，减少害虫产卵量；③在栽黄连前半月，每亩用3%米尔乐颗粒剂1～1.5 kg，或用锌硫磷5%颗粒剂100～150 g拌细土4～5 kg，撒于地面，翻入土中，杀死幼虫再整地作厢；③在黄连生长期间，用麦麸或粉碎的菜籽饼炒香，拌90%晶体敌百虫30倍液做成毒饵诱杀。

（2）黏虫。主要为害黄连叶片。

防治方法：在幼虫低龄阶段，于晴天上午10时前或下午5时后，用10%功夫乳油或敌杀死、来福灵，或50%敌敌畏800倍液喷杀；或用糖醋液（糖3份、醋4份、白酒1份、水2份）诱杀。

3）鸟、兽、鼠害

麂子、锦鸡取食黄连的叶片、花薹及种子，一般发生在12月至第二年4月青草已枯的寒冷季节。预防方法：拦好边棚，使其紧密牢固；毒杀或捕捉山鼠、地老鼠。

4）寄生植物

黄连有黄筒花和蕉寄生（俗称地麻花）两种寄生植物，均为列当科的肉质草本植物，植株土黄色，无叶绿素；能进行光合作用，以其肉质的根伸向四周，与寄主黄连的根系接触后，产生不定型的小吸盘，吸取黄连的营养，使黄连植株生长瘦弱、矮小，甚至停止生长，散蔸，烂根，严重时，全株死亡。潮湿，荫蔽度过大，pH 6以下的灰泡土（腐殖质含量较低、较瘦），缺肥的瘦地，发生较重，移栽3～4年的黄连受害较重。

防治方法：①拔除病株，彻底清除受害黄连周围的寄生植物的根与土壤，集中烧毁；再用新土将掘穴填补；②在7月上旬以前，寄生植物种子未成熟时，结合中耕除草，将其彻底清除，防止再通过种子扩大蔓延。

13.4 采收与初加工

13.4.1 收 获

（1）收获年限。黄连移栽后第5、第6年，生长最旺盛，药农认为："二三年长架子，四五年长肉头"。据重庆市石柱县黄水黄连场研究，6年生黄连比5年生黄连每亩要增产25～35 kg，故产区有"栽连不如蓄连"之说。因此，适当延长黄连蓄留时间，可显著提高黄连产量。同时，黄连根茎中小檗碱的含量也随着年龄的增长而增加。移栽后5～6年，产量和质量都达到最佳时期，此时为采收最佳年限。

（2）收获季节。不同收获季节，对黄连的产量和质量影响较大。据试验，9月底至11月采收的黄连，折干率可达40%～50%；8～9月采收的黄连，折干率只有30%～40%；6～7月采收的黄连，折干率为30%～37%；而2～4月份，在黄连开花结实期采收的黄连，折干率只有20%～30%。小檗碱含量也以开花结实期最低。霜降以后，气温逐渐下降，地上部分逐渐停止生长，养分已大部分储藏在地下根茎中。因此，以霜降到立冬收获的黄连，根茎充实，含水量低，产量较高，质量也较好。

（3）采收方法。采收黄连，应选晴天或阴天进行，使用两齿铁抓子，把黄连植株抓出地面，抖掉基部泥土，再用剪刀剪去叶柄，用小刀削去须根即成。

13.4.2 初加工

将黄连挖起后，抖落泥沙，把须根、叶子连同叶柄一起剪掉，剪好的根茎，称为黄连“砣子”，也称“泥团货”，即可干燥加工。

13.4.2.1 建造连炕

黄连炕由火门、火道和炕坑3部分组成。建地选在房子附近，要求地平、土厚、顺风的地块。火门依地坎而建，约低于炕坑30 cm，火道长3 m，下端连接火门，上端连接炕坑。火门挖成灶膛圆形，直径和高约60 cm。火道挖成宽30 cm、深50 cm的地沟，修平拍紧沟壁，去掉地沟面上疏松泥土，然后在沟面上盖一层石板，石板面上覆盖20 cm厚的泥土。炕坑挖成长方形，长2 m、宽1.6 m、深0.5 m，炕坑四壁用石块或砖块砌牢，总高1 m，高出地面部分四周用泥土围住压紧。炕筛是放在炕坑上的组合部分，不用时取下存放。坑筛由木板和钢丝网制成，选用厚5 cm、宽20 cm、长2 m和1.6 m的木板各两块，做成长方形木框，然后选钢丝网一张，网长2.1 m，宽1.7 m，网眼直径0.5 cm，用铁钉将钢丝网固定在木框一面，钢丝头挽抱木框就即。

13.4.2.2 毛 炕

把剪好的黄连砣子放在建好的黄连炕上烘炕，根据炕的大小，每炕可放湿黄连砣250～750 kg，堆放时，中间厚，两旁薄，炕的后端厚，前端薄。烘炕火力，开始不宜过强，以后慢慢增大，每隔30～40 min，由炕两边各站1人，用木制炒板（一般需备2～4把，全长1.7 m左右，前部为板，板长67 cm，板宽13～20 cm；后部为板柄）翻动一次。使水分蒸发、泥沙脱落，炕烘5～6 h，如果最小的根茎干了，或根茎表面颜色发白，便可停火出炕，摊放在室内干燥处，用山耙捶打，抖掉泥土。根据黄连的大小及干湿程度分为4～5个等级，大的、湿的叫头砣，其次为二砣、三砣……分级后进行细炕。

13.4.2.3 细 炕

先将头砣平铺炕上，用中等火力烘炕（50 ℃左右），勤翻勤抖，待炕至湿度与二砣相当时，加入二砣，再炕至与三砣相当时，再加入三砣，头砣、二砣、三砣可共用一炕烘干。四砣、五砣可另作一炕烘干。细炕烘焙，翻炒宜勤，每隔3～5分钟min应翻动一次。火力一般比毛炕稍大，但要由小到大慢慢增加火力，切忌突然加大火力，否则，易出现内湿外干、大湿小干或大干小枯等不良现象。出炕前几分钟，更要不停地翻动，使黄连砣干燥均匀，直到全部炕干，外皮呈暗红色，内肉呈甘草色（淡黄色），即可停火出炕。

13.4.2.4 打　槽

烘干的黄连立即装入槽笼打槽。槽笼一般为竹制，大小不定，一般长 2 m 左右，梭形；笼中部直径 66 cm 左右，设笼口，笼口长 30 cm，宽 20 cm；笼两端有 80 cm 左右长的笼柄（图 13.1）。黄连装入槽笼后，将笼口盖盖好，用人力或机电动力将槽笼来回冲撞，使黄连在笼中相互摩擦，可将未去净的须根、残余叶柄及所附泥土撞去，槽制好之后，用大孔筛将黄连根茎筛出，即为成品黄连。

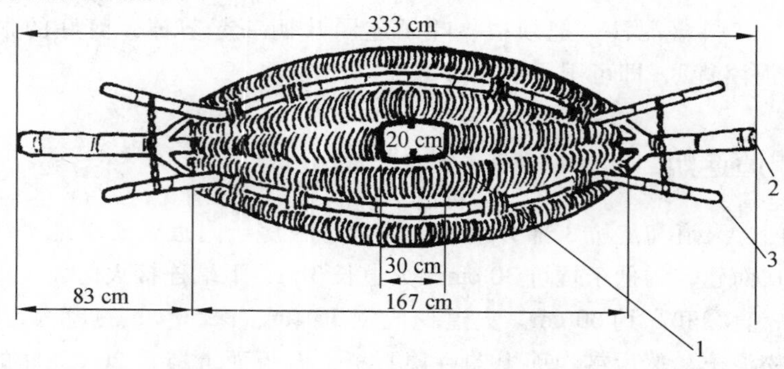

图 13.1　槽　笼

1—笼口；2—笼柄；3—扶手

13.4.2.5 黄连的商品规格

黄连商品因原植物与原产地及加工等不同，规格各异。

（1）味连。根茎多分枝，常 3～6 枝成束，形如鸡爪，稍弯曲，外表黄褐色，微有光泽；分枝上节结膨大。形如连珠；有的根茎中段有“过桥”。以干燥，条肥壮，连珠形，质坚实，断面红黄色，无残柄及须根者为佳。

（2）雅连。根茎多单枝，少有分枝，略呈圆柱形，微弯曲呈蚕状，外表黄棕色或灰棕色，结节明显，有多数须根残痕、叶柄残基及鳞片，“过桥”比味连少。以条肥壮，连珠形，质坚实，断面黄色，无叶柄及须根者为佳。

（3）野连。外形与雅连相近，根茎多单枝或有二分枝，略弯曲，外表黑褐色，结节紧密或连珠状，无“过桥”，残留鳞片较多，须根较硬。以条肥壮，质坚实，无须根及茎芦，形如蚕，断面红黄色，有菊花心者佳。

（4）云连。根茎较细小，多单枝，弯曲，形如蝎尾，表面黄绿色，较光滑，质脆易断，中央常有空隙。以条干均匀而细紧，曲节多，岔枝少，无毛（须根），色黄绿者为佳。

野连、云连不分等级。味连及雅连分为一等、二等、三等、原装货 4 个等级。一等，又称“刁枝连”，根茎粗壮肥实，无论单枝或起“抓子”（即几枝丛生的根茎），均以根茎无“过桥”、外表无糊黑焦烂、无折断、无须根、根茎顶部无“青桩”（即叶柄残基）、断面内心金黄色或红色有光彩者为合格。二等，根茎稍细小，一端或两端有“过桥”，肉身较枯瘦，有少数“青桩”，须根未完全去净，以身干无潮湿者为合格。三等，根茎细短、枯瘦，并有“青桩”、须根及“过桥”掺杂，有断碎、糊黑，有“画眉足子”（即非常瘦小不成器的黄连），以身干者为合格。原装货，没有分级，大小根茎均有者。

近年来，味连产区根据国内外药材市场的需求，又进一步提高了黄连出口质量和商品率。

其方法是，将烘炕好的头砣、二砣、三砣黄连的主茎和侧茎一一掰开后，再装入槽笼冲撞，直到笼内的黄连身上光滑无须毛为止，倒出后按不同等级分开。一级连：鲜黄色，长度在40 mm以上，直径8 mm以上，节间短，肉质丰满，光滑无毛，无“过桥”。二级连：鲜黄色，长20～40 mm，直径5～8 mm，肉质较丰满，节间稍短，较少“过桥”。三级连：颜色稍差，长15～20 mm，直径3～5 mm，节间长，“过桥”多。等外级：又称米连，颜色稍差，长度短于15 mm，直径3 mm以下。分等级后，分大小袋包装，小袋包装为250g、500g；大袋包装分25 kg、40 kg。包装好后，即可外运销售或出口外销。

13.4.3 综合利用

黄连除根茎作为商品药材外，根、叶及加工后的渣，一般未加利用，其实它们都含有比较高的小檗碱，都可以作为提取黄连素的原料，加以开发利用。也可以分别加工，作为兽药使用。

13.4.3.1 黄连须

收集加工黄连时剪下的须根，抖去泥沙，晒干后，再去净附着的泥沙，即成棕黄色，形体细弱，长7～13 mm、粗2～3 mm，散乱成团，柔软略脆，易折断，嗅微香的黄连须产品。

13.4.3.2 剪口连

在加工黄连时，将靠近芦头处的一段叶柄基部剪下，晒干，即成。本品多呈短节，长约3 cm，粗2～4 mm，外表棕绿色，光滑，有纵向沟纹，常带有芦头的残痕及多数细须根，体质轻脆，易折断，嗅微香。

13.4.3.3 千子连

从芦头处剪下叶，再剪去上端的叶片，将净叶柄晒干，理齐，扎成把，即成。本品呈成纤细状，长12～16 cm，基部常有芦头的小部分或鳞叶残基附着，外表棕绿或黄绿色，平滑，有纵沟纹，质脆易断，嗅微香。

13.4.3.4 黄连叶

将从叶柄上剪下的叶片晒干，即成。多卷缩，表面绿褐色，质脆易粉碎，嗅微香。

13.4.3.5 黄连渣

黄连加工过程中，将槽笼中碰撞掉下的渣子收集起来，簸去泥沙，即成。本品呈粉碎状的鳞片残块，有芦头茎秆残基及黄连根茎的皮渣、被撞碎的部分肉质，多呈焦煳状。质地轻泡，嗅微香。

13.4.3.6 黄连花薹

每亩黄连可年产花薹55 kg，可作为绿色蔬菜、药物食品进行开发，味微苦而香，是夏季清热解毒的最佳菜肴。

13.5 黄连的化学成分及药理作用

13.5.1 化学成分

现代医学证明，黄连的作用主要与其根茎所含的生物碱（约占根茎质量的4% ~8%）有关，包括小檗碱（berberine）、黄连碱（coptisine）、甲基黄连碱（worenine）、巴马亭（palmatine）、药根碱（jatrorrhizine）、表小檗碱（epiberberine）、木兰花碱（mognoflorine）及中药炮制过程中由小檗碱转化而来的9 - 去甲小檗碱（berberrubine）等。王薇等又首次从该植物中分离得到7个异喹啉类生物碱，分别鉴定为：8 - oxyberberine（1）、8 - oxocoptisine（2）、8 - oxoepiberberine（3）、6 -（[1，3] dioxolo [4，5 - g] isoquinoline - 5 - carbonyl）- 2，3 - dimethoxy - benzoic acid methyl ester（4）、corydaldine（5）、noroxyhydrastineine（6）、6，7 - methylenedioxy - 1（2H）2 - isoquinolinone（7）。其中最重要的活性成分是小檗碱（berberine）。

13.5.2 药理作用

近年来，国内外许多报道显示，以小檗碱为代表的黄连生物碱在浓度为每 mL 微克级水平时，对人及动物多种体外培养的胃、肠、膀胱、前列腺、肺、肝、子宫、皮肤、鼻、咽等恶性肿瘤细胞生长有明显的抑制作用，并促进细胞凋亡。从天然产物中寻找毒副作用小、安全有效的抗肿瘤药物以及筛选抗肿瘤药物有效部位为近年研究热点，中药黄连也是其中热门之一。现将黄连活性成分的主要作用介绍如下。

13.5.2.1 抗肿瘤作用

黄连及其有效成分可通过细胞毒作用抑制肿瘤细胞增殖、诱导细胞凋亡、增强机体免疫功能、调节细胞信号传导、抗氧化、诱导细胞分化等机制发挥抗肿瘤作用。KohjiTakara 发现黄连提取物对 Hela 细胞的生长有浓度依赖性抑制作用，50 μg/ mL 黄连提取物能够显著增加 Hela 细胞对紫杉醇的敏感性。黄连素在体外也能以时间和剂量依赖的方式对 Hela 细胞产生细胞毒作用，并诱导其凋亡。细胞凋亡是多细胞生物体重要的自稳机制之一，它的异常在肿瘤发病机制中具有重要作用。干预细胞凋亡的手段可望成为治疗肿瘤的新策略。大量研究表明，黄连及小檗碱、生物碱等有抗肿瘤作用，而能够诱导肿瘤细胞凋亡是其主要机制之一。

吴柯等发现小檗碱在促人结肠癌 SW620 细胞凋亡的联级反应中起作用，能抑制人结肠癌

Lovo 细胞增殖，诱导凋亡。诱导凋亡过程中，黄连总碱与小檗碱、阳性药物比较，作用更为明显，其作用显然与黄连总碱中含有其他生物碱有关，提示有必要筛选其他有效成分。

骆叶等研究认为，小檗碱通过抑制周期关键蛋白 Cyclin D1，阻滞 PG 细胞周期进展，使 G_0/G_1期细胞增多，而 S 期和 G_2/M 期细胞减少，从而抑制肺癌 PG 细胞增殖。

酶学机制研究认为，小檗碱具有拓扑异构酶（TOPO）毒性，能够通过抑制细胞周期蛋白，诱导细胞凋亡，抑制环氧酶－2（COX－2）等，从而起到一定的药效作用。

J. X. Kang 发现黄连提取物能抑制地塞米松诱导的小鼠胸腺细胞凋亡，对小鼠胸腺细胞具有一定的保护作用，可在一定程度上使其免受外源性糖皮质激素的损害，有提高免疫机能的作用。HoYT 等利用小檗碱能够体外诱导人舌头鳞状癌细胞凋亡，进一步作用于体内异种嫁接该瘤鼠类动物模型，也能够明显抑制肿瘤的生长，表明小檗碱在临床上能够用来治疗和预防舌头瘤。

13.5.2.2 抗糖尿病作用

黄连根茎具有降低血糖的特性，长期以来，在传统中医处方中，用来治疗糖尿病。已有动物实验和临床研究表明，作为异喹啉类生物碱，小檗碱能够改善高血糖症和改进胰岛素耐受性。应懿等发现黄连生物碱特别是小檗碱通过降低糖尿病大鼠空腹血糖含量、糖化血红蛋白比值和血清甘油三酯及胆固醇水平，提高糖尿病大鼠血浆胰岛素水平；提高坐骨神经感觉和运动传导速度，缩短动作电位潜伏期，调节自由基代谢紊乱，减轻脂质过氧化反应，抑制多元醇代谢通路中活性和改善血液高黏状态，增加坐骨神经营养因子的表达而改善糖尿病大鼠周围神经功能和结构，保护糖尿病周围神经的病变。Jiyin Zhou 发现小檗碱能够减轻糖尿病小鼠的体重、肝重以及降低肝脏质量与体重的比例，能够恢复糖尿病小鼠血糖、糖化血红蛋白、总胆固醇、甘油三酯、低密度脂蛋白胆固醇、载脂蛋白 B 等的量的增加；同时，高密度脂蛋白胆固醇、载脂蛋白 AI 等比正常水平的量减少，且能够增加肝脏中 PPAR α/δ 的表达和减少 PPARγ 的表达，改善糖尿病小鼠血液和肝脏糖脂代谢。

Weihua Liu 认为小檗碱能通过 P38MARK 信号通路途径抑制高糖处理过的肾小球细胞纤维蛋白和胶质原的结合作用，抑制 P38MARK 磷酸化或通过抗氧化作用影响信号通路，从而改善糖尿病性肾病变。

Wang Y 认为小檗碱能防止内皮损伤和增强血管舒张，内皮损伤是导致肥胖、糖尿病、高血压病、心血管等疾病病发的关键因素。小檗碱以浓度依赖性增强离体培养小鼠内皮血管细胞一氧化氮合酶（eNOS）的磷酸化，促进 eNOS 与热休克蛋白 90 的联合而增加一氧化氮的产生，且小檗碱还能减弱高糖诱导的活性氧的增加、细胞凋亡、核因子 κ－B 活性、粘连分子的表达等，从而抑制单核细胞对内皮的黏附。另外，在小鼠主动脉环，小檗碱引出内皮组织依赖的血管舒张和减轻高糖介导的内皮机能异常，通过 AMPK 信号级联的激活作用介导防止内皮损伤和增强内皮组织依赖的血管舒张。

13.5.2.3 抗菌抗炎作用

黄连是一种很好的清热解毒消炎药，具有广谱抗生素的作用，对革兰氏阳性和阴性细菌、原虫及各型流感病毒、真菌类等均有一定的抑制作用。其体外抗菌活性比小檗碱好，小檗碱、黄连碱、巴马亭、药根碱等4种黄连生物碱均为黄连的抗菌活性成分，抑菌谱相同，但抑菌活性有较大差异，其中小檗碱的抑菌活性最大，黄连碱和巴马亭次之，药根碱最小；4种生物碱对革兰氏阳性菌的抑制活性大于革兰氏阴性菌和酵母菌，对耐药金葡菌（MR）和金葡菌的抑菌能力基本相同，对耐药金葡菌的耐药性具有消除作用。

Lee B认为黄连总生物碱、小檗碱、黄连碱均具有防治应激性胃溃疡作用，但黄连碱的作用强度要明显强于黄连总生物碱和小檗碱。利用不同浓度的小檗碱处理人肠上皮细胞Caco－2，通过测量上皮电位电阻观察细胞紧密连接的完整性，并研究小檗碱对紧密连接和紧接合蛋白形态学方面的作用，表明小檗碱能够减少肠上皮细胞的渗透率，推测小檗碱有抗腹泻活性。

Cheng Z F认为小檗碱能够抑制甲状腺机能亢进腹泻小鼠胃肠多肽的提升和黏液分泌，从而起到止泻作用。

13.5.2.4 神经调节作用

已有证据表明，中央多巴胺系统可以介导可卡因的行为强化效应，黄连及小檗碱可通过调整中央多巴胺系统有效抑制可卡因的行为效应。

13.6 黄连的开发利用

用黄连加工的中成药品种很多，有注射剂、散剂、片剂、丸剂、胶囊剂、酊剂、滴眼剂等。据不完全统计，有100多种中成药品种要用黄连为原料，其已成为国家医药管理局推荐发展的紧缺中药材之一。

13.6.1 黄连有效成分的提取

现代研究表明：黄连的有效成分主要为小檗碱（Berberine），含量达10%左右，以盐酸盐形式存在。因最初发现其具有抗菌、抗病毒功效，传统上一直作为清热解毒和抗感染药物，主要用于治疗肠道细菌感染性疾病。近年来，随着临床药理学的不断深入研究，陆续发现其还有抗心律失常、改善充血性心力衰竭、扩张冠状动脉、降血糖、降血脂、抗血小板凝集、利胆、抗肿瘤等药理作用，被广泛应用于心律失常、心力衰竭、糖尿病、高脂血症、高血压等的治疗，抗血栓形成，治疗慢性胆囊炎、神经衰弱，防治癌症等。因此，提取黄连小檗碱对于临床研究和治疗有着重要的意义。

13.6.1.1 稀硫酸法

该法主要是利用小檗碱的硫酸盐在酸性溶液中的溶解度大，而盐酸盐几乎不溶于水的性质，首先将小檗碱转变为硫酸盐溶于酸，然后加盐酸再转化为盐酸盐而析出。其优点是试验材料便宜，工艺简单；缺点是易造成污染，容易腐蚀设备。故多采取硫酸浸泡与其他方法相结合的提取工艺。肖美凤等报道，用正交实验法对黄连中小檗碱提取工艺进行优选，采用分光光度法测定盐酸小檗碱的含量，其最佳提取工艺是0.4%硫酸水溶液，16倍量的溶剂，石灰乳调pH到10，精制时加入酸的温度不低于50 ℃，该工艺实用，小檗碱提取率较高。吕霞报道，用0.5%硫酸水溶液提取黄连中小檗碱，分别采用索氏提取、超声提取和浸渍提取，HPLC法测定小檗碱浓度分别为16.401、14.246、13.415 μg/mL。方阵等优选黄连的最佳酸水提取工艺为2%的盐酸，12倍量的水，回流3次，1.5 h/次。

13.6.1.2 石灰水法

该法主要是利用游离物质可缓缓溶于水，盐酸小檗碱几乎不溶于水的性质，首先加石灰乳使小檗碱呈游离状态溶于水中，然后再转化为盐酸盐析出。其优缺点同稀硫酸法。在实际工艺中多采取与其他提取方法相结合。尹蓉莉等从黄连中提取盐酸小檗碱，比较几种传统的提取方法，有酸水法、石灰乳法和醇提法等，并加以改进，结果表明，石灰乳法提取效率优于其他方法。

13.6.1.3 乙醇浸提法

根据小檗碱易溶于热乙醇，难溶于冷乙醇的性质，以热乙醇为溶剂将小檗碱提出，然后再转化为盐酸盐析出。该法与稀硫酸法及石灰乳法相比，具有溶剂可回收反复使用、不腐蚀设备、无毒、对环境无污染、提取产量高等特点。刘圣等用正交实验法考察黄连中小檗碱最佳提取工艺：6倍量溶剂，80%乙醇，乙醇中硫酸加入量为0.25%，提取时间为1.5 h/次，提取次数为3次。以该工艺制备的盐酸小檗碱精制品含量在90%以上，适合工业化生产。

张来新等对硫酸法、石灰水法、乙醇法进行了比较试验研究，结果表明，乙醇法提取黄连素不但在时间、产品纯度、提取率上均优于硫酸法、石灰水法，乙醇还可以回收再利用，其回收率可达90%。王杰等采用新的固液热提取方法与回流提取法、连续回流提取法作比较，从黄连中提取小檗碱，结果表明，用固液热提取法从黄连中提取小檗碱，溶液用量少，提取时间短，提取率超过回流提取法和连续回流提取法。

13.6.1.4 超声波提取法

石继连等探讨用药典法、回流法、超声法、回流超声法4种方法，以乙醇为溶剂提取黄连，以高效液相色谱法分别测定提取物中小檗碱的含量。结果表明：回流超声法与其他方法相比，时间短、提取率高，较适宜提取黄连中的小檗碱。郭孝武等分别比较硫酸浸泡和超声法，碱性浸泡法与超声法的提取效果，结果表明，从黄连中提取黄连素，超声法优于浸泡法，在30 min内黄连素提取率随超声处理时间的增大而提高，当超声处理30 min时，其提取率为8.12%。超声法与碱性浸泡法试验结果表明：超声提取30 min所得小檗碱提取率比碱性浸泡24 h高50%以上，且工艺简单，提取过程快速。黄志强等以黄连为原料，研究小檗碱的超声波提取工艺。对超声波法提取小檗碱与传统乙醇浸提法进行比较，结果表明，超声波法提取工艺比传统乙醇浸提法所得小檗碱产量提高了42%。庞小雄等比较了酸水浸渍法、酸水渗漉法、乙醇提取法和超声波提取法，结果表明，以超声振荡、0.5% H_2SO_4液作为溶剂，处理方便，可避免用醇提取时溶剂回收的繁琐操作，缩短操作时间，而且提取率也最高。

13.6.1.5 酶 法

酶解技术用于天然产物有效成分提取的研究始于20世纪90年代。由于植物细胞壁主要由纤维素组成，纤维素酶可以催化纤维素 β - D - 葡萄糖苷键的裂解，破坏植物细胞壁，促进植物有效成分的浸出。目前，国内外学者的研究主要集中在利用纤维素酶法提取植物有效成分方面。研究表明，酶法显著地提高了植物有效成分的提取率。梁柏林等用正交试验法研究以小檗碱提取率为指标，分别考察了温度、时间、酶解 pH 及加酶量对酶解反应的影响。对酶法提取小檗碱与传统乙醇浸提法进行比较，结果表明，酶法提取工艺比传统乙醇浸提法所得小檗碱产量提高了49%。

13.6.1.6 微波－索氏工艺联合提取法

微波辅助提取是一种全新的思路，从1986年Ganzler等成功地应用微波炉进行有机化合物提取以来，微波提取就广泛应用于样品中有机污染物、天然化合物及生物活性成分的提取等。微波辅助提取可以显著提高目标成分的提取率，减少对提取溶剂的限制（如减少提取溶剂用量，醇提改为水提等），达到强化与优化传热传质的目的。提取方法的第1步是采用微波辐照，通过微波加热使基质材料内部的细微组织结构发生变化，减小提取过程中目标成分在基质材料内部的传质阻力；第2步为索氏提取，这样能够保持提取过程中盐酸小檗碱成分在基质材料内外较高的浓度差，所以提取效率高，而且无需过滤，工艺简单。郭锦棠等采用微波预处理 - 索氏工艺联合，可以有效提高小檗碱的提取率。

13.6.1.7 解吸－内部沸腾两步法

该法原理：第1步，有效成分在溶剂的作用下离开原来状态，溶于溶剂形成溶液，为解吸过程；第2步，物料内部发生沸腾时传质得到强化，这种现象的一种合理解释是液体沸腾时会产生对流现象。多孔介质沸腾传热的研究结果表明，孔内液体沸腾时也产生对流。植物内部为多孔结构，当孔内溶液沸腾时便产生对流流动，带动了孔内的物质传递，即对流传质。通常对流传质速度比分子扩散传质速度快得多，因而提取速度加快。韦藤幼等采用解吸 - 内部沸腾两步法强化植物有效成分的提取。首先用少量低沸点解吸剂饱和植物组织，使组织内部的有效成分充分解吸，然后快速加入温度高于解吸剂沸点的溶剂，使植物组织内部的解吸剂迅速被加热至沸腾，强化传质过程。当内部沸腾时，提取速度发生突变。两步法提取黄连不但比传统法优势明显，而且容易实现。

13.6.1.8 液膜法

液膜法是根据待分离组分（A和B）在膜中溶解度和扩散系数不同，从而导致待分离组分在膜中渗透速度不同实现分离。王大杰等研究了用盐酸液膜法从黄连水浸液中提取黄连素，并建立了比较满意的实验条件。汤洪等研究了液膜法从川黄连中提取小檗碱的实验条件，并与传统方法进行了对比，结果表明，液膜不仅起到了分离作用，而且也起到了良好的富集作用，同时该法成本低，能耗少，操作简单，是一种经济实用的提取方法。

13.6.2 医用药品的研制

（1）黄连解毒汤。黄连解毒汤源于《外台秘要》，由黄芩、黄连、黄柏、栀子4味药物组成，为清热解毒代表方剂，具有强大的苦寒清热解毒功能，功效泻火解毒，主治三焦热盛。适用于多种急性热毒病或多种急性炎症，无论内服、外用均有良好的治疗作用。火热炽盛即为毒，是以解毒必须泻火。火主于心，宣泄其所主，故用黄连泻心火兼泻中焦火，为主药；三焦积热，邪火妄行，故用黄芩泻肺火于上焦，是为辅药；黄柏泻肾火于下焦，为佐药；栀子通泻三焦之火，导热下行从膀胱而出，为使四药合用，共同组成强有力的泻火解毒之剂。纵观历年临床研究文献，黄连解毒汤的应用范围几乎涵盖全身各个系统的病变，特别对急性感染性疾病，以黄连解毒汤为主或联合西药治疗均可取得显著疗效，符合中医清热泻火解毒的传统理论。另外，对脑血管、心血管、消化、皮肤、五官、妇产、老年病、内分泌、肿瘤及精神系统疾病也有较好的治疗效果。表明黄连解毒汤及其加减方的应用在不断拓宽。今后，随着对该方药理及方剂组分活性研究的深入，其临床应用价值将会不断扩大。

（2）香连片。香连片源于《太平惠民和剂局方》，由黄连（吴茱萸制）、木香2味药组成，木香用水蒸气蒸馏法提取挥发油，收集挥发油，水煎液滤过，浓缩至稠膏状，干燥，粉碎成细粉；黄连用70%乙醇于75~80 ℃提取3次，第一次2 h，第二、三次各1 h，合并提取液，回收乙醇并浓缩至稠膏状，干燥，粉碎成细粉。取上述细粉，加辅料适量，混匀，制成颗粒，干燥，喷加木香挥发油，混匀，压制成片，包糖衣或薄膜衣，即得。主治清热燥湿，行气止痛，用于湿热痢疾，里急后重，泄泻腹痛；菌痢，肠炎。

（3）香连丸。香连丸1：源于《圣济总录》卷七十五。由木香、黄连（去须，炒）、甘草（炙，锉）和肉豆蔻（去壳）组成。以上四味，等分，捣罗为末，砂糖和丸，如梧桐子大。每次15丸，空腹时用米汤下，更以意加减。主治热痢。

香连丸2：源于《政和本草》卷七引《李绛兵部手集方》。由宣连、青木香各等分组成。以上2味，同捣筛，白蜜丸，如梧桐子大。空腹时用温开水送下20~30丸。每日2~3次。其久冷人，即用煨熟大蒜作丸服。主治赤白痢疾。

香连丸3：源于《儒门事亲》卷十二。由木香半两（1两=50 g）、诃子肉（面炒）半两、黄连（炒）半两，龙骨2钱（1钱=5 g）组成。上为细末，饭丸如黍米大。每服20丸，米饮汤送下。主治小儿痢。

香连丸4：源于《医统》卷二十六引《活人心统》。由川连（姜炒）4两、香附子（制末）4两组成。上为末，神曲糊为丸，如梧桐子大。每服50－70丸，白汤送下。主治久郁，心胸不快，痞塞烦痛，嘈杂干呕吞酸。

（4）黄连上清丸。源于《饲鹤亭集方》。配方为黄连10 g、栀子（姜制）80 g、连翘80 g、蔓荆子（炒）80 g、防风40 g、荆芥穗80 g、白芷80 g、黄芩80 g、菊花160 g、薄荷40 g、酒大黄320 g、黄柏（酒炒）40 g、桔梗80 g、川芎40 g、石膏40 g、旋覆花20 g、甘草40g。主治清火生津，辛凉解热。

（5）左金丸。左金丸异名回令丸（《丹溪心法》卷一）、茱连丸（《医方集解》）。配方为黄连180 g、吴茱萸30 g。主治清泻肝火，降逆止呕。

（6）黄连素。俗名黄连素、小檗碱、盐酸小檗碱（中成药）。本品为黄色片。对细菌只有微弱的抑菌作用，但对痢疾杆菌、大肠杆菌引起的肠道感染有效。主治肠道感染、腹泻。

（7）黄连素胶囊。通用名称：苋菜黄连素胶囊。主要成分为铁苋菜、盐酸小檗碱、甘草等。本品为胶囊剂，内容物为棕黄绿色的颗粒或粉末；味苦。主治清热，燥湿，止泻。

13.6.3 兽用医药产品的研制

黄连在兽医临床上应用比较广泛，但药品种类不多，主要有如下几种。

（1）黄连解毒汤。清乾隆五十年（公元1785年）郭怀西撰《新刻注释马牛驼经大全集》中有数方名黄连解毒汤。《中华人民共和国兽药典》（1990年版）（二部）中的黄连解毒散（黄连30 g、黄芩60 g、黄柏60 g、栀子45 g，以上四味，粉碎成粗粉，过筛，混匀，即得）即源于本方。本方对多种致病的革兰氏阴性和阳性细菌均有抑制作用，其抗菌谱与黄连素基本相同，且不易产生耐药性。黄连解毒汤加减及其衍化方剂，在兽医临床上应用十分广泛，多与金银花、连翘配伍，其清热解毒作用更佳。大便不通或便秘者，可加大黄、芒硝；治疮黄疔毒时，可加入蒲公英、紫花地丁等；下痢脓血，里急后重者，可加入木香、槟榔；尿急尿痛者，可加入木通、车前等。本方药性寒凉，易伤脾胃，影响运化，对脾胃虚弱的患畜，宜适当辅以健胃的药物。又本方药性多燥，易伤津液，对阴虚的患畜，要注意辅以养阴药。常见兽医临床应用如下。

①防治鸡传染性法氏囊病。鸡传染性法氏囊病（IBD）是为害雏鸡的一种急性、高度接触性传染病。黄连解毒汤（黄连、黄芩、黄柏、栀子、金银花、连翘）具有广谱抗菌和抑制病毒作用，临床应用对雏鸡法氏囊病有较好的疗效。黄连对肺炎双球菌、霍乱弧菌、炭疽杆菌以及金黄色葡萄球菌有较强的抑菌作用，并对各型流感病毒、法氏囊病毒、新城疫病毒有较强的抑制作用；黄芩能抗炎抗变态反应，并且有很广的抗菌谱，对多种病菌以及流感病毒有较强作用；黄柏清热燥湿、泻火解毒，抑制疮痈肿毒；金银花不仅具有较强的抗菌作用，而且能增强毛细血管的致密度，对毛细血管破裂出血和皮下溢血有明显的疗效。

②治疗马顽固性流感。马流感以发病急、传播迅速、体温升高、咳嗽流涕为特征。治疗宜清热泻火，养肺滋阴，用黄连解毒汤，配方为味黄连30 g、黄柏40 g、黄芩40 g、栀子40 g、石膏100～200 g、知母40 g、沙参60 g、麦冬60 g（上为中等马用量）。石膏研碎水煎，其他药共为末，沸水冲调，与石膏煎渍混合后胃管投服，1剂/d，一般1～2剂即可痊愈。不可多服，多则易伤胃。黄连清胃火，去中焦湿热而解毒；黄柏清肾火，去下焦湿热而解毒；黄芩清肺火，去上焦湿热而解毒；栀子清三焦火，四味共为主药。石膏、知母清热泻火，滋阴润燥，为辅；沙参、麦冬清肺养阴，益胃生津为佐使。

③治疗禽伤寒。禽伤寒是对养鸡业为害严重的一种急性传染病。病鸡腹泻，排土黄色稀便，渴欲强烈，体温高达43～44 ℃，食欲减退或不食，母鸡产蛋率下降、蛋的破损率升高，蛋壳薄，蛋壳上密集小红斑点，软皮蛋增多。服用黄连解毒汤5 d后，鸡体退热，鸡群病情好转，产蛋率上升，死亡率下降。

④用于马急性肠梗阻手术。马急性肠梗阻（俗称“马结症”）常常是由于肠扭转或肠肿瘤较大造成结肠完全阻塞。患马除常有发热、腹痛、腹胀、呕吐、便秘等低位肠梗阻症状外，多伴有全身中毒症状，严重时危及病畜生命。此属中兽医热毒瘀结证。因手术中要切除病变结肠、解除结肠梗阻，故不首选攻下的大承气汤，而使用黄连解毒汤。使用本方不仅可作为结肠灌洗液，清洗掉近端结肠内的粪便，使吻合口上方的肠腔空虚，保证了吻合口的一期愈

合；而且作为清热解毒之剂，保留在近端结肠内能起到清热、抗菌消炎、促使吻合口愈合的作用。黄连解毒汤能防止动物实验性溃疡的发展，能促使近端结肠黏膜溃疡的愈合，减少肠道毒素的吸收，使病马很快度过热毒瘀结期，症状得到很快改善。

⑤灭焦敏及黄连解毒汤治疗羊泰勒虫病。黄连解毒汤可联用灭焦敏治疗羊泰勒虫病。组方为黄连 30 g、栀子 30 g、龙胆草 30 g、柴胡 20 g、连翘 20 g、川芎 20 g、生地 20 g、薄荷 20 g、天冬 15 g、五味子 20 g、郁金 30 g、防风 20 g、泽泻 15 g，煎汤去渣，每只羊灌服 20 ~ 50 mL，每日 2 次，一般用药 3 d，治愈率达 98.6%。

⑥治疗黄牛钩端螺旋体病。钩端螺旋体病是由钩端螺旋体属病原微生物引起的一种急性热性溶血性传染病。根据中草药药理研究，黄连、栀子、黄芩、黄柏、金银花、板蓝根、山豆根、蒲公英对钩端螺旋体苗具有较强的杀灭和抑制作用，所以黄连解毒汤加味为主配合抗生素等西药治疗该病，与单独采用抗生素相比较，其疗效有明显的提高。

⑦黄连解毒汤加减及其衍化方剂在兽医上的应用。解毒承气汤加减（大黄 25 g，芒硝 50 g，黄连、黄芩、黄柏、栀子、枳实、厚朴、玄参、麦冬、生地各 15 g，甘草 10 g，煎水服）治疗猪高热便秘。清热解毒汤（黄连、黄芩、山栀、丹皮各 25 g，金银花、紫花地丁、板蓝根、元参各 45 g，马鞭草、赤芍各 24 g，大黄 30 g，水煎服，此为 2 头架子猪用量）合蚯蚓液治疗猪丹毒。

以黄连解毒渔汤为基础加味的舒金散更常用，不仅用于传统主治病症（马急慢性肠炎），而且用于多种家畜、家禽和某些特种经济动物的许多细菌性甚至病毒性疾病。可治疗犬血痢、耕牛夹竹桃中毒病、水貂绿脓杆菌病、犬疑似细小病毒性肠炎、鹅绿脓杆菌病、马结肠炎等。

（2）盐酸黄连素。本品为黄色结晶性粉末，无臭，味极苦，在热水中溶解。为广谱抗菌药，体外对多种革兰氏阳性菌及革兰氏阴性菌均具有抑菌作用，其中对溶血性链球菌、金葡萄球菌、霍乱弧菌、脑膜炎球菌、志贺痢疾杆菌、伤寒杆菌、白喉杆菌等有较强的抑制作用，高浓度时有杀菌作用，对流感病毒、阿米巴原虫、钩端螺旋体、某些皮肤真菌也有一定作用。

（3）硫酸黄连素注射液。本品为黄色的透明液体。主要成分为硫酸小檗碱和葡萄糖。抗菌谱广，对各种革兰氏阳性菌和革兰氏阴性菌如溶血性链球菌、金黄色葡萄球菌、霍乱弧菌、脑膜炎球菌、志贺痢疾杆菌、伤寒杆菌、白喉杆菌等具有抑制作用，对流感病毒、阿米巴原虫、钩端螺旋体、某些皮肤真菌也有一定抑制作用。此外，还具有退热作用，可增强白细胞及肝网状内皮系统的吞噬能力。本品与青霉素、链霉素等无交叉耐药性，注射后迅速进入各器官与组织中，血液浓度维持时间长，药物分布广。主要用于肠道侵袭性、致病性细菌感染；治疗家畜急性肠炎，腹泻，红、黄白痢，阿米巴浓痢，水肿病等。

主要参考文献

[1] 陈仕江，钟国跃，徐金辉，等. 药用黄连生长发育规律 [J]. 重庆中草药，2004，49 (1)：1 - 7.

[2] 黄正方，杨美全，等. 黄连生物学特性和主要栽培技术 [J]. 西南农业大学学报，1994，16 (3)：299 - 301.

[3] 孙玉芳，王三根，尹丽，等. 高温胁迫对黄连生理特性的影响研究 [J]. 植物生理科

学，2006，22（4）：236－239.
［4］陈仕江，钟国跃，等. 不同种类种植黄连土壤营养特性的初步研究［J］. 中国中药杂志，2005，30（15）：1151－1153.
［5］陈兴福，丁德蓉，等. 味连的生态环境及物理特征研究［J］. 土壤通报，1999，30（3）：125－126.
［6］田桂香. 不同种类种植黄连干旱、盐碱和温光胁迫对黄连生理作用的影响［D］. 西南大学，2006.
［7］陈仕江，钟国跃，等. 黄连生育期间可溶性糖和氨基酸含量动态的研究［J］. 中国中药杂志，2005，30（17）：1324－1327.
［8］陈瑛，李先恩，张军. ABA 促进黄连种子萌发 1 例［J］. 中国中药杂志，1993，18（3）：145－146.
［9］安惠霞，胡红旺. 3 种化学试剂浸种对黄连种子发芽率和发芽势影响的试验初报［J］. 林业科技，2006，2：28－31.
［10］王薇，张庆文，叶文才，等. 黄连中的异喹啉类生物碱［J］. 中国天然药物，2007，5（5）：348.
［11］YOUN M J，SO H S，CHO H J，et al. Berberine a natural product combined with cisplatin enhanced apoptosis through amitochondria/caspase－me－diated pathway inHeLa cells［J］. Biol Pharm Bul，l 2008，31（5）：789.
［12］TAKARAK，HORIBE S，OBATA Y，et al. Effects of 19 herbal extracts on the sensitivity to paclitaxelor5－fluorouracil in Hela cells［J］. Biol Pharm Bull，2005，28（1）：138.
［13］HSU W H，HSIEH Y S，KUO H Q，et al. Berberine induces apoptosis in SW620 human colonic carcinoma cells through generation of reactive oxygen species and activation of JNK/p38MAPK and Fals［J］. Arch Toxicol，2007，81：719.
［14］吴柯，周岐新. 黄连生物碱抗结肠癌作用实验及其分子机制研究［D］. 重庆：重庆医科大学，2007，5：5.
［15］骆叶，郝玉. 小檗碱抑制肿瘤细胞 Cyclin D1 相关信号通路的研究［D］. 北京：北京中医药大学，2007，5：2.
［16］崔国辉，黄秀兰，周克元. 黄连及其主要成分小檗碱对人鼻咽癌 CNE－2Z 生长的抑制作用［J］. 广东医学，2008，29（5）：737.
［17］王邦茂，翟春颖，方维丽，等. 黄连素对脱氧胆酸诱导的 HT－29 人结肠癌细胞增殖的抑制作用及机制研究［J］. 中国消化杂志，2006，26（11）：749.
［18］陶大昌，郑凌云，彭艳，等. 黄连素对缺氧复氧心肌细胞 Bcl－2 和 Bax 基因表达变化的免疫组织化学研究［J］. 四川医学，2008，29（3）：266.
［19］HO Y T，YANG J S，LI T C，et a. l Berberine suppresses in vitro migration and invasion of human SCC －4 tonguesquamous cancer cells through the inhibitions of FAK，IKK，NF－κB，u－PA and MMP－2 and－9［J］. Cancer Lett，2009，279（2）：155.
［20］KANG J X，LIU J，WANG J D，et al. The extractofhuang lian，amedicinal herb，induces cell growth arrest and apoptosis by up regulationof interferon－β and TNF－α in human breast

cancer cells [J]. Carcino - genesis 2005, 26 (6): 1934.

[21] HO Y T, YANG J S, LU C C, et al. Berberine in - hibits human tongue squamous carcinoma cancer tumor growth in amu - rine xenograft model [J]. Phytomedicine, 2009, 16 (9): 887.

[22] LENG S H, LU F E, XU L J. Therapeutic effects of berberine in impaired glucose tolerance rats and its influence on insulin secretion [J]. Acta Pharmacol Sin, 25: 496.

[23] TANG L Q, WEI W, CHEN L M. Effects of berberine on diabetes inducedby alloxan and a high - fat/high - cholesterol diet in rats [J]. Ethno - pharmacol. 2006, 108: 109.

[24] YIN J, GAO Z, LIU D, etal. Berberine improves glucose metabolism through induction of glycolysis [J]. Endocrinol Metab, 2007, 294: 148.

[25] 应懿，周世文. 黄连生物碱的提取及其对实验性糖尿病周围神经病变和糖尿病肌病的保护作用及机制研究 [D]. 重庆：第三军医大学，2007，5：10.

[26] ZHOU J Y, ZHOU S W, ZHANG K B, et al. Chronic Effects of Berberine on blood, liver, glucolipid metabolism and liver PPARs expression in diabetic hyderlipidemic rats [J]. Biol. Pharm. Bull, 2008, 31 (6) 1169.

[27] DONG Y, et al. Absorption of extractive Rhizoma Coptidis in rat evertedgut scas [J]. Zhong guo Zhongyao ZaZhi, 2008, 33 (9): 1056.

[28] LIU W H, TANG F T, DENG Y H, et al. Berberine reduces fibronectin and collagen accumulation in rat glomerular mesangial cells cultured under high glucose condition [J]. Molecular and Cellular Bio - chemistry, 2009, 325 (1 - 2): 99.

[29] WANG Y, HUANG Y, LAM K S, et al. Berberine preventshyperglycemia - induced endothelial injury and enhances vasodilatation via adenosinemonophosphate - activated protein kinase and endothelial nitric oxidesynthase [J]. Cardiovasc Res, 2009, 82 (3): 484.

[30] KIM E K, KWON K B, HAN M J. et al. Coptidisrhizoma extract protects against cytokine - induced death of pancreatic β - cells through suppression of NF - κB activation [J]. Exp. Mo. lMed. Vo, l 2007, 39 (2): 149.

[31] 周吉银，周世文. 小檗碱降糖调脂作用与 PPARs/P - TEFb 信号转导通路的关系 [D]. 重庆：第三军医大学，2008，5：12.

[32] 杨勇，叶小利，李学刚. 4 种黄连生物碱的抑菌作用 [J]. 时珍国医国药，2007，18 (12)：3013.

[33] GU L, LI N, LI Q, et al. The effect of berberine in vitro on tight junctions in human Caco - 2 intestinal epithelial cells [J]. Fitoterapia, 2009, 80 (4): 241.

[34] CHENG Z F, ZHANG Y Q, LIU F C. Berberine against gastrointestinal peptides elevation and mucous secretion in hyperthyroid diarrheic rats [J]. Regul Pept, 2009.

[35] LEE B, YANG C H, HAHM D H, et al. Inhibitory effects of coptidis rhizoma and Berberine on cocaine - induced sensitization [J]. Evid Based Complement Alternat Med, 2009, 6 (1): 85.

[36] 王勇，倪柏锋，朱家新. 复方黄连素注射液急性毒性试验 [J]. 浙江畜牧兽医，2006，5：39.

[37] 李志平，欧阳玉祝，章爱华，等. 黄连素β-环糊精包合物的制备及抑菌试验研究[J]. 精细化工中间体，2003，33（6）：46.
[38] 孙红武，欧阳五庆. 黄连纳米给药系统的研究［D］. 咸阳：西北农林科技大学，2007，5：14.

14 绞股蓝

绞股蓝（Gynostemma pentaphyllum）又称“五叶参”“七叶胆”“公罗锅底”“遍地生根”等，为多年生草质藤本植物。近年来又有“南方人参”“第二人参”的美誉，是除五加科人参属植物以外唯一含有人参皂苷的植物，且其皂苷与人参皂苷生理活性相似。其中绞股蓝皂苷3、4、8、12与人参皂苷 Rb_1、Rb_3、Rd、F_2同物异名，6种单体与人参皂苷结构完全相同。作为民间食用野菜和草药，它可治疗咳嗽、痰喘、慢性支气管炎及传染性肝炎等疾病，早在明代的《救荒本草》《农政全书》，清代的《植物名实图考》以及近代的各类中草药著作中，均有记载。

14.1 种质资源及分布

绞股蓝隶属于葫芦科（Cucurbitaceae）翅子瓜亚科（Subfam. Zanonioideae）翅子瓜族（TribeZanonieae）锥形果亚族（Subtrib. Gomphogyninae）绞股蓝属（*Gynostemma BL.*）。其下包括2个亚属即绞股蓝亚属和喙果藤亚属。关于绞股蓝到底有多少个种和变种，各种文献报道不一。根据刘世彪整理之后的检索表，中国的绞股蓝包括15种2变种即广西绞股蓝、扁果绞股蓝、翅茎绞股蓝、单叶绞股蓝、光叶绞股蓝、缅甸绞股蓝、大果绞股蓝、绞股蓝、毛果绞股蓝（以上属于绞股蓝亚属，果为浆果）、长梗绞股蓝、五柱绞股蓝、喙果绞股蓝、毛果绞股蓝、心籽绞股蓝、小籽绞股蓝、聚果绞股蓝、疏花绞股蓝（以上属于喙果藤亚属，果为蒴果）。另外白脉绞股蓝、歙县绞股蓝、小果绞股蓝和毛绞股蓝没有列入其内。

绞股蓝对温度因子的适应性较大，故其分布范围较广泛。在我国，大致从年均温14～16 ℃，最冷月均温为2.2～4.8 ℃，最热月均温28～29 ℃，全年无霜期240～260 d，日均温≥5 ℃的有240～270 d和≥10 ℃有220～240 d的北亚热带地区均有分布，即陕西南部和长江以南15个省（自治区）均有分布。据统计，在绞股蓝属下的种和变种中，分布最多的为湖北和云南，其次为陕西、安徽和广西。据报道，翅茎绞股蓝为贵州省特有种，小果绞股蓝为浙江特有种，歙县绞股蓝为安徽特有种，缅甸绞股蓝和毛果绞股蓝为云南特有种。2002年之前，文献报道疏花绞股蓝为安徽特有种，聚果绞股蓝和小籽绞股蓝为云南特有种，广西绞股蓝和扁果绞股蓝为广西特有种。2002年，郑小江报道其在经过连续十年对湖北省恩施州进行绞股蓝资源调查和收集后，发现疏花绞股蓝、心籽绞股蓝、小籽绞股蓝、广西绞股蓝和扁果绞股蓝均在恩施州有分布，一方面证实了长江流域和西南地区是中国绞股蓝分布和多样性中心的结论，另一方面也使得在西南地区（如重庆等）以及其他地区发现更多的绞股蓝资源成为可能。因此，随着绞股蓝资源调查工作的进一步推进，以上各地的特有种都有可能在其他省（自治区）同时发现。由此可以看出，绞股蓝是广布种，在我国多数地区均有分布，近年来由日本引进的201甜味绞股蓝的大面积推广也是其中原因之一。

14.2 生物学特性

14.2.1 形态特征

绞股蓝是多年生草质藤本，具有攀缘性，植株高100～150 cm。根系为由不定根组成的须根系。茎有地上茎和地下茎之分。地下茎细长横走，长50～100 cm，直径粗者可达1 cm，分枝或不分枝，节上生须根。地上茎细柔，具槽纹，五棱形富韧性，无毛或被短柔毛，具卷须，生于叶腋，顶端多分二叉。茎触地处可生出不定根。节部具疏生细毛叶互生，通常由5小叶组成（有时为3片或7片）鸟趾复叶。小叶卵状长椭圆形或卵形，长4～8 cm，宽2～3 cm，先端圆钝或短尖，基部楔形，下面脉上有短毛，两侧小叶成对着生于同一小柄上，不同产地的绞股蓝类群，其小叶数、小叶的形状及大小存在着变异。绞股蓝雌雄异株，花单性。花梗只有1条中央维管束，中央维管束进入雌蕊或雄蕊时分枝。花瓣的上、下表皮都有膨大的泡状细胞和泡状毛。夏季开黄绿色花，圆锥花序腋生，花序长9～15 cm，花单生，花萼细小，花冠裂片披针形，长约2 mm。浆果圆形，绿黑色，直径6～8 mm，上半部具横纹，种子1～3粒，果期8～10月。种子椭圆形，长约4 mm，种子侧面有纵沟，表面有光滑型和具纹饰型两大类，是该属的种的分类性状（彩图14.1、14.2）。

14.2.2 生态习性

绞股蓝从低丘至山地均有自然分布，常生长于河谷、沟谷、阴坡和岩石附近等阴湿处，坡向多为东、东南和北坡。绞股蓝是阴性植物，但不是耐阴性很强的植物，多数生于疏林和林缘，郁闭度很大的森林内没有绞股蓝分布。绞股蓝对水的需求量较大，生长地附近往往有小溪流或潜水露头，周围环境空气湿度大，经野外测定，空气相对湿度为75%～100%。

绞股蓝对土壤条件的要求不甚严格，壤土、沙壤土，甚至冲积的细沙土和石砾缝隙均可生长，但以富含腐殖质的疏松壤土和沙壤土生长较为旺盛，中性至微酸性土壤，甚至微碱性都能正常生长。绞股蓝要求的土壤含水量在25%～40%，萎蔫时的土壤含水量为12%。土壤含水量<20%的干旱状态及>60%的重湿状态都会使生长速度减缓，光合速率下降，产量降低。

14.2.3 生长习性

绞股蓝在亚热带地区的青绿期约 240 d，自然寿命 10 年。生境适宜时，当年生枝种群的出生率高，死亡率低；生境恶劣时，枝种群通过提高出生率而增强种群的适合度，维持种群的延续。绞股蓝种群中性比偏雄（雄 、雌之比 =20：1），其原因可能是雄性种群通过提高其主枝生物量比的策略而加强营养繁殖功能，同时以高效率（高繁殖效率指数）、高潜力（高繁殖比率）、低消耗（低繁殖指数）的繁殖策略来更加经济地利用资源，促进种群个体数量的增加。

绞股蓝系喜温植物，温度高低是决定其生长快慢的主导因子。20 ~25 ℃为其快速生长的最适温度，超过 30 ℃易使绞股蓝遭受日灼为害，轻霜冻则对植株的影响不大，但连续 3 ~5 d 的零下低温仍会造成冻害。绞股蓝在夏秋季生长最快，如陕西的绞股蓝 7 月中旬藤蔓可长达 1. 5 m 以上，海南岛的绞股蓝可达 4. 3 ~4. 4 m。绞股蓝为昼夜连续生长型，生长初期夜间的生长量小于白天，盛夏时则高于白天，阴雨天高于晴天。陈忠仁研究认为绞股蓝平均单株月生长量（长度和重量）1 ~6 月逐渐增加，6 月为最高值。6 月以后生长量逐渐降低，但 8 月或 10 月出现生长小高峰。

绞股蓝的生育期一般分为出苗期、放蔓开花分枝期、旺盛生长期、开花结果期、缓慢生长期和受冻枯萎期。各物候期出现日期因我国各地气候的差异，呈现南早北迟现象。地处南亚热带和热带的绞股蓝为常绿，全年均可生长。而北亚热带和中亚热带为非常绿，分别于 10 月和 11 月开始落叶枯萎凋落，3 月中下旬至 4 月上旬萌动出土展叶。

14.3 栽培与管理

14.3.1 繁 殖

绞股蓝以种子繁殖为主，亦可用扦插繁殖和根茎繁殖。

14.3.1.1 种子繁殖

（1）采收种子。当绞股蓝种果由深褐变成紫色时，即可采收。鉴于果实成熟不够整齐，当60% 以上的果实成熟之后，将果枝剪下或者收割藤蔓时边割边收果实。把采收的浆果堆放（温度不超过 35 ℃）发汗，以能把浆果揉烂为度。用清水边冲边搓洗去果皮，即得纯种子，然后晾干备储藏。也可采收后不去果皮，用以晾干，装于竹器或陶器内储藏，等播种时先用清水浸果一天，搓去果皮待播种。嫩籽白籽不宜做种，应选棕褐色种子留用。

（2）种子储藏。种子处理好后，备润湿河沙储藏，种子与沙比例 1：4 拌和，湿度以手抓成团、手松散开为度，用玻璃瓶或陶器装载，半个月检查 1 ~2 次，结合翻动，防止过干、过湿、发霉。沙子发白应喷水保湿，过湿发霉应及时翻动摊开风吹，确保发芽率。

（3）播种育苗。南方于翌年 2 月下旬到 3 月上旬、北方于 3 月下旬到 4 月上旬播种，在整平耙细的苗床上进行条播。即按行距30~40 cm横向开深3~5 cm、宽10 cm的播种沟，将种子与5倍的细沙充分混合，均匀地撒施入沟内，覆细土厚1~2 cm。然后采用地膜覆盖，保温保湿，约半个月左右即可出苗。每亩用种量1 kg左右。出苗后加强苗床管理，保持苗床湿度，勤松土，除草和追肥。当出现3~4片真叶时，即可移栽。

14.3.1.2 扦插繁殖

在生长季节都可进行，成活率较高，但适宜气温在25~28 ℃。以“清明”、“立秋”两个节令为佳。苗床最好用沙或一半沙一半土。畦呈龟背形、四周开沟排水。枝条应选择强壮茎蔓，老枝条或嫩枝成活率较低。插条长约8 cm，2~3节，顶节留叶子，下1~2节去叶插入沙土中。按5~10 cm的株行距，先用小棒插孔，然后插入枝条压紧泥土，每天多次浇水，保持土壤湿润，并搭好遮阴的棚架。10 d后可发出新根，一个月后苗长20 cm左右即可移栽。如采用1500~3000×10^{-6}吲哚乙酸（IAA）溶液，快速浸蘸下端剪口，然后扦插，可加速发根，提高出苗率。

另外，据孙时荒研究，在绞股蓝亚属中扦插苗生根的主要部位在茎节上，伤口生根量仅在15%以下，可见在剪插穗时，应注意茎节的保护。剪口离茎节1~1.5 cm为宜。插穗过长扦插较浅时，不利茎节入地生根；插穗过短可能损伤茎节。而在喙果绞股蓝中，虽然同样茎节和伤口生根能力有显著差异，但其生根的主要部位在伤口上而不是在茎节上，伤口部位的生根量占90%以上，茎节生根很少，甚至无根。因此，在剪插穗时，可少留一个节位，将原标准苗的2~3节苗变为1节苗，并可成倍增加扦插苗的数量。

14.3.1.3 根茎繁殖

于清明前后，挖取越冬的地下根茎，选粗壮、节密的老根，截成3~5 cm长的小段，每段有2~3节，分清上下。然后在畦面上按行距50 cm横向开沟，深3 cm，将种根首尾相接，一段接一段地埋入沟内，覆盖细肥土，厚2~3 cm，上盖草保温保湿。发芽出苗后，及时揭去盖草，加强田间管理，当年秋后即可移植。

14.3.2 栽 植

14.3.2.1 选地整地

栽植地宜选林荫下的缓坡地，富含腐殖质、具有较好的排灌条件、中性或微碱性的沙质壤土，亦可选土质疏松、肥沃、排水良好的平地，利用高秆作物遮阳进行人工栽培。地选好后进行深耕整平耙细，施足底肥，作成高畦，以利排水，畦面宽1.2 m，畦长随地势而定。底肥用猪牛粪2500 kg/亩和过磷酸钙1100 kg/亩混合堆沤腐熟10~15 d备用。

14.3.2.2 栽 种

绞股蓝可按一定的株行距就地繁殖变成生产园，也可集中育苗再进行栽种。

（1）就地繁殖与生产。种子直播按行株距60 cm×30 cm挖穴，深1～2 cm，每穴分散播催芽籽5～7粒，然后覆盖细土或焦泥灰，厚1.5～2 cm。半个月左右可出苗。扦插繁殖每畦扦插2行，从畦两边向内20 cm顺畦面各扦插1行，株距10 cm，扦插后适当遮阴。根茎繁殖每畦种2行，从畦两边向内20 cm顺畦开沟，沟宽16 cm，深12 cm，沟内施入备用的基肥，在基肥上面盖上2～3 cm细土再平放种根。种根首尾相距8 cm，盖土4～5 cm。

（2）种苗移栽。由种子繁殖的秧苗，当幼苗长至4片叶子时选择阴天即可移栽，株行距30 cm×50 cm。栽植深度一般适龄苗应使叶片以下完全入土，最深不超过6 cm；若为扦插苗，待新芽长至10～15 cm时即可选阴天移栽。若为种根，先将种根剪成每段有1～2节的小段，按株行距30 cm×50 cm开穴，植入，及时浇水保湿。

14.3.3　田间管理

（1）施肥。在移栽后10～15 d幼苗返青时结合中耕除草进行浇水施肥，施肥浓度以稀为宜（尿素0.3%～0.4%，人粪尿3%～5%）。孕蕾前，追施农家肥或复合肥。因绞股蓝是一种喜肥植物，有条件的地方可结合中耕除草多追1～2次肥。第1次收割后，再施1次肥；秋后第2次收割后，施入冬肥，以施有机肥为好。

（2）打顶。当主茎长到30～40 cm时，趁晴天进行打顶，以促进分枝，1年可进行2次。

（3）灌溉、荫蔽。绞股蓝为喜湿、耐阴植物，生长期间严重干旱和曝晒时，全株叶片逐渐变黄脱落。若种植在无荫蔽条件的环境下，需搭荫棚，荫蔽度宜在50%左右；同时注意灌水，使土壤经常保持湿润，以利植株正常生长发育。

14.3.4　病虫害防治

1）病　害

（1）绞股蓝疫病。绞股蓝疫病主要为害绞股蓝叶片、叶柄和茎秆。发病初期，叶片呈水渍状、暗绿色斑块。随着病情扩大，病斑由小到大逐步扩展到整个叶片及叶柄，似开水烫过，扩展后病部变为黑褐色，叶片、叶柄软化下垂，后期茎秆腐烂，致植株倒折或枯死。湿度大时，茎秆基部可产生断续白霉状物，即病原菌的菌丝体或子实体，散发出腥臭味，严重时成片死亡。绞股蓝疫病由疫霉属恶疫霉菌侵染所致。防治方法：①搞好园内卫生，减少初侵染源。②合理轮作倒茬。采用与禾本科作物2年以上轮作，避免与葫芦科、茄科作物重茬，可防病避害。③施用腐熟农家肥，增加土壤有机质，改良土壤结构，重施磷、钾肥，巧施硼、锌肥，增强植株抗病力。一般每亩施农家肥1500～2000 kg，磷肥50 kg，钾肥25 kg，以基肥为主。④土壤消毒处理。在病害发生严重地块，整地时，每亩用70%甲基硫菌灵WP（甲基托布津）或50%多菌灵WP、50%敌克松WP、50%福美双WP 1～1.5 kg，拌细土30 kg，撒施土中。在酸性土壤中施用石灰消毒，可预防土壤传播病害。⑤垄作搭架栽培，改善株型，促进通气性。一般水田推广深沟窄厢垄作，避免积水；旱地按地形实行高垄高畦，垄宽1 m，高20 cm，当苗长到30 cm以后，每平方米4根竹竿搭成人字形，促进通风透光。⑥及时药剂防治。发病初期，用58%甲霜灵锰锌WP（瑞毒霉猛锌）或75%百菌清WP 800～1000倍液、

50% 多菌灵 WP、70% 甲基托布津 WP 500～600 倍液，喷雾。每隔 7 d 喷 1 次，连喷 2 次，即可控制该病的传播蔓延。

（2）白粉病。绞股蓝整个生育期都可发病，但以生育中后期发病普遍。主要为害叶片，其次是茎秆。发病初期叶片上出现白色小斑点，后逐渐向四周扩展，形成霉斑，并相互连接成片，使整叶或嫩梢布满白色霉层，严重时使叶片变黄、卷缩。防治方法：选择远离瓜类等易感病作物的地块种植；在田间插杆供绞股蓝攀援，以利通风透光，减少发病；避免偏施氮肥，适当增施磷、钾肥，使植株生长健壮，增强抗病力；及时割除病株，减少病害扩散；收获后清除病、残落叶，集中烧毁，以免病害传播；发病初期用 50% 粉锈宁或 70% 甲基托布津 1000～1500 倍液喷洒 2～3 次，可取得较好效果。

（3）白绢病。该病为害茎基部，致使病基部变褐腐烂，表面覆盖一层白色绢丝状菌丝。6～7 月高温多雨季节发病偏重，严重发作时死苗率高达 80%。防治方法：避免与瓜类植物连作，不与瓜类田块相邻；农家肥须经腐熟后施用；加强田间管理，施肥比例要适当，避免偏施氮肥；合理密植，要搭架栽培，注意通风透光；发现病株应及时拔除，并用 20% 的百菌清 600～800 倍液或生石灰进行土壤消毒，病株应集中烧毁；发病初期用 70% 甲基托布津 1000～1500 倍液喷洒防治，5～7 d 喷 1 次，连喷 2～3 次。

2）虫　害

（1）黑条罗萤叶甲。属鞘翅目，叶甲科。别名大豆二条叶甲、二条黄叶甲、二条金花虫，俗称地蹦子。主要以成虫为害植物叶片、生长点、嫩茎，严重时幼苗被毁。近年来，随着农业产业结构的大力调整及气候不断变化等，该虫为害逐年加重，呈暴发成灾趋势，已成为绞股蓝生产上最为严重的害虫。可造成大面积幼苗被毁，使新出苗植株叶片和嫩茎、芽被啃食，全田出现像开水烫过一样成片枯死。一般田块株发生率 10%～20%，严重发生田块为 80%～85%，个别达 90% 以上。对绞股蓝的生长、产量、品质带来极大的威胁。

该虫一般一年发生 3 代。多以成虫在杂草及土缝中越冬。越冬成虫于翌年 4 月上、中旬开始活动，为害绞股蓝幼苗。4 月下旬至 6 月下旬进入为害盛期。成虫活泼、善跳，有假死性，白天藏在土缝中，早、晚为害。成虫卵产在绞股蓝四周土表处。每雌虫产卵 200～300 粒，卵期 7～8 d。孵化出的幼虫在附近土壤中为害植株根部，致植株根部形成根瘤，使根变为空壳或腐烂。末龄幼虫在土壤中化蛹，蛹期 6～7 d。8 月下旬至 9 月上旬羽化为成虫，取食为害，于 9 月中、下旬至 10 月上旬入土越冬。

防治方法：由于黑条罗萤叶甲寄主多，食性复杂，为害时期长，且有成块连片为害的特点，故在防治上应以消灭越冬成虫，做好预测预报，适时防治为主，结合田间管理及时除虫。①消灭越冬成虫。冬季翻耕土地时，清除田间四周寄主的秸秆、杂草、残株烧毁，减少越冬虫源。②翌年 2 月初翻耕土壤时，结合处理地下害虫，用 40% 辛硫磷或敌百虫粉拌毒土，每亩 10～15 g 撒施，把成虫消灭在未出土为害以前，减少地上植株、嫩茎、叶受害。③翌年 2 月中旬对种植地块，结合中耕除草，用毒土撒施，能达到事半功倍的效果。④加强田间调查，做好预测预报工作，及时指导大田防治。⑤药剂防治。3 月下旬至 4 月上旬用 0.6% 丙酯·氧苦 AS（清源保）1000～1200 倍液或 15% 阿维·毒 EC（蛾英宝）1000～1200 倍液喷雾 5～7 d 后再喷第二次。喷药应仔细周到，对叶、茎正反面要喷洒均匀，在黑条罗萤叶甲发生的各个时期均要进行叶面喷施，以控制为害，减少害虫为害损失，提高产量和品质。

（2）其他虫害。主要有叶甲、蛴螬、地老虎及蜗牛等。叶甲成虫咬食近地面叶片和幼苗，造成缺刻、枯死；蛴螬、地老虎等为害幼苗。防治方法：用40%乐果或10%敌百虫1000～1500倍液或90%敌敌畏1000倍液喷杀，效果较好；蜗牛可在早晨进行人工捕捉。

14.4　采收与初加工

14.4.1　采　收

一般每年可收割2次。第1次在6月中下旬至7月上旬。当地上部分藤蔓长至2 m以上时，离地面高15～20 cm处割下，保留4～7节茎蔓继续生长；第2次在10月进行，可齐地面割下整株。从整个生育期来看，第2次采收时皂苷含量高，生物产量大，药材质量好。

14.4.2　初加工

将收割的茎叶捆成小把，悬挂于荫凉处，晾至半干时，用刀切成10 cm左右小段，再摊晾至足干，装入麻袋或塑料袋，置通风干燥处储藏。一般每亩可产干茎叶250 kg左右，高产可达400 kg。

14.5　绞股蓝的化学成分及药理作用

14.5.1　化学成分

（1）皂苷。绞股蓝的主要有效成分为绞股蓝总皂苷，具有广泛的药理作用。因此，对绞股蓝皂苷成分的研究一直是热点。自从1976年日本人永井正博等在绞股蓝中分离得到了人参二醇和2α－羟基人参二醇，首次揭示了绞股蓝中含有达玛烷型皂苷类成分之后，迄今为止，发现的绞股蓝皂苷已达136种，其中绞股蓝皂苷Ⅲ、Ⅳ、Ⅷ、Ⅻ分别与人参皂苷－Rb1、－Rb3、－Rd和－F2完全相同，为同物异名，同一结构。绞股蓝皂苷的含量、组成比例与其品种、产地气候、土壤条件、采收时间、采样部位等有很大关系，同时也受提取和定性定量分析方法的影响。徐翠凤等对不同产地的绞股蓝全草进行了成分分析，结果表明不同地区样品的总苷含量有较大差异，低者＜2%，高者可在10%以上，总苷含量超过10%的绞股蓝可作为高产类型的优选目标；绞股蓝总苷含量8月份最高，6月份和11月份含量偏低，在高产选择中统一采样季节有利于比较总苷含量的高低。李氏等对河北引种的绞股蓝皂苷进行分析，叶中总皂苷含量高于茎4～5倍。

（2）多糖。多糖也是绞股蓝中含量比较多的化学成分，在研究皂苷同时，对多糖的研究也逐渐地引起了人们的关注。绞股蓝多糖无毒副作用，茎、叶中均含有果糖、葡萄糖、半乳糖和低聚糖等。马丽等对绞股蓝不同部位多糖含量测定的结果表明绞股蓝叶中多糖含量为(1.78±0.6)%，茎中多糖的含量为（0.84±0.23)%，绞股蓝全草多糖含量叶高于茎。王昭晶等对碱提绞股蓝水溶性多糖进行了研究，并得到一种粗多糖AGM，经葡聚糖凝胶（G－100）柱层析检测，表明AGM可能由两种多糖组成，其中一种含有结合蛋白质。宋淑亮对绞股蓝多糖进行了较为系统的研究，共分离出了3种绞股蓝多糖Gps－2、Gps－3和Gps－4，并对其中的两种Gps－2、Gps－3进行了深入的研究，确定了Gps－2的相对分子质量为10 700，Gps－3的相对分子质量为9100。

（3）黄酮类物质。对黄酮类化合物至今少有研究报道，只是对其含量的测定和精制上的研究较多。除了20世纪80年代报道过的商陆素、芦丁、商陆苷及丙二酸等十多种黄酮类物质外，至今未见有新的黄酮类物质的报道。王志芬分析不同时期绞股蓝植物茎的黄酮含量以7月份最高，11月份最低。江西药物研究所提出一些产地的绞股蓝主要含有黄酮类物质，而另一些产地的绞股蓝主要含有皂苷，对这一观点，在今后的引种栽培和成分分析时应引起注意。

（4）无机元素。绞股蓝含有23种无机元素，其中含13种人体必需的微量元素和钙、磷、钾、钠、镁等5种人体必需的常量元素。绞股蓝含微量元素和常量元素大部分对人体有益，有害元素种类少且含量极微少，对人体不构成为害。据张智的分析考察，绞股蓝中各种矿质元素的多少，除与本身生理特性决定外，更与生态环境有关；其中，一些微量元素的含量在不同产地之间存在着差异。因此，在绞股蓝开发利用中，应多方面考察并同时注意到丰富的各种常量和微量元素的开发利用。

（5）其他。绞股蓝中除了含有上述成分外，还含有氨基酸、磷脂、维生素、有机酸、萜类、生物碱、蛋白质等。徐翠凤等分析大部分绞股蓝含有18种氨基酸，其中包括人体所必需的8种氨基酸，其所含氨基酸的营养价值和食疗作用完全符合医学药典要求，应该作为新型的食疗药源加以充分利用。绞股蓝中总磷脂含量约为0.15%，其分布为磷脂酰肌醇47.69%，溶血磷脂酰胆碱34.85%，而磷脂酰乙醇含量甚微。绞股蓝还含有多种维生素：维生素B_1、B_2、C、E，其中维生素E含量特别高。这些成分可能与绞股蓝降血脂、抗肿瘤、抗衰老等药理作用有一定联系。

14.5.2 药理作用

14.5.2.1 抗肿瘤

绞股蓝皂苷XXVⅡ可使腹水癌小鼠寿命由15 d延长至23 d。对摩利斯肝癌、子宫癌、肺癌和黑色素肉瘤等癌细胞的增殖有显著抑制作用，抑制率为20%～80%，但绞股蓝对正常细胞无毒性作用。对实验性S180小鼠连续7 d投饲绞股蓝皂苷50 mg/(kg·d)，12 d后，肿瘤缩小40%。绞股蓝地上部分水煎剂对小鼠艾氏腹水癌实体癌的抑制率分别为30.3%和28.7%，小鼠的生命延长分别为46.6%和40.7%。体外实验证明，绞股蓝皂苷有直接杀灭S180细胞的作用，浓度0.38%～0.75%的杀灭率为54%～87.5%。绞股蓝对体外培养的肺癌、子宫癌、黑色素瘤细胞均有明显抑制作用，而对正常细胞增殖无不良影响。绞股蓝皂苷XX1体外显著抑制肝细胞生长，其总皂苷对小鼠腹腔移植肉瘤细胞有直接杀伤作用。

14.5.2.2　对心脏、血流动力学的影响

绞股蓝对心脏、血流动力学的影响因剂量而异。1 mg/kg 静脉注射可升高犬血压（SBP、DBP 和 mDP）。左室峰压（LVSP）及左室内压最大变化率（±DP/DTmax）显著升高，各指标于 1～3 min 达峰值；5 min 时开始恢复，30 min 恢复至给药前水平；左室内压达最大上速率时左室收缩成分的缩短速（VCE + DP/DTmax）略增加，等容舒张期心室内压（TPR）略降低，但无统计学意义。静脉注射 20 mg/kg 后，HR、SBP、DBP、MAP、LASP、DP/DTmax 心脏指数（CI）和 VCE + DP/DTmx 皆下降，3～5 min 至最低值，10～30 min 逐渐恢复到给药前水平，TPR 稍有增加。

14.5.2.3　降血脂、抗动脉粥样硬化

高脂血症大鼠灌服绞股蓝总苷 100 mg/kg，每日 1 次，连续用 7 周，结果血中总胆固醇（TC）及三酰甘油（TG）含量，对照组分别为（169.0 ± 19.0）mg/L 和（234.4 ± 18.1）mg/L，给药组分别为（107.9 ± 8.8）mg/L 和（153.6 ± 0.1）mg/L；将剂量提高到 500 mg/kg 时，血脂水平与正常组相仿。本品给高脂小鼠灌胃 200 mg/kg，每日 1 次，连用 7 d，其降低血清 TC 作用与 750 mg/kg 的安妥明相当，并能显著降低低密度脂蛋白（LDL）和极低密度脂蛋白（VLDL）的含量，提高高密度脂蛋白水平和 HDL/LDL 的比值，其降血脂作用可能与其促进胆固醇和 B 脂蛋白的代谢有关。鹌鹑喂食高脂饲料，同时给绞股蓝总皂苷每日 300 mg/kg 或 1.5 g/kg 灌胃，能明显抑制鹌鹑血清 TC 及 LDL + VLDL 水平的提高，减少胆固醇在动脉壁的沉积及脂质过氧化物的生成；斑块发生率亦明显降低；电镜观察发现，本品对平滑肌细胞增生有抑制作用。

14.5.2.4　抑制肥胖和减肥

在大鼠附睾的脂肪组织制备的离体培养的脂肪细胞培养液中，加入促肾上腺皮质激素或肾上腺素，同时加入绞股蓝总皂苷，可使脂肪游离脂肪酸释放量减少 28%，脂肪细胞吸收葡萄糖合成中性脂肪量减少 50%。

14.5.2.5　抗心脏缺血

大鼠结扎冠状动脉前 30 min 和结扎后立即腹腔注射绞股蓝总皂苷 25 mg/kg，其血清肌酸磷酸激酶（CPK）和乳酸脱氢酶（LDH）明显低于单纯结扎组；缺血后 30 min，缺血边缘区及心肌超微结构损伤明显减轻，结扎后 24 h，梗塞范围给药组明显小于对照组。体外培养大鼠心肌细胞，正常培养 6 h，培养液中 CPK、LDH 含量很低；缺糖、缺氧培养 6 h，培养液中 CPK、LDH 含量明显升高；绞股蓝总皂苷 50、100 及 200 μg/mL，对正常培养基中 CPK、LDH 无明显影响，但可减低缺糖、缺氧培养基中二者活性，剂量越大抑制程度越强。因此，绞股蓝总皂苷对实验性急性心肌缺血有明显保护作用。

14.5.2.6 抗溃疡

绞股蓝总皂苷 100 mg/kg 灌胃，对大鼠应激性溃疡的发生率具有抑制作用，其抑制率为 40.49%；每日给绞股蓝总皂苷 100 mg/kg，给药 5 d，对大鼠醋酸性胃溃疡治愈率为 46.79%，连续服 15 d，治愈率可达 56.72%。

14.5.2.7 抑制血小板聚集

绞股蓝体外均能抑制 ADP、AA 和胶原诱导的家兔血小板聚集。本品对正常血小板结构无影响，但明显抑制 ADP、AA 和胶原诱导的家兔血小板外形改变。绞股蓝可提高血小板内 cAMP 水平，抑制 5－羟色胺（5－HT）释放。5－HT 可抑制血小板膜上磷脂酶和环氧酶，从而减少 TXA2 的合成。另有实验证实，绞股蓝提取物 0.25、0.5、1.0、2.0 g/L 在体外明显抑制花生四烯酸诱导的家兔血小板集聚及血栓素 B2（TXB2）的释放，其抑制 TXB2 释放的 IC_{50} 为 0.28 g/L；家兔静脉注射绞股蓝提取物 35 mg/kg 后 10～20 min，明显抑制血小板聚集，10～40 min 时明显抑制血小板释放 TXB2；本品 0.25、0.5、1.0、2.0、4.0 g/L 体外对家兔胸主动脉释放 6－酮－PGF1D 无影响，因此，认为绞股蓝可减少 TXA2 的合成，从而使 PCI2/TXA2 比值升高。绞股蓝可能是血小板功能抑制剂，其作用与其升高血小板内 cAMP、抑制 TXA2 合成、升高 PGI2/TXA2 比值有关。

14.5.2.8 镇静、催眠和镇痛

绞股蓝浸膏 450 mg/kg 给小鼠灌服后 0.75 h 后自发活动减少，产生镇静作用，3 h 作用最强，可维持 7h 以上。小鼠服用 50 mg/kg 和 100 mg/kg 绞股蓝总皂苷可延长巴比妥钠诱导的小鼠睡眠时间，使其睡眠时间从（51.3 ± 6.3）h 分别延长（65.1 ± 2.8）h 和（67.4 ± 3.3）h。热板法和扭体法实验表明，小鼠灌服绞股蓝总皂苷浸膏 45 mg/kg，可明显提高给药后 45～90 min 痛阈值；绞股蓝 100 mg/kg 可使小鼠 15 min 内平均扭体数由 48.9 次减少到 35.1 次。因此，证实绞股蓝具有一定的镇静、催眠、镇痛作用。

14.5.2.9 抗衰老

（1）延长果蝇寿命，提高小鼠生存率。0.5%、1.0% 绞股蓝提取物能使雄性果蝇平均寿命延长 11.8% 和 12.2%；0.5% 使雄性及雄性果蝇平均寿命延长 18.5% 和 24.1%；0.5% 绞股蓝提取物在卵孵育期开始给药，其平均寿命比成虫（30 d 龄）有明显延长，并可缩短其从卵羽化为成虫的时间。因此，绞股蓝能促进生长发育，又可延缓衰老过程。0.1 g 原药材加入 2.5 g 基础饲料喂养 5 月龄小鼠，可使其 4 个月生存率提高到 50%（对照组为 0）。

（2）抗脂质过氧化。0.4% 绞股蓝总皂苷溶液给小鼠灌胃 0.2 mL/kg，每日 1 次，连用 2 个月，明显降低其血浆、肝脏和脑中脂质过氧化物（LPO）含量，并明显提高肝、脑中超氧化物歧化酶（SOD）的活性。绞股蓝水提物 200 mg/kg 伴入少量饲料中，喂养幼年大鼠共 3 个月，可使其心、脑组织中脂褐质含量明显降低；喂养老年大鼠，亦可明显降低其心、肝、脑中 LPO 含量。体外培养大鼠脑、心、肝细胞，绞股蓝亦可抑制其 LPO 生成。绞股蓝总皂苷对由 Fe^{2+}－半胱氨酸、VITC－NADPH 和 CCI4 诱发肝微粒体丙二醛（MDA）生成，及自发

MDA 生成均有抑制作用，且表现剂量依赖关系。

14.5.2.10 调节机体免疫功能

绞股蓝总皂苷 200 mg/kg 和 400 mg/kg 给小鼠灌胃，每日 1 次，共 20 d，与环磷酰胺同时给药，可使环磷酰胺所致脾脏和胸腺重量下降程度明显减轻，产生溶血素水平和活性玫瑰花环形成率下降程度亦明显减少，大剂量优于小剂量，与环磷酰胺比较有显著差异。绞股蓝提取液每日给 6.25 mg/kg 和 9.37 mg/kg，喂养大鼠 90 d，两个剂量结果基本一致，给药组与对照组 T 淋巴细胞数分别为 76% ±6.2% 和 67% ±5.3%（$P<0.01$），均在正常范围内。小鼠灌服绞股蓝 400 mg/kg，每日 1 次，给药 12 d，可提高脾脏 NK 细胞活性达 24.12%，明显对抗环磷酰胺所致的抑制作用。因此，绞股蓝可调节正常小鼠的免疫功能；并对环磷酰胺所致小鼠免疫功能低下有显著拮抗作用；在正常范围内提高 T 淋巴细胞的数目，增强天然杀伤细胞（NK 细胞）的活性；提高肺巨噬细胞的吞噬能力。

14.5.2.11 对防治糖皮质激素的副作用

小鼠腹腔注射绞股蓝总皂苷 10 mg/kg，每日 1 次，连用 10 d，可显著抑制地塞米松引起的肾上腺和胸腺萎缩以及皮质醇减少，而且此作用与给药先后无关，说明本品不仅使糖皮质激素所致器官畏缩复原，而且可以阻止这种作用的出现。在给地塞米松前、同时或以后，给小鼠灌胃绞股蓝总皂苷 70 mg/kg 和 350 mg/kg，每日 1 次，共 6 d，肾上腺重/体重比都有明显恢复，肾上腺内维生素 C 蓄积减轻；组织学观察表明，绞股蓝各试验组肾上腺皮质束状带结构与正常组相似，绞股蓝与地塞米松合用组效果最好。绞股蓝的这一作用可能与其阻断糖皮质激素合成功能的反馈性抑制有关，说明绞股蓝对糖皮质激素所致的肾上腺皮质萎缩具有明显的预防、保护和治疗作用。

14.5.2.12 抗应激

绞股蓝提取物 250 mg/kg 给小鼠灌服，每日 1 次，共 6 d，对环磷酰胺所致外周血细胞下降有明显保护作用；小鼠灌服绞股蓝皂苷 100 mg/kg 和 200 mg/kg，每日 1 次，共 10 d，可延长小鼠游泳时间 29% 和 95%；80 mg/kg 给小鼠灌胃连续 3 d，能延长小鼠爬杆时间；200 mg/kg 腹腔注射，每日 1 次，共 3 d；或 100、200 mg/kg 灌胃，每日 1 次，连用 10 d，皆明显延长常压缺氧条件下小白鼠生存时间，提高其缺氧耐受力；450 mg/kg 绞股蓝浸膏灌胃，每日 1 次，连续 5 d，可提高小鼠耐高温能力，延长小鼠的生存时间。

14.5.2.13 其 他

绞股蓝与人参皂苷相似，绞股蓝皂苷对大鼠脑、心肌微粒体 Na^+-K^+-ATP 酶呈不可逆抑制作用，其 IC_{50} 分别为（52.07 ±6.25）μg/mL 和（58.79 ±8.25）μg/mL。绞股蓝镇静、催眠作用和强心作用机制可能与其对 Na^+-K^+-ATP 酶的抑制有关，但其在一定浓度范围对人体红细胞膜 Na^+-K^+-ATP 酶起激活作用。绞股蓝总皂苷对抗利多卡因的毒性，其 ED_{50} 为（40.1 ±1.2）mg/kg。

14.6 绞股蓝的开发利用

由于绞股蓝具有人参的主要功效，又无人参的副作用，因此引起国内外专家的高度重视。近年来，日本医药学家对绞股蓝发生了浓厚的兴趣，花了大量的人力财力来研究这种纤纤细草，甚至以每吨几千美元的价格从我国进口。这充分说明绞股蓝是大有前途的植物。

14.6.1 绞股蓝有效成分的提取

绞股蓝主要有效成分为绞股蓝皂苷，另外还含有多糖类、黄酮类、氨基酸、维生素以及锌、铜、铁、锰等微量元素。其中绞股蓝皂苷Ⅲ、Ⅳ、Ⅷ、Ⅻ分别与人参皂苷 Rb1、Rb3、Rd、F2 是同一物质，其酸水解产物与人参皂苷的酸水解产物人参二醇具有相同的理化性质，具有诸多药理作用。其提取方法主要有以下几种。

14.6.1.1 水提法

利用相似相溶原理，将绞股蓝浸泡在水中，以提取皂苷。绞股蓝水浸提法的工艺条件是：干绞股蓝颗粒中加入 40 倍质量的水，调至 pH 9.0，在 85 ~ 95 ℃搅拌浸提 5 ~ 10 min。但此法的提取液容易发生沉淀，这主要由皂苷引起，而皂苷是最终产品所需的有效成分，因此增强提取液的稳定性是非常重要的。加入 10 mg/L 的柠檬酸钠和 EDTA - 2Na，可更有效地增强提取液的稳定性。这是由于二者均具有较强的络合作用，能防止溶液中金属离子与皂苷、多酚等物质结合后形成沉淀，从而达到不损失有效物质，溶液的色泽不发生变化的目的。有研究者以绞股蓝为原料，采用热水浸提、超声波强化、大孔树脂层析等方法，对绞股蓝中的主要活性成分皂苷和多糖进行综合提取、分离和纯化。通过正交试验对提取工艺条件进行优化，得出最佳工艺条件为：超声波功率 20 W、作用时间 15 min、提取温度 85 ℃、pH 9.0。采用此提取方法，绞股蓝皂苷的得率和纯度分别为 3.06% 和 90.16%。

14.6.1.2 有机溶剂提取

有机溶剂提取，作为一种较为简便的提取技术，而被广泛应用。其一般提取过程是：将待提取的物料粉碎后，以石油醚、乙醇、丙酮等有机溶剂作为提取剂，利用相似相溶的原理，在一定温度条件下反复浸提数小时后回收提取剂，从而提取得到产物。邓美林、吴天祥采用超微粉碎技术将原料粉碎，以期提高提取率。由于超微粉碎技术能在一定程度上破坏绞股蓝植物细胞壁，增加了植物细胞的比表面积，使绞股蓝粉体有效成分溶出更迅速、完全。研究表明，其最佳提取工艺为：粉碎度 3.03 μm，乙醇浓度为 70%，料液比（g：mL）为 1：30，提取温度为 60 ℃，平均提取得率为 4.25%。

陈武等以乙醇为溶剂提取了绞股蓝总皂苷。其中，乙醇浓度、料液比、提取时间、提取次数对提取率有较大影响，乙醇浓度是影响提取率的主要因素，料液比是居中因素，提取时间、提取次数是次要因素，经单因素试验和正交试验对提取工艺的优化，绞股蓝总皂苷最佳提取工艺条件为：乙醇浓度70%、料液比1∶6、提取时间1 h、提取次数2次，采用此法绞股蓝总皂苷的得率为6.6%。在绞股蓝皂苷的提取工艺中，原料的粉碎程度也是影响提取效率的一个重要因素。

14.6.1.3 微波辅助提取

微波辅助提取是利用微波能来提高萃取率，其机理一般认为：微波在传输过程中遇到不同的物料，会依物料性质不同而产生反射、穿透、吸收现象。由于物质结构不同，吸收波能的能力不同，因此，在微波作用下，某些待测组分被选择性加热使之与基体分离，进入微波吸收能力较差的萃取溶剂中。由于微波加热的热效率较高，升温快速且均匀，故显著提高了萃取时间和效率。微波提取适合于天然物质中热敏性组分或有效组分的提取分离。微波萃取溶剂一般选用能吸收微波的透明或半透明介质，此外，还需充分考虑到萃取溶剂的极性。有研究者采用微波辅助对绞股蓝皂苷提取率进行了比较研究。结果显示，采用微波辅助提取绞股蓝皂苷的最佳条件为：料液比1∶25、料液pH 8.0、浸提温度70 ℃、浸提时间120 min、微波辐射强度中等、微波辐射处理时间180 s。其中，微波功率和微波时间对皂苷提取率有明显的影响。微波辅助提取绞股蓝皂苷耗时少，效率高，是一种值得应用和推广的提取方法。郭辉力等以微波干法辅助提取绞股蓝皂苷，即是未加提取溶剂的绞股蓝粉末在微波场中接受微波能辐射，然后用70%乙醇快速浸提（数秒钟内完成）。经研究，微波处理最佳工艺参数为：功率800 W、100%微波、辐射时间2 min。在此条件下，经微波预处理，70%乙醇快速浸泡提取，所得的绞股蓝总皂苷提取率为8.37%。

14.6.1.4 超声波辅助提取

利用超声波破碎细胞（空化）和强化传质（机械作用），使溶剂分子渗透到组织细胞中，能更好地与溶质分子接触，使细胞中可溶成分更好地释放出来。它具有操作简单、提取温度低、提取率高、提取物结构不被破坏等特点。因此，超声波常作为溶剂提取的辅助手段，以提高提取率。有研究表明，超声波辅助提取绞股蓝总皂苷的最优工艺为：提取温度60 ℃，超声波功率20 kHz，80%的甲醇溶液14 mL回流提取3次，每次130 min。

14.6.1.5 酶法提取

绞股蓝的细胞壁和细胞间质主要由纤维素及果胶等物质构成，在提取过程中，有效成分需通过细胞间质和细胞壁扩散到提取介质、纤维素及果胶等物质在一定程度上阻碍了有效成分的传质过程，影响了提取率。酶法提取工艺主要是利用纤维素酶及果胶酶对纤维素、果胶进行处理，从而提高绞股蓝皂苷的提取效率。果胶酶提取绞股蓝皂苷，其机理是利用果胶酶酶解反应，除去细胞壁中的果胶物质，从而破除细胞壁，以便皂苷的溶出。果胶酶提取绞股蓝皂苷的最佳工艺为：果胶酶用量0.35%，pH 4.0，酶解温度为50 ℃，酶解时间为90 min，高温灭酶提取16 min。在此工艺条件下皂苷得率可达7.9%。利用酶提取绞股蓝皂苷时，酶用量、酶解温度、pH对提取的影响都非常显著，应该严格控制。此外，在低温酶解处理后并不能显著的提高绞股蓝皂苷得率，必须再进一步进行高温的后处理，不仅达到灭酶的目的，而且皂苷得率也得到大幅提高。纤维素酶可以促使纤维素中 β－D－葡萄糖苷键的裂解，从而减小有效成分由内向外传质的阻力，提高绞股蓝总皂苷的提取率。在提取工艺中，各因素对皂苷提取率的影响程度依次为 pH > 温度 > 酶浓度 = 时间，最佳提取工艺为：120 目的绞股蓝，在酶浓度为 0.4%，温度为 145 ℃，pH 为 5.0 的条件下酶解 150 min，皂苷的提取率达 3.81%。

14.6.2 医用药品

绞股蓝总皂苷治疗胃、十二指肠溃疡病患者，效果明显。每日口服绞股蓝总皂苷 100～200 mg，2～3 月后，X 射线和内窥镜检查发现患者的溃疡愈合显著的改善；每日口服绞股蓝总皂苷 100～200 mg，连服 1 月，即对失眠、头痛、精神不安等症状起到明显改善的作用；在治疗血液病、高血脂症、激素副作用、抗衰老和性功能异常等疾病方面，具有很高的科研价值。用绞股蓝皂苷制成的米醋能降血压、降胆固醇。

14.6.3 保健饮品

（1）绞股蓝茶类制品。目前市场上的绞股蓝茶同类产品多达 20 余种。绞股蓝茶一般按照包装或加工工艺分类，有袋泡茶、珠型茶、片型茶，按照加工程度可分为粗加工茶、再加工茶和深加工保健茶，按照产品形态分类有固态茶、半固态茶和液态茶。绞股蓝奶茶具纯正奶味和玉米烘焙香气，色泽乳黄，易冲调，不沾碗，营养丰富，具有一定市场。但是由于绞股蓝的加工尚未找到一条既不引起该营养成分的流失又能除去涩苦味的科学途径，该奶茶的绞股蓝利用率不太高，仍然需要进一步的改进。

（2）绞股蓝酒。将绞股蓝鲜叶用 100 ℃的水蒸气蒸 101～120 s，使能分解绞股蓝皂苷的酶失去活性，又可对原料起杀菌消毒作用，确保所配制的绞股蓝酒质稳定。绞股蓝酒每 100 mL 酒含绞股蓝皂苷 120 mg，该酒含有 18 种氨基酸，其中包括人体必需的 8 种氨基酸，微量元素也很丰富，如 Zn（0.4 mg/kg）、Mn（0.8 mg/kg）、Fe（0.02 mg/kg）、Se（0.007 mg/kg）等。

14.6.4 化妆品

取干燥的绞股蓝全草，经过提取和处理等工序后可得到淡黄色粉末的粗皂角苷。将粗皂角苷与硬脂醇等混合，可以制成化妆水、化妆膏、肥皂等多种化妆品。如化妆膏，其配方是：硬脂酸 10%，硬脂醇 4%，硬脂酸丁酯 8%，乳化剂 2%，保存剂、香料各 0.2%，丙二醇 10%，甘油 4%，氢氧化钾 0.4%，绞股蓝提取物 0.05%，其余为纯水。绞股蓝与甘油制成护发素，可防止白发。

14.6.5 饲料添加剂

随着畜牧养殖业的发展壮大，向饲料中添加添加剂的问题越来越引起人们的关注，绞股蓝饲料添加剂具有健胃、消炎、抑菌、调节神经系统和内分泌活动、补充营养及促进生长等作用，是一种极具开发前景的植物性饲料添加剂。绞股蓝作为饲料添加剂，能使动物得到所需的微量元素的同时，促进食欲，提高饲料利用率，发挥一般矿物质添加剂所不具备的独特生理功能。

14.6.6 极具发展潜力的产品

（1）含绞股蓝活性物质的助记忆口服液。利用绞股蓝提取液的抗疲劳、促进记忆和镇定的作用，研究开发针对学生群体的绞股蓝口服液，学生饮用后能大大提高学习效率，保持长时间的精神集中。在当今社会中，学生群体占相当的比例，此类产品能迅速占领市场，产生较大收益。

（2）利用绞股蓝抗衰老作用研制美容护肤用品。绞股蓝皂苷能明显延长体外培养的人皮肤细胞的传代数，利用这一特性，可利用绞股蓝提取物研制美容护肤用品。现在市场上充斥了大量的美白护肤的商品，其中很多掺杂的药物都具有毒副作用。而绞股蓝经试验证明只要用量适当，是无毒副作用的。这对绞股蓝美容制品打开市场非常有利，市场前景非常乐观。

（3）开发针对糖尿病人的无糖食品。现阶段无糖食品市场一直存在误区，很多厂家利用消费者的知识盲点，开发出售的无糖食品大都没有达标。经过近30年的研究，绞股蓝的提取工艺已经非常成熟，而且绞股蓝种植广泛且易存活。可以考虑在当今的无糖食品中加入绞股蓝在调节口味的同时，也能预防糖尿病并发症的发生，必将会受到广大糖尿病患者的青睐。

主要参考文献

[1] 何顺志. 贵州绞股蓝属植物资源调查及生态环境的研究 [J]. 中草药. 1996, 27 (5): 299-301.
[2] 陈秀香, 覃德海. 广西绞股蓝属一新种 [J]. 云南植物研究. 1988, 19 (4): 495.
[3] 陈秀香, 梁定仁. 广西绞股蓝属药用植物一新种[J]. 广西植物, 1991, 11(1): 13-14.
[4] 肖小河, 陈士林. 四川绞股蓝属生态分布及资源利用 [J]. 中药材, 1991, 14 (3): 16-19.
[5] 郑小江, 刘金龙. 恩施州绞股蓝属植物及绞股蓝类型调查 [J]. 中国野生植物资源, 2002, 21 (2): 32-34.
[6] 陈涛, 朱学灵, 李爱琴, 等. 伏牛山野生绞股蓝的种类及栽培技术 [J]. 河南林业科技, 1998, 18 (3): 43-44.
[7] 吴峰, 王文房, 上官庆义. 沂蒙山区绞股蓝栽培试验研究 [J]. 临沂师范学院学报, 2005, 6 (2): 20-22.

[8] 马平勃，朱全红，黄中伟．绞股蓝泡服对实验性高脂血症及血液流变学的影响［J］．中国现代应用药学杂志，2005，22（6）：454－455．
[9] 王斌，葛志东．绞股蓝皂苷体外对免疫功能的影响［J］．中药新药与临床药理，1999，10（1）：36－37．
[10] 唐朝正．绞股蓝与乌蔹莓鉴别［J］．时珍国医国药，2000，11（11）：1003．
[11] 徐翠凤，罗嘉梁，王碧兰，等．绞股蓝化学成分分析［J］．林产化工通讯，1994（2）：3－6．
[12] 李兰芳，陈玲燕．河北引种绞股蓝中总皂苷、总黄酮、多糖及氨基酸的分析［J］．时珍国药研究，1997，8（2）：151－153．
[13] 马丽萍，赵培荣，张惠芳，等．绞股蓝不同部位多糖含量的测定［J］．河南医科大学学报，2000，35（5）：445－446．
[14] 王昭晶，罗巅辉．碱提绞股蓝水溶性多糖的研究［J］．食品研究与开发，2006，27（5）：92．
[15] 宋淑亮．绞股蓝多糖的分离纯化及其药理活性研究［D］．山东中医药大学硕士论文，2006．
[16] 王青豪，张熊禄．大孔吸附树脂对绞股蓝黄酮类化合物的精制工艺研究［J］．林产化工通讯，2005，39（6）：12．
[17] 侯冬岩，回瑞华，关崇新．绞股蓝中总黄酮的分析研究［J］．沈阳师范学院学报：自然科学版，2003，22（6）：39－42．
[18] 王志芬，孙红祥，孙国梅．两种绞股蓝植物茎不同时期黄酮类成分［J］．科技通报，1994，10（6）：392－393．
[19] 郑小江，刘金龙．绞股蓝研究与开发［J］．湖北民族学院学报，1997，15（6）：31．
[20] 张智．绞股蓝资源质量评价指标的研究［J］．安徽农业大学学报，1995，22（3）：312－316．
[21] 王树桂，潘莹．复方绞股蓝胶囊对高脂血症小鼠血脂的影响［J］．广西中医药，2005，28（3）：54－55．
[22] 黄雪萍．绞股蓝总苷与辛伐他汀治疗原发性高脂血症的疗效比较［J］．中国药业，2006，15（6）：46．
[23] 黄萍，陈竞龙，张雷，等．绞股蓝皂甙对2型糖尿病肾病的血脂、微量白蛋白尿的影响［J］．中国现代医学杂志，2007，17（2）：206－207．
[24] 魏守蓉，薛存宽，何学斌，等．绞股蓝多糖降血糖作用的实验研究［J］．中国老年学杂志，2005，25（4）：418－420．
[25] 于新，李远志，陈悦．绞股蓝成分的提取及提取液稳定性研究［J］．广州食品工业科技，18（1）：7－10．
[26] 易湘茜，曾世祥．水溶性绞股蓝皂苷和多糖提取工艺［J］．食品研究与开发，2009，30（5）：13－16．
[27] 陈武，伍晓春，邹盛勤等．绞股蓝总皂苷提取工艺的研究［J］．食品与机械，2008，24（1）：75－77．

[28] 张晓喻，黎艳，雍彬，等．复方绞股蓝皂苷改善小鼠学习记忆的研究［J］．食品科学，2007，28（3）：330－333
[29] 沈宏伟，肖彦春，车仁国，等．绞股蓝中总皂苷的提取及含量研究［J］．食品科技，2008，33（4）：158－160.
[30] 方乍浦．绞股蓝中黄酮苷有机酸的分离与鉴定［J］．中国中药杂志，1989，14（11）：36.
[31] 唐晓玲，王佾先，元寿海，等．绞股蓝多糖抗肿瘤作用及其对荷瘤功能免疫机能的影响［J］．江苏药学与临床研究，1999，7（1）：15.

15 金银花

金银花为忍冬科（Caprifoliaceae）植物忍冬（*Lonicera japonica Thunb*）、红腺忍冬（*Lonicera hypoglauca Miq.*）、山银花（*Lonicera confusa DC.*）或毛花柱忍冬（*Lonicera dasystyla Rehd.*）的干燥花蕾或带初开的花，为常用中药。夏初当花蕾含苞未放时采摘，晾晒或阴干，生用或炒用。性寒，味甘，入肺、胃、大肠经，具有清热解毒，凉散风热的功效，金银花自古被誉为清热解毒的良药。临床上广泛应用于外感风热或者温热病初起发热而微恶风寒者及疮、痈、疔肿，下痢脓血，热病泻痢，如上呼吸道感染、咽炎、急性扁桃体炎、痢疾、疖疮痈肿、风热感冒等症，应用历史悠久。

金银花这一名词，首次载于宋代苏城、沈括的《苏沈内翰良方》，在本书中首次提出了“金银花”一名及其解释，“四月开花，极芬，香闻数步，初开白色，数日则变黄，每黄白相间，故名金银花”。在历史不同时期金银花的药用部位是不同的，宋代以前只用茎叶，明代则以茎、叶、花共同入药，以后以花入药为主，其茎叶成为同一种植物中的另一种药物，即忍冬藤。《中国药典》（2000年版）（一部）对“忍冬藤”和“金银花”做出了明确规定，二者分别归属不同的中药，金银花的来源为忍冬科植物忍冬、红腺忍冬、山银花或毛花柱忍冬的干燥花蕾或带初开的花；而忍冬藤是指忍冬植物的干燥茎枝，多栽培，在实际应用中应加以区别，对症下药。

15.1 种质资源及分布

世界上忍冬属植物有200多种，主要分布在北美、欧洲、亚洲和非洲北部温带至热带地区。在《中国植物志》中记载忍冬科植物在我国有98种，广泛分布于全国各地，其中以西南部忍冬的种类最多，忍冬属植物的花蕾作为金银花生药材商品的约有18种。根据对我国16个省、市、自治区的158个市、县202个金银花样品的研究，共鉴定出其原植物分属于忍冬属14个种、1个亚种和2个变种。其中忍冬分布最广，产量最高，如此广泛的物种资源使金银花商品药材具有廉价性，这为我们研究、开发与利用金银花提供了充足的原料。从产量来看，我国金银花主产于山东、河南、河北、贵州等省。山东省金银花主产于沂蒙山区，包括平邑、费县、沂水、临沭、济南等地，已有300余年的栽培历史，全省各山地丘陵有野生。河南省现有新密和封丘两个产区，新密市（原密县）为河南密银花老产区，栽培集中于五指岭及其周围山区，素有“五指岭银针”之称，已有数百年栽培历史，并有野生。封丘市位于河南省东北部黄河北岸的黄河故道，集中于陈桥镇（原司庄乡）。当地无野生种，新中国成立前人们自密县引种毛花，在庭院内零星种植，新中国成立后开始在黄河大堤上种植，主要用于护堤坝。河北省主产于巨鹿地区，位于河北省中南部，以堤村乡为中心。当地无野生种，20 世纪 50 年代清河县药材公司从山东引种平邑的大毛花。1989 年，堤村由清河县引种到巨鹿，经修剪形成茎直立生长的“巨花一号”。贵州全省均有忍冬属植物的分布，据统计共有 30 种（含变种和亚种），其中 21 种为藤本植物，分布海拔 300 ~ 2500 m，但在海拔 700 ~ 1400 m 是多数种的适生区；分布的大致规律：从西部向东部、从北部向南部、从高海拔向低海拔，种类出现了从灌木向藤本，从落叶向常绿的过渡。

我国南部地区常见的忍冬属植物有：

淡红忍冬（*Lonicera acuminata Wall.*）：本种的花在四川部分地区和西藏昌都作“金银花”收购入药。

细毡毛忍冬（*Lonicera similis Hemsl.*）：花供药用，是西南地区“金银花”药材的主要来源，收购以野生品为主，近年来有些地区已引种栽培。

灰毡毛忍冬（*Lonicera macrathoides Hand. - Mazz*）：花入药，为金银花地方习用品种之一，主产于湖南和贵州，有“大银花”、“岩银花”、“山银花”、“木银花”等名称。

卵叶忍冬（*Lonicera inodora W. W.*）：产云南西部（腾冲）和西藏东南部（墨脱）。生于石山灌丛或山坡阔叶林中，海拔 1700 ~ 2900 m。西藏民间有用本种的花作清热解毒药的。

短柄忍冬（*Lonicera pampaninii*）：花入药，贵州民间用来治鼻出血、吐血及肠热等症。

皱叶忍冬（*Lonicera rhytidophylla Hand. - Mazz*）：花供药用，在江西上犹县作“金银花”收购，但产量甚小。

滇西忍冬（*Lonicera buchananii Lacein kew Ball.*）：本种的花供药用，为云南盈江县“金银花”的主要来源。

盘叶忍冬（*Lonicera tragophylla Hemsl.*）：花蕾和带叶嫩枝供药用，有清热解毒的功效。花在贵州印江收购入药，称“大金银花”，但产量不高。

匍匐忍冬（*Lonicera crassifolia*）：四川武隆县民间栽培，以其花治风湿。

云雾忍冬［*Lonicera nubium*（*Hand. - Mazz*）*Hand. Mazz*］：这是一很特殊的种，它的毛被、叶形、花序和花序梗与同一亚组内的其他种颇不相同，足以成立独立的种。

川黔忍冬（*Lonicera subaequalis Rehd.*）：产四川西部至南部和贵州东部（盘县、毕节）。生于山坡林下阴湿处，海拔 1500 ~ 2450 m 。

金银花的变种或亚种。在各地生态条件的影响下，形成金银花异常丰富复杂的种内变异类型。在地方作为药用的就有多种属于忍冬属品种、原变种或原亚种的变种或亚种，下面介绍《中国植物志》中收载的峨眉忍冬（*Lonicera similis Hemsl. var. omeiensis*）、净化菰腺忍冬（*Lonicera macrantha var. heterotricha*）和异毛忍冬（*Lonicera hypoglauca Miq. Subsq. nudiflora*）。

（1）峨眉忍冬。峨眉忍冬是细毡毛忍冬的变种。叶下面除密被由短柔毛组成的细毡毛外，还夹杂长柔毛和腺毛。花冠较短，长 1.5 ~ 3 cm，唇瓣与筒几等长。特产四川西南部、北部、东北部和东部。生于山沟或山坡灌丛中，海拔 400 ~ 1700 m 。此变种的花在四川旺苍、江油等县作“金银花”收购入药。

（2）净花菰腺忍冬。净花菰腺忍冬是原亚种菰腺忍冬的亚种。主产于广东北部和西部、广西、贵州西南部及云南东南部至西部和西南部。在广西有栽培，为主流商品。花蕾长1.8～4.5 cm，直径1.5～3 mm，无毛或疏被毛。腺毛无或偶见，头部盾形而大；厚壁非腺毛少，长约至704 μm，螺纹较密。

（3）异毛忍冬。异毛忍冬是大花忍冬的变种。叶下面除了有糙毛外，还被由稠密的短糙毛组成的毡毛。花期4月底至5月下旬，果熟期11～12月。产浙江南部、江西西部、福建（南平）、湖南西南部、广西、四川东北部（南江）和东南部（光文、江北、秀山）、贵州及云南东南部和西部。生于丘陵或山谷林中或灌丛中，海拔350～1250 m，在云南可达1800 m。此变种具有介乎大花忍冬和灰毡毛忍冬之间的特征。其叶下面由短糙毛组成的毡毛，堪与灰毡毛忍冬相比，但却同时存在较长的糙毛，而且小枝和花冠外面的毛被以及花冠的长度，又都与大花忍冬相一致。

15.2 生物学特性

15.2.1 形态特征

金银花又名忍冬、双花、银花、二宝花，是忍冬科忍冬属多年生半常绿藤本植物。当年生藤茎有一层暗紫色的表皮包裹，表皮上有多数单细胞表皮毛及腺毛，茎细长坚韧，多分枝，髓部中空；老枝光滑，表皮常脱落。叶对生，少数枝3叶轮生，卵形至长圆形或卵状披针形，长3.0～7.0 cm，宽1.5～3.0 cm，先端钝或急尖，基部圆形至近心形，全缘，花自叶腋伸出，总花梗长于叶柄，上具双花；花冠管状，先端唇形，上唇四裂直立，下唇向外反卷，中间伸出稍长的5雄1雌的花蕊；花单对或双对而生，初开时为白色，2 d后渐变为黄色，芳香，外面有柔毛和腺毛，花萼5裂，花冠长3～4 cm，子房无毛。花开满藤，白黄相映，故名金银花（彩图15.1、15.2、15.3）。果实球形浆果，成熟后为蓝黑色。

15.2.2 生态习性

金银花喜温暖稍湿润和阳光充足环境，虽也耐阴，但在隐蔽环境中易引起植株徒长、枝条瘦弱、叶片薄小，而且不易开花；能抗零下30 ℃低温，故名忍冬花。3 ℃以下生理活动微弱，生长缓慢。5 ℃以上萌芽抽枝。16 ℃以上新梢生长快，20 ℃左右花蕾生长发育快，适宜生长温度为20～30 ℃，但花芽分化适温为15 ℃。对土壤要求不严，耐盐碱，但以土层深厚疏松的腐殖土栽培为宜。我国除新疆以外，全国各地均能栽培。

15.2.3 生长习性

15.2.3.1 根系生长

金银花根系发达，主根粗壮，毛细根密如蛛网，适应性强，具有耐旱、耐寒、耐瘠薄等特点。根系沿山体岩缝下扎深度可达9 m以上，向四周伸长达12 m以上，在山岭坡地的土层中纵横交错，具有强大的固土和吸收水分、养分的能力。据观察10年生金银花植株，根冠分布的直径可达3～5 m，根深1.5～2 m，主要根系分布在10～50 cm深的表土层。须根则多在5～30 cm的表土层中生长。根系以4月上旬到8月下旬生长最快。

15.2.3.2 茎叶生长

金银花地上茎叶生长旺盛，藤茎分生能力强，当年生藤茎最长可达7 m以上，茎叶覆盖度大。藤茎生根力强，插枝和下垂触地的枝，在适宜的温湿度下，不足15 d便可于节部产生不定根。

15.2.3.3 开花习性

金银花具有多次抽梢、多次开花的习性。在不加管理、任其自然生长的情况下，一般第一茬花，在5月中下旬现蕾开放，6月上旬结束，花量大，花期集中。在同一结花枝上，一般从基部以上4～5节叶腋处（多茬花常见于2～3节处）出现花蕾。花蕾自下而上，逐渐开放，每天开放一棚。一条结花枝一般开花6～8棚，最多达14棚。以后只在壮枝上抽生二次枝时形成花蕾，花量小，花期不整齐。若加强管理，经人工修剪，合理施肥和灌水，可抽生2～4次枝，使其较集中的开花3～4茬。

15.3 栽培与管理

15.3.1 品种选择

由于金银花的分布范围广，种类品种资源丰富。在选用栽培品种时，应结合当地的自然条件选定优良品种。在我国南方选用的品种应具备以下特点：适合热带或亚热带气候类型，抗病性强，耐高温强光能力强。适宜的品种有：灰毡毛忍冬、湘蕾1号、渝蕾1号、沙帽1号、花王、康花、金翠蕾、银翠蕾、懒汉金银花等多个优良品种。

15.3.2 育　苗

15.3.2.1 实生育苗

（1）育苗地选择。金银花育苗地应选择在背风向阳、地势平坦、土质肥沃、排灌方便、透气性强，土壤呈微酸性至中性的沙质土壤地块。此种地块繁育的苗木须根多，苗木健壮，栽植成活率高。

（2）整地施肥。在育苗前将地深耕，拣出树根、杂草及石砾，耙平做畦。畦宽120～150 cm，耕地时每亩施入氮肥50～75 kg，磷肥50 kg，钾肥15～20 kg，或堆肥3000～

4000 kg，氮肥 30 ~ 50 kg。

（3）采种与播种。金银花果实成熟后，于 10 ~ 11 月份将成熟的果实采回，放入水中搓洗，去净果肉、杂质，取成熟种子晾干备用。翌年 4 月上、中旬将种子放在 35 ~ 40 ℃的温水中浸泡 24 h，取出拌 2 ~ 3 倍湿沙（含水率 60%）置于温暖处催芽约 14 d，待种子有 30% 裂口时即可播种。种子可冬播或春播，冬播应在土壤封冻之前进行，春播多在 3 月中旬进行，播前将苗床浇水湿透，当表土稍松干时，可进行条播或撒播，播后覆盖不超过 0.5 cm 的细沙土，播后再盖草以保持湿润。播种量为 445 ~ 667 mg/㎡。

金银花种子发芽时，如在冰箱中置 80 d，发芽率可达 80% 左右，可见低温处理可促进种子萌发；金银花种子在 25 ℃恒温下催芽，其发芽率为 1.4%，发芽所需天数约 21 d；金银花在 25 ℃恒温暗处理下发芽率为 0，而在变温（15 ~ 25 ℃）暗处理下发芽率较高。可见，温度变化对种子发芽影响较大，变温相对恒温条件下有更好的发芽率。

15.3.2.2 扦插繁殖

（1）插条的选择与处理。金银花插条应选择枝条粗壮、节间短、花蕾大、开花早、含苞期长、产量高和药性好的优良单株上的 1 年生枝条。把采集来的枝条剪去梢部细弱部分，截成 30 cm 左右的插条，用 ABT6 号生根粉 50×10^{-6} 溶液浸 1 ~ 2 h，以促进插条早生根，多生根，为培育优质壮苗奠定基础。

（2）扦插。扦插可在春、夏和秋季进行，雨季扦插成活率最高，但对 1 年需出圃的苗木，为了达到优质壮苗的标准，扦插时间以春季 2 ~ 3 月份为宜。王文静认为金银花扦插育苗的时间以 7 ~ 8 月出苗率最高，夏初 6 月由于插条木质化程度不够，其出苗率次之，春季 3 月扦插，虽插穗已木质化，但由于温度过低，难以使插穗生根，加之春旱少雨而枯死，致使金银花出苗率更低（表 15.1）。

另外，金银花不同年限插穗育苗，以 1 年生半木质化的出苗率最高，2 年生次之，3 年生最低（表 15.2）。

表 15.1　金银花不同扦插时间出苗率的比较（王文静）

处理	扦插时间（月－日）	重复次数	小区扦插数	总扦插数	出苗数	出苗率/%	苗高/cm	根长/cm
春初	03－10	3	1000	3000	912	30.4	68.1	19.2
夏初	06－20	3	1000	3000	2115	70.5	37.2	16.9
夏末	07－25	3	1000	3000	2454	81.8	32.8	14.8
秋初	08－02	3	1000	3000	2526	84.2	20.4	9.5

表 15.2　不同年限插穗金银花出苗率的比较（王文静）

处理	重复次数	小区扦插数	总扦插数	出苗数	株出苗率/%
1 年生	3	1000	3000	2457	81.9
2 年生	3	1000	3000	2124	70.8
3 年生	3	1000	3000	618	20.6

综合来看，金银花扦插育苗应选用1年生半木质化枝条于夏秋季进行。扦插时，取1年生健壮枝条（或花后枝）作插穗，每插穗上留3~4对芽（或叶），去掉下部叶片，按行距15~20 cm，在畦内开沟深20 cm左右，将处理好的插条按株距5 cm，呈45°~70°斜放于沟内，在开第2行沟时把开沟的土覆盖在第1行已摆放好的插条上，覆盖深度应达到插条的2/3，并将敷土震实，以此类推。在每畦的中间留25~30 cm的行间距，以利于浇灌、排水及生产管理。枝条扦插后要及时浇灌1次，有条件的可对苗圃进行遮阴，一般10~15 d即可生根，30 d后可去掉遮阴。以后根据土壤墒情，适时浇水，松土除草。

扦插时也可用50~100 mg/kg NAA作为生根剂浸泡插条下端，以促进插穗生根。

15.3.2.3 压条繁殖

选取当年生花后枝条，于6~10月用富含养分的湿泥垫底，将已开过花的藤条压入泥中，然后用上述肥泥压2~3节，上面盖草（以保湿），2~3个月后可在节处生出不定根，然后将枝条在不定根的节眼后1 cm处截断，让其与母株分离而独立生长，稍后便可带土移栽。一般从压藤到移栽只需8~9个月，栽种后翌年即可开花。

15.3.2.4 分株繁殖

可在早春或晚秋进行。由于分株会使母株生长受到一定程度抑制，当年开花较少，甚至不能开花，所以此法只用于野生优良品种少量扩繁。

15.3.2.5 组织培养育苗

实生、扦插繁殖是金银花的常用繁殖方式，然而这些常规的繁殖方式容易使金银花植株携带病毒、细菌等，造成金银花生产性能下降，植株生长不良，有效成分积累减少，植株及产品品质降低。通过以组织培养的方式繁育金银花种苗，不仅可以使金银花植株脱毒，提高植株性能，而且繁殖速度快、繁殖系数高，可更好地保持亲本品质。还能在避免生物资源和生态环境遭受破坏的前提下快速得到再生植株，不失为一种解决金银花栽培种苗的好方法。

（1）外植体的选择与灭菌。不同的外植体及采取时期对金银花组织培养外植体存活和诱导丛芽影响较大。春秋季以顶芽为外植体较好。也有用萌发的冬芽芽尖作外植体材料。而全年采取带有对生腋芽茎段的灭菌效果均较差，产生褐化、污染和不萌发的情况比较多，成活率很低。但由于取材方便，多数仍选用带腋芽的茎段，接种时将其剪成1.5~3.0 cm长。外植体消毒一般用70%~75%的乙醇和0.1% $HgCl_2$。多采用70%~75%的乙醇浸泡外植体10~20 min，然后用0.1~0.2 $HgCl_2$消毒5~8 min，最后用无菌水冲洗4~5次。有试验表明，用滴加0.1 mol/L的HCl或NaOH的酒精浸泡外植体，再置于加2~3滴吐温80于0.1% $HgCl_2$溶液中处理外植体的消毒效果更佳，这与金银花茎段和芽体密被绒毛有关。李景刚等则在外植体消毒前用紫外线照射20 min。为防止污染，可适量加入少量链霉素。

（2）诱导培养。金银花诱导培养选用MS培养基或稍加改良MS培养基的诱导效果较好，芽萌动较快。梁小敏等认为材料在添加生长调节剂6-BA 0.5~1.0 mg/L、NAA 0~0.3 mg/L或IBA 0.1 mg/L的培养基上启动状况都比较良好，其中MS+6-BA 0.1 mg/L+

IBA 0.1 mg/L 更为理想。刘伟等认为诱导芽的最佳激素组合是 6 - BA 0.1 mg/L + NAA 0.1 mg/L，但出芽率不是很理想。向增旭等用 B_5 培养基进行诱导也获得了成功，所用的培养基是 B_5 + 6 - BA 2.0 mg/L + KT 0.75 mg/L + IAA 0.25 mg/L。一般认为诱导培养基的细胞分裂素和生长素浓度比为 10 ~ 12.5：1 时较好。高浓度的 6 - BA 不利于诱导生芽；高浓度的 NAA 对腋芽有一定的抑制作用。黄守印等认为北京忍冬诱导培养基两者比例为 6：1 时较好，而李景刚等则认为金银花良种 PM - 1 诱导培养基的两者比例以 20：1 最好，分化率达 93%，平均丛生芽数 9 个。方华舟等认为 MS + 6 - BA 1.0 mg/L + NAA 0.1 mg/L 对腋芽的诱导率较高，达 80%，且芽生长健壮，是较理想的生芽培养基配方。但杨培君等在研究中认为，蒙花金银花从生芽诱导所用细胞分裂素和生长素浓度比例以 2.3 ~ 2.5：1 为宜。

（3）增殖培养。增殖培养的基本培养基与诱导培养大致相同，多采用 MS 培养基。方华舟等认为 6 - BA 浓度对丛生芽的增殖和分化效果影响不大，而高浓度的 NAA 则对增殖培养有明显的抑制作用。MS + 6 - BA 1.5 mg/L + NAA 0.01 mg/L 和 MS + 6 - BA 1.5 mg/L + NAA 0.05 mg/L 分化增殖的新生芽数多，幼苗生长健壮，植株高大，是比较适宜的增殖培养基。李红等的研究结果也基本上与此相一致，他们认为丛生芽增殖培养基为 MS + 6 - BA 0.2 ~ 1.0 mg/L + NAA 0.01 ~ 0.1 mg/L + 蔗糖 3% + 琼脂 6 g/L。在丛生芽增殖倍率达 7 倍左右时可以适当降低培养温度至 21 ℃，并增加光照时间，以培养壮苗，为生根打下基础。添加 6 - BA 0.5 mg/L + IBA 0.1 mg/L 的培养基最有利于金银花的增殖培养。

（4）生根培养。金银花组培苗生根培养绝大多数采用 1/2 MS 培养基，也有用 1/4MS。所使用激素主要是生长素 IBA、NAA、IAA。选取生长健壮，高达 2.5 cm 的无根小苗，接种到生根培养基上。生根培养基配方为 1/2MS + NAA 0.5 mg/L + 1.5% 蔗糖 + 6 g/L 琼脂 + 0.5% 活性炭，pH 为 5.8。培养 2 周左右小苗就能长出白色短根，生根率达 95%。方华舟等研究认为随着 NAA 浓度的升高，有利于促进试管苗生根，且根生长较粗壮，但浓度过高则又抑制根的生长。其中 1/2 MS + NAA 2.5 mg/L + 活性炭 200 mg/L + 蔗糖 15 g/L 是较适宜的生根培养基。其所诱导的根数较多且健壮。

（5）炼苗与移栽管理。将长有 3 ~ 4 条幼根的试管苗拿到温室中，打开瓶口注入少量水，炼苗 1 ~ 2 天；然后轻轻取出试管苗，小心洗净根部的培养基，再用 800 ~ 1000 倍的多菌灵浸泡根部 10min 后移栽到草炭土与粗沙、珍珠岩或蛭石等按 1：2：1 的比例混合的基质中，株行距为 8 cm × 8 cm；最后搭上小拱棚，盖上塑料薄膜以利于保湿；移栽成活率达 90% 以上。移栽后第 1 ~ 2 周为管理的关键阶段，相对湿度应控制在 95% 左右，以后适当降低，温度 15 ~ 25 ℃为宜；光照强度宜逐渐增加，但以不超过 3000 lx 为宜。移栽基质用 50% 多菌灵 1000 倍液喷洒消毒，每周 1 次；1 周后进行施肥，用 3 ~ 5 倍 MS 大量元素液喷施，每周 1 次。

15.3.3 栽培管理

15.3.3.1 选地与整地

金银花对土壤要求不严，在 pH 5.5 ~ 7.5 均能生长，仍以土壤疏松，排水良好，靠近水源的肥沃、无污染沙壤土为佳。整地时，先深翻土壤，施足基肥，每亩施农家肥 2500 kg，整平耙细作高畦栽植。

15.3.3.2　定　植

金银花一年四季，只要土地不结冻，都可种植。但以晚秋或早春定植最好，也可在夏天雨季栽种金银花。一般按株行距 1 m × 1.5 m 挖坑，每亩地栽 444 株，栽后用土压实，浇足水，封好土。石山区栽植，应因地制宜，选择土质深厚处栽植，然后引藤上石。平坝地栽植，株行距按 2 m × 3 m，并搭好支架，然后引藤上架。避免金银花藤爬在地表上节处生根，造成营养生长过旺而影响花的产量。

15.3.3.3　中耕除草

中耕除草是金银花生长季节管理的一项经常性工作，一年内要进行 3 ~ 4 次，既能清除杂草，又能抗旱保墒。在杂草疯长的金银花大田中可喷洒杀灭性除草剂如“百草枯”等除草，喷药时一定要注意不能把药剂喷洒到金银花的枝叶上。

15.3.3.4　施　肥

在种植过程中，基肥一般在金银花最后一茬花采收结束后施入，以利于施肥时造成的断根的愈合，提早恢复生长。基肥要以经高温发酵或沤制过的有机肥为主，并配以少量的氮肥。有机肥主要用厩肥（鸡粪、猪粪）、堆肥、沤肥、人粪尿等，酌加饼肥。施肥量要视花墩的大小而定。5 年生以上的每株用有机肥 5 kg、磷酸二铵 150 ~ 200 g 混合后施入，或人粪尿 5 ~ 10 kg。5 年生以下的用量酌减。施基肥的方法有以下几种：

（1）环状沟施肥法。在金银花花墩外围挖一环形沟，沟深 30 ~ 50 cm，沟宽 20 ~ 40 cm，按肥、土之比 = 1 ∶ 3 的比例混合回填，然后覆土填平。

（2）条沟施肥法。在金银花行间（或隔行）挖一条宽 50 cm，深 40 ~ 50 cm 的沟，肥、土混匀，施入沟内然后覆土。这种方法施肥比较集中，用肥经济，但对肥料要求较高，需要充分腐熟，使用前还要捣碎。

（3）全园撒施法。将肥料均匀撒在金银花行间，然后翻入 20 cm 左右深的土壤内，整平。这种方法对肥料要求不严格，未腐熟及半腐熟的粗制肥料均可，但应撒施均匀，避免集结。

追肥一般每年进行 3 ~ 4 次。第一次追肥在早春萌芽后进行，每个花墩施土杂肥 5 kg，配以一定的氮肥和磷肥，氮肥可用硫氨或尿素 50 ~ 100 g，磷肥可用过磷酸钙 150 ~ 200 g，或用氮磷钾复合肥、磷酸二氨 150 ~ 200 g，也可只施人粪尿 5 ~ 10 kg。目的是促进新梢生长和叶片发育。以后在每茬花采完后分别进行一次，仍以氮肥和磷肥为主，数量与第一次追肥的量相同，以恢复植株的长势，促进花芽分化，增加采花次数和采花量。最后一次追肥应在末次花采完之前进行，以磷肥和钾肥为主，施入磷酸二铵和硫酸钾各 150 ~ 200 g，以增加树体养分积累，提高越冬抗寒能力。

追肥方法基本同基肥，但追肥的沟要浅，一般掌握在 10 ~ 15 cm。亦可采用穴施法，即在树冠外围挖 5 ~ 8 个小穴，穴深 10 ~ 20 cm，放入肥料，盖土封严。若土壤墒情差，追肥要结合浇水进行。

叶面喷施追肥在金银花的萌芽、展叶、每茬花前见有花芽分化时进行叶面喷肥。常用的肥料种类和浓度是：尿素0.2%～0.3%，磷酸二氢钾0.2%。另外也可补充一些微量元素，如1%的硼砂，1%的硫酸镁，0.05%～0.1%的硫酸锰或硫酸铜，0.1%～0.4%的硫酸锌或硫酸亚铁。追肥时间宜在早晨或傍晚进行，喷洒部位应以叶背为主，间隔时间以7 d左右为宜。

15.3.3.5 整形修剪

1）整　形

金银花自然更新的能力较强，新生分枝多，枝条自然生长时则匍匐于地，接触地面处就会萌生新根，长出新苗，从而妨碍通风透光。为使株型得以改善且保证成花的数量，需对金银花进行合理的整形修剪。具体树形应根据栽培的品种特性、栽培条件等来确定。常用树形有如下几种。

（1）自然圆头形。金银花枝蔓簇状生长呈半圆头形着生于地面。由生长期修剪和冬季修剪相结合来完成。一是生长期修剪。对当年栽植的金银花，待新蔓生长到50 cm左右时，在枝蔓的30 cm处（留3～4个节间）剪截，促发分枝，快速成型。二是冬季修剪。定植后生长1年以上的金银花即需冬季修剪。冬剪从12月至次年2月下旬均可进行。对花墩上直立和斜生枝条留20～35 cm短截，疏除过密枝，剪去地面上的匍匐枝以及细弱枝、枯老枝。冬季修剪每年都要进行。

（2）主干树形。主干树形，留单一主干，干高30～40 cm，呈小冠树形。培植方法：单株定植，在植株近旁，插立一竹竿，竹竿高出地面125 cm。选留一中心干蔓，绑在竹竿上攀附生长，其余枝蔓全部剪除。待主蔓超过125 cm时，在125 cm处摘心，促发分枝。对中心干蔓上距地面30 cm以下的萌芽、萌蘖，随时抹除留作主干。通过3～5年的时间，生长期修剪和冬季修剪相结合，就可培养出主干及中心干粗壮，其上着生12～15个主枝的主干树形冠体结构。

（3）篱架吊蔓形。篱架吊蔓形适宜于平整肥沃地块。为了早期形成高产量，按株行距0.5 m×1.5 m进行定植，南北行向，以利通风透光。每隔8～10 m立一水泥杆，水泥杆间拉一条距地面1.3 m的钢丝形成篱架。定植当年选一中心干蔓，其上分枝全部剪除，用一布条将其吊拉到钢丝上，待其绕布条长到钢丝以上高度后，进行摘心，抹除下部距地面20 cm以下萌芽作主干，在中心干上让其分生12～15个主枝，使单个植株快速成为有粗壮中心干的圆柱形树体。

2）修　剪

（1）修剪时期。一是冬剪，即休眠期的修剪，从12月份至翌年3月上旬均可进行。二是绿期修剪，即生长期修剪，从5月份至8月中旬均可进行。

（2）修剪方法。①冬季修剪。短截：剪去枝条的一部分叫短截。金银花的短截多为重短截，即剪去枝条的1/2～2/3。短截的轻重可根据枝条的质量及所处的位置而定。冬剪1年生新梢留3～4个节间，夏剪留4～5个节间。疏剪：将1年生的枝条或多年生枝条，从基部剪除叫疏剪。金银花萌发和成枝力较强，枝量大，应适当疏枝，疏枝量应根据树势而定。一般占枝量的15% ~30%。疏枝时，首先疏除病虫枝、干枯枝、纤细枝，后疏交叉枝、缠绕枝、重叠枝等。疏枝对改善光照条件、缓和树势、促进花芽形成有一定作用。但疏枝不宜过重，过重则会形成大量徒长枝条，从而影响产量。缩剪：对多年生枝条进行短截叫缩剪。一般缩剪方法是在结果母枝的分杈处，将顶枝剪除。为了复壮树势，更新骨干枝，控制冠幅和植株高度，防止现蕾部位外移，必须进行缩剪，这样，才能使各级枝条不断更新，保持树势旺盛。长放：即对1年生枝不加修剪，使枝条延长和加粗生长，以扩大树冠，称之为长放。长放因没有剪口，对芽体没有抑制作用，故能减缓顶端优势，使枝条生长势缓和，停止生长早，有利于养分积累。长放只限于幼树整形和培养骨干枝。②生长季修剪。生长季修剪也称绿期修剪，是剪除花后枝条的顶部，促使结花枝抽生新枝并再次开花。因为金银花的花芽分化只在新抽生的枝条上进行，结过花的枝条虽然能够继续生长，但不能再次结花，只有在结花枝上抽生的新枝才能形成花蕾开花。第一次绿剪在头茬花后的5月下旬至6月上旬（头茬花后），绿剪以疏枝短截为主。根据树势和地力，每树选留100 ~150个结花枝短截作结花母枝。第2次是剪夏梢，在7月中、下旬（二茬花后），第3次是剪秋梢，在8月中、下旬（三茬花后）。修剪时，先疏除全部无效枝，壮枝留4 ~5节、中庸枝留2 ~3节短截，枝间距仍保持在8 ~10 cm之间。绿剪每年2 ~3次，可采3 ~4茬花。结合修剪要注意除去虫害枝，修剪完毕后要及时清园，壮枝可用作育苗。

（3）不同类型树的修剪。幼龄株的修剪（1 ~4年生）主要是以整形为主，结花为辅。要先整形后修剪，重点培养好一、二、三级骨干枝，构成牢固的骨架，为以后的丰产打下基础。

第一年冬季修剪：先确定好采用的树形，选择好健壮的枝条，每枝留3 ~5节剪去上部，其余枝条全部剪去。在今后的管理中，经常把根部生出的枝条及时去掉，以防止分蘖过多，影响主干的生长。

第二年冬季修剪：此期修剪的任务主要是培养一级骨干枝。头年冬季修剪后，在一般的肥水管理条件下，中心干上会生出6 ~10条呈紫红色的健壮枝条，根据选用的树形，选留并培养一级骨干枝（主枝），每个枝条留3 ~5个节剪去上部。选留标准是：一是基部直径在0.5 cm以上；二是分枝角度在30° ~40°；三是分布均匀，错落着生，尽量避免交叉重叠或都着生在一个部位上。其他枝条不管生长在何处，特别是基部的分蘖，一律去除。

第三年冬季修剪：第三年修剪的主要任务是选留二级骨干枝（副主枝），以更好地利用空间。金银花枝条基部的芽很饱满，五六个芽围生一周，抽出的枝条也很健壮，可利用其调整更换二级骨干枝的角度和延伸方向。每个枝条留3 ~5个节剪去梢上部，作为二级骨干枝。方法及标准同上，其多余枝条全部去除。

第四年冬季修剪：第四年冬季修剪一是选留三级骨干枝，二是利用新生枝条调整二级骨干枝。自然圆头形留18 ~25个，主干形留20 ~30个，作为三级骨干枝。结花母枝分布要均匀，间距8 ~10 cm。方法标准同上。

成龄株的修剪（5年生以上）。金银花成龄后，植株骨架已基本形成，已完全进入结花盛期，整形修剪应以丰产、稳产为目的。这时的修剪任务主要是选留健壮的结花母枝。结花母枝的来源，80%的是一次枝，20%的是二次枝。结花母枝需要年年更新，越健壮越好，只有强壮的母枝才能多抽花枝，达到丰产、稳产的目的。其次是调整更新二、三级骨干枝，去弱留强，复壮树势。修剪步骤是：先下部后上部，先里边后外边，先大枝后小枝，先疏枝后短截。对留下的结花母枝进行短截，旺者留4 ~5节轻截，中庸者留2 ~3节重截，并使其分布均匀，布局合理，枝间距仍保持在 8 ~ 10 cm 之间。选留的结花母枝基部直径必须在 0.5 cm 以上。每个二级骨干枝最多留结花母枝 2 ~ 3 个，每个三级骨干枝最多留 4 ~ 5 个，全株留结花母枝 80 ~ 120 个。修剪时疏除交叉枝、下垂枝、枯弱枝、病虫枝及无效枝。修剪与肥水关系很大，土地肥沃、水肥条件好的可轻截，反之则重截。在一般情况下，墩势健旺的可留 80 ~ 100 个结花母枝，每株可产干花 1200 g 左右。

老龄株的修剪（20 年生以上）。金银花植株衰老后，这时的修剪除留下足够的结花母枝外，主要是进行骨干枝更新复壮，使之株龄老而枝龄小，方可保持产量。方法是疏截并重，抑前促后。

15.3.3.6 病虫害防治

金银花抗性较强，病虫害较少。但在不同的产区，病虫害仍有不同程度的发生。

（1）白粉病。症状：金银花白粉病主要为害当年生叶片、嫩茎和花蕾。叶片受害后，初期出现褐色小点，后变为白霉状病斑，并不断扩大，连接成片，形成大小不一的白粉斑。同时，在病斑背面产生灰白色粉状物或霉状物，即病菌的菌丝、分生孢子梗和分生孢子。起初粉层稀疏，后逐渐加厚。嫩茎受害后先出现褪绿小点，呈水渍状，其后逐渐扩大变黑褐色，直至干枯坏死。花蕾受害后先出现褪绿小点，呈水渍状，同时产生白粉状物或霉状物，后花蕾逐渐呈黑褐色坏死。植株受害严重时，叶片、嫩茎及花蕾均可变成紫黑色，并引起落花、落叶和枝条枯死。

防治方法：①冬季在清除枯枝、落叶后施用 1 次石硫合剂清园，可极大减少越冬病原。同时，在冬季还应进行茎秆刷白和植株基部堆放覆盖物等防冻，以增强植株生长势，提高植株对白粉病的抗病力。②三唑酮对金银花白粉病防治效果好，但过量使用对花蕾有药害，建议在无花期使用，防治枝、叶发病；③戊唑醇、苯醚甲 · 丙环唑、代森锰锌、四氟醚唑等对白粉病效果好，且低毒、安全，是花蕾期防治的理想药剂；④多抗霉素和嘧啶核苷类抗生素防治效果也好，且为生物农药，无毒副作用，宜在花蕾期推广使用，但使用期应适当提前。白粉病防治应重点保护好花蕾，现蕾前病叶率达 10% 时用药防治，而花蕾期的防治则以保护为主，宜在花蕾达 2 ~ 3 mm 时连续用药 2 ~ 3 次，间隔 5 ~ 7 d，保花效果较好。

（2）炭疽病。症状：感染炭疽病的叶片，病斑近圆形，潮湿时，叶片上着生橙红色点状黏状物。防治方法：移栽前，用 1：1.5 ~ 200 波尔多液浸种苗 5 ~ 10 min；发病期，用 65% 代森锌 500 倍液或 25% 阿米西达 1500 倍液喷雾。

（3）锈病。症状：锈病为害后，叶背出现茶褐色或暗褐色小点，有的在叶表面也出现近圆形病斑，中心有 1 个小疱，严重时可致叶片枯死。防治方法：发病初期（4 月中下旬），用 25% 粉锈宁 1500 倍液喷雾，7 ~ 10 d 喷 1 次，连续喷 2 ~ 3 次。

（4）中华忍冬圆尾蚜。为害：蚜虫在 4 月上、中旬发生，15 ~ 25 ℃繁殖最快。主要刺吸植物的汁液，使叶变黄，卷曲，皱缩，严重时会造成绝收。5 ~ 6 月份虫情较重，“立夏”前后，特别是阴雨天，虫情蔓延更快。

防治方法：①清除杂草。②3 月下旬至 4 月上旬叶片伸开后喷洒 40% 氧化乐果 1500 ~ 2000 倍液，5 ~ 7 d 喷 1 次，连续数次。采花期禁用药物，可用洗衣粉 1 kg 兑水 10 kg 或用酒精 1 kg 兑水 100 kg 喷洒。

（5）咖啡虎天牛。为害：越冬成虫于第二年 4 月中旬咬穿金银花枝干表皮，出孔为害，越冬幼虫于 4 月底至 5 月中旬化蛹，5 月下旬羽化成虫。成虫交配后，产卵于粗枝干的老皮下，卵孵化后，幼虫开始向木质部内蛀食，造成主干或主枝枯死，折断后蛀道内充满木屑和粪便。防治方法：成虫出土时，用 80% 敌百虫 1000 倍液灌注根部；在产卵盛期，7 ~ 10 d 喷 1 次 50% 辛硫磷乳油 600 倍液；发现虫孔，将 80% 敌敌畏原液浸过的药棉塞入孔中，用泥土封住，毒杀幼虫。化学防治必须选用无毒、无残留或低毒、低残留农药，禁止选用一切汞制剂或未经农业部农药检定所登记使用的农药。使用时必须注意到金银花收获前的安全间隔时间，避免金银花农药残留。

15.4　采收与初加工

15.4.1　采收期

金银花的化学成分较复杂，主要包括挥发油类、黄酮类、有机酸类和三萜皂苷类物质。目前一般认为，金银花的抗菌有效成分为绿原酸类化合物，因而常以绿原酸的含量来评价金银花的质量。影响金银花质量的因素众多，不但与物种、产地有关，而且药材中有效成分的含量随物候期、生长期等变化也非常大，所以采摘时间也十分关键。刘志阳认为金银花采收最佳时期，应根据其外观形态综合特征和内在质量即绿原酸含量高低指标综合考虑来确定，以采收二白期和大白期花蕾入药质量好，与经验认为是一致的，是最佳采花期（表 15.3）。

表 15.3　不同采收期金银花绿原酸含量比较

采收期	三青期	二白期	大白期	银花期	金花期
绿原酸含量/%	4.89	5.44	4.96	3.01	3.20
30 朵干重/g	0.548	0.570	0.704	0.688	0.524

另外，绿原酸含量在 1 d 内的变化也存在规律性。有文献研究报道，金银花花蕾绿原酸的含量随着花蕾增长而下降，每天不同时间采收的花蕾绿原酸含量也不相同。该研究结果显示，绿原酸含量总趋势为：7：00 前 >7：00—11：00 >11：00 后。

15.4.2　初加工

就加工方式而言，好的初加工方法应该做到既除去金银花中的水分，防止霉变，又能减少有效成分绿原酸的损失。绿原酸属于植物体内的次生代谢物质，来源于苯丙氨酸代谢途径，其分子结构具有邻位酚羟基，易在多酚氧化酶的作用下氧化缩合成高分子有色物质。若干燥条件不当，使绿原酸氧化缩合，药材发生褐变，导致药材质量下降。在一定范围内，随着干燥温度的提高，多酚氧化酶活性增强，绿原酸的氧化与缩合加速，含量不断降低。当温度进一步提高，干燥时间相应缩短，促使多酚氧化酶快速变性，绿原酸氧化缩合受到抑制，含量又会有一定程度提高。因此炒干和烘干温度比较高，能够快速使多酚氧化酶失活进而减少绿原酸损失，使含量相对增高，而晒干、烘干和晾干则因为温度不高，不能使多酚氧化失活，而且干燥时间相对延长，所以绿原酸损失较多，含量较低。从药材外观看金银花杀青烘干可以保持药材原色泽，炒干的药材深绿，而晒干、晾干和烘箱烘干的药材色泽呈棕色或棕褐色。综合绿原酸含量和药材外观特征，金银花的干燥方法以杀青烘干为佳。齐红等将鲜金银花混匀后等分为 4 份，分别进行晒干、烘干、微波干燥、真空干燥。①晒干：将鲜花松散地薄摊于竹帘上曝晒；②烘干：将鲜花薄摊于烘箱中，40 ℃下烘至半干（约 6 h）后，60 ℃烘至全干；③微波干燥：将鲜花薄摊于微波炉内，三段式干燥，微波干燥 2 ~ 3 min，取出发汗，放置至室温后，再微波干燥 2 ~ 3 min，放置至室温后再干燥至全干；④真空干燥：将鲜花薄摊于真空干燥箱中，置 30 ℃（0.1 MPa）下烘干。药材干燥后，用小型粉碎机粉碎，粉末在 60 ℃温度下干燥 4 h，置干燥器中备用。结果发现经微波干燥、烘干、真空干燥处理的金银花外观性状较好；从内在质量指标上看，经微波干燥、真空干燥的有效成分和营养成分含量较高。因此，从干燥技术操作可行性及技术发展前景看，微波干燥、真空干燥可作为规模化干燥金银花的方法。

15.5　金银花的化学成分及药理作用

15.5.1　化学成分

金银花的化学成分非常复杂，现已鉴别出的就有 60 多种。其中最重要且具有药理活性的化学成分为挥发油，近几年来国内外学者已分离出数十种挥发油，包括芳樟醇、棕榈酸、双花醇、十八碳二烯酸乙酯、二十四碳酸甲酯、二氢香苇醇、棕榈酸乙酯、1，1－联二环已烷等，其中在新鲜的花中以芳樟醇为主，含量高达 14% 以上，其余是低沸点的不饱和萜烯类；干燥花蕾则以棕榈酸为主，含量达 26% 以上，芳樟醇的含量却不到 0.4%，原因为鲜花干燥加工过程损失所致。金银花含有大量的黄酮类化合物，如木犀草素、槲皮素、忍冬苷、葡萄糖苷、全丝桃苷、乳糖苷等。有机酸类和三萜皂苷类也是其主要的有效成分，有机酸类包括绿原酸、异绿原酸和咖啡酸等，三萜皂苷类包括续断皂苷乙、灰毡毛忍冬皂苷甲和木通皂苷 D 等结构复杂的三萜皂苷类成分。由此可见，金银花的药用价值也是多方面的，不同的化学成分为进一步研究金银花更多的用途提供了基础。

15.5.1.1　挥发油成分

作为有效成分之一，忍冬的干、鲜花和枝藤中均含挥发油。虽然不同产地不同品种的鲜金银花挥发油所含化学成分的种类及所占比例有所不同，差异表现不明显，但干、鲜花成分差异较大。对不同部位挥发油成分进行分析比较，从花和枝藤中共分离鉴定出 36 种成分，相对含量较高的成分均为棕榈酸和亚油酸，二者之间的成分具有高度相似性。王国亮等从河南栽培金银花干花蕾挥发油中共鉴定出 27 种成分，多为单萜及倍半萜类化合物，含量较高的为香树烯、芳樟醇和香叶醇。侯冬岩等从金银花挥发油中分离并确定出50种化学成分，其中主要成分为酸类化合物，占挥发油总量的59.76%，另外，酮类化合物占15.58%，醇类化合物占12.85%，萜类化合物占1.57%，萜类氧化物占1.32%，醛类化合物占1.74%，烷烃化合物占7.18%，共占金银花中挥发油总量的98.44%。张玲等从山东金银花主栽培品种鸡爪花和大毛花干品挥发油中分别鉴定出65、59种成分，主要成分均为棕榈酸，其他成分则多为醇、醛、酮、酸、酯类和烷烃类等。郭艳文等对黄褐毛忍冬花不同加工样品作了分析，结果表明，生晒、炒晒和蒸晒金银花制品挥发油主要成分相同，均为芳樟醇、香叶醇和α-松油醇，但含量不同，以炒晒品含量最高。

15.5.1.2　黄酮类化合物

日本研究者首先从金银花中分离出了木犀草素和忍冬苷。1995年，高玉敏等从金银花中分离出4种黄酮类化合物，经鉴定为木犀草素-7-*O*-α-D-葡萄糖苷、木犀草素-7-*O*-β-D-半乳糖苷、槲皮素-3-*O*-β-D-葡萄糖苷和金丝桃苷。黄丽瑛等于1996年分离出Corymbosin和5-羟基-3′，4′，7-三甲基黄酮。

15.5.1.3　有机酸类化合物

金银花中有机酸类成分包括绿原酸、异绿原酸、咖啡酸、棕榈酸等。其中，绿原酸类化合物为主要有效成分。黄丽瑛等分离得到棕榈酸和肉豆蔻酸。娄红祥等分离得到绿原酸四乙酰化物。贾宪生等从萃取物中亦分得绿原酸。有研究表明，异绿原酸为混合物，已发现其存在7种异构体。分别为4，5-二咖啡酸酰奎尼酸、3，4-二咖啡酸酰奎尼酸、3，5-二咖啡酸酰奎尼酸、1，3-二咖啡酸酰奎尼酸、3-阿魏酰奎尼酸、4-阿魏酰奎尼酸、5-阿魏酰奎尼酸。医学研究和实践证明，绿原酸是金银花中最重要的活性成分。其化学式为$C_{16}H_{18}O_9$，相对分子质量354.3。

15.5.1.4　三萜皂类化合物

1990、1994年，陈敏等分别从金银花中依次分离出1种含有6个糖基的三萜皂苷和2种新的双咖啡酰基奎尼酸酯化合物。娄红祥等也分别分离出3种三萜皂苷。

15.5.1.5　无机元素类

研究分析表明，金银花中含Fe、Mn、Cu、Zn、Ti、Sr、Mo、Ba、Ni、Cr、Pb、V、Co、Li、Ca等微量元素。

15.5.1.6　其　他

忍冬花蕾中还含有肌醇、β-谷甾醇等。

15.5.2 药理作用

目前国内外的研究证实金银花具有广谱抗菌、抗病毒、解热抗炎、利胆保肝、降脂等作用。

15.5.2.1 抗炎作用

金银花提取物的含药血清在不影响细胞存活率的情况下可明显降低正常及LSP刺激大鼠原代小胶质细胞NO的释放量，说明其具有抗炎及免疫抑制的作用。金银花水提液能显著促进白细胞的吞噬功能，使受损淋巴细胞抗体产生能力显著增强。采用腹腔注射法和外敷法观察金银花提取物对蛋清所致大鼠足趾肿胀的效果，结果表明金银花提取物对蛋清引起的局部急性炎症有明显的抑制作用，且其抗炎作用逐步增强，与地塞米松及皮炎平相当。石巧娟等对忍冬颗粒体外抗炎、解热、镇痛、镇咳等药理作用进行试验，实验结果表明，忍冬感冒颗粒能有效抑制毛细血管通透性抑制2，4－二硝基苯酚引起的大鼠体温升高，提高热刺激痛阈；减少扭体次数，延长扭体潜伏时间；减少氨水引发的小鼠咳嗽次数，延长咳嗽潜伏期。

15.5.2.2 抑菌作用

口腔病原微生物体外抑菌实验表明，金银花水提液对引起龋病的变形链球菌、放射黏杆菌及引起牙周病的产黑色素类杆菌、牙龈炎杆菌及伴放线嗜血菌均显示较强的抑菌活性。张红峰等研究亦发现金银花提取物对金葡、大肠杆菌、变形链球菌等有良好的抗菌活性，提示其在防龋方面有一定作用。刘利国等通过体外抑菌试验和体外抗病毒试验考察金银花滴眼液的药效，证实了其体外有抗金黄色葡萄球菌、大肠杆菌和抗Ⅰ型疱疹病毒作用，为临床应用提供了依据。赵良忠等人研究发现金银花水提取物对金葡、大肠杆菌、枯草杆菌、青霉、黄曲霉、黑曲霉等均有抑菌作用，并提示提取温度、时间、抽提比等对结果有影响。

15.5.2.3 抗病毒作用

金银花水提取物具有细胞外抑制柯萨奇及埃坷病毒的作用，为治疗病毒性心肌病及其他病毒性疾病提供了用药依据。阎明等发现复方金银花醇提取物具有抗Ⅰ性单纯疱疹病毒的作用，效果优于无环鸟苷和盐酸吗啉呱；金银花水煎剂（1：20）在人胚肾原代单层上皮细胞组织培养上，对流感病毒、孤儿病毒、疱疹病毒增多有抑制作用。

15.5.2.4 抗血小板聚集

不同浓度的金银花提取物体外试验均可抑制ADP诱导的家兔血小板聚集，剂量与作用呈正相关。其机理在于其有机酸能与过氧自由基反应避免血小板的活化，保护血管内皮细胞免受过氧化损伤。

15.5.2.5 解热作用

金银花提取液对三联菌苗、角叉菜胶的致热有不同程度的退热作用，对蛋清、角叉菜胶、二甲苯所致足水肿亦有不同程度的抑制。其还能明显提高小鼠腹腔巨噬细胞吞噬巨红细胞的吞噬百分率和吞噬指数，为临床将金银花作为清热解毒治疗感染性急病主要是通过调节机体免疫力功能的推测提供了有力依据。谢新华等采用微电极细胞外放电记录技术研究发热新西兰兔模型，发现金银花对IL－1β性发热有解热作用，其机理是逆转IL－1β引起的温度敏感神经元放电频率的改变，但对温度不敏感神经元无明显影响。

15.5.2.6 缓解过敏

冉域辰等研究金银花水提取物对卵清蛋白过敏的预防作用时发现：小鼠基础致敏后给予高、中浓度金银花水提物，小鼠血清OVA特异性IgE水平显著降低，肠道炎症反应缓解，失衡的免疫反应缓解；一定程度上特异性下调TH2细胞因子，发挥免疫调节作用，达到缓解过敏的作用。同时发现金银花水提物不能诱导致敏小鼠的口服耐受，对食物过敏只有调节、缓解作用。

15.5.2.7 免疫作用

（1）免疫抑制。侯会娜等研究发现：金银花提取物加刀豆蛋白A可显著降低T淋巴细胞的活化程度，抑制程度与药物浓度呈正相关，提示金银花可作为免疫抑制剂，诱导免疫耐受，避免急性排斥反应的发生，使移植物得到保护，具有治疗移植排斥的作用，临床应用副作用小，可逐步取代现在临床使用的环孢菌素A等毒性大的免疫抑制剂，有很大的应用前景。

（2）免疫调节。冉域辰等研究发现金银花水提取物对双歧杆菌、乳酸杆菌有非常明显的浓度效应现象。低浓度促进增殖，毒副作用小，在平衡肠道、调节菌群等方面可发挥作用。

15.5.2.8 抗腺病毒作用

李永梅等研究发现：金银花水及醇提取物均能显著增强体外细胞抗腺病毒感染的能力，其中醇提物作用强于水提取物；实验还发现金银花的三个单体化合物（绿原酸、3，5－二咖啡酰奎尼酸、咖啡酸）均无明显的抗病毒作用，所以传统认为的绿原酸类化合物是抗病毒作用的主要成分值得商榷。

15.5.2.9 保肝作用

金银花中的三萜皂苷对小鼠肝损伤有明显的保护作用，可以明显减轻肝病理损伤的严重程度，使肝脏点状坏死总和及坏死改变出现率明显降低。金银花所含的绿原酸类化合物具有显著的利胆作用，可增进大鼠的胆汁分泌。另外，还可通过加强酰胺酚在体内的解毒代谢，减少酰胺酚毒性代谢产物而实现对酰胺酚所致小鼠急性肝损伤的保护作用。黄褐毛忍冬总皂苷还对Cd所致小鼠急性肝损伤有明显的保护作用。胡成穆等研究发现：金银花总黄酮对卡介苗和脂多糖所致的小鼠免疫性肝损伤具有保护作用，可降低小鼠增加的肝、脾指数，改善病理学变化和肝脏病理学分级，减轻炎症反应；其机理可能与减少自由基产生，抑制细胞膜脂质过氧化，减少 NO 和 TNF－α 等炎症介质的释放有关。

15. 5. 2. 10　降低血糖血脂

金银花提取物对实验性高血糖有降低作用，可使高脂血症小鼠、大鼠血清及肝组织 TG 水平降低，但对 TC、LDL－C、HDL－C 无明显影响，其机理可能与抑制肠道 α－葡萄糖苷酶活性或拮抗自由基，保护胰腺 β－细胞有关。

15. 5. 2. 11　抗氧化作用

金银花醇提取物对 5 种食用油脂均有一定的抗氧化效果，对酥油及羊油效果明显，机理为黄酮类成分易失去 H 生成相对稳定的自由基，延长了脂肪氧化诱导期，终止了油脂氧化链反应的传播，起到抗氧化作用。金银花水提取物具有体内抗氧化作用，血清中 GHS 增高，MDA 降低，总抗氧化能力提高；孟明利等人对其抗氧化分子学机理深入研究后发现：金银花可通过调节胞质和线粒体基质起关键作用的调控信号传导途径，抑制 RBL 细胞凋亡，起到抗氧化损伤的保护作用；可以下调 NF－K 和 HSP－70 的表达，阻断 NF－KB 信号传导，调节细胞内抗氧化防御酶体系的水平。

15. 6　金银花的开发利用

15.6.1　金银花有效成分的提取

15. 6. 1. 1　绿原酸的提取

金银花含有绿原酸、异绿原酸、三萜皂苷、木犀草素及肌醇等。一般认为，金银花的抗菌有效成分为绿原酸，且常以绿原酸的含量高低来评价金银花质量的好坏。绿原酸具有显著的清热解毒、抗菌消炎作用，同时还具有增香和护色功能，可用于食品和果品的保鲜防腐。绿原酸是含有羧基和邻二酚羟基的有机酸，易溶于水、醇溶液和丙酮等溶剂。从金银花中提取绿原酸的传统方法有水提法、醇提法等。

1）金银花中绿原酸的溶剂提取法

溶剂提取法是根据天然产物中各种化学成分在溶剂中的溶解性质，选用对活性成分溶解度大，对不需要溶出成分溶解度小的溶剂，将有效成分从金银花组织内溶解出来的方法。溶剂可分为水、亲水性有机溶剂及亲脂性有机溶剂，被溶解物质也有亲水性及亲脂性的不同。

（1）醇提法。石硫醇法是从金银花中提取绿原酸粗品的一种常用方法。该方法先将金银花水煮浓缩，加石灰乳，使水提液中的绿原酸形成难溶于水的钙盐，过滤后将沉淀悬浮于乙醇中，加入 50% 硫酸调 pH 3～4，使绿原酸钙盐分解，产生硫酸钙沉淀析出，绿原酸成为游离酸溶于水中。加入 40% NaOH 中和至 pH 6.5 ~7，过滤，将滤液浓缩、干燥，得绿原酸粗品。粗品中绿原酸含量一般为 20% ~30%，收率较低，为 1% ~2%。马希汉等对不同溶剂提取金银花中绿原酸类物质的效果进行了比较。结果表明：60% 的乙醇是一种较好的提取溶剂。将溶剂提取所得粗品溶于水中，用浓盐酸酸化 pH 为 2 ~3，用乙酸乙酯反复萃取水相，萃取液用适量活性炭回流脱色，滤液浓缩后加入适量氯仿，析出淡黄色固体，分离后真空干燥，得淡黄色粉末。绿原酸含量在 90% 以上。由于绿原酸在酸性条件下比较稳定，与石硫醇法相比，绿原酸水解的几率较小。张宏宇等人认为金银花药材加入 10 倍量 85% 乙醇回流提取 2 次，每次 2.5 h 是金银花的最佳提取条件；白海波等人认为以 10 倍 70% 乙醇为溶剂，85 ℃提取 2 次，每次 1 h 为最佳提取条件。

（2）水提法。醇提法存在有机溶剂对环境有污染、回收成本高等缺点，因而生产上开发出用水做溶剂的绿原酸提取工艺。吴俊伟等用均匀设计法优化金银花水煎液絮凝提取工艺。考察了絮凝剂的浓度、絮凝时间、pH、温度 4 个因素对金银花水煎液提取率的影响，得到金银花水煎液絮凝提取工艺的优化条件为絮凝剂浓度 2.0%、絮凝时间 20 min、pH 5.0、温度 50 ℃，并对絮凝后的金银花水煎液进行了絮凝效果检验。此工艺较好地去除了蛋白质、鞣质、淀粉等杂质，保留了有效成分绿原酸。董丽华等采用水提醇沉法，从金银花中提取有效成分绿原酸。采用金银花粗粉，用 10 倍量的水煎煮 2 h，不断搅拌过滤，滤渣再用 8 倍的水重复煎煮 2 h 过滤，合并提取液，加热浓缩至 1∶1 时，加乙醇至含醇量达 75%，使难溶乙醇的成分从溶液中沉淀析出，使绿原酸分离出来。静置、过滤，减压浓缩抽干即获得绿原酸粗品。

2）绿原酸的酶法提取

刘佳佳等将金银花乙醇回流前，用纤维素酶和果胶酶分别或联合处理，探讨酶的用量、处理时间、处理温度及酶的联合作用对金银花提取物得率和绿原酸得率的影响，优化金银花中绿原酸的提取工艺。纤维素酶处理能显著提高金银花提取物得率和绿原酸得率，绿原酸得率比乙醇回流法提高大约 25.97%，酶处理最适温度为 40 ~50 ℃，在一定范围内随着酶用量和处理时间的增加，金银花提取物得率和绿原酸得率增加，采用该工艺绿原酸得率最高可达到 8.32%。纤维素酶和果胶酶的联合处理对绿原酸得率影响不明显，但能显著提高提取物得率。梅林采用酶法优化提取金银花中的绿原酸，考察纤维素酶的用量、酶解时间、酶解温度及回流提取温度对绿原酸含量的影响；用高效液相色谱法测定绿原酸含量。用纤维素酶法提取金银花可提高绿原酸得率。酶法提取最佳条件为：加入纤维素酶 3.0%，在 46 ℃下酶解 4 h，再在 56 ℃下浸提 1 h；其绿原酸含量为 3.57%。目前，应用酶法与其他提取方法联用提取金银花中绿原酸的研究报道并不多，并且酶的种类也只有纤维素酶和果胶酶两种。

3）绿原酸的超声波提取法

林云良等采用超声波技术对金银花中绿原酸的提取工艺进行了研究，选择超声功率、乙醇浓度、超声时间、料液比为因素进行了正交试验，优选出超声提取的最佳工艺：即以 85% 的乙醇，料液比 1∶20（质量比）功率为 150 W，超声波处理 30 min。府旗中等应用超声波法与传统提取方法联用提取金银花中的绿原酸，利用超声波空化作用实现提取液局部高温、高压，加之超声波的机械扰动作用，加快了固液两相之间的传质，从而提高提取率。采用紫外分光光度法测定不同提取工艺下制备的提取物中绿原酸的含量，并与传统的水提法、乙醇回流提取法比较，根据绿原酸的得率及抑菌效果确定金银花提取的优化工艺。试验结果表明：超声波法的绿原酸提取率高于水提法、乙醇提取法，但超声波法、水提法及乙醇提取法制备的绿原酸提取物对大肠杆菌的抑菌效果没有明显差异，其最小抑菌浓度均为250 μg/g。李萍等采用超声波法提取金银花中的绿原酸通过单因素和正交试验，确定了超声辅助提取金银花中绿原酸的工艺条件。获得的提取最佳条件为：超声功率180 W，超声时间18 min，提取时间为1.5 h。

4）绿原酸的超临界提取法

姚育法等采用超临界CO_2流体萃取技术从金银花中提取亲脂性成分，并用GC－MS分离鉴定其中的化学组成，计算其相对含量。绿原酸热稳定性较差，不能在高温下操作，以超临界CO_2为溶剂提取绿原酸，可以通过调节压力来控制操作温度，而且超临界提取法将萃取和蒸馏合为一体，可以节省能源，制取的产品纯度也高达90%以上。SFE法设备投资和维护费用较高，目前此方法还没有大规模应用于工业生产。

5）绿原酸的微波提取法

余建平等采用微波法提取了金银花中的绿原酸，所制得的绿原酸粗产品用石油醚脱色、薄层层析分离和紫外分光光度计测定含量，并与超声波法、水提法进行了比较。试验结果表明：微波法对于从金银花中提取绿原酸具有非常好的效果。筛选的最佳微波工艺条件是：微波功率260 W，样品预浸润时间为24 h，辐射时间15 min，与水提法相比总收率提高了10.59%，提取时间缩短75%；与超声波提取法相比总收率也提高了2.60%，提取时间缩短了50%。且该方法具有操作简单、节能清洁和快速高效等优点，是一种提取金银花中绿原酸的环境友好的先进方法。郭振库等利用具有压力控制附件的MSP2100D专用微波制样系统，通过正交设计方案，用微波辅助提取金银花中有效成分，通过正交试验设计考察了微波提取的条件、溶剂选择、溶剂体积对样品质量比、高的溶剂压力/温度和微波辐射时间对金银花中有效成分绿原酸类化合物提取产率的影响。结果表明：在微波辅助提取和超声波提取方法的最佳提取条件下，微波法的提取率和重复性好于超声波法。确定了35%乙醇作溶剂，溶剂倍量为30，控制压力0.11 MPa，加热时间1 min，70%微波功率（微波炉最大功率850 W）为微波最佳提取条件。刘志平等采用微波辅助提取金银花中的绿原酸。考察了溶剂种类及浓度、提取时间、液固比、溶剂pH、提取次数等对绿原酸得率的影响；结合正交试验设计确定了绿原酸的最优提取工艺条件：液固比为15，浓度为40%的乙醇溶液提取2次，每次60 s。将优化后的微波提取结果与其他方法比较，结果表明：微波法具有操作简单、快速高效、节能环保等优点。

6）其他提取方法

超滤法是以选择性透过膜为分离介质，在外界压力作用下，使小分子如绿原酸等透过膜，而大分子如蛋白质、多糖等则不能透过膜，从而达到分离、提纯的目的。该方法优点是能保留有效成分，操作方便，能耗低，分离效率高，无二次污染，可在常温下进行操作；缺点是对提取液预处理要求高，产量易受膜条件的制约，而且膜被污染后清洗比较麻烦。

李守信等采用大孔树脂吸附法对金银花中的绿原酸进行提取。目前应用于纯化绿原酸的吸附树脂主要有 NKA-9 型树脂、D101 型树脂、D140 型树脂以及 XDA-5 型树脂，但是该方法耗用时间长，清洗吸附树脂比较困难。

15.6.1.2 黄酮类化合物提取方法

丁利君等人对金银花中黄酮类物质最佳提取工艺进行研究，通过水提法、醇提法、超声波法的比较研究，结果表明超声波法提取效果最好，即在 60 倍样质量的 40% 乙醇浸泡 24 h 之后，再用超声波提取 45 min，其黄酮浸出量为 16.1%。

15.6.1.3 挥发油成分的提取方法

挥发油是金银花的有效成分，具有浓烈的芳香气味主要包括双花醇、芳樟醇、香叶醉和棕榈酸、24-碳甲醋、18-碳-2-烯酸乙酯、棕榈酸乙酯等。鲜花挥发油成分以芳香醇为主，而干花挥发油成分以棕榈酸为主，一般占挥发油的 26% 以上。童巧珍等将金银花进行粉碎和切段加工处理，分别采用共水蒸馏法和通水蒸气蒸馏法提取其中的挥发油。结果发现经粉碎加工处理的金银花采用共水蒸馏法不能提出挥发油，采用通水蒸气蒸馏法能提出少量淡黄色芳香的挥发油；经切段的金银花采用以上两种方法均能提出少量淡黄色芳香的挥发油。

15.6.2 中医临床应用

中药处方一般由多味中药按照配伍原则组合而成，不但要对证对法，配方中各个药味也要配合得当。金银花味甘，性寒，为临床常用的清热解毒药，多与寒凉药性的中药配伍使用。与连翘、牛蒡子、荆芥等配合治疗外感风热或瘟病初起，如风热感冒、痄腮、春瘟、秋瘟等证，代表方为银翘散；若热邪入里，常与石膏、知母、连翘配伍，代表方为银翘白虎汤；若热入营血，症见高热神昏、烦躁不安、斑疹隐等，常用本品与牡丹皮、生地黄、玄参等合用，起到清营护阴、凉血解毒之效，代表方为清营汤。

目前金银花的中药剂型很多，有传统的汤剂、颗粒剂、合剂，也有散剂、茶剂、注射剂、含漱液、胶囊剂、凝胶剂、喷雾剂、片剂等。常见中成药有银翘解毒片、复方双花片、三花鼻康胶囊、金银花复方颗粒、清开灵注射液、银翘散等。董淑霞等以复方双花颗粒治疗 90 例慢性咽炎患者，治愈 45 例，显效 20 例，有效 8 例，无效 2 例，总有效率为 97.8%，表明复方双花片具有清热解毒、凉血利咽、消肿止痛的功效。魏胜华以金银花注射液静脉滴注患者，可用于治疗发热、上呼吸道感染、肺炎、腮腺炎、丹毒、深部脓肿、痈疖、急性阑尾炎、伤口感染等疾病。张桂艳等以金银花、桔梗、黄芩等配伍制备复方金银花糖浆剂，方中金银花抗菌消炎、清热解毒，桔梗解热抗炎、止咳化痰，黄芩素缓解支气管过敏性气喘，全方共奏清热解毒、镇咳祛痰、平喘消炎之功效。魏萍采用金银花、川贝母、鱼腥草、苦杏仁等组方制备清热化痰止咳合剂，以金银花为主药，以川贝母、鱼腥草为臣药，佐以苦杏仁，有清热解毒、止咳祛痰之功效，可用于治疗支气管炎和肺炎所致的咳嗽、咳痰。现代医药工作者根据方剂配伍原则和经方已开发多种金银花中药制剂，扩大了其临床应用。

15.6.3 金银花保健品

金银花不仅可以入药，也可用来制备保健饮料、药用化妆品以及日用保健品，应用非常广泛。如金银花茶、金银花饮料、银麦啤酒等。采用水蒸气蒸馏法制备的金银花露，清热解毒，香甜可口，为一种传统的解暑佳品。蒋燕山等以金银花浸提液制成茶饮料，添加常用的白砂糖、甘草、柠檬酸和AK糖等添加剂，口感清新、营养丰富。最近日本科学家通过绿原酸对肥胖者进行临床试验，又确认了它具有预防肥胖的功能。以这种实验结果为契机，现在绿原酸除了被广泛应用在饮料生产以及在压片片剂产品、硬胶囊和粉末状产品的加工中外，在日本还将绿原酸与有减肥效果的CLA等材料组合配制成软胶囊减肥产品，在日本和美国等市场被广泛应用。

15.6.4 金银花的综合利用

金银花具有清热解毒、通经活络、广谱抗菌及抗病毒等功效，70%以上的感冒、消炎中成药中都含有金银花。近年来，我国对中草药金银花的开发利用有了突破性进展。金银花的茎、叶均含有绿原酸、异绿原酸，可用于替代花蕾，大量用作于食品饮料及化工原料，促进了金银花资源的开发。金银花是消暑解热的佳品，可制作清凉饮料与糖果，产品有忍冬可乐、银花汽水、银花啤酒及银花糖果。用金银花的藤、叶、花蒸馏取露，称“金银花露”；既是夏令时节芳香可口的保健清凉饮料，也可用来预防小儿痱子。金银花还是食品添加剂以及忍冬花牙膏、金银花痱子水等日用品的原料。

15.6.5 金银花的生态利用价值

金银花根系发达，须根多。据调查，其根系沿山体岩缝下扎深度可达9 m以上，向四周伸长可达12 m以上；其茎叶密度大，郁闭覆盖能力强，具有强大的护坡、固土、保水和持水能力，是优良的水土保持植物。据报道在片麻岩强度侵蚀区荒坡上栽培金银花，5年后植被覆盖度达91.7%，蓄水效率达48.2%，减沙效率72.6%；在田坎栽培金银花，5年后植被覆盖度达86.4%，蓄水效率达43.2%，减沙效率达68.2%，蓄水保土效果非常明显。杨吉华等研究表明，金银花可以吸收和调节地表径流，提高土壤渗透速度，改善土壤物理性状，增加土壤储水量，提高土壤蓄水保土能力。

金银花被列为“退耕还林、还草”工程中的先锋树种。在贵州石漠化较为严重地区，金银花可凭借它更新强、耐旱、耐盐碱的特点，枝叶可蔓牵于石块、岩石上，以防治石漠化的扩展，生态效应良好。如贵州黔西南的贞丰，金银花的种植对石漠化的治理已显现初步成效。目前由贵州宏宇药业公司等牵头，以产学研联合形式，在安龙进行GAP规范化生产基地建设与研究。该县金银花种植是利用喀斯特地貌的半石山地区，金银花的藤蔓攀附于高于地面2~4 m的石头上，以形成自然支架，既利于金银花的生长发育和管理，又改善了生态环境，具有显著社会经济效益和生态效益。

15.6.6 金银花的观赏价值

金银花花期较长，花开时黄白相映，芳香怡人，藤蔓缠绕，枝繁叶茂，是园林中垂直绿化的良好材料，适于装饰棚廊、假山等。在一些城市的街头绿化中，也有把金银花作为绿化树种，这既可以作为长年开花观赏树种，又可以提供药用价值。金银花亦可在家庭栽培，是著名的庭院花卉，花叶俱美，常绿不凋，适宜于作篱垣、阳台、绿廊、花架、凉棚等垂直绿化的材料，此外，经修剪后其枝茎还可作树桩盆景。若同时再配置一些色彩鲜艳的花卉，则浓妆淡抹，相得益彰，别具一番情趣。

15.6.7 金银花开发利用前景

金银花属于传统中药材，主要功能是清热解毒，具有卓著的抗菌消炎作用，被誉为“植物抗生素”。在滥用化学抗生素带来严重后果的情况下，金银花的需求量激增，特别是由于SRAS、H1N1病毒病的发生与流行，为金银花药用带来了巨大的市场空间。金银花中所含化学成分复杂，对其他化学成分的研究还不够透彻。以往认为金银花的有效成分是挥发油和绿原酸类化合物，最新的研究发现，金银花中的三萜皂苷及其他一些成分也有很强的生理活性。有必要拓宽对其有效成分的研究范围。金银花具有显著的抗菌消炎作用，已被筛选到“十五”期间的“863 计划”中，在防治畜禽疾病领域具有广泛的用途，如在兔病临床上可用于治疗兔感冒发热、兔肺炎、兔耳脓肿、兔脚脓肿、兔口腔炎、兔肠燥便秘、兔乳房炎、兔气管炎、兔子宫炎、兔球虫病等。同时，金银花枝叶的牲畜适口性较好，有丰富的营养物质，利用金银花枝叶及加工废弃物制造兽药，或直接作为饲料，对于预防、治疗畜禽疾病将发挥积极作用。现代研究发现金银花具有抗生育作用和溶血作用等。为确保用药安全有效，应加强金银花毒理学方面的研究，如生殖毒性。

金银花作为中药之瑰宝，在制药、保健食品、香料、化妆品等许多领域市场前景广阔。综合利用金银花植物资源，实现精、深加工，符合国家农业产业结构调整政策，也是金银花产业的发展方向。相信随着对金银花研究的深入，金银花必将会在医药、化工、食品领域发挥越来越大的作用。

金银花用途广、价值高，适应性强，结花期早，丰产性能好，具有经济、社会、生态综合效益。在药品市场，保健品市场，花卉市场，化妆品市场，饮料市场都有广泛应用。随着时代的发展和科学的进步，金银花的潜在价值和综合效益必将得到进一步地开发和利用。

主要参考文献

[1] 中国药典（一部）[S]. 北京：人民卫生出版社，1995.
[2] 郑万钧. 中国树木志 [M]. 北京：中国林业出版社，1985.
[3] 张重义，李萍. 金银花药材的综合研究 [J]. 现代中药研究与实践，2003（3）.
[4] 国家药典委员会. 中华人民共和国药典（一部）[M]. 北京：化学工业出版社，2005：153.

[5] 秦立林. 金银花的栽培与应用 [J]. 中国林副特产，2006 (3).
[6] 赵黎莉，李耕. 金银花优质丰产栽培技术 [J]. 现代种业，2007 (5)：50－51.
[7] 李永升，赵化玉，李华斌. 金银花的优质丰产栽培技术 [J]. 时珍国医国药，2005，16 (10)：1021.
[8] 彭菊艳，龚月桦，王俊儒，等. 不同干燥技术对金银花药用品质的影响 [J]. 西北植物学报，2006，26 (10)：2044－2050.
[9] 赵国岭，刘佳佳. 金银花化学成分及药理研究进展 [J]. 中药材，2002，25 (10)：762.
[10] 王林青. 中药金银花提取物抗炎作用研究 [J]. 中国畜牧兽医，2008，35 (8)：82.
[11] 崔晓燕. 金银花提取物含药血清对正常及LPS刺激的大鼠原小胶质细胞释放NO的影响 [J]. 河北医科大学学报，2008，2 (2)：245.
[12] 赵良忠. 金银花水溶性抗菌物质的提取及其抑菌效果研究 [J]. 中国生物制品学杂志，2006，19 (2)：201.
[13] 宋海英. 金银花的体外抑菌作用研究 [J]. 时珍国医国药，2003，14 (5)：269.
[14] 张红锋，中药金银花提取物的体外抑菌作用 [J]. 华东师范大学报，2000，1 (1)：107.
[15] 冯延民. 金银花对不同血清型链球菌的抑菌试验研究 [J]. 白求恩医科大学学报，1996 22 (2)：150.
[16] 阎明. 复方金银花提取液抗Ⅰ型单纯疱疹病毒的试验研究 [J]. 中国实用眼科杂志，1998，16 (2)：82.
[17] 董杰德. 四种中药抗柯萨奇及埃坷病毒的试验研究 [J]. 山东医学院学报，1993，17 (4)：46.
[18] 樊宏伟. 金银花及其有机酸类化合物的体外抗血小板聚集作用 [J]. 中国医院药学杂志，2006，26 (2)：145.
[19] 谢新华. 金银花解热作用及机制的实验研究 [J]. 时珍国医药，2007，18 (9)：2071.
[20] 冉域辰. 金银花水提取物对卵清蛋白过敏反应预防作用的研究 [J]. 中国儿童保健杂志，2007，15 (5)：502.
[21] 侯会娜. 金银花提取物对小鼠淋巴细胞体外活化与增殖的影响 [J]. 免疫学杂志，2008，24 (2)：178.
[22] 冉域辰. 金银花水提取物对双歧杆菌、乳酸杆菌生长的影响 [J]. 中国药理与临床，2007，23 (5)：118.
[23] 杨基森，喻伟华，罗杰英，等. 中药制剂设计学 [M]. 贵阳：贵州科学技术出版社，1992：53.
[24] 刘恩荔，李青山. 金银花的研究进展[J]. 山西医科大学学报，2006，37(3)：331－333.
[25] 张桂艳，宋永全，杨晓敏，等. 复方金银花止咳糖浆剂制备和应用 [J]. 黑龙江医药，2000，13 (6)：346－347.
[26] 许国银，闵济富，王刚. 正交试验法对银翘解毒合剂中银花提取工艺的改进 [J]. 基层中药杂志，2001，15 (5)：8－10.
[27] 魏胜华. 金银花注射液的制备及应用 [J]. 中国现代应用药学杂志，2000，17 (1)：

68－69.
[28] 刘利国，茹波，段艳杰，等. 金银花滴眼液的研究 [J]. 辽宁中医杂志，2006，33 (7)：874.
[29] 王志超. 金花喷雾剂制备工艺初步研究 [J]. 中成药，2003，25 (12)：1033－1034.
[30] 林缎嫦，宋劲诗，吴应. 金银花中绿原酸提取工艺探讨 [J]. 中成药，1994，16 (7)：2－4.
[31] 冯文宇，田吉. 绿原酸提取纯化工艺对比实验研究 [J]. 重庆中草药研究，1999，40 (1)：50－51.
[32] 魏雪芳，陈杰，李卓明. 复方金银花颗粒质量标准研究 [J]. 中成药，2004，26 (11)：900－904.
[33] 钟渠，彭顺林，李雪. 银玄液治疗慢性咽炎的实验研究 [J]. 山东中医杂志，2000，19 (2)：99－100.
[34] 石巧娟，金晓音，曹永孝，等. 忍冬感冒颗粒的主要药效学试验 [J]. 浙江省医学科学院学报，2006，9 (66)：16－19.
[35] 刘华钢，陈燕军，林启云，等. 复方银黄微型灌肠剂解热、抑菌作用的研究 [J]. 广西医科大学学报，2001，18 (6)：801－802.
[36] 潘龙刚，杨灿林，杨必英. 浓汁金银花露的设计[J]. 中成药研究，1985,(6):4－5.

16 木 瓜

木瓜为蔷薇科植物贴梗海棠［*Chaenomeles speciosa*（*Sweet*）*Nakai*］干燥近成熟的果实，习称“皱皮木瓜”，又名铁脚梨、宣木瓜、酸木瓜、空儿木瓜、木瓜实。主产安徽、山东、浙江、湖北、云南、贵州、四川等地。其中产于安徽省宣城地区的道地药材，被称为宣木瓜。木瓜作为一种常用中药，味酸、温，入肝、脾经，有平肝舒筋、和胃化湿之功效。俗语有“杏一益，梨二益，木瓜百益”之说。中医认为木瓜有舒筋活络、健脾开胃、舒肝止痛、祛风除湿之功效，可用于预防和治疗风湿病、霍乱、痢疾、肠炎、脚气病及维生素C缺乏症等。古人对其药效已有许多研究和记载，药用木瓜最早记载于《尔雅》，谓之“愚木瓜”，为传统中药。明李时珍《本草纲目》中有“木瓜处处有之，而宣城者为佳”的记载；记述木瓜气味酸、温、无毒，主治湿痹邪气、霍乱大吐、转筋不止，治脚气冲心，强筋骨、下冷气，止呕逆、心隔痰唾，消食，止水后咳不止，调营卫，助谷气，去湿和胃，滋脾益肺，治腹胀善隐、心下烦痞等症。《名医别录》中记载其味酸、性温，具有舒筋活络、和胃化湿的功效；主治风湿痹痛、肢体酸重、筋脉拘挛、吐泻转筋、脚气水肿等症，将其列为中品。《海药本草》中记载：“敛肝和胃，理脾伐肝，化湿止渴。”《日华子本草》中记载：“止吐泻奔豚及脚气水肿，冷热痢，心腹痛，疗渴。”王好古云：“去湿和胃，滋脾益肺，治腹胀善噫，心下烦痞。”宋代许叔微在《普济本事方》中记载了用木瓜治愈风湿性关节炎的药方，称其可治风湿筋骨病、腰膝酸痛、跌打损伤、筋肉痉挛等症，对妇女产后腰酸背痛、腰肌劳损也有治疗效果。同时，木瓜也是一种可食瓜果，近年来已利用木瓜果实加工罐头、果脯、果酒、果醋、果汁等保健食品及美容护肤化妆品。

16.1 种质资源及分布

木瓜（*Chaenomeles spp.*）属蔷薇科木瓜属（*Chaenomeles Lindl.*）植物，系温带和北亚热带果树，落叶小乔木或灌木，在我国已有3000多年的栽培历史，是中国特有的资源植物，也是木瓜属植物的起源中心。木瓜属植物全世界共有5种，即贴梗海棠（*Chaenomeles speciosa*）、毛叶木瓜（*Chaenomeles cathayensis*）、木瓜（*Chaenomeles sinensis*）、西藏木瓜（*Chaenomeles tibetica*）和倭木瓜（*Chaenomeles japonica*），前4种原产于中国。在中国，东至辽宁、山东、浙江，西至新疆、西藏，南至云南、贵州、广西，北至甘肃、河北，大部分地区均有分布。此外，在不同栽培条件下还出现了傲大贴梗海棠（*Chaenomeles xsuperba*）、加州贴梗海棠（*Chaenomeles xcalifornica*）和法国贴梗海棠（*Chaenomeles xvilmoriniana*）等杂交种。南方的木瓜多为野生小乔木，果实小型；北方的木瓜则多为乔木、灌木和小灌木，果实中、大型。

皱皮木瓜又名贴梗海棠。有枝刺，叶片锯齿，小枝平滑。果实中型到大型，叶片卵形至长椭圆形，幼时下面无毛或有短柔毛，花柱基部无毛或稍有毛（《中国植物志》，1988）。主要分布于华东、华中及西南各地，产于我国山东、江苏、陕西、甘肃、江西、四川、云南和贵州等省。安徽宣城、湖北长阳和浙江淳安是皱皮木瓜的三大著名产地。其花色艳丽，花形多样，具有较高的观赏价值，而且果实大、果肉厚、肉质细腻、营养丰富，适宜加工食用，是我国珍贵的多用途植物资源。皱皮木瓜山东省主栽品种有罗扶、长俊、红霞、玉佛、奥星、金香和一品香等；安徽宣城主栽品种有罗汉脐、芝麻点、苹果型；云南省栽培有皱皮木瓜的变异品种小桃红木瓜以及皱皮木瓜与毛叶木瓜的自然杂交种洱源 3 号。

毛叶木瓜又名木瓜海棠，枝有刺，叶片有锯齿，小枝紫褐色、平滑。果实中型到大型，叶片椭圆形，幼时下面密被褐色绒毛，花柱基部常被柔毛或棉毛（《中国植物志》，1988）。主要分布于我国四川、安徽、陕西、甘肃、福建、湖北、湖南及广西等地。其果实味酸、涩，性平，具有和胃化湿、舒筋活络的功效。陈日来等通过比较，发现毛叶木瓜中的有机苹果酸含量是各木瓜属植物中最高的，为 39.92%；其蛋白质含量则最低，仅 3.42%。毛叶木瓜的药用价值一般，主要用于绿化及观赏。

木瓜又名光皮木瓜，因其果实干燥后果皮仍光滑、不皱缩而著称。主要分布于陕西、山东、安徽、江苏、浙江、江西、湖北、广西等地。其树姿优美，枝干苍劲，春季花开烂漫，秋后金果满树，芳香袭人，集玩赏、绿化、药用、食用于一体，历来被誉为观赏名木，经济效益显著，是不可多得的珍稀经济树种。其果实观赏价值高，可作为园林绿化树种；汁液是化妆品工业的原料。

西藏木瓜又名藏木瓜，主要分布于我国西藏地区，枝具刺，托叶大，边缘有不整齐锯齿，上面无毛，下面被褐色绒毛。西藏木瓜具有很高的观赏、食用、药用价值，又有良好的水土保持功能，是高寒山区、西部大开发和退耕还林工程的主要树种。

倭木瓜又名日本木瓜、草木瓜，为分布在朝鲜半岛南部的一种小型灌木。枝有刺，叶边有锯齿，小枝粗糙。果实小，成熟较早。叶片倒卵形至匙形，下面无毛，叶边有圆钝锯齿（中国植物志，1988）。在我国陕西、浙江、江苏等地有栽培。其果实被用作健胃剂和收敛剂。日本木瓜原产日本，我国北京、陕西、甘肃（天水小陇山）、江苏、浙江均有引种，多庭院栽培。变种多，如斑叶倭海棠、匍匐倭海棠和大花倭海棠等。

目前，我国栽培较多的木瓜品种主要有以下几种：

（1）罗扶。1 年生枝灰褐色，2 年生枝青灰色。叶片卵圆形。果实近圆柱形，个大且整齐。单果重 400 g，最大果重 1000 g，纵径 16 cm 左右，横径 12 cm 左右。果皮蜡质少，有光泽，皮孔大而稀，浅褐色。果肉厚，淡黄色，较细，汁液中等至较多。总糖含量为 16.8%，总酸 3.07%，维生素 C 96.8 mg/100 g，果胶 3.8%。果实耐储藏，一般冷藏可储 6 个月以上，加工品质优，利用率高。

该品种生长势强，11 年生树高 2 m 以上，主枝直立，侧枝平展，枝条较硬，以 2 年生以上的中、短枝结果为主。抗腐烂病，适应能力强，丰产性强，盛果期株产可达 60 kg 以上。该品种于 4 月初开始展叶，4 月上旬初花，盛花期 4 月上中旬，4 月下旬叶幕基本形成。新梢于4月底开始生长，6月中下旬为旺长期，6月底停长。果实9月中旬成熟。

（2）长俊。该品种1年生枝黄褐色，2年生枝浅灰褐色。叶片细长椭圆形。果实长椭圆形，果形整齐。单果重500 g，最大的1500 g，纵径20 cm左右，横径11 cm左右。果皮浅绿色，蜡质少，有光泽，皮孔大而明显，白色。果肉厚，乳白色，较细，汁液多，总糖含量为18.4%，总酸3.22%，维生素C 79.2 mg/100 g，果胶2.7%。较耐储藏。色、香、味均佳，是加工罐头的优质原料，利用率高达98.7%。

该品种长势强，11年生树高2.8 m，主枝直立，侧枝平展，枝条韧性强，较开张，树冠略松散，适应能力强，丰产。一般栽后3年结果，4年丰产。该品种于4月初开始展叶，初花期4月上旬，4月上中旬盛花，4月中下旬叶幕基本形成。新梢于4月底开始生长，6月中下旬为旺长期，6月底停长。果实9月中下旬成熟。

（3）红霞。1年生枝黄褐色，2年生枝浅灰褐色。叶片椭圆形。果实卵圆形，果形较整齐。平均单果重300 g，最大的900 g，纵径13 cm左右，横径9 cm左右。果皮底色浅绿，阳面有红晕，蜡质稍多，有光泽，皮孔小而不明显。果肉较细，浅白色，汁液中等至较多，总糖含量为17.6%，总酸2.99%，维生素C 70.4 mg/100 g，果胶2.6%。耐储藏，是加工罐头、果酱、果汁的优质原料，利用率高达90%。

该品种11年生树高2.5 m，枝条较直立，侧枝平展，枝条硬，以中短枝结果为主。适应性强，丰产。该品种4月初开始展叶，初花期4月上旬，盛花期4月上中旬，4月下旬前后叶幕基本形成。新梢于4月底开始生长，6月中下旬为旺长期，6月底停长。果实9月中旬成熟。

（4）玉佛。1年生枝褐色，2年生枝青红色。叶片卵圆形。果实鼓形，个大而整齐。平均单果重420 g。果皮皮孔较大，稀少，呈褐色，成熟时果皮深绿黄色，微香。果肉厚，金黄色，较细，汁液中多，加工利用率高，总糖含量为15.7%，总酸3.0%，维生素C 97.0 mg/100 g，果胶3.8%，耐储藏。

该品种长势强，11年生树高2.7 m，主干直立，侧枝平展，枝条较硬，以中、短枝结果为主。2年见果，3年丰产，11年生树株产可达55 kg。该品种于4月初展叶，初花期4月上旬，盛花期4月上中旬，4月中下旬叶幕基本形成。新梢于4月底开始生长，6月中下旬为旺长期，6月下旬停长，果实9月上旬成熟。

（5）奥星。1年生枝黄褐色，2年生枝灰褐色。叶长阔披针形。果实近圆柱形，较整齐。单果重500 g，最大的1300g，纵径18 cm左右，横径11 cm左右。果皮黄绿色，蜡质少。果肉厚，白色，汁液多，香气浓，总糖含量18.19%，总酸3.2%，维生素C 79.8 mg/100 g，果胶3.0%。耐储藏，加工率93%。该品种11年生树高2.7 m，主干直立，主枝平展，枝条硬，较开张，嫁接苗2年见果，3年丰产，11年生株产可达60 kg左右，适应性强。该品种于4月初展叶，初花期4月上旬，盛花期4月上中旬，4月下旬叶幕基本形成。新梢于4月下旬开始生长，6月中下旬为旺长期，6月下旬停长，果实9月上旬成熟。

（6）金香。1年生枝黄褐色，2年生枝灰褐色。叶片长椭圆形。果实卵圆形，平均单果重300 g。果皮淡黄色，蜡质多，有光泽，皮孔小，不明显，乳白色。果肉嫩黄，细致，汁液较多，总糖含量18.5%，总酸2.80%，维生素C 78.1 mg/100 g，果胶4%。

该品种长势中庸，11年生树高2 m，较矮，分枝多，枝条较硬，韧性强，以中短枝结果为主，嫁接苗2年见果，3年丰产。11年生树株产可达50 kg左右，较丰产，适应性强。该品种于3月底开始展叶，初花期4月初，盛花期4月上旬，4月中旬叶幕基本形成。新梢于4月下旬开始生长，6月中旬为旺长期，6月下旬停长。果实8月底成熟。

16.2 生物学特性

16.2.1 形态特征

（1）光皮木瓜。落叶灌木或小乔木，株高5.0 ~ 10.0 m，树皮粉白光滑，无枝刺。叶片椭圆形或长圆形，长5.0 ~ 9.0 cm、宽3.0 ~ 6.0 cm；叶柄粗，长1.0 ~ 1.5 cm，被黄白色绒毛；托叶膜质，椭圆状披针形，长7.0 ~ 15.0 mm。花单生于短枝端，直径2.5 ~ 3.0 cm；花梗粗短，长5.0 ~ 10.0 mm，无毛；萼筒外面无毛，萼裂片三角状披针形，长约7.0 mm；花瓣倒卵形，淡红色；雄蕊长约5.0 mm；花柱长约6.0 mm，被柔毛。梨果长椭圆形，长10.0 ~ 15.0 cm，深黄色，具光泽，果肉木质，味微酸、涩，有芳香，具短果梗。久储不皱皮，故称“光皮木瓜”。花期4月，果期9 ~ 10月，随地域不同略有差别。

（2）皱皮木瓜。落叶灌木，株高1.0 ~ 3.0 m，树皮褐或灰褐色，具枝刺；小枝圆柱形，开展，粗壮。叶片卵形至椭圆形，长3.0 ~ 10.0 cm、宽1.5 ~ 5.0 cm；叶柄长1.0 ~ 1.5 cm，无毛；托叶大，叶状，卵形或肾形，无毛。花2 ~ 6朵簇生于2年生枝上，直径3.5 ~ 5.0 cm，叶前或与叶同时开放；花梗粗短，长3.0 mm或近于无梗，无毛；花瓣近圆形或倒卵形，长1.0 ~ 1.5 cm，猩红色或淡红色；雄蕊35 ~ 50枚，直立，长1.0 ~ 1.3 cm，花丝微带红色；花柱中部以下合生，无毛，与雄蕊近等长，柱头头状。梨果球形至卵形，直径3.5 ~ 5.0 cm，黄色或黄绿色，有不明显的稀疏斑点，有芳香，果梗短或近于无。花期4月，果期10月。

（3）毛叶木瓜。落叶大灌木或小乔木，常有明显主干，株高达3.0 ~ 5.0 m，干皮粗糙，紫褐色，枝条直立具短刺；叶片椭圆形、披针形至倒卵披针形，具芒状锯齿，长5.0 ~ 11.0 cm、宽2.0 ~ 4.0 cm，叶背密被褐色绒毛；花先于叶开放，2 ~ 3朵簇生于2年生枝上，花梗短粗或近于无梗，花径2.0 ~ 4.0 cm；果实卵球形或近圆柱形，先端有突起，长8.0 ~ 12.0 cm，黄色有红晕。花期4月，果9 ~ 10月成熟。

（4）西藏木瓜。落叶灌木或小乔木，株高1.0 ~ 4.0 m。树皮紫褐色或黑色，茎枝多刺；叶片革质，卵状披针形或长圆披针形，长6.0 ~ 8.0 cm、宽1.8 ~ 3.3 cm；花3 ~ 4朵簇生；果实长圆形、梨形至纺锤形，长6.0 ~ 11.0 cm，直径5.0 ~ 9.0 cm，黄色、有芳香。花期4月，果实成熟期10月。

（5）日本木瓜。矮生灌木，株高不足1.0 m。小枝密，常具针状细刺，皮粗糙；叶片广卵圆形至倒卵圆形，长3.0 ~ 5.0 cm、宽2.0 ~ 3.0 cm，无毛；花朵小，3 ~ 5朵簇生，花梗短，近于无梗，花径2.5 ~ 4.0 cm；果实近球形，直径3.0 cm。植株常平卧，根蘖外延，茎枝细、多。花期4月，果熟期9月。

16.2.2 生态习性

木瓜适应性强，耐寒、耐瘠薄，性喜阳光，也较耐阴，对土壤要求不严，抗盐碱，适于在疏松肥沃、土层深厚、排水良好的沙质土壤中生长。土壤水分过多，枝叶生长细薄，抗逆性明显降低。木瓜对温度反应很敏感，同一地方，栽在背风向阳处比背阴处提前 4 ~ 6 d 开花。木瓜为阳性树种，要求光照充足，但在稍有荫蔽处仍能正常生长开花与结实。

16.2.3 生长习性

16.2.3.1 植株生长习性

木瓜根系分布较浅，多在 20 ~ 40 cm 的耕作层中。早春土温升至 5 ℃以上时，根系开始活动，11 月中下旬土温低于 10 ℃时，根系活动减弱并逐渐停止。幼树萌芽及成枝力较强，枝干生长快；结果盛期，结果枝开始弯曲下垂，树姿开张。木瓜的花芽为混合花芽，部分隐芽也可分化成花芽，营养良好时，可抽生果台副梢，并能形成花芽，连年结果。

16.2.3.2 物候期

木瓜物候期大致可划分为：芽萌动期、花蕾膨大期、开花期、展叶期、新梢生长期、幼果期、果实膨大期、果实成熟期、休眠期。由于年度间气温回升不同，物候期相差 5 ~ 7 d。2 月中下旬，气温 12 ~ 14 ℃、5 cm 地温 4 ~ 5 ℃时树液开始流动；2 月底至 3 月上旬芽开始萌动，同时现蕾；4 月上中旬开花，5 月初花期结束，花期 20 d，单花开放平均 8 d；果实 9 月中旬至 10 月中下旬成熟，需 165 ~ 190 d；11 月中下旬落叶，进入休眠期。

16.2.3.3 对环境条件要求

木瓜正常生长和开花结果要求温度 10 ~ 15 ℃，全年无霜期 190 ~ 260 d；芽萌动需 10 ℃以上，生长期要求 12 ~ 22 ℃，3 ~ 8 月有足够的日照和有效积温，即使无霜期 180 ~ 200 d 亦能正常发育。冬季最冷月 -9 ℃的短暂低温，仍能正常越冬；但长时间在 -10 ℃以下时，可引起不同程度的冻害。突如其来的寒潮对木瓜的为害特别严重，尤其是春季萌芽、展叶、开花时遇到大风和寒流，会造成严重损害。

木瓜喜光，较耐阴。光照条件良好时，植株生长健壮、果枝寿命长、花芽充实、坐果率高，果实成熟早而一致；低于全光照的 60% 则生长缓慢，树冠外围枝条易徒长，冠内枝条弱，果枝寿命短，结果部位外移，花芽发育不充实，坐果率低，果实成熟晚。因此，建园应首先选择光照条件良好的阳坡或半阳坡，同时要采取适宜的栽植密度，并通过整形修剪调节通风透光。

6 ~ 7 月份是木瓜果实膨大期，需水量大。雨水偏少、干旱，相对湿度低于 70%，新梢生长会受到抑制，同时造成大量落果；雨水过多，相对湿度高于 70% 会引起枝条徒长，加重落花落果；相对湿度超过 80% 时，会造成木瓜根系及果实腐烂。

木瓜对土壤要求不严，但以土层深厚、土壤疏松肥沃、pH 为 5.5 ~ 7.5 的沙质壤土最宜。

16.3 栽培与管理

16.3.1 育苗技术

木瓜苗木的繁育有扦插、埋条、分株、实生育苗、嫁接育苗等方法，生产上主要以实生育苗为主。

16.3.1.1 扦插育苗

在春季发芽前采发育较好的 1 ~ 2 年生枝条，剪成长 18 ~ 20 cm、有 2 ~ 3 节的插条，下剪口用 8×10^{-5}的萘乙酸溶液浸泡 10 h 或 8×10^{-5}的 ABT2 生根粉溶液浸泡 2 h。在事先整好的苗床上，按行距 35 cm 开沟。把浸泡好的插条按 8 ~ 10 cm 的株距，50° ~ 65°斜插于沟内。填土压实，浇水，盖草，以保持土壤湿润。育苗最好在塑料大棚内进行以增加地温。插穗发芽和生根后，去掉盖草，适时揭棚，及时中耕除草，勤施薄施肥水。

16.3.1.2 分株繁殖

春秋两季，将大树周围萌生的 60 cm 以上的枝条，带根刨出移栽。由于枝条萌生力有限，此方法仅适用于少量的栽植用苗。

16.3.1.3 压条繁殖

压条繁殖也只适宜于较小范围的用苗。春秋两季在根部长有枝条的母树周围挖穴或槽，深 25 ~ 30 cm，然后将枝条中间部位用刀割一伤口，压入穴内，枝梢部分留在穴外。待压条生根后，将枝条切断，带根移栽。

16.3.1.4 实生育苗

（1）苗圃选择与整地。选择交通方便、背风向阳、地势平坦、排灌便利的园地。园地土壤以通气性好的酸性或微酸性沙壤及黄壤土为宜，土层厚度在 50 cm 以上，含盐量低于 0.2%。整地时，可用 0.5% 的高锰酸钾或 50% 的辛硫磷粉剂消毒杀死地下害虫，然后结合整地每亩撒施有机肥 4 000 ~ 5000 kg 或复合肥 80 kg 作基肥。最后开畦面宽 1 ~ 2 m、畦高 30 cm 的苗床备用。

（2）播种。分春播和秋播。春播种子须催芽处理。在 12 月份将芽胚饱满的新种子，用 5% 的白碱溶液浸泡 12 ~ 24 h 后，用细油沙或草木灰等与种子一起揉搓，再用清水冲洗，并将洗净的种子在流动的河水中漂洗 24 h，以防白碱残留烧坏芽胚。种子漂净后用 1 份种子 4 份细沙混拌均匀，也可一层沙一层种子（3 cm 沙 1 cm 种子）堆放在室内通风处或室外向阳处，并盖上麻袋、草片或秸秆等，保温保湿进行催芽。沙的含水量以用手握成团，伸手散开为宜，不可太湿或太干。至2～3月，当有60%的种子裂口露白时，即可播种。播种时按行距22～25 cm开深5～10 cm的沟，再把种子按3～5 cm的株距播于沟内，覆土浇水，每亩用种5～7 kg，播后15 d左右即可出苗。秋播是在10月份，将成熟的新鲜种子稍微晾干，直接播种到苗圃。播种方法同春播，但当年不能出苗，至次年春季发芽出苗。本方法简单，种子不用催芽。另外，秋播的苗木在同等条件下比春播高10～20 cm，但秋播占地时间长，春季除草量大。

16.3.1.5 嫁接苗培育

（1）砧木苗培育：同实生育苗。

（2）嫁接：选木瓜良种母株上生长发育充实、无病虫害的1年生枝做接穗。春接时，于休眠期剪取接穗，随剪随接，剪后若不能及时嫁接，应将接穗埋藏在湿沙中保鲜储藏或蜡封后低温保湿储藏。夏秋季嫁接用接穗随用随采，采后立刻剪去叶片，保留叶柄，用湿草或湿布包好。当实生苗地径达0.5 cm以上时，即可嫁接。春季嫁接需在砧木萌芽前完成，多用劈接、舌接或插皮接等嫁接方法；夏秋季嫁接可用“T”字芽接或带木质部嵌芽接。嫁接后及时检查成活率并补接。及时剪砧、除萌和解膜。

16.3.2 栽　植

在落叶后至土壤封冻前或土壤解冻后至萌芽前栽植，但以秋末冬初（10月下旬至11月底）定植为最佳。定植密度以2.5 m ×3.5 m或3 m ×4 m为宜，间作有草本药材的种植园，栽植密度以4 m×4 m或3 m×4 m为宜，每亩栽植42～56株。栽前挖定植穴，穴深80 cm、底部直径100 cm，每株用堆肥或土杂肥、沤制过筛的垃圾肥80～100 kg、过磷酸钙3～4 kg，与肥料量的2～3倍表土拌匀，施入穴中做基肥。木瓜苗用2年生以上良种壮苗，苗高、地径分别在100 cm和0.7 cm以上。

16.3.3 田间管理

16.3.3.1 栽后当年管理

栽后定干50～70 cm，整形带内要有5～8个饱满芽。发芽后及时抹除整形带以下的芽，在整形带内选留3～4个方位适宜的新梢作主枝。新梢长20 cm时，株施尿素100 g。自5月下旬开始每10～15 d叶面喷施叶面宝或氨基酸微肥1次，共喷4～6次。新梢长40 cm左右时摘心，促发分枝。对角度小于45°的枝条采取拿枝、拉枝加大角度至60°～80°。

16.3.3.2 栽后第二年及以后的管理

（1）肥水管理。从定植后第2年秋末开始，结合秋施有机肥逐年深翻扩穴。先在行间沿树冠投影外缘挖长 80 ~ 120 cm、宽 40 cm、深 40 ~ 60 cm 的条沟，将腐熟有机肥、杂草和土按 1∶2∶2 的比例混合后回填。在株间挖沟施入有机肥、杂草等，3 ~ 5 年完成全园深翻。幼树期间作豆类、花生、中药材、绿肥等，禁止间作高秆作物及需水多的瓜菜，树冠覆盖率达 60% 以上时停止间作。定植 3 ~ 5 年后施肥量按每千克果施 3 ~ 5 kg 充分腐熟的优质有机肥计算。追肥每年 2 ~ 3 次，第 1 次在 3 月上中旬开花前，株施氮素化肥 100 ~ 500 g；第 2 次在果实膨大期；第 3 次在采收后。每次株施氮磷钾复合肥 250 ~ 750 g。木瓜抗旱力强，但花期干旱会缩短花期，影响授粉与坐果。花期至花后半月内和 5 月中下旬果实迅速膨大期是需水临界期，遇干旱及时浇水或采取地膜覆盖、穴储肥水、树盘覆草等措施，以节水保墒。雨季做好排水工作。9 月中、下旬，果实采收基本完成后，浇水 1 次，防止冬旱抽梢和增强树体抗旱力。

（2）花果管理。木瓜虽能自花结实，但异花授粉坐果率更高。花期放蜂可提高坐果率，每公顷木瓜园可放养 1 ~ 2 箱蜜蜂。为提高果实品质和产量，需进行疏果。疏果在谢花后 1 周至 1 个月内完成，尽量留枝条基部和中部果实，大型果品种间隔 20 cm 左右、小型果品种间隔 10 cm 左右留 1 果。花期喷布 25 mg/L 赤霉素加 0.1% 硼砂液加 0.3% 尿素，每 7 d 喷 1 次，共喷 2 ~ 3 次，可显著提高坐果率。

（3）整形修剪。

纺锤形树形：该树形主干高 50 cm，冠幅 2 ~ 3 m。全树共配置小主枝 9 ~ 11 个，枝间距 20 ~ 25 cm，交错排列，互不重叠。小主枝下大上小，在小主枝上直接着生结果枝组。

幼树期修剪：以整形为主，促其树冠或树体骨架及早形成，为下一步丰产稳产打好基础。在修剪上应采取先重短截后缓放的方法选留和培养主侧枝，其他枝条一律甩放，疏除重叠枝、交叉枝、内向枝和病虫枝。

初果期修剪：主要以增加结果枝组为主，通常采用撑、拉、压、拿和多疏少短截的方法，抑强扶弱，控制直立枝、竞争枝，保持树体平衡，促使各类发育枝向结果枝转化。

盛果期修剪：由于连续大量结果，树势逐渐衰弱。此时期修剪的主要任务是：①在保持主、侧枝梯次优势的前提下，通过回缩、抬高角度、选留强枝代头，及时更新复壮，确保骨干枝的稳定。②调整好营养生长与生殖生长之间的关系，交替回缩结果枝组，恢复保持结果枝组的生长势。对位置理想的徒长枝及时培养，代替衰弱的结果枝组结果，保持树体结果量的稳定。③疏除上部和外围的过密枝、细弱枝、强旺枝，改善树体通风透光条件，减少养分的消耗，保障立体结果。

疏散分层形：定植当年经过定干、夏摘心、抹芽等形成的小树冠。冬剪时首先选定 1 个中心干延长枝及第 1 层 3 个主枝，3 主枝的水平夹角约 120°，可通过适当拉枝调整。对 3 主枝和中心枝在饱满芽处短剪，剪口芽选侧生芽，以使中心枝和主枝左右弯曲延伸。也可采用里芽外蹬法。其余枝条视空间大小疏除或保留，保留者拉成近水平状，以缓势成花早结果。生长季节及时抹去剪锯口处和主枝以下树干上的无效芽；延长枝长 40 cm 左右时摘心，主枝中后部侧生枝长 30 cm 左右时摘心；对主枝中后部有空间的直立枝在半木质化时扭梢；6 月上、中旬在辅养枝基部环割 2 ~ 3 圈，间距 2.5 cm 左右；对角度过小和方向不适宜的各类枝须加大角度或调整方向。冬剪时，选定 1 个中心干延长枝及第 2 层 3 个主枝，层间距 80 cm。以后逐年在各主枝上每间隔 50 cm 左右选留 1 个永久性侧枝，生长季继续采用拉枝、扭梢、摘心、抹芽、辅养枝环割或环剥措施调整枝类和长势。冬剪时，疏除重叠枝、交叉枝、并生枝和病虫枝，轻剪主枝延长枝，树冠交接时可缓放不剪。有空间的缓放枝注意短截，培养成各类结果枝组。

16.3.4 病虫害防治

16.3.4.1 主要病害

1）木瓜炭疽病

症状：炭疽病主要为害果实，也为害叶片和枝梢。果实发病初期，果面先出现褐色小点，随病斑迅速扩大，果肉呈圆锥状腐烂，味苦，果面稍凹陷，严重时整果变褐腐烂。

发病规律：木瓜炭疽病病菌以菌丝体潜伏于病虫枝、瘦弱枝芽及僵果里越冬。翌年春，越冬病菌形成分生孢子，为初次侵染源，在适宜条件下，经皮孔直接侵入果实。该病菌在高温、高湿、多雨情况下，繁殖快，传染迅速。果园地势低洼、土壤黏重、树冠郁闭利于发病。

防治方法：①加强管理。合理施肥，促使植株健壮，提高抗病能力；科学修剪，改善树体光照条件。②减少病源。冬季清园，彻底清除病株，集中烧毁或深埋；清除树上、树下僵果及枯枝落叶并销毁；生长季节发现病果及时摘除。③药剂防治。在 8 ~ 9 月发病季节每隔 10 ~ 15 d 喷药 1 次，连喷 2 ~ 3 次。药剂可选用 1 : 2 : 240 倍波尔多液或 50% 多菌灵可湿性粉剂 600 ~ 800 倍液，或 80% 大生 M - 45 可湿性粉剂 800 倍液，或 70% 甲基托布津可湿性粉剂 800 ~ 1000 倍液。④适时采果。

2）木瓜锈病

症状：叶片发病，在未展开的嫩叶正面长出鲜黄色的小点，小点溢出黏液状物，随病叶展开，病斑扩大，在叶表病斑凹陷、叶背病斑隆起，并在其上产生管状毛状物（即病菌锈子器，破裂后散出铁锈色粉末，为锈孢子）。受害严重的木瓜树，整株凋萎，叶片大量脱落，树势衰落甚至枯死。叶柄、嫩梢、幼果染病病症与叶片发病症状相似，病果畸形，病部开裂，易脱落。

病原：木瓜锈病病原为梨胶孢（Gymnosporangium a siaticumMiyabe ex yamada），与梨树锈病为同一病原，属担子菌亚门真菌。该菌无夏孢子阶段，冬孢子双细胞，有生长柄。性孢子器生在叶片表皮下，扁球形，性孢子椭圆形或纺锤性，大小（5.0 ~ 12.0）μm ×（2.5 ~ 3.5）μm，锈孢子器生在叶背面，呈毛状物，数根成丛，锈孢子近圆形，单细胞，黄色或浅褐色，大小（19 ~ 24）μm ×（18 ~ 20）μm。

发病规律：该菌在桧柏上越冬，翌年 3 ~ 4 月产生米粒大小红褐色冬孢子堆，遇雨后膨胀而形成一团褐色胶状物体，上面的冬孢子萌发产生担孢子，担孢子借风进行传播，对木瓜产生侵染。木瓜病斑上产生的锈孢子器，其锈孢子随风重新飘落到桧柏上，侵入后在桧柏上越冬。

防治方法：①营林防治。木瓜适合在向阳、土层深厚、土壤肥沃的沙质壤土上生长。选择适宜的林地造林，以提高木瓜林整体抗病能力。木瓜林地应尽量避开转株寄主（桧柏），在木瓜园周围不要种植桧柏，有效阻隔距离为 4 km。②清园增肥。结合冬季清园清除木瓜林周边的桧柏属树种。在修剪时，清除病枝、病芽、病叶，注意通风透光，降低湿度，同时增施肥料，增强树势，提高木瓜抗病抗虫能力。③化学防治。在木瓜栽培过程中，在无法避开桧柏的条件下，应在每年 2 月底对木瓜林周边的桧柏采用喷药保护，以防止病原扩散传播。喷洒 0. 3°Bé 石硫合剂，或用 15% 三锉酮可湿性粉剂 1500 ~ 2000 倍液进行喷雾，10 ~ 15 d 喷 1 次，连续喷 2 次。在木瓜萌发新叶展开时用 25 % 粉锈宁乳剂 1500 ~ 2000 倍液第 1 次喷药，隔 15 d 再喷 1 次，可取得较好的效果。锈病发生严重时，可喷洒 40 % 福星乳油 9000 倍液进行防治。

3）木瓜轮纹病

症状：（1）果实症状。最初以皮孔为中心产生水渍状褐色斑点，渐次扩大，形成具有颜色深浅相间的同心轮纹，并迅速向果心腐烂，并溢出茶褐色黏液，常发出酸臭味。病部表面下散生黑色小粒点。病果腐烂多汁，失水后变成黑色僵果。

（2）枝干症状。枝干染病后，通常以皮孔为中心，出现红褐色水渍的圆斑，直径 3 ~ 20 mm 不等。中心隆起呈疣状，质地坚硬。次年病斑上产生黑色小粒点，病部与健部交界处逐渐加深开裂。至第 3 年病斑翘起如马鞍状，许多病斑密集融合，呈粗皮形。叶片上病斑近圆形或不规则形，有深浅褐色交错的同心轮纹，直径 0. 5 ~ 1. 5 cm。后期病斑变为褐色，散生黑色小粒点。

发病规律：木瓜轮纹病病菌以菌丝、分生孢子器及子囊壳在枝芽病瘤中越冬。春季当气温升高到 15 ℃以上时，遇雨即可散发孢子，通过皮孔侵染，5 ~ 9 月条件适宜均可发病。幼果期多雨，当年发病重，此外也与树势强弱有关。

防治方法：①刮除病斑。枝干发病时，刮除病斑并涂消毒剂保护，消毒剂选用 5% 菌毒清 30 ~ 50 倍液，腐必清 2 ~ 3 倍液，4% 农抗 120 的 10 ~ 30 倍液。②消灭病源。冬季结合修剪清园，剪除病枯枝，早春主干刮皮。③改善栽培管理条件。增施有机肥，进行果园压草，增强树势，提高树体抗病能力。④药剂防治。发芽前喷施 100 倍液福美砷或 5°Bé 石硫合剂，或 5% 菌毒清水剂 100 倍液，2% 农抗水剂 100 倍液。5 月下旬开始喷布杀菌剂，每 20 d 左右喷 1 次，喷 3 ~ 5 次。常用药剂有：波尔多液 1 : 2 : 240 倍，50% 多菌灵 600 倍液，50% 退菌特 600 倍液，80% 大生 800 倍液等。

4）叶斑病

症状：叶斑病主要为害叶部，初发病时病斑 5 ~ 6 mm，褐色，中央常有一褐色斑点或深浅不一的轮纹，以后不断扩大，有时病斑破裂或穿孔，严重时病斑相连，叶片干枯脱落，造成早期落叶，影响树势、产量和质量。

发病规律：叶斑病以菌丝体在病落叶中越冬，翌年春展叶期开始产生分生孢子，随气流传播，进行初次侵染。6 月中下旬进入发病盛期。该病的发生与气候密切相关，雨季的早晚、长短直接影响该病的流行，高温、多雨湿度大发病严重。此外，还与土壤肥力、管理条件有关，通风不良、地势低洼发病重。

防治方法：①减少病源。防治时首先清除病虫源，结合修剪，清除病虫枝，清扫落叶、落果，集中销毁。②加强栽培管理，增施腐熟有机肥，增强树势，提高抗病能力。③春季发芽前喷 1 次 5 波美度石硫合剂，从 5 月中旬开始每半月喷 1 次 1 : 2 : 240 的波尔多液，或 50% 多菌灵可湿粉 600 ~ 800 倍液，或 80% 大生 M－45 可湿粉 800 倍液等杀菌剂防治。

5）木瓜褐腐病

症状：褐腐病主要为害果实，也能为害花和嫩梢。果实发病，初为褐色近圆形的小病斑，后随着病情的发展，病斑不断扩大，条件适宜时，病斑很快扩展全果表面，并逐渐向果肉延伸，严重时，使整个果实腐烂。病果失水后，变成褐色僵果，挂在枝头，经久不落，花梗上或果实上的病菌，侵害枝条，形成褐色溃疡斑，影响养分和水分的正常输送，抑制枝条的生长发育，造成枝条枯死。

发病规律：该病属真菌病害，其无性世代是半知菌亚门的丛梗孢属。病菌在僵果上越冬，病枝上病菌越冬后也能侵染。次年春季，气温回升后，病果、病枝上的病菌产生分生孢子，借风雨传播。5月上旬前后，当幼果形成后，病菌多从果实伤口处侵入。因此，虫害重，虫伤多，褐腐病也就严重。降雨早或多的年份，发病早且重，栽培地低洼，易受渍涝，树势弱也适宜于发病。果实膨大期，若遇狂风暴雨、冰雹等自然灾害，给果实表面造成的伤口多，也有利于病菌的侵入而发病。

防治方法：①处理病残体。木瓜收获后，结合冬季修剪，剪除病枝，摘除病果，集中烧毁，能有效地减少越冬菌源。②药剂防治。早春在木瓜发芽前，喷1次5°Bé的石硫合剂；3～4月份木瓜谢花后至果实采收前，可每隔10～15 d，喷1次50%多菌灵500倍或50%甲基托布津800倍液，连喷2～3次，并可兼治叶部病害。③防虫伤。桃蛀螟是为害木瓜果实的重要害虫，6月中下旬，正当木瓜果实膨大时，雌蛾将卵产于果实梗凹和贴缝空隙处，幼虫孵化后，即咬破果皮蛀入果内。不仅纵横串食果肉，且造成虫伤口，有利于病菌侵入。在幼虫孵化期，喷90%晶体敌百虫1000倍液或杀螟松乳剂1500倍液，每7 d喷1次，连喷3次。

6）木瓜灰霉病

症状：（1）苗木受害症状：病害侵染苗木嫩茎及嫩叶。叶部染病自叶脉开始，造成整叶或半片叶片凋萎，失水如水烫一般。苗木茎秆以地表受害最重，病斑初为淡褐色小点，随着嫩茎长粗病斑扩大，当病斑扩大至嫩茎一周时苗木地上部分死亡，整株立枯，遇阴雨天气从病斑处长出灰褐色霉状病原子实体。

（2）大树受害症状：病原主要为害新生嫩梢、嫩叶、花瓣及幼果。病斑先为褐色小点，当扩大至茎干一周时即形成枯梢。另外，木瓜的花、幼果也能染病。在潮湿的条件下，从病斑、病叶、病梢及残花嫩果上长出一层灰褐色霉层即病原子实体。

病原：灰霉病病原的无性世代为 Botrytis cinerea Pers，属半知菌亚门丝孢目丝孢科葡萄孢属。分生孢子梗大小为（280～550）μm×（12～24）μm，丛生灰褐色。分生孢子亚球形或卵形在（9～15）μm×10 μm之间。

发病规律：病原以菌丝、孢子和菌核在木瓜的枯枝落叶层中及土壤里越冬，借气流、雨水传播，3月份侵入木瓜的幼嫩组织，以后再次侵染其他木瓜苗木或木瓜树的嫩枝。温、湿度是木瓜灰霉病发生与感染的首要条件。当气温在15 ℃左右且土壤湿润时，病原的分生孢子开始侵入木瓜幼嫩组织。一般苗圃用塑料拱棚或地膜覆盖育苗，棚内温度高、湿度大，极易感染；苗木过密，生长纤细，木质化程度低感病严重；木瓜林光照不足，低温潮湿和长时间阴雨易造成灰霉病流行。

防治方法：（1）苗期防治：①选择易排易灌的农田或旱地作圃地，忌重茬地。用溴甲烷20 mL/m^{2}对土壤进行处理。冬季播种、拱棚育苗促早出苗，适时间苗，留苗30～40株/m^2，促进苗木早木质化，提高自身抗病能力；②多施基肥，少用氮肥作追肥；晴天揭棚，雨前盖棚，保持通风透光，降低棚内湿度、温度，使环境利于苗木生长而不利病菌滋生，及时清除病株，防止病原扩散传播；③药剂防治。苗木出土时用等量式波尔多液喷雾，每 7 d 喷 1 次，用药 2 ~ 3 次；也可用70% 甲基托布津1500 倍液或苯来特1000 倍液，每隔10 d 喷雾1 次，连续用药 3 ~ 4 次。

（2）木瓜林防治：①选择地势平坦、易排易灌、土层肥沃、光照充足的林地造林，造林密度以 3000 株/hm^2为宜；②适时修剪。木瓜林培育要适时修剪，控制木瓜冠幅和剪去过密枝、重叠枝，以利木瓜林通风透光；冬季修剪老弱病枝，及时清理林地里的病死枝、病残果及枯叶堆积焚烧，深翻林地深埋病原，减少病原越冬基数；③冬季用 3°Bé 石硫合剂对木瓜树和林地喷雾 1 次杀灭病原，早春在木瓜萌发初期用 70% 甲基托布津 1000 倍液，或苯来特 1000 倍液，或 75% 百菌清 500 倍液交互使用，每隔 7 ~ 10 d 喷雾 1 次，共用药 4 ~ 5 次，控制病原扩散；④周边环境治理。灰霉病可侵染多种树木和农作物，在开展木瓜灰霉病防治时还要顾及周边林木和农作物的防治，才能达到理想的效果。

16.3.4.2 主要虫害

1）桃小食心虫

为害状：主要为害果实，可为害到心室，果实里面充满沙粒状的粪便，影响果实商品价值。

生活习性：桃小食心虫在木瓜上 1 年发生 1 ~ 2 代，以老熟幼虫越冬。翌年，当地温在 18 ~ 22 ℃，气温在 19 ℃以上，土壤含水量 8% 以上时，幼虫出土，结纺锤形茧化蛹，蛹期 8 ~ 10 d。成虫多产卵于果实萼洼处。经 6 ~ 8 d 孵化出幼虫蛀果为害。9 月下旬至 10 月上旬幼虫老熟脱果入土。

防治方法：及时摘除虫果；在幼虫出土期，地面喷施 50% 辛硫磷乳油 100 ~ 300 倍液；利用糖醋液（红糖、醋、水之比 =0.5 : 1 :10，加少许白酒）或性诱剂诱杀成虫；果实生长期，调查受害果实，当卵果率达到 1% ~2% 时就要喷药防治。可选用 25% 灭幼脲 3 号 1000 ~ 2000 倍液，20% 杀铃脲悬浮剂 3000 倍液等进行防治。

2）桃蛀螟

为害状：常以幼虫蛀入木瓜内，蛀孔较大，蛀果内外有较多红褐色粒状虫粪，引起木瓜早期落果。

生活习性：平均 1 年发生 4 代，次年 4 月中旬老熟幼虫开始化蛹。各代成虫发生期为越冬代 5 月下旬至 6 月上旬；第 1 代 6 月初至 7 月上旬；第 2 代 8 月上、中旬；第 3 代 8 月下旬至 9 月上旬。成虫昼伏夜出，对黑光灯和糖醋液趋性较强。喜在枝叶茂密处的果实上或相接果缝处产卵，卵期 7 ~ 8 d，幼虫孵出后，在果面上作短距离爬行后，蛀果取食果肉，并有转果为害习性。第 1 代幼虫主要为害早熟桃和杏等核果类果实；第 2 代为害苹果、梨及晚熟桃等。第 3 代和第 4 代寄主分散，世代重叠。幼虫为害至 9 月下旬陆续老熟并结茧越冬。

防治方法：①清除越冬幼虫。在每年 4 月中旬，越冬幼虫化蛹前，清除玉米、向日葵等寄主植物的残体，并刮除木瓜等果树翘皮，集中烧毁，减少虫源。②果实套袋。在套袋前结合防治其他病虫害喷药1次，消灭早期桃蛀螟所产的卵。③诱杀成虫。在木瓜园内点黑光灯或用糖、醋液诱杀成虫，可结合诱杀桃小食心虫进行。④捡拾落果和摘除虫果，消灭果内幼虫。⑤喷药防治。不套袋的木瓜果园，要掌握第1、2代成虫产卵高峰期喷药。常用药剂50%杀螟松乳剂1000倍液，或35%赛丹乳油2 500～3000倍液，或2.5%功夫乳油3000倍液。

3）天　牛

为害状：主要为害树干。初孵幼虫沿木质部向下蛀食，逐渐深入心材。每蛀食一段，即咬一排粪孔，孔距自上而下逐渐增长，幼虫一般位于最下排粪孔下方。

生活习性：每2年发生1代。幼虫在枝干内被害处越冬，春季3～4月开始取食化蛹，有成虫出现，成虫在枝干皮层上刻槽产卵，卵期8～15 d。7月上中旬为幼虫孵化盛期，孵出后即蛀食为害；10月以后，以不同龄态的幼虫越冬。

防治方法：用毒签塞住排粪孔，或向排粪孔内注射50%辛硫磷10～20倍液，立即用泥块或树枝等封闭蛀孔。在成虫发生期进行树干涂白，用1份石灰+1份硫黄粉+40份水+少许食盐，拌浆涂干。在成虫发生高峰期，进行人工捕杀。锤杀或挖出树皮刻槽中的虫卵及初孵幼虫杀死。

5）蚜　虫

为害状：蚜虫主要为害木瓜的新梢、嫩叶，受到蚜虫为害的嫩叶纵卷，呈弯曲状。虫株普遍花少、果少、果小、枝条纤细，节间变短，树势较差。

生活习性：木瓜蚜虫的全部生活史均在木瓜树上完成，不转移其他寄主。1年发生10余代，以卵在小枝条芽侧或裂缝内越冬。翌年木瓜发芽时，开始孵化，为害幼芽、叶片和嫩梢。5月初即开始胎生繁殖，5月底前后嫩梢旺长时，繁殖加快，6～7月达到盛期。此时大量产生有翅形扩散，树梢、叶背、叶柄、新梢上常密布蚜群，以后若气温高，雨水大，天敌多，树上幼嫩组织少，发生量会逐渐减少。秋梢迅速生长期又逐渐增多。10月份有翅胎生雌蚜产生有性蚜，交尾产卵越冬。

防治方法：（1）药剂防治。①在越冬卵孵化高峰，木瓜幼嫩叶尚未卷叶前进行药剂防治，常用药剂有松蚜威、吡虫啉、溴氰菊酯等。②药剂涂环。5月上中旬蚜虫为害初期，将树干上的老皮去除，露出韧皮部，用毛刷将配好的药液直接涂在韧皮部上，药环6 cm宽，涂后用塑料布或报纸包好。虫口密度大时，可于第1次涂药后10 d，再在原处涂1次。常用药剂有：40%氧化乐果乳油及吡虫啉等。

（2）剪除被害枝梢。在蚜虫尚未分散之前，剪除被害枝梢，集中杀死，并注意保护天敌。

16.3.4.3　木瓜病虫害综合防治措施

根据木瓜病虫害发生特点，运用农业防治、物理机械防治、生物防治、化学防治等方法相结合的综合防治措施，将木瓜病虫害对木瓜生长的影响控制在最低水平。具体防治措施如下：

（1）合理密植。造林密度107株/亩（株行距2.3 m×2.7 m）最为合理。它能充分利用土地、阳光、水分和养分，使幼林及时郁闭，不但能抑制杂草生长，缩短抚育年限，节省抚育费用，而且能增强木瓜林对各种不良影响抵抗力。

（2）药物防治。主要是大幅度降低木瓜叶枯病、木瓜梨锈病发病指数及木瓜蚜虫的数量。5～6月，分别在木瓜芽期到展叶期，对被病虫为害的木瓜树冠喷200倍波尔多液，或50%退菌特700倍液，以及用40%氧化乐果1000倍液，或20%杀灭菊酯3000倍液，每10 d喷1次（花期除外）。

（3）清除病叶枯枝。冬春清扫木瓜园地，烧毁枯枝落叶。

（4）清除越冬寄主。冬春清除木瓜林周围的病原转主寄主柏类树木。

（5）松土施肥。冬季深翻土壤，即有利于木瓜根系生长，又能破坏土中越冬害虫及越冬的病原菌，从而使其受冻致死，大幅度减少病虫源。

16.4 采收和初加工

16.4.1 采 收

木瓜果实由绿色变成绿黄色、绿白色或金黄色，散发出芳香时为最适采收期，约在“大暑”至“立秋”期间。用于加工的木瓜采收时期宜在8月中下旬，以木瓜外皮呈青黄色，约有8成熟时采摘。选晴天或阴天露水干后进行采摘。摘果前应先剪指甲，戴上手套，用手掌托着果实略一旋转，果实即与树体分离。采时动作要轻，轻采轻放，以免碰伤，影响加工品质，切忌用竹竿乱打。

16.4.2 初加工

（1）生晒法。先将采摘的木瓜纵切成两瓣，摆在水泥晒场上曝晒。一般需15～20 d才能晒干。曝晒时，开始2～3 d要把切面对着阳光，无水分外渗后就可任意单摆翻晒。为保证产品质量，应日晒夜露，晒干的成品背面要无青色，且呈紫红色或棕红色，具有不规则的深皱褶及微细皱纹。如果加工期间遇到阴雨天气，可放在烤房中将切面朝下单摆用微火烘烤。

（2）熟晒法。先把木瓜纵切成两瓣，然后将木瓜按大小分批放入沸水锅中煮，大的煮7 min，小的煮5 min，以木瓜刚熟过心为宜。煮好后，立即捞起沥干表面水汽，并及时放到水泥晒场上单摆曝晒，不能损伤表面细皮。一般8～10 d即可晒干，但品质稍有降低。加工后的成品为对半剖开的长圆形，长4～8 cm，宽2.5～4.5 cm，厚0.5～1 cm，剖面的边缘内卷，背面紫红色或棕红色，具不规则的深皱褶及细微皱纹，顶端有凹窝，质坚实。

（3）粗加工药用。把好的新鲜木瓜纵剖成两瓣，放入蒸笼中蒸5～10 min，或投入开水中煮5～10 min，取出晒干或烘干，即可入药；也可不经蒸煮，直接晒干或烘干。每7～8 kg鲜果，可加工1 kg干药。制作绿丝、红丝用清水洗净，削去表皮，剖成两瓣，抠出种子，用手工或特制切丝刀切成细丝，投入NaOH（氢氧化钠）200倍液中浸泡0.5 h，待其脱酸除涩后，捞出洗净碱液，再用清水浸泡1～2 d，每天换水一次，沥干后投入绿色或红色食品液中染色，析出丝中水分，再加白糖使糖浓度达到40%以上时，继续浸渍1~2 d，取出晾干或风干即成。

16.4.3 储　藏

木瓜多用箱藏，先在箱底铺上几层草纸或松针，把木瓜整齐地排列在箱内，待距箱口3~5 cm时，盖上3~4层草纸或3~5 cm厚青松针，再盖上木板，置于通风透气的冷凉室内。缸藏，先用清水把缸洗净再用沸水泡烫，风干水汽，把选好的木瓜放在缸中，缸底和上面都放一层松针，盖上盖子，用软泥涂严或用薄膜封扎，置于冷凉室内，储藏至次年夏天，仍不变色变质。数量多时，用窖藏、冷库储藏和气调储藏。

16.4.4 炮　制

木瓜炮制品为类月牙形或不规则片状。切面棕红色，周边紫红色或红棕色，有不规则的深皱纹。质坚硬。气微清香，味酸。本品为蔷薇科植物贴梗海棠的干燥近成熟果实。夏、秋二季果实绿黄时采收，置沸水中烫至外皮灰白色，对半纵剖，晒干。以外皮皱缩、质坚实、味酸者为佳。

方法：取原药材，除去杂质，浸泡2~3 h，取出，置适宜容器内，蒸软（15~30 min）后，切1~2 mm片，晒干。

16.5 木瓜的化学成分及药理作用

16.5.1 主要化学成分

16.5.1.1 糖　类

研究表明，木瓜中富含丰富的糖类，主要是以多糖为主，同时还含有葡萄糖、蔗糖等可溶性糖类。采用苯酚-浓硫酸法显色，利用紫外分光光度法测定不同质地木瓜中多糖的含量。结果发现，当年木瓜的多糖含量为5.7%，隔年木瓜的多糖含量为5.0%，陈年木瓜的多糖含量为5.1%，当年木瓜多糖含量稍高于隔年木瓜和陈年木瓜。

16.5.1.2 黄酮类

木瓜中含有丰富的黄酮类物质，主要有槲皮素、槲皮素3-鼠李糖苷（槲皮苷）、槲皮素3-鼠李糖苷（槲皮苷）、忍冬苷（lonicerin）、（-）儿茶素［（-）epicatechin］、广寄生苷（avicularin）、异黄酮衍生物-染料木素-5-*O*-*β*-D-吡喃葡萄糖苷（genistein-5-*O*-*β*-D-glucopyranoside）、染料木素7-*O*-*β*-D-吡喃葡萄糖苷（genistein-7-*O*-*β*-D-glucopyranoside)。此外还有金丝桃苷(hyperin)、木犀草素-5-*O*-*β*-D-吡喃葡萄糖苷甲酯(luteotin-5-*O*-*β*-D-glucuronidemethyl ester)。木犀草素-4-*O*-*β*-D-吡喃葡萄糖苷(luteotin-4-*O*-*β*-D-glucuronide)、tricetin-3-methoxy-4-*O*-*β*-D-glucoside、芹菜素-7-*O*-*β*-D-吡喃葡萄糖苷甲酯(apigenin-7-*O*-*β*-D-glucuronidemethylester)、原花青素(Proanthocyanidin)、2-(4,5,7-三羟基黄烷酮)-7-*O*-*β*-D-葡萄糖苷[2-(4,5,7-hydroxynaringenin)-7-*O*-*β*-D-glucoside]、木瓜酮(methyl-*β*-D-galactopy-ranoside)等。

16.5.1.3 三萜类

木瓜中提取得到的三萜类化合物主要是以五环三萜为主,按结构特点又分为齐墩果烷型(oleanane,I)、乌苏烷型(usane,Ⅱ)、羽扇豆烷型(lupeol,Ⅲ)。高慧媛等从木瓜枝中先后分离得到14个化合物,分别鉴定为古柯二醇(erythodiol)、马斯里酸(masilinic acid)、白桦脂酸(betulinic acid)、2-*α*-羟基白桦脂酸(2-*α*-hydroxybetulinic acid)、白桦脂醇(betulin)、3-(*E*)-*p*-香豆酰基白桦脂醇[3-(*E*)-*p*-coumaroylbetulin]、3-(*Z*)-*p*-香豆酰基白桦脂醇[3-(*Z*)-*p*-coumaroylbetulin]、羽扇-20(29)烯-3*β*,24,28-三醇、2*α*-羟基乌索酸、2*α*,3Q,19Q-三羟基乌索-12-烯-28-酸、2*α*,3*β*,19*α*-三羟基乌索-12-烯-28-酸、lyoniresinol-9′-*O*-*β*-D-葡萄糖苷、广寄生苷、(-)表儿茶素等。

16.5.1.4 挥发性物质和有机酸类

MIHARA S通过GS-MS从光皮木瓜挥发油中鉴定出111个化合物,包括4个烷烃、50个醚、6个醇、3个酮、3个酸、3个内酯、6个缩醛等成分。木瓜果实中含有乙酸、苯甲醛、正癸酸、丙三醇、苯甲酸、10-二十九烷醇等23个化合物,现又分离鉴定出有机酸类化合物有硬脂酸、苹果酸、酒石酸、枸橼酸等。周广芳等采用顶空固相微萃取与气质联用方法分析检测木瓜果实中的香气成分,共鉴定出43种香气成分,占总峰面积的92.89%。其中2-已烯醛、反式-2-甲基-环戊醇、(*E*,*E*)-2,4-已二烯醛、2-丁酮、(*Z*)-3-已烯醛、醋酸乙酯、(*E*)-3-已烯-1-醇、茶香螺烷含量较多,而且C_6化合物占70%以上。

16.5.1.5 氨基酸类以及微量元素

张建新将木瓜粉末经水解后,用氨基酸自动分析仪,分析出17种氨基酸(其中色氨酸在酸水解中遭到破坏),其中含有人体必需的氨基酸有撷氨酸、亮氨酸、赖氨酸、苯丙氨酸等。王绍美等通过原子吸收分光光度计测定含有多种微量元素,如Fe、Mn、Zn、Se等。

16.5.1.6 其他成分

木瓜中还含有鞣质、膳食纤维、胡萝卜苷等。

16.5.2 药理作用

16.5.2.1 抗癌及抗肿瘤作用

木瓜中含有许多抗肿瘤的化学成分：齐墩果酸、熊果酸、桦木酸、木瓜蛋白酶、木瓜凝乳蛋白酶均有很好的抑制肿瘤的效果。田奇伟等研究表明连续7 d给小鼠注射5%的木瓜水浸液，对小鼠艾氏腹水癌和淋巴肉瘤有明显抑制作用。25%浓度的皱皮木瓜结晶溶液对小白鼠艾氏腹水癌有较高的抑制率，初步证明其有效成分是有机酸，其中苹果酸及其钾盐、反丁烯二酸等均有较高的抑制率。王玮研究表明木瓜中独有的番木瓜碱具有抗肿瘤功效，能阻止人体致癌物质亚硝胺的合成，对淋巴性白血病细胞具有强烈抗癌活性。袁志超等研究发现皱皮木瓜粗提物齐墩果酸、熊果酸对小鼠移植性肿瘤H22有抑制作用以及对小鼠免疫力有促进。

16.5.2.2 保肝作用

木瓜具保肝作用的主要药效成分为齐墩果酸和熊果酸。齐墩果酸对四氯化碳引起的急、慢性肝损伤有明显的保护作用，能加速坏死组织的修复，促进肝细胞再生；有非特异性抑制炎症反应的作用；抑制胶原纤维的增生，能防止实验性肝硬化的发生，并已在临床上应用。刘厚佳等研究发现木瓜中提取的齐墩果酸有一定的抗乙型肝炎病毒（HBv）作用，而且其作用部位可能与核苷类似物不同，具有进一步研究的价值。木瓜乙醇提取物具有较好的降酶护肝作用。临床用于治疗肝炎，可以起一定程度的护肝、降酶，改善肝功能等疗效。

16.5.2.3 抗炎镇痛作用

木瓜提取物、木瓜总苷、木瓜苷（GCS）及木瓜籽等均有较好的抗炎镇痛效果。柳蔚等采用扭体法、热板法评价资木瓜提取物的镇痛作用。用二甲苯引起小鼠耳肿胀法评价资木瓜提取物的抗炎作用。结果发现，资木瓜提取物对醋酸、温度所致小鼠疼痛有较好的镇痛作用，但对二甲苯所致小鼠耳肿胀消肿作用很弱。表明资木瓜提取物有显著镇痛作用。Kostoval等研究发现从木瓜籽中分离得到的多糖、苷类、黄酮类都有抗感染、镇痛作用。石玉山在临床研究资料中发现木瓜作为祛风除湿中药对类风湿关节炎（RA）疗效显著。木瓜总苷对大鼠免疫性关节炎模型具有较强的防治作用。佐剂性关节炎大鼠经木瓜总苷灌胃后，明显降低模型大鼠异常升高的全血浆黏度、红细胞的聚集性和纤维蛋白原含量；且具有对抗模型大鼠凝血时间缩短的作用。张玲玲研究发现木瓜总苷、白芍总苷（TGP）、雷公藤多苷（GTW）以及青藤碱对角叉菜胶诱导大鼠足肿胀及大鼠棉球肉芽肿的影响，其中的TGP、GTW以及青藤碱均有除湿和脾、平肝舒筋、抗炎镇痛等功效，是临床常用的具有抗炎免疫调节作用的中药制剂。木瓜苷具有镇痛作用的机制与其抑制外周炎症介质有关。

16.5.2.4 祛风湿作用

木瓜苷具有抗炎和免疫调节的功能，其机制是通过G蛋白－AC－cAMP滑膜细胞跨膜信号转导途径对胶原性关节炎大鼠有治疗作用。戴敏通过研究发现木瓜苷可减轻佐剂性关节炎（AA）大鼠关节肿胀、疼痛和多发性关节炎程度，该作用可能与调节T淋巴细胞的功能，抑制腹腔巨噬细胞过度分泌炎性细胞因子有关。

16.5.2.5 抗菌作用

田奇伟等研究发现木瓜汁以及木瓜煎剂对肠道菌和葡萄球菌有明显抑制作用，抑菌圈直径在18~35 mm。郭成立等研究发现从木瓜水溶液中分离提取的木瓜酚抑菌作用明显，对各型痢疾杆菌抑菌圈为10~28.6 mm。临床上木瓜治疗急性细菌性痢疾疗效显著，与庆大霉素治疗菌痢比较，差异显著。木瓜中的挥发油成分有抗菌作用，挥发油对革兰氏阳性菌比革兰氏阴性菌更敏感。

16.5.2.6 其他作用

最近研究发现齐墩果酸和熊果酸具有极高的药用价值，如抑制角质细胞分化、降血脂、降血糖、抗动脉硬化等。

16.6 木瓜的开发利用

16.6.1 药用价值

现代中医认为，木瓜酸、温、无毒；性温和，有舒筋活络，健脾开胃，舒肝止痛，祛风除湿的功效。主治腰腿酸痛麻木，腓肠肌痉挛，四肢抽搐，风湿性关节炎等病症；还可用于预防和治疗霍乱、痢疾、肠炎和维生素C缺乏等病症，还有解酒、顺气、止吐泻、治腹痛等作用。此外，民间还流传着很多用木瓜健身治病的土方、验方，如加蜜糖煮食用，可顺气、活血、壮筋骨；木瓜煎汤服，用于产妇催奶；老年人用木瓜枝干作手杖，可舒筋活络，延年益寿。另外，木瓜对腰腿酸痛麻木，腓肠肌痉挛，四肢抽搐，风湿性关节炎等病症具良好的功效。

16.6.2 食用价值

木瓜为蔷薇科木瓜属植物贴梗海棠的果实，营养极为丰富。据分析木瓜中含蛋白质0.45%、脂肪0.57%、粗纤维2.11%、可溶性固形物8.8%、果胶9.5%、有机酸3.22%，每100 g鲜果中含钙24.79 mg、磷6.04 mg、铁4.53 mg、维生素C 96.8 mg、维生素A 6.35 μg。此外，还含有17种氨基酸，氨基酸总含量达529 mg/100 g。此外，皱皮木瓜含有丰富的齐墩果酸等有机酸，加工产品不需添加防腐剂、柠檬酸、香精、色素，是风味独特的纯天然绿色食品。

16.6.2.1 民间食用

（1）木瓜炖鸡。把充分成熟的木瓜洗涤干净，纵剖成两瓣，取出种子，切成5～7 mm厚的木瓜片与鸡肉一起放入锅中加水煮沸后，除去漂在水面的杂质和泡沫，放入少许姜片，炖烂，即成木瓜炖鸡。炖出的鸡肉和鸡汤，既有鸡的鲜美味，又有木瓜的清香和微酸味，把二者融汇一起，相得益彰，故成为风味独特的佳肴。要使二者的风味恰到好处，一是木瓜与鸡肉的比例恰当。因木瓜过多，酸味压倒了鸡肉的鲜美味；木瓜过少，又显不出木瓜的酸香味，一般以1:10为宜，即100 g木瓜加1000 g鸡肉。二是文火慢炖，煮沸后只需保持小火即可，不可用火过猛，更不宜用高压锅。三是用沙锅或陶瓷罐炖的比用铁、锑、铝锅炖的味道更鲜美。

（2）木瓜泡酒。选充分成熟无伤损腐烂的好果，用清水洗涤干净，晾干水汽，放入事先洗净的酒坛中，倒入清酒，封严，置于清洁的常温室内，浸泡30 d以上，取出木瓜，搅匀，澄清，取上面澄清液装瓶，加盖封严，即成木瓜酒。木瓜酒同木瓜鸡一样具有木瓜和酒二者的风味。要泡出优质木瓜酒，一是要原料质量好，即木瓜要用完熟的好果，不用未成熟果或损伤果；酒要高度（60度以上）的包谷酒或高粱酒，不用低度杂酒。二是木瓜和酒的比例要恰当，一般木瓜酒比为1：8～10，即木瓜1 kg加酒8～10 kg。三是泡制过程中密封要严，不能漏气。如是供家庭饮用，还可在泡制成后随饮随加清酒。

16.6.2.2 木瓜加工产品

1）木瓜果酒

工艺流程（图16.1）：

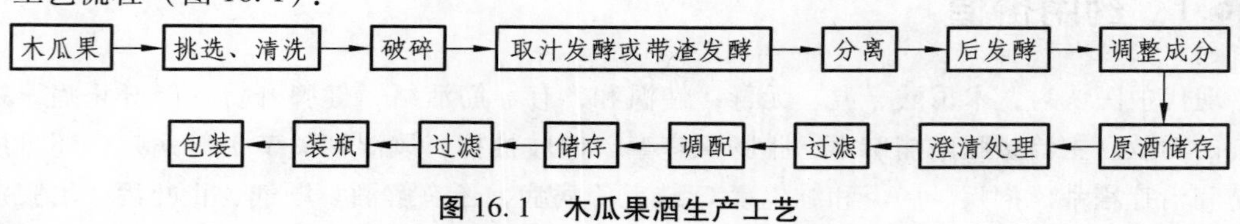

图16.1 木瓜果酒生产工艺

操作要点：挑选九成熟以上的新鲜木瓜，取汁。果汁中补加白砂糖或蔗糖进行前发酵，搅拌均匀后接入果酒酵母或高活性干酵母，温度18～25 ℃，时间3～5 d，连续发酵三次至残糖1%以下；接着转罐进行后发酵，在10 ℃以下2～3周；最后在0～4 ℃条件下陈酿3～6个月。陈酿期满后，调配、澄清、过滤、装瓶杀菌，包装成品。

2）木瓜果酱

工艺流程（图16.2）：

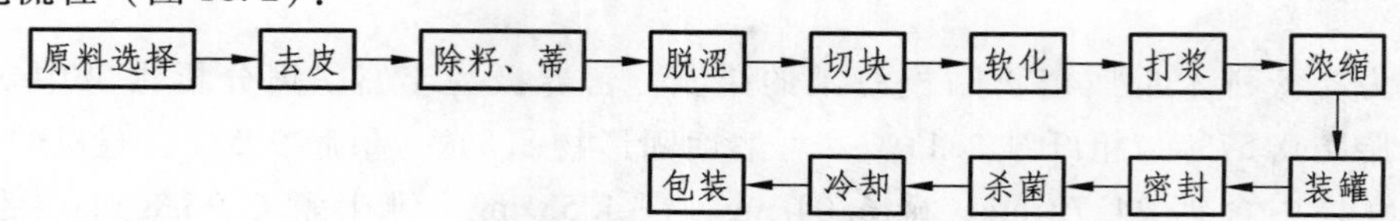

图16.2 木瓜果酱生产工艺

操作要点：选择小型果，去皮，纵切分半，除掉种子、果蒂。将木瓜切成大小较均匀的果块，加热杀酶使果块软化，打浆，加糖浓缩至可溶性固形物含量44%～50%。采用玻璃瓶，经洗净加热消毒后装罐。装罐后立即密封，杀菌，分段冷却至罐温，即得成品。

3）木瓜丝

工艺流程（图16.3）：

原料选择 → 原料预处理 → 染色 → 糖渍 → 烘干 → 包装

图16.3 木瓜丝生产工艺

操作要点：选择八成熟的木瓜，清洗后，剥皮去籽，切成细丝，取红、绿等不同颜色的天然食用色素，分别加水溶为染色液，将木瓜丝放入染色液中，至瓜丝着色后捞出沥干。着色的瓜丝与糖拌匀入缸腌渍，待瓜丝渗出水分后，再加糖使糖液浓度达到40%以上，继续浸渍48 h以上。将木瓜丝捞出沥净糖液，在低温下烘干，即可包装。

4）木瓜脯

工艺流程（图16.4）：

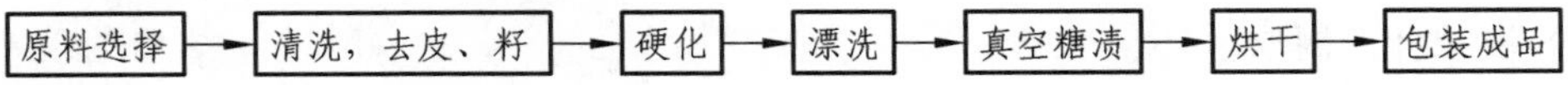

原料选择 → 清洗，去皮、籽 → 硬化 → 漂洗 → 真空糖渍 → 烘干 → 包装成品

图16.4 木瓜脯生产工艺

操作要点：选择八成熟的木瓜，洗净，去皮、籽，切成长条。木瓜条放入亚硫酸氢钠溶液中浸泡，随后用清水冲洗干净；取冷水、白糖、柠檬酸、明胶或黄原胶放入锅内，置于大火上煮沸后改用小火熬成糖液；将煮好的木瓜条连同糖液浸泡3～4 h。把木瓜条捞出，放在竹屉上沥干糖液，烘干，包装既得成品。

5）木瓜果奶

工艺流程（图16.5）：

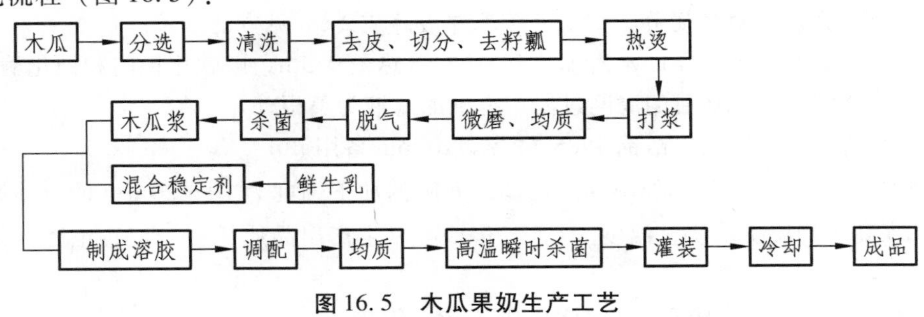

图16.5 木瓜果奶生产工艺

操作要点：

（1）选取八九成熟、肉厚、无腐烂新鲜木瓜，清洗干净，去皮、切分，去籽，并破碎成瓜丁。在95 ℃下热烫5min，用打浆机打成粗浆，然后磨成细浆。在40 MPa压力进行均质。采用真空脱气机对果浆进行脱气处理：50 ℃，13～15 kPa。在125 ℃温度下，杀菌35 min，制得木瓜浆。

（2）预先将复合稳定剂分散于少量热水中，充分吸水溶胀，并将蔗糖溶解于鲜牛乳中，将制得的木瓜浆和上述物料调配均匀，过尼龙筛网除去杂质及大颗粒，用柠檬酸调节pH，再将混合液预热至55～60 ℃，在20～25 MPa压力下均质。在121 ℃下保持短时间杀菌，灌装，在90 ℃水浴保持20 min杀菌，然后逐级冷却至37 ℃左右，即得到成品。

6）木瓜－葛根搅拌型酸奶

工艺流程（图16.6）：

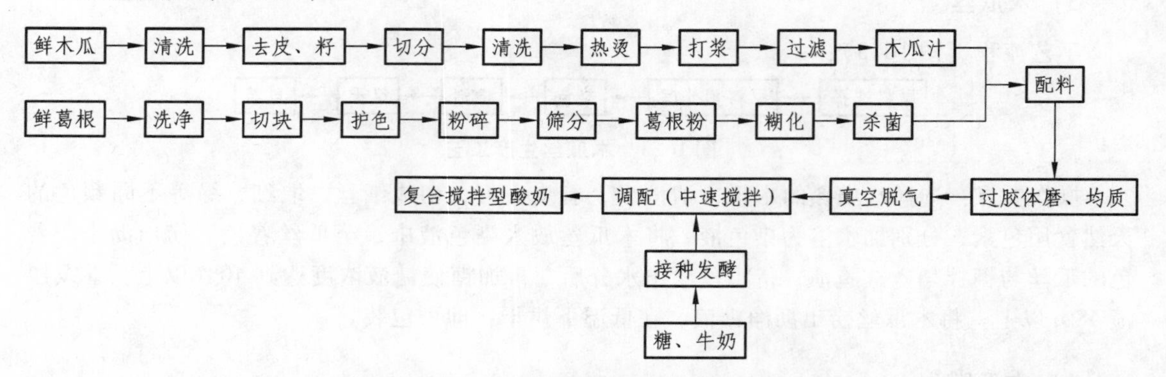

图16.6　木瓜－葛根搅拌型酸奶生产工艺

操作要点：

（1）葛根汁的制取。

护色：洗净、去皮、切块后，投入到0.05%维生素C＋0.1%柠檬酸溶液中进行护色处理。

糊化：然后加入葛根9倍重量的净化水，置于打浆机中，进行打浆，完成后将汁液置于95 ℃水浴中30 min，待乳白色的浆液变成均匀透明的稀糊体，即完成糊化。

过滤：将稀糊体用120目的滤网过滤，得到的滤液为葛根汁。

杀菌：将滤液置于恒温水浴锅中65 ℃杀菌10 min备用。

（2）木瓜汁的制取。

切分：选取新鲜的表皮光亮、结实、成色均匀、没有色斑的番木瓜用流动水清洗干净，随后用不锈钢刀去皮、对半切分，挖去籽和瓤并破碎成2 cm见方的瓜丁。

灭酶：破碎后的番木瓜立即水浴加热到80 ℃，热烫0.5 h，以软化果肉和钝化酶的活性。

过滤：将稀糊体用120目的滤网过滤，得到的滤液为葛根汁。

杀菌：将滤液置于恒温水浴锅中85 ℃杀菌10 min备用。

（3）均质：将混合均匀的原料通过已调好间隙的加工细度为10～20 μm的胶体磨，然后通过30 MPa高压均质机均质，温度为60～70 ℃可以生产出品质优良、口感细腻、组织状态良好的产品。

（4）真空脱气：真空脱气，真空度0.08 MPa，温度70 ℃。

（5）接菌和发酵：新鲜牛奶65 ℃灭菌30 min，加入8%的白砂糖，以3%比例接菌后置于培养箱中40 ℃恒温发酵4 h。

（6）冷藏：发酵完成的酸奶立即转移到冰箱内，在5 ℃左右后熟12 h即可得到产品。

木瓜、葛根搅拌型酸奶营养全面、风味清新独特，兼有木瓜、葛根和酸奶的保健功能，是一种集营养与保健于一体的新型乳制品，老少咸宜，具有较高的推广价值。

7）木瓜饮料

工艺流程（图16.7）：

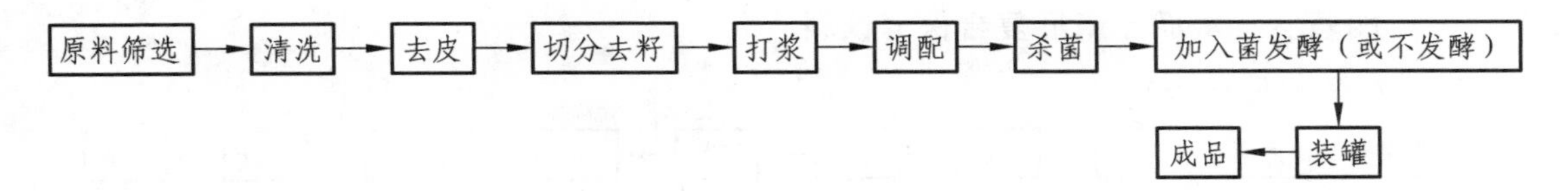

图 16.7 木瓜饮料生产工艺

操作要点：

(1) 不进行发酵生产：挑选接近成熟新鲜番木瓜，经后熟，用清水洗净，沥干水分。去皮、纵剖开、去种子、切分、打浆，打浆后添加不同浓度柠檬酸，然后杀菌处理。95 ℃趁热装入经消毒罐中，封口后冷却，即得成品。

(2) 发酵生产：选用新鲜、肉质饱满、八九成熟优质木瓜，捣碎打浆，去皮、籽，加水打浆，过滤，制得木瓜浆。加热使酶灭活。木瓜浆中加入适量白砂糖、柠檬酸、脱脂奶粉、稳定剂后经胶体磨混合均匀，灭菌，后冷却至43 ℃左右得配料液。在配料液中接入活化菌种发酵。发酵结束后加热至60～70 ℃，高压均质机在25～30 MPa下进行均质。超高温灭菌后装瓶。

8）木瓜果醋

工艺流程（图16.8）：

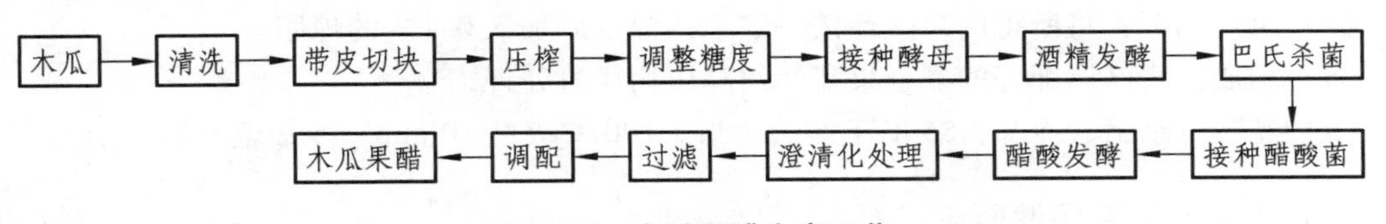

图 16.8 木瓜果醋生产工艺

操作要点：取木瓜，去核，加水，胶体磨榨汁，接种安琪牌葡萄酒用高活性干酵母，发酵，备用，计算榨汁率、木瓜果酒可溶性固形物含量、初始酸度、酒度等。然后再进行醋酸发酵。应当注意接入醋酸菌的量、可溶性固形物、发酵温度、酒精度、通气量对发酵的影响。木瓜果醋最佳发酵参数为：温度35 ℃，接种量11%，初始酸度1.8 g/100 mL，初始酒度4.7%，通风量200 r/min。

9）木瓜－红枣果酒

木瓜－红枣果酒中含有氨基酸、糖类、维生素、矿物质等人体必需的生理活性物质，其中谷氨酸、苏氨酸、脯氨酸、维生素B_2、果糖、钾、钙、钠、铁含量较高。氨基酸总量高达465.10 mg/L，人体必需氨基酸有5种（24.86%）；含矿质元素钾1315.3 mg/L、钙129.4 mg/L、铁10.9 mg/L、硒6.2×10^{-3} mg/L等；含维生素B_1 9.6×10^{-4} mg/100 g、维生素B_2 0.078 mg/100 g、总糖40.4 g/L；还含有齐墩果酸7.18 mg/kg、0.48%的黄酮等活性物质。木瓜－红枣果酒纯天然、无污染，是一种在酒类家族中具有独特营养保健作用的理想酒品，既保留了木瓜的果香，又具有独特的风味，还含有大量人体所需的微量元素、氨基酸、维生素等营养成分，具有较高的营养成分和保健价值。常饮用木瓜－红枣果酒，可以起到健脾开胃、通肠润肺、降血压、增强记忆、养颜美容、延缓衰老的保健功效。因此，木瓜－红枣果酒具有较好的市场竞争力和销售前景，具有良好的开发前景。

10）胡萝卜－木瓜－南瓜复合保健饮料

工艺流程（图 16.9）：

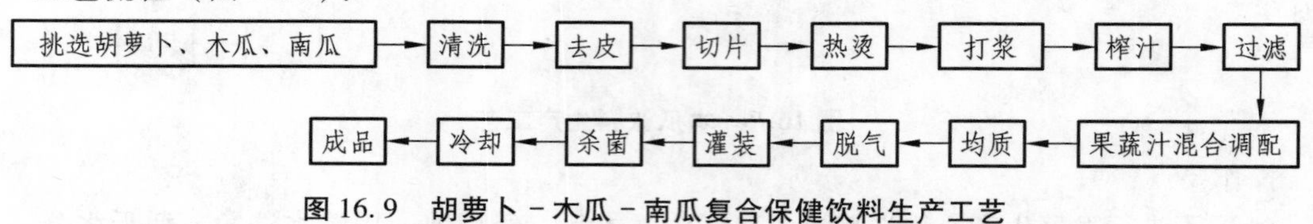

图 16.9　胡萝卜－木瓜－南瓜复合保健饮料生产工艺

操作要点：

（1）挑选原料：挑选颜色鲜红的胡萝卜、八九成熟木瓜及新鲜的南瓜，要求果蔬无虫蛀、无霉烂变质和机械损伤。

（2）清洗：用清水清洗果蔬表面，去除表面的泥沙、灰尘、污物等。

（3）去皮切片：去除果蔬表皮，全部除去瓜瓤。再切成 2 mm 薄片，烫漂。

（4）热烫：沸水热烫，木瓜烫漂 1 min，胡萝卜 2 min，南瓜 3 min. 烫漂时加入适量抗氧化剂（维生素 C 0.5%，柠檬酸 0.05%）。

（5）打浆榨汁：用搅拌机及组织捣碎匀浆机榨汁，榨汁时果肉与水用量质量比为 1∶1.5。

（6）过滤：用两层纱布过滤，滤汁在 17～18 ℃冰箱中保存备用。

（7）果汁调配：将所得的果蔬汁按一定配比混合后加入 0.1% 的琼脂。

（8）均质：将已调配好的复合果蔬汁用高压均质机处理。

（9）灌装、杀菌、冷却：85 ℃下装罐封口，100 ℃灭菌 10 min，冷却至室温。

11）木瓜－麦胚保健面包

工艺流程（图 16.10）：

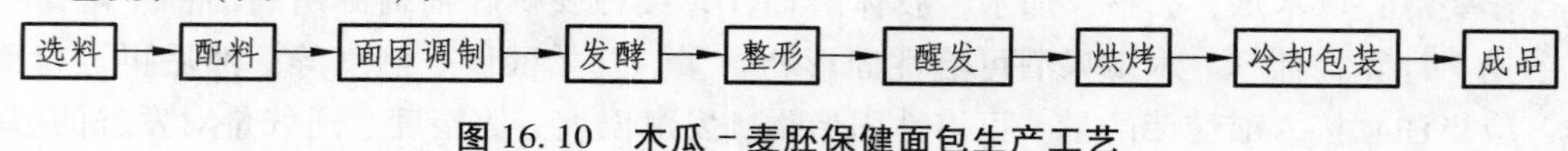

图 16.10　木瓜－麦胚保健面包生产工艺

操作要点：

（1）选料：采用高筋面包粉、木瓜粉和麦胚粉为主要原材料。

（2）配料与面团调制：先将高筋面粉、木瓜粉和麦胚粉按一定比例混合搅拌均匀，并将混合干粉搅拌均匀分多次加水和蛋液和面，当面团形成时再分别添加食盐、已经溶化的奶油和溶化好的白砂糖，然后再加大力和面至不黏手为止，面团有弹性。在面团上任意截取一团，然后拉伸看是否有一层薄膜，有薄膜即证明面团和好。

（3）发酵：将调好的面团于温度 30 ℃，相对湿度为 80%～90% 发酵一定时间，面团发酵是否完成用手触法检验。

（4）整形：发酵成熟的面团搓成均匀长条，切分为约 110 g 的面团，分别压片，搓圆，然后摆入抹油的烤盘。

（5）醒发：醒发温度在 40 ℃，醒发时间 55 min，相对湿度在 85%。

（6）烘烤：烤前面包坯要刷一层蛋液，使烘烤后面包皮色、皮质达到标准要求，否则，烘烤时面包不易上色。将醒发好的面包坯放入预热好的烤箱，烘烤，烤至表面焦黄出炉。烘烤的面火为 165 ℃，烘烤的底火为 180 ℃，烤时间在 15～20 min。冷却包装在室温下放置冷却，进行感官评价。

12）木瓜富硒保健茶

工艺流程（图16.11）：

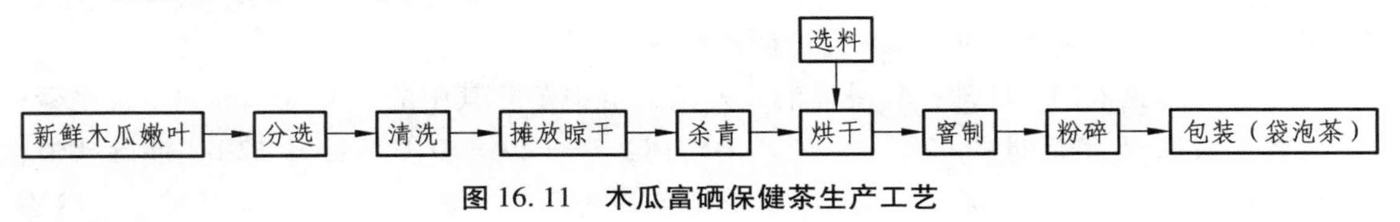

图16.11 木瓜富硒保健茶生产工艺

操作要点：

（1）原料选备：采摘新鲜木瓜嫩叶，除去虫叶和叶梗，清洗、晾干后备用。

（2）晒青：晒青是利用光能热量使鲜叶适度失水，促进酶活化，这对木瓜叶香气的形成有重要作用。晒青厚度为1～2 cm，时间为40～60 min，晒青程度以晒至叶色柔和、叶片质地柔软而富有弹性，失水率在10%～12%为宜。

（3）杀青：采用漂烫、蒸汽、微波三种方法对木瓜嫩叶进行处理。通过感官评定得知，温度100 ℃蒸汽杀青4 min，效果为最好。

（4）烘干：将杀青后的木瓜嫩叶放入恒温烘干箱中90 ℃烘干15～30 min，取出原料，冷却回润到常温后，再放入烘箱中70 ℃复烘10～15 min。

（5）窨制：将烘干后的木瓜嫩叶、栀子花、阳富硒茶按一定比例混合，进行拼合窨制，使花的香气融入茶中，通过正交实验确定最佳混合比例。

（6）粉碎：用粉碎机将混合好的原料粉碎，过80目筛，收集粉碎的原料。

（7）包装：用袋泡茶包装机按每袋3 g的规格对茶粉装袋，用纸质材料做外包装。

16.6.3 提取天然香料

工艺流程（图16.12）：

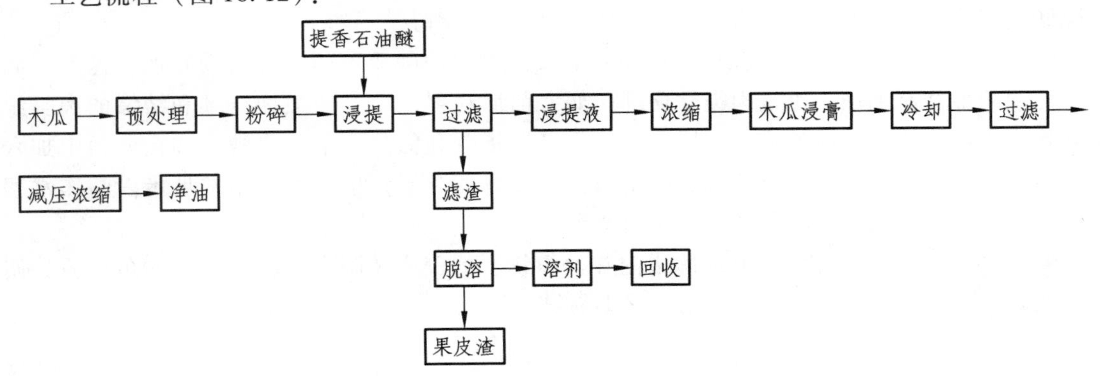

图16.12 从木瓜中提取天然香料工艺流程

操作要点：

（1）原料的预处理：选用无虫、健康的木瓜洗净、切片，在烘箱中烘干，控制温度在60 ℃以下，然后粉碎处理。木瓜粉碎后的颗粒越小，越有利于减少扩散阻力，其内部的挥发油越易扩散到溶剂中，也有利于溶剂渗透到破碎的细胞组织中。但是破碎度过细时粉尘较大，且破碎时间延长，粉碎机内温度升高，容易使挥发油散失，故粉碎粒度为 30 ~ 40 目即可。

（2）木瓜挥发油的浸提：将粉碎好的木瓜 1 kg 放入 30 ~ 55 ℃的提香石油醚中连续两次浸取，每次加入约 15 kg 提香石油醚。浸提时间为第一次 2.5 h，第二次 1.5 h，共 4 h。过滤后合并浸提液，除去残渣，得到含挥发油的浸提液。

（3）木瓜浸提液的后处理：将浸提液放入蒸馏器中蒸除其中的石油醚，得到木瓜浸膏；将该浸膏加入 3 ~ 6 倍质量的 60% ~ 90% 乙醇溶解，于 - 20 ~ 10 ℃下冷却 12 h，滤除残渣，得到酒精提取液，随后放入减压蒸馏器中，在真空度为 0.09 ~ 0.095 MPa 下减压浓缩，除去乙醇，除去残渣得到淡黄色木瓜净油。

木瓜净油原果实特有的香气，留香时间长，是一种理想的食品添加剂。为果汁饮料、烟酒行业和健康食品提供了一种新型香料。

16.6.4 在抗衰老化妆品中的应用

木瓜巯基酶（Papaya Sulfhydryl Enzyme，PSE）来源于天然鲜嫩木瓜果中，是一种具有高生物活性的活性因子，其分子链上存在大量的活性巯基（—SH）基团，能有效地清除机体内超氧化自由基和羟基自由基，降低皮肤中过氧化脂质的含量，进而防止肌体细胞的衰老，延缓肌肤的衰老过程。武汉锦天、上海冰王等公司已推出含有木瓜巯基酶的抗衰老化妆品。

16.6.5 木瓜酶的应用

（1）医药及医疗方面，木瓜蛋白酶对提炼鱼肝油可增加二倍提取量，同时使维生素 A、C 含量增加，木瓜酶（Papain）可助消化与胃蛋白的酶性能相似，对酪精（Asein）分解的效能尤其明显，因此被称为生物性解剖刀，具有化解死细胞的能力。外科上应用木瓜蛋白酶可清理伤口的坏死组织，消除水肿功能。在内科方面还可以治疗小孩慢性下痢、肝脾脏肿胀、驱除肠道寄生虫，耳疾、慢性胃炎，除去坏死组织等作用。

（2）食品工业方面，木瓜蛋白酶可作啤酒安定剂，使啤酒不至于冷凝而暗浊，这是啤酒防止冷浊的最优添加剂，也是肉类软化剂。如宰前后注射法，可使强韧纤维和结缔的肉类组织软化；它可改造蛋白质的成分，增加蛋白质扩散指数和氮的可溶性指数，如在面粉中加入蛋白酶后，使蛋白质部分分解，有利制出薄脆质量好的饼干；鱼品上也用木瓜蛋白酶作水解剂。此外，木瓜蛋白酶可改善烟草产品质量等。

（3）纺织和皮革业方面，它能除去附在丝织物上的胶质及附在皮革或毛上的蛋白质，使皮革变软、羊毛颜色洁白，着色均匀，又不易皱缩。

16.6.6 园林观赏价值

木瓜树姿刚劲，幼芽、新叶亮紫色，花蕾繁多，花色艳丽，果实金黄芳香，观赏内容丰富，可供多季节观赏，适宜我国南北方园林应用。

（1）作行道树。公园、庭院、校园、广场等道路两侧可栽植木瓜树，亭亭玉立，花果繁茂，灿若云锦，清香四溢，效果甚佳。

（2）造型与点缀。木瓜树可作为独特孤植观赏树或三五成丛地点缀于园林小品或园林绿地中，也可培育成独干或多干的乔灌木作片林或庭院点缀；春季观花，夏秋赏果，淡雅俏秀，多姿多彩，使人百看不厌。木瓜花形有单有重，且花期长，花期自3月下旬延续至5月中旬，春季赏芽观花，夏季赏叶观果，秋季满园飘香；若与早春黄色系花灌木连翘、迎春搭配应用，更能衬托出春回大地、欣欣向荣的景象。

（3）制作盆景。木瓜可制作多种造型的盆景，被称为盆景中的十八学士之一。木瓜盆景可置于厅堂、花台、门廊角隅、休闲场地，可与建筑合理搭配，使庭园胜景倍添风采，被点缀得更加幽雅清秀；小株类品种花蕾繁多，花朵硕大，花色艳丽，观赏期长，还可制成珍贵的木瓜盆景。

主要参考文献

[1] 卜晓英，张敏．低糖木瓜脯加工工艺研究［J］．中国野生植物资源，2002，21（3）：39－40．

[2] 卜晓英，张敏，李文芳，等．木瓜系列产品加工技术［J］．食品工业科技，2003，24（4）：45－48．

[3] 卜晓英，周朴华．无油木瓜脆片加工工艺［J］．食品科技，2006，4：40－42．

[4] 卜晓英，周朴华．用鲜木瓜加工方便食品的工艺研究［J］．现代食品科技，2006，22（2）：192－193．

[5] 陈秀坤，施康，左振琴，等．木瓜育苗技术［J］．落叶果树，2008，3：62．

[6] 陈晨，陈秀玉，段保灵，等．光皮木瓜的引种及栽培技术［J］．中药材，2006，30（4）：390－391．

[7] 陈春玲，刘辉．光皮木瓜早期丰产栽培技术［J］．落叶果树，2006，3：47－48．

[8] 胡小军，江敏，蔡春菊，等．胡萝卜木瓜南瓜复合保健饮料的研制［J］．食品研究与开发，2009，30（9）：113－115，145．

[9] 黄勇．木瓜果醋的研制［D］．武汉：华中农业大学，2007，12．

[10] 江千雍．木瓜酶提取技术及其应用前景［J］．福建热作科技，2004，29（4）：13－14．

[11] 李鸿．番木瓜果奶的研制［J］．食品工业科技，2000，21（3）：38－39．

[12] 李爱玲，翟文俊．从木瓜中提取天然香料的工艺研究［J］．陕西农业科学，2012，2：9－10．

[13] 李爱玲，翟文俊．木瓜红枣果酒的营养价值与保健作用研究［J］．食品工业，2012，33（6）：108－111．

[14] 鲁宁琳，范昆，王来平，等．木瓜的种质资源分类及功效［J］．落叶果树，2008，6：29－31．

[15] 林丹，郭素华．木瓜化学成分、药理作用研究进展［J］．海峡药学，2009，21（10）：

85－87.
[16] 梁雪. 植物提取物在抗衰老化妆品中的应用及研究进展 [J]. 太原科技，2009，10：66－67.
[17] 孙连娜，洪永福，郭学敏，等. 光皮木瓜化学成分的研究（Ⅱ）[J]. 第二军医大学学报，1999，20（10）：752－754.
[18] 宋亚玲. 中药木瓜化学成分及生物活性研究 [D]. 咸阳：西北农林科技大学，2007，6.
[19] 王嘉祥. 沂蒙山区多用途木瓜植物资源研究 [J]. 安徽农业科学，2006，34（18）：4739.
[20] 吴虹，魏伟，吴成义. 木瓜化学成分及药理活性的研究 [J]. 安徽中医学院学报，2004，23（2）：62－64.
[21] 吴青，黄晓钰，吴进展，等. 番木瓜系列保健食品的研制 [J]. 食品与发酵工业，1999，25（5）：68－70.
[22] 王莉嫦. 木瓜保健饮料的生产工艺研究 [J]. 食品工业科技，2008，2：188－190.
[23] 王艳，张峥婧，王汉屏. 木瓜富硒保健茶的工艺研究 [J]. 陕西农业科学，2010，3：49－51.
[24] 王晶晶，王如. 木瓜麦胚保健面包的制备 [J]. 食品工业科技，2010，31（12）：287－288，293.
[25] 王海凤. 木瓜、葛根搅拌型酸奶配方研制 [J]. 食品研究与开发，2012，33（5）：97－100.
[26] 徐兴东，崔爱君，孙佩菊，等. 木瓜优良品种 [J]. 北方果树，1996，1：18－19.
[27] 杨艳丽，李敬，霍瑞庆，等. 木瓜丰产栽培技术[J]. 现代农业科技，2007，9:39－41.
[28] 张超，陈奉玲，汤兴亳. 木瓜的本草考证 [J]. 中草药，1999，30（12）：942－944.
[29] 张兴旺. 木瓜的用途、发展前景与栽培要点[J]. 中国果业信息，2006，23(7)：5－7.
[30] 张文杰，李纪华，袁洪瑞，等. 木瓜苗木繁育技术 [J]. 中药材，2006，29（8）：762－763.
[31] 周玉敏. 皱皮木瓜的栽培技术及用途 [J]. 现代园艺，2010，10：31－32.
[32] 张化金. 木瓜综合开发利用 [D]. 重庆：西南大学，2011，6.
[33] 翟文俊，岳红. 木瓜红枣保健果酒的酿造工艺研究[J]. 食品科技，2008，10：48－50.
[34] WANG N P，DAI M，WANG H，et al. Antinociceptive effect of glucosides of Chaenomeles speciosa. Chinese journal of pharmacology and toxicology，2005，19（3）：169－174.

17 商 陆

商陆（*Phytolacca acinosa*）又称野萝卜、大苋菜、山萝卜、花商陆、胭脂等，是商陆科商陆属植物商陆（*Phytolacca acinosa*）和美洲商陆（*Phytolacca Americana L.*）的干燥根，作为传统中药被《中国药典》(2010 年版）所收录。商陆干燥根入药，其主要成分为皂苷、商陆碱、商陆素等。味苦，性寒，有毒，归肺、脾、肾、大肠经，行气活血、利尿消肿、泻下，有祛痰、镇咳、平喘、抗菌、抗病毒的作用。主治水肿胀满、二便不通等，可用来治疗气管炎、慢性肾炎、宫颈糜烂、血小板减少性紫癜、消化道出血。外敷治痈肿疮毒、跌打损伤。

商陆是我国传统中药，始载于《本经》，被列为下品。《本经》中称夜呼，《雷公炮炙论》中称为章陆，《本草经集》中被称当陆，《开宝本草》中称作白昌，《本草图经》中称章柳根，《分类草药性》称见肿消，《中国药用植物志》中称山萝卜、水萝卜，《南京民间药草》叫白母鸡、长老，《四川植物志》称牛萝卜，《贵州民间方药集》称春牛头、湿萝卜，《湖南药物志》称下山虎、牛大黄，《药材资料汇编》别称狗头三七，《福建药物志》中叫金七娘、猪耳，湖北地区习称金鸡母、地萝卜、土母鸡或土冬瓜，西北地区、云南省习称野萝卜，江西省则称之娃娃头。

由于商陆根含有商陆毒素，其浸出液对防治蚜虫有一定效果；商陆还是一种高效绿肥，肥效好，其鲜茎叶中含有氮 2% ~3%、磷 0.3% ~0.6%、钾 2% ~4%，干物质含量在 9% ~31%，尤其钾的含量较高。每亩施用商陆鲜草 1000 kg，肥效相当 10 kg 氯化钾的肥效，且商陆易腐熟、分解，而被作物吸收利用。因此，用商陆作绿肥既可以缓解钾肥紧缺，又可以增加土壤有机质含量，是提高土壤肥力的有效途径之一。

17.1 种质资源及分布

商陆属是商陆科中唯一一个世界性分布的属，而种的分布却多为特有分布。*Pircunia* 亚属共 8 个种，分布于亚洲和非洲的中南部。其中花单性雌雄异株的 *Pircunioides* 组为非洲东南部所特有；*Ph. dodecandra* 分布于非洲中南部的十多个国家；*Ph. goudottii* 为马达加斯加特有；*Ph. nutans* 为埃塞俄比亚特有。另一组 *Pircuniastrum* 共 5 个种，*Ph. heptandra* 为南非特有种；*Ph. cyclopetala* 为埃塞俄比亚特有种；另 3 个种 *Ph. acinosa*、*Ph. esculenta*、*Ph. latbenia* 为亚洲特有。*Pircuniopsis* 亚属共有 6 个种，分为 2 组，具有两性花的 *Pircuniophorum* 组共有 3 个种，分布于中南美洲，*Ph. chiliensis* 为智利特有种；*Ph. sanguinea* 为哥伦比亚特有种；*Ph. rugosa*

分布于加勒比海地区的部分国家。具有单性花的 *Pseudolacca* 共有 3 个种，*Ph. weberbauri* 为秘鲁特有种；*Ph. tetramera* 为阿根廷特有种；*Ph. dioica* 分布于南美、北非、加拿利群岛、印度、巴尔干半岛，在澳大利亚的分布记载为来自西印度。*Eu - phytolacca* 亚属是一个比较大的亚属，共 15 种，具有单性花的 *Phytolaccoides* 组仅 1 种，分布于塞浦路斯和吉里吉亚；另外的 14 个种组成具有两性花的 *Phytolaccastrum* 组，除 *Ph. japonica*、*Ph. polyandra* 和 *Ph. zhejiangensis* 为亚洲特有外，其他种原来都只分布于美洲。其中 *Ph. heterotepala* 为墨西哥特有；*Ph. brachystachys* 为夏威夷群岛特有；*Ph. meziana* 为危地马拉特有；*Ph. micrantha* 为阿根廷特有；*Ph. thyrsiflora* 仅分布于多米尼加、法属圭亚那、巴西、秘鲁；*Ph. australis* 仅分布于安帝列斯地区的哥伦比亚、厄瓜多尔、秘鲁、玻利维亚、智利；*Ph. rivinoides* 分布于墨西哥、危地马拉、尼加拉瓜、哥斯达黎加、古巴、牙买加、波多黎各、圣基茨、安蒂瓜、瓜得鲁普、多米尼加、马提尼克、格林纳达、法属圭亚那、圭亚那、委内瑞拉、哥伦比亚、厄瓜多尔、秘鲁、玻利维亚、巴西；*Ph. purpurascens* 仅分布于危地马拉、哥斯达黎加、海地；*Ph. icosandra* 分布于墨西哥、尼加拉瓜、哥斯达黎加、海地、古巴、牙买加、哥伦比亚、厄瓜多尔、危地马拉、委内瑞拉；*Ph. ocandra* 分布于墨西哥、危地马拉、巴哈马群岛、哥伦比亚、南非、澳大利亚、印度，据记载该植物在澳大利亚的分布是从墨西哥引入的；*Ph. americana* 是现在世界上分布最广的商陆属植物，在各个大陆都有分布，但据记载，它原产北美，后来进入欧洲、亚洲等地。按照 Stace（1980）的观点，该属有 20 种分布于美洲，占种总数的 69%。

商陆为商陆科多年生宿根草本植物，原是一种传统的药用植物。在我国除东北、内蒙古、青海、新疆外，其他地区均有分布。商陆普遍野生于海拔 500 ~ 3400 m 的沟谷、山坡下、林缘路旁。也栽植于房前屋后及园地中，多生于湿润肥沃地，喜生垃圾堆上。在我国现有分布的品种中主要有商陆（野萝卜）和垂序商陆（美商陆、美洲商陆、十蕊商陆）。垂序商陆与商陆极其相似，区别在于茎有棱，花序及果序下垂。在我国南方红壤低丘陵地区，商陆植物资源非常丰富。近年来，随着各地农牧业、环保、食品科研部门及生产单位对商陆研究的深入和综合利用的加强，商陆野生资源日渐减少。因此，为了满足商陆综合开发的需求，商陆的规范化栽培势在必行。

17.2 生物学特征

17.2.1 商陆的植物学特征

17.2.1.1 商 陆

多年生草本，高 0.5 ~ 1.5 m，全株光滑无毛。根肥大，肉质，倒圆锥形，入土深达 60 ~ 100 cm。外皮淡黄色或灰褐色，内面黄白色。茎直立，圆柱形，有纵沟，肉质，绿色或红紫色，多分枝。叶片椭圆形、长椭圆形或披针状椭圆形，长 10 ~ 30 cm，宽 4.5 ~ 15 cm，互生，顶端急尖或渐尖，基部楔形，渐狭，两面散生细小白色斑点（针晶体），背面中脉凸起，淡绿色；叶柄长1.5～3 cm，粗壮，上面有槽，下面半圆形，基部稍扁宽。总花序顶生或与叶对生，圆柱状，直立，通常比叶短，密生多花；花序梗长1～4 cm；花基部的苞片线形，长约1.5 mm，上部2枚小苞片线状披针形，均膜质；花梗细，长6～（10～13）mm，基部变粗；花两性，直径约8 mm；花被片5，白色、黄绿色，椭圆形或长圆形，顶端圆钝，长3～4 mm，宽约2 mm，大小相等，花后常反折；雄蕊8～10，与花被片近等长，花丝白色，钻形，基部成片状，宿存，花药椭圆形，粉红色；心皮通常为8，有时少至5或多至10，分离；花柱短，直立，顶端下弯，柱头不明显。果序直，浆果扁球形，直径约7 mm，熟时黑色；种子肾形，黑色，长约3 mm，具棱。花期5～8月，果期6～10月（彩图17.1、17.2、17.3）。

17.2.1.2 垂序商陆

多年生草本，高1～2 m。根粗壮，肥大，倒圆锥形。茎直立，圆柱形，有时带紫红色。叶片椭圆状卵形或卵状披针形，长9～18 cm，宽5～10 cm，顶端急尖，基部楔形；叶柄长1～4 cm。总状花序顶生或侧生，长5～20 cm；花梗长6～8 mm；花白色，微带红晕，直径约6 mm；花被片5，雄蕊、心皮及花柱通常均为10，心皮合生。果序下垂；浆果扁球形，熟时紫黑色；种子肾圆形，直径约3 mm。花期6～8月，果期8～10月。

17.2.2 生态习性

商陆生活力强，常野生于山脚、林间、路旁及房前屋后，性喜温暖湿润气候，不耐寒，根需覆盖越冬，地上部分在秋冬落叶时枯萎，而地下的肉质根能耐－15 ℃的低温。商陆适宜生长温度为14～30 ℃。商陆生长对土壤要求不严，以土层深厚、肥沃、含腐殖质较多的沙质壤土为佳。在低洼积水处及黏土上生长不良，易受病害。

17.2.3 生长习性

17.2.3.1 商陆植株的高、粗生长习性

商陆植株茎高生长曲线呈不十分明显的双“S”曲线（图17.1）。商陆在芽萌发后约1个月，茎的高生长进入旺盛期，最高每日高生长量可达6～7 cm；从芽萌发起2个月内株高可达2 m左右，这一时期是以营养生长为主的时期；然后高生长减缓，6月中下旬接近停止，此时平均株高约2.5 m；但是，由于此后抽放新枝和花序，整株的高度实际上仍在继续增加，只是由于果穗重量所“累”和植株的初步老化，小枝多呈弯曲状，整个树（丛）体呈球形，其高度变化不易观测。商陆茎粗生长迅速增加期为4月中下旬，10 d左右（图17.2），比茎高生长高峰期早5 d，持续时间短，约30 d。

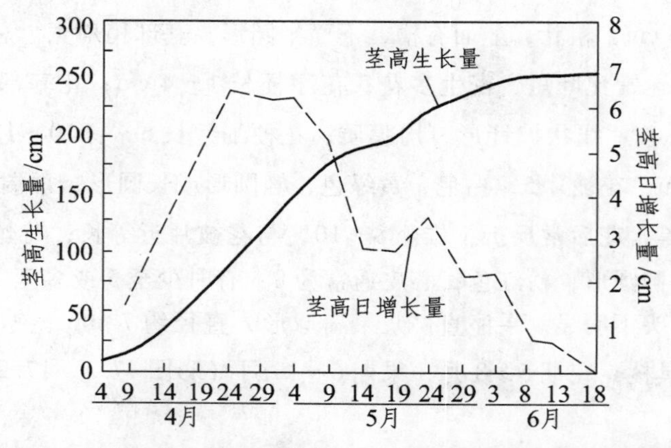

图 17.1　商陆标准株茎高生长与茎日增长量的季节变化（周国海）

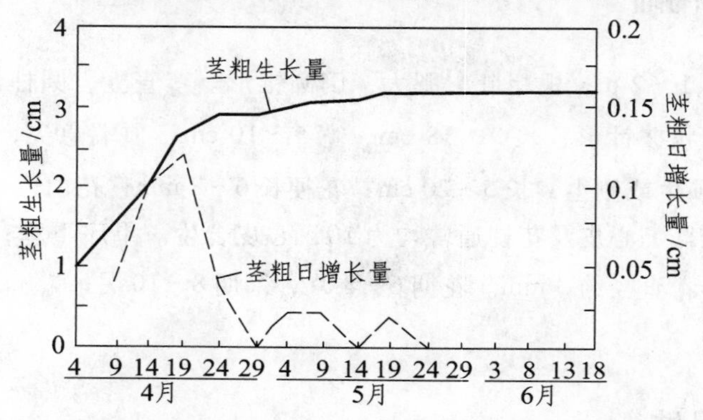

图 17.2　商陆标准株茎粗生长与日增长量的季节变化（周国海）

17.2.3.2　商陆叶片生长习性

商陆芽萌发后，幼叶随即迅速生长，一般 3 月末至 4 月初第一片叶完全展开，商陆叶片生长主要在展叶后的半个月内。商陆叶片生长快，最大日生长长度可达 1.5 cm，最大日生长宽度可达 0.5 cm. 商陆成熟叶片平均长度约 25 cm，平均宽度约 9 cm。叶片的迅速生长和大的叶面积，为提高光合效率创造了条件，这是商陆植株整体生长迅速的物质基础。

17.2.3.3　商陆花序生长和开花习性

商陆一级花序于 4 月下旬开始抽放和生长，5 d 后抽放二级花序，并以大致相同的间隔期抽放三级、四级、五级花序。商陆花序生长迅速，从开始生长到出现日增长峰值约 15 d，以后减缓并逐渐停止生长。一般一级花序生长不正常，其生长量比其他级数花序偏低，有的开花亦较晚，有的甚至中途枯萎。

商陆花序小花数为 40 ~ 75 朵，其开花顺序为从花序基部开始按序开放。一个花序从初花到末花约经过 10 d，一般花序末端有 1 ~ 8 朵花不开放而凋萎。从不同级数花序而言，二级花序先开花，一级花序开花期反而滞后约 8 d，三级、四级花序初花期分别比二级花序滞后 5 ~ 15 d。另外，由种子萌发的商陆幼株当年 7 月初可形成一级花序，至 8 月中三级花序开始生长。

17.2.3.4 商陆果实生长习性

商陆小花开放授粉受精后，幼果即开始迅速生长发育，果实直径日增加高峰出现在开花后7~10 d；开花后约15 d，果实生长速度达最高值，日增加量可达3 mm左右，以后果径增加甚微。据观察，商陆果实从停止生长到成熟约需20 d；1个果穗从第一果成熟到全部成熟约需15 d；一个果穗果实成熟顺序是从基部向末端推进，但末端往往有少数果实生长偏小而不能正常成熟。

17.2.3.5 商陆物候期

商陆生命活动的表观活动温度为10 ℃，营养生长与生殖生长的最适温度为15~28 ℃，在生长周期内表现生命活动停止温度约为10 ℃。因此，当早春旬平均气温达10 ℃以上时，商陆块根芽点开始萌发，叶随之展开；当旬平均气温达15 ℃以上时，一级花序开始抽放；旬平均气温达20 ℃时，果实开始成熟；中秋以后，气温渐降，当旬平均气温降到15 ℃以下时，商陆停止抽放新梢，并停止形成新的花序，即整株停止生长；当旬平均气温降至10 ℃以下时，地上部分死亡，年生长周期结束。

17.3 栽培与管理

17.3.1 苗木繁殖

商陆一般用种子进行繁殖。商陆种子种皮光滑致密，角质化，难吸水膨胀发芽，需低温湿润打破休眠，播种前需先对种子进行处理，即在11月下旬至12月上旬，将种子用温水浸泡48 h，捞出，按1∶5与湿细沙（过筛）拌匀，装入透气袋内埋在背阴土坑中越冬。春暖化冻后取出，倒入瓦盆内用塑料布密封，再放到室内或地窖里，保持湿润。待少数种子露白时播入大田。播种时，首先在备好的畦内按行距30 cm开1.5~2 cm深的浅沟，将种子均匀撒入浅沟内，保持畦内湿润，种子萌发率可达70%~80%。地温在15 ℃以上，约20 d出苗，苗高6~8 cm时按株距12~15 cm定苗。苗木在原地生长2年后，挖取肉质根作种用进行大田栽培。

另外，商陆在采用1 mol/L NaOH、72% H_2SO_4、40 ℃高温高湿和－20 ℃低温冷藏预处理后，光照条件下的发芽率均高于黑暗条件下的发芽率。因此，可以推断光照能有效地促进商陆种子的萌发，商陆种子属于光促进萌发种子。但由于在黑暗条件下，商陆仍能发芽，因此认为光照并不是商陆萌发的必需条件。

17.3.2 栽 植

商陆一般可采用种子直播和肉质根定植两种。

（1）种子直播：湖南可在 4 ~ 5 月播种，按 1.2 m 宽的规格开沟作畦，每亩施土杂肥 1000 ~ 2000 kg，或优质农家肥 1500 kg，按行株距 33 cm × 33 cm 开浅穴；或开浅沟（山地陡坡地可增加密度），每穴播种 4 ~ 5 粒，施入草木灰或细农家肥盖严种子。作为护壁绿肥，于梯地壁上以株行距 1.0 m × 1.5 m 开浅穴播种，每穴 8 ~ 10 粒，播后盖土 1 ~ 2 cm，盖焦泥灰则效果更好。播后 20 ~ 25 d 出苗，苗高 10 ~ 15 cm 时间苗，每穴留苗 1 ~ 2 株。

（2）肉质根定植：选土层深厚、肥沃、腐殖质含量高的沙质壤土为宜。整地前撒施腐熟农家肥 30 000 kg/hm^2，深翻 25 cm，做 1 ~ 2 m 宽平畦，做畦时在畦面撒施磷酸二铵、尿素各 800 kg/hm^2，畦内整平、耙细。于 11 月中旬至 12 月中旬宿根未萌芽时选取有芽眼的肉质根定植，选有芽眼的部位切块，每块留芽眼 3 ~ 4 个，切口抹草木灰，即可按株行距 40 cm × 40 cm 规格栽植，覆土 3 ~ 4 cm，酌情浇出苗水。

17.3.3 田间管理

17.3.3.1 浇水与松土除草

定苗后，适时松土除草，保持土表疏松、无杂草。土壤干旱时及时浇水，保持土壤湿润。

17.3.3.2 追　肥

定苗后用 0.5% 尿素液喷洒叶面，少量多次，总量不超过 225 kg/hm^2。翌春，植株未出苗之前，两行中间开浅沟土施硫酸钾高效复合肥约 1200 kg/hm^2。7 ~ 8 月，喷 1% 硫酸钾或 0.3% 磷酸二氢钾约 1800 kg/hm^2，每隔 15 d 喷 1 次，连喷 3 ~ 4 次。

17.3.3.3 覆盖越冬

为使商陆安全越冬及增加地内有机肥料，秋末冬初，在当年种植的大田内，撒施麦、稻糠、碎柴草等有机物，施用量约 6 000 kg/hm^2。

17.3.3.4 剪花薹

商陆 6 ~ 8 月开花，除留种者外，将花薹全部剪掉，减少养分消耗。

17.3.4 病虫害防治

商陆抗性强，病虫害极少。在雨水多或排水不良的地块易发生根腐病。商陆根腐病的病原菌是真菌中一种半知菌。受害植株地上部枯萎呈青枯状，根茎变褐色，严重时根腐烂。

防治措施：选择排水良好的地块种植；雨季及时排水；用 70% 五氯硝基苯 15 kg/hm^2 进行土壤消毒。

17.4 采收与加工

17.4.1 药 用

播种第三年或第四年，即可于秋冬或早春挖根，去须根、茎叶和泥土，切成片状晒干或烘干即可成品出售。商陆生长两年收刨者产量高。“霜降”前后，茎叶枯萎时将地上部割去，再将根刨出，除去芦头，洗净泥土，稍晾晒，趁鲜切成0.25～0.3 cm厚的薄片，晒干或烘干，备用。以根粗大，饮片黄白色，粉性足者佳。商陆是宿根多年生植物，所以种植1次，可收获多年，两年生以上植株，每年以收割2次为宜，第1次在盛花期的5月上中旬，第2次在8月中下旬，有的地方仅在8月中下旬收割1次。

17.4.2 作为蔬菜

播种第2年春季即可采收嫩茎叶作为蔬菜，第3年挖根食用或药用。选择绿茎商陆品种，播种当年即可采收嫩茎叶作蔬菜。苗高15 cm左右时即可采割，分级扎把上市。一般亩产蔬菜产量可达1500～2000 kg，清明节抽薹后不宜作为蔬菜用。

17.4.3 作为饲料或绿肥

在商陆植株萌发苗高20 cm左右时割青作饲料。播种第一年、第二年因植株幼小，以割青1次为宜，第三年后每年可割青2次。一般割青最适宜期是在花期，割青后每亩追施尿素5～10 kg，以利萌发或再生新株。留种田块则在第一次割青后蓄留茎叶使其生长发育、开花结籽，待种子收获后再割。割青翻压作绿肥时，每亩撒施40～50 kg生石灰以中和有机酸，加速商陆鲜茎叶的腐解。

17.4.4 炮 制

《雷公炮炙论》记载：“每修事，先以铜刀刮去上皮，薄切，出颤蒸，以豆叶一重，与商陆一重，如斯蒸，从午至亥出，以东流水浸两宿，然后流乃去豆叶，暴干了用，若无豆叶，只用豆代之。”《本草纲目》认为：“商陆治肿满，小便不利者，细锉以赤根捣烂，入康香三分，贴于脐心，以帛束之，得小便利即消肿，用白商陆，香附子炒干，出大毒，以酒浸一夜，晒干为末。或以大蒜同煮商陆汁服也可。”历史上沿用过的商陆炮制方法有熬、蒸、焙、炒、浸、酒制、醋炙等，但自清代以后只保留下来醋炙法，其他方法逐渐被淘汰。通过对古代文献资料的全面分析，认为加热处理及辅料醋可能与降低商陆毒性、保证其疗效有直接关系，提出在开展商陆炮制工艺研究时，应注意考察加热的方式和程度、醋的最佳用量等因素。《中国药典》（2010年版）一部规定醋商陆的炮制方法为：“取商陆片（块），照醋炙法炒干。每100 kg商陆，用醋30 kg。”

17.5 商陆的化学成分及药理作用

17.5.1 主要化学成分

商陆中含有多种化学成分，包括三萜皂苷及皂苷元、多糖类、蛋白质、脂溶性化合物等，还含有多种微量元素如钾、钙、铁、锰等。

17.5.1.1 三萜皂苷及皂苷元

商陆根有商陆皂苷A、B、C、D、H、K、L、O、P、Q、J、M、I、N、G、E、F、R、商陆皂苷L的异构体Ll和商陆皂苷S。美商陆根中含有商陆皂苷N－1、N－2、N－3、N－4、N－5等。商陆皂苷水解后产生多种苷元：商陆酸（esculentic acid）、商陆酸－30甲酯（phytolaccagenic acid）、2－羟基商陆酸（2－hydroxyesculentic acid或jaligonic acid）和2－羟基商陆酸－30－甲酯（美商陆皂苷元，phytolaceagenin）。此外还有商陆苷元（Eseulentagenin）和2－羟基－30－氢化商陆酸（eseulentageicac）等。

17.5.1.2 多　糖

商陆中含有两种商陆多糖，即商陆多糖Ⅰ（PEP－Ⅰ）和商陆多糖Ⅱ（PEP－Ⅱ），PEP－Ⅰ中半乳糖醛酸、乳糖、阿拉伯糖、鼠李糖的含量依次为1：0.18：0.32：0.16，PEP－Ⅱ中各种糖原的含量之比为1：0.07：0.12：0.15，用葡聚糖凝胶色谱SephadexG－200柱检测多糖的相对分子质量，PEP－Ⅰ为9921，PEP－Ⅱ为39 749。

多糖在商陆的对外作用中扮演了很重要的角色。PEP－Ⅰ是一种免疫调节剂，能增强DNA多聚酶a活性水平和促进脾淋巴细胞增殖；商陆多糖Ⅱ（PEP－Ⅱ）具免疫增强促进作用，小剂量即可显著促进丝裂原诱导的淋巴增殖，并可能对造血功能有保护作用。

17.5.1.3 脂溶性成分

商陆的脂溶性成分中有8种组分，分别为：2－乙基－正己醇（2－ethyl－1－hexanol）、2－甲氧基－4－丙烯基苯酚（2－methoxy－4－propenylphenol）、邻苯二甲酸二丁酯（dibutylphthalate）、棕榈酸乙酯（ethylpalmitate）、带状网翼藻醇（zonarol）、2－单亚油酸甘油酯（2－monolinolein）、油酸乙酯（ethyloleate）、棕榈酸十四醇酯（tetradetylpalmitate）。

17.5.1.4 矿质元素

商陆含有丰富的矿物质营养，杜英等研究了不同产地采集的中药商陆中Be、Cd 、Ce、Cr、Cu、Dy、Er、Eu、Gd 、Ge、Ho、La、Lu、Mo、Nd、Pb、Pr、Sm、Sr、Tb、Tl、Tm、Y、Yb、Zn等25种无机元素的分布规律。结果表明各元素浓度随产地不同而存在明显差异，但不同产地的商陆中元素的归一化浓度呈非常类似的波浪式分布，商陆可能按照一定比例吸收元素。

17.5.2 药理作用

17.5.2.1 利尿作用

商陆及其各炮制品均有不同程度的利尿作用但差异不大。以商陆根提取物灌注蟾蜍肾，能明显增加尿流量，以其直接滴于蛙肾或蹼可使毛细血管扩张，血流量增加。其作用机理可能是刺激血管运动中枢，使蛙肾小球毛细血管扩张，循环加速而利尿。用商陆煎剂 4 g/kg 给小鼠灌胃，有显著的利尿作用。商陆的利尿作用与药物剂量呈负相关。

17.5.2.2 抗肾炎作用

美商陆抗病毒蛋白（PAP）能显著改善 IgG 加速型肾毒血清的生化指标，使血清白蛋白增高，血清尿素氮、血清总胆固醇、腹腔吞噬细胞和外周白细胞减少，表明 PAP 具有抗肾炎作用。

17.5.2.3 对呼吸系统的作用

商陆煎剂、商陆根水浸剂、煎剂、酊剂、商陆乙醇浸膏、商陆氯仿提取灌胃动物，均可使呼吸道排泌酚红量明显增加；其祛痰机理目前可认为是：药物直接作用于气管黏膜，引起腺体分泌增加，使黏痰稀释，易于排出；使气管纤毛黏液运行速度加快，有利于清除气管内痰液；收缩末梢血管，降低毛细血管通透性，减轻炎症；减少渗出，产生消炎祛痰作用。祛痰有效成分是商陆皂苷元 A、C。商陆根煎剂、酊剂、商陆生物碱均有不同程度的镇咳作用，以商陆生物碱镇咳作用最明显。

17.5.2.4 对免疫系统的作用

商陆多糖-（PEP－Ⅰ）显著促进刀豆蛋白 A 和脂多糖诱导的淋巴细胞转化，增强 NK 细胞活性，提示 PEP－I 可增强小鼠免疫活性，小鼠灌胃 PEP－I50 mg/kg，能促进腹腔巨噬细胞吞噬功能，刺激小鼠脾淋巴细胞增殖及诱导脾淋巴细胞产生白介素－2（IL－2）；PEP－Ⅰ还能诱导腹腔巨噬细胞产生白细胞介素－2（IL－2）。PEP－Ⅰ增强 DNA 多聚酶 α 活性水平可能是增强 ConA 诱导脾淋巴细胞增殖，是促进免疫功能的重要功能之一。商陆多糖－Ⅱ（PEP－Ⅱ）在 31～500 mg/L 内能显著促进小鼠脾淋巴细胞增殖；31～125 mg/L 可剂量依赖地促进刀豆蛋白 A、脂多糖诱导的淋巴细胞增殖，但随着剂量的加大，反成抑制作用。PEP－Ⅱ在 10～500 mg/L 内呈剂量和时间依赖性促进脾细胞产生集落刺激因子（CSF），提示 PEP－Ⅱ能增强免疫和促进造血功能。

17.5.2.5 对消化系统的影响

美商陆皂苷 E 50 mg/kg 灌服小鼠，对肠道碳末推进有显著抑制作用；100 mg/kg 对应激性溃疡有明显的抑制作用，但 200 mg/kg 则可诱发和加重胃溃疡。

17.5.2.6 抗炎作用

腹腔注射垂序商陆粗苷 15 ~ 30 mg/kg，对角叉菜胶所致大鼠足跖肿胀有明显的抑制作用；美商陆皂苷及皂苷元胃肠外给药，对大、小鼠的急性炎症水肿有强大的抗炎作用；美商陆皂苷 E200 mg/kg 灌胃，对大鼠角叉菜胶性足肿有显著抑制作用。商陆皂苷甲（ESA）可抑制乙酸提高小鼠腹腔毛细血管通透性；ESA 可抑制二甲苯引起的小鼠耳壳肿胀；ESA 可抑制小鼠足跖肿胀和棉球肉芽肿；ESA 对摘除肾上腺的大鼠仍有明显的抑制肿胀作用。ESA 抗炎作用可能通过抑制巨噬细胞的吞噬和分泌功能；商陆中的 2 - 羟基商陆酸对大鼠足跖肿胀的消炎作用与氢化可的松相似，PAP 具有抗肾炎作用。

17.5.2.7 抗菌抗病毒作用

商陆煎剂和酊剂在体外对流感杆菌、肺炎杆菌和奈瑟菌有一定的抑制作用；商陆水浸剂（1：4）在试管内对许兰氏黄癣菌，奥杜应小芽孢癣菌等皮肤真菌有杀灭作用。商陆蛋白质具有明显的抗单纯疱疹病毒（Ⅱ）型的作用，垂序商陆所含精油对羊毛样小芽孢癣菌有明显的抑制作用，垂序商陆根提取物中两种抗真菌蛋白 R_1、R_2 0.1 g/L 对绿木真菌丝体的生长有抑制作用，但在 1 g/L 时不能抑制大肠杆菌和枯草杆菌的繁殖，美商陆抗病毒蛋白可抑制烟草花叶病毒的传染，也可抑制哺乳动物脊髓灰质炎病毒的复制。

17.5.2.8 抗肿瘤作用

小鼠腹腔注射商陆多糖 -（PEP - Ⅰ）5 ~ 20 mg/kg 7 d，在脂多糖的辅助下成剂量依赖的诱生肿瘤坏死因子（TNF）；腹腔注射 PEP - Ⅰ10 ~ 20 mg/kg 可显著抑制 S180 的生长，显著促进脾脏增生，提高 T 淋巴细胞和 IL - 2 的产生能力；小鼠每隔 4 d 腹腔注射 PEP - Ⅰ80 ~ 160 mg/kg，可使腹腔巨噬细胞（MΦ）对 S180 和 L927 肿瘤细胞的免疫细胞毒作用增强。使脂多糖辅助诱生 TNF 和 IL - 1 平行增加，提示 PEP - Ⅰ通过激活 MΦ 和启动诱生 TNF 来发挥抗肿瘤作用；通过增强 T 淋巴细胞功能来抑制移植性肿瘤；其增强 MΦ 细胞毒作用与 IL - 1 密切相关。商陆皂苷辛（ESH）能诱导小鼠处于 TNF 启动状态，在诱导剂作用下，释放 TNF。美洲商陆和中国商陆皂苷在体外均能诱导正常外伤脾和病人脾细胞产生 γ - 干扰素。垂序商陆的有丝分裂原（PWM）能抑制骨髓瘤细胞 DNA 的合成。美商陆抗病毒蛋白（PAP）与特定的瘤细胞衍生的单克隆抗体连接而制备的导向药物（免疫毒素）能有效杀伤瘤细胞，也可预防白血病细胞在体内的生长。

17.5.2.9 对代谢的影响

商陆总皂苷给小鼠灌服可明显提高羟基脲致虚小鼠的 3H - TdR 渗入率，延长动物耐寒时间，增加体重，减少死亡率，使 DNA 的合成保持正常水平。表明商陆皂苷能拮抗羟基脲对核苷酸还原酶的抑制作用，保证核苷酸正常代谢，从而维持 DNA 的正常生物合成。有丝分裂原

PWM 可增加小鼠脾培养液的 DNA 合成，能刺激 B 淋巴细胞对胸腺核苷的活力，促进 DNA 代谢，增加免疫功能。PWM 对淋巴细胞的 DNA 和 RNA 合成均有促进作用，且 RNA 合成的增加先于 DNA 合成的增加。PWM 尚能增加糖原、脂质和某些水解及脱氢酶的活性。

17.5.2.10 其他方面

经抑精实验，精子复活实验和精子形态学观察结果表明，商陆总皂苷 4 g/L 和 2.6 g/L 的浓度可分别终止兔精液中全部精子的活性，且有明显的量效关系，皂苷浓度降低，对人精子的杀精效能也减弱。垂序商陆根中的树脂样物质对中枢神经系统有强烈的抑制作用；50 mg/kg 可致猫死亡，其流浸膏能使猫强烈呕吐；垂序商陆根提取物对红细胞和白细胞均有显著凝集作用；垂序商陆渗漉液有局部刺激作用。商陆浸膏 15 mg/kg 注射猫静脉，血压明显下降，作用时间短暂；并对蟾蜍的离体心脏有抑制作用。商陆煎剂有一定的抗辐射作用，商陆皂苷对杀灭钉螺有良好作用，商陆对急慢性肝炎 ALT 有很好的降酶作用。

17.5.2.11 毒 性

商陆根水浸剂、煎剂、酊剂予小鼠灌胃的 LD_{50} 分别为 26 g/kg、28 g/kg、46.5 g/kg，腹腔注射的 LD_{50} 分别为 1.05 g/kg、1.3 g/kg、5.3 g/kg。不同动物对商陆敏感性不同，猫狗较敏感，比兔易中毒。给予较大的剂量，小鼠出现活动降低，闭眼伏下不动，呼吸初变快，逐渐变慢变弱，时有全身抽搐现象，中毒死亡多在给药后 3 h 内。

17.6 商陆的开发利用

17.6.1 作为药材

民间常用商陆进行药膳和食疗，主要用于治疗水肿、腹水和慢性肾炎等症，特别是在肝硬化晚期，大部分患者临床症状都可见下肢水肿以及腹水。在腹水期可以采用商陆粥食疗，以减轻症状，促使肝脏软化。此外，对急性肾炎和其他原因所致的水肿、腹水，单用商陆也均有良效且无副作用。

17.6.2 提取制作生物农药

美洲商陆浆果干粉悬浮在水中可杀死有血吸虫的钉螺，且其药效不易受外界环境的干扰，对哺乳动物的毒性很低，植物灭钉螺药对环境污染小。中国商陆总皂苷具有较强的灭钉螺效果。据试验，采用 125 mg/L 浓度给药 24 h 与经典的化学灭螺药五氯酚钠（10 mg/L）效果相当。另外，美洲商陆的 3 种粗提物和美洲商陆甲醇粗提物对烟草花叶病毒均表现出较好的抑制效果，其抑制率均在 80% 以上，用宁南霉素、60% 毒克星泡腾片剂和美洲商陆甲醇粗提物处理心叶烟叶片，可抑制病毒的初侵染，相对防效分别为 94.39%、92.52% 和 87.85%，且均使植株发病时间推迟了3~5 d。由此可知，商陆抗病毒的功效可与化学农药媲美，从而为生物农药制作提供了丰富的自然资源。

17.6.3 作为绿肥

商陆含有较多的氮、磷、钾元素，特别含钾量高，是迄今为止筛选出的70余种高钾植物中含钾量最高的种类之一。据湘潭市农科所测定，按干物重计算，氮、磷、钾的含量，茎中分别为2.95%、1.34%、6.51%，叶中分别为6.61%、0.84%、5.5%。开花期取样测定钾的含量，根、茎、叶中分别为6.88%、5.44%、5.69%。另外，该所田间试验表明：每亩施用商陆鲜草1000 kg，其肥效与10 kg氯化钾相当，比对照增产14.93%。因此，利用空隙地和部分丘岗山地人工栽培商陆用作绿肥，是缓解我国钾肥紧缺及提高土壤有机质含量的有效途径之一。

生产实践证明，用商陆茎叶作绿肥，其肥效要比其他青草、青叶效果好，除了因为商陆本身含肥分较高之外，其茎叶细嫩，易于腐熟分解，容易被农作物吸收利用。特别是在南方大面积的瘠薄低丘红壤，因酸度高、肥力低、土质黏重、土层浅薄，一般作物和树木很难生长，而种植柑橘、枇杷、龙眼和荔枝等果树需施用肥料。若在红壤荒地的果园中套种商陆，不但能抗干旱、耐瘠薄，而且没有病虫害、容易栽培、产量高，一般每亩可收鲜茎叶3 500~4 750 kg，所以被称为红壤荒地的先锋绿肥。据研究用商陆作为绿肥原料给橘树施肥，其产量比对照组提高3%左右。

17.6.4 作为聚锰植物

当今社会，随着环保意识的增强，人们逐渐认识到土壤重金属污染对环境和人类健康产生的重大影响，锰对土壤和水体的污染也引起人们的重视。通过各种途径进入土壤中的锰在土壤中不断累积，因其不可降解，使治理土壤锰污染变得十分困难。近年来的调查研究证明，商陆对锰具有明显的富集作用，叶片内锰含量最高达19 299 mg/kg。这一发现为锰污染治理提供了一种经济而有效的方法。野外调查的结果表明：美洲商陆叶片中Mn含量高8 000 mg/kg，因此，证明它对土壤中的Mn具有极强的积累能力，可被认为是一种新的Mn积累植物。营养液培养试验也证明，当Mn处理浓度为10 mmol/L时，美洲商陆叶片中Mn含量达11.76 g/kg，当生长介质Mn浓度为50 mmol/L时，叶片中Mn含量高达47.06 g/kg，进一步证实美洲商陆是一种对Mn具有强吸收能力的超积累植物。

目前，已知的绝大多数用于植物修复的超累积植物属因植株矮小、生长速度慢和生物量少等缺点而限制了其大规模应用。而美洲商陆为多年生草本植物，高1~2 m，适应性强。我国全国均有分布，朝鲜、日本、中南美洲也有分布。美洲商陆以根茎及种子繁殖，在较短生长期内可形成良好的地面覆盖，其覆盖度几乎可达100%。因此，美洲商陆的发现，为利用积累植物对大面积污染土壤实施植物修复提供了可能，对锰污染土壤的修复将具有很大的潜力，为探讨锰在植物体中的积累机理和锰污染土壤植物修复的理论研究和技术实施提供了一种新的种质资源。

17.6.5 作为水土保持植物

商陆具有很好的保水保土作用，特别适用于新开垦的红壤梯土果园。我国南方由于雨水多，春夏大量雨水的冲刷，使得新开垦的果园梯壁常常下滑塌方。而商陆适合在红壤生长，根系发达，根肉质粗壮，分布深而广，枝叶生长快速繁茂，将其引种种植于红壤丘陵橘园的梯地壁上，既可护壁，又可保土保水和增加绿肥。商陆抗旱性极强，即使在干旱严重的季节，种在梯壁上的商陆未浇水，仍能生长繁茂，枝叶浓绿。

17.6.6 作为优质野生蔬菜

商陆有两种，茎紫红者有毒，不能食用，而绿茎商陆苗是一种优质野生森林菜蔬。商陆地上部分一般在秋冬落叶枯萎，第 2 年春季萌发嫩芽，是上等的野菜品种。清明节后，茎叶木质化后就不可食用。由于商陆是宿根草本植物，种一次，可收获多年，每亩春季产量达 2 t 以上，近年来许多地方将其作为蔬菜栽培，故也是山区农村一条致富的好门路。

17.6.7 作为观赏植物

商陆为多年生草本，高 1.5 m，全株光滑无毛。根粗壮，圆锥型，肉质，外皮淡黄色，有横长皮孔，侧根甚多。茎绿色或紫红色，多分枝。单叶互生，叶柄基部稍扁宽，叶片卵状椭圆形或椭圆形，长 12 ~ 15 cm，宽 5 ~ 8 cm，先端急尖或渐尖，基部渐狭，全缘。总状花序生于枝端或侧生于茎上，花序直立，花初白色渐变为淡红色。浆果扁圆状，有宿萼，熟时呈深红紫色成黑色。种子肾型黑色。花果期 5 ~ 10 月甚至更长。红枝、绿叶、黑果，挂果期特长，种植简便，是很好的药用观果植物。

主要参考文献

[1] 崔丽华，张海燕，张铁汉，等. 美洲商陆快速繁殖实验体系的建立 [J]. 北京师范大学学报：自然科学版，2004，40 (3)：390 - 392.

[2] 付鸣佳，吴祖建，林奇英，等. 美洲商陆抗病毒蛋白研究进展 [J]. 生物技术通讯，2002，13 (1)：66 - 70.

[3] 何梵. 观果期特别长的药用植物 [J]. 中国花卉盆景，2007，3：6.

[4] 贾金萍，秦雪梅，李青山. 商陆化学成分和药理作用的研究进展 [J]. 山西医科大学学报，2003，34 (1)：89 - 92.

[5] 李恒森，尹逊芝，徐同印. 商陆栽培方法简介 [J]. 中草药，2002，33 (2)：171.

[6] 李洪文. 野生作物商陆高产栽培技术 [J]. 云南农业，2004，4：9.

[7] 刘庆，刘慧君. 商陆的应用及毒副作用 [J]. 新疆中医药，2002，20 (1)：40 - 42.

[8] 梁娟，危革. 不同处理对商陆种子发芽率的影响[J]. 北方园艺，2012(10)：184 - 186.

[9] 马杰. 商陆皂普的化学成分及2010版《中国药典》商陆质量标准的修订研究 [D]. 西安：西北大学，2010.
[10] 铁柏清. 袁敏. 唐美珍. 美洲商陆（*Phytolacca americana L.*）——一种新的Mn积累植物 [J]. 农业环境科学学报，2005，24（5）：340-343.
[11] 王立峰. 果园“天然复合肥”-商陆的栽培利用 [J]. 柑橘与亚热带果树信息，2001，17（2）：27.
[12] 徐向华. 超积累植物商陆吸收累积锰机理研究 [D]. 杭州：浙江大学，2006.
[13] 杨延庆，李凤英，徐同印. 商陆的高产栽培技术 [J]. 2001，12（8）：749.
[14] 余德，吴德峰，郑真珠. 商陆的利用及其栽培技术 [J]. 2010，4：85-86.
[15] 杨柯，刘景生. 中药商陆的研究进展 [J]. 中国医学文摘：肿瘤学，2003，17（2）：186-188.
[16] 邹利娟，苏智先，胡进耀，等. 美洲商陆组培快速繁殖 [J]. 中药材，2008，31（9）：1299-1301.
[17] 赵洪新，孟涛. 商陆的植物学特征及利用 [J]. 特种经济动植物，2001，9：28.
[18] 周国海，杨美霞，于华忠，等. 商陆生物学特性的初步研究 [J]. 中国野生植物资源，2004，23（4）：37-40.
[19] 郑宏春，赵明水，胡正海. 商陆属分类与分布的研究现状 [J]. 延安大学学报：自然科学版，2002，21（3）：59-61.
[20] 张巧艳，郑汉臣，易杨华. 商陆属植物皂普类成分及其药理活性 [J]. 国外医药：植物药分册，2000，15（3）：104-107.
[21] 朱育晓. 药用植物商陆组织培养及其次生代谢产物的研究 [D]. 太源：山西大学，2003.
[22] DU Y，OUYANG L，LIU Y Q，et al. wavy distribution of trace elements in phytolacca samples from different areas. journal of chinese pharmaceutical sciences，2004，13（4）：271-275.

18 乌 头

乌头（*Aconitum carmichaeli Debx.*），为毛茛科多年生草本植物，又名鹅儿花、铁花、五毒根、草乌。以其主根入药为乌头，味辛、苦，性大热、大毒。具有祛风除湿、温经、散寒止痛功效，主治风寒湿痹，关节疼痛、四肢麻木、半身不遂、跌打瘀痛等，并可麻醉止痛；侧根（子根）的加工品入药为附子，具有回阳救逆，补火助阳、温中止痛、散寒燥湿功效，主治亡阳虚脱、风寒湿痹，坐骨神经痛、腹中寒痛、跌打剧痛等症。

18.1 种质资源及分布

乌头属为典型的温带属，分布于北半球温带，主要分布于东亚植物区，其次是欧洲。乌头属植物种类繁多，全世界约有350种，我国约有该属植物200余种，除海南岛外，我国台湾和大陆各地都有分布，大多数分布于云南北部、四川西部和西藏东部的高山地带，其次在东北诸省也有不少种类。在我国本属的种类中约有36种可供药用。乌头属植物包含乌头亚属（*Subgenaconitum*）、牛扁亚属（*Subgenparaconitum*）和露蕊乌头亚属（*Subgengymnaconitum*）3个亚属。乌头属植物为高山分布类型，在青藏高原及其邻近地区分布海拔为2000~5000 m，在华中和华北分布于海拔800~2000 m，沿海及东北地区分布于海拔100~1000 m。

北乌头（*A. kusnezoffi*）：块根圆锥形或胡萝卜形；茎无毛，等距离生叶，通常分枝；茎下部叶有长柄，在开花时枯萎。茎中部叶有稍长柄或短柄；叶片纸质或近革质，五角形，基部心形，三全裂，中央全裂片菱形，渐尖，近羽状分裂，小裂片披针形，侧全裂偏斜扇形，不等二深裂，表面疏被短曲毛，背面无毛；叶柄长约为叶片的1/3~2/3，无毛；顶生总状花序9~22朵花，通常与其下的腋生花序形成圆锥花序，萼片蓝紫色，外面被有疏曲柔毛或几乎无毛，上萼片盔形或高盔形；种子扁椭圆球形，沿棱具下翅，只在一面生横膜翅。花期7~9月。北乌头生于山杨白桦林下及林缘、低湿地草甸边缘。海拔分布1500 m左右，主要伴生植物有白桦、胡桃楸、金莲花、凤毛菊、山楂叶悬钩子、景天、歪头菜、糙苏、藿香、打碗花、唐松草、胡枝子、铃兰等。

华北乌头（*A. soogaricumvar. angustius*）：株型完整均匀，倒块根圆锥形。其茎干硬朗、挺拔，长55~150 cm，总状花序顶生，长15~40 cm，具20~30朵密集小花。萼片蓝紫色，上萼片盔形，花期8~9月。叶掌状深裂，末回小裂片线形或狭线形。多生于高山草甸紫外线较强，空气湿度大，昼夜温差大的地方。主要伴生植物有蒿类、瓣蕊唐松草、轮叶婆婆纳、山楂叶悬钩子、橐吾、漏芦等。

黄花乌头（*A. coreanum*）：又名关白附、关附子，为毛茛科多年生草本植物，株高 60 ~ 170 cm，不分枝或上部少分枝。茎直立，单一。地下具 1 ~ 2 个块根，呈长圆形或长圆状纺锤形，表面黄白色或淡褐色。单叶互生，掌状 3 全裂，小裂片线形或线状披针形，表面无毛，叶背面叶脉稍隆起。顶生总状花序，着花 5 ~ 10 朵或更多。花轴和花梗密生短毛，花梗长 1 ~ 3 cm；萼片（俗称花瓣）黄色或绿黄色，有的萼片稍带蓝紫色脉纹，具长爪，子房密被短柔毛。骨葖果，顶部 3 裂，有网脉。种子多数，花期 8 ~ 9 月，果期 9 ~ 10 月。

川乌（*A. carmichaeli*）：又名九子不离母，是植物卡氏乌头的侧生块根，属毛茛科一年生草本植物。植株高 70 ~ 150 cm，叶片 26 ~ 36 个。块根肉质黄色，呈纺锥形或卵形，外皮黑褐色，下部有许多须根。茎秆直立，圆柱形，皮色青绿或紫色，下部光滑无毛，上部散生极少贴伏柔毛。叶互生，有短柄，表面暗绿色，背面灰绿色，叶片三杈深裂。花期 8 ~ 9 月，花色乌兰紫色，果期 10 月，中海拔区可以成熟，种子黄棕色，种皮如海绵状。川乌的适应性很广，在海拔 1700 ~ 3000 m 地区都可栽培，属喜温喜湿喜光一年生作物，但不耐高温和旱涝。

那拉提乌头（*Aconitum leucostomumvar. nalatensisi* F. *Zhang et* D. *M. Cai*，新变种）：那拉提乌头新变种由新疆医科大学张帆等采集。茎粗壮，高 125 ~ 140 cm，粗 0. 8 ~ 1. 0 cm，中部以下疏被反曲的短柔毛，中空，在花序之下有短分枝。叶片圆肾形，长 13. 5 ~ 14. 5 cm，宽 19 ~ 24 cm，三深裂，深裂片互相稍覆压，中央深裂片三裂，二回裂片边缘有小裂片和粗牙齿，侧深裂片斜扇形，不等二裂，表面无毛，背面沿脉被短毛；叶柄长约 9 cm，被短毛。7 ~ 8 月为盛花期，总状花序长 18 ~ 27 cm，有多数密集的花；基部苞片三裂，其他苞片长卵形，0. 3 ~ 0. 4 cm；花梗长 1. 5 ~ 2. 2 cm，表面被短毛；萼片乳白色，末端略呈淡黄白色，上萼片狭圆筒形，长 2. 2 ~ 2. 4 cm，侧萼片近圆形，长 1. 1 ~ 1. 4 cm，下萼片长圆形，长约 1. 2 cm；花瓣的瓣片上部为白色、下部为紫色，唇为白色，无毛，距直立拳卷；雄蕊多数，无毛；心皮 3，无毛。蓇葖长 1. 1 ~ 1. 2 cm；种子倒卵形，有不明显三纵棱。分布于新疆天山和阿尔泰山地区。

目前，对乌头属药用植物的研究集中在常用中药如川乌、草乌、附子上，尽管乌头、附子及其乌头类生物碱在强心、镇痛、抗肿瘤、调节免疫等方面已显示了良好的应用基础，但由于其具有明显的毒性，使乌头、附子等及其乌头类生物碱暂时无法广泛应用于临床。因此，今后应当加强对乌头属其他植物的活性成分和药用价值研究，以开发新药用植物资源，缓解我国中药资源日益减少与需求量剧增的矛盾。

18. 2　生物学特性

18.2.1　形态特征

乌头为多年生草本，株高 60 ~ 120 cm（彩图 18. 1、18. 2）。块根通常有 2 个连生，纺锤形至倒圆锥形，外皮黑褐色；栽培品种的侧根（子块根）肥大，直径达 5 cm。茎直立。单叶互生，有柄；叶片五角形，长6～11 cm，宽9～15 cm，掌状三全裂，中央裂片宽菱形或菱形，急尖，近羽状分裂，小裂片三角形，侧生裂片斜扇形，不等二深裂。总状花序狭长，密生反曲的白色短柔毛；小苞片狭条形；萼片5，花瓣状，蓝紫色，外面有短柔毛，上萼片高盔状，高2～2.6 cm，侧萼片近圆形，长1.5～2 cm；花瓣2，有长爪，距内曲或拳卷，长1～2.5 mm，雄蕊多数；心皮3～5，被细柔毛，蓇葖果长1.5～1.8 cm，喙长约4 mm；种子长约3 mm，沿腹面生膜质翅。花期8～9月，果期9～10月。

18.2.2 生态习性

乌头适宜于中亚热带、北亚热带以及暖温带的气候条件。在年均温13.7～16.3 ℃的平原或山区均可栽培。乌头喜凉爽的环境条件，怕高温，有一定的耐寒性。种子发芽适宜温度为18～24 ℃，低于15 ℃或高过28 ℃则不能萌发；乌头最适生长温度为18～28 ℃，在地温9 ℃以上时萌发出苗，气温13～14 ℃时生长最快，地温27 ℃时块根生长最快，宿根块根在－10 ℃以下能安全越冬。乌头耐阳光，在阳光充足的地方生长快、病害少、产量高。乌头在年日照900～1500 h的平原或山区均可栽培。但高温强光条件不利于植株生长。

乌头在年降雨量850～1 450 mm的平原或山区均可栽培，但在7～8月高温多雨季节时，要做好田间排水工作，防止积水造成涝害，减少病害发生。湿润的环境利于乌头生长，干旱时块根生长发育缓慢，湿度过大或积水易引起烂根或诱发病害，特别是高温多湿环境，烂根和病害严重。乌头对土壤适应能力较强，在红壤、黄棕壤、棕壤、暗棕壤上均可栽培。喜土质疏松、土层较厚、有机质含量多的沙壤土，以pH中性为好，不适宜在盐碱地、低洼积水地生长。

18.2.3 生长习性

乌头播种后的第一年只进行营养生长，以地下块根宿存越冬。第二年，当地温稳定在9 ℃以上时，地下块根开始萌芽出苗，生出5～7片基生叶，当气温稳定在10 ℃以上时，开始抽茎生长，气温在18～20 ℃时，顶生总状花序开始现出绿色花蕾，并逐渐长大；日平均气温17.5 ℃左右时，开始开花，小花自花序下部或中部先开放。12月枯萎休眠。

乌头地下块根的头部可以形成子根。通常情况下，块根脱落痕的对面及两侧形成的子根较大，其余部位形成的子根较小。另外地下茎节上的叶腋处也可形成块根，但很小。在产区，3月中旬前后地下块根头部开始形成子根，到3月下旬至4月初，母块根可侧生子根1～3个，地下茎叶腋处可生小块根1～5个。这些子根（含叶腋处块根）直径0.5～1.5 cm，大小不等。5月下旬以后，仍产生新子根，原子根生长速度加快，干物质日增重为0.197 g/株，每株块根干物质重为10.20 g。当地温为27 ℃左右时，块根生长速度最快，干物质日增重0.65 g/株，每株块根干物质重达20 g左右。7月中旬，子根发育逐渐停止，不再膨大。从子根萌发到长成附子，一般需100～120 d。

18.3 栽培与管理

18.3.1 繁殖种根

（1）选地。宜选择背风向阳、地势高燥、排水良好、光照充足、土质疏松肥沃、有机质含量较多的沙质壤土或壤土。山区的向阳缓坡地、新开荒地及果园、幼林的林间空地均可种植。低洼易涝、盐碱地、重黏土地不适合种植。育苗地应选土质肥沃的平地或有排灌条件的缓坡地，pH 6～6.5。前茬以豆科、禾本科作物为好，忌重茬。

（2）整地。选好地后，进行秋翻地。翻地前亩施腐熟猪粪或鸡粪 3000～4000 kg，耕翻 30～35 cm 深，耙细整平做床，畦高 15～20 cm、宽 1～1.2 m、长 10 m 或据地势而定。

（3）种子处理。种子采收后，于封冻前把种子与湿润河沙以 1∶3 的体积比进行混拌，装入木箱埋在地下 10～15 cm 土层中自然越冬，翌年春播时取出播种即可；或将采收后的种子放在冷凉的仓库中储存，播种前将种子用 40 ℃温水浸 5 h 后，晾干，待种子能自然散开时进行播种。

（4）播种。采用条播法，播种时间为 5 月中旬至 6 月初。播种时在床面上按行距 12～15 cm 开沟，沟深 3～4 cm，播幅 10～12 cm，开沟后踩好底格，将种子均匀撒在沟内，覆土 1.5～2.0 cm，适当镇压，播种量 4～4.5 kg/亩，播完后在床面上盖 2 cm 厚的稻草或树叶保湿。

18.3.2 种根培育

（1）选取种根。种根来源于种子育苗培育出的 2 年生小块根。种根应形态大小均匀，外观色泽新鲜，顶芽饱满，块根无腐烂、无病斑和无机械损伤。根据种根大小分为三级：一级长 5.0 cm 以上、粗 1.5 cm 以上，每千克 150 个以内；二级种根长 4.0～5.0 cm、粗 1.3～1.5 cm，每千克 151～200 个；三级种根长 3.0～4.0 cm、粗 1.0～1.2 cm，每千克 200 个以上。

（2）种根处理。将收获的种根按大小分为三级，分别进行栽植。栽植前将种根用 50% 多菌灵 500 倍液浸泡 30～40 min，捞出后晾干即可栽植。

（3）栽植。最适宜时间为秋季 9 月下旬至 10 月中旬，一般与秋季块根采收同时进行，边采收边移栽。若秋季来不及移栽，可将种根在室外沙藏。4 月初，块根顶芽萌动前进行春栽。栽植时，先在床面上按行距 20～22 cm 顺床向开沟，沟深 7～10 cm、宽 10 cm，将块根顶芽朝上摆放在沟内，株距 12～14 cm，覆土，厚度为盖过顶芽 3～4 cm，块根用量每亩约 2 万个。

18.3.3 田间管理

18.3.3.1 清沟补苗及除草

每年出苗前结合清沟用耙子将畦面土块打碎搂平，清沟时应将沟底铲平，防止灌溉或雨后田间积水，出水口应低于进水口。2 月下旬幼苗出齐后，若发现缺苗或病株应及时带土补栽，补苗宜早不宜迟。生育期间应及时拔出杂草，结合除草进行松土，每次松土后及时培土，防止植株倒伏。

18.3.3.2 追 肥

一般追肥3次，三级苗可多施1~2次。第一次在补苗后10 d进行。每隔两株刨穴1个，每亩施入腐熟堆肥或厩肥1500~2000 kg及腐熟菜饼50~100 kg于穴内，然后再施沤好的稀薄猪粪水1500~2000 kg及含氮化肥5~7.5 kg，施后覆土。第二次在第一次修根后，仍在畦边每隔2株附子挖1穴，位置与第一次施肥的穴错开，每亩施入腐熟堆肥或厩肥1000~1500 kg，腐熟菜饼50 kg，沤好的人畜粪水2500 kg。第三次在第二次修根后，施肥方法和位置与第一次相同，肥料用量与第二次相同。每次施后，都要覆土盖穴，并将沟内土培到畦面，使成龟背形以防畦面积水。

18.3.3.3 修 根

一般每年修根两次，第一次在3月下旬至4月上旬，苗高15 cm左右进行；第二次在第一次修根后一个月左右，约在5月初进行。第一次修根时，母块根已侧生小附子1~3个，茎干基部也萌生有小附子1~5个，直径0.5~1.5 cm，大小不等。先去掉脚叶，只留植株地上部叶片，去叶时要横摘，不要顺茎秆向下扯，否则伤口大，易损伤植株。然后把植株附近的泥土扒开，现出块根，刮去茎基叶腋处的小块根，母块根上的小附子只留大的2~3个。留附子的位置应在种根的两侧及脱落痕对应一侧，这样才便于第二次修根。应选留较粗大的圆锥状附子。修完一株接着修第二株，第二株扒出的泥土就覆盖在上一株上，如此循环下去。如果扒开泥土发现植株还未萌生小附子，应立即将土覆盖还原，以后再修根。

第二次修根的操作方法与第一次修根一样，这时留的附子直径已达1.5~2.0 cm，但是茎基叶腋处及母块根上仍然会萌生新的小附子。因此第二次修根主要是去掉新生的小附子，以保证留的2~3个附子发育肥大。传统做法在第二次修根时将留附子的须根、支根用附子刀削光，只保留下部较粗大的支根。近年来通过试验证明这种修根方法不仅费工多，而且对植株损伤大，影响生长发育，产量低。现在修根只用手去掉新生的小附子，留附子的须根，支根全部保留。

18.3.3.4 打顶摘芽

第一次修根后的7~8 d摘芽打尖，一般打尖要进行3~5次。用铁签或竹签切去嫩尖，以抑制植株徒长消耗养分，使养分集中于根部，促附子迅速生长膨大。一般每株留叶8片，打尖时，注意勿伤其他叶子。打尖后，叶腋最易生长腋芽，每周必须摘芽1~2次，立夏后腋芽生长最快，此时更应注意摘芽。

18.3.3.5 灌溉与排水

在幼苗出土后，土壤干燥应及时灌水，以防春旱，一般每半月一次，以灌半沟水为宜。

以后气温增高，土壤易干燥，应及时适量灌水。6 月上旬以后，进入雨季应停止灌溉。大雨后要及时排出田中积水，以免造成附子在高温多湿环境下发生块根腐烂。

18.3.3.6 间 作

产区习惯于在附子田间间种其他作物，附子栽后在未出苗之前可在畦边适当撒播菠菜，菠菜收后可栽莴苣或白菜，一般每隔 5 穴附子种 1 株，不能过密。春季在附子畦边的阳面还可间种玉米，每隔 5 ~ 6 穴附子种 1 穴玉米，出苗后每穴留苗 2 ~ 3 株，施肥 2 次，每次每亩施沤好的人畜粪尿 1000 ~ 1500 kg，每亩可收玉米 150 ~ 300 kg。

18.3.3.7 秋季管理

秋季植株枯萎时及时清理田间残株并集中烧毁。同时可在床面覆盖 2 cm 厚的腐殖土或农田土拌腐熟的农家肥，这样既有利块根越冬，又可起到追肥作用。

18.3.4 病虫害防治

18.3.4.1 主要病虫害

1）霜霉病

症状：霜霉病是苗期较为普遍的病害，一般发病率为 3% ~ 20%，在为害严重的年份高达 30% 左右，严重影响附子的产量。其症状随发病时期不同而表现不同。带菌乌头长出的幼苗或苗期发病的病株，叶片表现为灰绿色反卷，叶片狭小、变厚，直立，叶背生灰紫色霜状霉层，俗称“灰苗”，病苗叶片由下向上逐渐变灰，重病苗最后变褐枯死，造成缺株。成株期顶部当年感染的幼嫩叶片，局部褪绿变黄白色，长达 20 cm 以上，俗称“白尖”，叶片最初呈油浸状病斑，渐渐变成淡黄色，随后变成紫红色，病斑因受叶脉限制叶片表现扭曲，中脉变褐，叶背亦生紫色霜霉。

病原：乌头霜霉菌属鞭毛菌亚门、霜霉目，专性寄生。菌丝密生于叶背，灰色或灰紫色。孢囊梗自气孔伸出，单生或丛生（1 ~ 5 根），无色，主梗占全长的 3/5 ~ 2/3，基部常膨大，顶端叉状分枝 3 ~ 6 回，常呈直角，稍弯曲或直。孢子囊椭圆形、卵形，近无色至淡褐色，少数有乳头状突起。藏卵器生于病叶组织内，不规则形，平滑。卵孢子球形，淡黄褐色，平滑，单生。卵孢子壁很厚。

发病规律：带菌土壤、带菌种根和病株残余组织中的卵孢子或菌丝体是初浸染源。通常 3 月上旬幼苗开始发病，月平均气温在 16 ℃以上、相对湿度达 77% 左右时，孢子囊借风雨传播，田间出现再次浸染。5 月上、中旬气温达到 19 ℃以上，相对湿度达 80% 以上时，再次侵染达高峰。以后气温升高到 24 ℃以上，叶片变老，不利于病菌的萌发侵染。因此，霜霉病在 4 ~ 5 月低温多湿、时晴时雨的条件下或低温、高湿、多雨季节最容易发生，病情迅速而严重。

2）白绢病

症状：主要为害附子茎与母根交界处的部位，病部呈水渍状黄褐色至黑褐色腐烂，上长白色绢状菌丝体，多数呈辐射状，边缘尤为明显。同时菌丝上还结生许多油菜籽状红褐色菌丝。发病时根茎部逐渐腐烂，初期叶片正常；随着腐烂加剧，晴天中午叶片萎蔫下垂，严重时地上部分倒伏，叶片青枯，最后枯死，但茎不折断，母根仍与茎连在一起，严重时，病株周围的土面也可见到菌丝体和黑褐色似油菜籽大小的菌核。

病原：病菌属半知菌亚门，无孢目。菌丝白色，有绢丝状光泽，在基物上呈羽毛壮辐射状扩散，有隔膜。在寄主表面形成菌核，球形、椭圆形，直径0.5～1.0 mm，大的3 mm，平滑有光泽，初白色后变棕褐色，内部灰白色，多角形细胞构成，表面的细胞色深而小，且不规则。偶尔在潮湿条件下病斑边缘产生担孢子。

发病规律：带菌土壤、带菌种根、病株残余组织中的菌核或菌丝体为其初浸染源。菌核产生菌丝体直接侵入寄主，如茎基及母根有伤口则更有利于病菌的侵入。田间出现病株后，菌丝沿着土隙裂缝或地面蔓延为害邻近植株。病菌也可通过水流及耕作而传播。白绢病在高温季节、植株生长郁闭，潮湿以及疏松沙质、通气良好的土壤条件下发病最重。据观察，在我国南方4月下旬或5月上旬，土温在18 ℃以上开始发病，6～7月气温24～27 ℃，地温29.5 ℃左右，天气时晴时雨，近土面干干湿湿，适宜于病害的发生发展，进入发病盛期。发病较高的年份或田块可造成20%～30%的减产。7月随着附子的采收可适当避过发病高峰期。

3）根腐病

症状：根下部表面初为水浸状斑，逐渐扩大、腐烂变褐色，皮层渐坏腐，严重时表现为湿腐，略有臭味。在潮湿田间，腐烂株的茎表有白色霉状物生出，为镰刀菌的孢子，拔起病株，茎基和母根下部所生附子较小或腐烂，有的植株块根维管束亦变色，最后病株干枯死亡；在干燥环境下，块根受伤处干腐，影响水分传导，地上部分萎蔫下垂，植株干枯死亡，腐烂处茎周围留下一圈纤维组织，地下附子不腐烂，可加工成附片。植株受害初期上部植株萎蔫，叶片下垂，像被开水烫过，严重时被害植株叶片自下而上变黄褐色或红紫色枯焦，影响附子膨大。

病原：主要为腐皮镰孢，也有尖镰孢。属半知菌亚门，瘤座孢目。

发病规律：镰孢菌是土壤习居菌，能长期在土壤中存活。多在多雨高温季节，低洼积水处发生。一般4月下旬开始发病，5月病害缓慢扩展，修根时人为的创伤和过多的施用碱性肥料作底肥引起的烧根，易诱发病害，6月中旬气温高、湿度大为害较重，病害扩展迅速，病害平均增长率可达1%～3%，发病严重的年份和田块会造成30%以上的减产。

4）附子花叶病

症状：在受害植株叶片表现为深绿与浅绿或浅黄色环斑状，随着症状逐渐明显出现长短或宽窄不等、深绿、浅绿或浅黄色相间的条纹或斑纹，有时表现出黄色花叶。严重时叶片变形、皱缩、卷曲，直至枯死；植株生长不良，地下块根畸形瘦小，质地变劣。

病原：花叶病病毒的鉴定工作比较复杂，难度较大，因此未对其病原物进行鉴定。

发病规律：多在多雨高温季节，低洼积水处发生。病毒病5～6月干旱季节发生，发生较高的年份或田块发病率最高可达70% ~80%以上，在南瓜叶型品种上特别严重。花叶病的初浸染源主要是带菌种根，出苗后至4~5叶时开始发病，5~6月为发病高峰期，蚜虫为再浸染的主要途径，当其大量发生时，发病率显著增加。

5）附子叶斑病

症状：斑枯病主要为害植株叶片。发病自近地面叶片开始，叶斑散生，初期叶片呈现针头大的褐色斑点，轮廓不清，由淡绿色变为黄绿色，渐次扩大为近圆形、椭圆形至不规则形，直径2~4 mm，红褐色至黑褐色，周围有明显褪绿色晕圈，老叶病斑则不明显；后期病斑上密生细小黑点，是病原菌的分生孢子器。严重时一叶上病斑数目极多，相互汇合连片，叶片干枯脱落。另据报道，在病斑上会并发 *Alternaria sp.* 的病斑，椭圆形，有轮纹，褐色，为扩散型病斑，引起叶片焦枯死亡。

病原：乌头壳针孢属半知菌亚门，球壳孢目。分生孢子器球形，孔口小而不明显。分生孢子线形，无色，隔膜多而不明显。

发病规律：田间病残体带菌是病害的初次侵染来源。分生孢子器有水滴时才能释放分生孢子，因此雨水是传播病菌的途径，昆虫和农事操作也可沾带传播。在3月上旬，气温13.5 ℃左右，相对湿度75% ~80%时开始发病。初夏时气温上升至24~27 ℃左右，平均相对湿度78%时病部又形成分生孢子器和分生孢子，引起再侵染，造成田间大量发生，植株叶片由下而上枯死。

6）虫　害

虫害主要有蛴螬咬食块根。4月下旬至5月中旬偶有象鼻虫咬食茎叶。

18.3.4.2　病虫害综合防治

在生产中应该采取预防为主、综合防治。具体措施：一是按要求严格选地，不能连作，与禾本科作物轮作；二是提前深翻，合理施肥。栽前15 d深翻地，施肥以充分腐熟的农家肥为主，适量增施磷、钾肥；三是选健壮无病的块根作种，播种和移栽时种子、块根要进行消毒；四是加强田间管理。生长期内及时清理田间杂草及田间残存茎叶，做好松土和培土。除去病残株，做好病穴消毒。入冬前和春季植物返青前用多菌灵、石硫合剂或波尔多液等广谱杀菌剂对全株进行消毒，减少菌源。

创造不利于地下害虫的生存条件，可起到良好的防治效果。最好在用地前一年秋翻，改变其生活环境而致使害虫死亡或被禽鸟采食；在碎土、做畦、松土等作业时进行人工捕杀；用敌百虫1∶15倍的水溶液拌入炒香的麦麸或豆饼拌潮，配制毒饵，傍晚撒于田间诱杀；选马粪、鹿粪等纤维较高的粪肥，用敌百虫1∶15倍的水溶液拌潮，在作业道上放成小堆，并用草覆盖，诱杀效果较明显；成虫发生时期，在地周围设置黑光灯、马灯、电灯诱杀成虫，灯下放置一个内装适量水和煤油的容器或糖蜜诱杀器，效果更好；在成虫羽化盛期采用糖浆诱杀，其配制方法是红糖0.5 kg、醋1 kg、水1 kg、80%敌百虫可湿性粉剂50~100 g混合调匀装入容器中放入田间，利用成虫喜欢甜酸气味的特性，加以诱杀。

18.4 采收和初加工

18.4.1 采 收

一般6月下旬至7月上旬为收获适期，如延迟到7月下旬以后，正值高温多雨季节，病害易蔓延，块根腐烂严重。采收时，先摘去叶片，然后挖出全株，将附子、母根及茎秆分开，抖去附子上的泥土，去掉须根，即成为泥附子。母根抖去泥土，晒干，即成为川乌。一般每亩可产附子250~400 kg，高产的每亩可产附子1000 kg左右。

18.4.2 初加工

附子含有多种乌头碱，有剧毒，不能直接服用，必须经过加工炮制后方可入药。一般在采收后24 h内，放入胆水（制食盐的副产品，主要成分为氯化镁）内浸渍，以防腐烂，并消除毒性。然后经浸泡、切片、煮蒸等加工过程，制成各种不同规格的附子产品。如白附片、黑顺片、熟片、黄片、附瓣、盐附子等产品。现将主要产品的加工流程介绍如下。

18.4.2.1 白附片

白附片又称白片或天雄片，是用较大或中等大的泥附子做原料加工而成的。加工工艺流程为：洗泥→泡胆→煮附子→剥皮→切片→蒸片→晒片等。

（1）洗泥：将泥附子上的泥土冲洗干净，并去掉须根。

（2）泡胆：每100 kg附子，用胆巴45 kg，加清水25 kg，盛入缸内。然后将洗好的泥附子放入，浸泡5 d以上，在浸泡过程中每天要将附子上下翻动一次。浸至附子外皮色泽黄亮，体呈松软状即可。若浸泡时间稍长则附子表皮变硬，附子露出水面时，必须及时增加胆水（浸泡过附子的胆水最好）。泡后的附子称胆附子。

（3）煮附子：现将浸泡过附子的胆水在锅内煮沸，再将胆附子倒入锅内，以水淹过胆附子为度，中途上下翻动一次，煮至胆附子过心为止，大约15 min。然后捞起放入盛有清水和浸泡过附子的胆水各半的缸中，再浸泡1 d，称为冰附子。冰过附子的水可与清水混合，又可冰下次的附子。

（4）剥皮：将冰附子从缸内捞起，剥去外层黑褐色的根皮，用清水和已漂过附片的水各半的混合水浸泡一夜，中途应搅动一次。

（5）切片：将浸泡后的附子从缸内捞起，顺切成厚2~3 mm的薄片，再倒入清水缸内浸泡48 h，换水一次再浸泡12 h，即可蒸片。若天气不好不能蒸片时，就不换水，延长浸漂时间。

（6）蒸片：将浸泡好的附片捞出，放入蒸笼内，蒸汽上顶后再蒸1 h即可。

（7）晒片：将已蒸好的附片倒在晒席上，利用日光进行暴晒。晒时要使附片铺放均匀，不能有重叠。晒至附片表面水分散失，片张卷脚时，即可收起在密闭条件下用硫黄熏，至附片发白为度，然后再倒在晒席上晒至全干，即成为色泽白亮的成品。一般鲜干比3.7：1。

18.4.2.2 黑顺片

黑顺片又称顺片、黑片、顺黑片。是用小泥附子为原料加工而成。其加工工艺有洗泥→泡胆→煮附子→切片→蒸片→干燥等。

(1) 洗泥、泡胆、煮附子与白附片相同。

(2) 切片：加工黑顺片不经过剥皮工艺，直接取冰附子，用刀顺切成4～5 mm的薄片。切好的薄片放入清水中浸20 d，然后浸在0.5%的红糖汁中（用油炒制的糖汁）浸染至茶色。一般浸一夜即可，冬天加工要适当延长浸泡时间。浸染后的附片按白附片加工方法进行蒸片，蒸11～12 h，待附片上有油面即可取出烘干。蒸制过程中温度要均衡，不能忽高忽低，这样才能保证蒸出的附片有光泽、有油面，质量好。

(3) 烘干：蒸好的附片放在箦子上，用木炭火烘烤。烤时要不断翻动附片，防止将附片烤焦或起泡。烘至半干时，将附片按大小分别摆好；烤至八成干时，晴天可用太阳晒干，雨天则将附片折叠放在炕上，用低温围闭烘烤至全干，即成黑顺片。一般鲜干比3.4：1。

18.4.2.3 盐附子

用大泥附子为原料加工而成，是将大附子浸泡在胆巴、食盐水溶液中，经过浸、澄、晒、热浸等过程，使附子被盐浸透至表面有盐结晶为止，其工艺流程为泡胆→捞水→晒水→烧水等。

(1) 泡胆：将泥附子去掉须根，洗净，按附子、胆巴、清水、食盐之比10：4：3：6的比例配制，浸泡附子3昼夜。

(2) 捞水：又叫吊水、澄水。将已泡胆的附子捞起，装入竹框内，将水控（吊）干，再倒入原缸内浸泡。如此每天一次，连续3 d，每次必须搅拌缸内的盐胆水后再倒入附子。

(3) 晒水：分晒短水、晒半水、晒长水三步。

晒短水：捞水后的附子再浸入浸液中，每天要将附子从缸内捞起，铺在竹箦上在日光下暴晒，晒至表皮稍干后又倒回原缸内浸泡。每天一次，连续3 d。

晒半水：晒短水后的附子再浸泡，每天将附子捞起，放在竹箦上晒干所含水分，一般在日光下暴晒4 h左右，每天一次，连续3 d，缸内的水淹没附子为宜，不够时需加胆水。

晒长水：将晒过半水的附子从浸泡缸中捞起，放在竹箦上进行日光暴晒，傍晚趁附子尚热时倒回缸内，使其易于吸收盐分。8～10 d后晒至附子表面出现食盐结晶为止。

(4) 热浸（烧水）：将晒过长水的附子捞起后，把缸内盐水倒入锅内，再加入20 kg胆巴煮沸。将捞出的附子倒回缸内，并在附子上撒一层食盐，然后将煮沸的盐胆水倒入缸内浸泡两昼夜，捞起控干水分，即为盐附子，出货率为120%。

18.4.3 现代工艺炮制

塘灰火炮附子的方法：首先将附子洗净，清水浸漂，盐附子漂至微咸为度，捞出晾干表皮，然后进行煨制。有两种方法：一是柳木火煨制法，二是谷壳灰煨制法，煨附子经漂煨，姜汁制后，毒性小，副作用少，其性温和。

加压加热的方法：先将附子洗净，浸入食用胆巴水中数日，经漂洗切片后，在110 ℃、0.7 kg/cm²条件下蒸30 min干燥即得。此法既可破坏毒性成分生物碱，保留强心成分，又可简化工艺、节省时间。

微波炮制法：先将净附子去皮后，入50%老水中浸泡10 ~ 15 h，再换清水浸漂20 ~ 24 h。如此反复2 ~ 4次的水处理制成淡附子。再经蒸制10 ~ 20 min晾干或烘干后，选用2 450 MHz或915 MHz的微波机进行辐射干燥，制得含水量为10%以下的附子。该法生产效率高，易控制火候，成本低，制得附子毒性低，药效好。此外，还可运用现代工艺控温、控湿、常压水提、醇沉、浓缩、喷雾干燥制粒作附子颗粒。

微波炮制法作为川乌的新型炮制工艺，能够明显降低双酯型生物碱的含量，最大限度地保存总生物碱的含量。经炮制后其6种主要成分均符合《中国药典》（2010年版）的限量要求。川乌最佳的微波炮制工艺为润透法处理后，叠置厚度为1 cm，于60%的微波火力下炮制18 ~ 20 min。该工艺操作简单可控，是一种较为理想的炮制方法。

18.5 乌头的化学成分及药理作用

18.5.1 主要化学成分

18.5.1.1 生物碱

乌头中生物碱主要是二萜类生物碱，是乌头的主要有效成分和毒性成分。乌头总生物碱包括双酯型生物碱、单酯型生物碱、氨醇型生物碱和其他类生物碱，这几种生物碱的毒性差异极大。乌头中有杀虫活性的主要是双酯型生物碱，包括乌头碱（Aconitine）、中乌头碱（Mesaconitine）和次乌头碱（Hypaconitine）等。双酯型生物碱有麻辣味，亲脂性强，毒性大，它们是乌头的主要毒性成分，也是起杀虫作用的主要成分。

18.5.1.2 其他成分

除了二萜生物碱成分外，从乌头属植物中还分离得到了黄酮、香豆素、酚类化合物、β-谷甾醇、胡萝卜甙、阿魏酸、反式对羟基桂皮酸、油酸、亚油酸、棕榈酸、24-乙基胆甾醇、1，1-二甲基二十二醇、蔗糖、3-（4′-b-D-glucopyranosyl）-phenyl-2-popenoic、γ-谷甾醇、齐墩果酸、关附二萜甲等成分。

18.5.2 药理作用

现代药理研究证实，乌头类药材都具有抗炎、麻醉止痛、调节免疫、抗肿瘤等作用，对心血管系统则表现为强心、降血压、扩充血管等作用。

18.5.2.1 抗炎活性

川乌总碱对非免疫和免疫性炎症均有明显的抑制作用，草乌具有消炎作用。动物模型研究表明，乌头总碱、乌头碱、中乌头碱、次乌头碱及3－乙酰乌头碱均有较强的抗炎活性，口服均能明显对抗角叉菜胶引起的大鼠和小鼠后踝关节肿，抑制蛋清、组织胺等致炎剂引起的皮肤渗透性增加，减少受精鸡胚浆膜囊上肉芽组织形成。

18.5.2.2 镇痛活性

乌头具有显著的镇痛作用，在临床上常用于头痛、胁痛、痹痛、癌痛等多种病症的治疗。镇痛的活性成分主要是乌头碱、中乌头碱、3－乙酰乌头碱、刺乌头碱、*N*－脱乙酰刺乌头碱、镇乌碱、拉巴乌头碱（即高乌甲素）及氢溴酸盐、3－乙酰乌头碱的同分异构体3，15－二乙酰苯甲酰乌头碱等生物碱。

18.5.2.3 调节免疫活性

据报道，乌头碱（每日1.5～6.0 μg/kg）不仅能够促进正常小鼠巨噬细胞Ia抗原表达，而且能够明显改善皮质酮造成的阳虚模型小鼠腹腔巨噬细胞表面Ia抗原表达的抑制。但在体外研究中，乌头碱与巨噬细胞共同培养并不能直接刺激IFN－γ诱导的巨噬细胞Ia抗原表达，说明乌头碱可间接调节免疫机制。由川乌组成的复方乌头汤提取液，能使幼鼠胸腺明显萎缩；川乌总碱能明显抑制结核菌素引起的大鼠皮肤迟发型超敏反应；观察结果同时证明，乌头碱类化合物对免疫器官及体液免疫均呈现免疫抑制作用，这种抑制作用是可逆的，停药后完全恢复正常状态。

18.5.2.4 心血管系统活性

1960年，学者通过试验证明附子具有明显的强心作用，但对其强心成分一直存在着质疑；张为亮发现乌头碱具有扩张冠状血管和四肢血管的作用，在小剂量（未致心室纤颤）时，就已产生抗急性心肌缺血的作用，并有明显的常压耐缺氧作用；周远鹏在研究乌头碱对心血管作用时发现，所用剂量往往引起心律失常，因而所得结果通常是毒性反应。近年来研究证实乌头碱是一个钠通道激动剂，它的正性肌力作用也是通过激动钠通道，增加钠离子内流，从而通过反向Na^{+}/Ca^{2+}交换使细胞内的钙离子浓度增高，增强心肌收缩力而达到强心的效果。但由于乌头碱极易引起快速心律失常和室颤，迄今未将乌头碱作为强心药物研究与应用。

18.5.2.5 抗肿瘤活性

乌头有抗癌作用。用中药乌头提取精制的乌头注射液进行动物和胃癌病人的临床研究表明，肌注乌头注射液2 mL/d（总生物碱0.18 mg）有抑制癌瘤生长和癌细胞自发转移的作用，临床用于治疗晚期胃癌等消化系统恶性肿瘤均收到一定效果。乌头注射液对肝癌也有一定疗效，对在体小鼠腹水型肝癌抑制率可达50%左右，能抑制癌细胞的有丝分裂，临床应用于原发性肝癌，效果较好，可改善临床症状，增加食欲，延长存活期。

18.5.2.6 毒、副作用

附子之毒，全因其大辛大热、纯阳燥烈之性，其偏性愈大，则毒性愈大。若人处于阳气败亡之时，则当用附子大热之偏，以偏纠偏，方可救逆回阳。用附子即用其“偏性”。

附子中毒之征表现为：头晕，心慌，唇、口、舌及四肢麻木，说话不爽利，继而出现恶心、呕吐，烦躁不安，严重者会出现昏迷，四肢肌肉抽搐，呼吸急促，皮肤湿冷，血压、体温下降，心律不齐，甚至死亡。导致乌头中毒的主要成分是乌头酊。

附子解毒之法：古今常用之药为大剂甘草、防风、肉桂、绿豆、黑豆、大黄、蜂蜜等急煎内服。现代可用高锰酸钾或浓茶反复洗胃。若患者出现迷走神经兴奋之表现，如心动过缓、传导阻滞等可用阿托品；对异位心律失常如室性早搏、室性心动过速明显者，则应用利多卡因。此外还需对症治疗等。

18.5.2.7 乌头的杀虫活性

乌头对昆虫的生物学活性一般分触杀作用、拒食作用、胃毒作用。

1）触杀作用

孟昭祥做了白喉乌头中生物碱不同浓度的溶液（溶剂为乙醇和水）对蚜虫的幼虫、成虫的杀虫试验。结果显示，1×10^{-4}以上只对幼虫起作用，5×10^{-4}以上对成虫杀虫率达90%，对成虫的最适宜浓度为1.5×10^{-3}，2 d内杀虫基本完成。高占林等对北乌头植物提取液对蚜虫生物活性影响的研究表明，北乌头的丙酮浸提液对绣线菊蚜、禾谷缢管蚜和菜缢管蚜的平均校正死亡率分别为50.8%，23.0%和36.4%；在对不同溶剂北乌头提取液对禾谷缢管蚜的毒效研究中发现，北乌头的3种浸提液中，以丙酮浸提液毒力最高，校正死亡率为46.0%，而水浸提液和乙醚浸提液则分别为23.7%和19.3%，其杀虫成分可能兼有偏极性和非极性的物质；植物提取液与杀虫剂混用对禾谷缢管蚜联合毒力的研究结果显示，北乌头的丙酮抽提浓缩液与氧化乐果、吡虫啉、抗蚜威按10∶1的比例混合后测定其对禾谷缢管蚜的联合毒力，北乌头提取液与吡虫啉混用的共毒系数为319.64，表现出很强的增效作用，与氧化乐果混用的共毒系数为168.58，与抗蚜威混用的共毒系数为90.00~119.42，无明显增效作用。刘长仲研究显示，川乌生物碱对桃蚜有较高毒力，LC_{50} = 161.25 μg/g，30%乌头生物碱苯提取物在600 μg/g和300 μg/g以上剂量对室内辣椒上桃蚜的虫口校正减退率在防后1 d分别为76.85%和78.10%，防后2 d分别为89.87%和89.45%，防后3 d分别为90.93%和90.17%；对辣椒上桃蚜的田间防治试验结果表明，校正虫口减退率在防后2 d为84%~89%；防后3 d达89%~95%。刘海峰报道，北乌头（*Aconitum kusnezoffii*Reichb.）根的乙醇提取物对蚜虫和菜青虫都有较高的活性，其总生物碱对蚜虫24 h、48 h校正死亡率分别为85.81%和92.41%，显示出生物碱的强效杀虫活性。陈小平用川乌的提取物对蜀柏毒蛾的杀虫活性进行了研究，结果表明，川乌提取物500 μg/g、600 μg/g的剂量对蜀柏毒蛾均有明显药效，随着施药时间增加虫口减退率逐渐增大，施药72 h后的校正虫口减退率分达到100%和95.13%，川乌提取物对蜀柏毒蛾24 h致死浓度LC_{50}为168.9 μg/g，表明该生物总碱对蜀柏毒蛾具有较高的毒力。蒋宏华在对0.15%乌头碱乳油对甘蓝上菜青虫防治效果的研究中显示，0.15%乌头碱乳油1000、900、800倍液施药后1 d校正防效分别为71.7%，74.4%，79.1%；施药后3 d校正防效分别为89.6%，90.3%，98.3%，表现出很好的防治效果。

2）拒食作用

刘海峰对北乌头的拒食性做了相关研究，结果表明北乌头的生物总碱对菜青虫24 h和48 h的拒食率分别为71.44%和97.72%，显示出较高的驱避作用；王海丽等用非选择性拒食测定法对青藏高原上的露蕊乌头做了相关拒食性试验，供试昆虫为斜纹夜蛾的幼虫，结果显示，40.5%的露蕊乌头提取物对斜纹夜蛾幼虫的拒食率为71.98%，具有很好的拒食性。

3）胃毒作用

刘海峰发现，北乌头生物碱处理的甘蓝叶碟被菜青虫少量取食后，菜青虫分别于24 h、48 h后化蛹，蛹态畸形，表现出生物碱对菜青虫的生长发育有一定的抑制作用。

18.6 乌头的开发利用

18.6.1 用于手术麻醉

乌头碱有明显的局部麻醉作用，对小鼠坐骨神经干的阻滞作用相当于可卡因的31倍，豚鼠皮下注射浸润麻醉作用相当于可卡因的400倍。临床用于手术麻醉确有较好的麻醉止痛作用。

（1）10%的乌头乙醇浸出液：将生川乌磨成细粉，按10%比例，浸入70%乙醇中，24 h后过滤备用。主要用于鼻腔和口腔黏膜麻醉。

（2）10%的乌头乙醇浸出液加蒸馏水或生理盐水，配成1.25%稀释液。用于眼睛、气管、食管表面麻醉。

（3）以极细的乌头粉1份，与葡萄糖粉9份混合，其麻醉止痛力较浸出液更强，且又不易失效。

18.6.2 临床应用

现代药理研究证实，乌头具有麻醉止痛、抗炎、强心、降血压、降血糖、扩血管、抗肿瘤等作用。临床新用主要有以下几方面。

18.6.2.1 治疗肩关节周围炎（冻结肩）

用川乌、草乌、樟脑各90 g，研细末，每次以适量药末加老陈醋调敷肩关节疼痛处或压痛点，厚约0.5 cm，外裹纱布，并用热水袋热敷30 min，每日1次。一般用药3次见效，平均用药7次。若敷药部位发痒、发热是药物作用的正常反应，如起疱，可涂龙胆紫，用纱布覆盖并固定。本法对无菌性腱鞘炎、腱鞘囊肿和骨质增生等均有止痛效果。

18.6.2.2 治疗腰肢疼痛

取乌头 100 g，加水 2000 mL，煎至 1000 mL，装瓶备用。将浸药汁的布垫置于阳极板下，把阳极板放在痛区，阴极选放于适宜部位，固定极板后通电。电流量控制在 10 ~ 20 mA，每次导入 10 ~ 20 min，每日 1 次，10 ~ 15 次为 1 疗程，必要时可延长疗程。解放军第 64 医院报道治疗腰肢疼痛 225 例，总有效率为 87.4%。对寒湿型及外伤引起的急性腰肢痛者止痛效果尤佳。

18.6.2.3 治疗足跟骨刺疼痛

将生川乌 30 g（1 个足跟用量）研成细末，用白酒或食醋适量调成糊状，于夜晚睡觉前先用温水洗净脚，再将药糊平摊于足跟疼痛处，外以塑料布覆盖，纱布包扎，每日换药 1 次，一般连续用药 2 ~ 3 次疼痛即可消失。痛止即停止使用，以免久用引起局部起疱。

18.6.2.4 治疗癌症

乌头有抗癌作用。乌头注射液 200 μg/mL 浓度对胃癌细胞有抑制作用，并随浓度增加而加强，且可抑制胃癌细胞的有丝分裂；对小鼠肝癌实体瘤抑制率高达 57.4%，对小鼠前胃 FC 和 S180 抑制率高达 46%。乌头用于治疗消化系统等肿瘤，可改善临床症状，延长存活期。

（1）用乌头提取液（乌头碱水解产物）1.6 mg/mL，肌内注射，每日 2 次。用于胃癌、肝癌等晚期消化道癌 271 例，能延长存活期，减轻症状，止痛效率达 100%。

（2）用乌头注射液 2 mL（含乌头总碱 0.8 mg），每日肌内注射 1 次，30 日为 1 疗程，可连续给药 3 个疗程。汤铭新报道治癌症患者 10 例，其中胃癌 8 例，贲门癌 1 例，胰腺癌 1 例。结果近期有效 6 例，稳定不变 2 例，恶化 2 例。用药期间检查血象、肝肾功能未见异常。

18.6.2.5 治疗神经性耳鸣

取生乌头 15 g，浸泡于 75% 的乙醇 50 mL 中，7 d 后即可使用。每日滴患耳 1 ~ 2 次，每次滴药液 2 ~ 3 滴，一般滴 3 次即可渐愈，尤其对 45 岁以下的患者效果较好。

18.6.2.6 治疗神经性皮炎

生草乌 100 g，生黄精 200 g，苦参 100 g，蛇不过（即云实）200 g，乙醇 1000 mL。密封浸泡 10 d，用纱布滤过，瓶装备用。每日涂患处 2 ~ 3 次，7 d 为 1 疗程，1 ~ 2 个疗程则渐愈。

18.6.3 观赏栽培

乌头属植物花大色艳，花形别致，是具有中国特色的高山花卉，最宜做切花、盆花、花境及花坛，其蓝色的花给人以宁静、清凉的感觉，观赏价值高，是我国宝贵的野生花卉资源，在园林植物遗传育种和环境美化观赏中具有重要的作用。目前，荷兰、日本等国家已经培育出川乌等观赏乌头栽培品种，并广泛应用于庭院绿化、盆栽观赏和切花方面，而我国仅有云南农业大学、云南农业科学院、北京林业大学等对川乌、黄花乌头、北乌头、华北乌头等进行了该领域的研究。昆明市东川区农科所等已经初步实现了川乌切花产业化生产，北京林业大学制定出乌头属切花标准，并初步筛选出川乌、黄花乌头、北乌头、华北乌头4个品种为观赏乌头切花栽培品种。

主要参考文献

[1] 陈幸，夏文娟，肖小河．川产道地药材附子生产现状分析［J］．中药材，1994，17（8）：38－39．
[2] 陈彦琳，杜杰，梁焕，等．道地药材附子炮制加工规范化探讨［J］．中国现代中药，2009，11（7）：42－44．
[3] 陈学习，彭成．对附子毒性的再认识［J］．辽宁中医药大学学报，2007，9（6）：7－8．
[4] 陈学习，彭成．附子毒性影响因素探析［J］．陕西中医，2007，28（2）：217－219．
[5] 陈永艳，冉梅．附子的炮制方法概况及临床应用［J］．中医药导报，2008，14（11）：88，108．
[6] 高文韬，王壮，王新波，等．乌头的研究进展［J］．北华大学学报：自然科学版，2009，10（2）：144－148．
[7] 高文韬，王旭东，黄云峰，等．吉林省乌头属植物资源调查研究［J］．安徽农业科学，2008，36（31）：13668－13669．
[8] 高占林，潘文亮，党志红，等．几种杀虫植物对蚜虫的生物活性及与化学杀虫剂混用的联合毒力［J］．河北农业大学学报，2004，27（4）：67－70．
[9] 邓庭丰，李培清．川乌人工栽培技术措施［J］．云南科技管理，2001，3：63－64．
[10] 符华林．我国乌头属药用植物的研究概况［J］．中药材，2004，27（2）：149－152．
[11] 巩红冬．青藏高原东缘乌头属藏药植物资源调查［J］．安徽农业科学，2010，38（7）：3447，3458．
[12] 胡烈．乌头临床新用［J］．中国临床医生，2000，28（12）：45－46．
[13] 刘海峰，全炳武，田官荣，等．几种长白山有毒植物提取的生物碱杀虫活性［J］．农药，2007，46（1）：55－57．
[14] 栾洪涛，李岩，姬全山．关白附的采收与产地加工［J］．种植新技术，2006，2：20．
[15] 李岩，邱军，颜廷林，等．黄花乌头适宜采收期研究［J］．现代中药研究与实践，2006，20（3）：21－23．
[16] 区炳雄，龚又明，林华，等．川乌微波炮制工艺优选［J］．中国实验方剂学杂志，2012，18（1）：39－42．
[17] 唐莉，梁丽娟，叶华智．附子常见病害的调查研究［J］．现代中药研究与实践，2004，

18 (6): 29 - 32.
[18] 拓亚琴，慕小倩，梁宗锁. 乌头附子最佳采收时期的初步研究 [J]. 西北农业学报，2007，16 (2): 146 ~ 148，152.
[19] 王秀英，张大惠，李恩彪，等. 低温处理对黄花乌头抗逆性的影响 [J]. 江苏农业科学，2010，5: 353 - 354.
[20] 王龙虎，杜杰，周海燕，等. 附子炮制研究进展 [J]. 中国现代中药，2007，9 (8): 28 - 31，40.
[21] 王玲玲. 附子应用体会 [J]. 河南中医. 2009，29 (2): 188 - 190.
[22] 王亚娟. 黄花乌头化学成分研究概况 [J]. 时珍国医国药，2006，17 (4): 638 - 639.
[23] 魏云洁，孔祥义. 黄花乌头种质资源与规范化栽培 [J]. 特种经济动植物，2008. 10: 35 - 37.
[24] 夏燕莉，胡平，张美，等. 附子优良品种选育及生物学特性研究 [J]. 种子，2009，28 (2): 85 - 89.
[25] 徐姗，董必焰. 华北地区部分乌头属植物资源调查 [J]. 江苏农业科学，2009，6: 421 - 425.
[26] 杨世雷. 附子的毒性及应用 [J]. 中国现代药物应用，2009，3 (3): 76 - 77.
[27] 颜廷林，程世明，宋东平，等. 黄花乌头规范化栽培技术 [J]. 中药研究与信息，2005，7 (6): 31 - 34.
[28] 杨姝，金振辉，羊晓东. 乌头属植物的化学成分及药理作用研究进展 [J]. 云南农业大学学报，2007，22 (2): 293 - 295，298.
[29] 原春兰，王晓玲，杨得锁. 高乌头中活性物质的杀虫活性 [J]. 现代农药，2012，11 (3): 40 - 43.
[30] 周海燕，周应群，羊勇. 附子不同产区生态因子及栽培方式的考察与评价 [J]. 中国现代中药，2010，12 (2): 14 - 18.
[31] 周海燕，孙兰，赵润怀，等. 附子膨大充实期干物质及有效成分积累规律研究 [J]. 中药材，2010，33 (4): 487 - 489.
[32] 张帆，蔡冬梅，刘悦. 新疆乌头属（毛茛科）一新变种 [J]. 新疆师范大学学报：自然科学版，2012，31 (1): 15 - 16.
[33] CHAN T Y K. Aconitum alkaloid content and the high toxicity of aconite tincture [J]. Forensic Science International，2012，3.

19 吴茱萸

吴茱萸为芸香科植物吴茱萸［*Evodia rutaecarpa*（*Juss.*）*Benth*］、石虎［*Evodia rutaecarpa*（*Juss.*）*Benth. var. officinalis*（*Dode*）*Huangak*］或疏毛吴茱萸［*Evodia rutaecarpa*（*Juss*）*Benth. var. bodinieri*（*Dodo*）*Huang*］的干燥近成熟果实，历版《中国药典》均有收载，为我国传统中药之一。其性热味苦寒，有散热止痛、降逆止呕之功效，用于治疗肝胃虚寒、阴浊上逆所致的头痛或胃脘疼痛等症。吴茱萸又称吴萸、茶辣、漆辣子、臭辣子树、左力纯幽子、米辣子、曲药子、伏辣子、臭泡子等，始载于《神农本草经》，列入中品。宋代《本草图经》记载："今处处有之，江、浙、蜀、汉尤多。木高丈余，皮青绿色，叶似椿而阔厚，紫色，三月开花，红紫色。七月八月结实，似椒子，嫩时微黄，至成熟时则深紫。"据江西省药物研究所调查，现今吴茱萸的产地及形态与上述引文基本符合，只是花为白色，与文献所载花红紫色不同。明代《纲目》记载："茱萸枝柔而肥，叶长而皱，其实结于梢头，累累成簇而无核，与椒不同。一种粒大，一种粒小，小者入药为胜。"粒大的可能指吴茱萸，粒小的可能指石虎。与现今商品两种等级相符。食茱萸，最早是唐《新修本草》记载："味辛苦，大热，无毒，功用与吴茱萸同，少为劣耳，疗水气，用之乃佳。"指出吴茱萸和食茱萸功效相类同。宋《本草图经》记载："食茱萸，旧不载所出州土。云功用与吴茱萸同，或云即茱萸中颗粒大，经久色黄黑，堪啖者是。今南北皆有之。其木亦茂高大，有长及百尺者，枝茎青黄，上有小白点，叶正类油麻。花黄。"并附有蜀州食茱萸插图。蜀州即今四川重庆。从图中羽状复叶的小叶彼此靠拢，又花朵密集，结合描述，经鉴定即为芸香科植物吴茱萸。

19.1 种质资源及分布

吴茱萸通常分大花吴茱萸、中花吴茱萸和小花吴茱萸等几个品种，及石虎和疏毛吴茱萸两个变种。吴茱萸及其变种的接近成熟的果实为常用中药。吴茱萸适宜生长在气候温和、降水量充沛的长江流域及以南地区，多生于温暖地带山地、路旁或疏林下。主要分布于广东、广西、贵州、云南、四川、陕西、湖南、湖北、福建、浙江、江西等地。主产于贵州、云南、四川、湖南，尤以贵州产的吴茱萸量大质佳，居全国之首。

19.2 生物学特性

19.2.1 形态特征

吴茱萸属包括一个原变种和两个变种。

吴茱萸（原变种）：落叶小乔木或灌木，高3～10 m，幼枝、叶轴及花序轴均被锈色长柔毛，小枝为紫褐色。单数羽状复叶对生，小叶5～9片，椭圆形或卵圆形，表面疏被柔毛，背面密被白色柔毛，有粗大透明油腺点。花单性异株，聚伞圆锥花序顶生。雄花萼片、花瓣、雄蕊均5数，具退化子房；雌花花瓣较肥厚，退化雄蕊5牧，心皮数5。果熟时紫红色，种子呈黑色。通常分大花吴茱萸、中花吴茱萸和小花吴茱萸等几个品种（彩图19.1、19.2）。

石虎（变种）：小叶片较窄，呈长卵状披针形，先端渐尖。雌花的花瓣较短小，长3～4 mm。

疏毛吴茱萸（变种）：植株被毛较稀疏，种子呈卵球形，花期5～6月，果期6～9月。该变种多以栽培为主，于冬季或早春种植，定植2～3年可采收，每株可产1～3 kg果实，4～5年进入盛果期，每株可产5 kg果实。植株寿命为10～20年。

19.2.2 生态习性

吴茱萸适宜亚热带气候，1月平均气温4～8 ℃，7月平均气温20～32 ℃的地区生长，在年平均气温12～20 ℃的地区均能正常产果，适生于海拔500 m左右的山坡沟边，温暖湿润的山地，疏林下或林缘空旷地。

19.2.3 生长习性

吴茱萸为浅根系树种，没有明显的主根，有发达的须根群，在重黏土中生长缓慢。宜栽培在低山及丘陵、平坝向阳较暖和的地方，忌严寒、忌涝、忌阴湿，过于干燥干旱地区，也不宜栽培。

吴茱萸属较喜光树种，结实时需光量大，在郁蔽条件下虽能生长，但生长较差，结实量低；性喜湿润，适宜在年降雨量1200 mm以上的地区栽培。吴茱萸对土壤适应性强，在沙壤、黄壤、壤土和风化页岩上栽培都能正常生长。

19.3 栽培与管理

19.3.1 繁殖方法

吴茱萸繁殖分有性繁殖和无性繁殖。但由于吴茱萸系异花授粉植物，常因授粉不全，影响种子发育，种子发芽力较低，故多用无性扦插繁殖。

19.3.1.1　有性繁殖

当果实由绿转红紫色时，选产果多、没有大小结果年之分的吴茱萸树作采种母树，采集其树冠上部外围枝上的果实，将其沤堆2～3 d后搓烂果皮，取出种子，立即播种。苗圃选择向阳的沙质土或半沙壤土，要求圃地土层深厚、土壤肥沃、排水良好。播种前深耕，耕后每亩用1000～2000 kg人粪尿均匀泼在地面，待干后再细碎土地，按1 m宽作厢备用。播种时，将种子均匀撒在苗床上，盖上1～2 cm细沙，然后再踏紧，使泥土与种子紧密结合，浇透水，盖上地膜。苗木出土后，用50%多菌灵600倍液喷雾苗床，勤除草。苗高3～4 cm时，匀苗，每亩留苗3～4万株，泼清粪水。苗高7～10 cm时，再匀苗1次，每亩留苗2～3万株，再用含1%尿素的清粪水淋施。7月再用含2%钙镁磷肥的粪水混合泼苗，以促进苗木木质化。一般1年生苗高可达70～80 cm。

19.3.1.2　无性繁殖

吴茱萸根部隐芽多，枝条和树干上常长出不定根。因此，大都采用根插、枝插、分蘖方式进行繁殖。无性繁殖苗圃整地除与有性繁殖相同外，细碎土壤深度不低于20 cm。

（1）根插繁殖。选4～6年生长势旺的优良单株作母株，于2月上旬挖出母株根际周围的土壤，截取直径0.5 cm粗的侧根，切成15 cm长的小段，在备好的畦面上，按行株距15 cm×10 cm的标准将根段斜插入土中，上端稍露出土面，覆土稍加压实，挠稀粪水后盖草。待长出新芽后，除去盖草，并浇清粪水1次。苗高5 cm左右时，及时松土除草，并浇稀粪水1次。翌春或冬季即可出圃定植。

（2）枝插繁殖。在萌芽前，剪取生长健壮、无病虫害的1年生枝条，剪成20 cm长的插穗。插穗须保留3个芽眼，上端截平，下端近节处剪成斜面。将插穗下端插入浓度为1 mL/L的吲哚丁酸溶液中，浸半小时取出，按株行距10 cm×20 cm斜插入苗床中，入土深度以穗长的2/3为宜。切忌倒插。覆土压实，浇水遮阴。一般经1～2个月即可生根及抽生新枝，第二年可移栽。

（3）分蘖繁殖。吴茱萸易分蘖，可于每年冬季距母株50 cm处，刨出侧根，每隔10 cm割伤皮层，施肥后，盖土覆草。翌年春季，抽生根蘖幼苗，除去盖草，待苗高30 cm左右时分离移栽。

19.3.2　定　植

冬季落叶后到翌年春季萌芽前均可定植，但以早春定植较好，成活率高。成片栽培，株行距2.7～3.3 m见方；利用零星空地栽植，株行距以2 m×3 m为宜。定植时，先开穴，穴长宽各50～60 cm，深50 cm，穴中施堆肥5～10 kg，填细土5 cm左右，然后将幼苗根系理顺，置于穴中，再覆细土踏实，浇透定根水。栽后根据天气情况，浇水1～3次，以提高成活率。在定植后的前几年，植株小，株间空隙大，可间种豆类、花生、芝麻、蔬菜、菊花、益母草等。

19.3.3 田间管理

19.3.3.1 中耕除草

定植后，春、夏、秋季浅锄草，抑制杂草生长，每年冬季进行一次深中耕，加深活土层。

19.3.3.2 施　肥

早春植株萌芽前施一次腐熟的人粪尿，施肥量随树龄而定。一般株施人粪尿 10 ~ 25 kg。以后结合套种作物进行追肥，或结合冬夏锄草松土施肥，每次株施人畜粪尿 5 kg，火烧土灰 2.5 kg，然后覆土即可。开花前后，每株增施过磷酸钙 1 ~ 1.5 kg，草木灰 2 kg 左右，可减少落果，促进果实生长。

植株落叶后施基肥一次。一般株施土杂肥 15 ~ 20 kg 加适量草木灰等，同时培土防冻。

19.3.3.3 合理整枝

幼树修剪：在树高 80 ~ 100 cm 时剪去主干顶部，即称“打顶”，促使抽生侧枝。在侧枝中选留 3 ~ 4 个不同方位的健壮枝条培养成主枝，以后在主枝上培养 3 ~ 4 个副主枝即可。

成年树修剪：多在冬季进行，有疏删和短截两种。疏删，主要剪除过密枝、病虫枝、细弱枝和下垂枝，保留枝梢健壮、芽苞椭圆的枝条，形成内疏外密的树形。短截，主要是对生长势过强的枝条进行剪截，以抑制过度生长，保持树体生长均衡。

老树更新：老树生长衰退，产量低下，利用价值低，但其根部往往多有幼苗生长，此时可以砍掉主干，适当对根部新生幼苗进行管理，选取健壮者取代老树。

19.3.4 病虫害防治

19.3.4.1 主要病害

1）煤污病

又称“煤烟病”，是小花吴茱萸最常见的病害。其病原菌有多种，其中以子囊菌最为常见。症状是在被害叶片、嫩梢和树干上诱发不规则的黑褐色煤状物，严重影响光合作用，致使树势衰弱，开花结果少，影响产量。该病害多在 5 月上旬至 6 月中旬发生。主要是由蚜虫、蚧壳虫类在小花吴茱萸树上引发，其分泌的蜜露是煤污病菌最好的食物营养，从而诱发该病的发生。

防治方法：在 5 月上旬至 6 月中旬，可喷 40% 乐果 1200 ~ 1500 倍液或抗蚜威 800 ~ 1200 倍液，每隔 7 ~ 10 d 喷 1 次，连续 2 ~ 3 次，以防治蚜虫为害；蚧壳虫应掌握在幼蚧孵化高峰期（6 月中下旬）用扑杀蚧喷雾或冬季用 2 ~ 4 波美度的石硫合剂喷雾，对减少虫源基数有明显作用。对已明显变黑叶片的霉层，因易脱落（属外寄生菌），可用1%洗衣粉喷刷，脱离后的枝叶为绿色，以恢复其光合强度。冬季清除杂草，消灭害虫越冬场所，对小花吴茱萸适当整形修剪，以利通风透光，减轻其为害。

2）锈　病

该病主要为害叶片，5月中旬发生，6~7月为害严重。发病初期叶片上出现黄绿色近圆形、边缘不明显的小病斑，后期叶背形成橙色突起的疮斑（夏孢子堆），孢斑破裂后散出橙黄色夏孢子。叶片上病斑逐渐增多，引起叶片枯死。

防治方法：及时清除病枝残叶并集中烧毁，适当增施磷、钾肥，促进植株生长健壮。发病期间用波美0.3度石硫合剂或65%代森锌可湿性粉剂500倍液，或25% 粉锈宁1000倍液，或97%敌锈钠600倍液喷洒，间隔7~10 d喷一次。

19.3.4.2　主要虫害

1）蚜虫

蚜虫种类繁多，寄主较广，为害吴茱萸的蚜虫1年发生10~15代，以若虫为害嫩梢和嫩叶，排出粪便污染枝叶导致煤烟病的发生。

防治方法：尽量少用广谱性触杀剂，以保护利用瓢虫、草蛉等天敌。选用对天敌杀伤较小的内吸、传导作用大的药物，可用25%的鱼藤精、40%的硫酸烟精等800~1200倍液，或40%氧化乐果2000倍液进行喷施。

2）褐天牛

褐天牛的幼虫从树干下部30~100 cm处或在粗枝上蛀入，咬食木质部，形成不规则的弯曲孔道，使内部充满蛀屑，每隔一定距离开通气孔和排泄孔，将蛀屑等排出孔外。因此，在距地面30 cm以上的主干上常出现唾沫胶质分泌物、木屑及虫粪。该虫为害严重时，可导致植株死亡。

防治方法：在幼虫蛀入木质部后，见树干上有新鲜的蛀孔，可用钢丝钩杀；或用药棉浸渍80%的敌敌畏塞入蛀孔，用泥封口，毒杀幼虫。成虫产卵期，用硫黄粉1份、生石灰10份、水40份拌成石灰浆，涂刷树干，可防止成虫产卵。

3）桑天牛

桑天牛1年发生1代，以幼虫蛀食树干。幼虫在树干蛀孔内越冬，成虫6~7月间羽化后一般夜间活动，喜食新枝树皮、嫩叶和嫩枝，卵多产在直径1~3 cm一年生枝条上。先咬破树皮和木质部，成"U"字形伤口，将卵产在伤口内。多在夜间产卵，每夜产卵4~5粒，一头雌虫产卵100多粒。卵经14 d孵化后，幼虫进入木质部，由上而下取食。老熟幼虫常在根部蛀食，化蛹时，头朝上方，以木屑填塞蛀道上下两端。蛹期20 d左右羽化成虫，成虫寿命可达80多天。

防治方法：在成虫出现期（6~7月）捕捉成虫，幼虫活动期，寻找蛀孔，掏出木屑粪便用80%敌敌畏原液或50%速灭杀丁原液浸湿药棉塞进洞内，用半湿泥密封洞口，闷杀幼虫。

4）柑橘凤蝶

成虫有春型和夏型2种，夏型体大黑色，春型淡黑褐色、翅黑色，前后翅外缘各有一排金黄色新月形斑，后翅有尾状突起，臀角处常有一橙黄色圆斑，内有一黑点；卵圆球形，黄绿色，近孵化时灰黑色；初龄幼虫黑色，多刺毛，形似鸟粪状，老熟幼虫黄绿色，受惊或触及时前胸背面有一对橙黄色臭角伸出，散发臭气；蛹近菱形，暗绿色。其幼虫咬食幼芽、嫩叶成缺刻或孔洞。3龄后，食量增大，能将嫩枝上叶片食光。1年发生2~3代。以蛹附在树枝及其他附着物上越冬，次年3月开始发生，5~7月为害严重，有世代重叠现象。成虫白天活动，交尾后卵散产在嫩叶上，孵化后，幼虫食嫩叶为害。

防治方法：①低龄幼虫，喷Bt乳剂300倍液，每隔10 d喷1次，喷2~3次。②在幼虫3龄以后，喷以每克含菌量为100亿的青虫菌300倍液，每隔10~15 d喷1次，连续2~3次。③在若虫幼龄期，用苏云金杆菌菌粉（每克含孢子100亿）500~800倍液喷雾，效果很好。④人工捕杀幼虫或卵。

5）小地老虎

小地老虎属鳞翅目，夜蛾科。成虫体长16~23 mm，翅展42~54 mm，深褐色。前翅肾状纹外有一明显黑色三角形剑状纹，尖端向外，亚外缘线内有2个尖端向内的黑色剑状纹，三纹尖相对成“品”字形；卵半球形，表面有纵横的隆起线；幼虫体长37~47 mm。体黄褐至暗褐色，体表皮粗糙，密布圆形黑色小颗粒，臀板黄褐色，有2条黑褐色纵带；蛹体长18~24 mm，赤褐色，有光泽，具臀棘1对，呈分叉状。在苗圃地内小地老虎幼虫会为害幼苗，咬断幼苗根、茎、叶，以4~5月对幼苗为害最严重。1 a发生4代，第1代幼虫在3月上旬发生，幼虫经常从地面咬断嫩茎，拖入洞内继续咬食，从而造成缺苗断株。虫龄增大后钻入土内，于早、晚或阴天出土为害。

防治方法：①清晨日出之前，在田间人工捕杀。②在为害盛期（4~5月），用炒香的麦麸或菜籽饼5 kg与90%晶体敌百虫100 g制成的毒饵诱杀或以10 kg炒香麦麸或菜籽饼加入50 g氯丹乳油制成毒饵诱杀。③用90%敌百虫1000~1500倍液在下午浇穴毒杀，每亩用2.5%敌百虫粉剂2 kg，拌细土15 kg，撒于植株周围，并结合中耕，使毒土混入土内而起保苗作用。④用辛硫磷1000~1200倍液处理土壤对其幼虫有明显的毒杀作用。

6）红蜡蚧

雌成蚧壳椭圆形边缘不整齐，背面覆盖暗红色厚蜡壳，顶部似脐状凹陷，有4条白色蜡带，从腹面卷向背面，虫体紫红色。多以雌成虫、若虫群集在枝梢上固定吸食汁液，少数在叶柄、叶脉、果梗和果实上为害，并分泌露蜜，诱发煤烟病，影响树势和产量。

防治方法：①2龄若虫初期大量幼蚧上梢分散定居为害时（5月下旬至6月中旬），用扑杀蚧1500~2000倍液喷杀，每隔15 d左右喷1次，连续2~3次。②在冬季休眠期，先用竹片在树干轻刮除去之，再用石硫合剂涂刷树干。③及时修剪虫枝并带出药园集中处理，可减少虫源基数。

19.4 采收与加工

吴茱萸用幼果入药，季节性很强，采收期较短。一般定植后2~3年后开花结果，于8~9月果实心皮由绿色转为橙黄色尚未开裂时，即采收。应选择晴天早上或上午将果穗成串剪下，轻采轻放，避免震动落果。采果时注意保护枝条，不要将结果枝剪下，以免影响第二年开花结果。一般3年树龄每株可收干果2~3 kg，6~20年树龄每株可收干果6~15 kg。

采回后摊在晒具内，放在阳光下曝晒，晚上连同晒具一道端回，晒具不能重叠堆放，也不宜堆在箩筐内，否则颜色变黑。采摘后如遇阴雨天气，可将果实用烘床（温度控制在60 ℃以内）烘烤干燥，以防霉烂变质。果实采摘干燥后，可用人工方法搓揉，使果实与果柄分离，筛除果柄、杂质，装入麻袋，置于干燥通风处储藏。

质量标准：果实五角状扁球形，无枝梗，籽粒饱满，干燥未裂，气香浓裂，味辛辣而苦。

19.5 吴茱萸的主要化学成分及药理作用

19.5.1 主要化学成分

吴茱萸含挥发油，主要为吴茱萸烯（Evodene）、罗勒烯（Ocimene）、吴茱萸内酯（Evodin）、吴茱萸内酯醇（Evodol）。

吴茱萸含生物碱，主要有吴茱萸碱（Evodiamine）、吴茱萸次碱（Rutaecarpine）、吴茱萸因碱（Wuchuyine）、羟基吴茱萸碱（Hydroxyevodiamine）、吴茱萸卡品碱（Evocarpine）、二氢吴茱萸卡品碱（Dihydroevocarpine）、环磷酸鸟苷（cGMP）。吴茱萸碱用盐酸乙醇处理即转化为异吴茱萸碱（Isoevodiamine）。从吴茱萸生药中尚分离出去甲乌药碱。

吴茱萸含柠檬苦素（Limonin）、吴茱萸苦素（Rutaevin）、吴茱萸苦素乙酯（Rutaevine acetate）、黄柏酮（Obacunone）。还含有黄酮类如花色甙（Arachidoside）、异戊烯黄酮（Isopentenyl-flavone）；酮类如吴茱萸啶酮（Evodinone）、吴茱萸精（Evogin）及甾体化合物、脂肪酸类化合物。

19.5.2 药理作用

19.5.2.1 对中枢神经系统的作用

吴茱萸具有镇痛作用，其镇痛成分为吴茱萸碱、吴茱萸次碱、异吴茱萸碱及吴茱萸内酯。静脉注射吴茱萸的10%的乙醇提取物，可使家兔体温升高，也可提高电刺激兔齿髓引起的口边肌群挛缩的阈值，其作用强度与氨基比林相当。吴茱萸水煎剂5 g/kg和20 g/kg均能显著延迟痛觉反应时间，可维持2.5 h都不消失。口服吴茱萸有镇吐作用，与生姜同服，镇吐作用可被加强。但亦有报告指出，吴茱萸煎剂及丙酮浸膏分别给犬灌胃，对4%硫酸铜所致犬的呕吐均无镇吐作用。

19.5.2.2 对心血管系统的作用

吴茱萸醇-水提取物0.03～0.24 g/kg给麻醉猫静注产生依赖性升压效应和提高膈膜的收缩力，但四乙胺不能拮抗。给清醒大鼠腹腔注射亦引起升压。两侧肾切除、酚妥拉明或心得安都显著降低其升压作用。实验表明，吴茱萸煎剂、冲剂和蒸馏液，静注和灌胃均有显著降压作用，且有剂量依赖性，降压持续时间较长，一般长达3 h以上，降压时不明显影响心率，但肌肉注射则降压作用甚弱，对实验性肾性高血压犬及正常兔亦有降压作用。甘草煎剂可使吴茱萸的降压作用丧失。吴茱萸对神经节无阻断作用，但能对抗肾上腺素、去甲肾上腺素、脑垂体后叶素引起的升压反应。有报告认为，吴茱萸醇水提物对心血管的作用是通过兴奋α-受体和β-受体产生的。

资料表明，吴茱萸的降压作用是通过多种活性成分、多种机制产生的。吴茱萸的降压作用与扩张外周血管有关；因苯海拉明可取消其降压作用，故亦可能与组胺有关。但与胆碱能神经及其受体无关。去氢吴茱萸碱为降压成分之一，其有扩张血管作用，在降压的同时，减慢心率，降低舒张压的作用强于收缩压；由于消炎痛可以部分、聚磷酸盐能够较完全地取消其降压作用，提示降压作用与前列腺素合成有关。去甲乌药碱亦为降压成分，其降压同时增加心率和降低外周血管阻力，该作用可被心得安阻断，说明其降压作用与兴奋β-受体有关。

19.5.2.3 对消化系统的作用

研究表明，吴茱萸中所含的吴茱萸苦素为苦味质，有苦味健胃作用，其所含的挥发油又具有芳香健胃作用。吴茱萸的甲醇提取物，有抗大鼠水浸应激性溃疡的作用；水煎剂还具有抗盐酸性胃溃疡和消炎痛加乙醇性胃溃疡作用，对水浸应激性和结扎幽门性溃疡有抑制形成的倾向。

吴茱萸对离体小肠活动有双向作用，低浓度时兴奋，高浓度时抑制自发收缩活动，既能拮抗烟碱、毒扁豆碱、乙酰胆碱、组胺、氯化钡、酚妥拉明、利血平对离体小肠的兴奋作用；亦能对抗六烃季胺、阿托品和肾上腺素对离体小肠的抑制作用，但不能拮抗苯海拉明、罂粟碱、异搏定、美散痛对离体兔小肠的抑制作用。表明吴茱萸兴奋肠管作用与乙酰胆碱能神经和M-胆碱受体无关，其抑制作用可能与肾上腺素能神经和α-受体关系不太大，而可能与直接兴奋β-受体有关。

吴茱萸水煎剂给小鼠口服（20 g/kg），可显著减少番泻叶引起的大肠刺激性腹泻次数；对蓖麻油引起的小肠刺激性腹泻次数亦有减少倾向。吴茱萸减慢正常小鼠的胃肠推进运动，也能拮抗吗啡或阿托品对小鼠的胃肠推进运动的抑制，提示吴茱萸对肠管的双向作用有利于调节机体的肠道作用。对胃肠功能紊乱所致的腹泻和消化不良性腹泻也有效。吴茱萸能使肠管兴奋，其所含的CGMP可能参与肠管活动。吴茱萸兴奋肠管活动的作用可能是通过胆碱样、组胺样、抗肾上腺素样作用或是通过其中之二或是通过其中之一实现的。

19.5.2.4 对子宫平滑肌的作用

吴茱萸中的拟交感成分对羟福林有松弛离体子宫作用，除去拟交感成分的残存液则兴奋大鼠子宫并可对抗对羟福林的松弛作用。其兴奋子宫的成分为去氢吴茱萸碱、吴茱萸次碱和芸香胺。去氢吴茱萸碱可能为5-羟色胺受体激动剂，其兴奋子宫作用能被二甲基麦角新碱阻断而不能被阿托品阻断。

19.5.2.5 其他作用

吴茱萸煎剂对霍乱弧菌有较强的抑制作用；对堇色毛癣菌、同心性毛癣菌、许兰黄癣菌、奥杜盎小芽孢癣菌、铁锈色小芽孢癣菌、羊毛状小芽孢癣菌、石膏样小芽孢癣菌、腹股沟表皮癣菌、星形奴卡菌等皮肤真菌均有不同程度的抑制作用。吴茱萸水提取物和50%的甲醇提取物有防龋齿作用。吴茱萸素对感染哥伦比亚SK株病毒的小鼠有抗病毒作用。体外实验表明，吴茱萸煎剂及醇、乙醚提取物在体外能杀灭猪蛔虫、蚯蚓和水蛭。

吴茱萸煎剂给家兔口服有利尿作用；健康人口服亦有利尿作用。利尿成分为吴茱萸碱和吴茱萸次碱。

19.6 吴茱萸的开发利用

19.6.1 中医临床应用

19.6.1.1 治疗高血压

将吴茱萸研末，每次取30~50 g，用醋调敷两足心（最好睡前敷，用布包裹）。一般敷12~24 h后血压即开始下降，自觉症状减轻。轻症敷1次，重的敷2~3次即显示降压效果。

19.6.1.2 治疗消化不良

取吴萸粉2.5~3 g，用食醋5~6 mL调成糊状，加温至40 ℃左右，摊于2层方纱布上（约0.5 cm厚），将四周折起；贴于脐部，用胶布固定。12 h更换1次。经治20例，痊愈18例，好转1例，无效1例。初步观察，本法有调节胃肠功能、温里去寒、止痛及帮助消化等作用。对胃肠功能紊乱所致的腹泻效果较好，对细菌感染所致的腹泻配合应用抗生素可产生协同作用。

19.6.1.3 治疗湿疹、神经性皮炎

吴茱萸研末，用凡士林调成30%（甲种）和20%（乙种）两种软膏；再取30%吴茱萸软膏和等量氧化锌软膏调匀，配成复方吴茱萸软膏（丙种）。

对亚急性和一般慢性湿疹及阴囊湿疹在亚急性期或早期者，采用乙种软膏；对多年慢性

阴囊湿疹则采用甲种软膏；婴儿湿疹采用丙种软膏。局部搽药，每日2次。

对神经性皮炎先搽甲种软膏，再配合热电吹风，每日1次，每次20 min，然后用比皮损略大的胶布块贴牢。

据82例湿疹和神经性皮炎的观察，对湿疹初期及亚急性湿疹疗效较好，治愈时间最短者3 d；对一般慢性湿疹，治愈时间最短者10 d；对多年呈苔藓样变的慢性湿疹无效；婴儿湿疹11例，除两例无效外，余均在7～15 d内临床治愈；阴囊湿疹初期效果明显，患病多年近于苔藓样变者无效；神经性皮炎19例，均为轻型及限局性患者，配合热电吹风比单纯涂药者疗效显著。

又有用10%吴茱萸糊膏局部涂抹后，再以艾熏20 min，治疗限局性神经性皮炎14例；结果治愈4例，显著进步7例，好转3例。

19.6.1.4 治疗黄水疮

将吴茱萸研粉用凡士林调制成10%软膏，局部涂擦，每日1～2次。擦药前先用温水洗净患处：治疗12例，一般4～6次即愈。

19.6.1.5 治疗口腔溃疡

将吴茱萸捣碎，过筛，取细末加适量好醋调成糊状，涂在纱布上，敷于双侧涌泉穴，24 h后取下。用量：1岁以下用0.5～2钱，1～5岁用2～3钱，6～15岁用3～4钱，15岁以上用4～5钱。治疗256例，有247例治愈。一般敷药1次即有效。

19.6.2 其 他

据各类古医书上记载，有如下几十种配方：

(1) 治肾气上哕。肾气自腹中起上筑于咽喉，逆气连属而不能吐，或至数十声，上下不得喘息：吴茱萸（醋炒）、橘皮、附子（去皮）各一两。为末，面糊丸，梧子大。每姜汤下七十丸（《仁存堂经验方》）。

(2) 治醋心。每醋气上攻如酽醋：茱萸一合。水三盏，煎七分，顿服。纵浓，亦须强服（《兵部手祭方》）。

(3) 治食已吞酸，胃气虚冷者：吴茱萸（汤泡七次，焙）、干姜（炮）等分。为末，汤服一钱（《圣惠方》）。

(4) 治肝火：黄连六两，吴茱萸一两或半两。上为末，水丸或蒸饼丸。白汤下五十丸（《丹溪心法》左金丸）。

(5) 治呕而胸满，及干呕吐涎沫，头痛者：吴茱萸一升，人参三两，生姜六两，大枣十二枚。上四味，以水五升，煮取三升，温服七合，日三服（《金匮要略》吴茱萸汤）。

(6) 治头风：吴茱萸三升。水五升，煮取三升，以绵拭发（《千金翼方》）。

(7) 治痰饮头疼背寒，呕吐酸汁，数日伏枕不食，十日一发：吴茱萸（汤泡七次）、茯苓筹分。为末，炼蜜丸悟子大。每热水下五十丸（《朱氏集验方》）。

(8) 治多年脾泄，老人多此，谓之水土同化：吴茱萸三钱。泡过，煎汁，入盐少许，通口服，盖茱萸能暖膀胱，水道既清，大肠自固，他药虽热，不能分解清浊也（《仁存堂经验方》）。

(9) 治脾受湿气，泄利不止，米谷迟化，脐腹刺痛；小儿有疳气下痢，亦能治之：黄连（去须）、吴茱萸（去梗，炒）、白芍药各五两。上为细末，面糊为丸，如梧桐子大。每服二十丸，浓煎米饮下，空心日三服（《局方》戊己丸）。

(10) 治脚气入腹，困闷欲死，腹胀：吴茱萸六升，木瓜两颗（切）。上二味，以水一斗三升，煮取三升，分三服，相去如人行十里久，进一服，或吐、或汗、或利、或大热闷，即瘥（《千金方》苏长史茱萸汤）。

(11) 治脚气疼痛，如人感风湿流注，脚足痛不可忍，筋脉浮肿，宜服之：槟榔七枚，陈皮（去白）、木瓜各一两，吴茱萸、紫苏叶各三钱，桔梗（去芦）、生姜（和皮）各半两。上细切，水煎，次日五更，分作三、五服，只是冷服。冬天略温服亦得（《证治准绳》鸡鸣散）。

(12) 治远年近日小肠疝气，偏坠搐疼，脐下撮痛，以致闷乱，及外肾肿硬，日渐滋长，阴间湿痒成疮：吴茱萸（去枝梗）一斤（四两用酒浸，四两用醋浸，四两用汤浸，四两用童子小便浸，各浸一宿，同焙干），泽泻（去灰土）二两。上为细末，酒煮面糊丸如梧桐子大。每服五十丸，空心食前盐汤或酒吞下（《局方》夺命丹）。

(13) 治小儿肾缩（乃初生受寒所致）：吴茱萸、硫黄各半两。同大蒜研涂其腹，仍以蛇床子烟熏之（《圣惠方》）。

(14) 治口疮口疳：茱萸末，醋调涂足心。亦治咽喉作痛（《濒湖集简方》）。

(15) 治牙齿疼痛：茱萸煎酒含漱之（《食疗本草》）。

(16) 治湿疹：炒吴茱萸一两，乌贼骨七钱，硫黄二钱。共研细末备用。湿疹患处渗出液多者撒干粉；无渗出液者用蓖麻油或猪板油化开调抹，隔日一次，上药后用纱布包扎（《全展选编·皮肤科》）。

(17) 治阴下湿痒生疮：吴茱萸一升，水三升，煮三、五沸，去滓，以洗疮。诸疮亦治之（《古今录验方》）。

(18) 治中风（口角偏斜，不能语言）。用茱萸一升、姜豉三升、清酒五程式，合煎开数次，冷后每服半升。一天服三次。微汗即愈。

(19) 治全身发痒。用茱萸一升，加酒五升，煮成一升半，乘温擦洗，痒即停止。

(20) 治冬月感寒。用吴茱萸五钱煎汤服，以出汗为度。

(21) 治呕吐、胸满、头痛。用茱萸一升、枣二十枚、生姜一两、人参一两，加水五升煎成三升，每服七合，一天服二次，此方名吴茱萸汤。

(22) 治心腹冷痛。用吴茱萸五合，加酒三升煮开，分三次服。

(23) 治小肠疝气（偏坠疼痛，睾丸肿硬，阴部湿痒）。用吴茱萸（去梗）一斤，分作四份。四两泡酒，四两泡醋，四两泡开水，四两泡童便。经一夜后，都取出焙干，加泽泻二两，共研为末，以酒和粉调成丸子，如梧子大。每服五十丸，空腹服，盐汤或酒送下。此方名“夺命丹”，亦名“星斗丸”。

(24) 治妇女阴寒，久不受孕。用吴茱萸、川椒各一升，共研为末，加炼蜜做丸子，如弹子大。裹棉肉纳入阴道中，令子宫开即可受孕。

（25）治胃气虚冷，口吐酸水。吴茱萸在开水中泡七次，取出焙干，加干姜（炮），等分为末。每服一钱，热汤送下。

（26）治转筋入腹。用茱萸（炒）二两，加酒二碗，煎成一碗，分两次服。得泻即愈。

（27）治老人多年水泄。用吴茱萸三钱，泡过，取出，加水煎嗔，放一点盐后服下。

（28）治赤白痢（脾胃受湿，下痢腹痛，米谷不化）。用吴茱萸、黄连、白芍药各一两，同炒为末，加蒸饼做成丸子，如梧子大。每服二三十丸，米汤送下。此方名“戊己丸”。又方：用川黄连二峡谷、吴茱萸二两（汤泌七次），同炒香，分别研为末，各与粟米饭做成丸子，如梧子大，收存备用。每服三十丸。赤痢，以甘草汤送服黄连丸；白痢，以干姜汤送服茱萸丸；赤白痢，两丸各用十五粒，米汤送下。此方名“变通丸”。又方：用吴茱萸二两、黄连二两，同炒香，各自为末。以百草霜二两，加饭同黄连做成丸子；以白芍药末二两，加饭同茱萸做成丸子，各如梧子大，收存备用。每服五十丸。赤痢，以乌梅汤送服连霜丸；白痢，以米汤送服茱芍丸；赤白痢，两种药丸各服二十五粒。此方名“二色丸”。

（29）治腹中积块。用茱萸一升捣烂，和酒同煮，取出包软布中熨积块处，冷则炒热再熨。块如移动，熨也移动，直至积块消除。

（30）治牙齿疼痛。用茱萸煎酒含漱。

（31）治老小风疹。用茱萸煎酒涂搽。

（32）治痈疽发背。用吴茱萸一升捣为末，加苦酒调涂布上贴患处。

（33）治寒热怪病（发寒发热不止，几天后四肢坚硬如石，敲起来发铜器声，日渐瘦弱）。用茱萸、木香等分，煎服。

临床亦用本品治蛲虫病。临床实践学认为吴茱萸有明显的止痛、止呕作用。总之，吴茱萸的功效是温中、散寒、下气、开郁等。

主要参考文献

[1] 中华人民共和国卫生部药典委员会．中华人民共和国药典［M］．北京：人民卫生出版社，2006.

[2] 李邦文．吴茱萸高产栽培关键技术［J］．安徽林业，2006（02）.

[3] 李军．吴茱萸的高产栽培技术［J］．特种经济动植物，2006（10）：35.

[4] 李军．吴茱萸的高产栽培技术［J］．四川农业科技，2007（7）：44.

[5] 黄光荣，梁玉勇，袁德奎．铜仁地区小花吴茱萸主要病虫害发生与防治［J］．植物医生，2006，19（4）：17－18.

[6] 游济顺．贵重中药材吴茱萸栽培技术［J］．安徽农学通报，2008，14（4）：93－94.

[7] 龚慕辛，王智民，张启伟，等．吴茱萸有效成分的药理研究进展［J］．中药新药与临床药理，2009，20（2）：183－187.

[8] 佘远国．吴茱萸母树林经济效益分析［J］．湖北生态工程职业技术学院学报，2006（3）：20－23.

[9] 张淑秋，张海红，刘晋鹏，等．蒙古黄芪中黄酮类有效成分指纹图谱研究［J］．中国现代药物应用，2008，17（2）：20－22.

[10] 龚福保，梁小敏. 药用植物吴茱萸生物学特性及栽培技术［J］. 南方农业，2008，5（2）：30－32.
[11] 王玉刚，雷帆，王秀坤，等. 吴茱萸汤及其各组分对TPH2启动子活性的影响［J］. 中国中药杂志，2009，34（17）：2261.
[12] 王莉. 吴茱萸汤对鼠S180生长的抑制作用及其作用机制的实验研究［D］. 沈阳：辽宁中医药大学硕士学位论文，2006.
[13] 王秀坤，雷帆，曹兰秀，等. 基于吴茱萸汤相关功效从平滑肌角度探讨其质量控制的可行性［J］. 世界科学技术：中医药现代化，2009，11（2）：243.
[14] 陈明. 自拟香砂吴茱萸汤治疗食管癌术后胃排空障碍30例［J］. 浙江中医杂志，2009，44（5）：330.
[15] 辛志彦. 吴茱萸汤新用举隅［J］. 河南中医，2009，29（10）：957.
[16] 李红霞. 吴茱萸汤在妇科临床的应用［J］. 中国中医药信息杂志，2009，16（7）：83.
[17] 易桂生. 吴茱萸汤的临床新用举隅［J］. 辽宁中医杂志，2008，35（11）：1752.
[18] 李虹英. 吴茱萸汤治疗厥阴头痛［J］. 中国民族民间医药杂志，2009，18（22）：75.
[19] 邹晓瑜. 吴茱萸汤加味防治顺铂化疗所致迟发性呕吐的临床观察［J］. 浙江中医药大学学报，2009，33（6）：806－807.
[20] 李冀，蒋蕾. 吴茱萸汤的临床应用及实验研究进展［J］. 中医药信息，2008，25（5）：62－64.
[21] 牛忻群. 吴茱萸汤老方新传［J］. 家庭中医药，2002，（2）：62.
[22] 李季委，李凌霞. 枳术吴茱萸汤治疗老年胃食管反流病28例探讨［J］. 中医药信息，2007，24（1）：31.
[23] 李季委，李凌霞. 加味吴茱萸汤治疗功能性消化不良31例［J］. 中国中医药科技，2008，15（3）：233.

20 银 杏

银杏（*Gin kgo biloba Linn.*）别名白果，又名公孙树、鸭掌树，属银杏科，最早出现于3.45亿年前的石炭纪，曾广泛分布于北半球的欧、亚、美洲，与动物界的恐龙一样称霸于世。至50万年前，第四纪冰川运动发生，地球突然变冷，绝大多数银杏类植物濒于绝种，唯有我国自然条件优越，才奇迹般地保存下来。所以，科学家称它为“活化石”，“植物界的熊猫”。因而银杏是现存种子植物中最古老的孑遗植物。目前，浙江天目山，湖北大别山、神农架等地都有野生、半野生状态的银杏群落。多分布于海拔300～1100 m的阔叶林内和山谷中。毫无疑问，国外的银杏都是直接或间接从我国传入的。因此，现在的银杏分布大都属于人工栽培区域，大量栽培的主要有中国、法国和美国南卡罗莱纳州等。

银杏除了是珍贵的用材和观赏树种外，还是我国特有而丰富的经济植物资源。利用银杏果叶的有效化学成分和特殊医药保健作用可加工生产保健食品、药物和化妆品等。近年来，随着这些研究的深入，银杏资源的开发利用已逐步引起国内外研究、开发、生产单位的高度重视，各国众多企业竞相研制生产以银杏为原料的天然绿色产品，以替代对人体健康有较大副作用的合成化学品，大大地提高了银杏的利用价值及其对经济、社会和生态的影响，为我国的银杏资源开发利用开辟了无比广阔的应用前景。

20.1 种质资源及分布

我国的银杏资源主要分布在江苏、山东、浙江、安徽、福建、江西、河北、河南、湖北、湖南、四川、贵州、广西、广东等地的60多个县市。据《中国果树志·银杏卷》记载，现开发利用的银杏品种（系）有46个，其中至少有10个是已有大批嫁接植株的生产性优良品种，如九甫籽、佛指、洞庭佛手、早熟大佛指、鸭尾银杏、海洋皇等。全国银杏种植面积约为1.33×10^5 hm^2，年产干叶2.5×10^4 t、白果1.2×10^4 t、新鲜的肉质外种皮3×10^4 t。其中大面积集中产区有江苏、山东、安徽南部、浙江、江西北部，以及河南、湖南、湖北、广西、贵州、四川等地，占世界银杏资源总量的70%左右。

20.2 生物学特性

20.2.1 形态特征

银杏为落叶大乔木，高可达40 m，胸径可达4 m，幼树树皮近平滑，浅灰色，大树之皮灰褐色，不规则纵裂，有长枝与生长缓慢的距状短枝。叶互生，在长枝上辐射状散生，在短枝上3~5枚成簇生状，有细长的叶柄，扇形，两面淡绿色，在宽阔的顶缘多少具缺刻或2裂，宽5~（8~15）cm，具多数叉状并列细脉。雌雄异株，稀同株，球花单生于短枝的叶腋；雄球花成葇荑花序状，雄蕊多数，各有2花药；雌球花有长梗，梗端常分两叉（稀3~5叉），叉端生1具有盘状珠托的胚珠，常1个胚珠发育成种子。种子核果状，具长梗，下垂，椭圆形、长圆状倒卵形、卵圆形或近球形，长2.5~3.5 cm，直径1.5~2 cm；假种皮肉质，被白粉，成熟时淡黄色或橙黄色；种皮骨质，白色，常具2（稀3）纵棱；内种皮膜质，淡红褐色（彩图20.1、20.2、20.3）。

20.2.2 生态习性

银杏常与多种针阔叶树种混交成林，喜光，幼时稍耐庇荫。喜温暖湿润气候，最适气温为22~28 ℃，能耐 -25 ℃的极端最低气温，对成土母岩与土壤适应性强，但在深厚湿润、肥沃、疏松的酸性土（pH 4.5）、中性沙壤土生长最适宜，地下水位1 m以内则生长不良。耐烟尘，对SO_2、Cl_2抗性中等。寿命长，如陕西省城固县徐家河村银杏胸径2.39 m，高168 m，相传为战国时名医扁鹊所植；山东省莒县浮来山有株银杏，树龄已达3 500余年，树干端直挺拔，巍峨魁伟，冠如华盖。

20.2.3 生长习性

20.2.3.1 根系生长

银杏根系属深根型，侧根也较发达，一般3月上旬开始生长，11月中旬停止生长，生长期约260 d。成年银杏的根系一年有两个生长高峰。第一次生长高峰出现在5月下旬至6月上中旬，第二次出现在10月至11月中旬，其中以第一次生长高峰根系生长量最大。

20.2.3.2 叶生长

银杏叶的长度从4月上旬至5月上旬生长最快，速生期有30 d。这段时间的生长量可达全年的90%。叶宽也一样，但速生期有35 d。单叶面积5月中旬达到最大。单叶鲜重5月下旬以前增加最快。但叶片干重的增加相对滞后，在9月中下旬至10月上旬达到最大值。银杏叶各指标的年生长规律均呈“S”形曲线。

20.2.3.3 开花及授粉受精

银杏是裸子植物，开花时胚珠直接裸露在大气中。银杏一般是先开雄花，不同株的开花期不太一致，所以其散粉期较长。一般于4月混合雌花芽萌发，雌花与叶交替出现。雌花开始出现后10 d左右，在喙口处分泌亮晶晶的黏性液滴，称为吐水，标志着雌花成熟。当雄花的花粉落至小液滴上时，花粉就被黏住，并随液滴缩回授粉孔而被带进储粉室。7 d后，花粉开始发芽，完成授粉过程。然后经过一系列生长发育，完成雌雄配子的形成，大约4个月后完成受精过程。据北京研究，从4月28日传粉，到8月16日至20日才受精，共需108~112 d。

20.2.3.4 结实习性

据研究，用大枝扦插的银杏树一般要10年左右结实，用种子实生繁殖的银杏树要15~30年才能结实。从30年到140年银杏可维持较高的结实量。园地条件好可延迟到200年之后。银杏的结果枝几乎全是短枝，而且在营养条件好时，可连续结实，大小年不明显，寿命可长达20年，其中以第二年至第十七年结果能力最强。银杏每一个短果枝上常有1~8朵雌花，往往只有一个种实能成熟，少数品种有两个种实同时成熟。极少数发现一个短枝有9个种实成熟，其中有8个是一柄双种实。

20.3 栽培与管理

20.3.1 育苗技术

20.3.1.1 苗圃地的选择

苗圃地应选择交通方便、排灌条件好、地势开阔、向阳、稍有倾斜的地带为好。苗圃地的土壤以中性或微酸性、肥力较好、保水保肥性较强的壤土或沙壤土为宜。土层厚度至少要达到60 cm以上。

20.3.1.2 实生苗的培育

（1）种子采集、处理和储藏。作种用的种子必须从生长健壮、种核较大而饱满的优良母本树上采集，要求果实充分成熟，切忌过早采收。一般在9月下旬至10月上旬，果实呈橙黄至橙红色，可轻轻振动树枝，果实会自然落下。

采回的果实，集中堆放，待果皮软化后，放在水中搓洗，取出种子。注意果实堆放的厚度以40 cm为好。若堆放太厚，堆内温度升高会损伤种子。取出的种子应充分洗净，然后将其放在通风处摊凉几天，使其含水量降至30%~40%为宜。切忌暴晒种子，否则会失去发芽力。播种前需进行种子净度、种胚等检查。一般要求去掉杂质后，种子净度达99%。雄株多的产地，种子有胚率较高，可达50%~70%。

银杏种子储藏以沙藏为好。一般取干净的河沙，按沙种比3∶1混合后堆放在室内干凉通风处，盖上草帘。每隔7~10 d检查翻动一次。有霉变或湿度太大时，应及时进行处理。在冬季种子储藏温度一般控制在10 ℃以下，尤以5~8 ℃为好，若温度太高，种子会提前发芽。

（2）整地与播种。播种前对苗圃地进行深翻，深度达30~40 cm。翻前每亩撒施2 500~5000 kg厩肥或土杂肥，一并混入土中。翻后搂细耙平，筑高畦，畦宽1.2 m。

播种以早春为好。一般回温快的地方可于1月底至2月上旬播种；回温晚的可在2月下旬至3月上旬播种。播种前，应将种子在干净水中浸泡24 h，使种子充分吸水。同时将浮起的秕种、烂种除去。有条件的地方，应在播种前进行催芽，待胚根长出1 cm时，将根尖剪去3 mm，再播种，以促使多发侧根，苗木生长健壮。播种时，顺行开沟，沟距25 cm，沟深4~5 cm，种距8~10 cm，种子侧放于沟底。覆土4 cm左右。然后用薄膜、草帘或稻草覆盖厢面保湿。若土壤过干，应先在沟内浇透水后再播种。

（3）播种后的管理。在种子出苗前保持土壤湿润。当30%左右的种子发芽破土时，要揭掉覆盖物，并经常喷水，保持土壤湿润。一般4月上旬，种子可全部出苗，海拔高的地方可能会延迟到5月上中旬。待幼苗出现3片真叶，应及时薄施勤施肥水，一般多用较淡的化肥液。以后每半月施肥一次，至8月中旬停止。苗圃地还应经常中耕除草，保持土壤疏松透气。

20.3.1.3 根蘖苗的培育

银杏树干基部根茎附近的不定芽，常萌发许多萌蘖条。扒开根蘖基部的土壤，发现基部已有细根的根蘖条，可以与母株切断，随即移栽到苗床内培育。时间以早春萌发之前为宜。若萌条无根，可用刀将萌条基部刻伤，用1×10^{-3}萘乙酸的羊毛脂涂伤口，随后盖土，并经常保持湿润，待生根后，来春再分株。

20.3.1.4 扦插育苗

由于银杏属于生根较难的树种，因此要精心选择插条。一般从1、2年生的实生苗上选取充实、粗细适中、养分储藏多的枝条。也可利用根蘖条，还可利用实生砧木嫁接后剪下的砧梢。外用生长调节剂如ATP生根粉1号等对提高插条生根率有显著作用。

20.3.1.5 嫁接苗培育

嫁接苗能保持母树的优良特征，较实生苗结果早。一般嫁接苗在嫁接后4~5年可以试花结实，7~9年可以投产。嫁接树树高3~6 m，便于管理。因此，嫁接苗在果用银杏生产中利用较多。

（1）接穗的剪取及储藏。穗条必须是采自大粒、丰产、优质、早实的优良母树，或用优良母树建的采穗圃。配套雄株应是与雌株的花期一致或略早于雌株的花期，生长健壮，花穗多，产粉量大。采条时，选取母树树冠中上部外围的1~3年生的健壮枝条，夏秋季嫁接，枝条可以随用随取；如需从外地采取接穗，剪下枝条后去掉叶柄，50枝一捆，写上标签，外面包上保湿材料，迅速运回，放在阴凉处，待用。如一时没用完，每天用凉水淋洗一遍，用湿布包好，放于冷凉处，可用一周左右。春季嫁接，可在先一年冬天或当年春季萌芽前剪取，剪下的穗条，50 枝一捆，写上标签，埋入干净的湿沙中，储藏在冷凉的地方供春季嫁接用。在储藏的初期及立春之后，要每隔 10 d 检查一次，防止霉烂。春季嫁接前，将穗条取出，用 0.1% ~0.2% 的高锰酸钾溶液浸洗消毒后，即可嫁接。

（2）嫁接时期。银杏可在春、夏、秋三季进行嫁接，具体时间以嫁接方法而定。用枝接、单芽切接，在 3 ~4 月进行。带木质芽接（嵌芽接），应在 3 ~4 月或 8 ~9 月进行。

（3）嫁接方法。银杏嫁接的方法，首推带木质芽接，又称嵌芽接。常用的还有枝接、单芽切接、劈接。大树高接还可用插皮接或插皮舌接。

（4）嫁接后的管理。主要包括补接，即接后 1 ~2 周及时检查成活，未成活的及时补接；剪砧，即嫁接成活后随即剪砧，以利接芽萌发；解绑，即在接穗生长停止后进行。除萌，即嫁接成活后，在接口以下会长出许多萌蘖，应及时除掉；土肥水管理，即在嫁接成活后，要加强土肥水管理，薄施勤施肥水，常中耕松土，促进苗木生长；立支柱，即切接的苗木，解绑后要立支柱，以防接穗抽出的新梢劈裂。

（5）嫁接苗出圃。南方生长期较长，若用 2 年生砧木进行嫁接，1 年可达苗木出圃标准（苗高 0.6 m 以上，主干基部直径 1.0 m）。若用一年生砧木进行嫁接，需在苗圃中培育 2 年。在苗木出圃前 2 ~3 天，如土壤干旱，先浇透水后，再挖苗。起苗时，要尽量保持根系完整，不要过多伤根。掘苗后及时进行苗木分级，只有达到出圃标准的苗木才能用于生产。对达出圃标准的苗木，每 50 株一捆，挂上品种标牌，标明性别和品种，做好检疫工作。

20.3.1.6 组织培养育苗

为达到快速繁殖优良银杏苗木的目的，安徽农业大学等单位进行了以银杏茎段为材料的组织培养研究。1994 年，罗紫娟研究认为，改良 N6white + 6BA 0.2 ~0.5 + NAA 0.03 + LH 300 mg/L 诱导腋芽，转接到 white + 2，4 ~ D 2.0 mg/L + NAA 0.5 mg/L + 活性炭 0.05% 上，一般在 4 ~ 12 d 生根。茎尖培养多接种在改良 6BA 0.2 mg/L + IBA 0.02 mg/L + GA 0.3 mg/L + LH 300 mg/L 上，培养 15 ~20 d 后茎尖膨大，1 个月后转接至改良 N6 +6BA 0.2 mg/L + IBA 0.5 mg/L + GA 0.3 mg/L + LH 300 mg/L 上，1 月后茎尖周围产生了 6 个芽。王洪善等研究认为，以银杏当年生嫩枝为材料，外植体萌动率较高且愈伤组织形成较快的培养基是 N6；从愈伤组织分化丛生苗的适宜培养基为：N6 + BA 0.8 ~1.0 mg/L + NAA 0.8 ~1.0 mg/L；诱导不定根形成的适宜培养基为：N6 + BA 0.1 mg/L + NAA 0.7 ~1.0 mg/L。在此条件下，萌动率达 51.5%，丛生芽分化率达 72.1%，平均年丛生芽为 6 ~8 个，平均不定根为 6 ~8 条。

20.3.2 银杏的建园

20.3.2.1 园地选择及规划

一般在光照条件好、灌溉与交通方便的区域建园，以土层深厚、肥沃、排水良好的沙壤土或壤土为宜。选址后，对园地进行科学规划，其内容包括：划分种植小区，小区面积一般以 1.33 ~2.66 hm^2 为宜；设置道路系统、排灌系统及管理人员办公、生活用房、产品库房等建筑物；设计园地水土保持工程等。

20.3.2.2 建 园

（1）果用园的建立。包括矮干密植园和乔干稀植园两种类型。其中矮干密植园主要以早实丰产为目的。干高一般0.4～1.0 m，栽植密度33～56株/亩，株行距（3～4）m×（4～5）m。建园的技术要点是：选用品种纯正的优质苗木；深挖定植沟或穴，规格分别为宽×深=80 cm×80 cm或长×宽×深=80 cm×80 cm×80 cm；施足底肥，每亩施用厩肥或绿肥或饼肥5000 kg以上，注意施用前必须发酵；定植时注意舒展苗木根系，浇足定根水，雌雄株比例为20～100：1。高干稀植园，主要以收取白果种子为目的。干高一般2 m左右，有的高达5 m，树冠塔形或圆锥形。栽植密度多为19株/亩、16株/亩和10株/亩三种类型。

（2）采叶园的建立。银杏叶具有较高的药用价值，市场广阔。专用采叶园的建立，一般可在建园后4～5年收回成本，效益较高。建园的技术要点是：选择土壤肥沃、疏松、排灌方便的园地；选用2年生实生苗或就地育苗；定植前，对园地进行全面深翻，同时把肥料翻入土中，施肥量以每亩施有机肥5000 kg以上为宜，耙平耙细土面；定植时，浇足定根水，栽植密度以200～300株/亩为宜。叶用园的品种要求产叶量大，同时叶片内银杏黄酮和萜内酯等的含量要高。

（3）果材兼用园的建立。果材兼用园对园地要求比果用园低，但仍以土层深厚、潮湿、背风的地方为宜。如在坡上种植，则需将坡地整成水平梯带再种植。考虑到将来还要用木材，苗木嫁接高度要在2 m或3 m以上，具体嫁接高度视对木材要求而定。定植密度每亩不超过20株，株行距5 m×7 m为宜。

（4）果叶兼用园的建立。该模式是在叶用园中按高干稀植果用园的株行距栽上高干嫁接苗。这样早期以采叶为主，5～10年后，嫁接树开始结果，就以采果为主。嫁接苗干高2.5 m，定植密度为每亩16株，株行距为6 m×7 m。

20.3.3 银杏园的管理

20.3.3.1 果用园的管理

（1）深翻改土。银杏园定植时，挖的是定植沟或穴，深翻的范围有限，为使全园土壤都适合银杏生长，要进行全园深翻。全园深翻可以结合秋冬季施肥进行。采取逐年扩沟或穴的方式，即第一年在定植沟或穴的外围，挖宽40～50 cm、深50 cm的条沟，注意表土和底土分开堆放，每株施入有机肥50 kg左右，回填表土，再盖上底土。这样每年扩一次，直至全园深翻为止。

（2）行间管理。由于果用园在定植初期行间距较大，在行间的空地上种植作物，即可增加经济收入，又能增加园地湿润度，有利银杏生长。间作物以蔬菜、花生、矮秆豆类作物为好，忌种高干、攀援类作物。间作时要留出树盘。为了解决银杏的基肥来源，提倡行间种绿肥。冬季可种光叶苕子、紫花苜蓿、蚕豆等。夏季种小豆、榄豆、黄豆等。在绿肥盛花时将其翻入土中，改良土壤的效果较好。

（3）施肥。

施肥量：要结合土壤的基础肥力情况来决定施肥量。大体上，幼树每公顷施用厩肥或绿肥 22 500 kg，进入结果期基肥为每公顷 37 500 kg。江苏的研究表明，每生产 200 kg 银杏种子，应补充氮 15 kg、磷 12 ~ 15 kg、钾 12 ~ 14 kg。

施肥时期：基肥一般在采果后施入。追肥分 3 次施入，分别是 3 月上旬萌芽前施用的萌芽肥，此次施肥量占整个追肥量的 1/2，一般每株施复合肥 0.5 ~ 1 kg；5 月下旬至 6 月初施用第一次壮果肥；6 月下旬至 7 月初施用第二次壮果肥。

施肥方法：定植后头几年，基肥可以和深翻扩穴结合进行。以后可采用环状施肥、放射状施肥、半环状施肥。注意挖沟时不可靠近树干，避免伤根，每年应更换方位，交替挖沟施肥。叶面施肥，常作为一种应急措施来补肥，喷施肥料主要有尿素、磷酸二氢钾、硼砂、硫酸锌等，也可施用喷施宝、光合微肥等，施用浓度一般在 0.3% ~0.5% 。

（4）人工授粉。一般于 4 月中下旬，当雄花序由绿转黄，手一搓即出现淡黄色花粉时采集雄花枝。然后摘下雄花穗，将其薄薄地铺在白纸上，上面再盖上白纸并置于阳光下晒。阴天可用电灯代替阳光。每天翻动 3 ~ 5 次，1 ~ 2 d 内花粉散出，筛去杂质，收集花粉，每 2 g 一包，放入干燥器或冰箱内保存。观察胚珠（雌花）发育成熟即 60% ~80% 的雌花珠孔口吐出水滴的直径相当于孔口直径的 2 ~ 3 倍时，为最佳授粉时期，这一状态可保持 2 ~ 3 d。可用挂枝法、喷粉法、喷雾法等进行授粉，其中以喷雾法较好，即将花粉加到水中喷施，每 2 g 花粉兑水 5 kg。花粉液要随配随用，不能超过 4 h。

（5）整形修剪。整形：生产上果用银杏的丰产树形有自然开心形、自然圆头形、疏散分层形和纺锤形等。自然开心形，属矮干树形，无中央领导干，成形早，光照好，进入结果期也早，适于矮干密植园用。一般干高 60 ~ 80 cm，有主枝 3 ~ 4 个，在主干上均匀分布；主枝与树干夹角为 40 度左右；每个主枝上有 4 个侧枝，第一侧枝距树干 30 ~ 40 cm，第二侧枝在第一侧枝对面，距第一侧枝 30 cm，第三、第四侧枝照此配置。自然圆头形，树干高 1 ~ 1.5 m，没有明显的中央领导干，主枝 4 ~ 6 个，主枝的角度稍小，在每个主枝上培养 3 ~ 4 个侧枝，成形后全树高约 5 m。疏散分层形和纺锤形，干高 1 ~ 1.5 m，有明显的中心干，主枝分层次的分布于中心干上即为疏散分层形，若自然式分布于中心干上即成纺锤形。该两种树形成形后树冠高大。

修剪：银杏虽然在幼年期极性很强，但进入结实期，全树的极性就会变弱，全树的萌芽率高，结实短枝极易形成，长枝抽发较少，对修剪反应不敏感。因此，银杏进入结实期后，修剪的工作量不大，主要是控制枝条的密度、结果枝的数量及对衰弱结果枝进行短缩更新。

（6）控长促花。银杏的嫁接树幼年时生长较旺。在密植条件下，要想早实，有必要在树体长到结实前的正常大小后，对过旺的营养生长进行控制，以促进形成花芽，早结实。生产上可采取环状剥皮、环状倒贴皮、环割、环扎等措施，效果很好。

20.3.3.2 叶用园的管理

因为叶用园是以收获叶片为目的，在整形修剪上与果用园有一定的差异，其他基本一致。

叶用园树形应采用矮干、低冠的杯形或圆头形，主干高度控制在 50 cm 以下，定干剪口下选择不同方位 3 个枝做主枝，主枝上再培养多级侧枝。采叶树形也可采用丛状形，其培养方法是：当1~2年生的幼苗定植后或种子萌发开始生长后，均需在距地面20 cm处截干，促发新枝；新枝长到10~15 cm，按不同方位选留5个主枝，其余枝条均剪掉；当5个主枝生长至30 cm时，再次摘心，促发侧枝，如此经过3~5次的培养，即可形成丛状形树冠。为了促使采叶树有更多的分枝，在冬季要进行重截，促发分枝，同时疏除一些过密枝、病虫枝和细弱枝等。生长季修剪，主要是在5月下旬对30 cm以上的新梢进行摘心，促发二次梢，增加枝叶量；秋季结合采叶注意疏除过密的旺长枝。

20.3.4 病虫害防治

银杏病虫害较少。常见病虫有银杏茎腐病、银杏叶枯病、银杏干枯病、银杏根腐病、银杏大蚕蛾、银杏超小卷叶蛾、绿刺蛾、豆荚螟等。

20.3.4.1 主要病害

（1）茎腐病。该病主要为害1~2年生幼苗，开始时病株上部叶片失去正常绿色，叶片下垂，随后多处叶片受害，致全株叶片干死，但整株不倒伏。病斑有许多黑色小菌核，不久病菌侵入到木质部和髓部，使髓部变褐色、中空，并向根部蔓延，使根腐烂。

银杏茎腐病病菌是一种弱寄生真菌［*Macrophomina phascoli*（Maubl）Ashby］，属于半知菌类，球壳孢目。病菌喜欢高温，在30~32 ℃生长快，在pH 4~9生长良好。

苗木受害的原因主要是由于夏季炎热，在高温下苗木受损伤，抗病性减弱，病菌生长繁殖快，从苗木伤口侵入，引起病害发生。另外，苗圃地低洼积水，苗木生长不良容易发病。在6~8月天气持续炎热时发病重。

防治方法：提早播种，在高温季节来临之前提高幼苗木质化程度，增强对茎腐病抵抗力；播种前或移栽前进行土壤消毒，每公顷施用硫酸亚铁150~225 kg；增施有机肥。试验证明，多施厩肥、鸡粪、饼肥效果好；提高育苗密度，可降低地温。一般以每公顷产苗60~90万株为宜；适当遮阴，及时灌溉，降低圃内温度；在发病初期用50%甲基托布津1000倍液进行防治，或用2%~3%硫酸亚铁溶液喷施。

（2）叶枯病。叶枯病主要在2~3年生及成年植株上发生。叶片初发病时，叶缘部分变黄逐渐成褐色斑，扩展到整个叶缘，呈褐色或红褐色病斑。病斑呈波状，颜色比较深，病斑与叶的正常部分交界比较明显，以后病斑逐渐向叶基延伸，使整个叶片变为褐色。严重的全株叶片枯焦死亡，树势衰弱，影响第2年的生长。

引起银杏叶枯病的病原菌是3种真菌：*Alternaria alternate*（Fr.）Keissl.、*Glomerelta cingulita*（Stonem）Spauld. et Schrenk.、*Pestalotia gin kgo Hori.*。三种病原菌主要以菌丝体在染病的冬芽、落叶上越冬，*Alternaria alternate*（Fr.）Keissl. 还可以分生孢子在落叶上越冬。翌年3~6月间不断形成大量分生孢子，向四周飞散后，附着在新叶上，条件适宜侵染新叶，进行初侵染。6月上旬开始发病，7~9月为发病盛期。苗木6月初发病，8~9月为发病盛期。一般苗木发病率比大树高。

防治方法：加强栽培管理，多施有机肥，能使植株生长健壮，提高抗病能力；清除落叶，可减少病原量，减轻发病；合理配植树种，防止与水杉、松、茶、葡萄套种；幼树和大树在

7 月上旬发病初期用 40% 多菌灵 500 倍液或 50% 退菌特 800 ~ 1000 倍液，隔 15 ~ 20 d 喷一次，喷 2 ~ 3 次；苗木防治时间大约在 6 月上旬到 8 月下旬，药剂同上，同时加入 0.5% 磷酸二氢钾、0.2% 尿素液进行喷施，增强其抗性。

（3）干枯病。银杏干枯病，又称银杏胴枯病。病菌侵入主干或枝条后，在光滑树皮上形成圆形或不规则病斑。如侵入树皮的粗糙部分，则病斑边缘不明显。随病斑继续扩大，患病部位渐见肿大，树皮出现纵向开裂。春季，在受害树皮上可见许多枯黄色的疣状子囊孢子座，直径为 1 ~ 3 mm。秋季，子座变为橘红色到酱红色，中间逐渐形成子囊壳。病树皮层和木质部间，可见羽毛状扇形菌丝体层，初为白色，后为黄褐色。感病枝干的病斑蔓延，逐步使树皮成环状坏死，最后导致枝条或植株死亡。

银杏干枯病的病原为子囊菌纲、球壳菌目真菌。学名为 *Endothia parasitica*（Murr）And. et. And［*Cruphonectria parasitica*（Murr）Barr.］。分生孢子生于子座，形状不规则，直径 300 ~ 350 μm。分生孢子壳无色，单细胞，长方形至圆筒形，直径为（3 ~ 4）mm ×（1.5 ~ 2.0）mm。子囊壳黑色，球形或扁球形，直径 350 ~ 400 μm。12 ~ 40 个深浅不同埋生于一个子囊孢子座内，并有长颈伸出子囊孢子座顶部。子囊无色，棍棒状，内含 8 个孢子。子囊孢子无色，双细胞，椭圆形或卵形，中间分隔处稍为缢缩，直径 8.5 × 4.5 μm。

病菌的分生孢子和子囊孢子均能侵入寄主。病原菌由伤口侵入，弱寄生性。病菌以菌丝体及分生孢子器在病枝中越冬。待温度回升，便开始活动。一般 3 月底至 4 月初开始出现症状，并随气温的升高而加速扩展，直到 10 月下旬为止；病原的无性世代于 4 月下旬至 5 月上旬出现，分生孢子借助雨水、昆虫、鸟类传播。树皮下的菌丝体成扇形、层状，能耐恶劣环境，越冬后可继续蔓延。

防治方法：加强管理，使树势健壮是防治银杏干枯病的关键。彻底清除病原，及时刮除病斑，并用 0.1% 的升汞水或升汞液（即 0.5% 升汞、0.2% 升汞与 97.5% 水混合液）涂刷伤口，以杀灭病菌并防止病菌扩散（注意：升汞有剧毒）。没有升汞时，也可用石灰涂白剂等涂刷伤口。

20.3.4.2 虫 害

（1）银杏大蚕蛾。银杏大蚕蛾又名白果蚕或白毛虫或漆毛虫。幼虫食害银杏、核桃楸、漆树、枫杨、栗、榆、樟、柳、梨、枫香等树叶。

银杏大蚕蛾雌蛾体长 26 ~ 60 mm。体色不一，灰褐、黄褐或紫褐色。前翅内横线赤褐色，外横线暗褐色，两线近后缘处相接近，中间形成宽阔的银灰色区；中室端部有新月形透明斑，斑在翅脊形成眼珠状，周围有白色、紫红色和暗褐色轮纹；顶角向前缘处有 1 个黑色半圆形斑；后角有一白色新月牙形纹。后翅从基部到外横线间有宽广的紫红色区，亚外缘线区橙黄色，外缘线灰黄色。中室端有 1 个大的圆形眼斑，中间黑色如眼珠（翅反面无珠形），外围有 1 条灰橙色圆圈及 2 条银白色线圈；后角有 1 个新月形白斑。前后翅的亚外缘线由两条赤褐色的波状纹组成并相互连接。卵椭圆形，表面有一层黑褐色胶质，长 2 ~ 2.5 mm，宽 1.2 ~ 1.5 mm。老熟幼虫体长 65 ~ 110 mm，头宽 6 ~ 7 mm。体色有黑色型和绿色型 2 种。前者从气门上线至腹中线两侧均为黑色，其间夹有少数不规则的褐黄色小点；亚背部至气门上部各节毛瘤上有长短不一的刺毛；长刺毛黑色，3 ~ 5 根；短刺毛褐色。后者气门上线至腹中线两侧，淡绿色；亚背部至气门上部毛瘤上只有1~2根黑色长刺毛，其余均为较短而疏的白色刺毛；趾钩双序中带。蛹黄褐色。雌蛹长45~60 mm；雄蛹长30~45 mm。第四、五、六腹节后缘呈暗褐色，形成3条相间的环带；腹末两侧各有1束臀刺；每束7枚，受惊扰时，蛹体在茧内能摆动发出音响。茧长40~70 mm，黄褐色，长椭圆形，网状，丝质胶结坚硬，网眼粗大，可透过网眼看见茧中蛹体，但茧外常黏附寄主枝叶。丝质较疏松的一端，是成虫羽化后的出孔口。

此虫一般1年发生1代，以卵越冬，4月中下旬孵化，6月中下旬化蛹，9月中下旬成虫开始羽化，10月为羽化产卵盛期，11月中旬羽化结束。成虫寿命5~8 d，卵期5~6个月，幼虫期35~73 d，预蛹期5~14 d，蛹期115~145 d。成虫多在17~21时羽化，少数在5~6时羽化。展翅后当晚或次晚即进行交尾。交尾历时12~24 h。产卵量200~300粒。成虫白天静伏于蛹茧附近的荫蔽处，傍晚开始活动。飞翔力不强，但可借助风力飘散远处。雌蛾腹部大而沉重，活动力不强，夜间振拍四翅作飞舞状求偶，招引雄蛾在树上交尾。卵产在茧内、蛹壳里、树皮下、缝隙间或树干上附生的苔藓植物丛中，而以产在茧内居多。产时卵粒堆集成疏松的卵块，每块数十粒、百余粒甚至二三百粒不等。幼虫有6龄，各龄期为：1龄10~15 d，2龄4~9 d，3龄5~11 d，4龄5~15 d，5龄5~16 d，6龄6~17 d。初孵幼虫先在茧内、外或其他产卵场地栖息或缓慢爬行，待白天温度较高时才爬上枝条取食新叶。1~2龄幼虫常数条或10余条群集于一叶片背面，头向叶缘排列取食，使叶片出现缺刻；食量甚微。3龄时较分散，活动范围扩大，食量增加，初露为害状；4、5、6龄分散活动，食量大增，为害状明显，甚至吃光树叶；中午阳光炎热时，多在树冠下部和树干上等荫凉处停息或缓慢爬行。老熟时，多在树冠下部枝叶间缀叶结茧化蛹，常数条联结一处，挂在枝叶间累累易见；此外，也有少数在树杈间、树皮缝等处结茧的。蛹受6月下旬长日照及炎热气候的影响而进入夏眠滞育状态，直到9月中下旬以后才恢复活动、羽化、交尾、产卵。

防治方法：人工捕杀老熟幼虫、采茧烧毁或在幼虫3龄前摘除群集为害的叶片；8~9月用黑光灯诱蛾，可大大降低下一代虫口数量；在雌蛾产卵期，人工释放赤眼蜂或用绿得保生物农药（B. T+阿维菌素）进行喷粉防治；用2.5%溴氰菊酯1份加轻钙粉25份，进行喷粉防治，喷杀3龄以前幼虫，防治效果可达95%以上，或者在低龄幼虫期喷洒2.5%溴氰菊酯2500倍液或90%敌百虫1500~2000倍液。

（2）银杏超小卷叶蛾。该虫1年发生1代，以蛹在树皮缝隙内越冬。一般翌年3月中旬至4月中旬羽化，3月底4月初为羽化高峰期；3月下旬至4月下旬为成虫产卵期，4月上旬为产卵高峰期；4月上旬至5月上旬为幼虫孵化期，4月中下旬为孵化高峰期；4月中旬至5月中旬为幼虫为害高峰期；5月下旬至6月下旬幼虫陆续回迁至树干粗树皮部位蛀皮滞育；10月下旬至11月中旬陆续化蛹越冬。超小卷叶蛾成虫雌雄比平均为1∶1。成虫羽化集中在每天早上6~9时，占总羽化数的97%左右，其余时间羽化约3%。成虫自蛹蠕虫至翅展爬行或飞行需40~60 min。羽化当天成虫即可交尾，交尾呈“一”字形，以11时至18时居多，交配历时30~70 min不等。交尾后第2~3 d开始产卵，行多次产出，单粒散产，产于短枝或小枝上，每小枝有卵1~7粒。每雌一生产卵28~116粒，平均72粒。成虫寿命一般14 d，最长25 d。成虫的趋光性、趋化性都较弱。初孵幼虫爬行较迅速，第2天在短枝幼嫩组织上取少量食，常从短枝顶端凹陷处或直接从叶柄基部蛀孔侵入短枝内。每头幼虫可为害2个短枝，少数为害3个；1~2龄幼虫为害第1个短枝，3龄幼虫为害第2个短枝；为害当年新梢时，蛀道长度一般为6~7 cm；幼虫在短枝或新梢内蛀害平均23 d。4龄幼虫转移至枯叶，吐丝将侧缘卷起，居卷叶内栖息取食，食叶面积2~3 cm^2，在卷叶内停留约12 d即换龄，然后回迁到树干或大侧枝的粗树皮缝隙内蛀皮成浅洞，2~3 d后调头、头向洞口，孔道光滑，孔口用木屑封住，5月下旬起陆续进入滞育状态，至10月底开始在原处作薄茧化蛹越冬。

可见该虫是以幼虫钻入枝条为害当年新梢，造成枯枝、落叶、落果。因具有喜光特性，林缘周围比林内发生重。另外，其发生程度与温度密切，随着海拔与纬度升高，年平均温度降低，虫口密度随之减少。防治关键是在成虫羽化盛期前用2.5%溴氰菊酯2500倍液进行防治。幼虫孵化初期用80%敌敌畏乳油800倍液喷洒被害枝。

（3）绿刺蛾。绿刺蛾以幼虫为害银杏叶片，为害后一般可使叶片损失10%~15%，严重时损失叶片30%以上，往往在白果成熟前（8月下旬至9月上旬）导致叶柄掉光，直接影响叶子的产量和黄酮素的提取，同时还影响白果产量和品质。

绿刺蛾一般1年发生2代，以老熟幼虫在树枝上结茧越冬。越冬代茧的外表似树皮色，结茧在被害树的枝丫间或枝干上。第2年5月中旬至6月中旬越冬代茧羽化产卵，卵产于银杏叶的背面，每叶一般产卵2~4粒，最多可产10粒以上。第1代卵期7 d左右，6月上中旬幼虫孵化，幼虫在6月下旬至7月上旬基本上集中在原来产卵的叶片上为害，啃食叶肉，留下叶膜，7月上中旬分散为害，7月中旬为幼虫暴食期，7月下旬至8月上旬结茧化蛹，8月上中旬茧羽化成虫产卵。第2代卵期4~5 d，8月中下旬为幼虫孵化期，8月下旬至9月上旬为第2代幼虫暴食期，9月下旬至10月中旬老熟幼虫结茧越冬，翌年春季幼虫在茧内化蛹。据观察，在其他树种上此虫为1代多发型，而在银杏树1、2代发生都较重。

其综合治理措施如下：铲除越冬茧，绿刺蛾的虫茧越冬期长，可达180 d以上（11月至翌年4月），在此期间正是农闲时期，在树干、树枝上铲除越冬茧可取得明显治理效果。摘除虫叶，绿刺蛾的幼虫都为群集为害，常使被害叶呈枯黄膜状，目标明显，易于发现，可组织人力及时摘除消灭，防止扩散蔓延为害。化学防治：选用高效低毒农药，如用90%晶体敌百虫或80%敌敌畏乳油或40%乐果乳油1000倍液或2.5%敌杀死乳油3000倍液喷雾防治。用药适期应选在卵孵高峰后，幼虫分散前。在本地第1代的用药期为6月底至7月初，第2代的用药期为8月中旬。生物防治：将每克含孢子100亿以上的青虫菌粉稀释成1000倍液喷雾，可使幼虫感病率在80%以上。但要注意在蚕桑区不能使用，防止污染桑叶。

20.4 采收及初加工

20.4.1 银杏种子的采收与处理

20.4.1.1 银杏种子的采收

（1）采收时间。当银杏的外种皮由绿转黄至橙黄色，种实表面被上白粉，肉质外种皮发软并开始有种子落地时采收。湖南湘西地区一般在8~9月采收。

（2）采收方法。一般是在有种子自然落地时，结合摇晃大枝、用竹竿轻轻击落的办法采收。在敲击树枝时注意保护枝叶，否则会损失大量枝叶，影响第二年结实。有的地方也运用化学药剂催熟采收，即用生长调节剂乙烯利在采收前喷树冠，喷后 6 ~ 16 d 种子自然落地。乙烯利的浓度需进行预备试验确定。范围是 0.05% ~0.15% 。

20.4.1.2 银杏种子的脱皮和淘洗

银杏种实从地上收回后，一般不能立即脱皮淘洗，需要先堆放，让外种皮沤软后，再洗出种子。种实堆高约 60 cm，在堆上盖草保湿。待外种皮完全软化后，再搓洗干净，阴干后分级包装。脱皮时也可用银杏脱皮机，功效比人工脱粒高。在堆沤过程中，难免有种子染色，也有的种子外种皮黏附在种子上，影响外观。可用少量干净的细沙与种子混合轻轻搓揉，使种子外壳亮丽；也可用 1% 的漂白粉漂洗 5 ~ 6 min，捞出后立即用清水洗净残余漂白粉液，然后晾干。

20.4.1.3 银杏种子的分级

银杏种子的分级主要看籽粒的大小、瘪籽（浮头果）率、有无霉变等，其中大小为主要标志。分级时，籽粒大小用称量的方法测定，浮头率用沉水的方法测定，其他用肉眼观察。但由于地域、品种、栽培方式不同，标准有一定差异，全国没有统一标准。湖南一般按种核大小、重量、果种颜色分为四级：一级单核重 2.5 g 以上，每 kg 400 粒以下；二级单核重 2.2 ~ 2.4 g，每 kg 401 ~ 450 粒；三级单核重 2.0 ~ 2.1 g，每 kg 451 ~ 500 粒；四级单核重 2.0 g 以下，每千克 500 粒以上。除粒重的要求外，还有外观洁白、光亮，摇晃无声音，投入水中下沉，也是优质商品指标。

20.4.1.4 银杏种子的储藏

银杏种子是含水量较高的干果，含水量一般在 50% ~60% ，储藏前期非常容易霉变，而后期若不注意保湿，又容易硬化，影响商品价值。常用的储藏方法有三种：

（1）低温储藏。用麻袋、孔眼较稀的编织袋，将阴干的种子装好，放入高温冷库，保持库温 0 ~ 3 ℃，相对湿度低于 85% 。入库后要经常检查有无霉变，发现外壳霉变，应及时漂洗晾晒。

（2）水藏。把种子放入装有干净水的池子中，经常换水，可以保持 2 个月不坏。若在流水中，则可保持更长的时间，温度要求较低。

（3）沙藏。作为种用的银杏种子，以沙藏为宜，具体方法可参考育苗中的介绍。若把种子用 γ 射线照射处理，能较长时间保存，并且胚停止生长，苦味大大减轻，但不能作种用。

20.4.2 银杏叶的采收和干燥

20.4.2.1 银杏叶的采收

研究表明，实生银杏叶片黄酮的含量在 7 月最高，到 9 月初处于低谷，然后又上升，到

10月又下降。而银杏叶中萜内酯含量在6月、9月处于高峰期，10月开始下降。因此结合考虑叶产量等因素，银杏叶宜分期采收，一般从8月上旬开始，先采基部叶片，再陆续采收中部和上部叶片。每次采摘短枝的1/3叶片，最后一次在银杏叶即将变黄时一次采完。为防止冬芽萌发，在霜期来到之前，一定要保留顶梢的3~5片叶，不可全部采完。另外采叶前圃地应避免灌水，以保证叶片质量和鲜叶在运输过程中的安全。

20.4.2.2 银杏叶的干燥

采集的银杏叶于晴天晾晒，以防发热生霉，晾晒厚度3~5 cm，每天翻动2~3次。有条件的地方，鲜叶采下后，应立即烘干。银杏叶若能用大型烘干机烘干，其叶片呈绿色，含水量低于10%，质量高。烘干效率也高，24 h可产干叶24 t。但这种设备购置成本和运行费用高，适合大面积采叶基地使用。湖南湘西地区采叶期经常碰上阴雨天气，叶片需要人工烘干。

20.5 银杏的主要化学成分及药理作用

银杏叶的化学成分十分复杂，迄今为止，在银杏叶中发现的化合物已达160多种，但其中最重要的活性成分是黄酮类化合物和银杏内酯。此外，还有有机酸类、酚类、聚戊烯醇类、原花青素类等。

20.5.1 黄酮类化合物及其药理作用

黄酮类化合物都含有C_{15}核，在银杏叶提取物中的含量约占5.91%。大量研究证实，银杏黄酮具有抗氧化、降血脂、提高免疫力、抗肿瘤、抗炎、镇痛等方面的作用，可以润肺止咳、镇咳止喘、清热利湿。目前从银杏叶提取物中已分离的黄酮类化合物有40多种，根据分子结构不同，可分为四大类：

（1）单黄酮。银杏叶中的单黄酮有7种：山萘素、槲皮素、异鼠李素、洋芹素、木樨草素、三粒麦黄酮、杨梅树皮素，它们的结构中含有5，7，4′-三羟基，3-OH连接糖基，糖基可以是单糖、双糖、三糖，大多数为葡萄糖和鼠李糖，前3种是其主要成分，被作为银杏制剂质量控制的主要指标之一，也是治疗心脑血管系统疾病的有效成分。

（2）双黄酮。双黄酮即二聚体黄酮，通常是裸子植物的特征性化学成分。在银杏叶中已发现的双黄酮有6种：阿曼托黄素、白果黄素、银杏黄素、异银杏黄素、穗花杉双黄酮、5′-甲氧基白果黄素。分子结构皆以芹菜素3′、8″位碳链相连接而成的二聚体，含有1~3个甲氧基。有研究表明双黄酮具有抗炎、抗组织胺的作用，其活性随甲氧基的增加而降低。

（3）黄酮苷。现已知的黄酮苷有17种：洋芹素-7-葡萄糖苷、木樨草素-3-葡萄糖苷、杨梅树皮素-3-葡萄糖-6-鼠李糖苷、3′-甲基杨梅树皮素-3-葡萄糖-6-鼠李糖苷、槲皮素-3-鼠李糖苷、槲皮素-3-葡萄糖苷、槲皮素-3-鼠李糖-2-葡萄糖苷、槲皮素-3-葡萄糖-6-鼠李糖苷、槲皮素-3-葡萄糖-2，6-二鼠李糖苷、山奈素-3-鼠李糖苷、山奈素-3-葡萄糖-6-鼠李糖苷、山奈素-3-鼠李糖-2-葡萄糖苷、山奈素-3-葡萄糖苷、山奈素-3-葡萄糖-2，6-二鼠李糖苷、异鼠李素-3-葡萄糖苷、异鼠李素-3-葡萄糖-6-鼠李糖苷、异鼠李素-3-葡萄糖-2，6-二鼠李糖苷。桂皮酰衍生物有5种：槲皮素-3-鼠李糖-2-（6-对羟基-反式-桂皮酰）-葡萄糖苷、山奈素-3-鼠李糖-2-（6-对羟基-反式-桂皮酰）-葡萄糖苷、槲皮素-3-鼠李糖-2-（6-对羟基-反式-桂皮酰-葡萄糖）-7葡萄糖苷、槲皮素-3-鼠李-2-（6-对葡萄糖氧基-反式-桂皮酰）-葡萄糖苷、山奈素-3-鼠糖李糖-2-（6-对葡萄糖氧基-反式-桂皮酰）-葡萄糖苷。

（4）儿茶素类。儿茶素类根据母核上2-位碳原子旋光性的不同及5′-位是否含有羟基分为4种：儿茶素、表儿茶素、没食子酸儿茶素和表没食子酸儿茶素。药理实验表明儿茶素类具有治疗肝中毒和抗肿瘤的作用。

20.5.2 萜类内酯及其药理作用

银杏内酯包括银杏内酯A、B、C、J、M和白果内酯，其中银杏内酯M仅存在于银杏的根皮中，因此，银杏叶中的有效活性内酯成分主要指银杏内酯A、B、C、J和白果内酯，银杏内酯属二萜类内酯；分子中都含6个五元环，其中含有3个γ-内酯环和1个四氢呋喃环，它们的侧链上均含一个叔丁基；银杏内酯B的活性最强，特异性最高，这是区别其他天然内酯化合物的重要特征，白果内酯属倍半萜类内酯，分子结构中仅含有一个戊烷环，此类化合物在水溶液中易分解，这就是不同生产工艺产品质量不稳定的主要原因。研究证明银杏内酯A、B、C均为强血小板活化因子（PAF）的拮抗剂，其中银杏内酯B活性最强。白果内酯具有神经系统的生理活性，对因年老而产生的痴呆症有奇异的疗效，同时它又能抗神经末梢的衰老，被誉为真正的抗衰老化学物质。

20.5.3 酚酸类及其药理作用

此类化合物成分属于羟基取代的水杨酸衍生物，主要有白果酸、白果酚、D-糖质酸、莽草酸和6-羟基犬脲喹啉酸、银杏酸等，研究表明银杏酚酸具有强烈的杀虫、抑菌杀菌作用以及抗肿瘤、抗炎和抗氧化等多种药理活性，可用于植物农药的开发和新药的研究，而另一方面此类物质具有细胞毒性，可致过敏、致突变，引起阵发性痉挛，神经麻痹，其主要毒性成分4′-甲氧基吡哆酸为维生素B_6拮抗剂，抑制大脑中的谷氨酸转化为γ-氨基丁酸，因此EGB质量规定其含量必须低于5 mg/kg；国内市场上出售的EGB粉末一般酚酸含量都在300～1500 μg/g。

20.5.4 其他成分

银杏叶含有17种氨基酸、蛋白质、糖类、多种维生素，如维生素C、E等。还含有游离矿物质 Ca、Zn、Cu、P、B、Se，其他微量元素 Fe、F、Cr 的含量也较高。它们在保护机体不受自由基所致的氧化损伤方面具有十分重要的作用。就质量而言，银杏叶蛋白的质量可与大豆蛋白相媲美，接近鸡蛋蛋白。如此丰富的蛋白质和质量良好的氨基酸组成，无疑可以成为一种很好的食品营养添加剂。大量研究证明，银杏叶中维生素 C 、维生素 E、胡萝卜素及钙、磷、硼、硒等矿物元素含量十分丰富，超过一般水果蔬菜及可食植物原料。

20.5.5 银杏种仁的化学成分及其药理作用

研究认为银杏种仁（俗称白果）中含有淀粉、粗蛋白、核蛋白、粗脂肪、蔗糖、还原糖、粗纤维、内酯类物质、白果酸等，具有营养和药用价值。其药理作用是健肺气、定喘咳、止带浊、缩小便。现代医学研究证明，白果对多种类型之葡萄球菌、链球菌、白喉杆菌、炭疽杆菌、枯草杆菌、大肠杆菌、伤寒杆菌、结核杆菌等有不同程度的抑制作用，具有广谱的杀菌作用；银杏内酯类物质，是“血小板活化因子（PAF）”的拮抗剂；从新鲜白果中提取出来的白果酸甲能增强血管的渗透性。可主治肺虚咳嗽、慢性气管炎、肺结核、遗精、白带等症；外用可以治疥疮、粉刺。民间有验方治疗小儿腹泻：白果 7 枚去壳，生食每天 2 次即愈；治咳嗽：白果 7 枚去壳，配以冰糖 5 钱，清水 1 碗，炖沸后文火烧几分钟，仁水并吃，几次即可痊愈。

20.5.6 银杏外种皮的化学成分及其药理作用

银杏外种皮是银杏加工过程中的废弃物。楼凤昌等从外种皮中分离并鉴定了 17 个化合物，分别为白果醇、棕榈酮、谷甾醇、豆甾 -3，6 - 二酮、豆甾 -4 - 烯 -3，6 - 二酮、白果酸、白果新酸、胡萝卜苷、银杏内酯 A、B、C 及儿茶酚、原儿茶酸、金钱松双黄酮、银杏黄素、异银杏黄素、三十烷酸、白果宁等。潘竞先等用醋酸乙酯提取银杏外种皮，通过硅胶色谱和聚酰胺色谱分离出 5 个双黄酮类化合物，即金钱松双黄酮、银杏黄素、异银杏黄素、白果素和 1，5 - 二甲基白果素。王杰等用 70% 乙醇提取新鲜的银杏外种皮，浓缩后拥乙醚溶解，分别用 5% 碳酸和 5% 氢氧化钠水溶液萃取，得三个部分，利用凝胶色谱法进一步分离出两个银杏双黄酮、银杏黄素和异银杏黄素，利用溶剂法进一步分离出四个化合物，即氢化白果酸、白果酚、白果醇和氢化白果亚酸。吴红菱等用含水丙酮为溶剂提取银杏外种皮，得浅棕色粗提取物，提取率为 2. 77% 和 5. 26% ，粗提取物的黄酮含量为 22. 7% 和 29. 7% ，认为银杏外种皮有一定的开发价值。宋根萍等用沸水提取银杏外种皮多糖，粗多糖的提取率为 6. 58% 。其中总糖含量为 89. 7% ，还原糖含量为 5. 1% ，多糖为 84. 6% 。粗多糖的水解物中含有葡萄糖、果糖、半乳糖和鼠李糖，并认为该多糖位 α - 苷键多糖。

由于其外种皮含有氢化白果酸和黄酮类化合物等，具有抗急、慢性炎症及免疫性炎症的作用，其水溶成分有较好的镇咳祛痰功能。因此人们很早就将银杏外种皮干燥后粉碎用于抗菌、杀虫。杨小明等发现其还具有显著的抗肿瘤效果。陈盛霞等以石油醚为溶剂提取银杏外种皮后得到一种淡黄色物质（其主要成分为银杏酸），将其命名为银杏外种皮石油醚提取物，研究发现其对钉螺具有很强的杀灭作用。

20.5.7 银杏枝皮、心材的化学成分

苏亮等采用乙醇提取银杏枝皮中的化学成分，并用低压硅胶柱色谱分离，分得8个化合物，通过光普法和化学法鉴定为白果萜内酯、银杏萜内酯B、银杏萜内酯C、香草酸、原儿茶酸、胡萝卜苷、二十八醇和三十烷酸等。

Hiroshi Iri等人从银杏心材中分离出6种倍半萜类化学成分 bilobanone、*E*－10，11－dihydro－atlantone、*Z*－10，11－dihydro－atlantone、*E*－10，11－dihydro－atlantone、elemol、β－eudesmol，这六种倍半萜类化合物的结构特征与银杏叶中分离出的倍半萜类化合物比较，差别较大。

20.6 银杏的开发利用

银杏集叶用、果用、材用、花用，绿化、观赏、环保于一体，综合利用价值与潜力为其他树种所不及，银杏产品开发具有广阔的市场前景。

20.6.1 药用产品

目前，国外的银杏药用产品已达到几十种。主要是叶制剂，剂型有片剂、胶囊、滴剂、口服液、注射液、缓释制剂等。如德国Intersan药厂生产的Rodan（流浸膏）；Schwabe药厂生产的Tebonin片剂（进口到我国叫金钠多），该厂还生产Forte Tropfen和Injektions Losung针年剂；德国莎尔大学生产的人参、银杏叶提取物复方胶囊。法国Ipsen药厂生产的Tanakan，有薄膜包衣片和口服液（进口到我国后叫达纳康），该厂还生产Ginofor fortl胶囊；ZellerAG药厂生产的大蒜银杏复方等。

在我国，以银杏提取物为原料生产防治心脑血管疾病等药物的公司和工厂有近百家。深圳海王药业集团、南方制药厂等，生产的片剂、胶囊、粉剂、含片、贴剂、口服液及针剂等近百种。如片剂就有舒血宁、银可络等。胶囊白路达、天保宁、银杏舒心胶囊等。另有舒血宁注射液、银杏浸膏等药用产品。

20.6.2 保健食品

20.6.2.1 银杏饮料

（1）银杏叶保健饮料。配方及其制法如下：

配方1：银杏叶提取物（用低级醇水溶液提取干燥银杏叶，再用脂溶性有机溶剂除去低极性化合物，或者用与水不相混溶的有机溶剂萃取而得）2 g、异构糖（含果糖30%）500 g、蔗糖50 g、蒸馏水10 L、香精适量。

制法：将500 g异构糖和50 g蔗糖溶解在10 L蒸馏水中，然后加入2 g银杏叶提取物，溶

解后，再加入适量香精，装瓶（每瓶 100 mL），若充入 CO_2，即成碳酸饮料。也可根据需要，添加酸味剂、维生素等，同时还可以用葡萄糖、果糖、麦芽糖等代替异构糖。

配方 2：银杏叶提取物 55%，洋槐蜜（39 ~ 40°Bé）44%，柠檬酸适量，苯甲酸钠适量。

制法：切碎干燥的银杏叶，用水煮汁两次，合并滤液，将滤液置于 0 ~ 4 ℃的低温下冷藏 24 h，滤渣，得到银杏叶提取液。将炼过的 39 ~ 40°Bé 的优质洋槐蜜与提取液混合，加入柠檬酸，调节 PH 为 4，然后加入适量防腐剂苯甲酸钠，无菌灌装、灭菌，冷却后即成。

配方 3：银杏叶提取物（同配方 1）5 份，饴糖 150 份，还原性淀粉糖 300 份，维生素 C 4 份，酸味剂 25 份，香精 10 份，水余量，合计 1000 份。

制法：将饴糖、还原性淀粉糖、维生素 C 、酸味剂、香精先溶解在水中，然后加入银杏叶提取物。提取物加入前溶解在少量乙醇水溶液中。最后加水到 1000 份。该饮料在 30 ℃条件下可放置 2 W，无沉淀生成。

配方 4：银杏叶提取物 40 mg、砂糖 10 g、无水柠檬酸 0. 1 g，罗望子胶 100 mg。

配方 5：银杏叶提取物 40 mg、砂糖 10 g、无水柠檬酸 0. 1 g，阿拉伯胶 100 mg。

配方 6：银杏叶提取物 40 mg、砂糖 10 g、无水柠檬酸 0. 1 g，明胶 100 mg。

配方 7：银杏叶提取物 40 mg、砂糖 10 g、无水柠檬酸 0. 1 g，果胶 100 mg。

配方 8：银杏叶提取物 40 mg、砂糖 10 g、无水柠檬酸 0. 1 g，阿拉伯胶 30 mg，罗望子胶 30 mg。

配方 9：银杏叶提取物 40 mg、砂糖 10 g、无水柠檬酸 0. 1 g，罗望子胶 30 mg，明胶 30 mg。

配方 4 ~ 9 制法：将配方原料溶解在蒸馏水中，合计 100 mL 即成。配方中加入少量的阿拉伯胶、罗望子胶、明胶和果胶，以防止沉淀。上述饮料可放置 3 个月无沉淀产生。

配方 10：银杏叶提取物 40 mg、维生素 C 100 mg、酸味剂 250 mg、汉生胶 10 mg、还原性淀粉糖 38 g，水余量，合计 100 mL。

配方 11：银杏叶提取物 50 mg、枸杞子提取物 50 mg、甘草提取物 20 mg、维生素 C 100 mg、酸味剂 250 mg、甜味剂 10 mg、汉生胶 10 mg、水余量，合计 100 mL。

配方 10 ~ 11 制法：将配方原料溶解在蒸馏水中，合计 100 mL 即成。配方中加入少量汉生胶是为了防止出现沉淀，并能提高饮料黏度。配方中的银杏叶提取物需预先溶解在 1 mL 50% 的乙醇中。

（2）银杏叶保健蜜。生产工艺流程及操作要点如下：

银杏叶提取物的制备：将干燥的秋季银杏叶粉碎，用 6 ~ 8 倍 40% 乙醇水溶液，在 50 ℃浸提 4 ~ 5 h，重复 3 次，过滤后，回收溶剂，离心去杂。溶液采用吸附法进行精制，并用 70% 乙醇水溶液洗脱，经真空浓缩及喷雾干燥后，即得粉末提取物。

蜂蜜的选择：原料蜜必须进行检验，并按花种、等级进行分类，然后根据市场需求和原料蜜的质量，调配成质量一致和统一规格的待加工蜜。

预热、解晶：原料蜜在预热室中进行加热，使已经结晶的蜂蜜能够从桶中倒出。预热温度控制在 60 ~ 70 ℃为宜。然后在带搅拌的夹层锅内将蜂蜜加热至 40 ℃左右，使其快速解晶。

过滤：趁蜜温尚未降低时，用 60 ~ 80 目筛网进行粗滤，除去混在蜂蜜中的死蜂、幼虫等杂质，再从 90 目筛网中进行中滤。过滤过程中蜜温保持在 40 ℃左右。

配料：将过滤去杂后的蜜与银杏叶提取物以 250 ∶ 1 的比例混合，并搅拌均匀。

精滤：首先将配料后的蜜用板式换热器升温至 60 ℃，保持 30 min，使其黏度降低，以便于精滤操作；同时可融化细微晶粒并杀死耐糖酵母菌。精滤的滤网为 120 目。滤网不能过细，以免将蜂蜜中所含的花粉滤掉，有损蜂蜜的营养价值。

脱气、冷却：将高温加工后的蜂蜜用真空箱进行抽气，以使蜂蜜纯净透明，然后再经热交换器快速冷却至 50 ℃以下，以减少有效成分氧化损失和色泽变深。

抽检：将成品蜜的各项指标进行抽检化验。理化指标是水分 25% 以下，还原糖类 60% 以上，蔗糖 5% 以下，酸度 4 以下，费式反应为负，总黄酮含量 0.1% 以上。

灌装：将成品按市场要求，灌装成不同规格。灌装时要保证卫生要求，防止微生物二次污染。

（3）银杏叶冰淇淋。生产工艺流程及操作要点如下：

将牛奶、稀奶油、蔗糖、银杏叶提取物（同银杏叶保健蜜中提取方法），放入保温缸中，搅拌使之溶解，再加入已浸泡溶胀的明胶作稳定剂，拌匀后升温至 50 ~ 60 ℃，混合料经高压均质、杀菌、冷却，然后在强烈的搅拌下迅速冷冻，使膨胀率达到最适宜程度，灌装后即为成品。在该产品中，银杏叶提取物含量达到 0.1% 。

（4）银杏洋姜饮料。工艺操作要点如下：

银杏汁的提取：碾碎干银杏叶，过 20 目筛，按 1∶15 比例加无菌水，在反应釜中加热回流 30 min，过滤，滤渣再加 15 倍水抽提 30 min，再过滤，然后合并滤液，加入 0.1% 活性炭和适量明胶，加热至 70 ~ 80 ℃，冷却后过滤得银杏汁。

洋姜液提取：将鲜洋姜洗净打浆，加 1 倍水，调 PH 为 2 ~ 3，在反应釜中加热煮沸 1 h，冷却后过滤，然后依次流入装有活性炭的阳离子交换树脂、阴离子树脂和大孔吸附树脂的层析柱，得洋姜果糖液。

配制：将银杏汁与果液按一定比例混合，控制总糖在 6% ~ 8%，银杏汁控制在每 10 mL 营养液含 0.25 g 左右银杏叶提取液，同时加入少量风味改良剂。

（5）白果饮料。工艺操作要点如下：

采果：于 9 ~ 10 月采集成熟的果实，平摊于阴湿处，堆厚 30 cm 左右，上盖稻草及草帘或浸泡于缸内，让其发酵，经 5 d 左右，取出置流水中淘洗去肉屑，搓洗出种子，晒干储存备用。

剥壳、护色：采用蒸、炒、煨等方法加工，再利用机器破壳。破壳后的白果再进一步预煮去掉水解后产生的氢氰酸。用浓度为 0.6% ~ 0.8% 精盐水循环漂洗（水温 40 ~ 50 ℃）。

打浆、过滤：生产上多用双道卧式打浆机。通过 20 目筛孔即可。

细磨：利用胶体磨进一步研磨。

调配：可根据客户不同的需要，调配出口感各异的系列饮料。也可依据中国古老的中医配制理论，配制出疗效饮料。调配中应添加适当的乳化剂、稳定剂。

匀质：调配后的饮料再经过低压 20 MPa，高压 40 MPa 的压力可使粒度达到 120 目。

脱气：脱气的真空度为 90.64 ~ 93.31 kPa（680 ~ 700 mmHg）。

杀菌、装瓶、冷却：杀菌用高温瞬时灭法 120 ℃，3 min。

（6）白果汁。操作要点如下：

原料选择：拣去空粒、病粒、石砾、外种皮及树枝碎片等。

去壳去皮：将白果放入烘房中，温度 70 ~ 75 ℃，烘烤 12 ~ 16 h，使核仁和外壳之间空隙加大。烘烤过的白果含水量为40%。用木板轻轻拍击烘烤过的白果，用手剥去硬壳，也可以用剥壳机去壳。

预煮：将白果放入水中，同时加温到95～100 ℃，保持10～15 min，使内种皮松裂，然后在40～45 ℃的热水中反复冲洗，将内皮去干净为止。预热能软化种仁组织，提高出浆率。

初磨：将种仁放在砂轮磨中初磨，加水量为种仁的3～5倍，磨成均匀的浆汁，立即送入胶体磨中，不能延迟。

细磨：初磨过的浆汁在胶体磨中细磨时加入1%的精盐和0.2%的柠檬酸，作护色用，防止浆汁褐变。细磨5～10 min，磨浆为均匀的乳状浆液。

离心过滤：将细磨过的乳状浆液进行离心过滤。滤渣加水1～2倍，再送入胶体磨细磨一次。离心分离后，两次经过过滤的浆汁合并（滤渣另外处理），送入离心过滤机，再用160目的筛网或5层纱布过滤。

调配：将白砂糖先溶解成糖浆，加入柠檬酸，搅拌均匀后过滤，取得滤液倒入浆汁中，银杏汁的含糖量为16%～18%，含酸量为0.5%。

高压匀质：高压40 MPa的压力可使粒度达到120目。

装罐、真空封口：压力17.64～19.6 MPa，罐经冲洗和消毒，装入白果浆汁，真空密封罐口，抽空压力为0.03～0.045 MPa。使原汁含量不低于45%，可溶性固形物15%～20%。

杀菌冷却：杀菌、冷却后罐温35～40 ℃。

贴标装箱：贴上带商标的说明，装入专用箱内。

（7）白果露（白果乳）。白果露的工艺流程和操作要领与白果汁相同，只是调配时原汁的含量更高些。

（8）液体白果茶。液体白果茶的工艺流程和操作要领也与白果汁相同，只是调配时原汁含量稍低，含量为30%～40%，而且加入适量的食品混浊液，使成品外形似较黏稠的悬浮液。

（9）白果口服液。白果口服液操作要点：

磨碎及浆渣分离：将处理好的白果粉先在砂轮磨初磨，再经胶体磨细磨，然后用离心机进行浆汁分离。

调配与预杀菌：在银杏浆汁中加入蜂蜜，使含糖量达到45%～65%，经过冷却后测量酸度，根据酸度高低加入适量柠檬酸，将酸度调到0.3%～0.5%，再加热升温到60～65 ℃，保持30 min。

（10）银杏咖啡。工艺流程和操作要点如下：

银杏叶提取物制法：在1份银杏叶中加入19份水，于90～95 ℃提取30 min，过滤后浓缩滤液，干燥后得到粉状提取物。银杏叶提取物也可以用乙醇水溶液或丙酮水溶液提取。另外也可以使用除去咖啡因的咖啡。

配方及制法：速溶咖啡1.2 g、粉状银杏叶提取物0.02 g。饮用时加入120 mL 80 ℃热水，仔细搅拌，溶解后即可。

（11）白果保健饮料。白果保健饮料的配方及工艺流程及操作要点如下：

配方：白果粉（自制）6%，脱脂、脱腥蛋白粉9%，奶粉5%，精制米粉（光洁细腻无杂质）10%，白糖粉65%，炼乳5%。

工艺流程及操作要点：首先将白糖粉、蛋白粉、米粉、银杏粉、奶粉充分混合，加入

$NaHCO_3$及 CMC 混合，加水制成奶油糖并将搅拌均匀，然后进行选粒，最后进行烘干即可。注意制白果粉时，由于银杏含有较多的胶质、蛋白质，烘干时初温不宜过高，否则会造成果仁表面硬化结壳，而内部水分不宜排出，给粉碎过筛带来困难。另外调料时要严格控制加水量，一般控制在5%～7%。还有就是造粒机所用筛网不宜过大，一般在30目以上，否则影响速溶性。

（12）白果精。工艺流程及操作要点如下：

白果的处理：首先采用水浮法漂除霉烂果、僵果，然后将正常果晾干并通过分级筛，分级后待烘干。

烘干：鲜银杏含水分50%以上，白果仁与外壳之间间隙很小，不利于轧壳，烘干脱去部分水分以后间隙增大，轧壳容易。同时果仁表层果肉韧性增强，柔韧有弹性，不易破碎。烘干时间因烘房温度及果实含水量的不同而异，一般在70～75 ℃烘房中需12～16 h，在65～70 ℃的烘房中需18～22 h，烘干后果实水分下降到40%以下。

去内衣：用沸水漂洗和蒸汽两种方法。前者设备简单，但营养和风味物质流失较多；后种方法需采用专用设备，制成品质量好于前者。去除内衣后应迅速在自来水中漂洗两次，以漂除残留的果壳、内衣。处理好的白果应及时用含1%食盐、0.25%柠檬酸的溶液护色，以防褐变。

白果浆汁的制取：将洗净的白果种仁先用砂轮磨初磨2次，再用胶体磨细磨，使白果纤维在15 μm以下，然后通过浆渣分离机分离出白果渣，即得白果汁。

糊精、砂糖混合液的制取：先将砂糖放在夹层锅内，加入一定量的水将糖溶化，过滤后加入糊精，搅拌均匀，即成为糊精、砂糖混合液，用纱布过滤备用。

混合调整和加热杀菌：在配料搅拌其中加入白果浆汁、糊精砂糖混合液，边搅拌边加入蛋白糖、多糖等辅料，搅拌10 min后开始加热，温度达到65～70 ℃保持30 min，充分搅拌。

高压均质：为使成品冲泡后浓稠均匀，口味醇厚，必须进行乳化均质，均质压力在19 MPa以上。

浓缩脱气：先把脱气罐真空度抽到77.3～80 kPa进行脱气，去除物料中的空气，以防真空干燥时溢盘。在这期间适当加热，使固形物浓缩到83%以上。

真空干燥：将浓缩后的浆料装入烤盘，放在真空干燥箱的加热板上，盖上箱盖，拧紧箱门手轮，开动真空度至90.6 kPa时，立即通入蒸汽加热；15～20 min后，保持真空度97.3 kPa，正常蒸发。开始蒸汽压力在4 kg/cm^2，以后随水分减少而逐渐减少，约50 min后，盘内气泡由大变小，由多变少，降低真空度90.6～93.3 kPa，约15 min再将真空增加至98.6 kPa，物料气泡逐渐消失，表面上涨，最后冷却定型。

粉碎包装：将银杏精从烘盘内移出后，用粉碎机粉碎成颗粒状，粉碎机筛孔约5 mm。成品从出箱到粉碎、包装，都应在相对湿度为50%以下的车间进行。

20.6.2.2 糖果类保健食品

（1）口香糖。配方及其制法如下：

配方1：胶基质20份，增塑剂3份，巴西棕榈蜡3份，饴糖20份，砂糖55份，薄荷1份，银杏叶提取物（用低级醇水溶液提取干燥银杏叶，再用脂溶性有机溶剂除去低极性化合物，或者用与水不相混溶的有机溶剂萃取而得）1份，食用紫色素1号0.1份。

制法：先将胶基质、增塑剂、巴西棕榈蜡、饴糖在拌合机中于50～60 ℃混合3 min。再加入砂糖、薄荷、银杏叶提取物和食用紫色素1号，拌合均匀。在50 ℃的温度下将物料从挤出机中挤出成片状，再轧成所需的厚度，切断后即成带薄荷味的浅紫色口香糖。

配方2：将醋酸乙烯酯、天然树脂基质、聚乙丁烯等基质原料，在120 ℃下加以捏合混合，然后在混合机中依次投入已加热溶解了的基质、汤粉、葡萄糖、饴糖、银杏叶提取物及香精等，搅拌均匀，经挤压机和多段式滚筒机压成适当厚度的板片，切成片后冷却、包装即成产品。该产品中银杏叶提取物的含量应达到0.5%。

（2）巧克力。配方及其制法如下：

配方：可可脂35份、全脂奶粉20份、砂糖40份、银杏叶提取物4.4份、香兰素0.1份。

制法：首先将可可脂、全脂奶粉和砂糖用提炼机捏成巧克力坯料，接着在巧克力精研机中将坯料精研至25 μm粉状，再将粉状物慢慢投入到已加热至60 ℃的巧克力精研机中，加入银杏提取物后精研18 h，然后加入香兰素，充分均质后将巧克力料调温，模制成型，得到块状巧克力。

（3）糖果。配方及其制法如下：

银杏叶提取物可以添加到各种糖果中，制成各种硬糖、奶糖和保健糖果。

在添加银杏叶提取物的水果糖中，为了矫正提取物的苦味，可以添加矫味剂。适宜的矫味剂有葡萄柚汁、茶叶提取物、高丽参提取物、咖啡等，其中添加咖啡为最好。

保健糖果硬糖的生产工艺是，首先在蒸发锅中加入砂糖，加少量水使糖完全溶解，再加入规定量的饴糖，在常压或真空熬糖机中熬至水分1%～2%，然后添加银杏提取物、矫味剂，搅拌混匀后成型，冷却固化。根据需要也可添加色素、香精、有机酸。在生产奶糖时，将银杏提取物加入到砂糖、饴糖、炼乳、油脂、乳化剂、香精混合物中，溶解后，熬到水分8%～10%，冷却，成型。

（4）蜜饯类产品。

①银杏羊羹。工艺流程及操作要点如下：

豆沙制备：先将红小豆在夹层锅中用温水漂除漂浮物，再用热水洗三次，洗净后加入足量水煮成糊状，用钢磨研磨，之后将豆沙皮分开与水流入集汁槽中，然后倒入洗沙池内洗去黏稠物，沙沉后用离心甩干机脱水，即得纯净豆沙。

琼脂、糖混合液的制作：用清水将琼脂洗净浸泡24 h后放入夹层锅内，放适量水加热升温，至琼脂化开，继续加热到90 ℃，放入砂糖，化后加入糊精，过滤备用。

熬羹：将琼脂混合液放在夹层锅内，开启蒸汽加热，煮沸后投入豆沙、白果仁，边熬边搅拌，约半小时液面出现黏稠膜、固形物达75%左右时即可。

浇羹：将预先准备好的铝箔纸箱插入模中，然后将熬好的羹注入纸箱内，自然晾干凝固。

包装：把凝固的羊羹从模中拔出，折叠封口，并装入外盒。

②银杏低糖羊羹。配方与操作要点如下：

配方：赤豆27.0 kg、砂糖34.4 kg、白糊精8.6 kg、奶粉2.5 kg、白果5 kg、可可粉0.5 kg，出成品约100 kg，余量为水。

操作要点：

制备豆沙：将清洗的赤豆在60～70 ℃温度下煮制，然后经砂轮磨研磨，并用水洗沙，用离心机甩干即成。

白果泥制作：将白果去壳去内衣后进行预煮，然后用砂轮磨磨成白果泥。

琼脂混合糖液制备：洗净琼脂，浸泡 24 h 后滤水，放入夹层锅加热化解，持续加热至 90 ℃，放入砂糖和糊精，溶解均匀。

熬羹：将豆沙、白果泥、琼脂混合糖液倒入带搅拌器的夹层锅内，混合搅拌，加热熬煮 30 ~ 40 min，液面达到 75% 稠度时，即熬到终点（102 ℃），而高糖羊羹的终点达 104 ℃以上。待羹凝固后，折叠羹面上的铝箔纸，在 33.3 ~ 40 kPa 条件下真空封口。回原羹模，在 108 ℃下蒸汽杀菌 30 min。

③白果脯。工艺流程及操作要点如下：

首先要进行原料挑选和分级，去壳，预煮去皮，取出白果放入 1% 精盐水中护色，冷却至室温，再用白砂糖 30 kg、蜂蜜 1.0 ~ 1.5 kg、水 75 kg、柠檬酸或亚硫酸 100 g、精盐 2000 g、白果仁 50 kg，一次加入用旺火煮开 20 ~ 30 min，做到熟而不烂，不开裂；将煮好的白果仁同糖液一起倒入缸中，糖渍 24 h，使种仁充分吃透糖液；然后捞起糖液中的种仁，沥尽糖液，均匀摊放在烘屉中，不要重叠，送烘房烘烤，烘房温度 60 ~ 70 ℃，要勤翻动和调整烘屉位置。烘 14 ~ 16 h，种仁含水量达 14% ~ 16% 时出烘房，剔出小粒和碎块，即为成品。最后按大小分级包装，要求不黏结。

20.6.2.3 银杏保健茶

（1）银杏叶炒制茶。工艺如下：

工艺 1：银杏叶炒制茶是用银杏嫩叶按绿茶工艺制成。工艺流程包括：原料准备、杀青、揉捻、绰尔青、摊凉、复炒、过筛、成品装袋。其中要注意的地方是：采叶要在上午十点以前完成，并当天加工完毕；杀青时锅温要达到 250 ℃以上，锅要干净，并采用先闷后抖的程序，闷的时间一般为 0.5 ~ 1 min，抖叶时动作要快，要均匀散落；揉捻时一般要从轻到稍用力再到轻的方式反复多次，时间为 30 ~ 35 min，使银杏叶用手握紧放开时，叶自然松散，叶色深绿，鲜亮；炒二青的温度控制在 170 ~ 190 ℃，时间为 20 min；复炒时温度为 80 ~ 90 ℃，也可用电炉烘；过筛时可用竹筛或铁丝筛，上面的为一级品，下面的稍碎为二级品；然后按级别装入塑料袋中，封口，外加纸带。

工艺 2：将银杏叶进行粉碎，进行筛分，烘干即成银杏茶半成品，然后进行精制筛分切碎，成 12 ~ 36 孔内的翠绿黄色茶，再与银杏粉按比例拼配，包装即可。产品有红茶型、绿茶炒青型、天然绿茶型等多种。

（2）银杏叶保健茶。工艺如下：

工艺 1（袋泡茶）：绿茶粉 2 g、银杏叶提取物 5 ~ 50 mg。绿茶粉也可以用红茶粉、麦茶粉、乌龙茶粉代替，制成袋泡茶。饮用时浸泡在 150 mL 90 ℃的热水中即可。

工艺 2：茶叶 2 g、银杏提取液（吸附在冲泡纸上）1 ~ 3 mL。首先将银杏叶加水浸泡 1.5 ~ 2.5 h，煮沸 10 ~ 20 min，浓缩滤液，冷却，过滤，清夜用 1 ~ 3 倍量的 95% 乙醇萃取，回收溶剂后得到提取液。用冲泡纸吸附提取液，在 35 ~ 37 ℃条件下烘干，剪碎。把吸附提取液的冲泡纸与茶叶混合，制成袋泡茶。

工艺3：取三级绿茶120 kg（其中炒青96 kg、青茶24 kg），将茶切碎，通过10～80目筛，得绿茶110 kg。将1.45 kg银杏叶提取物和1.45 kg葛根叶提取物溶解在0.1 kg食用醋精、20 kg食用酒精、5 kg蒸馏水混合液中，然后将混合液均匀喷洒在绿茶中，在滚锅内烘炒30 min，温度控制在50 ℃左右，成品茶的水分为6%～8%。最后包装成每袋2 g的袋泡茶，每克含提取物25 mg。

工艺4（保健茶）：将银杏提取物25 g和甜叶菊5 g溶解在50%的药用乙醇中，用喷雾器将混合液喷洒到70 g重的茶叶中，在50 ℃以下温度烘干，装袋。

20.6.2.4 罐头食品

工艺流程及操作要点：

原料验收及后熟：银杏按成熟季节一般在9月采收，然后堆放7～14 d，让其充分后熟。

去皮洗果：将后熟好的银杏分批放入洗池内浸泡清洗并不断搅拌，以利外皮充分离果。水温保持20～25 ℃。

分类、分级和二次清洗：按种类进行分类，一般有长子类、圆子类、梅核类、佛指类、马铃类；然后按大小和轻重分级，一般可分成四级；二次清洗就是连续用循环水漂洗1～2次，水温20～25 ℃。

沸煮、碎壳及护色：将银杏倒入夹层锅中进行煮沸，水与银杏的比例为5∶(2～3)，时间10～15 min；放冷至35～40 ℃时置于碎壳机上碎壳；然后对果仁用40～45 ℃清水进行漂洗，并加入适量精盐（浓度为0.6%～0.8%）护色。

装罐、注汁：将漂洗护色后的银杏迅速从清洗池中取出滤水，按不同要求进行罐装，温度大于或等于30 ℃。然后按精盐：2.0%～2.5%，砂糖：2.0%～3.5%，柠檬酸：0.03%～0.05%配汤汁。煮沸汤汁，经四层纱布过滤后注入罐内，加入汤汁后罐内中心温度要达到75～80 ℃。

封罐、杀菌和冷却：装罐后要真空封密，抽真空压力为0.045～0.052 MPa。在121 ℃下10～25 min杀菌。在反压0.12 MPa下冷却，至罐头温度到35～40 ℃。

恒温检查：为了捡除生产中形成的漏罐、胀罐、瘪罐等不合格罐。待恒温35～37 ℃，达到3～5 d，合格罐即可贴签、包装与销售。

20.6.2.5 银杏酒类

工艺1：粉碎100 g银杏叶，用2000 mL水加热提取1 h，滤出提取液，浓缩干燥，得提取物17.2 g。在15%葡萄糖水溶液中添加1%的银杏叶提取物，用1 mol/LNaOH溶液调节pH为5～7。在发酵原液中接种2%单细胞发酵菌，于30 ℃发酵3 d。发酵结束后用滤膜（0.45 μm）过滤发酵液，然后在70 ℃水浴中灭菌10 min，即成酿造酒。

工艺2（含银杏叶提取物的玉米酒）：取决明子2 kg、银杏叶2 kg、绞股蓝1 kg。先制备决明子提香液。方法是将决明子炒至微焦，在140 ℃下烘焙2 h，然后加入1500 mL食用乙醇

(95°)，浸泡4 h，滤出乙醇提香液。将滤渣蒸馏，得到蒸馏提香液。蒸馏后的残渣用水加热，微沸2 h，过滤得到水提香液。把滤渣混合到银杏叶和绞股蓝中，加热煎煮两次，每次2 h。过滤后减压浓缩滤液，得到混合浸膏。冷却后在浸膏中加入上述合并的决明子提香液，接着加入1500 mL食用乙醇（95°），过滤沉淀出的杂质，将滤液加入500 kg玉米酒汁中，使酒色呈金黄色。接着加入2.5 kg食醋、0.5 kg柠檬酸，再进行调味、勾兑、静置，最后取上清液装瓶，陈放3个月，即成香甜适中、色泽金黄的玉米银杏酒。

工艺3（银杏叶保健酒）：在高锰酸钾和活性炭处理后的65°酒基中，加入银杏叶提取物、白砂糖、柠檬酸等其他原辅料，用水稀释至一定体积后，经罐装、封盖、贴标后即为成品。该配制酒是透明的琥珀色，酒精度应控制在16°~18°，银杏叶提取物含量为0.2%。

工艺4（含银杏提取物的啤酒）：在按常法制成的啤酒中，以每升啤酒添加10 mg的比例加入银杏提取物，在过滤机内充分混匀后，过滤，即成成品。

（注：银杏提取物的制法是，用食用酒精浸泡粉碎的银杏叶。滤液用乙醚萃取，除去溶剂后得到含黄酮苷和维生素的提取物。）

20.6.3 日化产品

20.6.3.1 护肤化妆品

在护肤化妆品中添加0.01%~0.05%银杏叶提取物，能使皮肤滋润，富有光泽，减少黑色素的形成，延缓皮肤的衰老过程。主要有乳液、霜膏、化妆水、面膜、洗液、凝胶等剂型。

具体制法较复杂，主要是按不同的步骤，将各种辅料混合，有的混合时还需加热。银杏叶提取物的提取方法也各式各样，一般可用50%乙醇、90%乙醇、50% 1，3-丁二醇等。

20.6.3.2 减肥化妆品

由于银杏提取物中的双黄酮成分具有拮抗磷酸二酯酶的活性，因此银杏叶提取物是减肥化妆品的有效添加剂。

银杏叶提取物的制法：取500 g绿银杏叶，干燥后用甲醇提取，浓缩提取液至小体积后，用100 mL 1∶1的甲醇水混合液稀释。然后用100 mL氯仿萃取2次，真空蒸发氯仿溶液，残渣用100 mL 60%甲醇-水溶液溶解，用正己烷萃取，浓缩干燥甲醇相即可。残渣中含有穗花杉双黄酮类化合物约40%。

20.6.3.3 牙膏配方

配方1：$CaHPO_4 \cdot 2H_2O$ 50%、甘油20%、羧甲基纤维素1.0%、月桂基硫酸钠1.0%、香料1.0%、2-羟基-6-烷基苯甲酰胺0.1%、糖精0.1%、NaF 0.1%、水余量。

配方2：$CaCO_3$ 50.0%、甘油20%、卡拉胶0.5%、羧甲基纤维素1.0%、月桂基尔乙醇酰胺1.0%、蔗糖-月桂酸酯2.0%、2-羟基-6-烷基苯甲酰胺0.1%、香料1.0%、糖精

0.1%、洗必泰0.005%、葡聚糖酶0.01%、水余量。

20.6.4 其他产品

20.6.4.1 白果菜肴及药膳

（1）白果菜肴。白果菜肴主要有以下几种。

果味银杏：将白果400 g去壳，下六成热油（500 g花生油）锅炸，快速捞出，脱落外壳，切去两头去芯，再入沸水去掉苦水备用。炒锅内加清水500 g及砸碎的冰糖300 g，放在小火上化开，放入备用的白果。依次先后放入苹果汁40 g、梨汁40 g、桃汁40 g、菠萝汁50 g、山楂汁10 g、橘子汁20 g、桂花酱0.5 g和蜂蜜50 g。然后将锅移至中火上，开沸3 min撇去浮沫，见白果都浮在上面，出锅即成。

贝杏全鸭：将白果200 g洗净，去芯，焯去苦味备用。将川贝15 g洗净，放入锅内大火烧沸后，改小火煮20 min备用。将鸭（约1000 g）洗净，剁去头爪，放入锅内加清汤500 g、葱50 g、姜25 g、精盐10 g、绍酒10 g、花椒20 g煮2 h，去掉葱、姜、花椒，去净鸡骨，改成长方条。放入碗内加白果、川贝母混合，浇上煮鸭的原汤，置旺火上蒸1h至酥烂取出扣在汤盘内。然后在炒锅内放原汤，加味精3 g、白胡椒粉10 g，用湿淀粉40 g勾芡，加香菜3 g、鸡油20 g，淋在菜上即成。

（2）白果药膳。白果药膳主要有以下几种。

糖水银杏：因杏仁10 g去芯，加水煮至沸，加入少量白砂糖或蜂蜜即可。该配方能敛肺气，定喘咳等。

蜜饯白果：将100 g去壳、皮和芯，水煮40 min，捞出沥干水，冷却后放入方盘内，均匀撒上白砂糖50 g，装入洁净的小罐内，封口，24 h后即可食用。有补脾定喘之功用。

糖溜白果：将白果150 g放入碗中加清水，上笼屉蒸熟后取出，倒入锅中，放白糖150 g，加清水250 g，旺火烧沸后，撇去上层浮末，加生粉25 g勾芡，倒入盘中即成。

另外，还有白果薏仁米水、白果莲子汤、白果红枣汤、白果豆浆、白果平喘茶、白果通淋茶等。

20.6.4.2 民间药用验方

（1）银杏叶外用验方。银杏叶烧成灰，拌上适量香油，涂抹在患处，每日2次，10 d便可治愈小儿湿疹、皮炎；银杏树叶煎浓汤，涂洗患处。可治疗未溃冻疮；银杏树叶，烘干研细末，用粥米粒研和，贴于患处，每日换一次，可治愈鸡眼。另还可治疠疮、灰指甲、未溃疮、漆疮肿痒等。

（2）白果外用方。疣疮：取白果10枚，去壳取仁，薏仁米60 g，加水适量，煮水后放入少量白糖，每日一剂，直到疣脱为止；头面癣疮：生白果仁切片，在癣疮部位摩擦，久用可使患部痊愈；酒刺：将白果仁切出平面，频搓患部，边搓边削用过部分。每次用1～2枚白果仁即可。可于每晚睡觉前用温水洗净患部后涂搓。连续7～14次，即愈。阴虱：将鲜白果除去硬壳，捣烂，擦患处，勿伤黏膜；下部疳疮：白果仁杵碎，涂之，至痊愈止。

20.6.4.3 银杏叶提取物作为饲料添加剂

配方1：玉米50%～55%，大豆粉10%～40%，碳酸钙4%～10%，银杏叶精粉0.1%～0.6%。

配方2：玉米62%～70%，大豆粉10%～30%，石灰石3%～10%，苜蓿粗制粉1%～3%，碳酸盐1.5%～2%，维生素类、氨基酸类、矿物质0%～1%，银杏叶精粉0.1%～0.6%。

上述配方为产蛋鸡的饲料配方。

20.6.4.4 生物农药

银杏外种皮含有氧化白果酸及银杏黄素。厦门大学等单位生产出用以防治多种病虫害的生物农药，为生产绿色果蔬提供安全保障。

20.6.4.5 银杏盆景

银杏有较高的观赏价值，可用于盆景栽培。

20.6.5 银杏的绿化观赏及环保生态价值

20.6.5.1 绿化观赏

银杏雄伟挺拔，秀雅青翠，树形优美，叶片独特，既是优良的绿化树种，又是优美的观赏树种，抗病虫、抗污染、抗核辐射，环境适应性强是它的主要生长特点。在日本广岛，原子弹爆炸后，其他树木全部死亡，唯独银杏树幸存下来。银杏树可以绿化城乡，美化园林，点缀风景，调节空气，涵养水源，防风固沙，保持水土等。又因其寿命长，抗风性强，用作农田防护林，治沙防风林，效益可达几百年甚至数千年。据研究报道，目前还没有发现对银杏树有毁灭性打击的病虫害，甚至被大火烧毁、雷电劈开都能复活。银杏是中国的独特树种，与生俱来伴随着中华民族的繁衍、昌盛和文明，这是五千年文明古国对世界文明的又一贡献。我国的名山大川、古刹寺庵等旅游胜地，无不有老态龙钟、高擎苍天的银杏树。据考证，贵州铜仁有棵银杏树已有3500年的树龄。

银杏树主干通直圆满挺拔，树姿清雅、优美，是世界上公认的景园绿化、美化的优良树种。银杏枝韧性好，易于盘扎，经艺术造型，精雕细琢，可以把大自然中的银杏雄姿浓缩在方寸花盆之中，清幽古雅，美不胜收。

20.6.5.2 环保生态价值

银杏有强大的根系，其分布广，入土深，有很强的保水能力，是营造行道树、水源涵养林的优良树种。并能吸收某些有害气体，净化环境。

20.6.6 木材利用

银杏木材质地优良，兼有特殊之药香味，其材质纹理直，结构细，柔润，易于加工；纤维富有弹性，耐腐蚀，胶着力大，不翘不裂，干缩性小，不易变形，加工后表面光滑，油漆后光亮性好。因有特殊之药香而无虫蛀之虞，适合作工艺雕刻、木模、高级精美家具、上等建筑材料及豪华室内装修。由于纹理美观，特别适合作胶板板面。银杏树所做成的砧板比普通砧板更有弹性，有杀菌作用，且由于本身富有油脂，不吸收水分，也不吸收鱼肉腥味，银杏砧板在日本大为风行，目前价格十分昂贵。据报道，银杏优等材在国际市场零售价为2000美元/m^3，国内售价也在8 000元/m^3以上。随着人民生活的改善，银杏木材市场在一段时间内仍处在一个供不应求的局面。

主要参考文献

[1] 杨玉凤，李小玲，刘剑霞，等. 银杏主要病虫的发生与防治 [J]. 植物医生，2006，19 (1)：23.
[2] 杨春生，朱淑芳，黄红云，等. 银杏超小卷叶蛾生物学特性、防治技术研究与示范 [J]. 广西林业科学，2006，35 (1)：14~17.
[3] 高余国，邵天水. 银杏大蚕蛾的生物学特性及防治 [J]. 植物医生，2006. 7B：42.
[4] 周恒. 银杏大蚕蛾生物学特性及其防治方法[J]. 陕西林业科技，2007，(1)：46－47,49.
[5] 宋惠安. 采收银杏五注意 [J]. 湖南林业，2006，6：22.
[6] 李金生，赵琪，郝勇. 国内银杏叶化学成分及制备工艺的研究进展 [J]. 白求恩军医学院学报，2006，4 (4)：220－222.
[7] 国家药典委员会. 中国药典（一部）[M]. 北京：化学工业出版社，2000：257.
[8] 陈仲良. 银杏提取物的化学成分和制剂的质量 [J]. 中国药学杂志，1996，31 (6)：326－327.
[9] 丁光俊. 银杏叶的化学成分与药理研究 [J]. 海峡医药，1999，11 (1)：221.
[10] 高锦明，王蓝，张鞍灵，等. 银杏叶中有效成分的研究 [J]. 西北林学院学报. 1995，10 (4)：94－99.
[11] 仰榴青，吴向阳，陈均. 银杏酸单体化合物的制备 [J]. 中国药学杂志，2003，38 (12)：99.
[12] 田季雨，刘澎涛，李斌. 银杏叶提取物化学成分及药理活性研究进展 [J]. 国外医学：中医中药分册，2004，26 (3)：142.
[13] 张中朋,刘秀芬. 银杏叶提取物发展概述[J]. 中药研究与信息，2005，7(2)：38－40.
[14] 刘峥，陈永. 银杏总黄酮水浸提法研究 [J]. 化学世界，1996，37 (7)：35.
[15] 梁红，潘伟明，张伟锋. 银杏叶黄酮提取方法的比较 [J]. 植物资源与环境，1999，8 (3)：14.
[16] 胡敏，张声华. 银杏黄酮苷不同提取精制方法的比较 [J]. 武汉大学学报：自然科学版，1998，44 (2)：255.

[17] 江德安，肖前青. 乙醇提取黄酮方法的研究 [J]. 林业科技开发，2005，19 (1)：61－62.

[18] 袁从英，王爱军，卜欣立. 银杏叶中提取黄酮类化合物的最佳工艺条件 [J]. 石家庄职业技术学院学报，2005，17 (2)：31－32.

[19] 葛洪，房诗宏，汪世新. 银杏叶中有效成分的连续逆流萃取工艺 [J]. 扬州大学学报：自然科学版，2004，7 (1)：55－57.

[20] 王若谷，邵胜荣，范秀林. 银杏叶提取工艺研究 [J]. 药学实践杂志，2000，18 (5)：295.

[21] 应国清，王玉姣，易喻，等. 银杏叶黄酮类化合物的分离纯化 [J]. 中国生化药物杂志，2006，27 (1)：43－45.

[22] 侯峰，华文俊，姚煜东. 超临界 CO_2 脱除银杏叶提取物中酚酸的研究 [J]. 中草药，2003，34 (1)：37－38.

[23] 邓启焕，高勇. 第二类超临界流体萃取银杏叶有效成分的试验研究 [J]. 中草药，1999，30 (6)：419.

[24] 韩玉谦，隋晓. 银杏叶活性成分萃取工艺研究 [J]. 精细化工，2000，17 (9)：505.

[25] 张文成，王彪. 高纯银杏萜内酯的超临界 CO_2 提取研究 [J]. 安徽化工，2000，(1)：22－23.

[26] 程绍玲，杨迎花. 银杏叶活性成分提取研究进展 [J]. 林产化工通讯，2005，39 (1)：34.

[27] 韦藤幼，赵钟兴，梁必琼，等. 微波预处理提取银杏叶黄酮的工艺研究和机理探讨 [J]. 中成药，2005，27 (6)：637－638.

[28] 许明淑，邢新会，罗明芳. 银杏叶黄酮的酶法强化提取工艺条件研究 [J]. 中国实验方剂学杂志，2006，12 (4)：2.

[29] 陈盛霞，吴亮，杨小明，等. 银杏外种皮对钉螺的杀灭机理 [J]. 动物学报，2007，53 (1)：190－194.

[30] 柳闽生，陈晔，徐常龙. 银杏叶有效成分的研究与资源的开发利用 [J]. 江西林业科技，2006，2：28－31.

21 淫羊藿

淫羊藿又名仙灵脾、三枝九叶草、刚前、放杖草、千量金、黄联祖、牛角花、铁打杵、三叉骨等，为小檗科（Berberidaceae）淫羊藿属（*Epimedium L.*）植物淫羊藿(*E. brevicornum Maxim.*)、箭叶淫羊藿［*E. sagittatum*（*Sieb. et Zucc.*）*Maxim.*］、柔毛淫羊藿(*E. pubescens Maxim.*)、巫山淫羊藿（*E. wushanense T. S. Ying*）或朝鲜淫羊藿（*E. koreanum Nakai*）的干燥地上部分。淫羊藿最早记载于《神农本草经》，列为中品，是我国传统中草药中使用最为悠久的中药之一，其功效记载云："淫羊藿味辛寒，无毒，主阴痿绝伤，茎中痛，利小便，益气力，强志。"《新修本草》记载其形态为："所在皆有，叶形似小豆而圆薄，茎细亦坚，俗名仙灵脾是也。"淫羊藿味辛、甘，性温，归肝、肾二经，具有补肝肾、强筋骨、祛风湿的功效，可用于肾阳虚衰、阳痿尿频、女子不孕、腰膝无力、风湿痹痛、筋骨不利及肢体麻木等症。淫羊藿作为国内传统补肾中药，在民间沿用已有千年历史，因其独特的化学成分和显著的生物活性一直成为国内外研究的热点之一。近来研究表明，淫羊藿功能补肾阳、强筋骨、祛风湿；主治阳痿遗精、筋骨痿软、风湿痹痛、麻木拘挛以及更年期高血压等；《中国药典》规定：淫羊藿叶片按干燥品计算。现代药理学研究表明，淫羊藿具有多种药效功能，集中在免疫、生殖系统、核酸代谢、心脑血管系统及抗衰老、抗骨质疏松、抗肿瘤等方面。

21.1 种质资源及分布

全世界现已知淫羊藿属植物约有50种，我国约40种，广泛而间断地分布于东起日本西至北非阿尔及利亚之间的窄长地带（25°~48°N，5°~143°E），各个种均为狭域分布，没有广布种。除了地中海和西亚地区分布约4种：*E. alpinum L.*（高山淫羊藿）、*E. pubigerum*（*DC.*）*Morren Decaisne*、*E. pinnatum Fisch.*（羽状淫羊藿）、*E. perralderianum Cosson*，日本分布约5种：*E. diphyllum Lodd.*、*E. grandiflorum Morr.*（长距淫羊藿）、*E. koanum Nakai*（朝鲜淫羊藿）、*E. setosum G. Koidzumi*、*E. sempervirens Nakai*，俄罗斯远东地区和印巴交界的克什米尔地区各分布1种：*E. macrosepalum Stearn*、*E. elatum Morren Decaisne* 外，主要分布于我国。在我国分布的40个种中，特有种约占该属全部种数的80%，主要分布于四川、重庆、贵州、湖北、陕西、湖南、甘肃及东北各省区，其垂直分布范围较宽，在海拔200~3700 m

均可见淫羊藿属植物。四川分布物种最多达23种，湖北和贵州分别为16种和13种，其他省（自治区）淫羊藿属物种的分布均在7种以下。

在众多的药用淫羊藿属种类中，《中国药典》仅收录了以下5种。

（1）淫羊藿：主要分布于陕西南部、山西南部、甘肃南部和东部、河南西部以及青海、四川、宁夏等地，北达山西临汾县，南至四川若尔盖县、甘肃康县和陕西宁陕县一带，西止青海民和县和甘肃夏河县，东到山西陵川县和河南登丰市，生长于海拔650～2100m的灌丛和林下等较背光潮湿之地。

（2）柔毛淫羊藿：主要分布于陕西南部、四川北部至中西部、湖北西北部、甘肃南部。北以陕西太白山为界，南达四川峨眉山，西到四川宝兴县，东至湖北武当山，生长于海拔300～2000 m的灌丛、林下及山坡沟谷阴湿处。

（3）巫山淫羊藿：一部分分布于四川东部、重庆北部、陕西南部，湖北西部也有少量分布；另一部分分布于贵州东南部，广西北部也有少量分布，分布区域比较狭窄，有明确分布记录的为四川南充市和苍溪县，重庆万源县和巫山县，陕西安康市、平利县和镇坪县，贵州的雷山县、独山县、从江县、三都、凯里县和台江县，生长于750～1300 m的山坡灌草丛中。

（4）箭叶淫羊藿（又称三枝九叶草）：是分布最广的一个种，陕西、四川、重庆、湖北、湖南、江西、安徽、福建、浙江、广东、贵州等地均有分布，生长于海拔200～1300 m的疏林、灌丛中和水沟边。箭叶淫羊藿是分类学上较难处理的一个种，先后有宽序变种［*E. sagittatumvar. pyramidale*（*Franch.*）*Stearn*］、光叶变种（*E. sagittatumvar. glabratum J. S. Ying*）、毡毛变种［*E. sagittatumvar. coactum*（*H. R. Ling et W. M. Yan*）B. *L Guoet Hsiao*］分布于黔东南、黔东北及湖北恩施和湖南黔阳，同时增加贵州淫羊藿（*E. sagittatumvar. guizhouense S. Z. He et B. L. Guo*）和剑河淫羊藿（*E. myrianthum stearnvar. jianheense S. Z. He et B. L. Guo*）为其新变种。

（5）朝鲜淫羊藿：为我国、朝鲜和日本所共有，在我国主要分布于东北的吉林省东部和辽宁省东部，北至黑龙江省的宁安县，南达辽宁凤城市，西到辽宁的抚顺市和本溪市，东止于吉林珲春县，生长于海拔200～900 m的林下和灌丛间。另外，安徽和浙江也有少量分布。

我国其他常用的几种主要分布在：粗毛淫羊藿主要分布于贵州全省、重庆、四川中部和南部、云南东北部、湖北西部和广西北部，生长于海拔290～2100 m的灌丛、林下和水沟边，在许多产地将其与箭叶淫羊藿相混称。该种虽未收录入药典，但是药用成分含量高，药材产量大，已成为贵州和四川两省药市的主流药材之一。湖南淫羊藿［*E. hunanense*（*Hand.－Mazz.*）*Hand.－Mazz.*］分布于湖南武冈县和新宁县、广西全州市以及黔东南和黔南，生长于海拔400～850 m的灌木丛中。黔岭淫羊藿（*E. leptorrhizum Stearn*），主要分布于贵州东部和南部，鄂西、湘西、渝东南也有分布，生长于海拔350～2100 m的灌丛或林下。其他还有分布于四川和云南部分县市的膜叶淫羊藿（*E. membranaceum K. Meyer*）、主要分布于黔东南和湘鄂西与桂北的天平山淫羊藿（*E. myrianthumStearn*）、四川宝兴县等部分县市的宝兴淫羊藿（*E. davidii Franch.*）、四川西部的川西淫羊藿、分布于贵州的水城淫羊藿（*E. shuichengense S. Z He*）和黔北淫羊藿（*E. baieali－guizhouense S. Z. He et Y. K. Yang*）等。该种药用质量最好，价格最高。

淫羊藿作为一种很有价值的药用植物，拥有巨大的开发潜力，研究淫羊藿的栽培为该属药用植物的可持续开发利用和淫羊藿产业化奠定了基础。

21.2 生物学特性

21.2.1 形态特征

《中国药典》收录的5种药用淫羊藿，其形态特征分别如下。

（1）淫羊藿。多年生草本，高30~40 cm。根茎长，横走，质硬，须根多数。叶为2回3出复叶，小叶9片，有长柄，小叶片薄革质，卵形至长卵圆形，长4.5~9 cm，宽3.5~7.5 cm，先端尖，边缘有细锯齿，锯齿先端成刺状毛，基部深心形，侧生小叶基部斜形，上面幼时有疏毛，开花后毛渐脱落，下面有长柔毛。花4~6朵成总状花序，花序轴无毛或偶有毛，花梗长约1 cm；基部有苞片，卵状披针形，膜质；花大，直径约2 cm，黄白色或乳白色；花萼8片，卵状披针形，2轮，外面4片小，不同形，内面4片较大，同形；花瓣4，近圆形，具长距；雄蕊4；雌蕊1，花柱长。蓇葖果纺锤形，成熟时2裂。花期4~5月。果期5~6月。

（2）巫山淫羊藿。株高20~80 cm。根茎结节状、质硬，表面被褐色鳞片，四周多须根。一回三出复叶，基生或茎生，具长柄，初生叶柔软，叶片革质，披针形至狭披针形，长9~23 cm，宽2~6 cm，先端渐尖或长渐尖，基部心形，边缘呈锯齿，至三年生长期刺变硬。顶生小叶基部具均等的圆形裂片，侧生小叶基部的裂片偏斜，内侧裂片小，圆形，外侧裂片大，三角形，渐尖，下面被绵毛或秃净；长茎具2枚对生叶。叶长成即开花，花自下而上依次开放。圆锥花序顶生，长15~30 cm，偶达50 cm，具多数花，花序轴无毛；花梗疏被腺毛或无毛；花白色至淡黄色，直径3.5 cm；外萼片4，近圆形，长2~5 mm，宽1.5~3 mm，内萼片椭圆形，长3~15 mm，宽1.5~8 mm，先端钝；花瓣呈角状距，淡黄色，有时基部带紫色，长0.6~2 cm，雄蕊长2~4 mm；心皮斜圆柱状，有长花柱，含10~12颗胚珠. 蓇葖果长约1.5 cm. 花期三月底至4月初，果期6月，其繁殖为须状根的无性繁殖，生长率高。

（3）箭叶淫羊藿。多年生草本，高30~50 cm。根茎匍行呈结节状。根出叶1~3枚，3出复叶，小叶卵圆形至卵状披针形，长4~9 cm，宽2.5~5 cm，先端尖或渐尖，边缘有细刺毛，基部心形，侧生小叶基部不对称，外侧裂片形斜而较大，三角形，内侧裂片较小而近于圆形；茎生叶常对生于顶端，形与根出叶相似，基部呈歪箭状心形，外侧裂片特大而先端渐尖。花多数，聚成总状或下部分枝而成圆锥花序，花小，直径仅6~8 mm，花瓣有短距或近于无距。花期2~3月。果期4~5月（彩图21.1、21.2、21.3）。

（4）柔毛淫羊藿。叶下表面及叶柄密被绒毛状柔毛。主产于四川，质量较好也较稳定。

（5）朝鲜淫羊藿。小叶较大，长4~10 cm，宽3.5~7 cm，先端长尖。叶片较薄。

21.2.2 生长特性

21.2.2.1 植株生长特性

据石进校等观察发现，箭叶淫羊藿无明显的冬眠现象，只有当零下低温持续的时间较长或霜冻期过长时，地上部分才枯萎，如果低温或霜冻期较短，地上部分（主要指叶片）一直保持正常状态，至6月份才逐渐变黄，有些叶片甚至可延续到8月份。但移栽后，原有叶片及地上部分会很快枯黄。箭叶淫羊藿移栽期不同，成活率存在极显著差异，12月份和1月份移栽成活率很低，主要与低温有关。特别是这一时期地温很低，移栽对根有损伤，栽培时覆土很浅（太深，新叶无法出土），植物得不到一定的水分供应，加上空气湿度小，植株再生力低，导致植物体枯死。6月份以后栽培很难成活，主要与高温有关。植物蒸腾量大，水分供应不足，伤口易受病害，导致植株枯死。2、3、4月是箭叶淫羊藿萌动和开花期，气候适宜，代谢旺盛，再生力强，老叶和根可为植株的形态重建提供营养，新根和新叶几天就可生长出来，成活率极高。因此，箭叶淫羊藿适宜移栽期为2~4月，最佳时期是2月和3月。

淫羊藿的花序为圆锥花序或总状花序。从现蕾到开花约15 d，开花后3~5 d为授粉期，7 d后开始坐果，约40 d后果实开始成熟。每个花枝中下部花蕾开花结实率较顶部花高。不同环境下的开花结实率差异较大。沟边、路旁等强光照条件下结实率在40%以上，最高可达80%；而处于林缘、林下等弱光条件下开花结实率在10%~30%。早、中期的花，结实率高，果实饱满，内含种子数多，末期花几乎不能结实。进入5月后，果实开始成熟，成熟果实向阳一面着色深，果实背裂，种子极易脱落，需要及时采收。

21.2.2.2 物候期

淫羊藿植物垂直分布较宽，不同域物候期差异较大。孙超等对粗毛淫羊藿的物候期观察表明：海拔1200~1400 m的自然条件下粗毛淫羊藿一年萌发2次，春季、夏季各1次。3月上旬，春季新叶萌发，多带花枝，属于以生殖生长为主的生殖叶。3月下旬至4月中旬为新叶萌发盛期。3月中旬为始花期，4月上旬为盛花期，始果期在3月下旬，4月中旬为盛果期。5月上旬至6月上旬为果实成熟期。夏季6~8月进行第2轮新叶萌发，多为营养叶，极少带有花枝。立秋后，叶片萌发数较少，生长缓慢。入冬后，地上部分生长相对停止，地下茎部分形成越冬芽，翌年春天萌发新叶。

21.2.3 生态习性

淫羊藿是一种生态幅度大的温带及亚热带药用植物。不同种淫羊藿对其环境的要求不同，一般淫羊藿喜阴湿。温度对其影响随不同种而异，如朝鲜淫羊藿生长在较为寒冷的东北辽宁、吉林省。巫山淫羊藿生长在海拔700~1100 m的中亚热带湿润气候区，年平均气温16.0 ℃左右，10 ℃以上的积温为5000~5500 ℃，冬季最低气温5~9 ℃。粗毛淫羊霍生长在海拔300~1800 m，中亚热带湿润气候区，尤以海拔750~1300 m温和湿润地区为最宜，该区域年平均气温13.2~15.0 ℃，最冷月平均气温为4~6 ℃，最热月平均气温23~25 ℃，≥10 ℃的积温为4000~4500 ℃。淫羊藿为阴性植物，对光较为敏感，忌烈日直射，但光线过弱，亦非所宜。一般要求遮光度80%左右。如朝鲜淫羊藿在适度荫闭的林缘下生长良好，其株高、茎径、总叶面积随光照强度减弱明显减小。

淫羊藿生长发育需要湿润环境，怕旱也怕涝。土壤湿度一般保持25% ~30%，空气相对湿度以70% ~80%为宜。淫羊藿对土壤要求比较严格，以中性或稍偏碱、疏松、含腐殖质的土壤为好，土壤板结的裸露地块，则不利于淫羊藿生长。阴湿是其生长的必要条件，生于阴坡的淫羊藿明显优于阳坡，生于北坡的淫羊藿明显优于南坡，生于沟谷腐殖质土的淫羊藿明显高大粗壮。

21.3 栽培与管理

21.3.1 育　苗

21.3.1.1 土地准备

(1) 选地。栽培用地选择海拔为500~1000 m的天然次生阔叶林下，坡度在30°以内，最好是有野生淫羊藿分布的区域，林相以柞树等栎属阔叶林为主，林间透光度45% ~55%为宜。林间灌木稀少的疏林下是最好的育苗场所，以林下腐殖质土层厚15~20 cm，土壤以山地暗棕壤或黑壤土为好，要求有机质含量在8% ~10%以上。通常选择林地的东朝阳坡或西朝阳坡，其次为背阴坡。

(2) 整地。主要包括林下除杂、平整及清林调节郁蔽度。生产用地，在定植前1个月开始整地，首先清除林下灌丛、枯枝、倒木，清除过密树枝，郁蔽度调节到0.5~0.7，然后连续2次喷施除草剂，间隔7~10 d，清除地面杂草，最后翻地做床。床宽1.5 m，作业道60~80 cm。林下清杂后，郁蔽度调节到0.4~0.5，要求地势相对平整，顺山坡做床，床宽1.3 m，做床时施入腐熟的农家肥1 kg/m^2，或生物有机肥0.05 kg/m^2，要求床面平整，无杂草、枯枝。

21.3.1.2 育苗方式

1) 实生育苗

(1) 采收种子。育苗用种子圆柱状，种皮褐色，有光泽，要求外形完整，千粒重4.5~4.7 g，纯度95%。种子成熟期在6月中下旬，待果皮欲开口，外露种子呈现褐色时，及时采收，做到果实随熟随采，种子随采随播，特殊情况（如外运）可做短期储藏，但要保持种子湿润，多采用拌湿沙方法储藏，沙子湿度约为60%，沙子与种子的比率为3∶1。

(2) 播种。秋播于7月上旬至8月中下旬进行，春播在4月中下旬进行。雨后播种，在畦上横向开小沟，条播，每1000 m^2播种量为0.75 kg，覆土1~3 cm，然后覆盖树叶保墒。次年5月上旬至5月下旬陆续出苗，出苗率多在50%以上。

2）根茎繁殖

目前生产上主要用地下根茎作繁殖材料，要求根茎芽眼饱满，须根多，断面直径在0.2～0.5 cm为佳。将根茎剪成8～12 cm段，在作好的畦床上按行距25 cm开深5 cm、宽10 cm的沟，条播，株距15 cm，覆土3～5 cm，灌足水，用树叶或杂草覆盖，以利保墒。

21.3.1.3 苗期管理

（1）前期管理。根茎移栽前或次年春季出苗前，用除草剂喷洒床面。实生播种田，人工除草或用除草剂进行人工“触摸式”除草。

（2）中期管理。出苗后共除草3次。当小苗高于杂草时，及时进行人工除草，间隔时间15～20 d，出苗前禁止用除草剂喷雾除草。育苗田施肥以叶面追肥为主，推荐使用充分腐熟的“黄豆水”、0.3%尿素十磷酸二氢钾，或生物液体菌肥，每年5月上中旬以后叶面追肥2次，间隔10 d。

（3）生长后期管理。注意人畜为害。入冬前，有条件的灌1次封冻水，墒情好的可直接覆盖落叶或割下的杂草，利于次年春季保墒。

21.3.1.4 种苗采收

以根茎作繁殖材料的种苗田，定植第3年待地下越冬芽成熟时，收获地上茎叶作商品生药出售，然后挖根出圃，将地下根茎按种苗分级标准，切成8～12 cm长的小段，扎把备用。实生播种育苗田于第4年秋或第5年春出圃。

21.3.1.5 种苗储藏

种苗出圃后即定植，也可用一定湿度的细河沙或腐殖土假植，保鲜储藏，于当年上冻前全部定植完毕。若当年没有准备好生产用地，可以先行假植，次年春天出苗前再定植。

21.3.2 移　栽

21.3.2.1 选地做床

选择阴坡或半阴半阳坡的自然条件，坡度35°以下，土壤为微酸性的树叶腐殖土、黑壤土、黑沙壤土，可以利用阔叶林或针阔混交林及果树经济林下栽培。将林下地面草皮起走，顺坡打成宽120～140 cm、高12～15 cm的条床，横条沟栽苗，开沟深度6～10 cm。

21.3.2.2 挖茎移栽

（1）休眠期移栽。移栽的最佳时期为2～3月。春季4～5月萌芽前或秋季9～10月地上茎叶枯萎时，挖取地下根茎，取有芽茎段，切成8～10 cm小段，每段保留1～2个芽孢，用赤霉素和生根粉药剂处理后，栽于条床内，株行距15 cm×20 cm，覆细土5 cm，踩实后，再用湿树叶覆盖3~5 cm。

（2）生长期移栽。夏季6~8月高温多雨时林下栽培。将野生生长旺盛的植株整株带土移栽，24 h内随挖随栽，最好选择阴天或下雨前后。株行距20 cm×25 cm，覆土3~5 cm，踩实后，覆盖树叶3~5 cm。这种栽培方法不缓苗，成活率高达85%以上，且根茎分蘖芽生长快，第二年春分枝多、产量高。

21.3.3 田间管理

（1）补苗。翌春2~3月出苗后，及时拔除死苗、弱苗和病苗，阴天补苗种植，以保证基本苗数。

（2）中耕除草。结合中耕进行除草，以畦面少有杂草为度。在生长旺季，可每10 d除草1次；秋冬季可30 d左右除草1次。

（3）灌溉与保墒。淫羊藿喜湿润土壤环境，干旱会造成其生长停滞或死苗。如果在夏季连续晴5~6 d，就必须早晚进行人工浇水。

（4）合理施肥。

施肥种类：农家肥、厩肥、无机复合肥、其他如腐殖酸类肥料、菜籽饼、沼气发酵肥、叶面肥等。

施肥时间：底肥于10~11月结合整地开畦时施入；追肥于翌年3~6月追施一次或两次；促芽肥于翌年10~11月施一次；另外，在每次采收后，及时补充肥料。

施肥方法：底肥主要采用“面施”法，即于开畦后定植前，将肥料均匀撒于畦面，然后翻入土中。也可进行穴施或条施，即在开畦后定植前，挖定植穴或条时，将肥料均匀放入穴或条内，并将肥料与周围土壤混匀。由于淫羊藿的种植密度相对较密，追肥主要采用穴施，追肥时切勿将肥施到新出土的枝叶上，应靠近株丛的基部施入，并根据肥料种类覆土。在第一年的10~11月结合整地开畦时施入底肥，一般施1000~3000 kg/亩。翌年4~6月追施一次或两次，一般情况下无机氮肥施入量不超过5 kg/亩，有机复合肥10~30 kg/亩；促芽肥于翌年10~11月施一次，施农家肥1000 kg/亩，或有机复合肥10~20 kg/亩；每次采收后应及时补充土壤肥料，一般可施农家肥1000~2000 kg/亩，或有机复合肥20~30 kg/亩。底肥于开畦后定植前，将肥料均匀撒于畦面，然后翻入土中，耙细混匀，也在开畦后定植前，挖定植穴或条时，将肥料均匀放入穴或条内，并将肥料与周围土壤混匀。追肥主要采用穴施，切勿将肥施到新出土的枝叶上，应靠近株丛的基部施入，并根据肥料种类覆土或不覆土。

21.3.4 病虫害防治

（1）轮纹病。6月下旬始发，7~8月盛发。为害叶片，受害叶片病斑近圆形；褐色，具同心轮纹，上生小黑点。防治方法：冬季清园，集中烧毁枯枝落叶，以减少病原；雨后及时排水，降低土壤湿度；发病初期喷1：1：500波尔多液或65%的代森锌600倍液防治。

（2）斑纹病。为害叶片，病斑圆形，白色，常被叶脉限制，上生黑色小点，发生严重时，病斑汇合，叶片枯死。防治方法同轮纹病。

（3）小地老虎。春季发生，咬食根茎。防治方法：人工捕杀或毒饵诱杀。

（4）红蜘蛛。为害叶片，天旱时易发生。防治方法：40% 的乐果乳油 800 ~ 1500 倍液喷杀。

21.4 采收和初加工

21.4.1 采 收

种植 2 年后的淫羊藿便可采收，通常一年采收 2 次。第 1 次可于 6 月果熟后采收，第 2 次采收于 11 月进行。但 8 月份是淫羊藿生长发育好、营养物质积累最高的季节，且药效强。采收时将齐地面割取地上茎叶采收捆成小把，置于阴凉通风干燥处阴干或晾干。注意要经常翻动，遇雨天，建议使用远红外烤烟房进行人工烘干（含水量 14%）。切勿在阳光下曝晒或淋露水，以免影响产品的外观质量。选出杂质、粗梗及有可能混入的异物以保证药材质量。连续采收 3 ~ 4 年后，应轮闲 2 ~ 3 年以恢复种群活力。

21.4.2 炮 制

淫羊藿的炮制方法研究，最早见于南北朝刘宋时代的《雷公炮炙论》。书中记载："凡使淫羊藿时，呼仙灵脾，以夹刀夹去叶四畔花枝，每一斤用羊脂四两拌炒，待脂心为度。"自该书提出淫羊藿的羊脂炙法后，一直沿用至今。如徐楚江主编的高等医药院校教材《中药炮制学》中便把"炙淫羊藿"作为该药主要的炮制方法。其中记载："先将羊脂油置锅内，加热熔化，然后倒入淫羊藿丝，用文火炒至微黄色，取出放凉，每 100 kg 淫羊藿，用羊脂油 20 kg"。

其常见的炮制方法为：①清炒品。取净淫羊藿丝，置预热热锅中，文火加热，翻炒至表面颜色加深呈微黄色，取出放凉。成品呈微黄色，质轻脆。②酒炙品。取净淫羊藿丝，加黄酒拌匀，闷透，置铁锅内，文火加热，翻炒至近干，颜色稍加深时，取出放凉。成品略有酒气。每 100 g 淫羊藿丝用黄酒 10 g。③盐炙品。取淫羊藿丝，加盐水拌匀，闷透，置铁锅内，文火加热，翻炒至干，取出放凉。成品颜色稍加深，略有咸味。每 100 g 淫羊藿丝用食盐 2 g，加水量以能与淫羊藿拌匀为度。④羊脂炙品。先取羊脂油（炼制）置铁锅内，加热熔化，倒入淫羊藿丝，文火加热，翻炒至表面呈微黄色，有油光亮，略有羊油气。每 100 g 淫羊藿丝，用羊脂油 20 g。

淫羊藿炮制方法主要有清炒、酒炙、盐炙、羊脂炙、酥油制等，其中羊脂炙最为常用，且被《中国药典》收载。不同炮制方法有效成分含量不同，如总黄酮的含量由高到低顺序为：生品 > 清炒品 > 酒炙品 > 盐炙品 > 羊脂炙品。杨武德等测定粗毛淫羊藿及其炮制品淫羊藿苷含量，依次排列为：生品 > 盐炒 > 酥油制 > 羊脂炙 > 酒制 > 炒制 > 烤制。采用苯酚 - 硫酸法对淫羊藿及其炮制品中多糖进行测定，淫羊藿及其炮制品中多糖的质量分数依次为：羊

脂炙 > 炒制 > 烘制 > 酥油制 > 酒制 > 盐制 > 生品。

21.5 淫羊藿的化学成分及药理作用

21.5.1 主要化学成分

淫羊藿属植物的化学研究始于 1935 年，日本学者赤井左一郎等首先从箭叶淫羊藿和日本淫羊藿的叶中分得淫羊藿苷（Icariin）和淫羊藿 I （Icariin I），从根、根茎中分得 Noricariin。后来，日本学者德刚康雄等对长距淫羊藿继续研究，除从中分得淫羊藿苷和淫羊藿 I 外，还从根中分得新化合物 Epimedoside。迄今为止，国内外学者已经分得了各类成分 100 多种，主要为含有异戊烯基取代的黄酮类化合物。

21.5.1.1 生物碱类化合物

从朝鲜淫羊藿中发现了一种新的生物碱，命名为淫羊藿碱 A：6 – 羟基 – 11，12 – 二甲氧基 – 2，2 – 二甲基 – 1，8 – 二氧 – 1，3，4，8 – 四氢 – 2H – 7 – 氧杂 – 2 – 氮翁 – 苯并菲。另一种生物碱 – 木兰花碱也从淫羊藿中分离得到。

21.5.1.2 酚苷类化合物

从黔岭淫羊藿地上部分中分得一种苯酚苷类化合物 thalictoside：为 p – 硝基乙基苯酚 – β – D – 吡喃葡萄糖苷。

21.5.1.3 多 糖

淫羊藿多糖的研究始于 20 世纪 80 年代中期。淫羊藿多糖由甘露糖、鼠李糖、半乳糖醛酸、葡萄糖、半乳糖、阿拉伯糖等单糖组成，其物质的量之比为 0. 60 : 0. 74 : 1. 00 : 0. 29 : 2. 29 : 1. 43，是淫羊藿药材的重要有效成分。

21.5.1.4 黄酮类化合物

国内外学者从国内淫羊藿属的 13 种植物（粗毛淫羊藿、淫羊藿、宝兴淫羊藿、川鄂淫羊藿、朝鲜淫羊藿、黔岭淫羊藿、茂汶淫羊藿、柔毛淫羊藿、箭叶淫羊藿、四川淫羊藿、偏斜淫羊藿、巫山淫羊藿和长距淫羊藿）中，分离鉴定出黄酮类化合物 106 种（表 21. 1），它们是淫羊藿植物中的主要活性成分，是一类以羟基、甲氧基、烃氧基、异戊烯基等为取代基的 2 – 苯基色原酮衍生化合物。湘西地区淫羊藿各器官总黄酮含量的顺序为：根 > 新叶 > 老叶，因为黄酮类化合物大多在淫羊藿叶中形成，植株生长的过程中转移至根茎积累，从而使根中总黄酮含量大于叶片；功能新叶由于黄酮类化合物合成代谢旺盛，没有转移至根部，而老叶合成能力下降甚至停止，在老化过程中逐渐转移至根部，从而使新叶中的含量大于老叶。

表 21.1　淫羊藿属植物中黄酮类化合物

序号	化合物名称	植物来源
1	1，3，5，8－四羟基双苯吡酮	E. bre
2	1－羟基－3，4，5－三甲氧基双苯吡酮	E. bre
3	2－（对－羟基苯氧）－5，7－二羟基－6－异戊烯基色酮	E. kor
4	2″－鼠李糖基淫羊藿次苷－Ⅱ；3，5，7 三羟基－4－甲氧基－8－异戊烯基黄酮－3－*O*－α－L－鼠李吡喃糖基－（1→2）－α－鼠李吡喃糖苷	E. lep，E. bre，E. kor，E. acu E. wus E. kor
5	2″－鼠李糖基大花淫羊藿苷 A	E. kor，E. acu
6	3，7－二羟基－4′－甲氧基黄酮	E. bre
7	5，4′－二羟基黄酮－7－*O*－α－L－鼠李糖苷	E. bre
8	5，7，4′－三羟基－8，3′－二异戊烯基黄酮	E. bre
9	6－去氧甲基－4′甲基－8－异戊烯基茵陈色原酮	E. sag
10	6－脱甲基－7－异戊烯基茵陈色原酮	E. sag
11	6－去氧甲基－7－甲基茵陈色原酮	E. sag
12	8－prenylkaempferol－4－methylether－3－［xylosyl（1→4）rhamnoside］－7－glucoside	E. wus
13	粗毛淫羊藿素	E. acu
14	粗毛淫羊藿苷	E. kor，E. acu
15	脱水淫羊藿素	E. wus，E. kor，E. wus
16	脱水淫羊藿苷元－3－*O*－α－鼠李糖苷；宝藿苷－Ⅰ；淫羊藿次苷－Ⅱ	E. sag，E. bre，E. bre，E. pub，E. wus， E. kor，E. pla，E. kor，E. bre，E. wus
17	芹菜素7，4－二甲醚	E. sag
18	芹菜苷元	E. sag
19	astragalin	E. kor
20	宝藿苷－Ⅱ；大花淫羊藿苷 A	E. bre，E. dav，E. kor，E. tru，E. wus， E. lep，E. acu，E. bre
21	宝藿苷－Ⅲ	E. dav，E. tru
22	宝藿苷－Ⅳ	E. dav
23	宝藿苷－Ⅴ	E. dav，E. tru
24	宝藿苷－Ⅵ	E. bre，E. wus，E. pub
25	宝藿苷－Ⅶ	E. dav

续表 21. 1

序号	化合物名称	植物来源
26	宝藿素	E. dav
27	去甲银杏双黄酮	E. kor
28	心叶淫羊藿素	E. bre
29	新黄酮苷	E. bre
30	朝藿苷 A	E. kor
31	朝藿苷 B	E. kor，E. bre
32	朝藿苷 C	E. kor，E. bre
33	朝藿苷 D	E. kor
34	朝藿苷 E	E. kor
35	朝藿苷 F	E. kor
36	柯厄醇	E. sag
37	粗藿苷	E. acu
38	去甲脱水淫羊藿素；去甲淫羊藿素	E. wus，E. kor，E. bre E. dav
39	二叶淫羊藿苷 A（双藿苷 A）；大花淫羊藿苷 C	E. wus，E. acu，E. bre，E. wus，E. far
40	二叶淫羊藿苷 B（双藿苷 B）	E. wus，E. acu
41	朝藿定 A（淫羊藿定 A）	E. sag，E. bre，E. kor
42	朝藿定 B（淫羊藿定 B）	E. sag，E. bre，E. kor，E. far，E. wus
43	朝藿定 C（淫羊藿定 C）	E. sag，E. kor，E. far，E. lep，E. wus，E. bre，，E. acu
44	朝藿定 K；朝藿苷乙	E. kor，E. kor
45	朝藿素 A	E. kor
46	朝藿素 B	E. kor
47	朝藿素 C	E. kor
48	朝藿素 D	E. kor
49	epimedokoreanoside－Ⅰ	E. kor
50	epimedokoreanoside－Ⅱ	E. kor
51	朝鲜淫羊藿苷	E. kor
52	淫羊藿新苷 A	E. dav，E. kor，E. acu，E. sag，E. bre，E. far，E. tru，E. wus
53	淫羊藿新苷 B	E. sag，E. bre
54	淫羊藿新苷 C；淫羊藿苷 C	E. sag，E. bre，E. kor，E. pub，E. lep，E. wus，E. bre，E. dav，E. tru

续表 21.1

序号	化合物名称	植物来源
55	淫羊藿新苷 D	E. sag，E. bre
56	淫羊藿新苷 E	E. sag，E. bre
57	银杏双黄酮	E. kor
58	hexandraside D	E. kor
59	hexandraside E	E. bre，E. kor
60	金丝桃苷；巫藿苷	E. far，E. tru，E. dav，E. wus，E. bre，E. sag，E. kor，E. pub，E. wus
61	淫羊藿苷	E. lep，E. sag，E. pla，E. kor，E. bre，E. pub，E. far，E. wus
62	淫羊藿苷元 - 3 - *O* - α - 鼠李糖苷	E. sag
63	淫羊藿次苷 - Ⅰ	E. pub，E. lep，E. wus，E. sag，E. kor，E. bre，E. pla
64	淫羊藿素	E. wus，E. bre
65	icaritin - 3 - *O* - D - rhamnoside	E. bre
66	大花淫羊藿苷 B	E. acu
67	大花淫羊藿苷 D	E. gra
68	大花淫羊藿苷 F	E. bre，E. wus，E. kor
69	异银杏双黄酮	E. kor
70	异槲皮苷	E. sag
71	山奈苷	E. bre
72	山奈酚；山奈素 - 3，7 - 双鼠李糖苷	E. sag；E. sut
73	kaempterol - 3 - *O* - rhamnoside	E. acu
74	山奈素 - 3 - 双鼠李糖苷	E. dav，E. tru
75	朝藿苷甲	E. kor
76	朝藿苷丙	E. kor
77	木樨草素	E. sag
78	茂藿苷 A	E. pla
79	茂藿苷 B	E. pla
80	新淫羊藿苷	E. sag
81	槲皮素	E. kor，E. sag，E. wus
82	quercetin 3 - *O* - glucoside	E. sag
83	Quercetin 3 - rhamnoside/quercitrin	E. wus，E. acu

续表 21.1

序号	化合物名称	植物来源
84	robinetin 3，7，3′，4′，5′-五羟基黄酮	E. bre
85	柔藿苷	E. pub，E. wus
86	sagittatin A	E. sag
87	sagittatin B	E. sag
88	箭叶淫羊藿苷 A（箭藿苷 A）	E. bre，E. kor，E. sag，E. lep
89	箭叶淫羊藿苷 B	E. bre，E. kor，E. sag，E. wus
90	箭叶淫羊藿苷 C	E. sag
91	箭叶素	E. sag
92	sutchuenoside A	E. sut
93	苜蓿素	E. bre
94	trifolin	E. kor
95	巫山淫羊藿苷 A	E. wus，E. bre
96	巫藿苷	E. wus
97	箭叶淫羊藿素 A	E. sag
98	箭叶淫羊藿素 B	E. sag
99	箭叶淫羊藿素 C	E. sag
100	箭叶淫羊藿素 D	E. sag
101	箭叶淫羊藿素 E	E. sag
102	箭叶淫羊藿素 F	E. sag
103	箭叶淫羊藿素 G	E. sag
104	箭叶淫羊藿素 H	E. sag
105	β-anhydrocicaritin	E. kor，E. bre
106	齐墩果酸	E. tru

注：E. acu—粗毛淫羊藿；E. bre—淫羊藿；E. dav—宝兴淫羊藿；E. far—川鄂淫羊藿；E. kor—朝鲜淫羊藿；E. lep—黔岭淫羊藿；E. pla—茂汶淫羊藿；E. pub—柔毛淫羊藿；E. sag—箭叶淫羊藿；E. sut—四川淫羊藿；E. tru—偏斜淫羊藿；E. wus—巫山淫羊藿；E. gra—长距淫羊藿

21.5.1.5 其他化合物

从淫羊藿属植物中分离出胡萝卜苷、齐墩果酸、对羟基苯甲酸、2，4-二羟基苯甲酸、异甘草素、甘草素、黄芪苷、山奈素、山奈素-3-双鼠李糖、木犀草素、大黄素、麦芽酚、肌醇、三十三烷烃、6，22-二羟基何柏烷和3-羟基-2-甲基-吡喃酮等。

21.5.2 药理作用

目前，淫羊藿的具有药理活性的单体化合物及活性部分（260余种化合物中以大异戊二烯基黄酮最多）在体内外被筛选。药理作用主要表现在壮阳、激素调节、抗骨质疏松、免疫功能调节、抗氧化、抗肿瘤、抗衰老、抗动脉粥样硬化及抗抑郁方面。临床应用上可用于治疗心理性勃起功能障碍、肾阳虚型慢性再生障碍性贫血、小儿麻痹症、神经衰弱、慢性气管炎、缓慢性心律失常病态窦房结综合征、窦性心动过缓、脑血管痴呆、骨质疏松症、股骨头坏死、类风湿性关节炎等疾病。此外，淫羊藿具有麻醉、抗炎、镇静、镇咳、平喘、祛痰、镇痛、催眠、保肝利胆、防治骨质疏松症等作用。

21.5.2.1 对心脑血管及血液系统的作用

淫羊藿苷可显著增加脑血流量，降低脑血管阻力，使血压较平稳保护脑缺氧损伤。淫羊藿苷和淫羊藿总黄酮两者均能对脑缺氧有保护作用。淫羊藿苷作用于骨髓多能干细胞，促使血细胞增殖、分化、成熟，对机体造血功能有重要作用。淫羊藿多糖（EPS）可提高DNA合成率，影响核酸的代谢，提高体外培养骨髓细胞的增殖率并能使叠氮胸苷（AZT）所致的毒副作用部分或全部消失。EPS能促进骨髓造血，提示淫羊藿可试用于白血病的治疗。以淫羊藿为主要成分的仙茂降脂汤治疗48例高脂血症患者，通过对患者自身治疗前后的血脂、血液流变学的比较，结果显示该方能明显降低血清胆固醇、甘油三酯水平，并能升高高密度脂蛋白胆固醇水平，同时具有改善血液流变性作用。

21.5.2.2 对免疫系统的作用

淫羊藿总黄酮能显著增加正常小鼠单核巨噬细胞的吞噬功能，提高血清溶血素抗体生成水平。淫羊藿多糖和淫羊藿苷都可以提高小鼠腹腔巨噬细胞的吞噬功能，并能使受环磷酰胺损伤的小鼠腹腔巨噬细胞的吞噬功能恢复至正常水平。淫羊藿苷对胸腺有免疫激活作用，可以促进小鼠脾脏细胞IL－3 mRNA、IL－6 mRNA以及IL－2 mR－NA的表达；淫羊藿苷可以增强小鼠腹腔内巨噬细胞的吞噬功能，并可以使受到环磷酰胺损伤或电离辐射的小鼠腹腔内巨噬细胞的吞噬功能恢复到正常水平；淫羊藿能促进B淋巴细胞的增生和转化，淫羊藿总黄酮能提高氢化可的松和羟基脲免疫抑制模型小鼠的抗体生成水平，从而改善机体的体液免疫功能；淫羊藿苷能够协同PHA诱导扁桃体单个核细胞产生白细胞介素IL－2、IL－3和IL－6，淫羊藿苷及其肠菌代谢物（宝藿苷Ⅰ和淫羊藿苷元）对人组织细胞瘤THP－1细胞分泌的各种炎症性细胞因子的产生均有特异性的调节作用。淫羊藿总黄酮提取液可提高绵羊血红细胞（SRBC）免疫小鼠体内血清溶血素抗体生成水平。因此，淫羊藿可增强机体免疫功能，对免疫器官（胸腺、脾脏）、巨噬细胞、T淋巴细胞、B淋巴细胞、对细胞因子和体液免疫有影响。

21.5.2.3 抗肿瘤作用

淫羊藿苷在诱导肿瘤细胞凋亡起一定作用，增强免疫效应细胞的杀伤活性从而发挥抗肿瘤作用；能体外诱导多种肿瘤细胞株的增殖，诱导人急性早幼粒白血病细胞（HL－60）沿粒系方向分化，同时能影响周期的改变，并能下降凋亡相关基因 bel－2 和 c－myc 基因 Mmah 蛋白表达水平。淫羊藿苷能增强抗癌效应细胞 NK，LAK 活性的作用，能抑制健康者自身细胞的癌变。淫羊藿次苷Ⅱ有较好的抗癌活性，即对肿瘤细胞均有不同程度的抑制作用，其中对人鼻咽癌 KB 细胞的抑制程度最高。张京伟等用 200 mg/L 淫羊藿苷作用人胃癌细胞株 SGC－7901 细胞后，检测黏附率、迁移速度、侵袭力（Transwell 法）及蛋白激酶 A（PKA）活性，结果显示 ICA 抑制 SGC－7901 细胞黏附、移动及侵袭，增加了细胞内 PKA 活性，而且其作用随时间延长而更强。

21.5.2.4 抗衰老作用

淫羊藿黄酮是一种较强的抗氧化剂，能减少心、肝等组织的脂褐色素形成，消除自由基。研究发现淫羊藿可减少老年大鼠心、脑、骨骼肌组织线粒体 DNA 缺失，提高心、脑线粒体三磷酸腺苷（ATP）的合成和心、骨骼肌线粒体呼吸链复合酶Ⅳ活力及脑线粒体呼吸链复合酶Ⅰ活力，淫羊藿还可提高脑线粒体呼吸链复合酶 W 活力和骨骼肌线粒体 ATP 的合成，对老年大鼠线粒体 DNA 的氧化损伤有保护作用。石进校等对湘西地区凤凰、永顺、龙山 3 个不同居群的箭叶淫羊藿叶片的超氧阴离子自由基的产生速率和丙二醛（MDA）的含量进行测定。结果表明，永顺的箭叶淫羊藿的超氧阴离子自由基的产生速率最大，龙山箭叶淫羊藿最小；3 个不同居群的箭叶淫羊藿叶片的 MDA 含量，永顺箭叶淫羊藿含量最高，龙山箭叶淫羊藿的含量最低。箭叶淫羊藿叶醇提物对羟自由基的清除作用则受浓度的限制，浓度低于 0.3 mg/mL 时，对羟自由基有显著的清除作用；超过这个浓度时，醇提物对羟自由基清除能力显著下降。

21.5.2.5 对生殖系统的作用

淫羊藿苷能使小鼠睾丸精囊腺增重，明显促进大鼠间质细胞 TS 基础分泌，这为淫羊藿用于治疗 TS 水平低下的男性不育症提供了医学依据。淫羊藿提取液有雄性激素样作用，淫羊藿炮制品也能明显提高性机能，增加附性器官质量，提高血浆中睾酮的含量。

21.5.2.6 对骨代谢的影响

淫羊藿具有促进骨骼生长，阻止钙质流失，预防骨质疏松的作用。淫羊藿可促进成骨细胞的增殖。淫羊藿总黄酮可通过保护性腺、抑制骨吸收和促进骨形成等途径，使机体骨代谢处于骨形成大于骨吸收的正平衡状态，抑制骨量丢失，防止骨质疏松的发生；淫羊藿总黄酮还可以促进体外培养大鼠成骨细胞的增殖与分化，并促进矿化结节形成。淫羊藿苷能够降低破骨细胞中钙离子的浓度，并引起肌动蛋白环回缩，使得细胞内超氧阴离子自由基减少，进而导致吸收陷窝面积减小，并抑制破骨细胞的骨吸收；淫羊藿苷也可以抑制 IL－6、TNF－αmRNA 的表达，促进 TGF－β1 mRNA 的表达，从而治疗骨质疏松。

21.5.2.7 抗炎、抗病毒作用

淫羊藿总黄酮能显著降低炎症渗出物中前列腺素 E 和 MDA 的含量，提高小鼠红细胞过

氧化氢酶的活力，对巴豆油所致小鼠耳肿胀、醋酸所致小鼠腹腔毛细血管通透性增强及巴豆油所致肉芽组织增生具有明显抑制作用。对佐剂关节大鼠的原发性足肿胀和继发性足肿胀均有明显抑制作用，淫羊藿对脊髓灰质炎病毒及其他肠道病毒均有明显的抑制作用，对白色葡萄球菌、金黄色葡萄球菌、奈氏卡他球菌、肺炎双球菌、流感嗜血杆菌有抑制作用。

21.5.2.8 镇静、抗抑郁作用

前人研究发现，淫羊藿总黄酮能导致大鼠大脑中β－肾上腺素受体密度下调，与抗抑郁药的作用一致。钟海波采用行为绝望模型悬尾试验和强迫游泳试验研究淫羊藿提取物对小鼠行为、脑内单胺氧化酶A（MAO－A）、单胺氧化酶B（MAO－B）活性与肝脏中MAO－A和MAO－B活性及MDA水平的影响，同时采用利血平拮抗模型探讨淫羊藿提取物可能存在的抗抑郁作用途径，结果提示淫羊藿提取物具有一定的抗抑郁作用，并推断淫羊藿提取物可能是通过抑制MAO活性，减少单胺类神经递质代谢，提高脑组织神经递质水平，达到抗抑郁目的；并通过逆转抑郁动物模型中MDA水平的升高，减弱自由基对神经组织损伤程度而改善抑郁绝望行为，且推测这种改善是通过调节突触后单胺类神经递质受体敏感性而达到抗抑郁的目的。

21.6 淫羊藿的开发利用

21.6.1 加工产品

目前，用淫羊藿制成的加工品主要是保健酒、保健茶等保健品（表21.2、表21.3）。

表21.2 部分淫羊藿保健酒产品与专利

名称	成分	保健功能（据保健酒说明书）	备注
滋补保健酒	肉苁蓉、淫羊藿等	抗疲劳、免疫调节	已上市
鸡胚保健酒	鸡胚、淫羊藿等	调节免疫、补肾壮阳等	已上市
鹿仙保健酒	鹿茸、淫羊藿等	调节中枢神经机能、强心等	专利公开号CN1180741A
沙苑蒺藜保健酒	沙苑蒺藜、淫羊藿等	滋阴补肾、强壮筋骨等	专利号ZL97119463·7
全蝎保健酒	活全蝎、淫羊藿等	辅助治疗肾虚脏冷、耳鸣目暗等	专利号ZL98110419·3
牛鞭保健酒	牛鞭、淫羊藿等	补肾壮阳、舒筋活血等	专利号ZL97111928·7
淫羊藿复方保健酒	淫羊藿、鹿茸等	调节男性性功能、乌须黑发等	专利号ZL00112618·0
补肾壮阳保健药酒	人参、淫羊藿等	补肾壮阳	专利公开号CN1935204A
多功能保健酒	山海狗鞭、淫羊藿等	补肾壮阳、添精补髓等	专利公开号CN125536A
蜘蛛保健酒	蜘蛛、淫羊藿等	抗疲劳	专利公开号CN1840638A

表 21.3　部分淫羊藿保健茶产品与专利

名称	成分	保健功能（据保健茶说明书）	备注
复方葆春袋泡茶	淫羊藿、五味子等	补肾壮阳、益阴固精	江西省药品标准收录
调节免疫保健茶	刺五加、淫羊藿等	防治免疫性疾病	专利公开号 CN1169315A
仙灵脾保健茶	茶叶、淫羊藿等	温肾补气、滋阴壮阳等	专利公开号 CN1117347A
玄驹保健茶	玄驹、淫羊藿等	补肾、强心，等	专利公开号 CN1154207A
抗疲劳男士保健茶	刺五加、淫羊藿等	抗衰老、抗疲劳等	专利号 ZL02155380·7
中老年保健茶	枸杞子、淫羊藿等	肝肾阴虚、腰膝酸软等	专利号 ZL03134020·2
益脾健体保健茶	车前草、淫羊藿等	益脾健体	专利公开号 CN101081283
补肾保健茶	淫羊藿、锁阳等	补肾壮阳、延缓衰老等	专利公开号 CN1647672
长寿保健茶	枸杞子、淫羊藿等	滋补肝肾、益精明目等	专利公开号 CN1119068A
中药硫化保健茶	八棱麻、淫羊藿等	散伤气、扶正气等	专利公开 CN1137395A

21.6.2　中医临床应用

21.6.2.1　补肾活血祛风法（联合甲氨蝶呤治疗类风湿性关节炎）

补肾活血祛风法组成方剂：淫羊藿、补骨脂、巴戟天、骨碎补益、鹿角胶各 15 g，丹参 20 g，乳没各 6 g，鸡血藤 30 g，乌梢蛇、羌活、独活各 9 g 等制成 0.4 g/粒胶囊，由陕西省人民医院制剂室制备，每次 4 粒，每日 3 次，疗程均为 3 月。

21.6.2.2　参芎胶囊

主要成分：西洋参、何首乌、淫羊藿、沙棘膏、川芎、乌梢蛇等。

功能与主治：补肾健脾、填精益气、养血通络。适用于脾肾两虚所致的神疲乏力，头晕健忘，眼花耳鸣，心悸气短，表情呆滞，口齿含糊，腰膝酸软等症。

21.6.2.3　骨活素胶囊

主要成分：淫羊藿、熟地、补骨脂、龟板、巴戟、续断等组成。

21.6.2.4　骨疏宁片

主要成分：淫羊藿、肉苁蓉、何首乌、丹参、菟丝子、枸杞子、仙茅、杜仲、巴戟天、山茱萸、骨碎补、续断、僵蚕、狗脊、独活等。

21.6.2.5　二仙汤

主要成分：仙茅、淫羊藿、巴戟天、当归、知母、黄柏。

治疗黄褐斑：黄芪 18 g，酸枣仁 20 g，龙眼肉 12 g，党参 14 g，仙茅 18 g，淫羊藿 12 g，巴戟天 12 g，知母 8 g，黄柏 6 g，牛膝 8 g，当归 15 g，生地 10 g，桃仁 6 g，红花 6 g，麦冬 10 g，鸡血藤 30 g。

卵巢子宫切除术后：仙茅 12 g，仙灵脾 12 g，黄柏 8 g，知母 8 g，当归 15 g，女贞子 20 g，旱莲草 20 g，生地 15 g，山萸肉 12 g，白芍 20 g，百合 25 g，枸杞子 15 g。

慢性前列腺炎：仙茅 18 g，淫羊藿 12 g，巴戟天 12 g，知母 8 g，黄柏 6 g，牛膝 15 g，熟地 15 g，山萸肉 15 g，杜仲 12 g，茯苓 10 g，炮山甲 15 g，桃仁 10 g，白花蛇舌草 25 g。

甲状腺功能减退：仙茅 18 g，淫羊藿 12 g，巴戟天 12 g，附子 12 g，白术 10 g，生姜 10 g，茯苓 12 g，大腹皮 15 g，白芍 15 g。

21.6.2.6 健骨康胶囊

主要成分：淫羊藿、骨碎补、桑寄生、全当归、海马、穿山甲、茯苓等。

功能与主治：绝经后妇女骨质疏松症。

21.6.2.7 洁阴灵洗液

主要成分：苦参、黄柏、白鲜皮、地肤子、蛇床子各 150 g，土茯苓 200 g，百部 150 g，川椒 50 g，红花 150 g，炙淫羊藿叶 150 g。制成 1000 mL 洗液，每 100 mL 相当于 1 剂生药。

功能与主治：本方剂有清热利湿、杀虫止痒、化瘀祛斑的功效。适用于外阴部白斑、外阴营养不良、外阴部瘙痒、各种类型阴道炎、黄白带、阴道滴虫等病症。

用法：取洁阴灵洗液 100 mL，加水 2500 mL 煮沸。热熏患处，在温度适宜时清洗患处，时间为每次 15 ~ 20 min，每日早晚各 1 次，1 剂药可以洗 2 次。

21.6.2.8 近视明口服液

主要成分：熟地黄 30 g，楮实子 10 g，山药 12 g，泽泻 9 g，丹参 12 g，茯苓 12 g，枸杞子 12 g，菊花 10 g，远志 60 g，石菖蒲 60 g，党参 12 g，肉桂 30 g，黄芪 15 g，桑葚 15 g，女贞子 12 g，制何首乌 15 g，川芎 10 g，淫羊藿 10 g，茺蔚子 12 g，益智仁 12 g，炙甘草 3 g，辅料适量。

功能与主治：近视眼。

用法：每日 3 次，每次 10 mL 口服，每晚睡觉前用 0.25% 托品酰胺滴眼液点眼，每次每眼 1 ~ 2 滴。

21.6.2.9 生血方

主要成分：黄芪 30 g，党参、枸杞子、当归各 20 g，淫羊藿、女贞子、旱莲草各 15 g，酒或生大黄 10 g。

功能与主治：治疗肾性贫血。

用法：水煎服，每日 1 剂，每次 100 mL，每日 2 次口服，治疗 10 周。

21.6.3 作为天然植物饲料添加剂在畜牧业中的应用

淫羊藿是提高和促进机体非特异性免疫功能，增强动物机体免疫力和抗病力的天然植物，是免疫增强剂；淫羊藿具有雄激素样作用，虽本身不是激素，但是可以起到与某些激素相似的作用，并能减轻、防止或消除外源激素的毒副作用，可作为添加剂天然植物；淫羊藿具有促进动物卵子生成和排出，提高繁殖率和产蛋率作用，是较好的增蛋剂。淫羊藿作为鸡饲料添加剂可以提高雌鸡抗病能力和繁殖性能。

淫羊藿广泛应用在畜禽饲养方面。单玉兰等用淫羊藿、阳起石、当归、黄芪、熟地、肉桂、山药等，治疗母猪不发情，治愈率达95%；赵春法等在蛋鸡日粮中添加0.5%的淫羊霍、黄芪、白术、六神曲等组成的天然植物饲料添加剂，可以使蛋鸡日产蛋量比对照组提高3.4%～10.6%，饲料利用率提高3.2%～9.5%。在鸡饲料中添加2%的蛋鸡宝（党参100 g、黄芪200 g、茯苓100 g、白术100 g、麦芽100 g、山楂100 g、神曲100 g、菟丝子100 g、蛇床子100 g、淫羊藿100 g，以上10味粉碎过筛，混匀），连用3周，可以提高鸡的产蛋率。将金银花、蒲公英、甘草、板蓝根、当归、黄芪、党参、益母草、淫羊藿、陈皮以上十味各2%，野菊花、松针粉两味各40%研末混匀后替代抗生素饲喂蛋鸡，鸡蛋的蛋白质含量增加了23.1%，碘、锌的含量分别提高了11.8μg/kg和1.4 mg/kg；延长产蛋高峰期；在鸡饲料中添加1%的扶正解毒散（板蓝根60 g、黄芪60 g、淫羊藿30 g，以上3味粉碎过筛，混匀），可以扶正祛邪，清热解毒，主治鸡传染性法氏囊病。

21.6.4 大气污染的监测植物和指示植物

用H_2SO_4配制成不同pH的溶液作为模拟酸雨喷淋淫羊藿植株，喷淋前后总叶绿素含量、叶绿素a、b含量均下降，叶绿素a降低更为显著。叶片有褪绿现象，且随pH降低，褪绿程度加重。调查结果显示，淫羊藿总是生长在远离城市、工矿区、空气洁净、湿润阴凉的山谷或溪沟边。淫羊藿对酸沉降的高度敏感性，可作为大气污染的监测植物和指示植物。

此外，在淫羊藿药渣中剩余黄酮类物质达40%，能影响繁殖性能，可针对动物不同生产目的进行组合，复合中草药渣可考虑存留的主要活性成分进行应用。

21.6.5 园林观赏价值

淫羊藿属植物具有奇特的姿态，其叶和花具有较高的观赏价值，可以开发成为新型园林植物。其叶形奇特，叶色随着季节和物种的变化呈现出多样性变化，或是具有斑斓的色斑；其花为总状（多为大花品种）或圆锥状花序（多为小花品种），花瓣色彩丰富，呈现出白、黄、紫、玫红、粉红等变化，花形独特。

目前，欧美国家已经开展了淫羊藿属植物观赏资源的选育和商品化研究。多家园艺苗木公司都有观赏淫羊藿品种出售，淫羊藿属植物作为一种新型园林植物，已逐渐被广大家庭接受，用于庭院花园荫蔽处点缀和作为观花观叶的地被。现主要用于盆栽（温室陈列，室内盆栽）、街道的摆花、庭院的组合盆栽等；切花即淫羊藿作为新型配花，因其花形小巧新奇、花序长而繁密，能更好地起到衬托主花的作用，可与颜色素雅、花形简单、体量较大的主花相搭配，应用于花篮、插花、花束、花丛、花群、花境、花台当中；春季可将淫羊藿属植物种植于高出地面的台座上，设置于庭院中央或两侧角隅，也可与建筑相连，设于墙基、窗下或门旁；嵌花草坪及林下地被。

主要参考文献

[1] 蔡景义，周安国．中草药渣在动物生产中的应用［J］．黑龙江畜牧兽医，2009，1：56－57.

[2] 郭宝林，肖培根．中药淫羊藿主要种类评述［J］．中国中药杂志，2003，28（4）：303－307.

[3] 郭平华，刘志兰，于红权．近视明口服液的制备及临床应用［J］．河北中医，2006，28（2）：118－119.

[4] 郭旭东，刁其玉．天然植物饲料添加剂的研究概况［J］．粮食与饲料工业，2007，4：32－34.

[5] 韩冰，沈彤，等．黔岭淫羊藿的化学成分研究［J］．中国药学杂志，2002，37（5）：333.

[6] 李牡丹，石旭，关萍．淫羊藿的研究进展［J］．山地农业生物学报，2009，28（2）：170－174.

[7] 李作洲，徐艳琴，王瑛，等．淫羊藿属药用植物的研究现状与展望［J］．中草药，2005，36（2）：289－295.

[8] 刘茂南．淫羊藿药用资源研究的历史沿革与现状［J］．中国民族民间医药，2009，28（2）：15－16.

[9] 刘克汉，刘玲．贵州常用中药材种植加工技术［M］．贵阳：贵州科技出版社，2009.

[10] 李玉伟，韩新宇．淫羊藿仿生栽培［J］．特种经济动植物，2011，11：40.

[11] 林琼芳，韦桂宁，周军．骨疏宁片的制备及临床应用［J］．医药信息，2010，23（7）：2461－2462.

[12] 连旭东．参芎胶囊的临床应用体会［J］．中外医疗，2010，18：129.

[13] 李元振，张新江，李书香，等．洁阴灵洗液的制备与应用［J］．河北中医，2005，27（5）：340.

[14] 李洪涛，王前勇，陶双能．中草药饲料添加剂在家禽生产中的应用［J］．营养与日粮，2006，12：40－41.

[15] 李朝阳，石进校，粟银，等．箭叶淫羊藿叶醇提物对自由基的清除作用［J］．华中科技大学学报：自然科学版，2003，31（9）：105－107.

[16] 孟宁，孔凯，李师翁．淫羊藿属植物化学成分及药理活性研究进展［J］．西北植物学报，2010，30（5）：1063－1073.

[17] 彭小列，石进校，廖慧敏．淫羊藿煎剂对雌性贡鸡免疫和生殖器官的影响［J］．吉首

大学学报：自然科学版，2005，26（3）：101－102，110.
[18] 石进校，覃成．不同居群箭叶淫羊藿叶片解剖结构研究［J］．生命科学研究，2005，9（4）：125－131.
[19] 石进校，尹江龙，刘应迪，等．干旱胁迫对箭叶淫羊藿的影响［J］．中草药，33（6）：554－557.
[20] 石进校，易浪波，田艳英．干旱胁迫下淫羊藿总黄酮与保护酶活性［J］．吉首大学学报：自然科学版，2004，25（4）：80－82.
[21] 石进校，刘应迪，陈军，等．土壤涝渍胁迫对淫羊藿叶片膜脂过氧化和SOD活性的影响［J］．生命科学研究，2002，6（4）：29－31.
[22] 石进校，赵福永，刘应迪，等．温度胁迫下淫羊藿的膜脂过氧化和保护酶活性［J］．生命科学研究，2002，6（2）：160－162.
[23] 石进校，欧阳蒲月，陈军．湘西地区几种淫羊藿总黄酮含量的研究［J］．中国中药杂志，2002，27（3）：227－228.
[24] 石进校，刘应迪，陈军．淫羊霍光合特性初探［C］．中国植物学会七十周年年会论文摘要汇编，2003：1933－1938.
[25] 石进校，李鹄鸣，刘应迪，等．淫羊藿生理生态学研究进展［J］．吉首大学学报：自然科学版，2000，21（1）：84－85.
[26] 石进校，刘应迪，覃事栋，等．淫羊藿栽培研究初报［J］．药学实践杂志，2000，18（5）：327－328.
[27] 王静，李建平，张跃文，等．淫羊藿药理学研究进展［J］．中国药业，2009，18（8）：60－61.
[28] 徐文芬，何顺志．中国淫羊藿大花类群的种类与地理分布［J］．中药材，2005，28（4）：267－271.
[29] 谢娟平．巫山淫羊藿根化学成分和生物活性研究［D］．西安：西北大学，2007：6.
[30] 杨晓华，张华峰，王瑛．淫羊藿多糖的功能提取与开发前景［J］．中国食品添加剂，2008，S1：184－187.
[31] 杨敏，樊小明，操良玉，骨活素胶囊的研制及临床应用［J］．中成药，2006，28（9）：附4－附5.
[32] 衣蕾，雷媛琳，吉海旺．补肾活血祛风法联合甲氨蝶呤治疗类风湿性关节炎66例［J］．陕西中医，2010，31（6）：698－700.
[33] 易浪波，石进校，田向荣，等．湘西地区不同居群箭叶淫羊藿叶片的脂质过氧化［J］．吉首大学学报：自然科学版，2007，28（4）：101－103.
[34] 张华峰，杨晓华，郭玉蓉，等．药用植物淫羊藿资源可持续利用现状与展望［J］．植物学报，2009，44（3）：363－370.
[35] 张海燕．淫羊藿和冬凌草应用基础研究［D］．郑州：郑州大学，2006：12.
[36] 张华峰，杨晓华．淫羊藿在食品工业中的应用现状与展望［J］．食品工业科技，2010，5：390－393.
[37] 张文涛．加味二仙汤的应用体会［J］．现代中医药，2009，29（3）：33－34.

[38] 张明月，石进校. 淫羊藿属植物研究进展 [J]. 吉首大学学报：自然科学版，2009，30 (1)：107 - 112.

[39] 张京伟，周云峰，文显梅，等. 淫羊藿苷逆转胃癌细胞恶性表型的研究 [J]. 中华实验外科杂志，2006，23 (10)：1213 - 1214.

[40] 张永刚，韩梅，韩忠明，等. 不同生境朝鲜淫羊藿生长与光合特征 [J]. 生态学报，2012，32 (5)：1442 - 1449

[41] 郑训海，孔令义. 朝鲜淫羊藿化学成分研究 [J]. 中草药，2002，33 (11)：964.

[42] 郑鑫，石耀武，李俊玲，等. 健骨康胶囊治疗绝经后妇女骨质疏松症 42 例 [J]. 陕西中医，2008，29 (9)：1178 - 1179.

[43] 周世芬. 生血方治疗肾性贫血 42 例 [J]. 陕西中医，2010，31 (8)：956.

[44] YAO C S, ZHUANG X H. New flavonol glyeosides from epimedium sagittatum, natural produet researeh aild develo pment, 2004, 16(2): 101 - 103.

[45] HUIPING MA HP, HE XR, YANG Y, et. The genus Epimedium: An ethnopharmacological and phytochemical review[J]. Journal of Ethnopharmacology, 2011, 134, (3): 519 - 541.

22 鱼腥草

鱼腥草为三白草科植物，干燥全草入药，生药称鱼腥草（*Houttuynia cordate Thunb*），性微寒、味辛，具有开胃健脾、清热解毒、祛风、排脓消肿等功效，主治肺热咳嗽、肺痛、疮痈肿毒等症。现代药理实验证明，鱼腥草有抗菌、抗病毒、抗炎镇痛作用和增强机体免疫功能。鱼腥草又可兼做蔬菜，以嫩茎叶和根茎供食用，每 100 g 鱼腥草干品中，含蛋白质约 5. 3 g、脂肪 2. 4 g、碳水化合物 67. 5 g、钙 7 530. 9 mg、磷 43. 0 mg、铁 12. 6 mg，还含大量维生素 C 、B_2、E 及天门冬氨酸、谷氨酸等多种氨基酸。

鱼腥草原产于亚洲和北美地区，以尼泊尔为多。常见于田埂、路边、沟旁、河边潮湿之地。原多为野生，现在我国的四川、云南、贵州、湖北、浙江、福建等省已广泛栽培，特别是云南、贵州、四川种植面积较大。

22. 1 种质资源及分布

三白草科全球现仅存 4 属 6 种，其中有 3 属 4 种分布于东亚，2 属 2 种分布于北美，呈典型的东亚 - 北美间断分布。在东亚，鱼腥草广泛分布于中国、马来西亚、印度、泰国、日本、印度尼西亚等国，主产于热带及亚热带。三白草科在我国有 3 属 4 种，除蕺菜属外，还有三白草属的三白草，分布于河南、山东、河北和长江流域及以南各省区，常生长于海拔 300 ~ 2600 m 的背阳山坡，村边田埂上及湿地草丛中。

峨眉蕺菜（*Houttuyni-aemeiesis Z. Y. Zhuet S. L. Zhang*）是鱼腥草的新种，俗称白侧耳根，地上茎直立，绿白色，近圆柱形，全株具鱼腥味。根状茎圆柱形，节上具须根，白色。叶互生，薄纸质或膜质，卵状心形，先端急尖，基部心形，边缘近全缘，上面绿色，背面绿白色或苍白色，基部 6 出或 7 出叶脉，两面稍隆起，被极疏少的微柔毛，叶柄有槽，托叶膜质，长圆状披针形，边缘具疏绿毛。总花梗较长，为 2 ~ 5. 5 cm，少开花，总苞片数 5 ~ 8 片，异形，大小不等，蒴果不易成熟而逐渐枯萎。

22.2 生物学特性

22.2.1 形态特征

鱼腥草又名蕺菜、蕺儿根、侧耳根、够贴耳，三白草科蕺菜属的多年生草本植物（彩图22.1、22.2）。野生自然状态下高约30 cm，地下茎节上生根，根状茎细长，横走，白色。茎上部直立，基部伏生，紫红色，无毛。叶互生，卵形，长3~8 cm，宽4~6 cm，全缘，基出五脉，背面淡绿色或带紫红色，脉上有毛，叶柄长2~5 cm，两面除叶脉外均无毛，托叶膜质，线形，长1~2 cm，下部与叶柄合生成鞘状，叶柄基部鞘状抱茎。穗状花序在枝顶端与叶对生，长1~2 cm，基部有白色花瓣状苞片4，花小而密，雄蕊3，花丝下部与子房合生，心皮3，下部合生，花柱分离。花期5~7月，果期6~10月，蒴果顶端开裂。

22.2.2 生态习性

鱼腥草对温度适应范围广，喜温和的环境条件，地下部在南方地区可正常越冬。一般在12 ℃以上地下茎上的芽开始萌发，生长前期的适宜温度为15~25 ℃，能耐35 ℃左右的高温，地上茎叶生长最适宜温度为20~24 ℃，地下茎生长的最适宜温度为18~22 ℃。鱼腥草对光照要求不严格，比较耐阴，故林下间作也可。

鱼腥草喜温暖潮湿环境，忌干旱，不耐涝。由于根茎在土中分布较浅，吸收根的根毛不发达，故对水分要求严格，要保持田间土壤湿润，使其具有田间最大持水量的75%~80%，要求空气相对湿度在50%~80%。

鱼腥草对土壤要求不严，以肥沃的沙质壤土及腐殖质壤土为佳，最适宜的土壤pH为6.5~7.0。鱼腥草对钾的吸收量较多，氮、磷、钾肥料三要素的吸收比例大约为2∶1∶5。

22.2.3 生长特性

鱼腥草常生于海拔300~2 600 m的山坡潮湿林下或路旁、田埂、洼地或池塘边，生长前期要求有较高的温度和潮湿的土壤，温度在12 ℃以上时出苗，20~23 ℃时地下茎开始成熟。鱼腥草植株矮小，茎下部伏地或作地下根状茎生于浅层土壤中，茎上部直立，喜温暖阴湿环境。怕干旱、较耐寒，在−15 ℃以下仍可越冬。4~5月开花，6~7月结果，11月下旬开始枯苗，次年3月返青。常野生于溪谷、田埂、草丛中或池塘边。

人工栽培鱼腥草一般在当年10月至次年3月播种，2~3月出苗，6~8月为旺长期，9月后地上茎叶生长逐渐减缓，11月后茎叶开始枯黄，花期5~6月，果期10~11月。栽培于黏质壤土上的鱼腥草在进入8月后生长缓慢，若栽培于沙质壤土上，9月还可旺盛生长。

22.3 栽培与管理

22.3.1 根茎育苗

鱼腥草一年四季均可栽培，多在9月下旬至12月种植，最适期为10月中旬。10月前下种，冬前可发芽出苗，但遇霜冻会产生冻害。各地的最适下种期因气候条件不同而有一定差异。

播种前，将种茎从节间处剪成4~20 cm长的段，种茎数量多的可长一点，反之则短一点，但每段至少保证有2~3个芽。栽种时，先在畦面上横向开沟，沟深8~10 cm，宽13~15 cm，行距20~30 cm。为了提高地力，满足鱼腥草生长对养分的需要，可在下种时沟施750 kg/hm^2复合肥或150~300 kg/hm^2尿素、300~450 kg/hm^2过磷酸钙、200~300 kg/hm^2硫酸钾做种肥。底肥需与土壤混合后浇施稀薄肥水，然后播种，每7~10 cm摆放一种茎，播后覆土。用种量约2000~7500 kg/hm^2。

22.3.2 栽　植

22.3.2.1 选地与整地

宜选择土层深厚、土质肥沃、有机质含量高、保水透气性好的土壤种植，前作最好是秋冬蔬菜。播种前进行深耕细整，并按170~200 cm宽作畦。结合整地施入底肥，一般用量为30 000~75 000 kg/hm^2腐熟堆（厩）肥。

22.3.2.2 栽　种

栽种方法与种茎栽种方法相同。菜用鱼腥草种植面积大时，可适当错开下种期，以调节收获上市时间。

22.3.2.3 田间管理

（1）浇水与排涝。栽后出苗前要保持土壤湿润。出苗后如遇旱也要注意浇水。如果土壤干燥，植株生长缓慢，地上茎纤细，须根多，产量低、质量差。最好采取浸灌，水不上畦面。大雨之后注意清沟排水防涝。

（2）追肥。以有机肥为主。除整地前施足底肥外，必须适时适量追肥2~3次。第1次于鱼腥草齐苗后开始追施，每亩施1000~1500 kg淡人畜粪水加尿素3~5 kg施于根部，以促进幼苗快速生长；第2次间隔10 d，每亩施2000 kg、硫酸钾10 kg，以利植株快速抽生、地下茎腋芽迅速萌发；第3次距第2次追肥间隔20 d，每亩施50 kg腐熟饼肥粉与30 kg过磷酸钙及500 kg草木灰混匀，撒施株间茎基部，并培土护垄。也可根据底肥多少和生长情况进行多次低浓度沼液淋蔸，沼液、清水之比 =1∶1，每隔 20 d 追施 1 次，连续 4～5 次。鱼腥草为喜钾植物，生长期采用叶面喷施 0.2% 的磷酸二氢钾溶液 2～3 次。

（3）中耕除草。由于栽培地湿润、肥沃，杂草极易滋生，应及时拔除；大雨、灌水和追肥后土壤易板结，应进行浅中耕松土，中耕结合除草。幼苗成活后到封行前，中耕除草 2～3 次，为避免损伤根苗，离植株根部 5 cm 处可不再松土，但见杂草须用手拔除，以免杂草争光、争水和争夺养分。也可在种根栽植后每亩用 50% 乙草胺乳油 70～75 mL 兑水 40～45 kg 均匀喷雾垄面，有较好的除草效果。

（4）摘花与覆盖。作药用收全草者，不必摘花；做菜用，如有开花植株应及时摘除花序，以减少茎叶养分消耗，降低菜用价值。另外，新鲜的嫩芽（茎叶）较受欢迎，价格高，栽种后可用稻草等覆盖，以增加嫩茎产量。为防治地上部疯长和开花影响地下根茎生长，应适时摘心打蕾，一般花蕾饱满尚未开放时打蕾较好。

22.3.3 病虫害防治

22.3.3.1 主要病虫害

1）鱼腥草白绢病

症状：主要为害植株茎基和地下茎。发病初期地上茎叶变黄，地下茎表面遍生白色绢丝状菌丝，茎基及根茎出现黄褐色至褐色软腐。中后期在布满菌丝的茎及附近土壤中产生大量酷似油菜籽状的菌核。菌核形成初期为白色球形小颗粒，直径 0.1～1 mm，老熟后为黄褐色至褐色，直径 1～2 mm，在连续阴雨条件下，病株地表周围也可见到明显的白色菌丝及菌核。到后期，整个植株枯黄而死。

病原：病原物为齐整小核菌（*Sclerotium rolfil Sacc*），属半知菌亚门，无孢目，菌丝白色，有丝绢状光泽，在基物上呈羽毛状辐射扩展，有隔膜，菌核椭圆形，球形，大小如油菜籽。

发生规律：病菌以菌核虫态遗留在土中或在病残体上越冬。翌年气温回升后，在适宜湿度条件下萌发，产生菌丝，从地下茎或地上茎的地表处侵入，形成中心病株，并向四周扩散。田间主要借雨水、灌溉水、施肥等传播。新种植区初侵染来源主要来自种茎，老种植区主要来自土中菌核。连作地发病很重。每年 5 月份有零星田地发病，6 月份鱼腥草封行后病害发生呈上升趋势，7～9 月是全年发病高峰期，症状表现十分严重。其原因是温度高，田间湿度大，病害发展迅速所致。10 月以后，降雨量减少、温度降低、气候干燥等原因，病害停止发生。

2）鱼腥草紫斑病

症状：主要为害叶片。发病初期叶片上出现淡紫色小斑点，扩大后病斑近圆形，有明显的同心轮纹，边缘有时不明显，轮纹之间为灰白色，叶片病斑正面有 1～3 轮紫色环，中后期病斑穿孔，数个病斑相连，形成不规则形，病叶最后干枯而死。病斑上生淡色霉层，严重时整个叶面布满病斑而枯死。

病原：病原物为 Nigrospora，sp.，属半知菌亚门、丝孢目、暗色菌科、黑孢霉属。

发生规律：病菌以菌丝体或分生孢子等虫态在枯落叶片或病残株上越冬，成为翌年初侵染源。病残株上的菌源引起叶片发病，产生大量分生孢子，并随风、雨传播引起再次侵染。温暖、高湿有利病害发生与流行。病害发生时期从 3 月起到 9 月结束。4 月上旬至 5 月中旬病情发展较为严重。

3）小地老虎

症状：主要以幼虫为害鱼腥草的幼苗。低龄阶段一般多为害嫩叶，咬食呈凹斑、孔洞和缺刻；三龄以后幼虫潜入土表，咬断根、地下茎或近地面的嫩茎，为害严重时造成缺苗断垄。

害虫形态：（1）成虫：体长 16 ~ 23 mm，翅展 42 ~ 54 mm，头、胸部和前翅暗褐色，腹部灰褐色。雌蛾触角丝状，雄蛾触角双栉齿状。前翅前缘和外横线或至内横线部分均呈黑褐色，内横线和外横线明显；两横线间有环以黑边的肾状纹、环状纹和棒状纹；在肾状纹外侧凹陷处有一尖端向外的明显楔状纹，与亚外缘线内侧两个尖端向内的楔形黑斑相对。后翅灰白色，翅脉及边缘呈黑褐色。

（2）卵：半球形或圆馒头形，直径约 0. 5 mm，高约 0. 3 mm，表面有纵横隆线。初为乳白色，渐变淡黄色，孵化前褐色。

（3）幼虫：圆筒形，体长 37 ~ 50 mm，体宽 5 ~ 6 mm。头部褐色，有黑褐色不规则网状纹，额中央亦有黑褐色纹，体灰褐色至暗褐色，体表粗糙，密布黑色颗粒，腹部末节臀板黄褐色，上有 2 条明显的深褐色纵带。胸足和腹足黄褐色。

（4）蛹：体长 18 ~ 24 mm，体宽 6 ~ 7. 5 mm，红褐色至暗褐色，第 4 至第 7 腹节背面前缘具粗大刻点尾端黑色，有臀棘 1 对。

发生规律：该虫以老熟幼虫和蛹等虫态在土壤中越冬。其中 3、4 月份虫口数量较多，4 月上中旬田间出现为害状，以 4 月下旬至 5 月上中旬的为害严重。成虫白天隐蔽于作物、草丛、土块缝隙等阴暗处，夜晚活动，喜食花蜜、糖醋液等物，选择粗糙、多毛的植株表面产卵，有趋光性和追踪小苗产卵的习性。卵多散产于杂草、苗木或作物的幼苗上，卵期在恒温 25 ℃下为 7 d，30 ℃下为 3 d。一、二龄幼虫昼夜均在杂草或苗木心叶处活动取食，被害叶片展开后呈筛孔状。三龄以后转入地下活动，白天潜伏在苗木根部附近表土的干湿层之间，一般多在土面下 2 ~ 6 cm 处，夜晚或清晨或阴暗多云的白天出土活动取食。常将嫩叶咬成缺刻，后则咬断嫩茎，拖入土中取食，或爬到苗木顶端食害。以四龄以后幼虫的食量最大，为害最严重。此时若遇食料不足会发生迁移为害。成长幼虫行动敏捷，有假死性，一遇惊动即假死卷曲。平时性极残暴，有时会相互残杀。幼虫成熟后即在表土中 3 cm 左右处，分泌黏液作土室化蛹。

4）斜纹夜蛾

症状：以幼虫为害鱼腥草叶片及幼嫩茎秆。蚕食叶片，造成缺刻、孔洞，并排泄粪便，造成污染和腐烂。

害虫形态：（1）成虫：暗褐色，体长 16 ~ 21 mm，翅展 37 ~ 42 mm。胸部背面有白色毛丛。前翅内、外横线灰白色。雄蛾自内横线前缘斜至外横线近前缘1/3处有明显的宽白斜带；雌蛾该带为3条白线组成。后翅白色，具紫色闪光。

（2）卵：半球形，黄白色。卵块表面覆黄灰色绒毛。卵粒表面具单序放射状纵棱。

（3）幼虫：头部灰褐至黑褐色，颅侧区有褐色不规则网状纹，体背暗绿色，中胸至第9腹节每节各有1对三角形黑褐斑。体腹面灰白色。腹足趾钩单序。

（4）蛹：腹部4~7节背面及5~7节腹面近前缘密布圆形刻点。臀棘2根。

发生规律：该虫以老熟幼虫、蛹的虫态越冬。成虫白天隐蔽在植株茂密处、土缝、杂草丛中，夜晚活动。有趋光性和趋化性。喜食糖醋液、发酵物及花蜜。每雌产卵8~17枚。卵多产在茂盛高大的植株中部的叶片背面。幼虫多为6龄，少数7~8龄。初孵幼虫群集在卵块附近取食，2~3龄时分散为害，4龄后进入暴食期，食料不足时有群体转移的为害习性。各龄幼虫均有假死性，以3龄后表现更为显著。幼虫白天隐蔽于阴暗处，晚上取食为害。幼虫老熟后入土作室化蛹，以土壤含水量20%左右最有利于化蛹羽化，土壤板结时则在表土下或枯叶内化蛹。每年从4月份开始诱到成虫，但数量较少。从6月份以后成虫数量增加较快，到8月份数量最多，以后数量减少。

5）红蜘蛛

症状：以幼、若、成螨在鱼腥草叶片表面吸食汁液，出现灰白或黄褐色斑点，严重时叶片枯黄脱落。

害虫形态：（1）成螨。雌成螨体长0.48~0.55 mm，宽0.32 mm，椭圆形，体色常随寄主而异，多为锈红色至深红色，体背两侧各有1对黑斑，肤纹突三角形至半圆形。雄成螨体长0.35 mm，宽0.2 mm，前端近圆形，腹末稍尖，体色较雌虫淡。

（2）卵。球形，直径约0.13 mm，淡黄色，孵化前微红。

（3）幼螨。近圆形，半透明，吸食后体色成暗绿色，3对足。

（4）若螨。椭圆形，体色较幼螨深，黄绿色，体背两侧有褐斑，4对足。

发生规律：该虫以成虫、若虫或卵等虫态在枯茎落叶、土缝内或附近杂草上越冬。越冬雌成虫于翌年2月中旬开始活动繁殖，4月下旬转入鱼腥草田块为害，5月中旬以后开始在田里扩散，6月上旬以后繁殖率增大，为害加重。天敌种类多，已知有草蛉幼虫、十三星瓢虫、七星瓢虫、蓟马、花蝽等。9月中下旬气温下降，雌成虫开始转移，10月中下旬雌成虫群集在枯叶内、杂草根际、土块缝隙或树皮缝内或干草堆中越冬。

22.3.3.2 病虫害综合防治

1）农业防治

选择轮作2年以上微酸性沙土或壤土。前作收获后或种植前1个月，一是清除田间杂草和残枝落叶运出田外深埋或沤肥。二是翻整、暴晒栽植地，一方面降低虫源、菌源基数，另一方面减少病虫栖息场所。三是选育推广抗病虫品种，严格剔除病种茎，增强植株耐病虫为害能力。四是用充分腐熟的农家肥，氮、磷、钾肥配合施用。五是做好清沟排渍，降低田间湿度，围沟、腰沟相连，沟沟相通，水流得出去，雨住田干，在长期干旱时节，则需及时灌溉，为鱼腥草营造良好的生长环境。

2）物理防治

（1）人工捕杀。苗期于清晨扒开新被害苗周围的土壤或被害残留茎叶附近的表土，捕捉小地老虎幼虫，集中处理；人工摘除带有斜纹夜蛾的卵块及低龄群集幼虫的“窗纱状”被害叶，消灭卵和幼虫。

（2）毒饵诱杀。苗期每亩用铡碎的幼嫩、新鲜杂草 30 kg，与 90% 晶体敌百虫 150g 配制成毒饵，于傍晚撒布于地表，诱杀小地老虎幼虫。也可配置糖醋毒液诱杀小地老虎和斜纹夜蛾成虫，春、夏季成虫羽化盛期，用糖、醋、白酒、水之比 =6：3：1：10 加适量敌百虫配置成毒饵于田间诱杀。

（3）灯光诱杀。小地老虎和斜纹夜蛾都对灯光有强烈的趋向性，根据实际情况，在成虫盛发期每亩安装 1 盏杀虫灯，以减少成虫产卵。

3）化学防治

白绢病：主要为害根际，以 5 ~ 6 月发生最重，栽植后施提苗肥时，每亩用 500 g 三唑酮对稀粪 300 kg 浇灌根际。发病初期使用哈茨木霉 0. 4 ~ 0. 5 kg，加细土 50 kg，混合匀后撒施在病株茎基部；用 40% 福星乳油 6000 倍液，或 43% 菌力克悬浮剂 8000 倍液，或 45% 特克多悬浮剂 1000 倍液，或 10% 世高水分散粒剂 8000 倍液，或 50% 敌菌灵可湿性粉剂 400 倍液，或 10% 宝多安可湿性粉剂 500 倍液喷浇病株根茎和邻近植株及土壤。

紫斑病：发病初期可喷洒 1：1：160 倍的波尔多液，或 70% 代森锰锌 500 倍液 2 ~ 3 次，或 50% 多菌灵可湿性粉剂 500 倍液。

小地老虎：播种前精细整地，播前播后及时去除田间杂草，可消灭部分虫卵和杂草寄主；播种后增加浇灌，保持土壤湿润，可淹死部分幼虫；于清晨扒开新被害植株周围表土捕杀幼虫；每公顷用 90% 晶体敌百虫 3. 75 kg 兑水 45 kg，喷拌 35 kg 切碎的新鲜杂草，于傍晚均匀撒于田间，诱杀幼虫，或用 75% 辛硫磷 1500 倍液于下午或傍晚喷雾，使田面湿润。

红蜘蛛：清除田间、田边杂草，深翻土地，消灭越冬虫源；加强虫情调查，点片发生时及时进行药剂防治，可用 73% 克螨特乳油 2500 倍液或 40% 乐果乳油 800 倍液喷雾防治，注意叶背面施药。

22. 4 采　收

鱼腥草药用有效成分的含量在 4 ~ 5 月即花期前高，但此时产量不高；花期后药用有效成分的含量有所下降，但此时茎叶产量较高。总体来看鱼腥草药用有效成分的田间总产量则以 7 ~ 8 月最高，地下茎的含量远远高于地上茎叶。因此，做药用的茎叶的适宜采收期是生长旺盛的开花期即 5 ~ 6 月份，此时茎叶有效成分的含量较高。从全草有效成分总产量看，以 8 ~ 9 月采收为宜，此时产量高（特别是地下茎）、质量优。因此，可以在 5 ~ 6 月先收一次地上茎叶（但会对后期地下茎产量产生影响），9～10月收获全草（包括地下茎）。采收时先用刀割取地上部茎叶，或将全草连根挖起。做菜用茎叶的可在5～9月分期采收，菜用地下茎的可在9月后至第2年3月前采收。鱼腥草宜选晴天、多云天或阴天采收，不宜在土壤潮湿、有露水、下雨、大风或空气湿度特别高的情况下采收，也不宜在晴天中午前后太阳辐射强的时间采收。药用鱼腥草收割后，应及时晒干或烘干，避免堆沤和雨淋受潮霉变。干草以淡红紫色、茎叶完整、无泥土等杂质为佳。

22.5 鱼腥草的化学成分及药理作用

22.5.1 主要化学成分

22.5.1.1 挥发性成分

鱼腥草鲜草含挥发油约0.05%，主要成分有癸酰乙醛（decanoyl acetaldehyde）（即鱼腥草素），鱼腥草的鱼腥气正是由该成分所致。还含有月桂烯（myrcene）、α－蒎烯（α－pinene）、D－柠檬烯（D－limonene）、甲基正壬酮（2－methyheptenone）、莰烯（camphene）、乙酸龙脑酯（bornyl acetate）、芳樟醇（linalool）、石竹烯（caryophllene）、月桂醛（dodecanaldeyde）、癸醛（capraldehyde）、桉油素（cineole）、麝香草酚（thymol）、对－聚伞花素（*p*－cymene）、草烯（humulene）、乙酸冰片酯（bornyl acetate）、龙脑（borneol）、牛儿醇（geraniol）、丁香烯（caryophyllene）等。

22.5.1.2 黄酮类

鱼腥草鲜草含槲皮素（quercetin）、槲皮苷（quercitrin）、异槲皮苷（isoquercitrin）、阿福豆苷（afzelin）、金丝桃苷（hyperin）、芦丁（rutin）、芸香苷、瑞诺苷、阿芙苷。鱼腥草以叶中黄酮含量最高，其次是茎，根的含量最低，鱼腥草全草中黄酮含量为9.1 mg/g，叶为23.3 mg/g，地上茎为6.1 mg/g，地下茎为3.4 mg/g。一年中以9月含量最高，6～7月含量较低。鱼腥草植株的形态特征与鱼腥草金丝桃苷、槲皮苷和槲皮素有一定相关性。

22.5.1.3 多　糖

鱼腥草多糖主要有葡萄糖、果糖、阿拉伯糖组成，并含有少量的半乳糖、木糖、鼠李糖及另外一种未知的五碳糖。

22.5.1.4 氨基酸

鱼腥草鲜草含丙氨酸（leucine）、亮氨酸（leucine）、异亮氨酸（isoleucine）、缬氨酸

(valine)、脯氨酸（proline）等 16 种氨基酸。各游离氨基酸含量一般为 12.5 ~ 1845.65 mg/kg，以脯氨酸含量最高。

22.5.1.5 维生素

鱼腥草中脂溶性维生素和水溶性维生素含量均丰富。陈黎等研究表明，不同材料及部位的鱼腥草脂溶性维生素种类及含量不尽相同。

22.5.1.6 甾醇类

鱼腥草鲜草含豆甾醇（stigmasterol）、菜豆醇（brassicasterol）、β-谷甾酸(β-stitoterol)、菠菜醇（spinasterol）、豆甾醇-4-烯-3，6-二酮等。

22.5.1.7 有机酸及脂肪酸

鱼腥草鲜草含氯原酸（chlorogenic acid）、棕榈酸（palmiticacid）、亚油酸（linoleic acid）、油酸（oleic acid）、硬脂酸（stearic acid）、癸酸（capric acid）、十烷酸（decanoin acid）、天门冬氨酸（aspartic acid）、马兜铃酸、辛酸等。

22.5.1.8 生物碱

鱼腥草鲜草含蕺菜碱、顺式-*N*-（4-羟基苯乙烯基）苯甲酰胺［*cis*-*N*-(4-hydroxystyryl) benzamide］、反式-*N*-（4-羟基苯乙烯基）苯甲酰胺［*trans*-*N*-(4-hydroxystyryl) benzamide］。

22.5.1.9 其他成分

鱼腥草鲜草含维生素 B_2、维生素 C、维生素 P、维生素 E 等维生素。每 100 g 鲜茎叶含蛋白质 2.29 g、脂肪 0.4 g、碳水化合物 5 g、胡萝卜素 2.59 mg 等。还含有 Na、Ca、P、Mg 及微量元素 Mn、Fe、Cu、Zn、Mo、Se 等。

22.5.2 药理作用

22.5.2.1 抗菌作用

鱼腥草中的癸酰乙醛为抗菌的有效成分，对卡他球菌、溶血性链球菌、流感杆菌、肺炎双球菌和金黄色葡萄球菌有明显的抑制作用；对大肠杆菌、痢疾杆菌、伤寒杆菌及孢子丝菌等也有抑制作用，是一种广谱抗菌药；以含鱼腥草 2.5% 的饲料喂小鼠，对于尾静脉感染结核杆菌 H37RV 小鼠能延长生存时间和降低死亡率，但肺部病变仅有轻度减轻。

22.5.2.2 抗病毒作用

鱼腥草的非挥发性成分对多种病毒都有抑制作用。对甲1、甲3型流感病毒，呼吸道合胞病毒和腺病毒3型有抑制作用，对埃可病毒也能延缓其生长；研究发现鱼腥草提取物对亚洲甲型病毒有抑制作用；鲜鱼腥草提取物4 g/mL，灌胃及滴鼻给药对复流感病毒感染小鼠均有明显预防作用，但对脑炎、心肌炎及疱疹病毒Ⅱ型感染无明显作用。

22.5.2.3 增强机体免疫能力

鱼腥草能明显促进白细胞和巨噬细胞的吞噬功能，体外试验表明鱼腥草煎剂能促进正常人和慢性支气管病人白细胞吞噬金黄色葡萄球菌的能力，提高血清备解素水平，提高机体非特异性免疫力。

22.5.2.4 抗炎镇痛作用

鱼腥草对多种炎症模型，如蛋清、组织胺、二甲苯等所致毛细血管通透性增高、渗出及肿胀等有明显抑制作用，可延长热痛反应潜伏期及降低疼痛反应的敏感性，拮抗甲醛致痛作用；对于呼吸道感染，如慢性支气管炎、肺炎及盆腔炎、附件炎、慢性宫颈炎等妇科各类炎症有一定的治疗作用。

22.5.2.5 抗肿瘤作用

鱼腥草素能增强白细胞吞噬能力并提高血清备解素，以调节机体对肿瘤的防御因素与非特异性免疫力；我国广州中山医科大学从鱼腥草中提取鱼腥草素和新鱼腥草素对小鼠的艾氏腹水癌有明显的抑制作用，对癌细胞有丝分裂最高抑制率为45.7%，可防治胃癌、贲门癌、肺癌等。

22.5.2.6 抗放射作用

鱼腥草有抗放射作用。1945年在日本广岛原子弹爆炸中心地带，21 000多名受害者中仅存的56人中，其中两人用鱼腥草治疗得以康复；国外从鱼腥草中提取得一种熔点为140 ℃的针状结晶，证明有治疗胃癌的作用，对食管癌放疗后出现的肺部炎症有明显的辅助治疗作用，对癌症患者在接受放射性治疗中所引起的不良反应有缓解作用。

22.5.2.7 其他作用

鱼腥草有镇痛、止血、利尿作用。有学者认为利尿的机理是由于鱼腥草提取物中含有槲皮苷水溶液有强力的利尿作用，并有防止毛细血管脆性的作用；鱼腥草提取液作蟾蜍肾或蛙蹼灌流，能使毛细血管扩张，增加血流量及尿量，从而有利尿作用，其中蕺菜碱有刺激皮肤发泡作用。鱼腥草的缺碳金线吊乌龟二酮B、4，5 - Dioxodehydroasimilobine、马兜铃内酰胺BⅡ、胡椒内酰胺A对ADP诱导的血小板聚集和凝血酶诱导的血小板聚集有显著的抑制作用。

22.5.2.8 毒 性

民间食用鱼腥草，未见有中毒报告。鱼腥草素对小鼠口服，半数致死量 LD_{50} 为（1.6 ± 0.081）g/kg；给小鼠每日静脉注射 75 ~ 90 mg/kg，连续 7d 不致死；犬静脉滴注 38 ~ 47 mg/kg无异常，但达 61 ~ 64 mg/kg 时可引起肺脏严重出血；临床应用可出现恶心、呕吐、皮疹、头晕、头痛、高热、过敏性休克、局部静脉炎等个别病例。

22.6 鱼腥草的开发利用

鱼腥草具有很高的营养价值。每 100 g 新鲜鱼腥草含有蛋白质 2.2 g、脂肪 0.4 g、多糖 6 g、磷 5.3 mg、胡萝卜素 2.6 mg、维生素 C 56 mg 等多种营养成分及以谷氨酸、天冬氨酸等多种氨基酸等。鱼腥草多以嫩茎叶和地下嫩根供食用，可做菜食用、可凉拌、炒食、做汤，还可加工成鱼腥草茶、酒、鱼腥草汽水等系列保健饮料和食品。

22.6.1 制作饮料

22.6.1.1 鱼腥草 - 苦丁茶保健饮料

1）工艺流程（图 22.1）

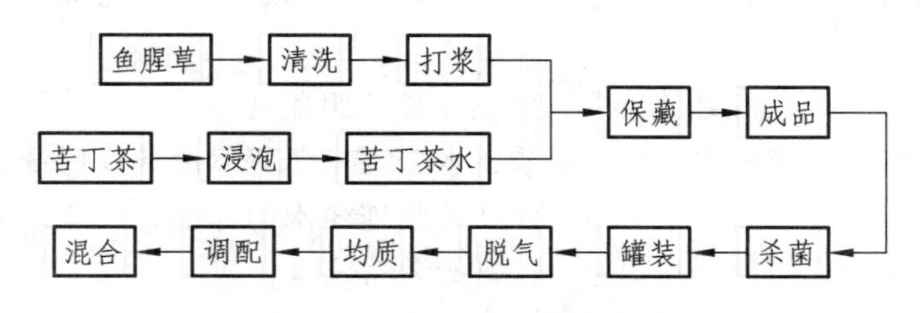

图 22.1 鱼腥草 - 苦丁茶保健饮料加工工艺

2）操作要点

（1）鱼腥草的选料、清洗。选择老嫩适中的鱼腥草，清洗（去头去尾），将其切成 2 ~ 3 cm 长的小段，并置于 0.1% 的柠檬酸溶液中浸泡。5 min 后取出沥干，于组织搅碎机中打浆。

（2）打浆。鱼腥草与水的比例为 4 : 1 。

（3）过滤。用双层纱布过滤，可适当用清水反复清洗，使得汁液尽可能地溶出。

（4）苦丁茶取汁。取苦丁茶用热水浸泡（茶水比为 1 : 40）加热直至茶水刚刚沸腾为止。弃去茶叶，并迅速将茶水冷却备用。

(5) 调配。鱼腥草有特殊的鱼腥味，苦丁茶味苦，这两者必须合理配比才可以使饮料口味清爽，在具有特殊风味的同时还有爽口的苦味存在。

(6) 均质。均质作用使料液充分均匀混合，得到均一稳定的产品。均质压力为18～20 MPa。

(7) 脱气。利用真空脱气机，在温度40～50 ℃，真空度0.007 8～0.010 5 MPa下脱气，以提高饮料的稳定性。

(8) 杀菌。利用片式杀菌器，在90～95 ℃，保持30 s杀菌。之后冷却，在无菌条件下进行包装。

22.6.1.2 鱼腥草凉茶饮料

1) 工艺流程（图22.2）

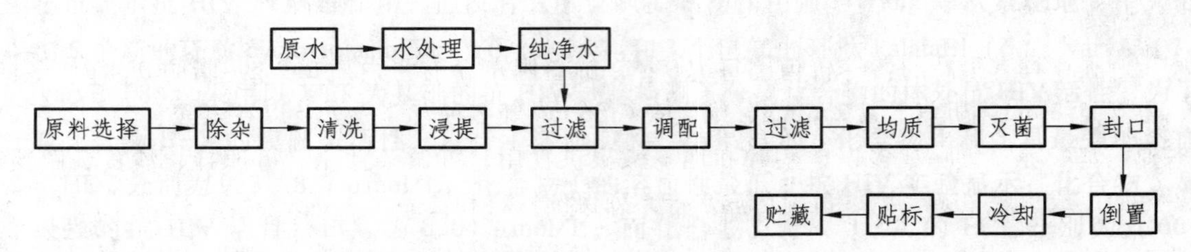

图22.2 鱼腥草凉茶饮料加工工艺

2) 操作要点

(1) 原料选择。选择无花无褐斑、无病虫害、无机械伤的鱼腥草为加工原料。

(2) 去杂。去除夹杂的杂草、小石子等杂物。

(3) 清洗。可在自来水或流动水槽中进行，除去泥沙、黑土、虫卵等，确保原料的完全干净。

(4) 水处理。在鱼腥草凉茶饮料中，水是主要的组成部分，可溶性固形物只占很小的比例。因此，水质的好坏直接影响饮料的品质，水处理是鱼腥草凉茶饮料中的重要环节，对生产用水必须经过滤、软化、除菌等措施，使其达到纯净水的标准，才能最大限度地减少饮料品质的负面影响，更好地体现鱼腥草凉茶饮料的天然风味。

(5) 浸提。加入适量水（水量以淹没鱼腥草）浸泡1 h后，煮5～10 min，经两次浸提，然后将提取液合并混匀后过滤。

(6) 调配。加入已配制好的糖浆及抗氧化剂、酸味剂等，充分搅拌均匀。糖酸比以30∶1为佳。

(7) 过滤。调配液经纯净水定容后，用板框式过滤机进行过滤，流速约为1 m/s。

(8) 均质。在压力为20 MPa、温度为80～85 ℃条件下，用高压均质机来进行均质，使各种配料混合均匀，提高其稳定性，并可改善口感。

(9) 灭菌。采用超高温瞬时杀菌温度为135 ℃，时间为5～6 s，以保持良好的风味与色泽。

(10) 灌装。采用500 mL耐热的PET瓶进行热灌装，温度控制在88～90 ℃。工业上可采用洗瓶/灌装/封口三合一机。

(11) 倒置。封口后立即进行倒瓶，目的是对瓶口，瓶盖，进行灭菌，并冷却至38 ℃左右，然后便可入库储藏。

22.6.1.3 鱼腥草－南瓜－刺梨复合营养保健饮料

1) 工艺流程（图22.3）

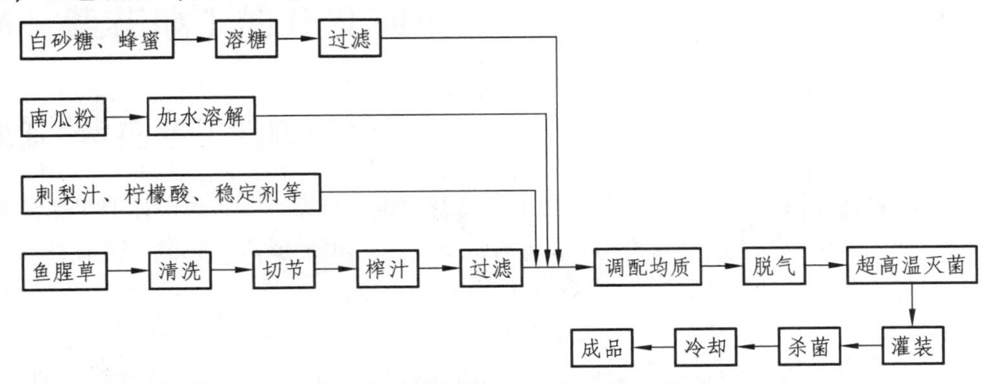

图22.3 鱼腥草－南瓜－刺梨复合营养保健饮料加工工艺

2) 操作要点

(1) 原料选择。采用无烂根的新鲜鱼腥草。

(2) 榨汁过滤。将短节鱼腥草用螺旋榨汁机榨汁；榨出的鱼腥草汁经60目过滤后泵至调配缸。

(3) 调配。以鱼腥草原汁含量为18%，南瓜粉5%，刺梨汁4%，白砂糖5%，蜂蜜2%，黄原胶0.12%，脂肪酸蔗糖酯0.08%等加水调配，并添加柠檬酸调整料液pH为3.5～3.8。

(4) 均质。经调配后料液进入均质机进行二次均质，压力分别为20 MPa和25 MPa。

(5) 脱气。在真空度92 kPa左右进行真空脱气。

(6) 超高温灭菌。灭菌温度125～130 ℃，3 s瞬时灭菌。

(7) 灌装、封盖。复合料液灌装于250 mL三旋玻璃瓶后真空封盖。

(8) 杀菌。115 ℃，15 min杀菌。

22.6.2 制鱼腥草含片

1) 工艺流程

鱼腥草浓缩液制作工艺流程（图22.4）：

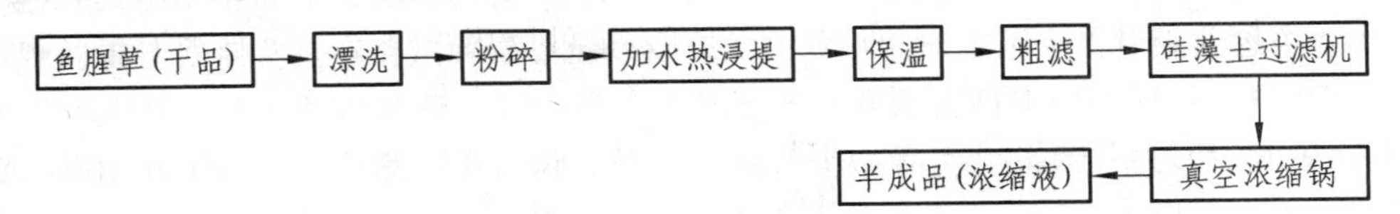

图22.4 鱼腥草浓缩液加工工艺

鱼腥草含片制作工艺流程（图22.5）：

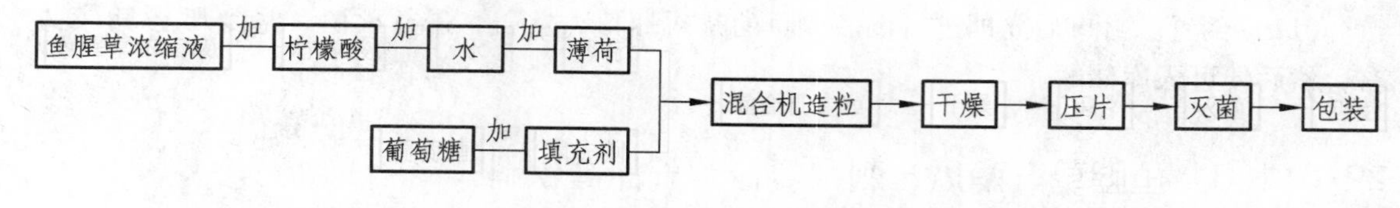

图22.5　鱼腥草含片加工工艺

2）操作要点

（1）预处理。投料前先将鱼腥草中杂草杂物剔除，用流动清水将干草清洗干净，放入粉碎机破碎成细粒。

（2）热浸提。将鱼腥草细粒放入夹层锅中，加水量为干鱼腥草生的30倍，热水浸提（85～100 ℃）并保温4 h。

（3）过滤。将浸提后的汁渣先用60目滤网粗滤，再经过硅藻上过滤机进行精滤。

（4）浓缩。把取得滤液输入真空浓缩锅（真空度97 kPa、温度55 ℃左右），将液体浓缩至原加水量1/20时，成为鱼腥草浓缩液（半成品）。

（5）混合。将鱼腥草浓缩液和其他辅料按一定量比例充分混合，投入混合器内的全部用水（包括鱼腥草浓缩液）必须保持全部投料质量的7%～9%。

（6）造粒与干燥。混合充分的软料投入摇摆式颗粒机中进行造粒，再把颗粒放在真空干燥机中进行干燥，真空度控制在0.053～0.060 MPa，温度控制在60～65 ℃，使颗粒的水分控制在小于3%左右。

（7）压片与火菌。在干燥颗粒中加入润滑剂混匀后，经片重计算符合规格要求即可进行压片，并将片剂放在紫外线下照射15～20 min，然后及时包装。

22.6.3　制作鱼腥草风味牛肉干

1）工艺流程（图22.6）

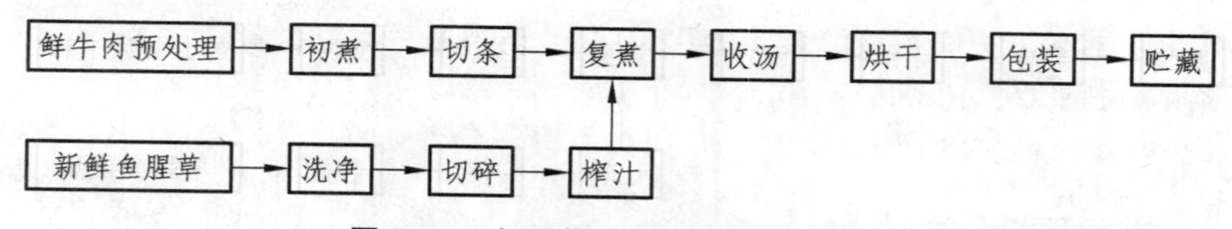

图22.6　鱼腥草风味牛肉干加工工艺

2）操作要点

（1）鲜牛肉预处理。将选好的精牛肉去筋、膜和肥脂，切成500 g大小的条块，放入清水中浸泡，去除牛肉中的血水，时间为1 h为宜，也可以用手挤压，使血水流出，再浸泡，这样反复操作，至血水流尽为止。

（2）初煮。将鲜牛肉按1∶1.5的水初煮，在水中放少许生姜（1%～2%），在煮的过程中，要除去浮油，以免影响牛肉在烘干时的品质，煮制的时间为25～30 min为宜，至肉的中心没有血水。煮制后的汤水备用，汤水在复煮时可以加入牛肉干中。

（3）切条。将初煮好的牛肉干冷却后切条，切成长 3 ~ 5 cm，宽 0. 3 ~ 0. 5 cm，力求形状、大小一致。

（4）复煮。将称量好的辅料先放入锅中煎熬，使辅料的香味都熬出来，然后放入切好的牛肉，翻动牛肉，使它和这些辅料充分接触，然后加入备用的汤水，用小火加热，慢慢的煎熬，至汁干液净为止，煮制的时间为 35 ~ 40 min，收干前，放入捣碎好的鱼腥草汁液，再小火收干。

（5）烘干。将收干好的牛肉整齐地摆在纱布上，然后放入烘箱中，烘箱的温度前 2 h 温度为 70 ℃以后为 55 ℃进行烘烤。并且前 2 h 每隔 0. 5 h 翻动 1 次，以免黏结和影响烘制效果，烘制时间为 7 ~ 8 h。

（6）鱼腥草的预处理。将新鲜的鱼腥草放入水中浸泡，并且在水中放入少许柠檬酸护色用量为 0. 05 ~ 0. 1% 。用时将鱼腥草称量好，切成小丁状，放入捣碎机中捣碎，而后备用。

22.6.4 菜　用

鱼腥草由野生中药材经过人工栽培后，由于生境改善，生长周期变短，植株生长快，地下茎粗壮，地上茎叶鲜嫩，纤维含量减少，淀粉含量增多，食时可口，易于消化。尤其是鲜鱼腥草特有的鱼腥味变淡，增加了酸甜味，更受人们欢迎。常见的吃法有几种：一是将鱼腥草地下茎除去节上的毛细根，洗净后切成 2 ~ 3 cm 的小段（也可将嫩叶加入其中），放入些醋、酱油、辣椒粉、味精等佐料凉拌生吃，清脆爽口，但腥味较重；二是将地下茎连同嫩茎叶一同煮汤、煎炒或炖煲，清香宜人，入口宜化，略有腥味；三是腌渍加工成咸菜食用，酸香生脆，令人开胃。鱼腥草晾干后，不但没有腥气，而且微有芳香。在加水煎汤时，则挥发出一种类似肉桂的香气，煎出的汤汁如同红茶汤色，仔细品尝，也有类似红茶芳香而稍带有涩味，没有丝毫苦腥味，对胃也无刺激性作用，可作为夏季清凉解暑的上好饮料。

22.6.5 制作鱼腥草营养液

1）工艺流程（图 22. 7）

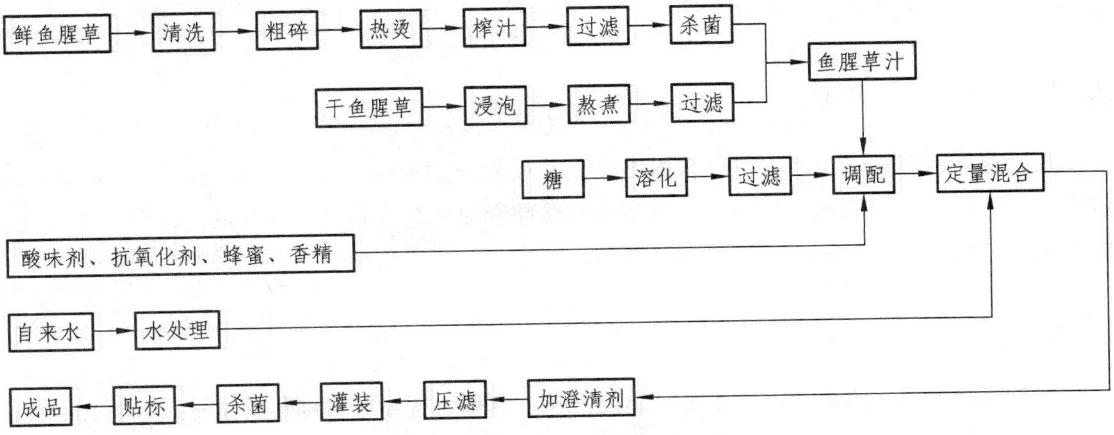

鲜鱼腥草 → 清洗 → 粗碎 → 热烫 → 榨汁 → 过滤 → 杀菌 → 鱼腥草汁
干鱼腥草 → 浸泡 → 熬煮 → 过滤 → 鱼腥草汁
鱼腥草汁 → 调配
糖 → 溶化 → 过滤 → 调配
酸味剂、抗氧化剂、蜂蜜、香精 → 调配
调配 → 定量混合
自来水 → 水处理 → 定量混合
定量混合 → 加澄清剂 → 压滤 → 灌装 → 杀菌 → 贴标 → 成品

图 22. 7　鱼腥草营养液加工工艺

2）操作要点

（1）以鲜鱼腥草为原料，清洗。①将经挑选、除杂的鲜鱼腥草进行充分的清洗，采用振动式喷淋清洗机（或用人工漂洗方法）。洗净后用果蔬洗涤剂浸泡 3 ~ 5 min 以除去虫卵等，然后用清水漂洗干净。②粗碎。将清洗后的鱼腥草进行适当破碎，长度为 0.3 ~ 0.5 cm（太小影响出汁，太大影响榨汁）。③热烫将破碎的鱼腥草加入 0.01% 维生素 C（以防褐变），用水蒸气热烫 3 ~ 4 min，以提高出汁率，更重要的是有利于风味物质的渗出，且抑制酶的活性。④榨汁。将热烫后的鱼腥草马上投入榨汁机中进行榨汁。⑤过滤。粗滤后进行离心过滤。⑥杀菌。将滤液通过高温瞬时灭菌机进行杀菌，即得鲜鱼腥草汁。

（2）以干鱼腥草为原料将洗净、晾干的鱼腥草粗碎后，加入适量水（以淹没鱼腥草为宜）。浸泡 30 min 后，煮沸 10 min，共提取两次，合并后过滤。

（3）调配原糖浆的制备。称取优质砂糖，加入处理水，在不锈钢夹层锅中通入水蒸气，用蒸汽加热，同时不断搅拌，煮沸 5 min 以杀灭糖浆内的微生物，然后过滤，冷却。

（4）压滤。调和营养液用处理水定容，用压滤机进行压滤。

（5）灌装。用洗净灭菌的 10 mL 锁口瓶灌装。

（6）杀菌。将灌装锁口好的瓶子，在沸水中煮沸 15 min，取出冷却。

22.6.6 临床应用

鱼腥草性寒、味辛、微温、苦。具有抗菌、抗病毒、抗炎、抗肿瘤及利尿作用，能增强机体免疫功能，可治肺炎、急性气管炎、痢疾、淋病、白带、水肿、湿疹等病症。

22.6.6.1 治疗呼吸系统疾病

孔微报道，用中成药蒲丁合剂口服，联合鱼腥草注射液雾化吸入治疗急性咽炎 198 例，并与口服抗生素 104 例作对照，治疗组痊愈 182 例（91.9%），好转 13 例（6.5%）；对照组痊愈 4 例（3.8%），好转 82 例（78.8%），两组治愈率和总有效率差异显著。尽管如此，在临床应用时，需根据病情合理使用。

22.6.6.2 妇科疾病

张凤秀等对 206 例女性不孕症采用彩色多普勒超声实时监测下，用鱼腥草注射液行子宫输卵管通液检查，发现超声能清晰地观察子宫输卵管通液程度，使不孕症的诊断显示更直观，且不适症状少，其诊断率、确诊率明显提高。

22.6.6.3 治疗手足口病

鱼腥草内服加外用更适用于手足口病的治疗。具体方法：取鱼腥草 0.5 kg，加水 3000 mL 将鱼腥草洗净文火煎煮 10 min，过滤后罐装保存。每次 10 ~ 40 mL 口服，2 次/ d。剩余药渣煮沸后去渣取水涂擦患处10～20 min，1～2次/d。

主要参考文献

[1] 何永梅. 鱼腥草病虫害防治技术要点 [J]. 农药市场信息，2010，4：42.
[2] 胡汝晓，肖冰梅，谭周进，等. 鱼腥草的化学成分及其药理作用 [J]. 中国药业，2008，17 (8)：23－25.
[3] 黄世琼，肖礼娥. 药用植物鱼腥草的研究进展 [J]. 现代医药卫生，2010，26 (19)：2953－2954.
[4] 何树海. 鱼腥草的特征特性与栽培技术 [J]. 农业科技通讯，2003，11：17－18.
[5] 孔微. 口服蒲丁合剂合鱼腥草针雾化吸入治疗急性咽炎 [J]. 浙江中西医结合杂志，2001，14 (2)：104.
[6] 柯范生，陈绍军. 鱼腥草含片的研制 [J]. 福建轻纺，2003，3：6－8.
[7] 李涛，伍贤进，张圣喜，等. 鱼腥草病虫害发生规律研究初报 [J]. 安徽农学通报，2006，12 (9)：142－144.
[8] 罗新兵. 利川地区常见野菜资源及其利用价值 [J]. 恩施职业技术学院学报：综合版，2009，21 (2)：62－64.
[9] 任玉翠，周彦钢，凌文娟. 鱼腥草营养液的研制 [J]. 食品与机械，1998，1：13.
[10] 苏艳萍，张甫生. 鱼腥草凉茶饮料的加工技术 [J]. 加工贮藏，2003：42－43.
[11] 伍贤进. 鱼腥草种质资源与规范化栽培技术研究 [M]. 北京：科学出版社，2011.
[12] 吴天祥，周雪松. 鱼腥草、南瓜、刺梨复合营养保健饮料 [J]. 食品工业科技，1998，6：44－45.
[13] 肖辉. 野生鱼腥草内服加外用治疗手足口病的效果观察 [J]. 中国现代药物应用，2012，6 (7)：67.
[14] 姚森，周玖瑶. 鱼腥草的药理与临床应用 [J]. 时珍国医国药，2008，19 (1)：237－239.
[15] 杨小生，康文艺，梁东妮. 鱼腥草苦丁茶保健饮料[J]. 食品科技，2001，6：44－45.
[16] 张倩，江萍，秦礼康，等. 鱼腥草水溶性多糖的提取及鉴定 [J]. 食品科学，2000，21 (3)：49－50.
[17] 张世宇，熊仁，陈云和，等. 鱼腥草主要病虫害及无公害防治技术 [J]. 云南农业科技，2006，2：51.
[18] 张凤秀，生淑亭. 超声监测鱼腥草注射液行子宫输卵管通液的临床价值 [J]. 广西医学，2006，28 (3)：366.
[19] 赵徐立. 鱼腥草GAP高产栽培技术 [J]. 云南农业，2012，1：50.
[20] 占习娟，张蕾，周志，等. 鱼腥草风味牛肉干生产工艺的研究 [J]. 肉类研究，2006

(6): 22 -24.

[21] WU L S, J P YUAN X Q, et al. Quantitive variation of flavonoi ds in Houttuynia cordata from different geographic origins in china. Chinese journal of natural medicines, 2009, 7 (1): 40 -46.

[22] QU W, WU F H, LI J, et al. Alkaloids from houttuynia cordata and their antiplatelet aggregation activities[J]. Chinese journal of natural medicines,2011,9(6):425 -428.

23　玉　竹

玉竹［*Polygonatum odoratum*（Mill.）Druce.］别名葳蕤、铃铛菜、竹根七、玉竹参、尾参、地管子、甜草根等，是百合科黄精属多年生草本植物，以根茎入药，味甘，微寒。有养阴、润燥、生津止咳之功用，为滋养强壮剂。可用于肺胃阴伤，燥热咳嗽，咽干口渴，内热消渴。因其植株光滑无毛，茎似小竹竿，叶光莹如竹叶，地下根茎长而多节，故有玉竹之称。玉竹应用历史悠久，在我国已有2000多年的药用历史。全国每年医药行业需求量3000万~4000万吨，出口300万~500万吨，出口创汇每年近1亿元。玉竹除药用价值外，其幼苗和根状茎还可食用，营养丰富，具有广泛的开发应用前景。玉竹作为一种优良的滋养、防燥、降压祛暑的营养滋补品越来越受人们的喜爱，作为保健食品的需求量远高于医药行业的需求量。因此，近年来其作为一个药食兼用的大宗药材品种销售量猛增，市场需求直线上涨，价格稳中有升。除内地及港、澳、台地区对玉竹有大量需求外，东南亚国家如新加坡、泰国等也成为其重要的畅销地。其中尤以湖南出产的玉竹（湘玉竹）最为出名，是我国出口创汇的主要中药材品种之一 。

23.1　种质资源及分布

玉竹分布较广，喜生于林下、林缘、山地草甸及灌木丛等阴湿处，也生于向阳山坡。正品玉竹为百合科植物玉竹的干燥根茎。根据《中国药典》（2005年版）（一部）记载，玉竹正品的来源仅此一种，栽培玉竹（*P. odoratum*）与野生玉竹各异。由于原植物形态和生药性状的相似，实际上玉竹来源复杂，如毛筒玉竹（*P. inflatum Kom*）、康定玉竹（ *P. prattii Baker*）、小玉竹（*P. humile* Fisch. exMaxim）也在我国很多地区应用，二苞玉竹（*P. invducratan maxim*）与大玉竹（长梗玉竹）（*P. macropodiun Turcz.*）的根壮茎也常作正品玉竹用。它们均具有极大的开发利用价值。另外，各地还有许多黄精、玉竹的地方用品，有些种类如新黄精（ *P. roseum*）、热河黄精（ *P. macropodium*）等在部分地区也作玉竹用。目前，市场上流通的玉竹商品主要为野生玉竹，其次是栽培玉竹及康定玉竹，有时有毛筒玉竹，偶见黄精类及竹根七的根茎。

中国玉竹资源丰富，经调查我国的黑龙江、吉林、陕西、山西、河北、宁夏、湖北、湖南、四川、浙江、安徽、江西、广东等地都有正品玉竹的生长或种植，主产湖南、广东、河南、江苏、浙江等省。

23.2 生物学特性

23.2.1 形态特征

玉竹为多年生草本植物，株高 20～70 cm。单叶，互生于茎中部以上，呈 2 列，叶片通常 7～12 枚，叶柄短或几乎无柄，叶片椭圆形，长圆形至卵状长圆形，先端钝尖，基部楔形，全缘，上面绿色，下面粉绿色，中脉隆起长 6～12 cm，宽 3～5 cm。根状茎地下横生、肥厚，呈压扁状圆柱形，有分支，直径 0. 5～2. 6 cm，节明显，多节，节间距 4～15 mm，表皮黄白色，断面粉黄色，气微，味甘，有黏性。根茎上有须根，节处可生出芽而形成地上茎，一般每隔 2～3 根茎节就可生出一个地上茎枝。茎单一，向一边倾斜，具纵棱，光滑无毛，绿色，有时稍带紫红色，基部具有数片膜质叶鞘。花 1～3 朵，腋生，花梗俯垂，长 12～15 mm，无苞片，绿白色；花被筒状钟形，顶端 6 裂，裂片卵圆形；雄蕊 6，花丝白色，不外露。子房上位 3 室，花柱单一，线形，着生于花被筒中部，略有香气。浆果球形，直径 5～7 mm，成熟时暗紫色，具有 7～13 颗种子，熟时自行脱落。种子卵圆形，黄褐色，无光泽。栽培种极少结果、结籽（彩图 23. 1、23. 2）。

23.2.2 生态习性

玉竹适应性强，在海拔 600～1000 m 的低山丘陵或谷地均可生长，海拔超过 1000 m 以上生长不良。玉竹对土壤的要求不高，但以土层深厚的黄壤或沙质壤土，pH 5. 5～6 的土壤最适宜，在微酸性疏松沙质黄壤中生长，色泽好，产量高，采挖也不易折断。玉竹地下茎因向四周生长，不易中耕松土，所以不宜在黏土中栽培，黑土产品色泽不好，影响质量。玉竹喜湿润、畏积水。一般全月平均降水量在 150～200 mm 时地下茎发育最旺，降水量在 25～50 mm 以下时，生长缓慢，积水过多或干旱不利于生长，所以玉竹栽培应选择湿度适宜的地方。玉竹是喜阴植物，耐阴性强，光照过强会灼伤叶片，苗期强光、高温和干旱会抑制幼苗的生长发育，适度遮光可削弱光强，降低生长环境中的气温、土温，有利于玉竹幼苗生长发育。如果温度过高，又无遮阴，则植株细弱、矮黄，生长势减弱，地下茎生长缓慢，产量降低。

23.2.3 生长习性

玉竹的生育期为 210 d 左右，当温度在 9～13 ℃时，根茎出苗；18～22 ℃时，现蕾开花；19～25 ℃时，地下根茎增粗，生长旺盛，为干物质积累盛期；入秋气温下降到 20 ℃以下时，果实成熟，地上部分生长缓慢。玉竹的物候期因地区、年份不同而有差异。在湖南一般是2月底到3月初出苗，4月中下旬开始开花，6月初谢花，并见黄绿色果实，7～9月果实成熟，霜降前后地上茎枯萎越冬。人工栽培玉竹一般情况下1周年收获产量为用种量的4倍，2周年收获产量是用种量的8～10倍。玉竹种植1年后即可收获，但产量低，大小还不够规格，4年生的产量更高，但质量下降，纤维素增多，有效成分下降。因此，玉竹生产周期过短，产量低，成本高，效益低；生产周期过长，老地下茎腐烂影响产量。

玉竹种子和地下茎均具有休眠特性。玉竹种子为上胚轴休眠类型，低温能解除其休眠，胚后熟需25 ℃ 80 d以上才能完成。故要使种子正常、快速发育，必须先将种子置25 ℃条件后熟80～100 d，然后置0～5 ℃条件下1个月左右，再移至室温下，就可正常发芽，种子寿命为2年。玉竹地下根茎同样具有休眠特性，为解除休眠，秋季块茎刨收后，在0～5 ℃进行低温沙藏，一般20～30 d可打破休眠，种块打破休眠后可进行晾晒，提高种块温度，促进幼芽发育。

23.3 栽培与管理

23.3.1 选择种茎

玉竹多用种子和根状茎繁殖。其中以根状茎繁殖为主，因其遗传性较种子稳定能确保丰产且生长周期短，故目前生产上都采用此法。在秋季地上部枯萎后挖取健壮植株的根状茎，要求无虫害、无黑斑、无麻点、无损伤、色黄白、顶芽饱满、须根多而肥壮，5～15 cm高折成3～7 cm长小段作种。将选好的种茎用50%多菌灵500倍液浸泡30 min，捞出晾干，再下种。若因故不能及时栽种，必须摊放室内背风阴凉处以免干枯霉烂。一般亩用种量200～300 kg。

23.3.2 选地、整地

以向阳、地势较高、排水方便、土地疏松的地块为宜。每亩施腐熟猪、牛粪或圈肥、堆肥3000～3500 kg，复合肥100 kg或过磷酸钙100 kg。深翻30 cm将基肥混入土中，然后整成130～170 cm宽的高畦，畦沟宽33 cm、深13～17 cm，边沟宽40 cm。

23.3.3 栽种方法

一般在10月份栽种，最迟不超过11月上旬，过迟会影响当年新生根的发育。栽种时按行距30 cm开沟，沟深7～10 cm，株距7～13 cm，种茎排列方法有双排并栽和单排密植。

双排并栽：将根状茎在横沟内摆成“人”字形，其芽头一行向右，另一行向左，放于沟中用土压实；单排密植：将种茎在横沟中排摆成单行，芽头一左一右。

湖南地区高产地块一般每亩栽2.0万~2.5万蔸，按土地利用率75%计算，实际栽植数为1.5万~2.0万蔸，株行距为（1.5~2.0）cm×8.3 cm。排种玉竹应选择雨后晴天，此时土壤干湿适度，排种最佳。玉竹忌连作，也不宜在辣椒茬后种，否则根系生长很差，产量低，质量差。玉竹连作前茬作物以玉米、大豆等或共生为好 。

23.3.4 覆 盖

玉竹栽后覆盖是夺取高产十分重要的一环。覆盖材料可采用稻草、麦秆、玉米秆、枯枝落叶等。因为玉竹种下后到翌年3月出苗要经过180 d左右。为了保持这一时期种植地的湿润，控制杂草生长，必须覆盖材料。一般盖6~7 cm厚，也可播种满园花、绿肥作覆盖物，或就地挖心土覆盖。

23.3.5 田间管理

23.3.5.1 遮 阳

玉竹是喜阴植物，苗期强光、高温和干旱会抑制幼苗的生长发育，因此适度遮光可削弱光强，降低生长环境中的气温、土温，使玉竹幼苗在良好的小气候内生长发育。如无遮阳，温度过高则植株细弱、矮黄，生长势弱，地下茎生长缓慢，产量下降。大田栽植可在苗床间种玉米等高秆作物进行荫蔽，或在疏林地栽植利用自然树木遮阳。

23.3.5.2 中耕除草

玉竹栽后当年不出苗，第2年春季出苗后，及时除草、松土、浇水，但要浅锄以免锄伤嫩芽，要尽量保持土面无杂草。以后在5月和7月分别除草1次。第3年，只宜用手拔除杂草。玉竹根系较浅，不宜多次深中耕，多在出苗后结合浇水中耕1~2次，既可保持土壤湿润松软，又可清除杂草。

23.3.5.3 追 肥

玉竹栽后，可利用当年冬季农闲时，在行间开浅沟，每亩施农家肥800~1200 kg。第2年苗高7~10 cm时可再施肥1次，施肥后可加盖青草或枯枝落叶，保持表土疏松湿润，促使新茎粗大肥厚并能防止雨水冲刷和新根露出土面。到第3年春季出苗后，每亩施农家肥1000~2000 kg，然后培土覆草，秋季即可收获。

23.3.5.4 培 土

每年冬季结合施肥，在畦沟取土进行培土，培土厚3.0~4.5 cm，玉竹种栽要用稻草、树叶或茅草覆盖。以后每年的初冬，玉竹茎叶干枯时要盖青草，上面再盖一层泥土。

23.3.5.5 排 灌

水分对玉竹生长很重要。一般月平均降水在 150 ~ 200 mm 时，地下根茎发育最旺盛。如水分不足则生长缓慢，根茎发育不良，将影响产量和商品质量。因此生育期间如遇干旱要及时浇水，保持土壤湿润，但不能积水。雨季注意排水，防止根茎腐烂和发生锈斑。

23.3.5.6 间 作

玉竹一般生长 3 ~ 4 年，可在第一、二年间套种玉米、大豆、豌豆等作物。

23.3.5.7 病虫害防治

1）主要病害

（1）叶斑病。又名褐斑病，为真菌病害。受害时叶面产生褐色病斑，病斑圆形或不规则形，常受叶脉所限而呈条状。病斑中心部颜色较淡，中央灰色，后期呈霉状即病原菌子实体。一般在南方 5 月初开始发病，7 ~ 8 月严重，直至收获均可感染。氮肥过多、植株生长过密以及田间湿度过大均有利于此病的发生。

该病的防治方法如下：及时拔除病株集中烧毁。发病初期用 77% 可杀得 800 倍液或 70% 甲基托布津可湿性粉剂 800 倍液或 10% 世高水剂 1500 ~ 2000 倍液或 50% 扑海因水剂 1000 倍液喷雾，每隔 7 ~ 10 d 喷一次，连续 2 ~ 3 次。

（2）褐腐病。褐腐病是玉竹人工栽培区的主要病害，主要为害玉竹地下根状茎，引起根茎腐烂，严重影响产量。其症状初期不明显，染病后在地下根状茎表面产生不规则的水渍状淡黄褐色病斑；随着气温升高，病斑逐步扩大，颜色加深呈褐色，切开后病部为褐色腐烂变软，地上植株逐渐黄化，叶片脱落直至枯死。玉竹褐腐病病菌以菌丝体、厚垣孢子或分生孢子在土壤中、病残体和种茎上越冬，带菌土壤、种茎等成为主要传染源，借助雨水、流水、种茎、田间操作传播。该病可在土壤中长期存活，一旦引入很难根除。其病菌生长发育的温度范围为 13 ~ 35 ℃，高温高湿的环境有利于发病，连作、地势低洼、田间积水、排水不良、土壤黏重等亦有利于发病。

该病的防治方法如下：①严格轮作制度。新种植区 5 年轮作一次，老种植区 7 ~ 8 年轮作一次。水旱轮作效果更好。②进行土壤消毒。每亩施石灰 100 ~ 150 kg 或 50% 多菌灵 5 kg 或 95% 敌克松粉剂 1.5 kg，整地前翻入土中。生长季节用 70% 甲基托布津可湿性粉剂 600 倍液灌根 1 ~ 2 次。

（3）锈病。锈病主要为害叶片，叶面病斑呈圆形、黄色，叶背生有黄色杯状的小粒。5 月开始发生，6 ~ 7 月为害严重。可喷 25% 粉锈宁 1000 倍液进行防治。

2）主要虫害

为害玉竹的主要害虫有小地老虎、蛴螬、野蛞蝓等。

（1）小地老虎为害严重。防治方法：①在为害盛期（4 ~ 5 月）用炒香的麦麸或菜籽饼

5 kg 与 90% 晶体敌百虫 100 g 制成的毒饵诱杀或以 10 kg 炒香麦麸或菜籽饼加入 50 g 氯丹乳油制成毒饵诱杀。②用 90% 敌百虫 1000 ~ 1500 倍液在下午浇穴毒杀。或用 20% 氰戊菊酯乳油 30 ~ 40 mL/亩或 50% 辛硫磷乳油 30 ~ 40 mL/亩兑水 60 kg 在下午喷施土表。

（2）蛴螬：蛴螬是金龟子的幼虫统称。玉竹田以铜绿金龟子、大黑金龟子最为多见。常以幼虫在地下啃食玉竹地下根茎、咬断幼苗，致使根茎腐烂，植株死亡；或啃食地下茎皮形成伤疤，使玉竹生长衰弱，影响玉竹的产量和品质。成虫食害叶片。该虫的防治方法如下：①冬季清除田间杂草，施用腐熟农家肥料，减少成虫产卵。②翻土整地时，有条件的散放鸡、鸭群捕食害虫，或人工拾捡幼虫作鸡鸭饲料。③利用金龟子趋光性强的特点，可用黑光灯、日光灯诱杀。④用毒饵诱杀幼虫。取 90% 敌百虫 50 g 兑水 500 g 拌棉籽饼粉或菜籽饼粉 5 kg，傍晚撒在玉竹行间，每隔一定距离撒一个小堆。如用土农药石蒜鳞茎或基楝叶、麻柳叶等进行防治，则结合施肥将石蒜鳞茎等洗净捣碎，每桶粪水放 3 ~ 4 kg 石蒜浸出液进行浇灌。必要时每亩用 2. 5% 敌杀死乳油 20 mL 加 5% 乐斯本 50 mL 兑水 45 kg 在傍晚喷雾。

（3）野蛞蝓：野蛞蝓俗名无壳蜒蚰螺、鼻涕虫、黏黏虫等。属软体动物，食性杂，在玉竹地偶有发生。4 月份玉竹地上茎尚幼嫩，野蛞蝓在近地面处将地上茎咬断或咬伤，造成死苗、倒苗，严重时局部成灾，造成严重损失。在南方 4 ~ 6 月气温 15 ~ 25 ℃时为害玉竹。成虫怕光，在强光下 2 ~ 3 h 即被晒死，故盛夏时常在隐蔽处夏眠。其防治方法：在沟边、地头或玉竹行间每亩撒石灰粉 5 ~ 7. 5 kg 保苗效果好。每亩用 6% 密哒颗粒剂 0. 5 kg 于傍晚撒施于行间或全田；严重的结合喷施盐水 100 倍液于植株基部土表上。

23. 4　采收与初加工

23.4.1　适时采收

播种后 2 年或 3 年采收。目前玉竹产区大多在 8 月中旬到 9 月上旬采挖，有的甚至于 7 月下旬采挖。采挖过早，不利于提高玉竹品质。玉竹多糖含量是玉竹重要的加工品质之一。而玉竹多糖含量高低除与品种有关外，与采收期也有较大的关系。据检测：6 月 10 日至 10 月 10 日进行采收，采收越迟，玉竹多糖含量越高，到 10 月 10 日达到最高，为 7. 7%；到 10 月 10 日以后，随着采收期推迟，玉竹多糖含量呈下降趋势。因此从确保玉竹多糖含量考虑，玉竹以 9 月下旬到 10 月上旬采收为好。当地上部分枯萎时，选择晴天收获。先割去茎叶进行挖掘，挖掘过程中要注意防止根茎折断或损伤。挖出后用手去掉泥土和须根，略失水分后集中运回，防止碰断，以免影响等级。

23.4.2　玉竹的初加工

23. 4. 2. 1　基本加工方法

玉竹的基本加工方法有两种：一种是生晒法，即将鲜玉竹地上的茎叶去净，放在席子上晾晒，待须根干脆易断，内部稍软时放入内壁较光滑的筐内，反复轻轻摇撞，去掉须毛和泥土。然后按大小逐个分开，继续晾晒至微黄色，再用手反复搓揉，搓后再晒，反复数遍至根茎柔润光亮无硬心。大约七八成干时，再放烈日下暴晒直至呈现鲜润的金黄色为止。注意挖出后不可立即搓揉避免破皮。加工前不能堆放，防止霉变，搓揉时，要先轻后重，轻重适度，以确保品质优良。另一种是蒸煮法：将鲜玉竹放在沸水内稍煮或微蒸，即上大气约 10 min。时间太短蒸不透，干后中间现白心。然后摊放席子上晒干。也可边晒边搓，这样成品较纯。晒干后柔润。制作方法是原药除去杂质洗净，闷润至内外湿度均匀，切成 5 mm 厚斜片晒干即成，质地柔软，内外均呈金黄色，味甘甜，有香气的玉竹便可入药。

23.4.2.2 加工成干条

（1）晒干后机械搓揉成干条。将挖出的玉竹根茎，按长、短、粗、细挑选分级，再分别摊晒。因新鲜玉竹糖分含量高，水分多，最易发热变质，所以，不要把未凉透的玉竹堆放或装袋。晒的当天夜晚，待玉竹凉透后就地用晒簟覆盖在玉竹上。一般晒两三天后，根茎柔软，须根干了，即用脱毛机脱去根毛、泥沙。再取出根状茎继续摊晒两三天，又装进“脱毛机”进一步脱去须根毛、泥沙等。脱毛的过程也是机械搓揉的过程。通过二次脱毛搓揉，玉竹泥沙、须根、粗皮去净，内无硬心，色泽金黄，呈半透明状，再晒干即成初级商品玉竹条。这种方法的优点是：方法简便，工效高，每天可脱毛或搓揉鲜玉竹 4 ~ 5 t，加工质量好。

（2）晒干后手工搓揉成干条。没有脱毛机的也可用手搓法。根据个体大小将玉竹分级，剔除病茎、虫茎、伤茎、畸形茎和黑茎。选择晴天摊晒，如采后遇雨，要薄摊，防止堆沤腐烂，天晴后再晒。在太阳下摊晒，每晒半天，要翻动 1 次。玉竹根茎晒到柔软而不易折断时，下垫粗糙物用手搓揉，先慢后快，由轻到重，揉去粗皮、须根。傍晚摊凉后收回，如此反复多次，直到根茎完全变软，茎内无硬心，呈半透明状，色泽金黄，用手捏沾附有糖汁为止。在加工过程中，不要大把搓揉，以免折断根茎，也不要搓揉过度，否则会变成老红色或黑色油条。没有搓揉到的根茎未转色，可以再搓揉。这种加工法的优点是色泽好，耐储藏，但是速度慢，耗工耗时，劳动强度大。如果数量多时，晒后可用竹箩筐撞动法代替手搓法。将摊晒后的玉竹装入竹箩筐中，前后用力撞动，使玉竹之间、玉竹与竹箩筐之间反复摩擦碰撞变软。然后用黑色薄膜袋装好，将口扎紧，放在太阳下晒 2 ~ 3 h，晚上再堆在一起焖一夜，第 2 天倒出晒干至用手抓有刺手感，且不易折断即可。重点掌握好色，表现糖汁外溢充于表面，松泡、鼓胀、柔软，然后再晒至八成干，收堆一段时间，使糖汁、水分继续外溢，再晒至全干。

（3）蒸揉相结合加工成干条。将去除泥土杂质并分级的玉竹，抢晴天晒两三天，晒至手压有弹性，不易折断为度。蒸前用水洗去玉竹泥沙，使之湿润。用大铁锅装半锅水烧开，锅内放木支架，架上放竹筛，竹筛离水面 0.3 ~ 0.4 cm，但不能接触水面。每筛装玉竹 5 ~ 7 kg，加盖蒸制 8 ~ 9 min，或锅边出大气即可拿出。同时将下一筛放入，火势不减弱。根据分级，先蒸粗茎，蒸时较长；后蒸细茎，蒸时较短。考虑水分蒸发，所以每蒸二三筛后要注意加水，水沸腾后再蒸下一筛。一边蒸制，一边翻踩。一般上一筛玉竹翻踩好了，下一筛玉竹也就蒸好了。将蒸好的玉竹置于干净的晒簟或门板上，稍摆整齐，翻踩 2 ~ 4 次，待变黄白色、半透明时为止。踩好后用水冲洗，将冲洗好的玉竹置于太阳下晒 4 ~ 6 d，多次搓揉，五六成干后，白天晒，晚上堆积，便于回潮，然后加热烘干或用烘房烘干。遇不好天气用烘房烘制干条。在加工过程中如天气不晴，易发霉变质，主要表现根状茎从有伤口处开始变深褐色，像软腐一样，严重影响加工品质和重量。在天气不好的情况下，在烘烤房用煤火烘烤，采用鼓风机将热风吹入烤房，便可抑制腐烂，加快干燥的速度。一个长 3. 3 m、宽 2. 8 m、高 1. 25 m 的烤房，每次可烘烤玉竹 2000 kg，外用塑料布封盖。每烘烤 1 批，需煤 250 kg 左右，先烘烤 24 h，根毛干燥了，便可进行 1 次脱毛。脱毛后还有部分须根毛未脱干净，又烘烤一上午，再脱毛 1 次，再晒至九成干，然后在室内堆放 2 d 收汗后，即可刨片。

23. 4. 2. 3　加工成干片

（1）玉竹干条机械切片。过去玉竹切片一般采用徒手操作，切片速度慢，厚度不匀，劳动强度较大。近年来推广的切片机，每小时可切片 40 ~ 50 kg。可将干玉竹条直接切片，也可将鲜玉竹先洗干净，晒至五六成干，用脱毛机脱毛后，置于太阳下晒至九成干以上，再将玉竹干条喷水，回复到七八成干，使之受潮，然后进行分级，将粗细比较一致的放到一起，以便于加工。每 5 根茎条为一组，整齐地置于切片机的载板上，放下压条板固定，然后开动机器切片，每 100 kg 干条可出正品片 82 ~ 85 kg，外皮片 12 kg，以及等外渣沫（这些剩下的脚料可卖给制药厂加工）。

（2）鲜玉竹刨片直接生产干片。在产地直接将玉竹鲜茎（根状茎）洗净刨片，是 20 世纪 80 年代开始在湖南邵东等地发展起来的。通过刨片加工还能提高玉竹药材可溶性糖、水溶性多糖、总氨基酸、必需氨基酸、非必需氨基酸等成分的含量，对水浸出物、淀粉、可溶性蛋白质及游离氨基酸的含量基本上没有影响，能显著增值，增加药农收入。其加工方法有手工刨片与机械刨片两种，刨出的玉竹片，称饮片，或称顶头片。手工刨片是木制大长刨，长 70 cm、宽 13 cm。先将玉竹原药洗干净，然后三五根压在长刨上，人工反复推刨成薄片后，再人工整理摆在竹簟上晒干即成。每天每人可刨片 10 ~ 15 kg，边刨边摆。如天气不好则需要人工烘干。玉竹机械刨片有平刨片机、滚筒式刨片机 2 种。其方法同上述玉竹干条机械刨片。不过，刨下的片子是鲜片，必须及时晒干。如果天气不好不便于晒干时，也可以烘干。

23.4.3　分级、包装与储藏

上市销售玉竹干条质量分成 3 个级和 1 个等外级。一等品：长 10 cm 以上，每 500 g 不超过 30 根（单枝独条），无黑色油条根。二等品：长 6. 7 cm 以上，每 500 g 不超过 50 根，无黑色油条根。三等品：长 3. 3 cm 以上，每 500 g 在 100 根以内。等外品：每 500 g 在 100 根以上，短小不论，色泽不佳，但要全干。

玉竹干片质量分为 5 级。特级片：色白，片条长 20 cm 以上，片宽 1 ~ 2 cm，无外皮，摆片，全干能折断。一级片：色白，片条长 7 ~ 19 cm，片宽 1 ~ 2 cm，无外皮，摆片，全干能折断。二级片：色白，片条长 5 ~ 7 cm，其他同一级片。三级片：色白，片条长 5 cm 以内的短片，其他同二级片。四级片：玉竹外皮片，含小白心，统装。等外级：小皮，玉竹粉末和脚料，全干，无泥沙等杂质。可对质量好的进行包装，每袋 250 g、500 g 等。

一般玉竹片晒到 8 ~ 9 成干时即可包装入箱，过干包装时，易断碎，影响外观品质，反而降低等级。包装材料过去一般用麻袋、编织袋，包装每件 40 kg。现多用纸箱包装，每箱 10 kg，内用薄膜袋密封，直接将标志印在纸箱上，然后储存于通风、干燥处。

23.5 玉竹的化学成分及药理作用

23.5.1 化学成分

23.5.1.1 多 糖

玉竹多糖是玉竹的主要有效成分。玉竹多糖含量一般为 6.50% ~10.27% 。不同产地玉竹多糖含量不同，不同时期多糖含量也有差异。野生品多糖含量高于栽培品，野生玉竹为 9.58% ，按 GAP 要求栽培的玉竹多糖含量为 8.04% 。一般 3 年生比 2 年生含糖量高，以 3 年生 9 月下旬至 10 月上旬为玉竹多糖含量最高时期。

23.5.1.2 苷 类

玉竹中甾体皂苷被认为是玉竹的有效成分，现已分离出 4 个甾体皂苷 POD－Ⅰ～Ⅳ和 1 个呋喃烷苷。玉竹皂苷含量为 0.218 6% ~0.357 2% ，薯蓣皂苷元含量为 0.032 4% ~0.048 7% 。

23.5.1.3 氨基酸

据研究，玉竹含有多种氨基酸，即天冬氨酸、苏氨酸、丝氨酸、谷氨酸、甘氨酸、丙氨酸、胱氨酸、缬氨酸、蛋氨酸、异亮氨酸、亮氨酸、酪氨酸、苯丙氨酸、赖氨酸、组氨酸、精氨酸等。其中含有人体必需氨基酸 7 种，即赖氨酸、苏氨酸、缬氨酸、蛋氨酸、异亮氨酸、亮氨酸、苯丙氨酸，人体半必需氨基酸 2 种，即精氨酸和组氨酸。玉竹中总氨基酸的含量为 11.22% ~12.20% ，游离氨基酸 160.87 ~ 220.23 μmol/g，其中，必需氨基酸的含量为 3.54% ~3.87% ，半必需氨基酸含量为 1.25% ~1.7% 。

23.5.1.4 微量元素

玉竹含有多种微量元素。据测定，玉竹中含有 Cu、Zn、Fe、Mg、Mn、Cd、Ca、P、Na 等，其中 Ca、Mg、P、Cu 等的含量丰富，这些微量元素在人体新陈代谢中起着非常重要的作用。Fe、Zn、Mn、Cu 等元素对生物体内的免疫系统起着重要的调节作用，Ca 是构成骨骼和牙齿的主要成分。

23.5.1.5 甾 醇

林厚文等从玉竹根茎乙醇提取物中得到了 2 个甾醇 S－A 和 S－B。

23.5.1.6 挥发油

采用GC－MS的方法对玉竹挥发油化学成分进行分析，共检出40种成分，占总检出率的88.84%；并确定了32种化合物，主要成分为不饱和烯烃（37.05%）。除此之外还含有一些醇、醛、酸、酯及烷烃。

23.5.1.7 其他成分

玉竹还含有淀粉、蛋白质、生物碱、维生素、鞣质、黏质和二肽成分。浆果中含有铃兰苦苷及铃兰苷，可溶性蛋白质3.07%～4.36%。嫩苗鲜品中含胡萝卜素、维生素B_2、维生素C等。可溶性糖含量43.26%～46.29%，淀粉8.07%～15.78%，水溶性多糖11.08%～12.64%。

23.5.2 药理作用

23.5.2.1 滋阴补气，生津止咳

玉竹具有“补益五脏，滋养气血，平补而润，兼除风热”之功效，有滋养镇静神经和强心的作用，对肺阴虚所致的干咳少痰，咽干舌燥和温热病后期，或因高烧耗伤津液而出现的津少口渴，食欲不振，胃部不适等症具有治疗作用，对肺结核咳嗽等都有一定的治疗作用。

23.5.2.2 延缓衰老

玉竹多糖能提高老鼠机体超氧化物歧化酶活性，增强对自由基的清除能力，抑制脂质过氧化，降低丙二醛含量，从而减轻对机体组织的损伤以延缓衰老。

23.5.2.3 增强免疫功能

玉竹多糖能够显著增加小鼠的脾指数含量，提高其免疫功能，对亚急性衰老小鼠免疫器官的功能具有一定的调节作用，可改善机体的免疫失衡状态，从而增强机体细胞及体液免疫功能。

23.5.2.4 抑制肿瘤，促进淋巴细胞转化

据研究，玉竹提取物B（EB－PAOA）具有诱导人结肠癌CL－187细胞凋亡、人宫颈癌Hela细胞凋亡的作用，能抑制CL－187细胞的增殖，对S－180移植小鼠足垫所形成的移植瘤有明显的抑制作用，对S－180腹腔移植的荷瘤鼠可延长其存活期。玉竹POD－Ⅲ能协同ConA（刀豆球蛋白）和Lps（脂多糖）对淋巴细胞有转化作用。

23.5.2.5 对糖尿病、心脏病、白血病等有一定疗效

玉竹的甲醇提取物有连贯的降低血糖作用，玉竹正丁醇提取部分有降血糖效果。玉竹的甲醇提取物能使链脲佐菌素（STZ）引起的糖尿病小鼠血糖降低，能显著降低血葡萄糖水平，

并有改善糖耐量的倾向。玉竹煎剂可用于治疗Ⅱ－Ⅲ度心力衰竭，对离体蛙心、离体大鼠心脏有正性肌力作用，玉竹总苷（RPOS）有明显的增强心肌收缩性能，改善心肌舒缩功能的作用，玉竹多糖（EB－PAOA）能抑制T源性淋巴瘤（CEM）细胞的增殖，并能诱导CEM细胞凋亡，但对人类T淋巴细胞的增殖没有影响。

23.6 玉竹的开发利用

23.6.1 保健食品

玉竹除了作药用外，目前已开发出了一些新产品，尤其是保健食品，保健饮料，如玉竹饼、玉竹茶、玉竹果脯、玉竹果糖、玉竹米粉等。这些产品具有药食兼用的功能，物美价廉，故深受消费者青睐。

澄清型玉竹保健饮料生产工艺流程（图23.1）：

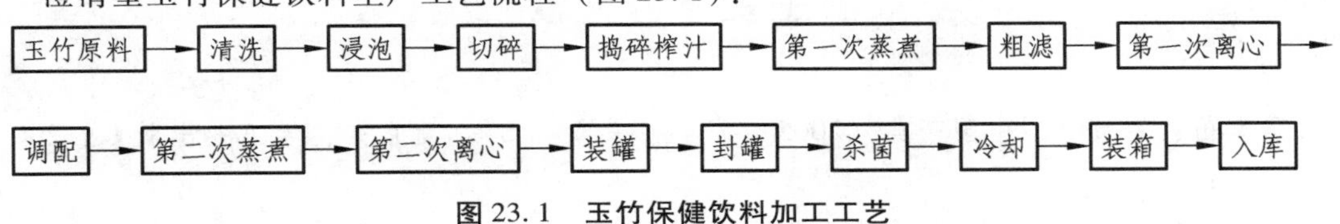

图23.1 玉竹保健饮料加工工艺

操作要点：

（1）浸泡。用饮用水将洗净的干燥玉竹浸泡，经过充分吸水的玉竹有利于榨汁率的提高。

（2）切碎。将原料切碎成粒度小于1 cm的小颗粒，使榨汁易于进行，也可以提高榨汁率。

（3）捣碎、榨汁。用组织捣碎机将切碎的玉竹颗粒捣碎2 min左右，捣碎前加入一定量的饮用水，可以提高捣碎效率。

（4）第一次蒸煮。用不锈钢盆盛装经过捣碎的玉竹汁，加热到50～60 ℃保温2 min，然后用流水迅速冷却。

（5）粗滤。反复用4层纱布将上述玉竹汁进行粗滤，得滤液去除全部固体颗粒。

（6）第一次离心。用沉降式离心机（设定转速500 r/min、时间10 min）进行离心，分离取上清液，弃去泥渣。

（7）调配。玉竹饮料的糖酸比调整方案见表23.1。

表23.1 玉竹饮料糖酸调整因素水平表

水平	因素		
	玉竹汁含量/%	蔗糖含量/%	柠檬酸含量/%
1	20	3.0	0.05
2	30	3.5	0.10
3	40	4.0	0.15

（8）第二次蒸煮。将调配液加热至50~60℃维持2 min，然后迅速冷却到室温。

（9）第二次离心。用沉降式低速离心机（设定转速500 r/min、时间10 min）进行离心分离，弃去泥渣，取上清液。

（10）杀菌。巴氏杀菌80~90℃，杀菌时间20 min。

（11）冷却。杀菌后用流水迅速冷却到室温。

23.6.2 食 用

玉竹根状茎、幼苗均可食用，其浆果有毒不可食用。玉竹根茎可鲜食，用开水焯熟凉拌，可与肉丝、鸡蛋炒食，可与排骨、生鱼、猪肝等煮食，可与猪肉炖食，也可与百合、香米、铃儿草煲汤。玉竹也可采收茎叶包卷的锥状嫩苗，用开水烫后炒食或做汤。玉竹根茎还可制成干品后食用。

主要参考文献

[1] 国家药典委员会. 中国药典（2005年版）（一部）[S]. 北京：化学工业出版社，2005：57-58.

[2] 林琳，林寿全. 黄精与玉竹的生药性状及组织特征比较 [J]. 中草药，1994，25（5）：261-265.

[3] 刘青. 野生玉竹的繁育技术 [J]. 致富之友，2005，（4）：21.

[4] 宋文果，陈玉渲. 玉竹及三种伪品的鉴别方法 [J]. 海峡药学，2001，13（增刊）：24.

[5] 施大文，王志伟，李自力. 玉竹的药源调查及商品鉴定 [J]. 中药材，1992，15（7）：78-80.

[6] 周晔，唐铖，高翔，等. 玉竹的研究进展 [J]. 天津医科大学学报，2005，1（2）：328-330.

[7] 中国科学院中国植物志编辑委员会. 中国植物志（第15卷）[M]. 北京：北京大学科学出版社，1978.

[8] 林晓莲，李钟，刘塔斯. 野生玉竹与栽培玉竹的质量分析比较 [J]. 广西中医学院学报，2005，8（2）：63-68.

[9] 石会田. 无公害玉竹（尾参）高产栽培技术 [J]. 中国农业信息，2005，（2）：33.

[10] 徐践，马萱，李聪晓，等. 功能型山野菜——玉竹 [J]. 蔬菜，2003，（8）：29-30.

[11] 李一平. 玉竹标准化生产加工技术 [J]. 中国农技推广，2004，（1）：60-61.

[12] 张永清，丁少纯. 干燥方法对玉竹药材质量的影响 [J]. 基层中药杂志，1998，12（4）：14-16.

[13] 王晓丹，宗希明，吴洪斌，等. 佳木斯白头翁、玉竹、扁蓄、长白沙参、绵马贯众、关卷术中微量元素的测定 [J]. 佳木斯医学院学报，1997，20（4）：5.

[14] 李钟，刘塔斯，杨先国，等. 不同产地与不同采收期玉竹多糖的含量测定研究 [J].

辽宁中医学院学报，2004，6（5）：355-356.

[15] 王琴，张虹，王洪泉. 黄精及玉竹中甾体甙成分的研究［J］. 中国临床医药，2003，4（2）：75-77.

[16] 林厚文，韩公羽，廖时萱. 中药玉竹有效成分研究［J］. 药学学报，1994，29（3）：215-222.

[17] 黎勇，孙志忠，郝文辉，等. 玉竹挥发油化学成分的研究［J］. 黑龙江大学自然科学学报，1996，13（3）：92-94.

[18] 秦海林，李志宏，王鹏，等. 中药玉竹中新的次生代谢产物［J］. 中国中药杂志，2004，29（1）：42-44.

[19] 单颖，潘兴瑜，姜东，等. 玉竹多糖抗衰老的实验观察［J］. 中国临床康复，2006，10（3）：79-81.

[20] 单颖，潘兴瑜，姜东，等. 玉竹多糖干预后衰老模型鼠抗氧化系统及免疫功能的变化［J］. 中国临床康复，2006，10（11）：125-128.

[21] 李尘远，刘艳华，李淑华，等. 玉竹提取物B诱导人结肠癌CL-187细胞凋亡的实验研究［J］. 锦州医学院学报，2003，24（2）：26-29.

[22] 李尘远，刘玲，潘兴瑜. 玉竹提取物B对Hela细胞凋亡的影响［J］. 锦州医学院学报，2003，24（6）：14-16.

[23] 李尘远，潘兴瑜，张明策，等. 玉竹提取物B抗肿瘤机制的初步研究［J］. 中国免疫学杂志，2000，19（4）：253-254.

[24] 胡润生. 几种植物药降血糖活性的研究［J］. 国外医药：植物药分册，1996，10（3）：115-117.

[25] 加藤笃. 中药玉竹的降血糖作用［J］. 国外医学·中医中药分册，1991，13（6）：36-38.

[26] 丁登峰，向大雄，刘韶，等. 玉竹多糖的提取及其对链脲佐菌素诱导糖尿病大鼠血糖的影响［J］. 中南药学，2005，3（4）：222-223.

[27] 杨立平. 玉竹总苷对大鼠血流动力学的影响［J］. 湖南中医药导报，2004，14（4）：68-69.

[28] 陈莹，潘兴瑜，吕雪荣，等. 玉竹提取物B对CEM的抑制作用［J］. 锦州医学院学报，2004，25（5）：35-38.

[29] 罗少华，李新荣. 玉竹对酪氨酸酶的激活作用［J］. 中国生化药物杂志，1995，17（1）：25-27.

[30] 胡思玉. 玉竹保健饮料的研制［J］. 食品与机械，1984（4）：24.

[31] 张永清，李岩坤，董翠兰. 玉竹产地加工研究的历史与现状［J］. 中医药动态，1994（2）：7-9.

[32] 潘清平，周日宝，贺又舜，等. 邵东县玉竹种植基地的概况调查［J］. 湖南中医学院学报，2003，23（4）：48.

[33] 谢雪芳. 玉竹的加工［J］. 湖南农业，2000（6）：22.

[34] 胡思玉. 玉竹保健饮料的研制［J］. 食品与机械，1994（3）：20-21.

[35] 宁正祥. 食品成分分析手册 [M]. 北京: 中国轻工业出版社, 1998.
[36] 张峻松, 贾春晓, 毛多斌, 等. 碘显色法测定烟草中的淀粉含量 [J]. 烟草科技, 2004 (5): 24-26.
[37] 王钦德, 杨坚. 食品实验设计与统计分析 [M]. 北京: 中国农业出版社, 2003.
[38] 阎进福. 饮料学 [M]. 北京: 经济日报出版社, 1992: 164-166.
[39] 何洁, 刘秉铖. 果胶的提取 [J]. 黑龙江造纸, 2004 (4): 31-33.
[40] 邵长富, 赵晋府. 软饮料工艺学 [M]. 北京: 中国轻工业出版社, 1987.
[41] 江苏新医学院. 中药大辞典 [M]. 上海: 上海人民出版社, 1977.
[42] 彭秧锡, 刘士军, 郭军, 等. 玉竹的研究开发与展望 [J]. 食品研究与开发, 2005, 26 (6): 120.
[43] 李一平. 玉竹规范化生产技术 [J]. 湖南农业科学, 2004 (3): 59.
[44] 路洪顺, 刘鑫军, 刘建敏. 玉竹的开发利用价值与栽培技术 [J]. 中国林副特产, 2002 (3): 16.
[45] 刘成梅, 游海. 天然产物有效成分的分离与应用 [M]. 北京: 化学工业出版社, 2003.

24　紫花地丁

紫花地丁作为一种抗菌中草药，含有多种有效成分，味苦辛性寒，有清热解毒，抗菌消炎，消痈散结的功效，多用于热毒壅盛之时，内服多配合银花、连翘、野菊花等同用，治疗黄疸、尿路感染痢疾、乳腺炎、目赤肿痛、咽炎等疾病；外用可取新鲜地丁草捣烂外敷疮痈局部，治跌打损伤、疔痈疮疖、丹毒、蜂窝组织炎、毒蛇咬伤等。其最早见于《千金方》中，并于《中国药典》(1977 年版）开始以紫花地丁为名收载。

由于紫花地丁具有来源广、价格便宜、对多种病原菌均有较强的抑制作用等优点，采集的鲜药既可捣汁内服，也可捣烂外敷，还可与其他清热解毒药蒲公英、金银花等合用，治疗疔疮、痈肿、丹毒、目赤肿痛等都有较好疗效。由此可见紫花地丁是一种很有开发前景的传统中草药，可对其有效成分深入研究，为传统中药的二次开发及走向世界主流医药市场奠定基础。

24.1　种质资源及分布

紫花地丁（*Herba Violae*）为堇菜科（*Violaceae*）植物紫花地丁（*Viola yedoensis Makino*）的干燥全草，又名地丁草、独行虎、紫地丁、铧头草、光瓣堇菜、辽堇菜、白毛堇菜等，系早春开花的多年生草本。根据《全国中草药汇编》记载，紫花地丁为堇菜科植物白毛堇菜（*V. yedoensis Makino*）、紫花地丁（*V. philippica Cav. ssp. mundW. Beck.*）、东北堇菜（*V. mundshuria W. Beck.*）、旱花地（*V. prionantha Bunge.*）的全草。到了近现代，地丁品种愈趋复杂，仅据《中药大辞典》所收载的地丁有堇菜科的紫花地丁（*ViolayedoenisMak.*）、犁头草（*V. japonicaLangsd.*），以及长萼堇菜（*V. inconspicuaBl.*）、香堇（*V. oxycentraJuz.*）和白花堇菜（*V. patriniiDc.*），豆科的米口袋（*Gueldensteadtia multifloraBge.*）和小米口袋（*G. pauciflora*（*Pall.*）*Fisch.*），罂粟科的地丁紫堇（*Corydalis bungeanaTurcz.*），以及南方一些地区使用的龙胆科华南龙胆（*Gontiana loureiri*（*D. Don.*）*Griseb.*）等。紫花地丁分布较广，除青海、西藏外，我国其他各省（自治区）都有分布，主要分布在东北、华北地区及云南、湖南等省，多生于路旁、丘陵、山坡草地、林缘、灌丛、草甸、草原、沙地。

24.2 生物学特性

24.2.1 形态特征

紫花地丁属堇菜科堇菜属的多年生草本植物，株高 7 ~ 14 cm，无地上茎，无匍匐枝。全株密被白色短毛；主根粗、黄白色，叶从根部丛生，叶柄长 3 ~ 10 cm，上部两侧稍有翅，托叶膜质，线状披针形，基部附着于叶柄上；叶片长椭圆形、长卵形至线状广披针形，长 2 ~ 9 cm，宽 0.5 ~ 3.5 cm，先端钝，基部浅心形或截形，边缘具浅钝齿；花腋生、淡紫色，直径约 1.5 cm；花梗长 4 ~ 10 cm，中部有线形小苞片 2 枚，萼片 5、披针形，萼下具圆形附属物；花瓣 5，倒卵状椭圆形，下面的 1 片较大，基部延长成长囊状或筒状的距，长约 0.7 cm；雄蕊 5，花药结合，药隔宽，包围子房，花丝短而阔，下面 2 枚基部具蜜腺的附属物，延伸入花距内；子房上位，心皮 3、1 室，胚珠多数，花柱 1，柱头 3 裂。蒴果长圆形，长约 1 cm，分裂为 3 果瓣，各瓣具有棱沟，基部有宿存的萼；种子卵圆形，棕黄色，光滑；花期 3 ~ 4 月；果期 5 ~ 8 月（彩图 24.1、24.2）。

24.2.2 生态习性

紫花地丁喜欢温暖、凉爽气候，怕涝，性喜阳光及湿润的环境，耐阴也耐寒，不择土壤，以排水良好的沙质壤土为佳，适应性极强，繁殖容易，能自播，在地势高排水良好处有自然群落分布。

24.2.3 生长习性

据研究，紫花地丁在 18 ~ 26 ℃室温种子发芽稳定，当年和前一年收的种子分别 2 ~ 4 d 萌发，4 ~ 6 d 齐苗，发芽率可达 90% 以上。萌发过程中种子对温度十分敏感，既忌高温（>30 ℃），又忌低温（<20 ℃）。在高温下根系变褐色并霉烂，在低温下萌发及生长缓慢。移栽时，用保留完整根系和切断 2/3 根系对照，保留根系植株在连续 3 d 各浇一次水后返青，成活率 98%。10 d 后长出新苗，15 d 颈部分蘖。切断根系的植株 5 d 返青，12 d 长出新叶，18 d 后分蘖。由于光照有利于紫花地丁种子萌发，在生产中进行紫花地丁的种子繁殖时，不宜深播。

石爱平、王红利研究发现，紫花地丁践踏后恢复再生能力较强，能抗 8.78 kg/ cm^2 的土壤坚实度。土壤含水量在 5% ~ 8% 仍能生长，土壤含盐量 0.3% 时生长未受影响，并能耐 5 d 以上的水淹。而 陈启洁、吴姝菊、李君霞等的研究认为，践踏在一定程度上能阻碍紫花地丁的生长，践次数越多对其生长不良影响越大，但紫花地丁再生能力强，恢复生长快。轻度干旱、瘠薄以及水涝对紫花地丁的影响不大，但严重干旱会影响其生长，土壤含水量 <8% 时，地上部将枯死。这和前者的研究有一定的出入。

紫花地丁在 3 月上旬萌动，花期 4 月中旬至 5 月中旬，盛花期 25 d 左右，单花开花持续 6 d，开花至种子成熟 30 d，4 ~ 5 月中旬有大量的闭锁花，可形成大量的种子，9 月下旬又有少量的花出现，果期7~9月。紫花地丁一次栽种多年收益，其根不死，翌年春天又可萌发。

24.3 栽培与管理

24.3.1 育苗及移栽技术

紫花地丁可用播种和分株方法进行繁殖。

24.3.1.1 播种繁殖

（1）种子的采收。紫花地丁的种子因在成熟以后干燥时，会急速开裂，将种子弹出。所以，应在蒴果立起之后，种实尚未开裂之前采收；在种子晾晒过程中，应用窗纱将蒴果盖好，以免种子弹掉；然后过筛，将种子进行干储。

（2）播种前准备。播种箱育苗，常用规格长50 cm、宽30 cm、高8~10 cm，也可采用育秧盘。木箱在使用前一定要用水泡透，否则容易造成土与箱分离，影响出苗。床土准备一般用2份园土，2份腐叶土，1份细沙（用孔径为1cm以下筛子过筛）。播种前用0.1%~0.3%的高锰酸钾溶液进行土壤消毒，而后用硝基腐殖酸调节土壤pH到6.0~7.0待用。

（3）播种方法。冬播于12月上旬在低温温室内播种，翌年2月出苗，3月下旬定植。亦可在5月份采下种子，直接地播，很快就可以发芽出苗。由于种粒比较细小，播种时最好采用“盆底浸水法”，即将床土装入秧盘或浅盆，置于更大的盛水容器中，使水从秧盘或盆底部向上渗透，湿润整个床土，然后再进行播种。播种采用撒播法，用小粒种子播种器或用手将种子均匀地撒在浸润透的床土上，撒种后用细筛筛过的细土覆盖，覆盖厚度以种子不外露为宜。种子出苗过程中，如有土壤干燥现象，可继续用盆浸法补充水分。播种后室内温度控制在15~25 ℃为宜。

24.3.1.2 分株繁殖

分株繁殖在生长季节均可进行，夏季分株时需遮阴。紫花地丁的无性繁殖在雨季进行为好。紫花地丁如在春季进行分株会影响开花，而雨季移植易成活又不影响第二年开花，在同等条件下分株移植，小紫花地丁较大株的缓苗快，成活率高。

24.3.2 栽培管理

24.3.2.1 定 植

采用带土移植为宜；定植密度如果选用叶片为15~20的大中苗移栽，40株/m^2；如果选用叶片为5~10的中小苗移栽，密度可为50株/m^2。

24. 3. 2. 2　幼苗期管理

小苗出齐苗后要加强管理，特别要控制温度以防小苗徒长，白天 15 ℃，夜间 8 ~ 10 ℃，并保持土壤稍干燥。小苗期光照要充足，当小苗长出第一片真叶时开始分苗，移苗时根系要舒展，底水要浇透。移栽后保持白天温度为 20 ℃左右，夜间温度为 15 ℃左右，同时施用适量的腐熟有机肥液以促进幼苗生长，当苗长至 5 片叶以上时即可定植。

24. 3. 2. 3　中耕锄草

中耕是药用植物在生育期间对土壤进行的表土耕作。中耕可以减少地表蒸发，改善土壤的透水性和通气性，为大量吸收降水及加强土壤微生物活动创造良好条件，促进土壤有机质分解，增加土壤肥力。中耕还能清除杂草，减少病虫为害。紫花地丁中耕深度一般是 4 ~ 6 cm。一般一年中耕 3 ~ 4 次，常在植株封行前晴天土壤湿度不大时进行。幼苗阶段最易滋生杂草，土壤易板结，中耕次数易多；成苗阶段，枝叶生长茂密，中耕次数易少，以免损伤植株。天气干旱，土壤黏重，应多中耕，雨后或灌水后应及时中耕，避免土壤板结。中耕除草还需进行培土，培土一般在入冬前结合浇防冻水进行。

24. 3. 2. 4　施肥技术

首先将土壤翻耕，施足底肥，整平，于 7 月末进行栽植分株苗，株行距各为 15 cm，适当遮阴，缓苗后去除遮阴部分。深秋追肥 1 次或第 2 年早春进行松土，除草时追肥，追氮磷钾肥全效肥料。

24.3.3　病虫害防治

24. 3. 3. 1　叶斑病

症状：发病初期，叶上有黄色小斑点，渐渐变为黄褐色，扩大为圆形或不规则形斑，病斑直径为 2 ~ 10 mm，最大可达 15 mm，病斑边缘隆起，褐色边缘较宽，在隆起的边缘外，还有延伸的黄色晕圈。病斑后期为灰褐色或灰白色，边缘色深，病斑中心黄褐或黑褐色，上着生小黑点，严重时病斑连成一片，叶片枯黄脱落。

病原：由半知菌感染所致。

发病规律：病菌以菌丝等形态在病叶或落叶上越冬，病残植株为潜伏场所，孢子由风雨传播。次年春季随着气温回升，分生孢子产生，从气孔或剪口、伤口侵入。天津地区一般 6 月份开始侵染，7 ~ 8 月为侵染盛期，8 月中旬至 9 月病害大量发生，发病严重时病斑扩大，出现落叶。一般高温多雨霉湿气候发病严重，另外，植株衰老时也会加重病害。

防治措施：①减少病源：秋冬收集病枝落叶集中烧毁。②选健苗：栽植、育苗时，选择健壮的植株，提高抗病性。③加强养护管理：合理密植，注意通风透光，降低叶面湿度，减少发病几率。④化学防治：发病初期及时喷施必菌鲨 800 ~ 1 000 倍液，或 50% 的多菌灵 500 倍液，或 75% 的百菌清 800 倍液，隔 7 ~ 8 d 喷 1 次，连续 2 ~ 3 次，进行叶面喷雾。未发病的植株应喷药预防。化学药剂宜交替使用，每隔 7 ~ 10 d 喷洒 1 次，连续 2 ~ 3 次。发病严重地区应拔除染病植株，用杀菌剂如苗菌灵 200 ~ 300 倍液浇灌消毒土壤 2 ~ 3 次，然后重新栽植。

24. 3. 3. 2 白粉虱

分布与为害：白粉虱的成虫、幼虫及卵固定在植物叶片背面，刺吸植物汁液，尤以嫩叶居多，致使叶片褪色、变黄、凋萎，直至干枯。白粉虱的排泄物能引起煤污病，影响开花和观赏效果。白粉虱有迁飞的特点，又是传播植物病毒的媒介。它为害紫花地丁、三色堇、一串红、瓜叶菊、五色梅、杜鹃、扶桑及多浆植物等多种植物。

形态特征：白粉虱成虫黄白色，翅膜质透明，体表有白色蜡质粉状覆盖物，因而得名白粉虱。体小，易飞跃，不易捕捉。卵和幼虫基本是椭圆形，约 0. 5 mm，淡黄色透明，外表具有白色蜡丝。卵经一周后可孵化为幼虫。

发病规律：白粉虱性喜温暖、不通风的环境，一年发生 10 多代，繁殖快，产卵量大，世代重叠严重。成虫喜群居，在上部嫩叶背面上产卵，并取食为害。成虫于叶面上栖息时，常常是成双结对地分布。植株不断成长，成虫也不断向上部嫩叶转移。一般植株最上部是成虫和刚产下的卵，继之为即将孵化的棕黑色卵，再往下为初龄幼虫和二、三龄幼虫，最下部是“假蛹”，以及已经羽化的蛹壳。一般每头雌虫可产卵 100 ~ 200 粒，卵经 6 ~ 8 d 孵化为幼虫。幼虫为害 8 ~ 10 d 进入蛹期，蛹期约 7 d 羽化出成虫。

防治措施 ：①园艺防治：清除大棚和温室周围杂草，以减轻虫源。②药剂防治：用 80% 敌敌畏 1 : 2 加水雾化熏蒸，按 1 mL 原液/ m^3，每隔 5 ~ 7 d 喷 1 次，每次熏蒸时必须紧闭门窗。亦可喷施 2. 5% 溴氰菊酯 2 000 倍液，或 20% 速灭杀丁 2000 倍液，每 2 kg/亩，每隔 6 d 喷施 1 次，连续 2 ~ 3 次，均有良好效果。用 2000 倍的吡虫啉灌根，每 3 周灌一次，可减少虫口密度甚至消灭白粉虱。③物理防治：利用白粉虱对黄色有强烈趋性，可在室内悬挂或插置黄色塑料板，并在板上涂黏油，使飞舞的成虫自行黏在板上，起到良好的诱杀作用。

24. 4 采 收

24.4.1 种子采收

紫花地丁种子在成熟后若遇干燥会急速开裂，将种子弹出。因此，应在蒴果立起之后，种实尚未开裂之前采收。

24.4.2 全草采收

全草入药。于小满节前后，当地丁半籽半花时，选晴天割取地上全草，晒干。

24.5 紫花地丁的化学成分及药理作用

24.5.1 主要化学成分

紫花地丁含有多种化学成分，如：黄酮及其苷类、香豆素、植物甾醇、生物碱、挥发油、糖类等。其中黄酮类化合物及香豆素类化合物是紫花地丁中重要的活性成分。

24.5.1.1 黄酮及其苷类

据文献报道，紫花地丁中主要含有黄酮类成分。黄鸥用60%乙醇作溶剂，紫外分光光度法测定紫花地丁中黄酮含量为11.34 mg/g，为紫花地丁含有的主要成分。董爱文等分析出不同季节采收的紫花地丁中总黄酮含量的差异较大。国内外研究人员从紫花地丁中分离出多种黄酮及其苷类成分。Chen Xie 等从紫花地丁中分离出包括有芹菜素（apigenin）：5，7，4′－三羟基黄酮（5，7，4′－trihydroxyflavone）及木犀草素（luteolin）：5，7，3′，4′－四羟基黄酮（5，7，3′，4′－tetrahydroxyflavone）的 *C*－糖苷（*C*－glycoside）化合物共十个：芹菜素6，8－二－*C*－α－L－吡喃阿糖苷（apigenin 6，8－di－*C*－α－L－arabinopyranoside）、芹菜素6－*C*－α－L－吡喃阿糖基－8－*C*－β－D－吡喃葡糖苷（apigenin 6－*C*－α－L－arabinopyranosyl－8－*C*－β－D－glucopyranoside）、芹菜素6－*C*－β－D－吡喃葡糖基－8－*C*－α－L－吡喃阿糖苷（apigenin 6－*C*－β－D－glucopyranosyl－8－*C*－α－L－arabinopyranoside）、芹菜素6－*C*－β－D－吡喃葡糖基－8－*C*－β－L－吡喃阿糖苷（apigenin 6－*C*－β－D－glucopyranosyl－8－*C*－β－L－arabinopyranoside）、芹菜素6，8－二－*C*－β－D－吡喃葡糖苷（apigenin 6，8－di－*C*－β－D－glucopyranoside）、芹菜素6－*C*－α－L－吡喃阿糖基－8－*C*－β－D－吡喃木糖苷（apigenin 6－*C*－α－L－arabinopyranosyl－8－*C*－β－D－xylopyranoside）、芹菜素6－*C*－β－D－吡喃木糖基－8－*C*－α－L－吡喃阿糖苷（apigenin 6－*C*－β－D－xylopyranosyl－8－*C*－α－L－arabinopyranoside）、木犀草素6－*C*－β－D－吡喃葡糖苷（luteolin 6－*C*－β－D－glucopyranoside）、木犀草素6－*C*－α－L－吡喃阿糖基－8－*C*－β－D－吡喃葡糖苷（luteolin 6－*C*－α－L－arabinopyranosyl－8－*C*－β－D－glucopyranoside）、芹菜素6－*C*－α－L－吡喃阿糖基－8－*C*－β－L－吡喃阿糖苷（apigenin 6－*C*－α－L－arabinopyranosyl－8－*C*－β－L－arabinopyranoside）。肖永庆从紫花地丁全草乙醚提取物中分离得到一个黄酮苷类化合物，为山奈酚－3－*O*－吡喃鼠李糖苷（kaempferol－3－*O*－rhamnopyranoside）。董爱文运用超声波辅助甲醇溶液紫花地丁中芹菜素，经 LSA－10 树脂及柱层析硅胶分离纯化后的芹菜素含量达95.8%。周海燕等采用色谱法进行紫花地丁化合物的分离纯化并首次鉴定出秦皮甲素、胡萝卜苷等物质为首次从堇菜属植物中分得。

24.5.1.2 香豆素及其苷类

主要含有菊苣苷（cichoriin）、七叶内酯（esculetin）、早开堇菜苷（priononthoside）等。杨鹏鹏等采用柱层析方法对紫花地丁植物的提取物进行分离纯化，从紫花地丁的甲醇提取物中分离得到6，7－二羟基香豆素（6，7－dihydroxycoumarin）。

24.5.1.3 糖 类

文赤夫应用蒽酮比色法测得紫花地丁叶片、叶柄、根中总糖的含量分别为11.53%、12.10%、35.80%，还原糖的含量为4.78%、4.44%、11.74%。Ngan Fung等从紫花地丁的全草中分得一种具有抗艾滋病毒高活性的高分子化合物，相对分子质量为10 000～15 000的磺化多糖。近年来的研究表明，紫花地丁所含的磺化聚糖能够抑制艾滋病活性，在低于毒性剂量的浓度下，可完全抑制艾滋病毒（HIV）的生长。

24.5.1.4 有机酸

肖永庆把紫花地丁全草的乙醚提取物行硅胶柱层析，用已烷－乙酸乙酯梯度洗脱，得到丁二酸（butanedioic acid）、软脂酸（palmitic acid）、对羟基苯甲酸（phydroxybenzoicacid）、反式对羟基桂皮酸（trans－*p*－hydroxycinnamic acid）。杨鹏鹏从紫花地丁的甲醇提取物中分离得到硬脂酸（stearic acid）。

24.5.1.5 挥发油

白殿罡采用GC/MS法，从紫花地丁挥发油中分离并确定出1－辛烯－3－醇、2－戊基－呋喃、D－柠檬烯、桉油精、苯乙醛、3，7－二甲基－1，6－辛二烯－3－醇、2，6－二甲基－环已醇、苯乙醇、（1*S*）－1，7，7－三甲基－二环庚－2－酮、5－甲基－2－（1－异丙基）－环已酮、1－甲基－4－（1－异丙基）－环已酮等36种化学成分，占挥发油总量的83.92%。陈玉花等也对紫花地丁挥发油进行分离，得到21种化学成分。

24.5.1.6 微量元素

梁雪芹等采用发射光谱法、原子吸收光谱法测定了紫花地丁中含有Ca、Na、K、Mg、Cu、Fe、Mn、Zn、Si、P等微量元素，不含Sr、Co、Mo、Cr、Ni、V、Se等微量元素。紫花地丁中富集Cu、Fe、Mn、Zn、Mg等微量元素，对人体内多种酶的活性有作用，对核酸蛋白的合成、免疫过程、细胞繁殖都有直接或间接的作用，可促进上皮细胞修复，使细胞分裂增加，T细胞增高，活性增加，从而对生物体的免疫功能起调节作用，通过酶系统发挥对机体代谢的调节和控制。

24.5.2 药理作用

24.5.2.1 抗凝血作用

Zhou等对七叶内酯、euphorbetin、双七叶内酯进行抗凝血作用研究，结果表明，三者均具有抗凝血作用，其中euphorbetin抗凝血作用最强。

24.5.2.2 抗炎及体外抑菌作用

陈胡兰等对紫花地丁水煎剂、乙醇提取物各分离部位，采用二甲苯致小鼠耳肿胀实验及体外抑菌实验。结果表明：紫花地丁水煎剂、紫花地丁乙醇提取物乙酸乙酯部位对二甲苯所致的小鼠耳肿胀有明显的抑制作用，并对大肠杆菌、沙门氏菌、金色葡萄球菌、表皮葡萄球菌有较强的抑菌作用。李定刚等利用甲醇超声提取，硅胶柱层析分离纯化，得到纯度达到97.5%黄酮类化合物。该类化合物对沙门氏菌和乳房炎病原菌包括金黄色葡萄球菌、链球菌及大肠杆菌都有良好的抑制作用。

24.5.2.3 抗 HIV 活性

Ngan 等报道，紫花地丁的二甲亚砜提取物具有较强的抗 HIV－I 病毒作用，它的甲醇提取物也显示抗 HIV－I 病毒作用，但没有二甲亚砜提取物作用强。Wang 等从紫花地丁中又分离出 5 个新的环肽 cycloviolacin Yl－YS（1－5）和 3 个已知的环肽 kalataBl（6）、varvA（7）和 varvE（8）。采用以 XTT 为基础的抗 HIV 试验检测了分离化合物的体外抗 HIV 活性。为了比较化合物 1－8 的膜破裂活性，进行了溶血实验。结果显示，化合物 4 和 5 具最强的溶血性，HD_{50}分别为 9.3、8.7 μmol/L；化合物 1 的溶血性最低。抗 HIV 实验显示：化合物 5 显示最强的抗 HIV 活性，EC_{50}为 0.04 μmol/L；而化合物 6、7、1、4 的 EC_{50}分别为 0.66、0.35、1.2、0.12 μmol/L，这 5 个化合物对未感染 HIV 的细胞的 IC_{50}分别为 5.7、4.0、4.5、1.7、1.8 μmol/L。

24.5.2.4 调节免疫作用

紫花地丁水煎剂具有调节免疫力的作用。李海涛、赵红、顾定伟等进行体外实验，采用 3H－TdR 掺入法，测定不同浓度紫花地丁水煎剂对小鼠脾淋巴细胞和腹腔巨噬细胞的毒性作用，MTT 方法分别检测 IL－2、TNF－α 的生物活性。结果表明，紫花地丁水煎剂在高浓度时能通过下调 L－2、TNF－α 的分泌调控小鼠免疫细胞功能，减少巨噬细胞炎症介质的释放。体内试验：采用 MTT 方法测定腹腔巨噬细胞吞噬功能及分泌 TNF－α 的活性，结果表明，紫花地丁煎剂具有下调小鼠腹腔巨噬细胞的吞噬功能及分泌 TNF－α 的作用，从而证明紫花地丁煎剂可通过调控小鼠巨噬细胞活性进而下调小鼠的免疫功能。赵红、顾定伟、张淑杰等研究了紫花地丁水煎剂体外对 C57 小鼠脾淋巴细胞转化试验和腹腔巨噬细胞的吞噬功能的影响，探讨紫花地丁的免疫调节功能，结果表明：紫花地丁水煎剂通过抑制小鼠由 LPS 诱导的 B 淋巴细胞的增殖，下调抗体的生成，但对小鼠细胞免疫功能无明显影响。

24.5.2.5 抗氧化作用

瞿鹏、李贯良、徐茂田采用催化动力学荧光法测定了紫花地丁对羟基自由基的清除率，清除率为60.8%，显示有较强的抗氧化活性；文赤夫等对紫花地丁中芹菜素进行清除自由基活性研究，试验结果表明：相同浓度的维生素 C 、维生素 E 与紫花地丁芹菜素比较，紫花地丁芹菜素对超氧阴离子自由基的清除效果比维生素 C、维生素 E 都强，紫花地丁芹菜素>维生素E。黄美娥、卓儒洞、唐莉研究了紫花地丁乙醇提取物的抗氧化活性，利用POV法测定其对油脂的抗氧化作用，同时利用清除DPPH法测定其清除自由基的能力。结果表明紫花地丁乙醇提取物可有效地延缓油脂的脂质过氧化反应，且清除DPPH的能力较强。

24.6 紫花地丁的开发利用

24.6.1 紫花地丁的临床应用

紫花地丁性寒味微苦，有清热解毒的功效。主治黄疸、痢疾、乳腺炎、目赤肿痛、咽炎；外敷治跌打损伤、痈肿、毒蛇咬伤。

24.6.1.1 紫花地丁的内服制剂

（1）乳脐散。乳脐散为陕西天宁制药有限责任公司的研制产品，其处方组成为木香、川芎、紫花地丁、栀子、金银花、黄芪、白芷、当归、瓜蒌、白术、香附、郁金、赤芍、蒲公英、高良姜等，具有疏肝解郁、化痰散结、活血通络、消肿止痛等功效，用于治疗乳腺增生病。

（2）二丁冲剂。二丁冲剂为四川省乐山大千药业有限公司生产，系治疗热疗痈，湿热黄疸，外感风热，咽喉肿痛风热火眼的中药复方制剂，由紫花地丁、蒲公英、板蓝根和半边莲4味中药组成。

（3）男康片。男康片由山西省侯马平阳制药厂生产，为《中华人民共和国卫生部药品标准》收载的中药成方制剂，由淫羊藿、紫花地丁、蒲公英、黄柏、白花蛇舌草等药味组成，具有补肾益精、活血化瘀、利湿解毒之功效；用于肾精亏损，瘀血阻滞，湿热蕴结引起的慢性前列腺炎。

（4）骨炎灵丸。骨炎灵丸由当归、川芎、黄芪、骨碎补、延胡索、紫花地丁等中药加工制成，用于骨髓炎、骨折、软组织损伤等的治疗。

（5）蒲黄解毒汤。蒲黄解毒汤由黄芪、蒲公英、紫花地丁、黄连、酒制大黄等中药组成，具有益气健脾、清热解毒之功效，用于保护胃黏膜，清除幽门螺杆菌，主治糜烂性胃炎。

（6）芩花胶囊。芩花胶囊是由黄芩、紫花地丁、乳香等5味中药组成的复方制剂。具有清热宣肺，化痰止咳等功效，用于风热犯肺之咳嗽（肺炎支原体肺炎）。

（7）五味消毒饮。该方出自清代名著《医宗金鉴》，由金银花、野菊花、蒲公英、紫花地丁、紫背天葵子组成，此方药虽仅有五种，但功专力宏，是历代中医治疗火毒结聚而引起痈疮疖肿的首选方剂，具有清热解毒、消散疔疮的功效，临床主用于治疗细菌感染性疾病。

（8）消炎片。消炎片由黄芩、蒲公英、紫花地丁及野菊花四味中药组成，具有抗菌消炎之功效。临床上用于上呼吸道感染，对发热、肺炎、支气管炎、咳嗽有痰、疔肿等有显著的疗效。

（9）白花蛇舌草。由紫花地丁、蒲公英、败酱草、板蓝根、大青叶、黄芪、白术中药组成，具有清热解毒、提高机体免疫力，以加强抗病毒之功效，主治尖锐湿疣，如同时与西药配伍使用疗效更佳。

24.6.1.2 紫花地丁的外用制剂

（1）复方黄连消毒液。复方黄连消毒液由黄连、紫花地丁、桉叶、白芷等中药组成，经临床应用证实，具有良好消毒效果及特异芳香味和一定止痛作用。

（2）其他外用制剂。①由蒲公英、芒硝各6 g，紫花地丁、川椒、侧柏叶各3 g，槐花2 g，苍术、荆芥各1 g组成，用开水闷泡30 min，外洗患处，用于治疗新生儿尿布皮炎。②金银花、蒲公英各30 g，紫花地丁、冬葵子各15 g，白芨20 g，大黄10 g，川芎6 g，水煎30 min滤出外用坐浴，用于外痔。③蒲公英、紫花地丁、黄芩各30 g，乳香、血余炭、没药各15 g，水煮取浓汁坐浴，主治肛门脓肿。④万氏等用红藤、蒲公英、紫花地丁、丹参、白花蛇舌草、赤芍各20～30 g用于治疗慢性盆腔炎，有包块者加乳香、没药、莪术各10 g，每日1剂，煎取药液100～200 mL，待温度降至39～40 ℃时灌肠，总有效率88.7%。⑤谢氏等用紫花地丁、蒲公英、败酱草、黄柏各30 g，炮穿山甲12 g，川芎、三棱、莪术、制香附、芍药各10 g，当归20 g，浓煎取汁，每晚睡前保留灌肠，总有效率达97.5%。⑥将紫花地丁及蒲公英鲜品捣烂为糊治疗腮腺炎，用两层纱布包裹好，展平敷于患处，每日早晚各1次，每次30 min，7 d为一疗程，一般2～3 d肿胀减轻，5～7 d可痊愈。此外，紫花地丁加雄黄外敷也可治疗流行性腮腺炎。⑦取紫花地丁30 g，黄柏30 g，清水洗净后泡在1800 mL冷水中，1 h后用武火煎煮至500 mL浓液，用无菌纱布过滤后装入事先消毒好的瓶中，冷藏备用；使用时将温度为10 ℃左右的药液倒入清洁器皿中，用无菌纱布蘸药液，以不滴水为宜，直接冷敷于清洁后的炎症局部，2次/d，每次30 min，有效者可连续应用，无疗程限制，如连用2 d后无效者则应停止使用。

（3）直接外用。①紫花地丁治疗蜂窝组织炎。首先将患部清洁后，取鲜嫩的紫花地丁适量，放在清洁容器内捣烂，见绿色汁溢出，即可将捣烂的紫花地丁敷于患处，总的有效率可达100%。②紫花地丁治疗流行性腮腺炎。将紫花丁200 g加蒲公英鲜品50 g或加雄黄约0.5 g捣烂成糊，用两层纱布包裹好，展平敷于患处，早晚各次，每次1～2 h，7 d为1疗程，一般2～3 d后肿胀减轻，5～7 d可痊愈。③紫花地丁治疗早期疖肿。取鲜紫花地丁100～150 g洗净，去除多余水分，加少量食盐捣烂成糊状。根据患处部位大小，取适量药糊外敷于患处，每日换药3次。

24.6.2 食 用

紫花地丁的幼苗及嫩茎叶均可食用。紫花地丁每100 g干物质中含有蛋白质29.27 g，含可溶性糖2.38 g，氨基酸33.95 mg及多种维生素。每1 g干紫花地丁中含Fe 354.8 μg、Mn 30.3 μg、Cu 22.2 μg、Zn 55.8 μg、Ba 11.3 μg、Sr 87.3 μg、Cr 69.0 μg、Mo 60.0 μg、Co 9.7 μg、Ca 3.9 μg。将紫花地丁的幼苗或嫩茎采下，用沸水焯一下，换清水浸泡3～5 min炒食、做汤、和面蒸食或煮菜粥均可。营养丰富，味道鲜美。

24.6.3 观赏栽培

紫花地丁对地面覆盖效果好，抗逆能力强；不需要修剪，具有草坪所不具备的特殊价值，具有美观的花色、花形，是北方难得的早春花卉，是我国优良的园林绿化植物。

24.6.3.1 独株观赏

紫花地丁因有独特的形态特征；叶片狭卵形或长卵形，绿色、墨绿色或金色，叶基截形，叶柄丛生，绿色或紫红色；花型美观，花瓣紫色、白色，下方花瓣具一细长的距，上方及侧方花瓣向后方反展，使花的形态如同飞舞的蝴蝶，植株易根蘖繁殖，整株观赏又像天堂鸟或极乐鸟花。紫花地丁在第一次开花结实后，有一定时间的闭花受精结实现象，即不花而实，蒴果向下弯曲于叶丛下，一直到种子成熟才昂首挺胸，无人采摘便自行开裂。故紫花地丁具有较高层次的观赏价值，常用于盆栽独赏，或置于室内书房、案头观赏。由于紫花地丁抗性强，也可用于岩石和假山或其旁边独栽观赏。

24.6.3.2 片植观赏

紫花地丁每年3～4月开花，9～11月第2次开花，常作早春开花宿根植物，用于道路两侧、草坪边缘（省去草坪刈剪时的“切边”工序）、绿地花坛、花境种植观赏。紫花地丁叶绿期长、不用修剪、抗旱抗寒抗病虫性强，养护管理费用很低，通常用于植物园、岩石园、护坡等缺水地段作观花地被栽植。此外，也可作缀花草坪，以草坪为背景，在草坪上自然或图案式点缀紫花地丁，其色彩协调醒目，使草坪绿中有艳时花时草别具情趣。

主要参考文献

[1] 陈启洁，吴姝菊，李君霞，等. 紫花地丁的开发利用与栽培技术研究 [J]. 国土与自然资源研究，2004，1：95－96.

[2] 陈胡兰. 紫花地丁化学成分及质量控制研究 [D]. 成都：成都中医药大学，2009.

[3] 程家玉，张晶. 紫花地丁人工栽培丰产技术及推广应用 [J]. 中国林副特产，2007，4：73，79.

[4] 董爱文. 紫花地丁中芦茱素的提取与分离纯化技术研究 [D]. 长沙：湖南农业大学学报，2008.

[5] 段春燕，李连方，侯小改. 野生紫花地丁和早开堇菜的栽培表现 [J]. 中国种业，2006，7：60－61.

[6] 董乙文，胡玉涛. 紫花地丁的研究概况 [J]. 中国林副特产，2006，3：78－80.

[7] 董爱文，朱声文，何征. 紫花地丁黄酮含量季节性变化研究 [J]. 中医药信息，2004，21（2）：27－28.

[8] 黄美娥，卓儒洞，唐莉. 紫花地丁乙醇提取物的抗氧化性研究 [J]. 食品科技，2007，2：151－154.

[9] 李文，吕秀娟，李树华. 清华校园春季野生草本地被植物多样性与群落分类 [J]. 东北林业大学学报，2010，38 (8)：31 - 33.
[10] 刘明久，许桂芳，王鸿升. 四种野生地被植物资源及种子特性研究 [J]. 资源与利用，2007，26 (12)：47 - 49.
[11] 刘水平，刘红杰. 中药治疗复发性口腔溃疡疗效观察 [J]. 中西医结合与祖国医学，2012，16 (2)：242 - 243.
[12] 林艳芝，杨立柱. 紫花地丁的栽培与应用 [J]. 河北农业科学，2009，13 (4)：75，83.
[13] 李金艳，伟忠民. 中药紫花地丁的研究进展 [J]. 中国现代中药，2008，10 (1)：27 - 29，55.
[14] 毛晓霞，苗光新，于海龙，等. 紫花地丁的研究进展 [J]. 承德医学院学报，2010，27 (3)：302 - 305.
[15] 孙守祥，王瑜真. 地丁药材品种及其地方习惯用药 [J]. 山东中医杂志，2008，27 (12)：836 - 837.
[16] 孙彬，屈爱桃. 紫花地丁研究进展 [J]. 内蒙古中医药，2008，6：50 - 51.
[17] 王峰祥，张福鑫，郑泽荣. 紫花地丁的组织培养与快速繁殖 [J]. 生物学通报，2006，41 (6)：49.
[18] 文赤夫，董爱文，李国章，等. 蒽酮比色法测定紫花地丁中总糖及还原糖含量 [J]. 现代食品科技，2005，21 (3)：122 - 123，130.
[19] 文赤夫，董爱文，罗庆华，等. 紫花地丁中芹菜素提取和清除自由基活性研究 [J]. 现代食品科技，2006，22 (1)：20 - 22，25.
[20] 徐金钟，曾珊珊，瞿海斌. 紫花地丁化学成分研究 [J]. 中草药，2010，41 (9)：1423 - 1425.
[21] 杨姗姗，明晓，朱蕊蕊，等. 堇菜属植物的研究进展 [J]. 北方园艺，2009 (11)：114 - 117.
[22] 元合玲. 紫花地丁的栽培及应用 [J]. 林业实用技术，2007，2：39 - 40.
[23] 郑蕾. 紫花地丁有效成分的提取及质量标准的研究 [D]. 长春：吉林大学，2009.
[24] 张继红，麦曦，薛哲，等. 紫花地丁有效成分的作用研究及临床应用 [J]. 药品评价，2007，4 (6)：434 - 436.
[25] 张勤义，杜桂玲. 紫花地丁治疗疖肿疗效观察[J]. 中国社区医师，2005，21(1)：36.
[26] ZHOU H Y，QIN M J，HONG J L，et al. Chemical constituents of viola yedoensis [J]. Chinese journal of natural medicines，2009，7 (4)：290 - 292.

彩图1.1 百合植株

彩图1.2 百合花

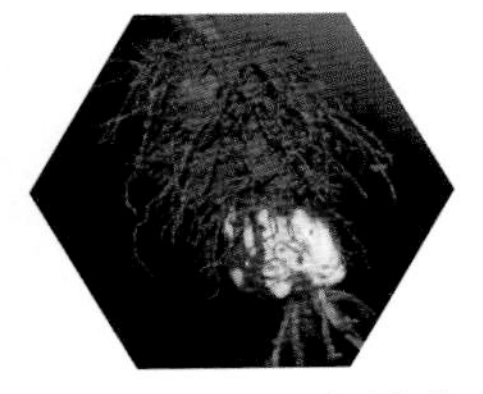

彩图1.3 百合鳞茎

彩图2.1 半夏植株

彩图2.2 半夏植株

彩图3.1 重楼植株

彩图3.2 重楼茎、叶与花

彩图3.3 七叶一枝花

彩图3.4 七叶一枝花果实

彩图3.5 七叶一枝花果实

彩图4.1 杜仲植株

彩图4.2 杜仲枝、叶

彩图4.3 杜仲花

彩图4.4 杜仲皮

彩图5.1 盾叶薯蓣茎、叶

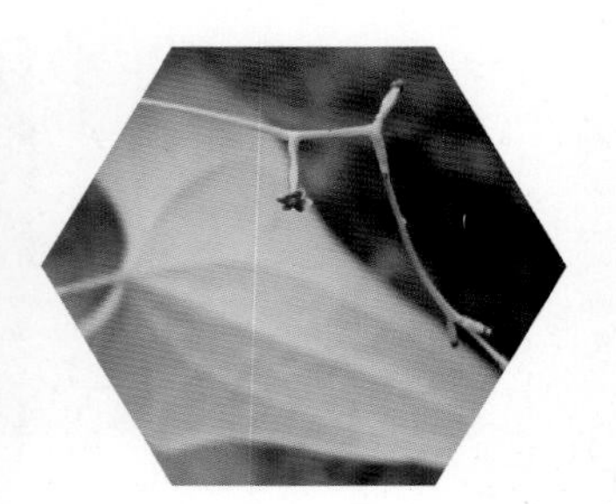

彩图5.2 盾叶薯蓣雌花

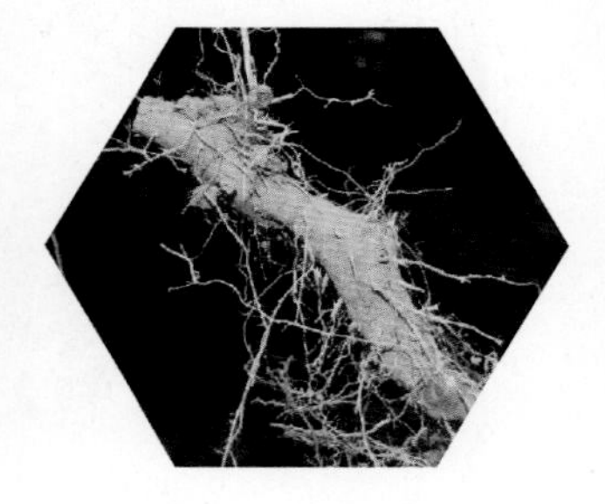

彩图5.3 盾叶薯蓣根茎

彩图6.1 葛根植株

彩图6.2 葛根花

彩图6.3 葛根地下块根

彩图7.1 红豆杉植株

彩图7.2 红豆杉花

彩图7.3 红豆杉枝梢与果实

彩图8.1 厚朴枝、叶和花

彩图8.2 厚朴花

彩图8.3 厚朴果实

彩图9.1 虎杖植株

彩图9.2 虎杖茎和叶鞘

彩图9.3 虎杖花穗

彩图10.1　黄柏枝、叶与果实

彩图10.2　黄柏花序

彩图10.3　黄柏枝干

彩图10.4　黄柏皮

彩图11.1　黄花蒿植株

彩图11.2　黄花蒿茎与叶

彩图11.3　黄花蒿花

彩图11.4　黄花蒿茎、叶与果实

彩图12.1　黄精茎、叶与花

彩图12.2　多花黄精花序

彩图12.3　黄精叶与果实

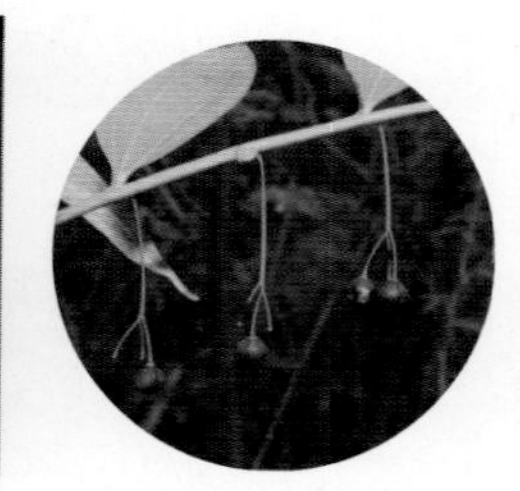

彩图12.4　黄精果实

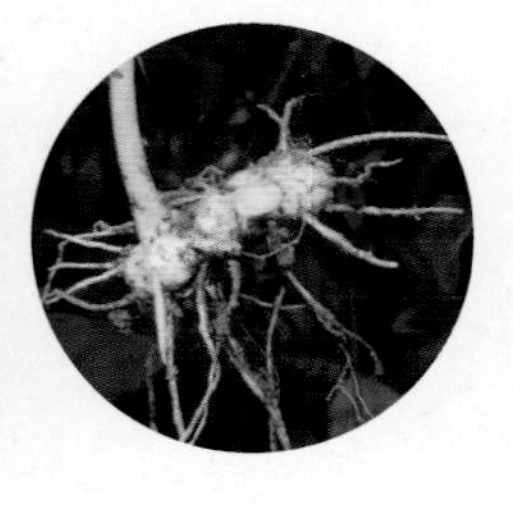

彩图12.5
黄精地下块茎

彩图13.1　黄连植株

彩图13.2　黄连植株

彩图13.3　黄连叶鞘

彩图13.4　黄连果实

彩图14.1　绞股蓝茎、叶

彩图14.2　绞股蓝果实

彩图15.1　金银花植株

彩图15.2　金银花枝、叶与花

彩图15.3　金银花

彩图16.1 木瓜花朵

彩图16.2 木瓜果实

彩图16.3 木瓜果实

彩图17.1 商陆地上茎、叶及花果

彩图17.2 商陆果实

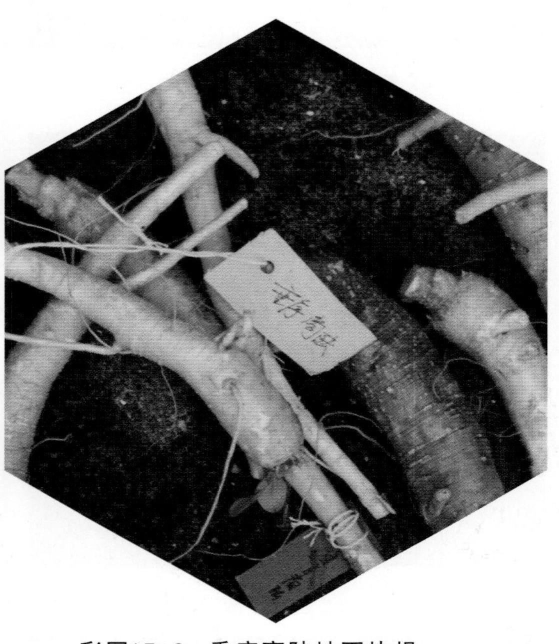

彩图17.3 垂序商陆地下块根

彩图18.1 乌头花序

彩图18.2 乌头块根

彩图19.1　吴茱萸枝、叶与花序

彩图19.2　吴茱萸成熟果实

彩图20.1　银杏枝、叶与果实

彩图20.2　银杏雌花

彩图20.3　银杏雄花

彩图21.1　箭叶淫羊藿叶

彩图21.2　箭叶淫羊藿花

彩图21.3　箭叶淫羊藿根

彩图22.1 鱼腥草茎、叶与花

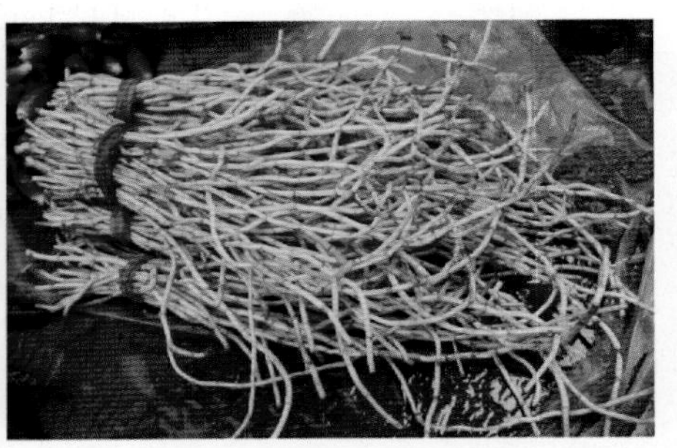

彩图22.2 鱼腥草根状茎

彩图23.1 玉竹茎、叶与花朵

彩图23.2 玉竹根状茎

彩图24.1 紫花地丁植株

彩图24.2 紫花地丁花朵